变电站值班员

国网河北省电力有限公司人力资源部　组织编写

《电力行业职业技能鉴定考核指导书》编委会　编

中国建材工业出版社

图书在版编目（CIP）数据

变电站值班员/国网河北省电力有限公司人力资源部组织编写 . --北京：中国建材工业出版社，2018.11

电力行业职业技能鉴定考核指导书

ISBN 978-7-5160-2202-3

Ⅰ.①变… Ⅱ.①国… Ⅲ.①变电所—电工—职业技能—鉴定—自学参考资料 Ⅳ.①TM63

中国版本图书馆 CIP 数据核字（2018）第 061753 号

内 容 简 介

为提高电网企业生产岗位人员理论和技能操作水平，有效提升员工履职能力，国网河北省电力有限公司根据《电力行业职业技能鉴定指导书》《国家电网公司技能培训规范》，结合国网河北省电力有限公司生产实际，组织编写了《电力行业职业技能鉴定考核指导书》。

本书包括了变电站值班员职业技能鉴定五个等级的"理论试题""技能操作大纲"和"技能操作考核"项目，规范了变电站值班员各等级的技能鉴定标准。本书密切结合国网河北省电力有限公司生产实际，鉴定内容基本涵盖了当前生产现场的主要工作项目，考核操作步骤与现场规范一致，评分标准清晰明确，既可作为变电站值班员技能鉴定指导书，也可作为变电站值班员的培训教材。

本书是职业技能培训和技能鉴定考核命题的依据，可供劳动人事管理人员、职业技能培训及考评人员使用，也可供电力类职业技术院校教学和企业职工学习参考。

变电站值班员

国网河北省电力有限公司人力资源部　组织编写
《电力行业职业技能鉴定考核指导书》编委会　编

出版发行　中国建材工业出版社

地　　址：北京市海淀区三里河路 1 号

邮　　编：100044

经　　销：全国各地新华书店

印　　刷：北京鑫正大印刷有限公司

开　　本：787mm×1092mm　1/16

印　　张：38

字　　数：780 千字

版　　次：2018 年 11 月第 1 版

印　　次：2018 年 11 月第 1 次

定　　价：108.00 元

《变电站值班员》编审委员会

前　言

为进一步加强国网河北省电力有限公司职业技能鉴定标准体系建设，使职业技能鉴定适应现代电网生产要求，更贴近生产工作实际，让技能鉴定工作更好地服务于公司技能人才队伍成长，国网河北省电力有限公司组织相关专家编写了《电力行业职业技能鉴定考核指导书》（以下简称《指导书》）系列丛书。

《指导书》编委会以提高员工理论水平和实操能力为出发点，以提升员工履职能力为落脚点，紧密结合公司生产实际和设备设施现状，依据《电力行业职业技能鉴定指导书》《中华人民共和国职业技能鉴定规范》《中华人民共和国国家职业标准》和《国家电网公司生产技能人员职业能力培训规范》所规定的范围和内容，编制了职业技能鉴定理论试题、技能操作大纲和技能操作项目，重点突出实用性、针对性和典型性。在国网河北省电力有限公司范围内公开考核内容，统一考核标准，进一步提升职业技能鉴定考核的公开性、公平性、公正性，有效提升公司生产技能人员的理论技能水平和岗位履职能力。

《指导书》按照国家劳动和社会保障部所规定的国家职业资格五级分级法进行分级编写。每级别中由"理论试题"和"技能操作"两大部分组成。理论试题按照单选题、判断题、多选题、计算题、识图题等题型进行选题，并以难易程度顺序组合排列。技能操作包含"技能操作大纲"和"技能操作项目"两部分内容。技能操作大纲系统规定了各工种相应等级的技能要求，设置了与技能要求相适应的技能培训项目与考核内容，其项目设置充分结合了电网企业现场生产实际。技能操作项目中规定了各项目的操作规范、考核要求及评分标准，既能保证考核鉴定的独立性，又能充分发挥对培训的引领作用，具有很强的系统性和可操作性。

《指导书》最大程度地力求内容与实际紧密结合，理论与实际操作并重，既可作为相关人员技能鉴定的学习辅导教材，又可作为技能培训、专业技术比赛和相关技术人员的学习辅导材料。

因编者水平有限和时间仓促，书中难免存在错误和不妥之处，我们将在今后的再版修编中不断完善，敬请广大读者批评指正。

《电力行业职业技能鉴定考核指导书》编委会

编 制 说 明

国网河北省电力有限公司为积极推进电力行业特有工种职业技能鉴定工作，更好地提升技能人员岗位履职能力，更好地推进公司技能员工队伍成长，保证职业技能鉴定考核公开、公平、公正，提高鉴定管理水平和管理效率，紧密结合各专业生产现场工作项目，组织编写了《电力行业职业技能鉴定考核指导书》（以下简称《指导书》）。

《指导书》编委会依据电力行业职业技能鉴定指导书、中华人民共和国职业技能鉴定规范、中华人民共和国国家职业标准和国家电网公司生产技能人员职业能力培训规范所规定的范围和内容进行编写，并按照国家劳动和社会保障部所规定的国家职业资格五级分级法进行分级。

一、分级原则

1. 依据考核等级及企业岗位级别

依据国家劳动和社会保障部规定，国家职业资格分为 5 个等级，从低到高依次为初级工、中级工、高级工、技师和高级技师。其框架结构如下图。

个别职业工种未全部设置 5 个等级，具体设置以各工种鉴定规范和国家职业标准为准。

2. 各等级鉴定内容设置

每级别中由"理论试题""技能操作"两大部分内容构成。

理论试题按照单选题、判断题、多选题、计算题、识图题五种题型进行选题，并以难易程度顺序组合排列。

技能操作含"技能操作大纲"和"技能操作项目"两部分。技能操作大纲系统规定了各工种相应等级的技能要求，设置了与技能要求相适应的技能培训项目与考核内容，使之完全公开、透明。其项目设置充分考虑到电网企业的实际需要，充分结合电网企业现场生产实际。技能操作项目规定了各项目的操作规范、考核要求及评分标准，既能保证考核鉴定的独立性，又能充分发挥对培训的引领作用，具有很强的针对性、系统性、操作性。

目前该职业技能知识及能力四级涵盖五级；三级涵盖五、四级；二级涵盖五、四、三级；一级涵盖五、四、三、二级。

二、试题符号含义

1. 理论试题编码含义

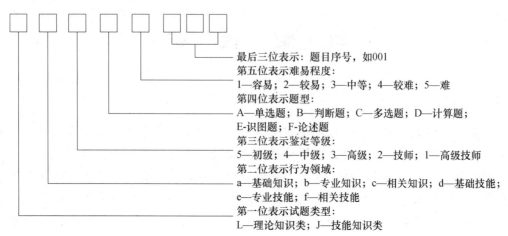

最后三位表示：题目序号，如001

第五位表示难易程度：
1—容易；2—较易；3—中等；4—较难；5—难

第四位表示题型：
A—单选题；B—判断题；C—多选题；D—计算题；
E-识图题；F-论述题

第三位表示鉴定等级：
5—初级；4—中级；3—高级；2—技师；1—高级技师

第二位表示行为领域：
a—基础知识；b—专业知识；c—相关知识；d—基础技能；
e—专业技能；f—相关技能

第一位表示试题类型：
L—理论知识类；J—技能知识类

2. 技能操作试题编码含义

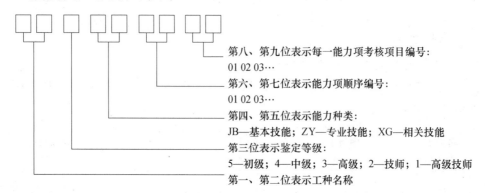

第八、第九位表示每一能力项考核项目编号：
01 02 03…

第六、第七位表示能力项顺序编号：
01 02 03…

第四、第五位表示能力种类：
JB—基本技能；ZY—专业技能；XG—相关技能

第三位表示鉴定等级：
5—初级；4—中级；3—高级；2—技师；1—高级技师

第一、第二位表示工种名称

其中第一、第二位表示具体工种名称，如：GJ—高压线路带电检修工；SX—送电线路工；PX—配电线路工；DL—电力电缆工；BZ—变电站值班员；BY—变压器检修工；BJ—变电检修工；SY—电气试验工；JB—继电保护工；FK—电力负荷控制员；JC—用电监察员；CS—抄表核算收费员；ZJ—装表接电工；DX—电能表修校工；XJ—送电线路架设工；YA—变电一次安装工；EA—变电二次安装工；NP—农网配电营业工配电部分；NY—农网配电营业工营销部分；KS—用电客户受理员；DD—电力调度员；DZ—电网调度自动化运行值班员；CZ—电网调度自动化厂站端调试检修员；DW—电网调度自动化维护员。

三、评分标准相关名词解释

1. 行为领域：d—基础技能；e—专业技能；f—相关技能。

2. 题型：A—单项操作；B—多项操作；C—综合操作。

3. 鉴定范围：对农网配电营业工划分了配电和营销两个范围，对其他工种未明确划分鉴定范围，所以该项大部分为空。

目　录

第一部分　初　级　工

第二部分 中 级 工

1 理论试题 109

2 技能操作 173

第三部分 高 级 工

1 理论试题 ·· 259

2 技能操作 ·· 327

第四部分　技　师

1 理论试题 407

2 技能操作 436

第五部分 高级技师

第一部分　初　级　工

1 理论试题

1.1 单选题

La5A1001 变压器正常运行时的声音是( )。

(A) 时大时小的嗡嗡声；(B) 连续均匀的嗡嗡声；(C) 断断续续的嗡嗡声；(D) 咔嚓声。

答案：B

La5A1002 电荷的基本特性是( )。

(A) 异性电荷相吸引，同性电荷相排斥；(B) 同性电荷相吸引，异性电荷相排斥；(C) 异性电荷和同性电荷都相吸引；(D) 异性电荷和同性电荷都相排斥。

答案：A

La5A1003 变压器呼吸器的作用是( )。

(A) 用以清除吸入空气中的杂质和水分；(B) 用以清除变压器油中的杂质和水分；(C) 用以吸收和净化变压器匝间短路时产生的烟气；(D) 用以清除变压器各种故障时产生的油烟。

答案：A

La5A1004 填写操作票中关键字严禁修改，如( )等。

(A) 拉、合、投、退、取、装；(B) 拉、合、投、退、装、拆；(C) 拉、合、将、切、装、拆；(D) 拉、合、停、启、装、拆。

答案：B

La5A1005 SF_6 气体化学性质有( )。

(A) SF_6 气体溶于水和变压器油；(B) 在炽热的温度下，它与氧气、氩气、铝及其他许多物质发生作用；(C) 在炽热的温度下，SF_6 气体会分解，产生低氟化合物，这些化合物会引起绝缘材料的损坏；(D) SF_6 的分解反应与水分有很大关系，因此要有去潮措施。

答案：D

La5A1006 口对口人工呼吸吹气时，如有较大阻力，不会是( )。

(A) 头部前倾；(B) 头部后仰；(C) 头部垫高；(D) 吹气力度不当。

答案：B

La5A2007 不许用( )拉合负荷电流和接地故障电流。

（A）变压器；（B）断路器；（C）隔离开关；（D）电抗器。

答案：**C**

La5A2008 电器设备的金属外壳接地是( )。

（A）工作接地；（B）保护接地；（C）保护接零；（D）防雷接地。

答案：**B**

La5A2009 阻波器的作用是( )。

（A）高频保护判别线路故障的元件；（B）高频保护判别母线故障的元件；（C）防止高频电流向线路泄漏；（D）防止高频电流向母线泄漏。

答案：**D**

La5A2010 正弦交流电的三要素是( )。

（A）电压、电动势、电位；（B）最大值、频率、初相位；（C）容抗、感抗、阻抗；（D）平均值、周期、电流。

答案：**B**

La5A2011 后备保护分为( )。

（A）近后备；（B）远后备；（C）近后备和远后备；（D）都不对。

答案：**C**

La5A2012 微机保护装置室内环境温度应为( )。

（A）10～30℃；（B）20～40℃；（C）5～30℃；（D）15～30℃。

答案：**C**

La5A2013 变压器温度计测量的是( )温度。

（A）绕组温度；（B）下层温度；（C）中层温度；（D）上层温度。

答案：**D**

La5A2014 零序保护的最大特点是( )。

（A）只反映接地故障；（B）反映相间故障；（C）反映变压器的内部故障；（D）线路故障。

答案：**A**

La5A2015 电容器中储存的能量是( )。

（A）热能；（B）机械能；（C）磁场能；（D）电场能。

答案：**D**

La5A2016 电流互感器的作用是( )。

（A）升压；（B）降压；（C）调压；（D）变流。

答案：D

La5A2017 SF_6 气体是( )。

（A）无色无味；（B）有色；（C）有味；（D）有色无味。

答案：A

La5A2018 电流互感器的用途是( )。

（A）电流互感器把大电流按一定比例变为小电流，供各种仪表使用和继电保护用；（B）电流互感器把大电流按比例变为 100V 电压，提供各种仪表使用和继电保护用；（C）电流互感器工作时不能短路，否则会烧毁电流互感器；（D）电流互感器工作时不能开路，否则会产生高压。

答案：A

La5A3019 保护接零即( )。

（A）设备在正常情况下不带电的金属部分，用导线与系统零线进行直接相连；（B）设备在正常情况下带电的金属部分，用导线与系统零线进行直接相连；（C）设备在正常情况下带电的金属部分，用导线与系统中性点进行直接相连；（D）设备在正常情况下不带电的金属部分，用导线与系统中性点进行直接相连。

答案：A

La5A3020 消弧线圈的作用是( )。

（A）补偿发生单相接地时，流经接地点的容性电流 ；（B）限制短路电流；（C）无功补偿；（D）限制高次谐波。

答案：A

La5A3021 在电容电路中，通过电容器的是( )。

（A）直流电流；（B）交流电流；（C）直流电压；（D）直流电动势。

答案：B

La5A3022 高频保护的范围是( )。

（A）本线路全长；（B）相邻线路一部分；（C）本线路全长及下一段线路的一部分；（D）相邻线路。

答案：A

La5A3023 我们把提供电能的装置叫作（　　）。

（A）电源；（B）电动势；（C）发电机；（D）电动机。

答案：A

La5A3024 变压器不能使用直流变压的原因是（　　）。

（A）直流大小和方向不随时间变化；（B）直流大小和方向随时间变化；（C）直流大小可变化而方向不变；（D）直流大小不变而方向随时间变化。

答案：A

La5A3025 测二次回路的绝缘标准是（　　）MΩ。

（A）运行中的不低于 10MΩ；　（B）新投入的、室内不低于 20MΩ，室外不低于 10MΩ；（C）运行中的不低于 1MΩ，新投入的、室内不低于 20MΩ，室外不低于 10MΩ；（D）运行中的不低于 10MΩ，新投入的、室内不低于 20MΩ，室外不低于 10MΩ。

答案：C

La5A3026 变电站的直流系统直流绝缘监视装置监测的是（　　）。

（A）监测变电站的直流系统正负极间绝缘；（B）监测变电站的直流系统正极对地间绝缘；（C）监测变电站的直流系统负极对地间绝缘；（D）监测变电站的直流系统正、负极对地绝缘。

答案：D

La5A3027 关于等效变换说法正确的是（　　）。

（A）等效变换只保证变换的外电路的各电压、电流不变；（B）等效变换是说互换的电路部分一样；（C）等效变换对变换电路内部等效；（D）等效变换只对直流电路成立。

答案：A

La5A3028 电阻负载并联时，功率与电阻关系是（　　）。

（A）因为电流相等，所以功率与电阻成正比；（B）因为电流相等，所以功率与电阻成反比；（C）因为电压相等，所以功率与电阻大小成反比；（D）因为电压相等，所以功率与电阻大小成正比。

答案：C

La5A3029 变压器在电力系统中的主要作用是（　　）。

（A）变换电压，以利于功率的传输；（B）变换电压，可以增加线路损耗；（C）变换电压，可以改善电能质量；（D）变换电压，以利于电力系统的稳定。

答案：A

La5A3030 下列说法错误的是（　　）。

（A）隔离开关不仅用来倒闸操作，还可以切断负荷电流；（B）隔离开关可以拉合主变压器中性点；（C）隔离开关可以拉合无故障空载母线；（D）隔离开关不可以灭弧。

答案：**A**

La5A3031 关于电流互感器，下列说法正确的是（　　）。

（A）一次线圈与系统相并联；（B）一次线圈匝数多，导线细，因而阻抗小；（C）二次线圈的标准电流为1A；（D）二次线圈不得开路。

答案：**D**

La5A3032 电容式自动重合闸的动作次数是（　　）。

（A）可进行两次；（B）只能重合一次；（C）视此线路的性质而定；（D）能多次重合。

答案：**B**

La5A4033 半绝缘变压器指的是（　　）。

（A）变压器的绝缘是线电压的一半；（B）变压器的绝缘是相电压的一半；（C）中性点部分绕组绝缘为端部绕组绝缘的一半；（D）端部绕组绝缘为中性点部分绕组绝缘的一半。

答案：**C**

La5A4034 电力系统中能作为无功电源的有（　　）。

（A）同步发电机、调相机、并联补偿电容器和变压器；（B）同步发电机，并联补偿电容器和调相机；（C）同步发电机、调相机、并联补偿电容器和互感器；（D）同步发电机、调相机、并联补偿电容器和电抗器。

答案：**B**

La5A4035 油断路器的辅助触点的用途有（　　）

（A）能达到断路器断开或闭合操作电路的目的，并能正确发出音响信号，启动自动装置和保护闭锁回路等；（B）闭锁重合闸以防止操作压力过低而慢合闸；（C）有较好的开断能力，耐压水平高以及耐受电磨损；（D）当断路器的辅助触点用在合闸及跳闸回路时，不带有延时。

答案：**A**

La5A4036 过流保护的动作原理是（　　）。

（A）当线路中故障电流达到电流继电器的动作值时，电流继电器动作，按保护装置选择性的要求有选择性地切断故障线路；（B）同一线路不同地点短路时，由于短路电流不同，保护具有不同的工作时限，在线路靠近电源端短路电流较大，动作时间较短；（C）通过提高过流保护的整定值来限制保护的工作范围；（D）每条线路靠近电源端短路时动作时限比末端短路时动作时限短。

答案：A

La5A4037 强迫油循环变压器的特点是( )。

（A）外壳是平的，其冷却面积很大；（B）外壳是凸的，其冷却面积很小；（C）外壳是凸的，其冷却面积很大；（D）外壳是平的，其冷却面积很小。

答案：D

La5A4038 以下说法错误的是( )。

（A）雷雨天需要巡视户外设备时，应穿绝缘靴，不得接近避雷针和避雷器；（B）巡视高压室后必须随手将门锁好；（C）巡视设备时，可以同时进行其他工作；（D）特殊天气增加特巡。

答案：C

La5A4039 关于回路电流说法正确的是( )。

（A）某回路中流动的电流；（B）某网孔中流动的电流；（C）回路的独占支路中流过的电流；（D）回路中的电源电流。

答案：C

La5A4040 关于电流互感器，下列说法错误的是( )。

（A）电流互感器二次回路工作时，禁止采用熔丝或导线缠绕方式短接二次回路；（B）禁止在电流互感器与临时短路点之间进行工作；（C）电流互感器二次侧严禁短路；（D）电流互感器阻抗很小。

答案：C

La5A5041 快速切除线路任意一点故障的主保护是( )。

（A）距离保护；（B）零序电流保护；（C）纵联保护；（D）零序电压保护。

答案：C

La5A5042 恒流源的特点是( )。

（A）端电压不变；（B）输出功率不变；（C）输出电流不变；（D）内部损耗不变。

答案：C

La5A5043 下列说法正确的是( )。

（A）电力变压器的中性点，一定是零电位点；（B）三相绕组的首端（或尾端）连接在一起的共同连接点，称电源中性点；（C）电源中性点必须接地；（D）由电源中性点引出的导线称为零线。

答案：B

La5A5044 下列说法错误的是（   ）。

（A）高压断路器在大修后应调试有关行程；（B）断路器油量过多在遮断故障时会发生爆炸；（C）分闸速度过低会使燃弧速度加长，断路器爆炸；（D）断路器红灯回路应串有断路器切断触点。

答案：**D**

La5A5045 以下说法错误的是（   ）。

（A）电力设施和电能受国家保护的原则；（B）电力企业依法实行自主经营，自负盈亏并接受监督的原则；（C）国家帮助和扶持少数民族地区、边远地区和贫困地区发展电力事业的原则；（D）国家鼓励和支持利用一切能源发电的原则。

答案：**D**

La5A5046 断路器均压电容的作用是（   ）。

（A）使各断口电压分布均匀；（B）提高恢复电压速度；（C）提高断路器开断能力；（D）减小开断电流。

答案：**A**

Lb5A1047 恢复熔断器时应（   ）。

（A）戴护目眼镜；（B）不戴眼镜；（C）也可以不戴护目镜；（D）戴不戴都可以。

答案：**A**

Lb5A1048 双母线接线，两段母线按双重化配置（   ）套合并单元。

（A）1；（B）2；（C）3；（D）4。

答案：**B**

Lb5A1049 蓄电池负极板正常时为（   ）。

（A）深褐色；（B）浅褐色；（C）灰色；（D）黑色。

答案：**C**

Lb5A2050 变电站广泛使用的蓄电池组的运行方式是（   ）。

（A）放电运行方式；（B）浮充电运行方式；（C）免维护运行方式；（D）恒压充电运行方式。

答案：**B**

Lb5A2051 用于检同期的母线电压由母线合并单元（   ）通过间隔合并单元转接给各间隔保护装置。

（A）点对点；（B）SV网络；（C）SV与GOOSE共网；（D）其他。

答案：**A**

Lb5A2052 隔离开关拉不开时应采取（   ）的处理。

（A）不应强拉，应进行检查；（B）用力拉；（C）用加力杆拉；（D）两人拉。

答案：A

Lb5A2053 运行中电压互感器发出臭味并冒烟应（   ）。

（A）注意通风；（B）监视运行；（C）放油；（D）停止运行。

答案：D

Lb5A2054 停用低频减载装置时应先停（   ）。

（A）电压回路；（B）直流回路；（C）信号回路；（D）保护回路。

答案：B

Lb5A2055 变压器油黏度说明油的（   ）。

（A）流动性好坏；（B）质量好坏；（C）绝缘性好坏；（D）密度大小。

答案：A

Lb5A2056 当电力线路发生短路故障时，在短路点将会（   ）。

（A）产生一个高电压；（B）通过很大的短路电流；（C）通过一个很小的正常负荷电流；（D）产生零序电流。

答案：B

Lb5A2057 国网智能化变电站保护多采用（   ）方式。

（A）网采网跳；（B）网采直跳；（C）直采网跳；（D）直采直跳。

答案：D

Lb5A2058 变压器温度升高时，绝缘电阻值（   ）。

（A）降低；（B）不变；（C）增大；（D）成比例增大。

答案：A

Lb5A2059 变压器的铁芯应当（   ）。

（A）一点接地；（B）两点接地；（C）多点接地；（D）不接地。

答案：A

Lb5A2060 用隔离开关解环时（   ）正确、无误才行。

（A）不必验算；（B）必须试验；（C）必须验算，试验；（D）不用考虑。

答案：C

Lb5A3061 为防止电压互感器断线造成保护误动，距离保护（　　）。

（A）不取电压值；（B）加装了断线闭锁装置；（C）取多个电压互感器的值；（D）二次侧不装熔断器。

答案：B

Lb5A3062 变压器内部严重故障（　　）动作。

（A）瓦斯保护；（B）瓦斯、差动保护；（C）距离保护；（D）中性点保护。

答案：B

Lb5A3063 油浸变压器的主要部件有铁芯、绕组、油箱、呼吸器、防爆管、散热器、绝缘套管、分接开关、气体继电器、温度计、净油器和（　　）等。

（A）风扇；（B）油泵；（C）油枕；（D）支持瓷瓶。

答案：C

Lb5A3064 以下（　　）是属于内部过电压。

（A）直击雷过电压；（B）大气过电压；（C）感应雷过电压；（D）空载线路合闸引起的过电压。

答案：D

Lb5A3065 在一恒压的电路中，电阻 R 增大，电流随之（　　）。

（A）减小；（B）增大；（C）不变；（D）不一定。

答案：A

Lb5A3066 断路器分闸速度快慢影响（　　）。

（A）灭弧能力；（B）合闸电阻；（C）消弧片；（D）分闸阻抗。

答案：A

Lb5A3067 套管出现裂纹有（　　）危害。

（A）会使套管变形，影响美观；（B）会使套管机械强度降低，积攒灰尘；（C）会使绝缘强度降低，绝缘的进一步损坏，直至全部击穿；（D）套管出现裂纹会使套管内导体氧化，导电率降低。

答案：C

Lb5A3068 对称三相电路角接时，线电流比对应的相电流（　　）。

（A）同相位；（B）超前 $30°$；（C）滞后 $30°$；（D）滞后 $120°$。

答案：C

Lb5A3069 电压互感器低压侧一相电压为零、两相不变，线电压两个降低、一个不变，说明（　　）。

（A）低压侧两相熔断器断；（B）低压侧一相熔丝断；（C）高压侧一相熔丝断；（D）高压侧两相熔丝断。

答案：B

Lb5A3070 变压器上层油温要比中下层油温（　　）。

（A）低；（B）高；（C）不变；（D）在某些情况下进行。

答案：B

Lb5A3071 测二次回路的绝缘最好是使用（　　）的兆欧表。

（A）1500V；（B）2000V；（C）1000V；（D）500V。

答案：C

Lb5A3072 变压器注油时，应使油位上升至与（　　）相应的位置。

（A）环境温度；（B）油温；（C）绕组温度；（D）铁芯温度。

答案：A

Lb5A4073 电压互感器与电力变压器的区别在于（　　）。

（A）电压互感器有铁芯，变压器无铁芯；（B）电压互感器无铁芯，变压器有铁芯；（C）电压互感器主要用于测量和保护，变压器用于连接两电压等级的电网；（D）变压器的额定电压比电压互感器高。

答案：C

Lb5A4074 电流互感器的二次侧应（　　）。

（A）没有接地点；（B）仅有一个接地点；（C）有两个接地点；（D）按现场情况，接地点数目不确定。

答案：B

Lb5A4075 变压器铜损（　　）铁损时最经济。

（A）大于；（B）小于；（C）等于；（D）不一定。

答案：C

Lb5A4076 需要将运行中的变压器补油时，应将重瓦斯保护改接（　　）再进行工作。

（A）信号；（B）跳闸；（C）停用；（D）不用改。

答案：A

Lb5A4077 断路器采用多断口是为了（　　）。

（A）提高遮断灭弧能力；（B）提高绝缘；（C）提高分合闸速度；（D）使各断口均压。

答案：A

Lb5A4078 电流互感器的接线有（　　）。

（A）电流互感器单匝式和多匝式；（B）电流互感器两相 V 形和电流差、三相 Y 形、三相△和零序接线；（C）电流互感器二次必须接地，为确保人员和测量仪器、继电器等的安全；（D）电流互感器二次应接低阻抗元件，为减少测量误差。

答案：B

Lb5A4079 变压器油闪点指（　　）。

（A）着火点；（B）油加热到某一温度，油蒸气与空气混合物用火一点就闪火的温度；（C）油蒸气一点就着的温度；（D）液体变压器油的燃烧点。

答案：B

Lb5A5080 在电力电容器与其断路器之间装设一组 ZnO 避雷器是为了（　　）。

（A）防止倒闸操作出现的操作过电压，保证电气设备的安全运行；（B）防止电力电容器在运行时可能出现的过电压，保证电气设备的安全运行；（C）防止电力电容器在开关拉、合操作时可能出现的操作过电压；（D）防止雷击时，在电力电容器上的过电压，保证电气设备的安全运行。

答案：C

Lb5A5081 双绕组变压器的分接开关装设在（　　）。

（A）低压侧；（B）高压侧；（C）高低压侧均可；（D）高低压侧都要装。

答案：B

Lb5A5082 电压互感器二次回路有人工作而互感器不停用时，应防止二次（　　）。

（A）断路；（B）短路；（C）熔断器熔断；（D）开路。

答案：B

Lc5A1083 触电急救必须分秒必争，立即就地迅速用（　　）进行急救。

（A）人工呼吸法；（B）心肺复苏法；（C）胸外按压法；（D）医疗器械。

答案：B

Lc5A1084 巡视配电装置进出高压室（　　）。

（A）必须随手将门锁好；（B）必须穿绝缘靴；（C）必须戴绝缘手套。

答案：A

Lc5A2085 通畅气道可采用（　　）。

（A）人工呼吸法；（B）仰头抬颏法；（C）垫高头部法；（D）胸外按压法。

答案：B

Lc5A2086 单人（　　）进入 SF$_6$ 配电室从事检修工作。

（A）不准；（B）可以；（C）经充分通风后可以；（D）征得值班人员同意可以。

答案：A

Lc5A2087 凡是被定为一、二类设备的电气设备，均称为（　　）。

（A）完好设备；（B）良好设备；（C）优良设备；（D）不可运行设备。

答案：A

Lc5A2088 操作票要由（　　）统一编号，按顺序使用。

（A）供电公司；（B）供电公司（工区）；（C）变电站；（D）值班长。

答案：C

Lc5A2089 设备档案中，原始资料不包括（　　）。

（A）使用说明书；（B）缺陷记录；（C）出厂试验记录；（D）设备铭牌。

答案：B

Lc5A2090 "四对照"即对照设备（　　）。

（A）名称、编号、位置和装拆顺序；（B）名称、编号、位置和拉合方向；（C）名称、编号、位置和投退顺序；（D）名称、编号、表计和拉合方向。

答案：B

Lc5A3091 对于两节点多支路的电路用（　　）分析最简单。

（A）支路电流法；（B）节点电压法；（C）回路电流；（D）戴维南定理。

答案：B

Lc5A3092 微机防误、监控系统防误、集控站中央监控系统防误应制订（　　）管理办法。

（A）维护、主机数据库、口令权限；（B）操作、口令权限；（C）主机数据库、口令权限；（D）维护、口令权限。

答案：C

Lc5A3093 线路送电时，必须按照（　　）的顺序操作，停电时相反。

（A）断路器、负荷侧隔离开关、母线侧隔离开关；（B）断路器、母线侧隔离开关、负荷侧隔离开关；（C）负荷侧隔离开关、母线侧隔离开关、断路器；（D）母线侧隔离开关、负荷侧隔离开关、断路器。

答案：D

Lc5A3094 操作票( )栏应填写调度下达的操作计划顺序号。

(A) 操作；(B) 顺序项；(C) 指令项；(D) 模拟。

答案：C

Lc5A3095 对于一个( )的电路，利用回路电流法求解。

(A) 支路数小于网孔数；(B) 支路数小于节点数；(C) 支路数等于节点数；(D) 支路数大于网孔数。

答案：D

Lc5A3096 未经值班调度人员的许可，( )不得操作调度机构调度管辖范围内的设备。

(A) 非值班员；(B) 任何人；(C) 非领导人员；(D) 领导。

答案：B

Lc5A3097 几个电阻的两端分别接在一起，每个电阻两端承受同一电压，这种电阻连接方法称为电阻的( )。

(A) 串联；(B) 并联；(C) 串并联；(D) 级联。

答案：B

Lc5A3098 短路电流计算，为了方便采用( )方法计算。

(A) 实际值；(B) 基准值；(C) 有名值；(D) 标幺值。

答案：D

Lc5A4099 口对口人工呼吸时，先连续大口吹气两次，每次( )。

(A) 1～2s；(B) 2～3s；(C) 1.5～2.5s；(D) 1～1.5s。

答案：D

Lc5A4100 现场触电抢救，对采用( )等药物应持慎重态度。

(A) 维生素；(B) 脑活素；(C) 胰岛素；(D) 肾上腺素。

答案：D

Lc5A4101 触电伤员如意识丧失，应在( )内用看、听、试的方法，判断伤员呼吸心跳情况。

(A) 5s；(B) 8s；(C) 10s；(D) 12s。

答案：C

Lc5A4102 正确的按压姿势以髋关节为支点，利用上身的重力将正常成人胸骨压陷( )（儿童和瘦弱者酌减）。

(A) 1～2cm；(B) 2～3cm；(C) 3～5cm；(D) 4～5cm。

答案：D

Lc5A4103 胸外按压与口对口（鼻）人工呼吸同时进行，其节奏为：单人抢救时，每按压（　　）次后吹气两次，反复进行。

（A）30；（B）10；（C）15；（D）20。

答案：A

Lc5A4104 触电伤员若神智不清，应就地仰面躺平，确保气道通畅，并用（　　）时间呼叫伤员或轻拍其肩部，以判断伤员是否意识丧失。

（A）3s；（B）4s；（C）5s；（D）6s。

答案：C

Lc5A4105 抢救过程中，若判断颈动脉已有波动但无呼吸，则暂停胸外按压，而再次进行口对口人工呼吸，接着每（　　）吹气一次。

（A）5s；（B）6s；（C）7s；（D）8s。

答案：A

Lc5A5106 胸外按压要以均匀速度进行，每分钟（　　）左右。

（A）50次；（B）60次；（C）70次；（D）100次。

答案：D

Lc5A5107 叠加定理适用于（　　）。

（A）电路中的电压、电流；（B）线性电路中的电压、电流；（C）非线性电路中的电压、电流、功率；（D）线性电路中的电压、电流、功率。

答案：B

Jd5A1108 吸潮剂正常颜色为（　　）。

（A）粉红色；（B）蓝色；（C）白色；（D）黄色。

答案：B

Jd5A1109 设备发生接地时室内不得接近故障点（　　）m。

（A）4；（B）2；（C）3；（D）5。

答案：A

Jd5A1110 隔离开关可拉开电容电流不超过（　　）的空载线路。

（A）5.5A；（B）5A；（C）5.4A；（D）2A。

答案：B

Jd5A1111 更换熔断器应由（　　）进行。

（A）2人；（B）1人；（C）3人；（D）4人。

答案：A

Jd5A2112 断路器失灵保护在（　　）动作。

（A）断路器拒动时；（B）保护拒动时；（C）断路器失灵；（D）控制回路断线。

答案：**A**

Jd5A2113 断路器液压机构应使用（　　）。

（A）10 号航空油；（B）15 号航空油；（C）30 号航空油；（D）35 号航空油。

答案：**A**

Jd5A2114 变压器油箱中应放（　　）油。

（A）15 号；（B）25 号；（C）45 号；（D）35 号。

答案：**B**

Jd5A2115 用绝缘杆操作隔离开关时要（　　）。

（A）用力均匀果断；（B）突然用力；（C）慢慢拉；（D）用大力气拉。

答案：**A**

Jd5A2116 雷电引起的过电压称为（　　）。

（A）内部过电压；（B）工频过电压；（C）大气过电压；（D）事故过电压。

答案：**C**

Jd5A2117 隔离开关应有（　　）装置。

（A）防误闭锁；（B）锁；（C）机械锁；（D）万能锁。

答案：**A**

Jd5A2118 更换高压熔断器时，应戴（　　）。

（A）绝缘手套；（B）手套；（C）一般手套；（D）医用手套。

答案：**A**

Jd5A2119 电流互感器二次侧不允许（　　）。

（A）开路；（B）短路；（C）接仪表；（D）接保护。

答案：**A**

Jd5A2120 运行中电压互感器引线端子过热应（　　）。

（A）加强监视；（B）加装跨引；（C）停止运行；（D）继续运行。

答案：**C**

Jd5A2121 全电路欧姆定律应用于（　　）。

（A）任一回路；（B）任一独立回路；（C）任何电路；（D）简单电路。

答案：D

Jd5A3122 变压器中性点接地属于（　　）。

（A）工作接地；（B）保护接地；（C）防雷接地；（D）安全接地。

答案：A

Jd5A3123 变压器投切时会产生（　　）。

（A）操作过电压；（B）大气过电压；（C）雷击过电压；（D）系统过电压。

答案：A

Jd5A3124 发生误操作隔离开关时，应采取（　　）处理。

（A）立即拉开；（B）立即合上；（C）误合时不许再拉开，误拉时在弧光未断开前再合上；（D）停止操作。

答案：C

Jd5A3125 隔离开关可以进行（　　）。

（A）恢复所用变压器；（B）代替断路器切故障电流；（C）任何操作；（D）切断接地电流。

答案：A

Jd5A3126 操作票上的操作项目包括检查项目必须填写双重名称，即设备（　　）。

（A）位置和编号；（B）名称和位置；（C）名称和表计；（D）名称和编号。

答案：D

Jd5A3127 值班运行人员与调度员进行倒闸操作联系时，要首先互报（　　）。

（A）单位、姓名、年龄；（B）单位、性别、姓名；（C）单位、姓名、运行状态；（D）单位、姓名、时间。

答案：D

Jd5A3128 电感在直流电路中相当于（　　）。

（A）开路；（B）短路；（C）断路；（D）不存在。

答案：B

Jd5A3129 主变压器新投运时，需冲击合闸（　　）。

（A）1次；（B）3次；（C）4次；（D）5次。

答案：D

Jd5A3130 隔离开关可拉开( )的变压器。

(A) 负荷电流；(B) 空载电流不超过 2A；(C) 5.5A；(D) 短路电流。

答案：**B**

Jd5A3131 为防止电压互感器高压侧的电压串入低压侧，危害人员和仪表，应将低压侧( )。

(A) 接地；(B) 屏蔽；(C) 设围栏；(D) 加绝缘罩。

答案：**A**

Jd5A3132 断路器油用于( )。

(A) 绝缘；(B) 灭弧；(C) 绝缘和灭弧；(D) 冷却。

答案：**C**

Jd5A3133 发现断路器压力降低闭锁时，应( )。

(A) 立即将重合闸停用；(B) 立即断开断路器；(C) 采取禁止跳闸的措施；(D) 不用采取措施。

答案：**C**

Jd5A3134 直流电路中，我们把电流流出的一端叫电源的( )。

(A) 正极；(B) 负极；(C) 端电压；(D) 电动势。

答案：**A**

Jd5A3135 电力系统一般事故备用容量为系统最大负荷的( )。

(A) 2%～5%；(B) 3%～5%；(C) 5%～10%；(D) 5%～8%。

答案：**C**

Jd5A3136 用试拉断路器的方法寻找接地故障线路时，应先试拉( )。

(A) 长线路；(B) 充电线路；(C) 无重要用户的线路；(D) 电源线路。

答案：**B**

Jd5A3137 母线隔离开关操作可以通过辅助触点进行( )切换。

(A) 信号回路；(B) 电压回路；(C) 电流回路；(D) 保护电源回路。

答案：**B**

Jd5A4138 蓄电池在正常浮充电时保持满充电状态，每个蓄电池的端电压为( )。

(A) 每个蓄电池的端电压应保持 2.15V；(B) 每个蓄电池的端电压应保持 215V；(C) 每个蓄电池的端电压应保持 220V；(D) 每个蓄电池的端电压应保持 230V。

答案：**A**

Jd5A4139 变压器绕组最高温度为( )℃。

(A) 105；(B) 95；(C) 75；(D) 80。

答案：**A**

Jd5A4140 电力系统无功容量不足必将引起( )。

(A) 电压普遍下降；(B) 电压升高；(C) 边远地区电压下降；(D) 边远地区电压升高。

答案：**A**

Jd5A4141 变压器安装升高座时，放气塞应在升高座( )。

(A) 最高处；(B) 任意位置；(C) 最低处；(D) 中间位置。

答案：**A**

Jd5A4142 两只阻值相同的电阻串联后其阻值( )。

(A) 等于两只电阻阻值的乘积；(B) 等于两只电阻阻值之和；(C) 等于两只电阻阻值之和的二分之一；(D) 等于两只电阻阻值的倒数和。

答案：**B**

Jd5A4143 并、解列检查负荷分配，并在该项的末尾记上实际( )数值。

(A) 电压；(B) 电流；(C) 有功；(D) 无功。

答案：**B**

Jd5A5144 发生非全相运行时( )保护不闭锁。

(A) 零序灵敏一段；(B) 高频；(C) 零序灵敏二段；(D) 不一定。

答案：**B**

Jd5A5145 高压断路器有( )作用。

(A) 高压断路器可以切断和接通空载电流和负荷电流；(B) 高压断路器可以切断故障电流和接通负荷电流；(C) 高压断路器有真空断路器和 SF_6 断路器等；(D) 高压断路器有快速分合能力。

答案：**B**

Jd5A5146 下列说法正确的是( )。

(A) 隔离开关可以切无故障电流；(B) 隔离开关能拉合电容电流不超过 5.5A 的空载线路；(C) 用隔离开关可以断开系统中发生接地故障的消弧线圈；(D) 隔离开关可以拉合无故障的电压互感器和避雷器。

答案：**D**

Jd5A5147 室外母线接头易发热的原因是（　　）。

（A）接头经常受到风、雨、雪、日晒、冰冻等侵蚀，使母线接头加速氧化，接触电阻增大，温度升高；（B）接头表面污秽受潮后，绝缘电阻下降，温度升高；（C）当负荷电流过大时，使得母线接头发热，温度升高；（D）传输距离比较远，母线容易发热，接头温度升高。

答案：**A**

Je5A1148 容量在（　　）kV·A 及以上的变压器应装设气体继电器。

（A）7500；（B）1000；（C）800；（D）40。

答案：**C**

Je5A1149 电压互感器二次负载变大时，二次电压（　　）。

（A）变大；（B）变小；（C）基本不变；（D）不一定。

答案：**C**

Je5A1150 反映电力线路电流增大而动作的保护为（　　）。

（A）小电流保护；（B）过电流保护；（C）零序电流保护；（D）过负荷保护。

答案：**B**

Je5A2151 在感性负载两端并联容性设备是为了（　　）。

（A）增加电源无功功率；（B）减少负载有功功率；（C）提高负载功率因数；（D）提高整个电路的功率因数。

答案：**D**

Je5A2152 变压器绕组首尾绝缘水平一样为（　　）。

（A）全绝缘；（B）半绝缘；（C）不绝缘；（D）分级绝缘。

答案：**A**

Je5A2153 每段母线配置合并单元，母线电压由其合并单元（　　）通过线路电压合并单元转接。

（A）点对点；（B）网络；（C）点对点或网络；（D）其他。

答案：**A**

Je5A2154 变压器三相负载不对称时将出现（　　）电流。

（A）正序、负序、零序；（B）正序；（C）负序；（D）零序。

答案：**C**

Je5A2155 电流互感器二次侧接地是为了（   ）。

（A）测量用；（B）工作接地；（C）保护接地；（D）节省导线。

答案：**C**

Je5A2156 熔丝熔断时，应更换（   ）。

（A）熔丝；（B）相同容量熔丝；（C）大容量熔丝；（D）小容量熔丝。

答案：**B**

Je5A2157 断路器零压闭锁后，断路器（   ）分闸。

（A）能；（B）不能；（C）不一定；（D）无法判定。

答案：**B**

Je5A2158 变压器变比与匝数（   ）。

（A）不成比例；（B）成反比；（C）成正比；（D）无关。

答案：**C**

Je5A3159 断路器在气温零下 30℃ 时做（   ）试验。

（A）低温操作；（B）分解；（C）检查；（D）绝缘。

答案：**A**

Je5A3160 直流电阻的测量对于小电阻用（   ）测量。

（A）欧姆表；（B）直流单臂电桥；（C）直流双臂电桥；（D）兆欧表。

答案：**C**

Je5A3161 电压互感器二次短路会使一次（   ）。

（A）电压升高；（B）电压降低；（C）熔断器熔断；（D）电压不变。

答案：**C**

Je5A3162 对于电磁操动机构，合闸线圈动作电压不低于额定电压的（   ）。

（A）75％；（B）85％；（C）80％；（D）90％。

答案：**C**

Je5A3163 电力系统在运行中发生短路故障时，通常伴随着电压（   ）。

（A）大幅度上升；（B）急剧下降；（C）越来越稳定；（D）不受影响。

答案：**B**

Je5A3164 电流互感器的二次额定电流一般为（   ）。

（A）10A；（B）100A；（C）5A；（D）0.5A。

答案：**C**

Je5A3165 低压闭锁过流保护应加装( )闭锁。

（A）电压；（B）电流；（C）电气；（D）电容。

答案：**A**

Je5A3166 断路器合闸后加速与重合闸后加速回路( )。

（A）彼此独立；（B）共用一块中间继电器；（C）共用一块加速继电器；（D）共用一块合闸继电器。

答案：**C**

Je5A3167 线路保护区的电流互感器内部线圈靠近( )。

（A）线路侧；（B）母线侧；（C）中间；（D）线路侧与母线侧各取一组。

答案：**B**

Je5A3168 电流互感器的电流误差，一般规定不应超过( )。

（A）0.05；（B）0.1；（C）0.15；（D）0.2。

答案：**B**

Je5A3169 在电路中，电流之所以能流动，是由电源两端的电位差造成的，我们把这个电位差叫作( )。

（A）电压；（B）电源；（C）电流；（D）电容。

答案：**A**

Je5A3170 运行中电压互感器高压侧熔断器熔断应立即( )。

（A）更换新的熔断器；（B）停止运行；（C）继续运行；（D）取下二次熔丝。

答案：**B**

Je5A3171 由雷电引起的过电压称为( )。

（A）内部过电压；（B）工频过电压；（C）大气过电压；（D）感应过电压。

答案：**C**

Je5A3172 电力系统中，将大电流按比例变换为小电流的设备称为( )。

（A）变压器；（B）电抗器；（C）电压互感器；（D）电流互感器。

答案：**D**

Je5A4173 变压器空载时一次绕组中有( )流过。

（A）负载电流；（B）空载电流；（C）冲击电流；（D）短路电流。

答案：**B**

Je5A4174 变压器中性线电流不应超过该绕组额定电流的（　　）。

（A）15％；（B）25％；（C）35％；（D）45％。

答案：B

Je5A4175 断路器在额定电压下能正常接通的最大短路电流（峰值），称为断路器的（　　）。

（A）动稳定电流（又称峰值耐受电流）；（B）热稳定电流（又称短时耐受电流）；（C）额定短路关合电流（又称额定短路接通电流）；（D）额定开断电流。

答案：C

Je5A4176 三相对称负载星接时，相电压有效值是线电压有效值的（　　）倍。

（A）1；（B）1.732；（C）3；（D）0.577。

答案：D

Je5A4177 电缆线路停电后用验电笔验电时有电，是因为（　　）。

（A）电缆线路相当于一个电容器，停电后线路还存有剩余电荷；（B）电缆线路相当于一个电感，停电后线路还存有剩余磁场；（C）电缆线路相当于一个电容器，停电后线路还存有剩余电流；（D）电缆线路相当于一个电感，停电后线路还存有剩余电荷。

答案：A

Je5A4178 在电力系统正常状况下，用户受电端的电压最大允许偏差不应超过额定值的（　　）。

（A）±2％；（B）±5％；（C）±7％；（D）±10％。

答案：D

Je5A5179 断路器的跳合闸位置监视灯串联一个电阻，其目的是为了（　　）。

（A）限制通过跳闸线圈的电流；（B）补偿灯泡的额定电压；（C）防止因灯座短路造成断路器误跳闸；（D）防止灯泡过热。

答案：C

Je5A5180 在6～10kV中性点不接地系统中发生单相金属性接地时，非故障相的相电压将（　　）。

（A）升高1倍；（B）升高不明显；（C）升高1.73倍；（D）升高2倍。

答案：C

Je5A5181 并联电阻电路中的总电流等于各支路（　　）。

（A）电流的和；（B）电流的积；（C）电流的倒数和；（D）电流的差。

答案：A

Jf5A1182 在将伤员由高处送至地面前，应先口对口吹气（　　）。

（A）2次；（B）3次；（C）5次；（D）4次。

答案：A

Jf5A1183 电力系统在运行中发生短路故障时，通常伴随着电流（　　）。

（A）大幅度上升；（B）急剧下降；（C）越来越稳定；（D）不受影响。

答案：A

Jf5A2184 断路器套管裂纹绝缘强度（　　）。

（A）不变；（B）升高；（C）降低；（D）时升时降。

答案：C

Jf5A2185 对于频率为50Hz的交流电，流过人体的电流超过（　　）时，就有致命危险。

（A）20～30mA；（B）30～40mA；（C）40～50mA；（D）50～100mA。

答案：D

Jf5A2186 电压互感器低压侧两相电压降为零，一相正常，一个线电压为零，则说明（　　）。

（A）低压侧两相熔断器断；（B）低压侧一相熔丝断；（C）高压侧一相熔丝断；（D）高压侧两相熔丝断。

答案：A

Jf5A2187 电容器停用检修前，必须将电容器接地并充分放电，其放电时间不得少于（　　）。

（A）5min；（B）10min；（C）15min；（D）20min。

答案：A

Jf5A3188 并联电池组的电池需满足的要求及原因是（　　）。

（A）并联电池的电动势要相等，否则电动势大的电池会对小的电池放电；（B）并联电池的电动势要相等，否则并联电池组的电动势大；（C）并联电池的电动势相等，否则并联电池组的电动势小；（D）并联电池的电动势要相等，否则电动势大的输出功率大电动势小的输出功率小。

答案：A

Jf5A3189 用万用表检测二极管时，应使用万用表的（　　）。

（A）电流档；（B）电压档；（C）1kΩ欧姆档；（D）10Ω欧姆档。

答案：C

Jf5A3190 系统发生振荡时的现象有（　　）。

（A）通过同期装置进行系统并列；（B）变电站内的电流表、电压表和功率表的指针呈周期性摆动；（C）投切无功补偿装置，调整或保持系统电压；（D）拉停某些线路甚至是主变。

答案：B

Jf5A3191 因隔离开关传动机构本身故障而不能操作的，应（　　）处理。

（A）停电；（B）自行；（C）带电处理；（D）以后。

答案：A

Jf5A3192 铅酸蓄电池正常时，正极板为（　　）。

（A）深褐色；（B）浅褐色；（C）灰色；（D）黑色。

答案：A

Jf5A3193 能把正电荷从低电位移向高电位的力叫（　　）。

（A）电磁力；（B）电场力；（C）电源力；（D）电动力。

答案：C

Jf5A3194 变压器油酸价指（　　）。

（A）酸的程度；（B）油的氧化程度；（C）油分子中含羟基多少；（D）油分子中各原子化合价。

答案：B

Jf5A3195 操作票中的"正令时间"是指调度下达操作动令时间，对于自行掌握的操作是指（　　）。

（A）调度批准的时间；（B）预令时间；（C）结束时间；（D）开始时间。

答案：A

Jf5A3196 高压设备发生接地时，室内不得接近故障点 4m 以内，室外不得接近故障点（　　）m 以内。

（A）4；（B）6；（C）8；（D）10。

答案：C

Jf5A4197 RLC 串联电路的复阻抗 $Z=$（　　）Ω。

（A）$R+\omega L+1/\omega C$；（B）$R+L+1/C$；（C）$R+\mathrm{j}\omega L+1/\mathrm{j}\omega C$；（D）$R+\mathrm{j}(\omega L+1/\omega C)$。

答案：C

Jf5A4198 三相对称负载三角形连接时，线电压最大值是相电压有效值的（ ）倍。

（A）1；（B）3；（C）1.4；（D）13。

答案：**C**

Jf5A4199 电压互感器在运行中，为避免产生很大的短路电流，烧毁互感器，所以要求互感器（ ）。

（A）严禁二次线圈短路；（B）必须一点接地；（C）严禁超过规定的容量加带负荷。

答案：**A**

Jf5A5200 一个理想电压源，当（ ）时，有 $u＝e$。

（A）u 与 e 参考方向相反；（B）u 与 e 参考方向相同；（C）无论 u 与 e 方向相同还是相反；（D）任何时刻。

答案：**D**

Jf5A5201 变压器接线组别为 Y，yn 时，其中性线电流不得超过额定低压绕组电流的（ ）。

（A）15％；（B）25％；（C）35％；（D）45％。

答案：**B**

Jf5A52021 10kV 电压互感器的二次额定线电压一般为（ ）。

（A）60V；（B）110V；（C）100V；（D）80V。

答案：**C**

1.2 判断题

La5B1001　电荷的基本特性是异性电荷相吸引，同性电荷相排斥。（√）

La5B1002　电压互感器的互感比和匝数比完全相等。（×）

La5B1003　全电路欧姆定律应用于简单电路。（√）

La5B1004　电压互感器是恒压源，内阻抗很小。（√）

La5B1005　几个电阻的两端分别接在一起，每个电阻两端承受同一电压，这种电阻连接方法称为电阻的并联。（√）

La5B1006　叠加定理适用于复杂线性电路中的电流和电压。（√）

La5B1007　直流电路中，我们把电流流出的一端叫电源的正极。（√）

La5B1008　最大值、频率、初相位称为正弦交流电的三要素。（√）

La5B1009　变压器温度升高时，绝缘电阻值不变。（×）

La5B1010　一个理想电压源，当 u 与 e 参考方向相反时，有 $u=e$。（√）

La5B1011　参考点改变，电路中两点间电压也随之改变。（×）

La5B1012　电阻元件的电压和电流方向总是相同的。（√）

La5B1013　电压互感器二次负载变化时，电压基本维持不变，相当于一个电压源。（√）

La5B2014　衡量电能质量的三个参数是：电压、频率、波形。（√）

La5B2015　在电路中，电流之所以能流动，是由电源两端的电位差造成的，我们把这个电位差叫作电压。（√）

La5B2016　可以在电流互感器与临时短路点之间进行工作。（×）

La5B2017　仪表的误差有：本身固有误差和外部环境造成的附加误差。（√）

La5B2018　对于两节点多支路的电路用节点电压法分析最简单。（√）

La5B2019　低压电气设备是指电压等级在 1000V 以下者。（√）

La5B2020　高压电气设备是指电压等级在 1000V 及以下者。（×）

La5B2021　功率表指示的是瞬时的发、供、用电设备所发出、传送和消耗的功率；而电能表的数值是累计某一段时间内所发生、传送和消耗的电能数。（√）

La5B2022　一个支路数大于网孔数的电路，利用回路电流法求解较支路法求解方便。（√）

La5B2023　与恒压源并联的元件不同，恒压源的端电压不同。（×）

La5B2024　绿灯表示跳闸回路完好。（×）

La5B2025　物体带电是由于失去电荷或得到电荷的缘故。（√）

La5B2026　距离保护失压时易误动。（√）

La5B2027　双绕组变压器的分接开关装设在高压侧。（√）

La5B2028　电流互感器的一次匝数很多，二次匝数很少。（√）

La5B2029　电流互感器的一次匝数很少，二次匝数很多。（×）

La5B2030　变压器中性点接地属于工作接地。（√）

La5B2031　电压互感器的变比即为一、二次额定电压之比。（√）

La5B2032　电流互感器是把大电流变为小电流的设备，又称变流器。（√）

La5B2033 能把正电荷从低电位移向高电位的力叫电场力。（×）

La5B2034 进行熔断器更换时，应换型号和容量相同的熔断器。（√）

La5B2035 在电容电路中，能通过电容器的是交流电流。（√）

La5B2036 电力系统中的无功电源有：①同步发电机；②调相机；③并联补偿电容器；④静止补偿器。（√）

La5B2037 变压器铜损等于铁损时最经济。（√）

La5B2038 并联电阻电路中的总电流等于各支路电流的和。（√）

La5B2039 三相对称负载星接时，相电压有效值是线电压有效值的3倍。（×）

La5B2040 变压器在空载时，一次绕组中有电流流过。（√）

La5B2041 自耦变压器体积小、重量轻、造价低、便于运输。（√）

La5B2042 系统装有并联电容器，发电机就可以少发无功。（√）

La5B2043 等效变换是保证变换的外电路的各电压、电流不变。（√）

La5B2044 电流表的阻抗较大，电压表的阻抗则较小。（×）

La5B2045 电流互感器可以把高电压与仪表和保护装置等二次设备隔开，保证了测量人员与仪表的安全。（√）

La5B3046 变压器差动保护能反映该保护范围内的所有故障。（×）

La5B3047 电压互感器可以隔离高压，保证了测量人员和仪表及保护装置的安全。（√）

La5B3048 速断保护是按躲过线路末端短路电流整定的。（√）

La5B3049 电流互感器和电压互感器的二次可以互相连接。（×）

La5B3050 断路器失灵保护在断路器及保护拒动时动作。（×）

La5B3051 高压电气设备是指电压等级在1000V及以上者。（√）

La5B3052 电器仪表准确度等级分7个级。（√）

La5B3053 母差保护范围就是母线。（×）

La5B3054 由操作、事故或其他原因引起系统的状态发生从一种稳定状态转变为另一种稳定状态的过渡过程中可能产生的对系统有危险的过电压，是内部过电压。（√）

La5B4055 保护接零就是将设备在正常情况下不带电的金属部分，用导线与系统零线进行直接相连。（√）

La5B4056 恒流源的特点是输出电流不变。（√）

La5B4057 三相星形接线电流保护能反映各种类型故障。（√）

La5B4058 我们把提供电能的装置叫作发电机。（×）

La5B4059 三相对称负载三角形连接时，线电压和相电压有效值相等。（√）

La5B5060 电流互感器二次侧接地是为了工作接地。（×）

La5B5061 电压互感器的用途是把一次大电流按一定比例变小，用于测量等。（×）

Lb5B1062 绿灯表示合闸回路完好。（√）

Lb5B1063 可以直接用隔离开关拉已接地的避雷器。（×）

Lb5B1064 石英砂熔断器可以限制短路电流。（√）

Lb5B1065 电器设备的金属外壳接地是工作接地。（×）

Lb5B1066 操作中发生防误锁打不开时，可请示值班负责人，解锁操作。（×）

Lb5B2067 操作票中的"下令时间"是指调度下达操作执行完成的时间。（×）

Lb5B2068 在一恒压的电路中，电阻 R 减小，电流随之减小。（×）

Lb5B2069 零序电流保护的最大特点是：只反应单相接地故障。因为系统中的其他非接地短路故障不会产生零序电流，所以零序电流保护不受任何故障的干扰。（√）

Lb5B2070 每个指令项的起止操作项目执行后要记录操作时间。（√）

Lb5B2071 二次回路的绝缘标准是运行中的不低于 $1M\Omega$，新投入的、室内不低于 $10M\Omega$，室外不低于 $20M\Omega$。（×）

Lb5B2072 零序保护无时限。（×）

Lb5B2073 浮充电能补偿蓄电池自放电损耗，使蓄电池组经常处于完全充电状态。（√）

Lb5B2074 部分停电的工作指高压设备部分停电或室内虽全部停电，但通至邻接高压室的门并未全部闭锁。（√）

Lb5B2075 电力事业应当根据国民经济和社会发展的需要同步发展的原则。（×）

Lb5B2076 禁止在电流互感器与临时短路点之间进行工作。（√）

Lb5B2077 操作中发生疑问时，应立即停止操作，并向值班调度员或值班负责人报告，弄清问题后，再进行操作。（√）

Lb5B2078 "指令项"填写调度下达的操作计划顺序号。（√）

Lb5B2079 变电站发生事故后立即与值班调度员联系，报告事故情况和提出事故处理建议。（×）

Lb5B2080 高压电气设备是指电压等级在 1000V 以上者。（×）

Lb5B2081 每次操作完毕，监护人核对操作无误后，在操作票操作栏内打一个蓝色"√"，并记录操作时间。（×）

Lb5B2082 变电站运行专工负责事故、异常运行的分析报告，提出防止事故对策。（×）

Lb5B2083 新设备投运前，设备编号由运行单位报送领导批准的方案，由省调批准后方可实施。（×）

Lb5B3084 电流互感器二次回路上工作时，禁止采用熔丝或导线缠绕方式短接二次回路。（√）

Lb5B3085 电流互感器是把大电流按一定比例变为小电流，提供各种仪表使用和继电保护用的电流，并将二次系统与高电压隔离。（√）

Lb5B3086 熔断器熔丝的熔断时间与通过熔丝的电流间的关系曲线称为安秒特性。（√）

Lb5B3087 将检修设备停电，对已拉开的隔离开关操作把手必须锁住。（√）

Lb5B3088 直流接地点查找时取熔断器的顺序为：正极接地时，先断（－），后断（＋）；恢复熔断器时，先投（－），后投（＋）。（×）

Lb5B3089 值班运行人员与调度员进行倒闸操作联系时，要首先互相汇报单位、时间、姓名。（√）

Lb5B3090 在电力电容器与其断路器之间装设一组 ZnO 避雷器的原因是防止电力电容器在拉、合操作时可能出现的操作过电压。（√）

Lb5B3091 零序电流保护的最大特点是：只反应相间故障，因为系统中的其他非接地短路故障不会产生零序电流，所以零序电流保护不受任何故障的干扰。（×）

Lb5B3092 线路零序保护是距离保护的后备保护。（×）

Lb5B3093 工作票签发人签名处，既可以签名，也可以盖章，各单位可自行统一规定。（√）

Lb5B3094 每张操作票只能填写一个操作任务。（√）

Lb5B3095 启、停某种保护或自动装置连接片应用"合上""拉开。"（×）

Lb5B3096 全部停电的工作指室内、室外高压设备全部停电（包括架空线路与电缆引入线在内）；通至邻接高压室的门全部闭锁。（√）

Lb5B3097 操作中发生疑问时，应建议操作监护人调整操作顺序，继续操作。（×）

Lb5B3098 并联电池组的电池电动势要相等，否则电动势大的电池会对电动势小的电池放电。（√）

Lb5B3099 编制变电站电气主接线运行方式时，要力求满足供电可靠性、灵活性和经济性等要求。（√）

Lb5B3100 对工作票中的电压等级填写一律写"kV"或"千伏"。（×）

Lb5B3101 SF_6 气体是无色无味有毒的非燃烧性气体。（×）

Lb5B3102 设备运行分析分为综合分析、专题分析两种。（√）

Lb5B3103 两只阻值相同的电阻串联后其阻值等于两只电阻阻值其中之一的二分之一。（×）

Lb5B3104 电压互感器又称仪表变压器，也称 TV，工作原理、结构和接线方式都与变压器相同。（×）

Lb5B3105 变压器净油器作用是吸收油中水分。（√）

Lb5B3106 高压断路器不仅可以切断和接通空载电流和负荷电流，还可以切断故障电流。（√）

Lb5B3107 断路器采用多断口是为了提高遮断灭弧能力。（√）

Lb5B3108 变压器在空载时，一次绕组中没有电流流过。（×）

Lb5B3109 操作票要妥善保管留存，保存期为一年。（√）

Lb5B3110 断路器均压电容的作用是使电压分布均匀。（√）

Lb5B3111 设备发生接地时室外不得接近故障点 8m。（√）

Lb5B3112 发生触电时，伤害程度与电流作用时间无关。（×）

Lb5B3113 电压互感器二次表计回路熔丝的熔断时间应小于保护装置的动作时间。（√）

Lb5B4114 电压互感器与变压器主要区别在于容量小。（√）

Lb5B4115 分闸速度过低会使燃弧时间加长，断路器爆炸。（√）

Lb5B4116 操作中发生疑问时，应在操作完成后查找原因。（×）

Lb5B4117 220kV 避雷器上部均压环作用是使避雷器电压分布均匀。（√）

Lb5B4118 隔离开关可以切无故障电流。（×）

Lb5B4119 断路器红灯回路应串有断路器动断触点。（×）

Lb5B4120 更换熔断器可由 1 人进行。（×）

Lb5B4121 操作票应根据值班调度员或值班长下达的操作计划和操作综合令填写。（√）

Lb5B4122 在中性点直接接地系统中，零序电流互感器一般接在中性点的接地线上。（√）

Lb5B4123 SF_6 气体化学性质有不溶于水和变压器油，在电弧和水分的作用下，SF_6 气体分解产生低氟化合物会引起绝缘材料的损坏。（√）

Lb5B4124 高频保护的范围是本线路全长及下一段线路的一部分。（×）

Lb5B4125 用电流表、电压表测负载时，电流表与负载串联，电压表与负载并联。（√）

Lb5B4126 电源的中性点与接地装置有良好的连接时，该中性点便称为零点；而由零点引出的导线，则称为零线。（√）

Lb5B4127 变电站直流系统接地可能造成信号装置、继电保护和控制电路的误动作。（√）

Lb5B4128 发生触电时，电流作用的时间越长，伤害越重。（√）

Lb5B4129 在电压互感器二次主回路中熔丝的额定电流应为最大负荷电流的 1.0 倍。（×）

Lb5B4130 操作开关时，可通过设备机械位置指示、电气指示、带电显示装置、仪表及各种遥测、遥信等信号的变化来判断。（√）

Lb5B5131 在事故处理或进行倒闸操作时，不得进行交接班，交接班时发生事故，应立即停止交接班，并由交班人员处理，接班人员在交班值长指挥下协助工作。（√）

Lb5B5132 电压互感器在正常运行中，二次负载阻抗很大，电压互感器是恒压源，内阻抗很小，容量很小，一次绕组导线很细，当互感器二次发生短路时，一次电流很大，若二次熔丝选择不当，熔丝不能熔断时，电压互感器极易被烧坏。（√）

Lb5B5133 电缆线路相当于一个电容器，停电后线路还存有剩余电荷，对地仍然有电位差。所以电缆线路停电后用验电笔验电时——有电！（√）

Lb5B5134 中央信号是监视变电站电气设备运行的一种信号装置，根据电气设备的故障特点发出声响和灯光信号。（√）

Lb5B5135 全部停电的工作指室内、室外高压设备全部停电（包括架空线路与电缆引入线在内）。（×）

Lb5B5136 不停电工作系指工作本身不需要停电和没有偶然触及导电部分的危险者或许可在带电设备外壳上、导电部分上进行的工作。（√）

Lb5B5137 对工作票中的安全措施栏中的填写顺序应写：1、2、3、4……（√）

Lc5B1138 禁止摆动伤员头部呼叫伤员。（√）

Lc5B1139 救护触电伤员切除电源时，有时会同时使照明失电，因此应同时考虑事故照明、应急灯等临时照明。（√）

Lc5B1140 在口对口人工呼吸最初两次吹气后，试测颈动脉两侧，仍无搏动可以判定心跳已经停止，应继续对伤员吹气。（×）

Lc5B1141 胸外按压必须有效，有效的标志是按压过程中可以感觉到呼吸。（×）

Jd5B1001 备用母线如长期不在运行状态，在需要投入运行前应重新进行保护计算、高压试验，经相关部门同意后投入。（×）

Jd5B1002 电流互感器二次应接地。（√）

Jd5B2003 母差保护范围是从母线至线路电流互感器之间设备。（√）

Jd5B2004 取下熔丝时，先取下正极，后取下负极，放上熔丝时相反。（√）

Jd5B2005 备用母线必须试充电正常后，才可以直接投入运行。（√）

Jd5B2006 用电流表、电压表测负载时，电流表与负载并联，电压表与负载串联。（×）

Jd5B2007 常用同期方式有准同期和自同期。（√）

Jd5B2008 光字排灯脚接地是控制回路接地。（×）

Jd5B2009 工作间断后复工必须履行工作许可手续。（×）

Jd5B2010 低压交直流回路可以共用一条电缆。（×）

Jd5B2011 变压器安装升高座时，放气塞应在升高座的中间位置。（×）

Jd5B2012 在感性负载两端并联容性设备是可以提高整个电路的功率因数。（√）

Jd5B2013 变比不相同的变压器不能并列运行。（√）

Jd5B2014 变压器注油时应使油位上升至与绕组温度相应的位置。（×）

Jd5B2015 变压器的铁芯不能多点接地。（√）

Jd5B3016 拆除接地线要先拆接地端后拆导体端。（×）

Jd5B3017 装、拆接地线均应戴绝缘手套。人体不得碰触接地线或未接地的导线，以防止感应电触电。（√）

Jd5B3018 变压器铁芯可以多点接地。（×）

Jd5B3019 强迫油循环变压器停了油泵可以继续运行 2 小时。（×）

Jd5B3020 电感在直流电路中相当于断路。（×）

Jd5B3021 红灯表示合闸回路完好。（×）

Jd5B3022 变压器空载运行时应投入两台冷却器。（√）

Jd5B3023 隔离开关可以拉合负荷电流和接地故障电流。（×）

Jd5B3024 变压器空载时无电流流过。（×）

Jd5B3025 串联电路中，电路两端的总电压等于各电阻两端的分压之和。（√）

Jd5B3026 可以直接用隔离开关拉已接地的避雷器。（×）

Jd5B3027 电流互感器是用小电流反映大电流值，直接供给仪表和继电装置。（√）

Jd5B3028 关于回路电流法正确的是：回路电流是回路的独占支路中流过的电流。（√）

Jd5B3029 高频保护优点是无时限从被保护线路两侧切除各种故障。（√）

Jd5B3030 备用母线如进行试充电时，应投入充电保护。（√）

Jd5B3031 对于小电阻的直流电阻的测量用直流双臂电桥测量误差较小。（√）

Jd5B3032 设备发生接地时，室内不得接近故障点 8m。（×）

Jd5B3033 操作票要妥善保管留存，保存期为半年。（×）

Jd5B3034 变压器外部有穿越电流流过时，气体继电器可能动作。（×）

Jd5B3035 直流系统在变电站中为控制、信号、继电保护、自动装置及事故照明等提供可靠的直流电源。（√）

Jd5B3036 红灯表示跳闸回路完好。（√）

Jd5B3037 电流互感器的接线方式，有使用两个电流互感器两相 V 形和两相电流差接线，有使用三个电流互感器的三相 Y 形、三相△形和零序接线。（√）

Jd5B3038 叠加定理适用于线性电路中的电压、电流、功率。（×）

Jd5B3039 运行中的变压器补油时，重瓦斯保护不能改接信号。（×）

Jd5B3040 电压切换把手应随线路走。（√）

Jd5B3041 将操作把手拧至合闸终点位置时，应同时监视电流表，待红灯亮后再松

开，把手自动复归到合后位置。（√）

Jd5B3042 对称三相电路角接时，线电流比对应相电流滞后 30°。（√）

Jd5B3043 电压互感器的二次绕组匝数少，经常工作在相当于空载的工作状态下。（√）

Jd5B3044 系统发生振荡时，变电站内的电流表、电压表和功率表的指针呈周期性摆动。（√）

Jd5B3045 电流互感器的二次开路不会对设备产生不良影响。（×）

Jd5B4046 变压器油面过低可能造成绝缘击穿。（√）

Jd5B4047 断路器中的油起冷却作用。（×）

Jd5B4048 在电压互感器二次主回路中熔丝的额定电流应为最大负荷电流的 1.5 倍。（√）

Jd5B4049 高频保护不能作为相邻线路的后备保护。（√）

Jd5B4050 强迫油循环变压器外壳是平的，其冷却面积很小。（√）

Jd5B4051 电流互感器的二次侧不应有接地点。（×）

Jd5B4052 距离保护带方向。（√）

Jd5B4053 电压互感器二次侧应接地。（√）

Jd5B4054 有载调压变压器在无载时改变分接头。（×）

Jd5B4055 瓦斯保护范围是变压器的内部。（√）

Jd5B4056 高压断路器在大修后应调试有关行程。（√）

Jd5B4057 距离保护阻抗继电器采用 90°接线。（×）

Jd5B4058 不允许交、直流回路共用一条电缆。（√）

Jd5B4059 电流保护接线方式有两种。（×）

Jd5B4060 接线组别不相同的变压器一定不能并列运行。（√）

Jd5B4061 隔离开关不可以切无故障电流。（√）

Jd5B5062 距离保护一段的保护范围是线路全长。（×）

Jd5B5063 在一恒压的电路中，电阻 R 增大，电流随之增大。（×）

Jd5B5064 直流接地点查找，用拉路查找分段处理的方法，以先信号和照明部分后操作部分，先室外后室内部分为原则查找。（√）

Je5B1065 安装接地线要先装接地端，后装导体端。（√）

Je5B1066 取下熔丝时，先取下负极，后取下正极，放上熔丝时相反。（×）

Je5B1067 隔离开关可以拉合主变压器中性点。（√）

Je5B1068 变压器大盖沿气体继电器方向坡度为 5%～10%。（×）

Je5B1069 无载调压变压器可以在变压器空载运行时调整分接开关。（×）

Je5B1070 母线停电或电压互感器退出运行前，一定要先将故障录波器停用。（×）

Je5B2071 在变压器中性点装设消弧线圈目的是补偿电网接地时电容电流。（√）

Je5B2072 隔离开关可以拉合 220kV 及以下空母线充电电流。（√）

Je5B2073 110kV 变压器铁芯接地电流 1 年测一次。（√）

Je5B2074 不可以直接用隔离开关拉已接地的避雷器。（√）

Je5B2075 强迫油循环变压器发出"冷却器全停"信号后，应立即申请将变压器退出运行。（×）

Je5B2076 隔离开关能拉合电容电流不超过 5.5A 的空载线路。（×）

Je5B2077 变压器最热处是变压器的下层 1/3 处。（×）

Je5B2078 金属导体的电阻与导体电阻率有关。（√）

Je5B2079 变压器硅胶受潮变粉红色。（√）

Je5B2080 断路器停电作业，操作直流必须在两侧隔离开关全部拉开后脱离，送电时相反。（√）

Je5B2081 接地装置由接地体、接地线两部分构成。（√）

Je5B2082 备用母线可以直接投入运行。（×）

Je5B3083 隔离开关可拉开电容电流不超过 2A 的空载线路。（×）

Je5B3084 送电合闸操作应按照负荷侧隔离开关——母线侧隔离开关——断路器的顺序依次操作。（×）

Je5B3085 为使蓄电池在正常浮充电时保持满充电状态，每个蓄电池的端电压应保持有 2.15V 的电压。（√）

Je5B3086 油断路器本身所带动合、动断触点变换开合位置来接通断路器机构合闸及跳闸回路和声响信号回路，达到断路器断开或闭合电路的目的。（√）

Je5B3087 新安装变压器投运后，气体继电器动作频繁，应将变压器退出运行。（×）

Je5B3088 直流系统正极接地时，如果回路中再有一点发生接地，就可能使跳闸或合闸回路短路，造成保护或断路器拒动，或烧毁继电器，或使熔断器熔断等。（×）

Je5B3089 强迫油循环变压器发出"冷却器全停"信号后，值班人员应立即检查断电原因，尽快恢复冷却装置的运行。（√）

Je5B3090 故障录波器退出时，应先断开直流电源，后断开交流电源，防止故障录波器因失压而误动。（√）

Je5B3091 直流系统负极接地时，如果回路中再有一点发生接地，就可能使跳闸或合闸回路短路，造成保护或断路器拒动，或烧毁继电器，或使熔断器熔断等。（√）

Je5B3092 电容式自动重合闸的动作次数视此线路的性质而定可以多次重合。（×）

Je5B3093 强迫油循环变压器发出"备用冷却器投入"信号时，证明"工作"冷却器或"辅助"冷却器有故障。（√）

Je5B3094 变电站发生事故后尽一切可能保证良好设备继续运行，确保对用户的连续供电。（√）

Je5B3095 安装接地线要先装导体端，后装接地端。（×）

Je5B3096 断路器电动合闸，当操作把手拧至预合位置时，红灯应闪光。（×）

Je5B3097 装设接地线要先装边相后装中相。（×）

Je5B3098 瓦斯保护范围是变压器的外部。（×）

Je5B3099 进行倒母线操作时，母联断路器操作直流熔断器必须在合位。（×）

Je5B3100 停电拉闸操作必须按照断路器——负荷侧隔离开关——母线侧隔离开关的顺序依次操作。（√）

Je5B3101 阻波器是载波通信及高频保护不可缺少的高频通信元件，它可阻止高频电流向其他分支泄漏。（√）

Je5B3102 只有油断路器可以在断路器现场就地用手动操作方式进行停送电操作。（×）

Je5B3103 电阻负载并联时，功率与电阻的大小成反比。（√）

Je5B3104 直流系统发生负极接地有造成保护误动作的可能。因为电磁操动机构的跳闸线圈通常都接于负极电源，倘若这些回路再发生接地或绝缘不良就会引起保护误动作。（×）

Je5B3105 用隔离开关可以断开系统中发生接地故障的消弧线圈。（×）

Je5B3106 隔离开关可以拉合无故障的电压互感器和避雷器。（√）

Je5B3107 允许交、直流回路共用一条电缆。（×）

Je5B3108 当母差保护交流电流回路不正常或断线时，应闭锁母线差动保护，并发告警信号。（√）

Je5B3109 当电力线路发生短路故障时，在短路点将会产生一个高电压。（×）

Je5B3110 隔离开关不仅用来倒闸操作，还可以切断负荷电流。（×）

Je5B3111 高频保护缺点是构造复杂不能作为相邻线路的后备保护。（√）

Je5B4112 电压互感器正常巡视的项目包含电压指示有无异常。（√）

Je5B4113 在6～10kV中性点不接地系统中发生单相接地时，非故障相的相电压将升高1倍。（×）

Je5B4114 断路器零压闭锁后，运行人员可以手动分闸断路器。（×）

Je5B4115 消弧线圈运行后不需要经常切换分接头。（×）

Je5B4116 继电保护在新投入运行前应检查记录合格可以投入运行，检查设备完整良好，检查标志清楚正确。（√）

Je5B4117 断路器停电作业，两侧隔离开关必须在直流脱离后才可拉开，送电时相反。（×）

Je5B4118 线路停电时，必须按照断路器、母线侧隔离开关、负荷侧隔离开关的顺序操作，送电时相反。（×）

Je5B4119 变电站发生事故后应尽快限制事故的发展，脱离故障设备，解除对人身和设备的威胁。（√）

Je5B4120 断路器的跳合闸位置监视灯串联一个电阻，其目的是为了防止灯泡过热及限制通过跳闸线圈的电流。（×）

Je5B4121 防误装置万能钥匙使用时必须经工区主任和监护人批准。（×）

Je5B4122 装设接地线要先装接地端、后装导体端，先装中相、后装边相的顺序，拆除顺序相反。（√）

Je5B4123 蓄电池每日应测试电池一次，全部电池每月由值长进行全面测试一次。（×）

Je5B4124 设备缺陷是通过设备巡视检查、各种检修、试验和维护发现的。（√）

Je5B4125 隔离开关可拉开空载电流不超过5A的变压器。（×）

Je5B4126 室外母线接头易发热的原因是经常受到风、雨、雪、日晒、冰冻等侵蚀，使得接头的接触电阻增大，温度升高。（√）

Je5B4127 电器仪表准确度等级分3个级。（×）

Je5B5128 直流系统发生正极接地时有造成保护误动作的可能。因为电磁操作机构的跳闸线圈通常都接于负极电源，倘若这些回路再发生接地或绝缘不良就会引起保护误动作。（√）

Je5B5129 低压交直流回路不能共用一条电缆是防止直流绝缘破坏，则直流混线会造成短路或继电保护误动等。（√）

Je5B5130 装设接地线必须先接接地端，后接导体端，接地线应接触良好。拆接地线的顺序依此类推。（×）

Je5B5131 线路保护取的电流互感器内部线圈靠近线路侧。（×）

Je5B5132 过流保护的动作原理是电网中发生单相接地短路故障时，电流会突然增大，电压突然下降，过流保护就是按线路选择性的要求，整定电流继电器的动作电流的。（×）

Je5B5133 掉牌未复归信号的作用是为使值班人员在记录保护动作情况的过程中，不致于发生遗漏造成误判断，应注意及时复归信号掉牌，以免出现重复动作，使前后两次不能区分。（√）

Je5B5134 备用母线无需试充电，可以直接投入运行。（×）

Je5B5135 用试拉断路器的方法寻找接地故障线路时，应先试拉长线路。（×）

Je5B5136 变压器防爆管薄膜的爆破压力是 0.049MPa（√）

Je5B5137 准确度为 0.1 级的仪表，其允许的基本误差不超过±0.1%。（√）

Je5B5138 变电站使用的试温蜡片有 60℃、70℃、80℃三种。（√）

Je5B5139 充油设备渗漏率按密封点不能超过 0.01%。（×）

Jf5B1140 更换高压熔断器时应戴手套。（×）

Jf5B1141 严禁工作人员在工作中移动或拆除围栏、接地线和标示牌。（√）

Jf5B1142 当验明设备确已无电压后，应立即将检修设备三相短路并接地。（×）

Jf5B1143 需要得到调度命令才能执行的操作项目，要在"顺序项"栏内盖"联系调度"章。（√）

Jf5B1144 巡视设备时不得进行其他工作，不得移开或越过遮栏。（√）

Jf5B1145 雷电时，一般不进行倒闸操作，禁止在就地时进行倒闸操作。（√）

Jf5B1146 变电站发生事故后对停电的设备和中断供电的用户，要采取措施尽快恢复供电。（√）

Jf5B1147 用绝缘棒拉合隔离开关或经传动机构拉合断路器和隔离开关均应戴绝缘手套。（√）

Jf5B1148 雷雨天巡视室外高压设备时，应穿绝缘靴，并不得靠近避雷器和避雷针。（√）

Jf5B2149 在一经合闸即可送电到工作地点的断路器和隔离开关的操作把手上，均应悬挂"禁止合闸，线路有人工作！"的标示牌。（×）

Jf5B2150 装设接地线应由两人进行（经批准可以单人装设接地线的项目及运行人员除外）。（√）

Jf5B2151 雨天用绝缘棒操作室外高压设备时，应穿绝缘靴、戴绝缘手套。（√）

Jf5B2152 大风前应清除母线附近的杂物。（√）

Jf5B2153 禁止攀登运行中变压器，取瓦斯气体。（×）

Jf5B2154 变电站主变压器构架等装设的固定扶梯，应悬挂"从此上下！"标示牌。（×）

Jf5B2155 工作人员在工作中移动或拆除围栏、接地线和标示牌。（×）

Jf5B2156 未经值班的调度人员许可，但领导可以操作调度机构调度管辖范围内的设

备。（×）

Jf5B2157 雷电时，一般不进行室外倒闸操作和就地进行倒闸操作。（×）

Jf5B2158 在一经合闸即可送电到工作地点的断路器和隔离开关的操作把手上，均应悬挂"禁止合闸，有人工作！"的标示牌。（√）

Jf5B2159 变电站主变压器构架等装设的固定扶梯，应悬挂"止步，高压危险！"标示牌。（×）

1.3 多选题

La5C1001 运用中的电气设备系指（   ）。

（A）部分停电的电气设备；（B）全部带有电压的电气设备；（C）一部分带有电压的电气设备；（D）没有检修工作的电气设备；（E）一经操作即有电压的电气设备。

答案：BCE

La5C2001 低压交直流回路不能共用一条电缆的原因有（   ）。

（A）共用同一条电缆降低直流系统的绝缘水平；（B）共用同一条电缆造成交流系统电压不稳定；（C）如果直流绝缘破坏，则直流混线会造成短路；（D）如果直流回流受潮，绝缘降低，会造成继电保护误动。

答案：ACD

La5C2002 SF_6 气体化学性质有（   ）。

（A）SF_6 气体不溶于水和变压器油；（B）在炽热的温度下，它与氧气、氢气、铝及其他许多物质发生作用；（C）在电弧和电晕的作用下，SF_6 气体会分解，产生低氟化合物，这些化合物会引起绝缘材料的损坏；（D）SF_6 的分解反应与水分有很大关系，因此要有去潮措施。

答案：ACD

La5C2003 无功电源有（   ）。

（A）电抗器；（B）电容器；（C）调相机；（D）静止补偿器。

答案：BCD

La5C2004 金属导体的电阻与导体（   ）有关。

（A）长度；（B）截面积；（C）电阻率；（D）材料。

答案：ABCD

La5C3001 变压器在空载时，（   ）。

（A）一次绕组中没有电流流过；（B）一次绕组中有电流流过；（C）二次绕组中没有电流流过；（D）二次绕组中有电流流过。

答案：BC

La5C3002 叠加原理是（   ）。

（A）适用于线性电路中的电流计算；（B）适用于线性电路中的电压计算；（C）可适用于功率的计算；（D）应用叠加原理计算电路时，需把复杂电路化简为具有单一电势的串并联简单电路进行运算。

答案：AB

La5C3003 关于功率描述正确的是（　　）。

（A）单位时间所做的功称为功率；（B）交流电瞬时功率在一个周期内的平均值，称为平均功率，又称有功功率；（C）电压和电流的乘积叫视在功率；（D）电容器和电感不消耗电能但与电源进行能量交换。

答案：ABC

La5C3004 小电流接地系统的中性点接地方式有（　　）。

（A）直接接地；（B）经消弧线圈接地；（C）不接地；（D）经小电阻接地。

答案：BCD

La5C3005 下列说法正确的是（　　）。

（A）三相绕组的首端（或尾端）连接在一起的共同连接点，称电源中性点；（B）当电源的中性点与接地装置有良好的连接时，该中性点便称为零点；（C）电源中性点必须接地；（D）由零点引出的导线，则称为零线。

答案：ABD

La5C4001 以下（　　）是属于内部过电压。

（A）工频过电压；（B）谐振过电压；（C）感应雷过电压；（D）空载线路合闸引起的过电压。

答案：ABD

La5C4002 过流保护的动作原理是（　　）。

（A）反应故障时电流值增加的保护装置；（B）电网中发生相间短路故障时，电流会突然增大，电压突然下降，过流保护就是按线路选择性的要求，整定电流继电器的动作电流的；（C）当线路中故障电流达到电流继电器的动作值时，电流继电器动作，按保护装置选择性的要求有选择性地切断故障线路；（D）同一线路不同地点短路时，由于短路电流不同，保护具有不同的工作时限，在线路靠近电源端短路电流较大，动作时间较短。

答案：ABC

Lb5C1001 "两票三制"中"两票"指的是（　　）。

（A）措施票；（B）操作票；（C）工作票；（D）动火票。

答案：BC

Lb5C2001 变电站的蓄电池组的负荷可分（　　）。

（A）经常性负荷；（B）短时性负荷；（C）事故负荷；（D）变电站动力负荷。

答案：ABC

Lb5C2002 交流回路熔丝、直流控制回路熔丝的选择应该( )。

(A) 交流回路熔丝按保护设备额定电流的 1.2 倍选用；(B) 直流控制熔丝一般选用 5～10A；(C) 直流控制熔丝一般选用 1～5A；(D) 交流回路熔丝按保护设备额定电流的 1.5 倍选用。

答案：AB

Lb5C2003 变压器油的作用有( )。

(A) 绝缘；(B) 灭弧；(C) 冷却；(D) 均压。

答案：AC

Lb5C3001 断路器中的油起( )作用。

(A) 冷却；(B) 绝缘；(C) 灭弧；(D) 保护。

答案：BC

Lb5C3002 隔离开关应具备的基本要求为( )。

(A) 隔离开关应有明显的断开点；(B) 要求结构简单、动作可靠；(C) 应具有足够的短路稳定性；(D) 隔离开关必须具备手动和电动操作功能；(E) 主隔离开关与其接地开关间应相互闭锁；(F) 隔离开关断开点间应具有可靠的绝缘。

答案：ABCEF

Lb5C3003 轻瓦斯动作的原因可能是( )。

(A) 因空气进入变压器；(B) 因油面低于气体继电器轻瓦斯浮筒以下；(C) 变压器故障产生少量气体；(D) 气体继电器或二次回路故障；(E) 发生穿越性短路故障；(F) 因滤油、加油或冷却系统不严密致使空气进入变压器。

答案：ABCDEF

Lb5C3004 电力避雷器按结构分为( )。

(A) 管型避雷器；(B) 阀型避雷器；(C) ZnO 避雷器；(D) 架空避雷线。

答案：ABC

Lb5C3005 室外母线接头易发热的原因有( )。

(A) 经常受到风、雨、雪、日晒、冰冻等侵蚀，使母线接头加速氧化；(B) 接头容易被腐蚀，接触电阻增大，温度升高；(C) 接头表面污秽受潮后，绝缘电阻下降，温度升高；(D) 当负荷电流过大时，使得母线接头发热，温度升高。

答案：AB

Lb5C3006 半绝缘、全绝缘变压器说法正确指的是( )。

(A) 靠近中性点部分绕组的主绝缘，其绝缘水平比端部绕组的绝缘水平低；(B) 靠近中性点部分绕组的主绝缘，其绝缘水平比端部绕组的绝缘水平高；（C）变压器首端与靠近中性点部分绕组的主绝缘水平一样叫全绝缘；（D）变压器靠近中性点部分绕组的主绝缘能承受线电压的叫全绝缘。

答案：AC

Lb5C3007 防止误操作的重点有（   ）。

（A）误拉、误合断路器或隔离开关；（B）带负荷拉合隔离开关和非同期并列；（C）误入带电间隔和误登带电架构；（D）带电挂地线和带接地线合闸；（E）误投退继电保护和电网自动装置。

答案：ABCDE

Lb5C3008 高压断路器按灭弧介质不同有（   ）。

（A）压缩空气断路器；（B）少油、多油断路器；（C）SF_6断路器；（D）真空断路器。

答案：ABCD

Lb5C4001 并联电池组的电池须满足的要求（   ）。

（A）并联电池的各电动势要相等，否则电动势大电池会对小电池放电；（B）并联电池的各电动势要相等，否则并联电池组的电动势大；（C）并联电池的各内阻要相等，否则内阻小并联电池组的放电电流大；（D）并联电池的各内阻要相等，否则内阻大并联电池组的放电电流大。

答案：AC

Lb5C4002 以下（   ）设备在母差保护的保护范围内。

（A）母线侧刀闸；（B）出线侧刀闸；（C）断路器；（D）母线电压互感器；（E）母线避雷器。

答案：ACDE

Lb5C4003 电流互感器应在（   ）方式下运行。

（A）电流互感器不得超额定容量长期运行；（B）电流互感器二次侧电路应始终闭合；（C）电流互感器二次侧线圈应一点接地；（D）电流互感器二次侧线圈应能耐受高压。

答案：ABC

Lb5C4004 变电站的直流系统接地危害是（   ）。

（A）可造成断路器误跳闸；（B）可造成断路器拒绝跳闸；（C）可造成熔断器熔断；（D）可造成继电保护误动作。

答案：ABCD

Lb5C4005 使变压器发出异常声响的原因有( )。

（A）过负荷；（B）内部接触不良，放电打火；（C）主变空载运行；（D）个别零件松动；（E）系统中有接地或短路；（F）主变冷却器全停；（G）负荷变化较大；（H）主变油温过高。

答案：ABDEG

Lb5C5001 变压器绕组绝缘损坏的原因有( )。

（A）线路短路故障；（B）长期过负荷运行，绝缘严重老化；（C）绕组绝缘受潮；（D）绕组接头或分接开关接头接触不良；（E）雷电波侵入，使绕组过电压。

答案：ABCDE

Lb5C5002 变压器出现假油位可能是由以下原因引起的( )。

（A）油标管堵塞；（B）呼吸器堵塞；（C）变压器高压套管法兰处漏油；（D）薄膜保护式油枕在加油时未将空气排尽。

答案：ABD

Lb5C5003 电流互感器接线方式有( )。

（A）使用一个电流互感器的单相接线；（B）使用两个电流互感器两相 V 形接线和两相电流差接线；（C）使用三个电流互感器三相 Y 形、三相△接线；（D）使用三个电流互感器零序接线。

答案：ABCD

Lc5C1001 变电站巡视包括( )。

（A）例行巡视；（B）特殊巡视；（C）专业巡视；（D）全面巡视；（E）夜间熄灯巡视。

答案：ABCDE

Lc5C1002 工作收工，次日复工应遵守如下规定( )。

（A）重新履行工作许可手续；（B）应得到值班员许可；（C）取回工作票；（D）对工作负责人指明带电设备位置和安全注意事项；（E）工作负责人必须事前重新认真检查安全措施是否符合工作票的要求后，方可工作。

答案：BCE

Lc5C2001 防误闭锁装置不能随意退出运行，停用防误闭锁装置应经( )批准。

（A）变电运维班班长；（B）总工程师；（C）本单位分管生产的行政副职；（D）变电运维班当班值长。

答案：BC

Lc5C2002 反事故演习的目的是( )。

（A）定期检查运行人员处理事故的能力；（B）使生产人员掌握迅速处理事故和异常现象的正确方法；（C）贯彻反事故措施，帮助生产人员进一步掌握现场规程，熟悉设备运行特性；（D）提高系统运行的可靠性。

答案：ABC

Lc5C2003 工作班成员的安全责任有( )。

（A）熟悉工作内容、工作流程，掌握安全措施；（B）明确工作中的危险点，并履行确认手续；（C）严格遵守安全规章制度、技术规程和劳动纪律，对自己在工作中的行为负责，互相关心工作安全，并监督本规程的执行和现场安全措施的实施；（D）正确使用安全工器具和劳动防护用品。

答案：ABCD

Lc5C2004 班组技术员具体负责的培训工作有( )。

（A）编制班组培训计划，在班长领导下认真执行并努力完成分场（车间）、工区（县局）布置的各项培训任务；（B）组织班组成员学习所管辖设备的技术规范，熟悉设备情况及规程制度等；（C）建立健全培训档案；（D）及时做好各项培训的登记管理并按期总结，向分场（车间）、工区（县局）培训工程师（员）汇报执行情况。

答案：ABCD

Jd5C1001 蓄电池日常维护工作有( )。

（A）消扫灰尘，保持室内清洁；（B）及时检修不合格的老化电池；（C）定期给连接端子涂凡士林；（D）定期进行蓄电池的充放电；（E）充注电解液，注意密度、液面、液温。

答案：ABCDE

Jd5C2001 断路器误跳闸的原因有( )。

（A）保护误动作；（B）断路器机构的不正确动作；（C）一次回路绝缘问题；（D）有寄生跳闸回路。

答案：ABD

Jd5C2002 雷雨天气，需要巡视室外高压设备时( )。

（A）应穿绝缘靴；（B）不得靠近避雷器和避雷针；（C）必须戴绝缘手套。

答案：AB

Jd5C2003 变电站使用的试温蜡片有( )。

（A）60℃；（B）70℃；（C）80℃；（D）90℃。

答案：ABC

Jd5C2004 在室内配电装置上装设接地线应符合下列要求（   ）。

（A）应装在该装置导电部分的规定地点；（B）接地点必须有编号；（C）这些地点的油漆应刮去并画下黑色记号。

答案：AC

Jd5C3001 防止触电的措施有（   ）。

（A）保护接地；（B）保护接零和零线的重复接地；（C）设备外壳金属部分，用导线与系统中性点进行直接相连；（D）系统中性点直接接地。

答案：AB

Je5C2001 室内设备正常巡视项目有（   ）。

（A）无异声和焦味；（B）所有仪表、信号、指示灯窗均应与运行状况相一致，指示正确；（C）保护连接片位置正确（应与实际相符合）；（D）系统三相电压平衡（近似），并在规定的范围；（E）门窗是否关好。

答案：ABCD

Je5C2002 避雷器巡视检查项目有（   ）。

（A）检查瓷质部分是否有破损、裂纹及放电现象；（B）检查放电记录器是否动作；（C）油标、油位是否正常，是否漏油；（D）检查避雷器内部是否有异常声响。

答案：ABD

Je5C2003 电压互感器正常巡视的项目有（   ）。

（A）瓷件有无裂纹损坏或异声放电现象；（B）检查温度计是否正常工作；（C）接线端子是否松动；（D）电压指示无异常。

答案：ACD

Je5C2004 母线巡视检查项目有（   ）。

（A）检查母线内部是否有异常声响；（B）检查软母线是否有断股、散股现象；（C）每次接地故障后，检查支持绝缘子是否有放电痕迹；（D）大风前应清除杂物。

答案：BCD

Je5C3001 蓄电池在使用中应避免的是（   ）。

（A）过量放电；（B）过量充电；（C）大电流充、放电；（D）低温放电。

答案：ABC

Je5C3002 下列说法正确的是（   ）。

（A）进行熔断器更换时，应换型号和容量相同的熔断器；（B）石英砂熔断器可以限制短路电流；（C）熔断器熔丝的熔断时间与通过熔丝的电流间的关系曲线称为安秒特性；

（D）电流互感器二次回路可以采用熔断短接二次回路。

答案：**ABC**

Je5C3003 变电站现场运行专用规程中应明确该站 SF_6 组合电气设备各气室的（ ）压力。

（A）正常；（B）额定；（C）报警；（D）闭锁。

答案：**BCD**

Je5C3004 电气设备由运行转为检修状态时应（ ）。

（A）拉开必须切断的开关；（B）拉开必须断开的全部刀闸；（C）电压互感器高低压熔丝一律取下，其高压刀闸拉开；（D）挂上保护用临时接地线或合上接地刀闸。

答案：**ABCD**

Je5C3005 电气设备由运行转为冷备用状态时应（ ）。

（A）拉开必须切断的开关；（B）拉开必须断开的全部刀闸；（C）电压互感器高低压熔丝一律取下，其高压刀闸拉开；（D）挂上保护用临时接地线或合上接地刀闸。

答案：**ABC**

Je5C3006 电力电缆巡视检查项目有（ ）。

（A）检查电缆及终端盒有无渗漏油，绝缘胶是否软化溢出；（B）绝缘子是否清洁完整，是否有裂纹及闪络痕迹，引线接头是否完好不发热；（C）外露电缆的外皮是否完整，支撑是否牢固；（D）外皮接地是否良好。

答案：**ABCD**

Je5C3007 变压器气体继电器的巡视项目有（ ）。

（A）变压器的呼吸器应在正常工作状态；（B）瓦斯保护连接片投入正确；（C）检查油枕的油位在合适位置；（D）瓷件有无裂纹损坏或异声放电现象。

答案：**ABC**

Je5C3008 断路器停电操作后，应进行的检查为（ ）。

（A）红灯应熄灭，绿灯应亮；（B）电流表指示应为零；（C）断路器外观是否异常、引线是否有放电痕迹；（D）操动机构的分合指示器应在分闸位置。

答案：**ABD**

Je5C3009 更换断路器的红灯泡时应注意（ ）。

（A）更换灯泡的现场必须有两人；（B）应换用与原灯泡同样电压、功率、灯口的灯泡；（C）如需要取下灯口时，应使用绝缘工具，防止将直流短路或接地；（D）断开控制回路直流电源。

答案：**ABC**

Je5C3010 同一变压器三侧的成套 SF_6 组合电器（GIS \ PASS \ HGIS）（　　）之间应有电气联锁。

（A）断路器；（B）分合闸操作把手；（C）隔离开关；（D）接地刀闸。

答案：CD

Je5C4001 隔离开关在运行中可能出现的异常为（　　）。

（A）接触部分过热；（B）绝缘子破损、断裂，导线线夹裂纹；（C）支柱式绝缘子胶合部分因质量不良和自然老化造成绝缘子掉盖；（D）因严重污秽或过电压，产生闪络、放电、击穿接地。

答案：ABCD

Je5C4002 电容器发生下列（　　）情况时应立即退出运行。

（A）套管闪络或严重放电；（B）接头过热或熔化；（C）外壳膨胀变形；（D）内部有放电声及放电设备有异响。

答案：ABCD

Je5C4003 变压器缺油对运行的危害有（　　）。

（A）变压器油面过低会使轻瓦斯动作；（B）严重缺油时，铁芯和绕组暴露在空气中容易受潮；（C）可能造成绝缘击穿；（D）可能使油温上升。

答案：ABC

Je5C4004 套管出现裂纹（　　）。

（A）会使套管变形，影响美观；（B）会使套管机械强度降低，积攒灰尘；（C）会使绝缘强度降低，绝缘的进一步损坏，直至全部击穿；（D）裂缝中的水结冰时也可能将套管胀裂。

答案：CD

Je5C4005 消弧线圈切换分接头的操作有（　　）规定。

（A）应按当值调度员下达的分接头位置切换消弧线圈分接头；（B）切换分接头前，应确知系统中没有接地故障，再用隔离开关断开消弧线圈；（C）装设好接地线后，才可切换分接头并测量直流电阻；（D）测量直流电阻合格后才能将消弧线圈投入运行。

答案：ABCD

Je5C4006 液压机构的断路器发出"跳闸闭锁"信号，且压力值确实已降到低于跳闸闭锁值时，运行人员应立即（　　）。

（A）断开油泵的电源；（B）装上机构闭锁卡板；（C）再打开有关保护的连接片；（D）向安监部门报告；（E）并做好倒负荷的准备；（F）向当值调度员报告。

答案：ABCEF

Je5C4007 取运行中变压器的瓦斯气体时，应注意的安全事项有( )。

(A) 必须将主变保护退出运行；(B) 取瓦斯气体必须由两人进行，其中一人操作、一人监护；(C) 攀登变压器取气时应保持安全距离，防止高摔；(D) 防止误碰探针。

答案：BCD

Je5C5001 电缆线路停电后用验电笔验电时有电，错误的是( )。

(A) 电缆线路相当于一个电容器，停电后线路还存有剩余电荷；(B) 电缆线路相当于一个电感，停电后线路还存有剩余磁场；(C) 电缆线路相当于一个电容器，停电后线路还存有剩余电流；(D) 电缆线路相当于一个电感，停电后线路还存有剩余电荷。

答案：BCD

Je5C5002 小电流接地系统发生单相接地时的现象有( )。

(A) 警铃响；(B) 发出单相接地信号；(C) 故障点系高电阻接地，则接地相电压降低，其他两相对地电压高于相电压；(D) 故障点金属性接地，则接地相电压降到零，其他两相对地电压升为线电压；(E) 故障点间歇性接地三相电压表的指针不停摆动。

答案：ABCDE

Je5C5003 排油注氮消防灭火系统方式选择开关在"自动"方式时，同时满足( )条件时，该系统自动启动。

(A) 主变温度探测器探测达到报警温度；(B) 主变压力释放装置动作；(C) 重瓦斯保护动作；(D) 变压器三侧开关跳闸。

答案：ACD

Jf5C1001 通畅气道严禁采用( )。

(A) 将伤员仰卧，采用仰头抬颏法使其头部推向后仰通畅气道；(B) 将伤员侧卧，使其气道自然通畅；(C) 使用硬物垫在伤员头下；(D) 使用枕头等软的物品垫在伤员头下。

答案：CD

Jf5C1002 现场工作人员应经过紧急救护法培训，要学会( )。

(A) 正确解脱电源；(B) 心肺复苏法；(C) 止血、包扎、转移搬运伤员；(D) 处理急救外伤或中毒。

答案：ABCD

Jf5C1003 高压设备上工作必须遵守如下规定( )。

(A) 至少由两人进行工作；(B) 使用第一种工作票；(C) 经当值调度员同意；(D) 完成保证安全的组织措施和技术措施。

答案：AD

Jf5C2001 触电伤员如意识丧失应采用（   ）确定伤员呼吸心跳情况。

（A）应在 10s 内，用看、听、试的方法，判定伤员呼吸心跳情况；（B）看伤的胸部、腹部有无起伏动作；（C）用耳贴近伤员的口鼻处，听有无呼气声音；（D）试测口鼻有无呼气的气流，再用两手指轻试一侧（左或右）喉结旁凹陷处的颈动脉有无搏动。

答案：ABCD

Jf5C2002 《安规》对新参加电气的工作人员、实习人员、临时参加劳动人员和外单位派来支援的人员的要求是（   ）。

（A）应经过安全知识教育；（B）不得单独工作；（C）应熟悉本规程，方可参加工作；（D）工作前，设备运行管理单位应告知现场电气设备接线情况、危险点和安全注意事项。

答案：ABD

Jf5C3001 需填入操作票内的项目有（   ）。

（A）应拉合的断路器和隔离开关和检查断路器和隔离开关的位置；（B）主变有载调压调档位；（C）装拆接地线和检查接地线是否拆除；（D）检查负荷分配和切换保护回路及检验是否确无电压；（E）母线电容器投入和退出；（F）安装或拆除控制回路或电压互感器回路的熔断器及停起用自动装置。

答案：ACDF

1.4 计算题

La5D1001　某线路导线为 LJ-50，长度 $L＝X_1\,\mathrm{km}$，$\rho＝0.0315\Omega\cdot\mathrm{mm}^2/\mathrm{m}$，则导线的电阻 $R＝$＿＿＿＿＿Ω。

X_1 取值范围：2、3、4、5、6

计算公式： $R＝\rho\dfrac{1000\times L}{S}＝0.0315\times\dfrac{1000X_1}{50}＝0.63X_1$

La5D1002　如图所示，已知 $U_a＝50\mathrm{V}$，$U_b＝-40\mathrm{V}$，$U_c＝X_1\mathrm{V}$，则 $U_{ac}＝$＿＿＿＿＿V，$U_{bc}＝$＿＿＿＿＿V，$U_{oc}＝$＿＿＿＿＿V。

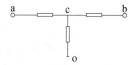

X_1 取值范围：1、2、3、4、5

计算公式： $U_{ac}＝U_a-U_c＝50-X_1$

$U_{bc}＝U_b-U_c＝-40-X_1$

$U_{oc}＝U_o-U_c＝0-X_1＝-X_1$

La5D1003　今有 $P＝X_1\mathrm{W}$ 电热器接在 220V 电源上，则通电半小时所产生的热量 $Q＝$＿＿＿＿＿J。

X_1 取值范围：200、400、600、800、1000

计算公式： $Q＝PT＝X_1\times0.5\times3600$

La5D1004　一电炉取用电流 $I＝X_1\mathrm{A}$，接在电压 $U＝220\mathrm{V}$ 的电路上，则电炉的功率 $P＝$＿＿＿＿＿W；若用电 8h，则电炉所消耗的电能 $Q＝$＿＿＿＿＿$\mathrm{kW}\cdot\mathrm{h}$。

X_1 取值范围：4、8、16、32、64

计算公式： $P＝UI＝220X_1$

$Q＝\dfrac{UIt}{1000}＝\dfrac{220X_1\times8}{1000}＝1.76X_1$

La5D2005　带电作业中，用一条截面积 $S＝25\mathrm{mm}^2$、长 $L＝5\mathrm{m}$ 的铜线来短接开关。已知开关平均负荷电流 $I＝X_1\mathrm{A}$，则这条短路线在 $t＝10\mathrm{h}$ 内消耗电能 $Q＝$＿＿＿$\mathrm{kW}\cdot\mathrm{h}$。（铜的电阻率 $\rho＝0.0175\Omega\cdot\mathrm{mm}^2/\mathrm{m}$）

X_1 取值范围：50、100、150、200、250

计算公式： $Q＝\rho\dfrac{L}{S}I^2t\times10^{-3}＝0.0175\times\dfrac{5}{25}X_1^2\times10\times10^{-3}＝0.35\times10^{-4}X_1^2$

La5D2006 如图所示，已知 $R_1 = 100\Omega$，$R_2 = 300\Omega$，$R_3 = 600\Omega$，电源 $E = X_1$ V，则总电阻 $R = $ _____ Ω，总电流 $I = $ _____ A。

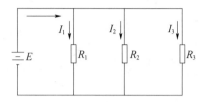

X_1 取值范围：30、40、50、60、70

计算公式： $I = \dfrac{E}{R_1} + \dfrac{E}{R_2} + \dfrac{E}{R_3} = \dfrac{X_1}{100} + \dfrac{X_1}{300} + \dfrac{X_1}{600} = \dfrac{3}{200}X_1$

$$R = \dfrac{R_1 R_2 R_3}{R_2 R_3 + R_1 R_3 + R_1 R_2} = \dfrac{200}{3}$$

La5D2007 如图所示，电动势 $E = X_1$ V、内阻 $R_0 = 1\Omega$、$R_1 = 2\Omega$、$R_2 = 3\Omega$、$R_3 = 1.8\Omega$，则电流 $I = $ _____ A、$I_1 = $ _____ A、$I_2 = $ _____ A，电路的端电压 $U_{ab} = $ _____ V。

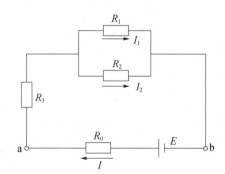

X_1 取值范围：2、4、6、8、10

计算公式： $R = R_0 + R_3 + \dfrac{R_1 R_2}{R_1 + R_2} = 1 + 1.8 + \dfrac{2 \times 3}{2 + 3} = 4$

$$I = \dfrac{X_1}{R} = \dfrac{X_1}{4}$$

$$I_1 = \dfrac{3}{5} I = \dfrac{3}{5} \cdot \dfrac{X_1}{4} = \dfrac{3X_1}{20}$$

$$I_2 = \dfrac{2}{5} I = \dfrac{2}{5} \cdot \dfrac{X_1}{4} = \dfrac{X_1}{10}$$

$$U_{ab} = X_1 - R_0 I = X_1 - \dfrac{1}{4} X_1 = \dfrac{3}{4} X_1$$

La5D2008 如图所示电路中，已知电阻 $R_1 = 1\Omega$，$R_2 = R_5 = 4\Omega$，$R_3 = 1.6\Omega$，$R_4 = 6\Omega$，$R_6 = 0.4\Omega$，电压 $U = X_1$ V。则电路中各支路通过的分支电流 $I_1 = $ _____ A、$I_2 = $

_____ A、$I_3 =$ _____ A、$I_4 =$ _____ A。

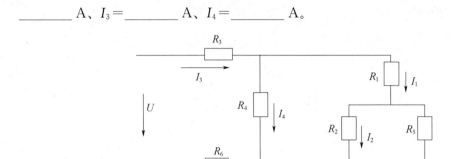

X_1 取值范围：24、36、48、60、72

计算公式： $R = R_3 + R_6 + \dfrac{\left(\dfrac{R_5 R_2}{R_5 + R_2} + R_1\right) \times R_4}{\left(\dfrac{R_5 R_2}{R_5 + R_2} + R_1\right) + R_4} = 1.6 + 0.4 + \dfrac{\left(\dfrac{4 \times 4}{4 + 4} + 1\right) \times 6}{\left(\dfrac{4 \times 4}{4 + 4} + 1\right) + 6} = 4$

$$I_3 = \dfrac{U}{4} = \dfrac{X_1}{4}$$

$$I_1 = \dfrac{2}{3} I_3 = \dfrac{X_1}{6}$$

$$I_2 = \dfrac{1}{3} I_3 = \dfrac{X_1}{12}$$

$$I_4 = \dfrac{1}{3} I_3 = \dfrac{X_1}{12}$$

La5D3009 如图所示，其中 $R_1 = X_1 \Omega$，$R_2 = 10\Omega$，$R_3 = 8\Omega$，$R_4 = 3\Omega$，$R_5 = 6\Omega$，则图中 A、B 端的等效电阻 $R =$ _____ Ω。

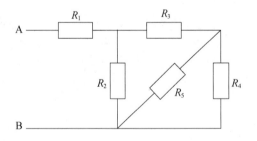

X_1 取值范围：5、6、7、8、9

计算公式： $R = R_1 + \dfrac{\left(\dfrac{R_5 R_4}{R_5 + R_4} + R_3\right) \times R_2}{\left(\dfrac{R_5 R_4}{R_5 + R_4} + R_3\right) + R_2} = X_1 + \dfrac{\left(\dfrac{6 \times 3}{6 + 3} + 8\right) \times 10}{\left(\dfrac{6 \times 3}{6 + 3} + 8\right) + 10} = X_1 + 5$

La5D3010 如图所示，已知 $C_1 = 1\mu\text{F}$，$C_2 = X_1 \mu\text{F}$，$C_3 = 6\mu\text{F}$，$C_4 = 3\mu\text{F}$，则等效电容 $C =$ _____ μF。

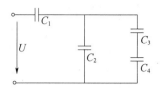

X_1取值范围：1、2、3、4、5

计算公式： $C = \dfrac{(\dfrac{C_3 C_4}{C_3 + C_4} + C_2) \times C_1}{(\dfrac{C_3 C_4}{C_3 + C_4} + C_2) + C_1} = \dfrac{\dfrac{3 \times 6}{3 + 6} + X_1}{\dfrac{3 \times 6}{3 + 6} + X_1 + 1} = \dfrac{2 + X_1}{3 + X_1}$

La5D3011 单相电容器的容量 $Q_e = X_1 \, \text{kV} \cdot \text{A}$，额定电压为 10kV，则电容量 $C =$ _____ μF。

X_1取值范围：157、314、471、628、785

计算公式： $X_C = \dfrac{U_e^{\,2}}{Q_e} = \dfrac{(10 \times 10^3)^2}{1000 X_1} = \dfrac{10^5}{X_1}$

$$C = \dfrac{10^6 X_1}{2 \times 3.14 \times 50 \times 10^5} = \dfrac{X_1}{31.4}$$

La5D3012 如图所示，已知 $R = 4\Omega$，$X_L = X_1 \, \Omega$，$X_C = 9\Omega$，电源电压 $U = 100\text{V}$，若电路中的电压和电流的相位差用 δ 标示，则 $\tan\delta =$ _____。

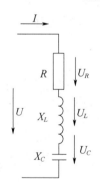

X_1取值范围：9、10、11、12、13

计算公式： $\tan\delta = \dfrac{X_L - X_C}{R} = \dfrac{X_1 - 9}{4}$

La5D3013 如图所示，电源电动势 $E = X_1 \, \text{V}$，电源内阻 $R_0 = 2\Omega$，负载电阻 $R = 18\Omega$，则电源输出功率 $P =$ _____ W、电源内阻消耗功率 $P_0 =$ _____ W。

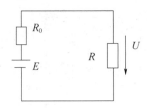

X_1取值范围：20，40，60，80，100

计算公式： $P=\left[\dfrac{E}{(R_0+R)}\right]^2\times R=\left(\dfrac{X_1}{2+18}\right)^2\times 18=0.045X_1^2$

$$P_0=\left[\dfrac{E}{(R_0+R)}\right]^2\times R_0=\left(\dfrac{X_1}{2+18}\right)^2\times 2=0.005X_1^2$$

La5D3014　如图所示，已知 $R_1=8\Omega$，$R_2=3.8\Omega$，电流表 P_{A1} 读数 $I_{A1}=X_1$A（内阻 $R_{g1}=0.2\Omega$），P_{A2} 读数 $I_{A2}=9$A（内阻为 $R_{g2}=0.19\Omega$）。则流过电阻 R_1 的电流 $I_1=$ _____ A，流过 R_3 中的电流 $I_3=$ _____ A 和电阻 $R_3=$ _____ Ω。

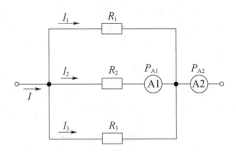

X_1取值范围：50、100、150、200、250

计算公式： $I_1=\dfrac{I_{A1}(R_2+R_{g1})}{R_1}=\dfrac{X_1(3.8+0.2)}{8}=\dfrac{X_1}{2}$

$$I_3=I_{A2}-I_{A1}-I_1=9-X_1-\dfrac{X_1\ (3.8+0.2)}{8}=9-\dfrac{3X_1}{2}=9-1.5X_1$$

$$R_3=\dfrac{I_{A1}\ (R_2+R_{g1})}{I_3}=\dfrac{X_1\ (3.8+0.2)}{I_3}=\dfrac{4X_1}{9-3\dfrac{X_1}{2}}=\dfrac{8X_1}{18-3X_1}$$

La5D3015　一个电压 $U=220$V 的中间继电器，线圈电阻 $R_L=6.8$kΩ，运行时需串入 $R=X_1$kΩ 的电阻，则电阻的消耗的功率 $P=$ _____ W。

X_1取值范围：0.2、1.2、2.2、3.2、4.2

计算公式： $P=\left[\dfrac{U}{(R_L+R)}\right]^2 R=\dfrac{220\times 220}{(6.8+X_1)^2\times 10^6}X_1\times 10^3=\dfrac{48.4X_1}{(6.8+X_1)^2}$

La5D3016　有一块表头的量程是 100μA，内阻 $R_g=1\Omega$，如把它改装成一个量程为 X_1 V 伏特表，内部接线如图所示，则 $R=$ _____ Ω。

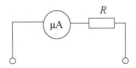

X_1 取值范围：4、8、16、32、64

计算公式：$R = \dfrac{X_1}{I} - R_g = \dfrac{X_1}{100 \times 10^{-6}} - 1$

La3D1017 有一只量程为 $U_1 = 10\text{V}$，内阻 $R_V = 20\text{k}\Omega$ 的 1.0 级电压表，若将其改制成量限为 $U_2 = X_1\text{V}$ 的电压表，则应串联的电阻 $R = \underline{\hspace{2cm}}$ $\text{k}\Omega$。

X_1 取值范围：20、30、40、50、60

计算公式：$R = \dfrac{U_2}{\dfrac{U_1}{R_V}} - R_V = \dfrac{20 X_1}{10} - 20 = 2X_1 - 20$

La5D3018 有两个灯泡分别接在电压 $U = X_1\text{V}$ 电源上，一个 220V，25W，另一个 110V，40W，则两个灯泡实际消耗的功率 $P_1 = \underline{\hspace{2cm}}$ W，$P_2 = \underline{\hspace{2cm}}$ W。

X_1 取值范围：110、220、330、440、550

计算公式：$P_1 = \dfrac{P_{e1} X_1{}^2}{U_{e1}{}^2} = \dfrac{25 X_1{}^2}{220 \times 220} = \dfrac{X_1{}^2}{1936}$

$P_2 = \dfrac{P_{e2} X_1{}^2}{U_{e2}{}^2} = \dfrac{40 X_1{}^2}{110 \times 110} = \dfrac{X_1{}^2}{302.5}$

La5D3019 日光灯电路是由日光灯管和镇流器（可视为纯电感绕组）串联而成，现接在频率 $f = 50\text{Hz}$ 的交流电源上，测得流过灯管的电流 $I = 0.366\text{A}$，灯管两端电压 $U_1 = X_1\text{V}$，镇流器两端电压 $U_2 = 190\text{V}$，电源电压 $U = \underline{\hspace{2cm}}$ V、灯管的电阻 $R = \underline{\hspace{2cm}}$ Ω。

X_1 取值范围：110，120，130，140，150

计算公式：$U = \sqrt{U_1^2 + U_2^2} = \sqrt{X_1{}^2 + 190^2}$

$R = \dfrac{U_1}{I} = \dfrac{X_1}{0.366}$

La5D4020 日光灯电路是由日光灯管和镇流器（可视为纯电感绕组）串联而成，现接在频率 $f = 50\text{Hz}$ 的交流电源上，测得流过灯管的电流 $I = 0.356\text{A}$，灯管两端电压为 $U_1 = X_1\text{V}$，镇流器两端电压 $U_2 = X_2\text{V}$，镇流器电感 $L = \underline{\hspace{2cm}}$ H、日光灯的功率 $P = \underline{\hspace{2cm}}$ W。

X_1 取值范围：110，120，130，140，150

X_2 取值范围：190，200，210，220，230

计算公式：$L = \dfrac{U_2}{I \times 2 \times 3.14 \times 50} = \dfrac{X_2}{0.356 \times 2 \times 3.14 \times 50} = \dfrac{X_2}{111.784}$

$P = IU_1 = 0.356X_1$

La5D4021 一个线圈接到电压 $U = 220\text{V}$ 的直流电源上时，其功率 $P_1 = X_1 \text{kW}$，接到 50Hz，220V 的交流电源上时，其功率 $P_2 = 0.64\text{kW}$，则线圈的 $R = \underline{\hspace{2cm}} \Omega$，$L = \underline{\hspace{2cm}} \text{H}$。

X_1 取值范围：1，1.28，1.64，2.08，2.6

计算公式：$R = \dfrac{U^2}{1000X_1} = \dfrac{220 \times 220}{1000X_1} = \dfrac{48.4}{X_1}$

$$\dfrac{P_2}{R} = \dfrac{U_2{}^2}{R^2 + X_L{}^2} = \dfrac{U_2{}^2}{R^2 + (2\pi f L)^2}$$

$$L = \dfrac{\sqrt{\dfrac{U_2{}^2 R}{P_2} - R^2}}{2 \times 3.14 \times 50} = \dfrac{\sqrt{\dfrac{220 \times 220 R}{0.64 \times 1000} - R^2}}{2 \times 3.14 \times 50} = \dfrac{12.1\sqrt{25X_1 - 16}}{314X_1}$$

La5D4022 交流接触器的电感线圈 $R = 200\Omega$，$L = 7.3\text{H}$，接到电压 $U = X_1 \text{V}$，$f = 50\text{Hz}$ 的电源上，线圈中的电流 $I_1 = \underline{\hspace{2cm}} \text{A}$。如果接到同样电压的直流电源上，此时线圈中的电流 $I_{12} = \underline{\hspace{2cm}} \text{A}$。

X_1 取值范围：50、100、150、200、250

计算公式：$I_1 = \dfrac{U}{\sqrt{R^2 + (2 \times 3.14 \times 50L)^2}} = \dfrac{X_1}{\sqrt{200 \times 200 + (2 \times 3.14 \times 50 \times 7.3)^2}}$

$I_{12} = \dfrac{U}{R} = \dfrac{X_1}{200}$

La5D4023 如图所示，电路中各元件参数的值 $E = X_1 \text{V}$，$R_0 = 100\Omega$，$R_1 = 80\Omega$，$R_2 = 120\Omega$，$R_3 = 240\Omega$，$R_4 = 360\Omega$，$R_5 = 147.48\Omega$，则线路的总电流 $I = \underline{\hspace{2cm}} \text{A}$。

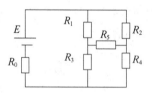

X_1 取值范围：12、24、36、48、60

计算公式：$I = \dfrac{X_1}{R_0 + \dfrac{(R_1 + R_3)(R_2 + R_4)}{(R_1 + R_3) + (R_2 + R_4)}}$

$$= \dfrac{X_1}{100 + \dfrac{(80 + 240) \times (120 + 360)}{(80 + 240) + (120 + 360)}} = \dfrac{X_1}{292}$$

La5D4024 如图所示，已知 $E_1 = X_1$V，$E_2 = 2$V，$R_1 = R_2 = 10\Omega$，$R_3 = 20\Omega$，则电路中的电流 $I_3 = \underline{\hspace{2cm}}$ A。

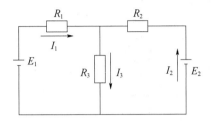

X_1 取值范围：2、3、4、8、10

计算公式：$I_1 + I_2 - I_3 = 0$

$\qquad I_1R_1 + I_3R_3 - E_1 = 10I_1 + 20I_3 - X_1 = 0$

$\qquad I_2R_2 + I_3R_3 - E_2 = 10I_2 + 20I_3 - 2 = 0$

$\qquad I_3 = \dfrac{E_1 + E_2}{50} = \dfrac{X_1 + 2}{50}$

La5D5025 如图所示，已知 $E_1 = 230$V，$R_1 = 1\Omega$，$E_2 = X_1$V，$R_2 = 1\Omega$，$R_3 = 44\Omega$，则 $I_3 = \underline{\hspace{2cm}}$ A。

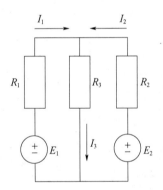

X_1 取值范围：37、126、215、304、393、482

计算公式：$I_1 + I_2 - I_3 = 0$

$\qquad I_1R_1 + I_3R_3 - E_1 = I_1 + 44I_3 - 230 = 0$

$\qquad I_2R_2 + I_3R_3 - E_2 = I_2 + 44I_3 - X_1 = 0$

$\qquad I_3 = \dfrac{X_1 + 230}{89}$

La5D5026 如图所示，若 $U = 220$V，$E = 214$V，$r = X_1\,\Omega$，则在正常状态下的电流 $I = \underline{\hspace{2cm}}$ A，短路状态下的电流 $I_0 = \underline{\hspace{2cm}}$ A。

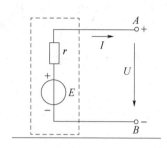

X_1取值范围：0.006，0.012，0.018，0.024，0.03

计算公式：$I = \dfrac{E-U}{r} = \dfrac{214-220}{X_1} = -\dfrac{6}{X_1}$

$$I_0 = \dfrac{E}{r} = \dfrac{214}{X_1}$$

La5D5027 如图所示 L、C 并联电路中，其谐振频率 $f_0 = 30\text{MHz}$，$C = X_1 \text{pF}$，L 的电感值 = _____ H（保留两位小数）。

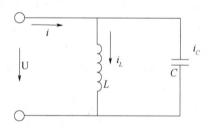

X_1取值范围：40、50、60、70、80

计算公式：$\omega L = \dfrac{1}{\omega C}$

$$L = \dfrac{1}{(2\pi f_0)^2 C} = \dfrac{1}{4 \times 3.14 \times 3.14 \times (30 \times 10^6)^2 X_1 \times 10^{-12}} = \dfrac{1}{35494.56 X_1}$$

Lb5D2028 三相对称负载三角形连接时，线电压最大值 $U_{\text{Lmax}} = X_1 \text{V}$，则线电压有效值 $U_{\text{L}} =$ _____ V。

X_1取值范围：95，190，285，380，475

计算公式：$U_{\text{L}} = \dfrac{U_{\text{Lmax}}}{\sqrt{2}} = \dfrac{X_1}{\sqrt{2}}$

Lb5D2029 三相对称负载星接时，相电压有效值 $U_{\text{ph}} = X_1 \text{V}$，则 $U_{\text{L}} =$ _____ V。

X_1取值范围：110、220、330、440、550

计算公式：$U_{\text{L}} = \sqrt{3} U_{\text{ph}} = \sqrt{3} X_1$

Lb5D2030 三相对称负载星接时，线电压最大值 $U_{Lmax}=X_1$ V，则相电压有效值 U_{ph} = _____ V。

X_1 取值范围：110、220、330、440、550

计算公式：$U_{ph}=\dfrac{U_{Lmax}}{\sqrt{6}}=\dfrac{X_1}{\sqrt{6}}$

Lb5D3031 有一对称三相正弦交流电路，负载为星形连接时，线电压为 $U_L=380$V，每相负载阻抗为 $R=10\Omega$ 电阻与 $R_L=X_1\Omega$ 感抗串接，负载的相电流 $I_{ph}=$ _____ A。

X_1 取值范围：10、20、30、40、50

计算公式：$I_{ph}=\dfrac{U_L}{\sqrt{3}\sqrt{R_L{}^2+R^2}}=\dfrac{220}{\sqrt{X_1{}^2+10^2}}$

Lb5D3032 某三相变压器的二次侧电压 $U=400$V，电流 $I=X_1$ A，已知功率因数 $\cos\varphi=0.866$，这台变压器的有功功率 $P=$ _____ kW，视在功率 $S=$ _____ kV·A。

X_1 取值范围：100、200、300、400、500

计算公式：$P=\dfrac{\sqrt{3}UI\cos\varphi}{1000}=\dfrac{\sqrt{3}\times400\times0.866X_1}{1000}=0.6X_1$

$$S=\dfrac{\sqrt{3}UI}{1000}=\dfrac{\sqrt{3}\times400X_1}{1000}=0.6928X_1$$

Lb5D3033 有一台三相电动机绕组，接成三角形后接于线电压 $U_L=380$V 的电源上，电源供给的有功功率 $P_1=X_1$kW，功率因数 $\cos\varphi=0.83$，则电动机的线电流 $I_L=$ _____ A，相电流 $I_{ph}=$ _____ A。

X_1 取值范围：0.5、2、3、4、5

计算公式：$I_L=\dfrac{1000P_1}{\sqrt{3}U_L\cos\varphi}=\dfrac{1000X_1}{\sqrt{3}\times380\times0.83}=1.83X_1$

$$I_{ph}=\dfrac{I_L}{\sqrt{3}}=1.057X_1$$

Jd5D2034 变压器一、二次绕组的匝数之比为 25，二次侧电压为 X_1V，一次侧电压 $U=$ _____ V。

X_1 取值范围：200、300、400、500、600

计算公式：$U=25X_1$

Jd5D2035 一台额定容量 $S_e=X_1$ kV·A 的三相变压器，额定电压 $U_{1e}=220$kV，$U_{2e}=38.5$kV，一次侧的额定电流 $I_{e1}=$ _____ A、二次侧的额定电流 $I_{e2}=$ _____ A。

X_1 取值范围：31500、50000、60000、120000、180000

计算公式：$I_{e1}=\dfrac{S_e}{\sqrt{3}U_{1e}}=\dfrac{X_1}{\sqrt{3}\times220}=\dfrac{X_1}{381.04}$

$$I_{e1} = \frac{S_e}{\sqrt{3}U_{2e}} = \frac{X_1}{\sqrt{3} \times 38.5} = \frac{X_1}{66.682}$$

Jd5D2036　某设备装有电流保护，电流互感器的变比 $N_1 = 200/5$，整定值 $I_1 = X_1$ A，如果原一次电流不变，将电流互感器变比改为 $N_2 = 120$，保护电流值应整定为 $I =$ _____ A。

X_1 取值范围：3、6、9、12、15

计算公式： $I = \dfrac{I_1 N_1}{N_2} = \dfrac{X_1 \frac{200}{5}}{120} = \dfrac{X_1}{3}$

Je5D3037　某变压器 35kV 侧中性点装设了一台可调的消弧线圈，在 35kV 系统发生单相接地时补偿电流 $I_L = X_1$ A，则此时消弧线圈的感抗 $X_L =$ _____ kΩ。

X_1 取值范围：$\sqrt{3}$、$2\sqrt{3}$、$3\sqrt{3}$、$4\sqrt{3}$、$5\sqrt{3}$

计算公式： $X_L = \dfrac{\frac{U}{\sqrt{3}}}{X_1} = \dfrac{35}{\sqrt{3}X_1}$

Je5D4038　某电力变压器，其额定电压为 110/38.5/11kV，联接组别为 YN，yn，d，已知高压绕组 X_1 匝，则该变压器的中压绕组 $N_{中} =$ _____ 匝、低压绕组 $N_{低} =$ _____ 匝。

X_1 取值范围：3300、4400、5500、6600、7700

计算公式： $N_{中} = \dfrac{X_1}{\frac{110}{38.5}} = \dfrac{38.5X_1}{110}$

$$N_{低} = \frac{X_1}{\frac{110}{11\sqrt{3}}} = \frac{11\sqrt{3}X_1}{110} = \frac{\sqrt{3}X_1}{10}$$

Je5D5039　一组 GGF-500 型蓄电池在平均液温 $T = 15℃$ 时，以 $I = X_1$ A 的负荷电流放电，可放时长为 $t =$ _____ h。

X_1 取值范围：30、40、50、60、70

计算公式： $t = \dfrac{500 \times [1+0.008(T-25)]}{I} = \dfrac{500 \times [1+0.008 \times (15-25)]}{X_1} = \dfrac{460}{X_1}$

1.5 识图题

La5E1001 已知导体中的电流方向和导体在磁场中的受力方向，图中标出磁体的 N 极和 S 极是否正确。（　　）

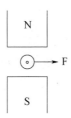

（A）正确；（B）错误。

答案：A

La5E2002 图中标出的三个小磁铁偏转方向是否正确。（　　）

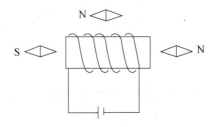

（A）正确；（B）错误。

答案：A

La5E2003 导体中的电流方向和小磁铁插入线圈时，线圈中产生的电流方向已知，图中标出的小磁铁 N 极和 S 极是否正确。（　　）

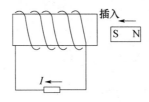

（A）正确；（B）错误。

答案：B

La5E3004 工频交流电源加在电阻和电容串联的电路中，电容两端的电压和流过电容器的电流向量图是否正确。（　　）

（A）正确；（B）错误。

答案：A

La5E3005 工频交流电源加在电阻和电感串联的电路中，该回路的总电压和电流的向量图是否正确。（　　）

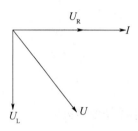

（A）正确；（B）错误。

答案：B

Jd5E3006 图___/__的图形表示继电器的常开接点。（　　）
（A）正确；（B）错误。

答案：A

Jd5E3007 图_____表示为延时闭合的常闭接点。（　　）
（A）正确；（B）错误。

答案：B

Jd5E3008 图　　表示的是闪络击穿。（　　）
（A）正确；（B）错误。

答案：B

Jd5E3009 图　表示的是断路器符号。（　　）
（A）正确；（B）错误。

答案：A

Jd5E3010 图 ⌐╲┌ 的图形表示继电器的常闭接点。（   ）

（A）正确；（B）错误。

答案：**A**

Je5E4011 如图所示的自保持回路中（   ）起到断开回路的作用。

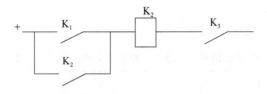

（A）K_1；（B）K_2；（C）K_3。

答案：**C**

2 技能操作

2.1 技能操作大纲

变电站值班员（初级工）技能鉴定技能操作考核大纲

等级	考核方式	能力种类	能力项	考核项目	考核主要内容
初级工	技能操作	基本技能	01. 一次和站用电系统	01. 变电站用电系统一次接线图绘制	变电站用电系统设备并熟悉各种设备的作用和实际位置，及其操作注意事项
		专业技能	01. 倒闸操作、安全措施和事故处理	01.10kV 电容器组由运行转检修	正确地填写倒闸操作票，并能进行倒闸操作
				02.10kV 出线开关及线路由运行转检修	
				03.35kV 出线开关及线路由运行转检修	
				04.110kV 出线开关及线路由运行转检修	
				05.220kV 出线开关由运行转检修	
				06.35kV 出线刀闸永久性相间短路事故处理	在指导和监护下进行事故处理
				07.110kV 线路永久性单相接地事故处理	
			02. 运行监视	01. 巡视检查主变压器间隔一次设备	能在巡视检查中发现设备异常情况，并在指导下处理一般性异常
			03. 电工仪表及常用备品	01. 万用表测试一次保险的完好性	会用万用表、红外线测量仪等仪表进行一般的测量
				02. 电气红外测温	
				03. 主变压器铁芯接地电流测试	
				04. 安全工器具的安全使用	会使用一般安全工具及常用工器具
		相关技能	01. 触电急救及消防	01. 简述触电急救的原则和方法	掌握触电急救的原则和方法
				02. 干粉灭火器的使用	会使用一般消防器材

2.2 技能操作项目

2.2.1 BZ5JB0101 变电站用电系统一次接线图绘制

一、作业

（一）工器具、材料、设备

1. 工器具：无。

2. 材料：笔、A4纸、橡皮及绘图工具。

3. 设备：220kV周营子仿真变电站（或备有220kV周营子变电站一次系统图）。

（二）安全要求

考生不得随意退出、启动任何程序。

（三）操作步骤及工艺要求（含注意事项）

1. 在规定时间内完成绘图。

2. 字迹清楚，卷面整洁，严禁随意涂改。

3. 绘制周营子站用电系统一次接线图，符号符合国家标准。

二、考核

（一）考核场地

考核场地配有220kV周营子仿真变电站培训系统（或备有220kV周营子变电站一次系统图）。

（二）考核时间

考核时间为10min。

（三）考核要点

准确绘制220kV周营子仿真变电站用电系统一次接线图。

三、评分标准

行业：电力工程　　　　　　　　　工种：变电站值班员　　　　　　　　等级：初级工

编号	BZ5JB0101	行为领域	d	鉴定范围		
考核时限	10min	题型	A	满分	100分	得分
试题名称	变电站用电系统一次接线图绘制					
考核要点及其要求	（1）着装整洁，准考证、身份证齐全 （2）遵守考场规定，按时独立完成 （3）字迹清楚，卷面整洁，严禁随意涂改					
现场设备、工器具、材料	（1）工器具：无 （2）材料：笔、A4纸、橡皮及绘图工具 （3）设备：220kV周营子仿真变电站（或备有220kV周营子变电站一次系统图）					
备注						

评分标准

序号	考核项目名称	质量要求	分值	扣分标准	扣分原因	得分
1	接线图绘制	绘制完整，采用标准符号，标号准确 	90	漏画一处设备扣4分；标号不对一处扣3分 电压等级未标明一处扣2.5分；符号错误每处扣3分		
2	卷面整洁	答卷应字迹清晰、卷面整洁，严禁随意涂改	10	字迹潦草每处扣2分；涂改一处扣2分，直至扣完		
3	考场纪律	独立完成，遵守考场纪律	否决	在考场内被发现夹带作弊、交头接耳等扣100分；考试现场不服从考评员安排或顶撞者，取消考评资格		

2.2.2　BZ5ZY0101　10kV电容器组由运行转检修

一、作业

（一）工器具、材料、设备

1. 工器具：无。

2. 材料：笔、空白操作票。

3. 设备：220kV周营子仿真变电站（或备有220kV周营子变电站一次系统图）。

（二）安全要求

考生不得随意启动、退出任何程序。

（三）操作步骤及工艺要求（含注意事项）

1. 电容器组停电检修前，应通知调控中心将其在AVC系统中闭锁，现场运维人员将其把手由"远方"位置切至"就地"；检修送电后操作顺序与此相反。

2. 电容器组停电检修时，若电容器断路器是手车开关类型的，确认电容器断路器断开后，将其手车开关拉至"试验"位置；若电容器断路器是常规断路器，需要先拉开电容器侧隔离开关，后拉开母线侧隔离开关。

3. 验明电容器组确无电压后，将电容器组接地。电容器组送电顺序与此相反。

4. 考生按照操作票在仿真系统上进行实际操作。

二、考核

（一）考核场地

考核场地配有220kV周营子仿真变电站培训系统（或备有220kV周营子变电站一次系统图）。

（二）考核时间

考核时间为20min。

（三）考核要点

1. 正确填写操作票。

2. 考生按照操作票在仿真系统上进行实际操作。

三、评分标准

行业：电力工程　　　　　　　　工种：变电站值班员　　　　　　　等级：初级工

编号	BZ5ZY0101	行为领域	e	鉴定范围		
考核时限	20min	题型	B	满分	100分	得分
试题名称	10kV电容器组由运行转检修					
考核要点及其要求	（1）正确填写操作票 （2）考生按照操作票在仿真系统上进行实际操作					
现场设备、工器具、材料	（1）工器具：无 （2）材料：笔、空白操作票 （3）设备：220kV周营子仿真变电站（或备有220kV周营子变电站一次系统图）					
备注	评分标准以220kV周营子站1号电容器组由运行转检修为例，220kV周营子站其他电容器组由运行转检修评分标准与其相同					

评分标准

序号	考核项目名称	质量要求	分值	扣分标准	扣分原因	得分
1	操作票填写	填写准确，使用双重名称	1	未使用双重名称或任务不准确扣1分		
		核对调度令，确认与操作任务相符	2	未核对调度令扣2分		
		①拉开521开关 ②检查521开关三相电流指示为零 ③将521开关"远方/就地"切换把手由"远方"切至"就地"位置 ④现场检查521开关机械指示在分位	13	①未拉开521开关扣4分 ②拉开开关后未检查电流指示为零扣3分 ③拉开开关后、拉开刀闸前未将开关"远方/就地"切换把手切至"就地"位置扣3分 ④未检查机械分合指示扣3分		
		①将521手车开关摇至试验位置 ②现场检查521手车开关已摇至试验位置	7	①未将手车开关摇至试验位置扣4分 ②手车开关摇至试验位置后未检查扣3分		
		①检查521电容器带电显示装置是否显示无电压 ②合上521-XD接地刀闸 ③现场检查521-XD接地刀闸三相触头已合好 ④在521-D0接地刀闸电容器侧验明四相确无电压 ⑤合上521-D0接地刀闸 ⑥现场检查521-D0接地刀闸四相触头是否已合好	22	①接地前未验电每处扣4分 ②未接地每组扣4分 ③接地后未检查实际位置每处扣3分		
		票面整洁无涂改	5	票面涂改、术语不规范每处扣1分		
2	倒闸操作	携带安全帽、绝缘手套、10kV验电器、绝缘靴	4	少带一种扣1分		

序号	考核项目名称	质量要求	分值	扣分标准	扣分原因	得分
2	倒闸操作	按照操作票正确操作	45	①拉开开关后未检查监控机变位扣1分 ②验电前未在有电设备上试验验电器扣2分，未三相验电扣2分 ③其他项目评分细则参照操作票评分标准 ④未按操作票顺序操作每次扣0.5分，最多扣5分		
		操作完毕汇报调度	1	操作完毕未汇报调度扣1分		
3	质量否决	操作过程中发生误操作	否决	①发生误拉开关未造成停电扣5分，造成停电扣10分 ②发生带负荷拉刀闸、带电合接地刀闸、带电挂地线等恶性误操作扣50分		

2.2.3 BZ5ZY0102 10kV 出线开关及线路由运行转检修

一、作业

（一）工器具、材料、设备

1. 工器具：无。

2. 材料：笔、空白操作票。

3. 设备：110kV 马集仿真变电站（或备有 110kV 马集变电站一次系统图）。

（二）安全要求

考生不得随意启动、退出任何程序。

（三）操作步骤及工艺要求（含注意事项）

1. 线路及断路器停电检修前，现场运维人员将其把手由"远方"位置切至"就地"；检修送电后操作顺序与此相反。

2. 当线路断路器为手车开关类型的，线路及断路器停电检修时，确认线路断路器断开后，应将线路断路器手车开关拉至"试验"位置，并断开其控制电源开关和机构储能电源开关。取下手车开关二次插头，并将手车开关拉至"检修"位置，检查线路带电显示装置显示无电压后，合上线路侧接地刀闸（或在线路侧挂接接地线）。送电时操作顺序与此相反。

3. 在手车开关操作把手上悬挂"禁止合闸，线路有人工作！"标示牌。

4. 考生按照操作票在仿真系统上进行实际操作。

二、考核

（一）考核场地

考核场地配有 110kV 马集仿真变电站培训系统（或备有 110kV 马集变电站一次系统图）

（二）考核时间

考核时间为 20min。

（三）考核要点

1. 正确填写操作票。

2. 考生按照操作票在仿真系统上进行实际操作。

三、评分标准

行业：电力工程　　　　　　　工种：变电站值班员　　　　　　等级：初级工

编号	BZ5ZY0102	行为领域	e	鉴定范围		
考核时限	20min	题型	A	满分	100分	得分
试题名称	10kV 出线开关及线路由运行转检修					
考核要点 及其要求	（1）正确填写操作票 （2）考生按照操作票在仿真系统上进行实际操作					
现场设备、 工器具、材料	（1）工器具：无 （2）材料：笔、空白操作票 （3）设备：110kV 马集仿真变电站（或备有 110kV 马集变电站一次系统图）					
备注	评分细则以 110kV 马集站、10kV 继泰线、545 开关及线路由运行转检修为例，110kV 马集站其他相同电压等级出线间隔开关及线路由运行转检修评分标准与其相同					

评分标准

序号	考核项目名称	质量要求	分值	扣分标准	扣分原因	得分
1	操作票填写	填写准确,使用双重名称	1	未使用双重名称或任务不准确扣1分		
		核对调度令,确认与操作任务相符	2	未核对调度令扣2分		
		①拉开545开关 ②检查545开关三相电流指示是否为零 ③将545开关"远方/就地"切换把手由"远方"切至"就地"位置 ④现场检查545开关机械指示在分位	12	①未拉开545开关扣3分 ②拉开开关后未检查电流指示为零扣3分 ③拉开刀闸前未将开关"远方/就地"切换把手切至"就地"位置扣3分 ④未检查机械分合指示扣3分		
		①将545手车开关摇至试验位置 ②现场检查545手车开关已摇至试验位置	6	①未将手车开关摇至试验位置扣3分 ②手车开关遥至试验位置后未检查扣3分		
		①拉开545开关储能电源 ②拉开545开关控制电源 ③取下545手车二次插头	9	①未拉开545开关储能电源扣3分 ②未拉开545开关控制电源扣3分 ③未取下545手车二次插头扣3分		
		①将545手车拉至检修位置 ②现场检查545手车已拉至检修位置 ③检查545线路侧带电显示装置显示三相确无电压 ④合上545-5XD接地刀闸 ⑤现场检查545-5XD接地刀闸三相触头已合好	15	①未将手车开关拉至检修位置扣3分 ②未检查手车开关位置扣3分 ③接地前未验电扣3分 ④未接地扣3分 ⑤接地后未检查位置扣3分		
		票面整洁无涂改	5	票面涂改、术语不规范每处扣1分		
2	倒闸操作	携带安全帽、绝缘手套、绝缘靴	3	少带一种扣1分		

序号	考核项目名称	质量要求	分值	扣分标准	扣分原因	得分
2	倒闸操作	按照操作票正确操作	45	①拉开开关后未检查监控机变位扣2分 ②验电前未在有电设备上试验验电器扣2分，未三相验电扣2分 ③其他项目评分细则参照操作票评分标准 ④未按操作票顺序操作每次扣0.5分，最多扣5分		
		操作完毕汇报调度	2	操作完毕未汇报调度扣2分		
3	质量否决	操作过程中发生误操作	否决	①发生误拉开关未造成停电扣5分，造成停电扣10分 ②发生带负荷拉刀闸、带电合接地刀闸、带电挂地线等恶性误操作扣50分		

2.2.4 BZ5ZY0103 35kV 出线开关及线路由运行转检修

一、作业

（一）工器具、材料、设备

1. 工器具：无。

2. 材料：笔、空白操作票。

3. 设备：110kV 马集仿真变电站（或备有 110kV 马集变电站一次系统图）。

（二）安全要求

考生不得随意启动、退出任何程序。

（三）操作步骤及工艺要求（含注意事项）

1. 线路及断路器停电检修前，现场运维人员将其把手由"远方"位置切至"就地"；检修送电后操作顺序与此相反。

2. 线路及断路器停电检修时，确认线路断路器断开后，先拉开线路侧隔离开关，后拉开母线侧隔离开关，然后分别在线路及开关侧验明三相确无电压后，将线路和线路断路器三相接地，并断开其控制电源开关和机构储能电源开关。检修送电后操作顺序与此相反。

3. 在线路侧隔离开关操作把手上悬挂"禁止合闸，线路有人工作！"标示牌。

4. 按照操作票在仿真系统上进行实际操作

二、考核

（一）考核场地

考核场地配有 110kV 马集仿真变电站培训系统（或备有 110kV 马集变电站一次系统图）。

（二）考核时间

考核时间为 30min。

（三）考核要点

1. 正确填写操作票。

2. 按照操作票在仿真系统上进行实际操作，无误操作。

三、评分标准

行业：电力工程　　　　　　　工种：变电站值班员　　　　　　　等级：初级工

编号	BZ5ZY0103	行为领域	e	鉴定范围		
考核时限	30min	题型	B	满分	100 分	得分
试题名称	35kV 出线开关及线路由运行转检修					
考核要点及其要求	（1）正确填写操作票 （2）按照操作票在仿真系统上进行实际操作，无误操作					
现场设备、工器具、材料	（1）工器具：无 （2）材料：笔、空白操作票 （3）设备：110kV 马集仿真变电站（或备有 110kV 马集变电站一次系统图）					
备注	评分细则以 110kV 马集站、35kV 马甸线、346 开关及线路由运行转检修为例，110kV 马集站其他相同电压等级出线间隔开关及线路由运行转检修评分标准与其相同					

			评分标准			
序号	考核项目名称	质量要求	分值	扣分标准	扣分原因	得分
1	操作票填写	填写准确,使用双重名称	1	未使用双重名称或任务不准确扣1分		
		核对调度令,确认与操作任务相符	1	未核对调度令扣1分		
		①拉开346开关 ②检查346开关三相电流指示为零 ③将346开关"远方/就地"切换把手由"远方"切至"就地"位置 ④现场检查346开关机械指示在分位	8	①未拉开346开关扣2分 ②拉开开关后未检查电流指示为零扣2分 ③拉开刀闸前未将开关"远方/就地"切换把手切至"就地"位置扣2分 ④未检查机械分合指示扣2分		
		①拉开346-5刀闸 ②现场检查346-5刀闸三相触头已拉开 ③拉开346-2刀闸 ④现场检查346-2刀闸三相触头已拉开	10	①少拉一把刀闸扣3分,刀闸顺序操作错误直接扣10分 ②操作后未检查刀闸位置每处扣2分		
		①在346-5刀闸线路侧验明三相确无电压 ②合上346-5XD接地刀闸 ③现场检查346-5XD接地刀闸三相触头已合好 ④在346-5刀闸开关侧验明三相确无电压 ⑤合上346-5KD接地刀闸 ⑥现场检查346-5KD接地刀闸三相触头已合好 ⑦在346-2刀闸开关侧验明三相确无电压 ⑧合上346-2KD接地刀闸 ⑨现场检查346-2KD接地刀闸三相触头已合好	21	①合接地刀闸或挂地线前未验电每处扣3分 ②少一组接地刀闸扣3分 ③合上接地刀闸后未检查位置每处扣1分		
		①拉开346开关机构电源 ②拉开346开关控制电源	4	①未拉开346开关机构电源扣2分 ②未拉开346开关控制电源扣2分		
		在346-5刀闸操作机构上悬挂"禁止合闸,线路有人工作!"标示牌	1	未在346-5刀闸操作机构上悬挂"禁止合闸,线路有人工作!"标示牌扣1分		
		票面整洁无涂改	4	票面涂改、术语不规范每处扣1分		

序号	考核项目名称	质量要求	分值	扣分标准	扣分原因	得分
2	倒闸操作	携带安全帽、绝缘手套、绝缘靴、35kV验电器、绝缘杆、35kV接地线	3	少带一种扣0.5分		
		按照操作票正确操作	45	①拉开开关后未检查监控机变位扣2分 ②验电前未在有电设备上试验验电器扣2分，未三相验电扣2分 ③其他项目评分细则参照操作票评分标准 ④未按操作票顺序操作每次扣0.5分，最多扣5分		
		操作完毕汇报调度	2	操作完毕未汇报调度扣2分		
3	质量否决	操作过程中发生误操作	否决	①发生误拉开关未造成停电扣5分，造成停电扣10分 ②发生带负荷拉刀闸、带电合接地刀闸、带电挂地线等恶性误操作扣50分		

2.2.5　BZ5ZY0104　110kV 出线开关及线路由运行转检修

一、作业

（一）工器具、材料、设备

1. 工器具：无。

2. 材料：笔、空白操作票。

3. 设备：220kV 周营子仿真变电站（或备有 220kV 周营子变电站一次系统图）。

（二）安全要求

考生不得随意启动、退出任何程序。

（三）操作步骤及工艺要求（含注意事项）

1. 线路及断路器停电检修前，现场运维人员将其把手由"远方"位置切至"就地"；检修送电后操作顺序与此相反。

2. 线路及断路器停电检修时，确认线路断路器断开后，先拉开线路侧隔离开关，后拉开母线侧隔离开关，对于 3/2 断路器接线的变电站，应先断开中间断路器，后断开母线侧断路器。

3. 拉合母线侧隔离开关后要检查相应母差保护及线路保护屏上电压切换正常。

4. 分别在线路及开关侧验明三相确无电压后，将线路和线路断路器三相接地，并断开其控制电源开关和机构储能电源开关。检修送电后操作顺序与此相反。

5. 在线路隔离开关操作把手上悬挂"禁止合闸，线路有人工作！"标示牌。

6. 按照操作票在仿真系统上进行实际操作。

二、考核

（一）考核场地

考核场地配有 220kV 周营子仿真变电站培训系统（或备有 220kV 周营子变电站一次系统图）。

（二）考核时间

考核时间为 30min。

（三）考核要点

1. 正确填写操作票。

2. 按照操作票在仿真系统上进行实际操作，无误操作。

三、评分标准

行业：电力工程　　　　　　工种：变电站值班员　　　　　　等级：初级工

编号	BZ5ZY0104	行为领域	e	鉴定范围		
考核时限	30min	题型	B	满分	100 分	得分
试题名称	110kV 出线开关及线路由运行转检修					
考核要点及其要求	（1）正确填写操作票 （2）按照操作票在仿真系统上进行实际操作，无误操作					
现场设备、工器具、材料	（1）工器具：无 （2）材料：笔、空白操作票 （3）设备：220kV 周营子仿真变电站（或备有 220kV 周营子变电站一次系统图）					
备注	评分细则以 220kV 周营子站、110kV 周曲线、187 开关及线路由运行转检修为例，220kV 周营子站其他相同电压等级出线间隔开关及线路由运行转检修评分标准与其相同					

			评分标准			
序号	考核项目名称	质量要求	分值	扣分标准	扣分原因	得分
1	操作票填写	填写准确，使用双重名称	1	未使用双重名称或任务不准确扣1分		
		核对调度令，确认与操作任务相符	1	未核对调度令扣1分		
		①拉开187开关 ②检查187开关三相电流指示为零 ③将187开关"远方/就地"切换把手由"远方"切至"就地"位置 ④现场检查187开关机械指示在分位	8	①未拉开187开关扣3分 ②拉开开关后未检查电流指示为零扣2分 ③拉开开关后，拉开刀闸前未将开关"远方/就地"切换把手切至"就地"位置扣1分 ④未检查机械分合指示扣2分		
		①拉开187-5刀闸 ②现场检查187-5刀闸三相触头已拉开 ③拉开187-1刀闸 ④现场检查187-1刀闸三相触头已拉开 ⑤检查187-1刀闸二次回路切换正常 ⑥进行110kV母差刀闸位置确认 ⑦检查187-2刀闸在拉开位置	14	①未操作187-5刀闸扣4分；未操作187-1刀闸扣5分 ②拉开刀闸后未检查位置每处扣1分，未检查刀闸二次切换回路扣1分 ③未进行110kV母差刀闸位置确认扣1分 ④未检查187-2刀闸在拉开位置扣1分		
		①在187-5刀闸线路侧验明三相确无电压 ②合上187-5XD接地刀闸 ③现场检查187-5XD接地刀闸三相触头已合好 ④在187-5刀闸开关侧验明三相确无电压 ⑤合上187-5KD接地刀闸 ⑥现场检查187-5KD接地刀闸三相触头已合好 ⑦在187-2刀闸开关侧验明三相确无电压 ⑧合上187-2KD接地刀闸 ⑨现场检查187-2KD接地刀闸三相触头已合好	18	①合接地刀闸或挂地线前未验电每处扣2分 ②少合一组接地刀闸扣3分 ③合上接地刀闸后检查位置每处扣1分		

序号	考核项目名称	质量要求	分值	扣分标准	扣分原因	得分
1	操作票填写	①拉开187开关机构电源 ②拉开187开关控制电源	4	①未拉开187开关机构电源扣2分 ②未拉开187开关控制电源扣2分		
		在187-5刀闸操作机构上悬挂"禁止合闸,线路有人工作!"标示牌	1	未在187-5刀闸操作机构上悬挂"禁止合闸,线路有人工作!"标示牌扣1分		
		票面整洁无涂改	3	票面涂改、术语不规范每处扣1分		
2	倒闸操作	携带安全帽、绝缘手套、绝缘靴、110kV验电器	4	少带一种扣1分		
		按照操作票正确操作	45	①拉开开关后未检查监控机变位扣1分 ②验电前未在有电设备上试验验电器扣2分,未三相验电扣2分 ③其他项目评分细则参照操作票评分标准 ④未按操作票顺序操作每次扣0.5分,最多扣5分		
		操作完毕汇报调度	1	操作完毕未汇报调度扣1分		
3	质量否决	操作过程中发生误操作	否决	①发生误拉开关未造成停电扣5分,造成停电扣10分 ②发生带负荷拉刀闸、带电合接地刀闸、带电挂地线等恶性误操作扣50分		

2.2.6　BZ5ZY0105　220kV 出线开关由运行转检修

一、作业

（一）工器具、材料、设备

1. 工器具：无。

2. 材料：笔、空白操作票。

3. 设备：220kV 周营子仿真变电站（或备有 220kV 周营子变电站一次系统图）。

（二）安全要求

考生不得随意启动、退出任何程序。

（三）操作步骤及工艺要求（含注意事项）

1. 线路断路器停电检修前，现场运维人员将其把手由"远方"位置切至"就地"；检修送电后操作顺序与此相反。

2. 线路及断路器停电检修时，确认线路断路器断开后，先拉开线路侧隔离开关，后拉开母线侧隔离开关，对于 3/2 断路器接线的变电站，应先断开中间断路器，后断开母线侧断路器。

3. 拉合母线侧隔离开关后要检查相应两套母差保护及线路保护屏上电压切换正常。

4. 在线路断路器两侧验明三相确无电压后，将线路断路器三相接地，并断开其控制电源开关和机构储能电源开关；检修送电后操作顺序与此相反。

5. 按照操作票在仿真系统上进行实际操作。

二、考核

（一）考核场地

考核场地配有 220kV 周营子仿真变电站培训系统（或备有 220kV 周营子变电站一次系统图）。

（二）考核时间

考核时间为 30min。

（三）考核要点

1. 正确填写操作票。

2. 按照操作票在仿真系统上进行实际操作，无误操作。

三、评分标准

行业：电力工程　　　　　　　　工种：变电站值班员　　　　　　　等级：初级工

编号	BZ5ZY0105	行为领域	e	鉴定范围			
考核时限	30min	题型	B	满分	100 分	得分	
试题名称	220kV 出线开关由运行转检修						
考核要点及其要求	（1）正确填写操作票 （2）按照操作票在仿真系统上进行实际操作，无误操作						
现场设备、工器具、材料	（1）工器具：无 （2）材料：笔、空白操作票 （3）设备：220kV 周营子仿真变电站（或备有 220kV 周营子变电站一次系统图）						
备注	评分细则以 220kV 周营子站、220kV 西周线、282 开关由运行转检修为例，220kV 周营子站其他相同电压等级出线间隔开关由运行转检修评分标准与其相同						

		评分标准				
序号	考核项目名称	质量要求	分值	扣分标准	扣分原因	得分
1	操作票填写	填写准确，使用双重名称	1	未使用双重名称或任务不准确扣1分		
		核对调度令，确认与操作任务相符	1	未核对调度令扣1分		
		①拉开282开关 ②检查282开关三相电流指示为零 ③将282开关"远方/就地"切换把手由"远方"切至"就地"位置 ④现场检查282开关三相机械指示在分位	9	①未拉开282开关扣3分 ②拉开开关后未检查电流指示为零扣2分 ③拉开开关后拉开刀闸前未将开关"远方/就地"切换把手切至"就地"位置扣1分 ④未检查三相机械分合指示扣3分		
		①合上282-5刀闸机构电源 ②拉开282-5刀闸 ③现场检查282-5刀闸三相触头已拉开 ④拉开282-5刀闸机构电源 ⑤合上282-2刀闸机构电源 ⑥拉开282-2刀闸 ⑦现场检查282-2刀闸三相触头已拉开 ⑧检查282-2刀闸二次回路切换正常 ⑨拉开282-2刀闸机构电源 ⑩进行220kV母差刀闸位置确认 ⑪检查282-1刀闸在拉开位置	14	①未操作282-5刀闸扣2分，未操作282-2刀闸扣3分 ②拉开刀闸后未检查位置每处扣1分，未检查刀闸二次切换回路每处扣1分 ③未进行220kV母差刀闸位置确认扣1分 ④未检查-1刀闸在拉开位置扣2分		
		①在282-5刀闸开关侧验明三相确无电压 ②合上282-5KD接地刀闸 ③现场检查282-5KD接地刀闸三相触头已合好 ④在282-2刀闸开关侧验明三相确无电压 ⑤合上282-2KD接地刀闸 ⑥现场检查282-2KD接地刀闸三相触头已合好	16	①合接地刀闸或挂地线前未验电每处扣2分 ②少合一组接地刀闸扣5分 ③合上接地刀闸后检查位置每处扣1分		

序号	考核项目名称	质量要求	分值	扣分标准	扣分原因	得分
1	操作票填写	①拉开282开关机构电源 ②拉开282开关控制电源Ⅰ ③拉开282开关控制电源Ⅱ	4	①未拉开282开关机构电源扣2分 ②少拉开一个282开关控制电源扣1分		
		票面整洁无涂改	5	票面涂改、术语不规范每处扣1分		
2	倒闸操作	携带安全帽、绝缘手套、绝缘靴、220kV验电器	4	少带一种扣1分		
		按照操作票正确操作	45	①拉开开关后未检查监控机变位扣2分 ②验电前未在有电设备上试验电器扣2分，未三相验电扣2分 ③其他项目评分细则参照操作票评分标准 ④未按操作票顺序操作每次扣0.5分，最多扣5分		
		操作完毕汇报调度	1	操作完毕未汇报调度扣1分		
3	质量否决	操作过程中发生误操作	否决	①发生误拉开关未造成停电扣5分，造成停电扣10分 ②发生带负荷拉刀闸、带电合接地刀闸、带电挂地线等恶性误操作扣50分		

2.2.7 BZ5ZY0106 35kV 出线刀闸永久性相间短路事故处理

一、作业

（一）工器具、材料、设备

1. 工器具：无。

2. 材料：笔、A4 纸。

3. 设备：110kV 马集仿真变电站（或备有 110kV 马集变电站一次系统图）。

（二）安全要求

考生不得随意启动、退出任何程序。

（三）操作步骤及工艺要求（含注意事项）

1. 根据告警信息做出正确判断，检查后台机上传的遥信信息，清闪；检查告警的保护装置、复归并汇报。

2. 进行必要的倒闸操作（例如合上变压器中性点隔离开关，恢复站用变运行，相应二次压板的投退等）。

3. 对保护跳闸的设备进行检查并汇报调度。

4. 发现、隔离故障设备后，将无故障设备恢复送电并汇报调度。

5. 将故障跳闸设备转检修，做好安全措施并汇报调度。

6. 在仿真机上完成事故处理操作。

二、考核

（一）考核场地

考核场地配有 110kV 马集仿真变电站培训系统（或备有 110kV 马集变电站一次系统图）。

（二）考核时间

考核时间为 20min。

（三）考核要点

根据告警信息做出正确判断并在仿真机上完成事故处理操作，无误操作。

三、评分标准

行业：电力工程　　　　　　　　工种：变电站值班员　　　　　　　　等级：初级工

编号	BZ5ZY0106	行为领域	e	鉴定范围		
考核时限	20min	题型	C	满分	100 分	得分
试题名称	35kV 出线刀闸永久性相间短路事故处理					
考核要点及其要求	根据告警信息做出正确判断并在仿真机上完成事故处理操作，无误操作					
现场设备、工器具、材料	（1）工器具：无 （2）材料：笔、A4 纸 （3）设备：110kV 马集仿真变电站（或备有 110kV 马集变电站一次系统图）					
备注	评分标准以 110kV 马集站、35kV 马甸线 346-5 刀闸永久性相间短路事故处理为例，110kV 马集站其他相同电压等级出线刀闸事故评分标准与其相同					

评分标准

序号	考核项目名称	质量要求	分值	扣分标准	扣分原因	得分
1	监控系统信息检	①检查346"过流Ⅰ段""过流Ⅱ段"动作光字信号 ②检查346开关变位及三相电流 ③汇报调度	12	①未检查346"过流Ⅰ段""过流Ⅱ段"动作光字信号，每个扣3分 ②未检查346开关变位扣2分，未检查346开关三相电流每相扣1分 ③未汇报调度扣1分		
2	检查、记录保护装置动作情况	检查346过流Ⅰ段、过流Ⅱ段信号灯	6	未检查346过流Ⅰ段、过流Ⅱ段信号灯每个扣3分		
3	查找故障点	①戴安全帽 ②检查346开关实际位置 ③检查保护范围内设备及切除故障设备（346-5-3刀闸、346开关）并提交报告	15	①未戴安全帽扣2分 ②未检查346开关实际位置扣3分 ③检查保护范围内设备及切除故障设备（346-3刀闸、346开关）未提交报告每个扣2分，范围外多查一处扣1分 ④未检查346开关压力值扣1分 ⑤未提交346-5刀闸故障报告扣5分		
4	隔离故障点	①穿戴绝缘手套、绝缘靴 ②拉开346-2刀闸 ③汇报调度	20	①未穿戴绝缘手套、绝缘靴每个扣2分 ②未拉开346-2刀闸扣10分 ③未检查346-2刀闸实际位置扣5分 ④未汇报调度扣1分		
5	故障设备转检修	①带35kV验电器、接地线、绝缘杆 ②在346-5刀闸开关侧、线路侧各挂一组接地线 ③汇报调度	42	①未带35kV验电器、接地线、绝缘杆每个扣2分 ②验电前未在有电设备上试验验电器是否良好扣3分 ③在346-5刀闸开关侧、线路侧各挂接地线一组，少一组扣7分 ④挂接地线前未验电每处扣5分，接地线挂好后未检查是否已挂好每处扣3分 ⑤未检查346-3刀闸位置扣2分 ⑥未汇报调度扣1分		

序号	考核项目名称	质量要求	分值	扣分标准	扣分原因	得分
6	布置安全措施	①在346-5刀闸操作把手上悬挂"在此工作!"标示牌 ②在346-2-3刀闸操作把手上悬挂"禁止合闸,有人工作!"标示牌 ③在346-5刀闸处设置围栏,围栏上悬挂"止步,高压危险!""从此进出!"标示牌	5	①未在346-5刀闸操作把手上悬挂"在此工作!"标示牌扣1分 ②未在346-2-3刀闸操作把手上悬挂"禁止合闸,有人工作!"标示牌每个扣1分 ③未在346-5刀闸处设置围栏,未在围栏上悬挂"止步,高压危险!""从此进出!"标示牌每个扣1分		
7	质量否决	事故处理过程中发生误操作	否决	①发生误拉开关扣10分 ②发生带负荷拉合刀闸、带电合接地刀闸等恶性误操作扣100分		

2.2.8 BZ5ZY0107 110kV线路永久性单相接地事故处理

一、作业

（一）工器具、材料、设备

1. 工器具：无。

2. 材料：笔、A4纸。

3. 设备：220kV周营子仿真变电站（或备有220kV周营子变电站一次系统图）。

（二）安全要求

考生不得随意启动、退出任何程序。

（三）操作步骤及工艺要求（含注意事项）

1. 根据告警信息做出正确判断，检查后台机上传的遥信信息，清闪；检查告警的保护装置、复归并汇报。

2. 进行必要的倒闸操作（例如合上变压器中性点隔离开关，恢复站用变运行，相应二次压板的投退等）。

3. 对保护跳闸的设备进行检查并汇报调度。

4. 发现、隔离故障设备后，将无故障设备恢复送电并汇报调度。

5. 将故障跳闸设备转检修，做好安全措施并汇报调度。

6. 在仿真机上完成事故处理操作。

二、考核

（一）考核场地

考核场地配有220kV周营子仿真变电站培训系统（或备有220kV周营子变电站一次系统图）。

（二）考核时间

考核时间为20min。

（三）考核要点

根据告警信息做出正确判断并在仿真机上完成事故处理操作，无误操作。

三、评分标准

行业：电力工程　　　　　　　工种：变电站值班员　　　　　　等级：初级工

编号	BZ5ZY0107	行为领域	e	鉴定范围		
考核时限	20min	题型	C	满分	100分	得分
试题名称	110kV线路永久性单相接地事故处理					
考核要点及其要求	根据告警信息做出正确判断并在仿真机上完成事故处理操作，无误操作					
现场设备、工器具、材料	（1）工器具：无 （2）材料：笔、A4纸 （3）设备：220kV周营子仿真变电站（或备有220kV周营子变电站一次系统图）					
备注	评分标准以220kV周营子站110kV周杨线188线路永久性单相接地事故处理为例，220kV周营子站其他相同电压等级线路事故评分标准与其相同					

评分标准

序号	考核项目名称	质量要求	分值	扣分标准	扣分原因	得分
1	监控系统信息检查	①检查188线路"保护动作""重合闸动作"光字信号 ②检查188开关变位及遥测值 ③汇报调度	13	①未检查188线路"保护动作""重合闸动作"光字信号每个扣3分 ②未检查188开关变位扣3分、未检查188开关三相电流每相扣1分 ③未汇报调度扣1分		
2	检查、记录保护装置动作情况	①检查188线路保护屏"跳闸""重合""跳位"指示灯点亮,记录液晶显示并复归 ②检查110kV线路故障录波并复归	17	①未检查188线路保护屏"跳闸""重合""跳位"指示灯点亮每个扣3分,未记录液晶显示扣3分,未复归扣1分 ②未检查110kV线路故障录波扣3分,未复归扣1分		
3	查找故障点	①戴安全帽 ②检查188开关实际位置 ③检查保护范围内设备及切除故障设备（188CT、-5刀闸、耦合电容器、188开关）并提交报告	15	①未戴安全帽扣2分 ②未检查188开关实际位置扣4分 ③检查保护范围内设备及切除故障设备（188CT、-5刀闸、耦合电容器、188开关）未提交报告每个扣2分,范围外多查一处扣1分 ④未检查188开关压力值扣1分		
4	隔离故障点	①穿戴绝缘手套、绝缘靴 ②拉开188-5-2刀闸 ③汇报调度	25	①未穿戴绝缘手套、绝缘靴每个扣2分 ②未拉开188-5-2刀闸,188-5刀闸扣3分,未拉开188-2刀闸扣6分 ③操作刀闸前未将188开关"远方/就地"切换把手切至"就地"位置扣1分 ④刀闸操作后未查实际位置每处扣3分,刀闸操作顺序反扣8分,拉开188-2刀闸后未检查二次回路切换每处扣2分 ⑤未汇报调度扣1分		

序号	考核项目名称	质量要求	分值	扣分标准	扣分原因	得分
5	故障设备转检修	①带 110kV 验电器 ②合上 188-5XD 接地刀闸 ③汇报调度	22	①未带 110kV 验电器扣 2 分 ②验电前未在有电设备上试验验电器是否良好扣 5 分 ③接地前未验电扣 5 分 ④未合上 188－5XD 接地刀闸扣 6 分 ⑤接地刀闸合后未检查位置扣 3 分 ⑥未汇报调度扣 1 分		
6	布置安全措施	①在 188-5 刀闸操作把手上悬挂"禁止合闸,线路有人工作!"标示牌 ②在 188-5-1-2 刀闸操作把手上悬挂"禁止合闸,有人工作!"标示牌	8	①未在 188-5 刀闸操作把手上悬挂"禁止合闸,线路有人工作!"标示牌扣 2 分 ②未在 188-5-1-2 刀闸操作把手上悬挂"禁止合闸,有人工作!"标示牌每个扣 2 分		
7	质量否决	操作过程中发生误操作	否决	①发生误拉开关扣 10 分 ②发生带负荷拉刀闸、带电合接地刀闸、带电挂地线等恶性误操作扣 100 分		

2.2.9 BZ5ZY0201 巡视检查主变压器间隔一次设备

一、作业

（一）工器具、材料、设备

1. 工器具：无。

2. 材料：笔、空白操作票。

3. 设备：220kV周营子仿真变电站。

（二）安全要求

考生不得随意启动、退出任何程序。

（三）操作步骤及工艺要求（含注意事项）

1. 按照标准巡视主变的各部位，并指出巡视要点。

2. 巡视过程中发现缺陷或异常，汇报调度。

3. 根据主变异常情况，正确填写倒闸操作票，字迹清楚，卷面整洁，严禁随意涂改。

4. 按照操作票在仿真系统上进行实际操作。

5. 倒站变遵循先拉后合原则。

二、考核

（一）考核场地

考核场地配有220kV周营子仿真变电站培训系统。

（二）考核时间

考核时间为30min。

（三）考核要点

1. 正确巡视主变各部位，发现异常或缺陷并上报。

2. 根据主变异常情况正确填写倒闸操作票。

3. 按照操作票在仿真系统上进行实际操作，无误操作。

三、评分标准

行业：电力工程　　　　　　工种：变电站值班员　　　　　　等级：初级工

编号	BZ5ZY0201	行为领域	e	鉴定范围		
考核时限	30min	题型	A	满分	100分	得分
试题名称	巡视检查主变压器间隔一次设备					
考核要点及其要求	(1) 正确巡视主变各部位，发现异常或缺陷并上报 (2) 根据主变异常情况正确填写倒闸操作票 (3) 按照操作票在仿真系统上进行实际操作，无误操作					
现场设备、工器具、材料	(1) 工器具：无 (2) 材料：笔、空白操作票 (3) 设备：220kV周营子仿真变电站					
备注						

评分标准

序号	考核项目名称	质量要求	分值	扣分标准	扣分原因	得分
1	戴安全帽	进设备区前戴安全帽	2	进设备区前未戴安全帽扣2分		
2	1号主变瓦斯继电器内有气体	①提交缺陷内容准确 ②缺陷等级（严重）准确 ③处理方式（取气检验，加强监视）正确	9	①提交缺陷内容不准确扣4分 ②缺陷等级不准确扣2分 ③处理方式不正确扣3分		
3	1号主变硅胶A变色	①提交缺陷内容准确 ②缺陷等级（严重）准确 ③处理方式（更换硅胶）正确	8	①提交缺陷内容不准确扣4分 ②缺陷等级不准确扣2分 ③处理方式不正确扣2分		
4	1号主变10kV B相接头发热	①提交缺陷内容准确 ②缺陷等级（危急）准确 ③处理方式（根据发热程度退出运行或加强监视安排处理；或减负荷，紧急处理接头；或倒负荷，停电处理，不能倒负荷、减负荷者，则应加强监视、加强监视，观察负荷、汇报、安排处理）正确	8	①提交缺陷内容不准确扣4分 ②缺陷等级不准确扣2分 ③处理方式不正确扣2分		
5	1号主变220kV A相瓷瓶裂纹	①提交缺陷内容准确 ②缺陷等级（严重或危急）准确 ③处理方式（停运、检修）正确	8	①提交缺陷内容不准确扣4分 ②缺陷等级不准确扣2分 ③处理方式不正确扣2分		
6	1号主变110kV C相油位低	①提交缺陷内容准确 ②缺陷等级（一般）准确处理方式（加强监视，查漏点处理）正确	8	①提交缺陷内容不准确扣4分 ②缺陷等级不准确扣2分 ③处理方式不正确扣2分		
7	1号主变漏油	①提交缺陷内容准确 ②缺陷等级（严重或危急）准确 ③处理方式（加强监视，查漏点处理；或加强监视，查渗点安排带电加油；或处理渗油、除锈、重新喷漆）正确	9	①提交缺陷内容不准确扣4分 ②缺陷等级不准确扣2分 ③处理方式不正确扣3分		
8	111-1刀闸A相瓷瓶破裂	①提交缺陷内容准确 ②缺陷等级（严重）准确 ③处理方式（停运、检修）正确	8	①提交缺陷内容不准确扣4分 ②缺陷等级不准确扣2分 ③处理方式不正确扣2分		

序号	考核项目名称	质量要求	分值	扣分标准	扣分原因	得分
9	111-2 刀闸接地线断裂	①提交缺陷内容准确 ②缺陷等级（一般）准确 ③处理方式（更换接地引线）正确	8	①提交缺陷内容不准确扣4分 ②缺陷等级不准确扣2分 ③处理方式不正确扣2分		
10	111 避雷器接地线锈蚀	①提交缺陷内容准确 ②缺陷等级（一般）准确 ③处理方式（加强维护除锈防腐；或更换接地引线）正确	8	①提交缺陷内容不准确扣4分 ②缺陷等级不准确扣2分 ③处理方式不正确扣2分		
11	111 开关C 相接头发热	①提交缺陷内容准确 ②缺陷等级（危急）准确 ③处理方式（根据发热程度退出运行或加强监视安排处理；或减负荷，紧急处理接头；或倒负荷，停电处理；不能倒负荷、减负荷者，则应加强监视，或观察负荷、汇报、安排处理）正确	8	①提交缺陷内容不准确扣4分 ②缺陷等级不准确扣2分 ③处理方式不正确扣2分		
12	111CT B相油位低	①提交缺陷内容准确 ②缺陷等级（一般）准确 ③处理方式（加强监视，查漏点处理）正确	8	①提交缺陷内容不准确扣4分 ②缺陷等级不准确扣2分 ③处理方式不正确扣2分		
13	111 开关机构箱内挂"凝露"牌	①提交缺陷内容准确 ②缺陷等级（一般）准确 ③处理方式（通风，加强监视）正确	8	①提交缺陷内容不准确扣4分 ②缺陷等级不准确扣2分 ③处理方式不正确扣2分		

2.2.10 BZ5ZY0301 万用表测试一次保险的完好性

一、作业

（一）工器具、材料、设备

1. 工器具：数字式万用表。

2. 材料：笔、记录纸、10kV 一次保险（好坏参半）、35kV 一次保险（好坏参半）。

3. 设备：无。

（二）安全要求

1. 在指定的场地，独立完成本项目。

2. 记录纸写好姓名，完好或损坏的一次保险编号后交给考评员。

3. 时间到应立即停止测试，离开考试场地。

（三）操作步骤及工艺要求（含注意事项）

1. 检查使用的数字式万用表的完好性。

2. 分别测试 10kV、35kV 一次保险，并判断其完好性。

3. 回答现场考评员随机的提问。

二、考核

（一）考核场地

考核场地配有标有编号的 10kV 和 35kV 一次保险（好坏参半）。

（二）考核时间

考核时间为 10min。

（三）考核要点

会使用数字式万用表"欧姆档"或"蜂鸣档"测试一次保险，判断其完好性。

三、评分标准

行业：电力工程　　　　　　工种：变电站值班员　　　　　　等级：初级工

编号	BZ5ZY0301	行为领域	e	鉴定范围			
考核时限	10min	题型	A	满分	100 分	得分	
试题名称	万用表测试一次保险的完好性						
考核要点及其要求	（1）会使用数字式万用表"欧姆档"或"蜂鸣档"测试一次保险，并判断其完好性 （2）记录纸写好姓名，完好或损坏的一次保险编号后交给考评员 （3）时间到应立即停止测试，离开考试场地						
现场设备、工器具、材料	（1）工器具：数字式万用表 （2）材料：笔、记录纸、10kV 一次保险（好坏参半）、35kV 一次保险（好坏参半） （3）设备：无						
备注							
评分标准							

序号	考核项目名称	质量要求	分值	扣分标准	扣分原因	得分
1	工作前准备		10			

序号	考核项目名称	质量要求	分值	扣分标准	扣分原因	得分
1.1	准备个人工具	应满足工作需要	5	个人工具齐全不扣分，准备的个人工具不满足工作需要，漏、缺一处扣1分		
1.2	检验数字式万用表良好	运用合理的方法判断数字式万用表良好性	5	判断方法正确、能验证其良好不扣分，方法不正确扣5分		
2	工作过程		70			
2.1	测试10kV一次保险	正确、迅速使用"蜂鸣档"或"欧姆档"判断一次保险的完好性	35	任选其中一种方法测量均可，不正确、判断错误扣35分		
2.2	测试35kV一次保险	正确、迅速使用"欧姆档"判断一次保险的完好性	35	方法不正确、判断错误扣35分		
3	工作终结		20			
3.1	记录所测试结果	完整、正确	5	不正确扣1分		
3.2	回答随机提出的简单问题	简明、正确（口试）	10	口试不正确一次扣1分		
3.3	安全文明生产	符合安全文明生产要求	5	不符合要求一处扣1分		

2.2.11 BZ5ZY0302 电气设备红外测温

一、作业

（一）工器具、材料、设备

1. 工器具：红外线测温仪、安全帽、绝缘鞋、温湿度计。

2. 材料：笔、记录纸。

3. 设备：变压器。

（二）安全要求

1. 考生与带电设备保持足够的安全距离，10kV：0.7m；35kV：1.0m；110kV：1.5m；220kV：3.0m。

2. 考生移动过程中防止绊倒，加强监护。

3. 考生在规定时间内完成测试工作，并做出测温报告。

（三）操作步骤及工艺要求（含注意事项）

1. 测温前的准备、检查工作，保证测温数据的正确性。

2. 测温过程中正确使用红外线测温仪，对变压器进行测温。

3. 测温结果有异常时，判断其缺陷等级，做出相应处理。

4. 考生需要回答考评员电气设备红外测温的相关提问，并会对电气设备发热图片进行分析。

二、考核

（一）考核场地

考核场地配有 220kV 或 110kV 主变压器一台。

（二）考核时间

考核时间为 30min。

（三）考核要点

1. 红外线测温仪的使用方法，包括一些参数的设定，测温过程中的使用。

2. 掌握红外线检测方法。

3. 发现温度异常，能判断缺陷等级，会正确做出相应处理，并回答现场考评员随机的提问。

三、评分标准

行业：电力工程　　　　　　工种：变电站值班员　　　　　　等级：初级工

编号	BZ5ZY0302	行为领域	e	鉴定范围		
考核时限	30min	题型	A	满分	100分	得分
试题名称	电气设备红外测温					
考核要点及其要求	（1）测温前的准备、检查工作，保证测温数据的正确性 （2）测温过程中正确使用红外线测温仪，对变压器进行测温 （3）测温结果有异常时，判断其缺陷等级，做出相应处理					
现场设备、工器具、材料	（1）工器具：红外线测温仪、安全帽、绝缘鞋、温湿度计 （2）材料：笔、记录纸 （3）设备：变压器					

备注		（1）由于红外检测需由两人进行，一人监护，一人检测，故考评员可担任监护角色，并在操作过程中跟踪进行评分 （2）所有涉及的数据都需要考生高声喧读，以便考评员记录评分				

评分标准

序号	考核项目名称	质量要求	分值	扣分标准	扣分原因	得分
1	工作前准备		20			
1.1	穿戴好工作服、绝缘鞋、安全帽	应穿戴正确无遗漏	3	穿戴正确完整不扣分，不按规定穿着一处扣1分		
1.2	确认检测环境	应满足工作要求	3	未将温湿度计摆放在阴凉通风处扣1分；未记录并确认检测环境扣2分		
1.3	抄录被测试设备电流、电压	记录被测试设备负荷电流及前三个小时负荷变化情况	4	未抄录或抄录内容不完整一处扣1分		
1.4	仪器参数设置	根据红外线测温仪型号植入相关测试数据，并符合现场测温要求	10	植入各项参数不正确一项扣1分；未开启（未检查）最大温度跟踪功能扣2分；开机时操作不当，反复按电源开关扣2分；未高声喧读所设参数扣2分		
2	工作过程		50			
2.1	变压器一般检测	主要检测部位：变压器本体、套管、油枕、瓦斯继电器、冷却系统、中性点和避雷器、一次接线端，发现异常进行精确检测	30	未与带电设备保持足够的安全距离扣2分；测温过程中刮伤镜头扣2分；未避免太阳光直射扣2分；对安排的检测设备未保存图谱或未高声喧读图谱文件号扣5分；检测设备未照在一张图谱中扣5分；对于异常相未各单拍一张异常与正常图谱扣10分；测温过程中频繁开关机扣2分；测温结束后未关闭仪器电源，未盖上镜头盖扣2分		

序号	考核项目名称	质量要求	分值	扣分标准	扣分原因	得分
2.2	变压器异常部位检测	对异常部位进行精确检测并拍图记录	20	未调节焦距拍摄异常部位图谱扣10分；未记录设备名称、缺陷部位、表面温度、正常相温度、环境参照体温度等参数每项扣2分		
3	检测工作终结		30			
3.1	检测结果处理	抽取3张电气设备发热图片，能对不同电气设备发热部位正确描述，能对不同设备发热原因进行分析	15	分析电气设备发热部位以及原因不正确每项扣3分		
3.2	回答随机提出的简单提问	根据发热温度，进行缺陷定性	10	未进行缺陷定性或定性不准确每项扣5分		
3.3	安全文明生产	符合安全文明生产要求	5	安全文明生产不符合要求每项扣1分		

2.2.12 BZ5ZY0303 主变压器铁芯接地电流测试

一、作业

（一）工器具、材料、设备

1. 工器具：安全帽、绝缘鞋、绝缘手套、钳形电流表、温湿度计。

2. 材料：笔、记录纸。

3. 设备：带有铁芯接地引下线和夹件引下线的主变压器。

（二）安全要求

1. 考生与带电设备保持足够的安全距离，10kV：0.7m；35kV：1.0m；110kV：1.5m；220kV：3.0m。

2. 考生在测试过程中要正确佩戴和使用安全工器具。

3. 考生在规定时间内完成测试工作。

（三）操作步骤及工艺要求（含注意事项）

1. 测量工作开始前，准备合适、合格的钳形电流表。

2. 对主变压器铁芯接地电流进行实际测试，无误操作。

二、考核

（一）考核场地

考核场地配有铁芯接地引下线和夹件引下线的220kV或110kV主变压器一台。

（二）考核时间

考核时间为10min。

（三）考核要点

1. 钳形电流表的准备及检查。

2. 对主变压器铁芯接地电流进行实际测试，并记录其电流值。

三、评分标准

行业：电力工程　　　　　　　　工种：变电站值班员　　　　　　　　等级：初级工

编号	BZ5ZY0303	行为领域	e	鉴定范围		
考核时限	10min	题型	A	满分	100 分	得分
试题名称	主变压器铁芯接地电流测试					
考核要点及其要求	（1）测量前，准备合适、合格的钳形电流表 （2）测试过程中，正确佩戴和使用安全工器具 （3）对主变压器铁芯接地电流进行实际测量，并记录计算出其电流值					
现场设备、工器具、材料	（1）工器具：安全帽、绝缘鞋、绝缘手套、钳形电流表 （2）材料：笔、记录纸 （3）设备：带有铁芯接地引下线和夹件引下线的主变压器					
备注	本项工作应由一人操作，一人监护配合来完成，故考评员可作为监护人					

评分标准

序号	考核项目名称	质量要求	分值	扣分标准	扣分原因	得分
1	工作准备		30			

序号	考核项目名称	质量要求	分值	扣分标准	扣分原因	得分
1.1	记录现场天气和环境湿度	核实现场天气情况和环境湿度	5	①未核实现场天气情况扣2.5分 ②未核实环境湿度扣2.5分		
1.2	对钳形电流表进行外观检查	检查钳形电流表及铁芯的绝缘	5	①未检查钳形电流表绝缘扣2.5分 ②未检查铁芯的绝缘扣2.5分		
		检查钳形电流表钳口清洁，无锈蚀	5	未检查钳形电流表钳口是否清洁，无锈蚀扣5分		
		检查钳形电流表闭合后无明显的缝隙	5	未检查钳形电流表闭合后有无明显的缝隙扣5分		
1.3	打开钳形电流表电源开关，选择合适的电流档位	估测电流大小，选择的电流档位正确	10	未估测电流大小，选择的电流档位不正确扣10分		
2	测量工作过程		52			
2.1	测量铁芯接地引下线附近空测电流 I_1	测试人员正确佩戴安全工器具	1	测试人员未正确佩戴安全工器具扣1分		
		测试人员与带电设备保持足够的安全距离	1	测试人员未与带电设备保持足够的安全距离扣1分		
		测试空测电流 I_1	5	未测试空测电流 I_1 扣5分；		
		在记录纸上记录实测电流值	1	未在记录纸上记录实测电流值扣1分		
2.2	用钳形电流表测试铁芯接地引下线的电流 I_2	被测接地引下线放置在钳形电流表钳口中央	5	被测接地引下线未放置在钳形电流表钳口中央扣5分		
		测试过程中误操作	5	测试过程中钳口有导线时调整钳形电流表量程扣5分		
		钳形电流表钳口内不得有多根引下线	5	钳形电流表钳口内有多根引下线扣5分		
		钳形电流表放入导线后钳口闭合	5	钳形电流表放入导线后钳口未闭合扣5分		
		读数时测试人员与带电设备保持足够的安全距离	1	读数时测试人员未与带电设备保持足够的安全距离扣1分		
		在记录纸上记录实测电流值	1	未在记录纸上记录实测电流值扣1分		

序号	考核项目名称	质量要求	分值	扣分标准	扣分原因	得分
2.3	用钳形电流表测试夹件引下线电流 I_3	测试夹件引下线电流 I_3	5	未测试夹件引下线电流 I_3 扣5分		
		被测接地引下线放置在钳形电流表钳口中央	5	被测接地引下线未放置在钳形电流表钳口中央扣5分		
		钳形电流表钳口内不得有多根引下线	5	钳形电流表钳口内有多根引下线扣5分		
		钳形电流表放入导线后钳口闭合	5	钳形电流表放入导线后钳口未闭合扣5分		
		读数时测试人员与带电设备保持足够的安全距离	1	读数时测试人员未与带电设备保持足够的安全距离扣1分		
		在记录纸上记录实测电流值	1	未在记录纸上记录实测电流值扣1分		
3	工作终结		18			
3.1	工作结束，收回所有工具	测试工作结束后，将钳形电流表量程切换开关切至最大档位	2	测试工作结束后，未将钳形电流表量程切换开关切至最大档位扣2分		
		关闭钳形电流表电源开关	2	未关闭钳形电流表电源开关扣2分		
		将钳形电流表放置在专用箱柜内	1	未将钳形电流表放置在专用箱柜内扣1分		
3.2	计算实际电流值	记录的铁芯接地电流值 I_2 减去空测电流值 I_1	5	记录的铁芯接地电流值 I_2 未减去空测电流值 I_1 扣5分		
		夹件接地电流值 I_3 减去空测电流值 I_1	5	夹件接地电流值 I_3 未减去空测电流值 I_1 扣5分		
		测试结果进行对比，确认是否正常	2	测试结果未进行对比，未确认是否正常扣2分		
		测试结果异常上报工区处理	1	测试结果异常未上报工区处理扣1分		

2.2.13　BZ5ZY0304　安全工器具的安全使用

一、作业

（一）工器具、材料、设备

1. 工器具：绝缘手套、验电器、绝缘拉杆、接地线、安全帽、绝缘靴、扳手。

2. 材料：干净的纯棉抹布。

3. 设备：无。

（二）安全要求

考生在规定时间内完成各个安全工器具的安全检查。

（三）操作步骤及工艺要求（含注意事项）

1. 检测各个安全工器具是否合格，判断能否使用。

2. 佩戴和使用各个安全工器具。

3. 阐述各个安全工器具使用时的注意事项。

二、考核

（一）考核场地

考核场地配有绝缘手套、验电器、绝缘拉杆、接地线、安全帽、绝缘靴。

（二）考核时间

考核时间为 15min。

（三）考核要点

1. 检测各个安全工器具是否合格，判断能否使用。

2. 佩戴和使用各个安全工器具，并阐述使用时的注意事项。

三、评分标准

行业：电力工程　　　　　　　　工种：变电站值班员　　　　　　　　等级：初级工

编号	BZ5ZY0304	行为领域	e	鉴定范围			
考核时限	15min	题型	B	满分	100 分	得分	
试题名称	安全工器具的安全使用						
考核要点及其要求	（1）检测各个安全工器具是否合格，判断能否使用 （2）佩戴和使用各个安全工器具，并阐述使用时的注意事项						
现场设备、工器具、材料	（1）工器具：绝缘手套、验电器、绝缘拉杆、接地线、安全帽、绝缘靴、扳手 （2）材料：干净的纯棉抹布 （3）设备：无						
备注							

评分标准

序号	考核项目名称	质量要求	分值	扣分标准	扣分原因	得分
1	工作准备		10			
	准备个人工具	应满足工作需要	10	准备的个人工具，不满足工作需要，漏、缺一项扣 2 分，直至扣完		

序号	考核项目名称	质量要求	分值	扣分标准	扣分原因	得分
2	检查过程		90			
2.1	绝缘手套的安全使用	检查绝缘手套安全试验标签内的试验周期日期在合格范围内	2	未检查绝缘手套安全试验标签内的试验周期是否在合格范围内扣2分		
		进行外观检查	2	未为检查有无发黏、裂纹、破口、发脆等异常情况扣2分		
		进行气密性检查	3	未进行气密性检查扣3分		
		佩戴手套时需将上衣袖口套入手套筒内	3	佩戴手套时未将上衣袖口套入手套筒内扣3分		
2.2	接地线的安全使用	检查接地线额定电压和被测试设备电压等级一致	2	未检查接地线额定电压和被测试设备电压等级是否一致扣2分		
		检查绝缘棒和接地线的标签、合格证完善	2	未检查绝缘棒和接地线的标签、合格证是否完善扣2分		
		检查接地线在试验合格的有效期内	2	未检查接地线是否在试验合格的有效期内扣2分		
		检查接地线外观无明显缺陷	2	未检查接地线外观有无明显缺陷扣2分		
		检查接地线护套完好、无破损	2	未检查接地线护套是否完好、无破损扣2分		
		检查接地线本体有编号	2	未检查接地线本体是否有编号扣2分		
		装、拆接地线需戴安全帽、绝缘手套、穿绝缘靴	4	装、拆接地线未戴安全帽、绝缘手套、未穿绝缘靴扣4分		
		装拆接地线操作顺序正确	4	装拆接地线操作顺序错误扣4分		
2.3	验电器的安全使用	检查验电器额定电压和被测试设备电压等级一致	2	未检查验电器额定电压和被测试设备电压等级是否一致扣2分		
		检查验电器绝缘棒的标签、合格证完善，在试验合格的有效期内	2	未检查验电器绝缘棒的标签、合格证是否完善、是否在试验合格的有效期内扣2分		

序号	考核项目名称	质量要求	分值	扣分标准	扣分原因	得分
2.3	验电器的安全使用	检验验电器外观无明显缺陷	2	未检验验电器外观有无明显缺陷扣2分		
		使用前，初步检验验电器良好	2	使用前，未初步检验验电器是否良好扣2分		
		验电前，先在带电设备上验电，证实验电器良好	2	验电前，未先在带电设备上验电，未证实验电器良好扣2分		
		验电时，戴安全帽、绝缘手套	4	验电时，未戴安全帽、绝缘手套扣4分		
		验电时，操作人员手不得超过验电器护环，未带电设备保持足够的安全距离	4	验电时，操作人员手超过验电器护环，未与带电设备保持足够的安全距离扣4分		
		使用后，不得将验电器平放在地上	2	使用后，将验电器平放在地上扣2分		
2.4	绝缘拉杆的安全使用	检查绝缘拉杆电压等级与电气设备或线路电压等级相符	3	未检查绝缘拉杆电压等级与电气设备或线路电压等级相符扣3分		
		检查绝缘拉杆标签、合格证完善，在试验合格的有效期内	3	未检查绝缘拉杆标签、合格证是否完善，是否在试验合格的有效期内扣3分		
		检查绝缘拉杆外观无明显的缺陷	3	未检查绝缘拉杆外观有明显的缺陷扣3分		
		使用绝缘拉杆时戴绝缘手套，穿绝缘靴	4	使用绝缘拉杆时未戴绝缘手套，未穿绝缘靴扣4分		
		需要成套使用时，检查金属连接部分牢固	4	需要成套使用时，未检查金属连接部分是否牢固扣4分		
		使用后，需成套定置放置	3	使用后，未成套定置放置或平放在地上扣3分		
2.5	安全帽的安全使用	使用前检查帽壳无裂纹或损色，无明显变形	3	使用前未检查帽壳有无裂纹或损色，是否有明显变形扣3分		
		检查安全帽帽衬组件（包括帽箍、顶衬、后箍、下颚带灯）齐全、牢固	3	未检查安全帽帽衬组件（包括帽箍、顶衬、后箍、下颚带灯）是否齐全、牢固扣3分		
		佩戴安全帽方法正确	4	佩戴安全帽方法不正确扣4分		

序号	考核项目名称	质量要求	分值	扣分标准	扣分原因	得分
2.6	绝缘靴的安全使用	对绝缘靴进行外观检查	3	未对绝缘靴进行外观检查扣3分		
		检查是否有试验合格标签,在有效期内	3	未检查是否有试验合格标签,是否在有效期内扣3分		
		使用时,将裤管套入绝缘靴筒内	4	使用时,未将裤管套入绝缘靴筒内扣4分		

2.2.14 BZ5XG0101 简述触电急救的原则和方法

一、作业

（一）工器具、材料、设备

1. 工器具：无。

2. 材料：假人模型、一次性纱布。

3. 设备：无。

（二）安全要求

无。

（三）操作步骤及工艺要求（含注意事项）

1. 在现场进行心肺复苏法演示。

2. 完成考评员现场随机提问。

二、考核

（一）考核场地

无。

（二）考核时间

考核时间为 15min。

（三）考核要点

1. 准确填写触电急救的原则和方法。

2. 准确填写触电急救过程中的安全注意事项。

3. 准确回答现场考评员随机的提问。

三、评分标准

行业：电力工程　　　　　　　　工种：变电站值班员　　　　　　　等级：初级工

编号	BZ5XG0101	行为领域	f	鉴定范围		
考核时限	15min	题型	A	满分	100分	得分
试题名称	简述触电急救的原则和方法					
考核要点及其要求	（1）着装整洁，准考证、身份证齐全 （2）遵守考场规定，按时独立完成 （3）现场完成心肺复苏法演示					
现场设备、工器具、材料	（1）工器具：无 （2）材料：假人模型 （3）设备：无					
备注						

评分标准

序号	考核项目名称	质量要求	分值	扣分标准	扣分原因	得分
1	触电急救的原则	迅速脱离电源	10	脱离电源方法不正确扣5分；方法不全面扣5分		
		现场简单诊断	10	诊断内容全面不扣分；丢漏一处扣3分		

序号	考核项目名称	质量要求	分值	扣分标准	扣分原因	得分
1	触电急救的原则	医生未接替前,不得放弃急救	5	放弃急救扣10分		
2	触电急救的方法	触电者神志清醒,有心跳,但呼吸急促、面色苍白,但未失去知觉时应将触电者抬到通风良好的地方安静休息	5	根据触电者伤情采取的方法不正确扣5分		
		触电者神志不清,有心跳,但呼吸停止或微弱时,应立即将气道开放,并使用口对口人工呼吸	10	根据触电者伤情采取的方法不正确扣5分;人工呼吸方法不正确扣5分		
		触电者神志丧失,无心跳,但有极微弱的呼吸时,应使用心肺复苏法	10	根据触电者伤情采取的方法不正确扣5分;心肺复苏方法不正确扣5分		
		触电者心跳、呼吸均停止时,应使用心肺复苏法	10	根据触电者伤情采取的方法不正确扣5分;心肺复苏方法不正确扣5分		
3	现场进行心肺复苏法和人工呼吸法演示	演示正确、规范	20	胸外按压、口对口吹气次数、频率不正确扣10分;姿势不正确扣10分		
4	回答考评员现场随机提问	回答正确、完整	20	回答不正确一次扣5分		
5	考场纪律	独立完成,遵守考场纪律	否决	在考场内被发现夹带作弊、交头接耳等扣100分;考试现场不服从考评员安排或顶撞者,取消考评资格		

2.2.15 BZ5XG0102 干粉灭火器的使用

一、作业

（一）工器具、材料、设备

1. 工器具：无。

2. 材料：手提式干粉灭火器、燃烧物。

3. 设备：无。

（二）安全要求

1. 考生在灭火过程中，注意自身安全，防止烧伤。

2. 考生在使用灭火器过程中，防止操作不当弄伤手部。

（三）操作步骤及工艺要求（含注意事项）

1. 使用前检查确认灭火器良好。

2. 现场进行灭火工作，并注意做好自身安全防护。

3. 灭火器使用完毕后，要及时收回。

二、考核

（一）考核场地

考核场地配有手提式灭火器和一盆燃烧物。

（二）考核时间

考核时间为 20min。

（三）考核要点

1. 灭火器的准备和检查。

2. 现场进行灭火过程中，操作的准确性和灭火的及时性。

3. 回答现场考评员随机的提问。

三、评分标准

行业：电力工程　　　　　　　工种：变电站值班员　　　　　　　等级：中级工

编号	BZ5XG0102	行为领域	f	鉴定范围		
考核时限	20min	题型	A	满分	100分	得分
试题名称	干粉灭火器的使用					
考核要点及其要求	（1）灭火器的准备和检查 （2）现场进行灭火过程中，操作的准确性和灭火的及时性					
现场设备、工器具、材料	（1）工器具：无 （2）材料：手提式干粉灭火器、燃烧物 （3）设备：无					
备注	本项工作应由一人操作，一人监护配合来完成，故考评员可作为监护人					

评分标准

序号	考核项目名称	质量要求	分值	扣分标准	扣分原因	得分
1	工作准备		20			

序号	考核项目名称	质量要求	分值	扣分标准	扣分原因	得分
1.1	灭火器使用前检查	检查灭火器压力值在合格范围	5	未检查压力值是否在合格范围内扣5分		
		检查灭火器瓶体完好,无锈蚀	5	未检查灭火器瓶体是否完好,有无锈蚀扣5分		
		检查灭火器胶管完好无裂痕	5	未检查灭火器胶管是否有裂痕扣5分		
		检查灭火器铅封完好	5	未检查灭火器铅封的完整性扣5分		
2	灭火过程		70			
2.1	赶到着火现场	考生手提灭火器的提把赶到着火现场	2	考生未手提灭火器的提把扣2分		
		赶到着火现场过程中,灭火器始终在直立状态	3	考生赶到着火现场过程中,灭火器未始终在直立状态扣3分		
2.2	现场灭火	考生在距离起火点5m左右放下灭火器	5	未在距离起火点5m左右放下灭火器扣5分		
		考生在灭火前需站在上风方向	5	灭火前未站在上风方向扣5分		
		使用前将灭火器上下颠倒几次	5	使用前未将灭火器上下颠倒几次扣5分		
		操作灭火器时先去除铅封,后拉开拉环	10	操作灭火器时铅封、拉环操作顺序不正确扣10分		
		考生握住灭火器喷身软管前端喷嘴部位	5	未握住灭火器喷身软管前端喷嘴部位扣5分		
		灭火时对准火焰根部,左右横向扫射	10	灭火时未对准火焰根部扣5分;未左右横向扫射扣5分		
		灭火过程中手不准离开压板中断喷射	15	操作灭火器干粉未从喷嘴喷射出来扣5分;灭火过程中手离开压板中断喷射扣10分		
		若火焰从容器赶出来,需将余火全部扑灭	5	若火焰从容器赶出来,未将余火全部扑灭扣5分		
		灭火器使用完毕后,需将灭火器放置在固定地点	5	灭火器使用完毕后,未将灭火器放置在固定地点扣5分		
3	回答考评员现场随机提问	回答正确、完整	10	回答不正确一次扣5分		
4	考场纪律	独立完成,遵守考场纪律	否决	考试现场不服从考评员安排或顶撞者,取消考评资格		

第二部分　中　级　工

1 ▼ 理论试题

1.1 单选题

La4A1001 电感元件的基本工作性能是（　　）。
（A）消耗电能；（B）产生电能；（C）储存能量；（D）传输能量。
答案：C

La4A1002 变压器的最高运行温度受（　　）的耐热能力限制。
（A）绝缘材料；（B）金属材料；（C）铁芯；（D）电流。
答案：A

La4A1003 电力系统不能向负荷供应所需的足够的有功功率时，系统的频率就（　　）。
（A）要升高；（B）要降低；（C）会不变；（D）升高较小。
答案：B

La4A1004 通电绕组在磁场中的受力用（　　）判断。
（A）安培定则；（B）右手螺旋定则；（C）右手定则；（D）左手定则。
答案：D

La4A1005 运行中的电流互感器二次侧，清扫时的注意事项中，（　　）是错误的。
（A）应穿长袖工作服；（B）戴线手套；（C）使用干燥的清扫工具；（D）单人进行。
答案：D

La4A2006 倒闸操作中不得使停电的（　　）由二次侧向高压侧反送电。
（A）电流互感器；（B）阻波器；（C）电压互感器；（D）电抗器。
答案：C

La4A2007 线路发生短路故障时，母线电压急剧下降，在电压下降到电压保护整定值时，低电压继电器动作，跳开断路器，瞬时切除故障，这就是（　　）。
（A）电压速断保护；（B）过电压保护；（C）电流速断保护；（D）电压闭锁过流保护。
答案：A

La4A2008 设备接头处若涂有相色漆，在过热后（　　）。

（A）相色漆的颜色变深，漆皮裂开；（B）相色漆颜色变浅，漆开始溶化；（C）相色漆的颜色更加明显，并有冒湿现象。

答案：A

La4A2009 新投运的 SF_6 断路器投运（　　）后应进行全面的检漏一次。

（A）3个月；（B）6个月；（C）9个月；（D）12个月。

答案：A

La4A2010 变电站的母线上装设避雷器是为了（　　）。

（A）防止直击雷；（B）防止反击过电压；（C）防止雷电行波；（D）防止雷电流。

答案：C

La4A2011 发生（　　）情况，电压互感器必须立即停止运行。

（A）渗油；（B）油漆脱落；（C）喷油；（D）油压低。

答案：C

La4A2012 直流控制、信号回路熔断器一般选用（　　）。

（A）0～5A；（B）5～10A；（C）10～20A；（D）20～30A。

答案：B

La4A2013 在电气设备上工作，（　　）是属于保证安全工作的组织措施。

（A）工作票制度；（B）工作安全制度；（C）工作安全责任制度；（D）悬挂标示牌和装设遮栏。

答案：A

La4A2014 仪器、工具、材料、消防器材等设施应在（　　）时进行检查。

（A）巡视；（B）使用；（C）交接班；（D）维护。

答案：C

La4A2015 选择断路器遮断容量应根据其安装处（　　）来决定。

（A）变压器的容量；（B）最大负荷；（C）最大短路电流；（D）最小短路电流。

答案：C

La4A2016 新投运的耦合电容器的声音应为（　　）。

（A）平衡的嗡嗡声；（B）有节奏的嗡嗡声；（C）轻微的嗡嗡声；（D）没有声音。

答案：D

La4A3017 电网运行实行(   )。

(A) 统一调度、统一管理；(B) 分级调度、分级管理；(C) 分级调度、统一管理；(D) 统一调度、分级管理。

答案：**D**

La4A3018 (   )接线的电容器组应装设零序平衡保护。

(A) 三角形；(B) 星形；(C) 双星形；(D) 开口三角形。

答案：**C**

La4A3019 定时限过流保护动作值按躲过线路(   )电流整定。

(A) 最大负荷；(B) 平均负荷；(C) 末端短路；(D) 出口短路。

答案：**A**

La4A3020 大电流接地系统中，任何一点发生单相接地时，零序电流等于通过故障点电流的(   )。

(A) 2 倍；(B) 1.5 倍；(C) 1/3 倍；(D) 1/5 倍。

答案：**C**

La4A3021 中性点经消弧线圈接地的电力网，在正常运行情况下，中性点电压位移不应超过额定相电压的(   )。

(A) 0.5%；(B) 1.0%；(C) 1.5%；(D) 2.0%。

答案：**C**

La4A3022 电流互感器铁芯内的交变主磁通是由(   )产生的。

(A) 一次绕组两端电压；(B) 二次绕组内通过的电流；(C) 一次绕组内通过的电流；(D) 一次和二次电流共同。

答案：**C**

La4A3023 凡是技术状况良好，外观整洁，技术资料齐全、正确，能保证安全、经济、满供、稳供的电气设备应定为(   )。

(A) 名牌设备；(B) 一类设备；(C) 优良设备；(D) 三类设备。

答案：**B**

La4A3024 变压器油在变压器内的作用为(   )。

(A) 绝缘、冷却；(B) 灭弧；(C) 防潮；(D) 隔离空气。

答案：**A**

La4A3025 JDJJ 型电压互感器的 D 表示（　　）。

（A）单相；（B）油浸；（C）三相；（D）户外。

答案：**A**

La4A3026 能引起电力系统发生谐振过电压的原因是（　　）。

（A）长线电容效应；（B）不对称接地故障；（C）甩负荷；（D）参数谐振。

答案：**D**

La4A3027 电压互感器的一、二、三次侧中，（　　）需要接地。

（A）一次侧；（B）二次侧；（C）三次侧；（D）二、三次侧。

答案：**D**

La4A4028 线路停电时，在拉开断路器后，先拉开线路侧隔离开关，后拉开母线侧隔离开关的原因为（　　）。

（A）拉开断路器后，先拉开线路侧隔离开关，后拉开母线侧隔离开关，节省操作时间；（B）拉开断路器后，先拉开线路侧隔离开关，后拉开母线侧隔离开关，可在隔离开关无电的情况下进行操作；（C）拉开断路器后，先拉开线路侧隔离开关，后拉开母线侧隔离开关，因隔离开关无灭弧能力；（D）如果断路器尚未断开电源，发生了误拉隔离开关的情况，按先拉线路侧隔离开关，后拉母线侧隔离开关的顺序，断路器可在保护装置的配合下，迅速切除故障，避免人为扩大事故。

答案：**D**

La4A4029 线路过电流保护的启动电流整定值是按该线路的（　　）整定。

（A）负荷电流；（B）最大负荷；（C）大于允许的过负荷电流；（D）出口短路电流。

答案：**C**

La4A4030 如蓄电池单个电池电压在（　　）V，则为正常浮充电状态。

（A）2.05～2.1；（B）2.15～2.2；（C）2.25～2.3；（D）2.1～2.3。

答案：**B**

La4A4031 隔离开关可以进行（　　）操作。

（A）拉开或合上空载母线；（B）拉开或合上 220kV 及以下母线的充电电流；（C）拉开或合上 35kV 及以下空载线路；（D）拉开或合上 35kV 及以下空载变压器。

答案：**B**

La4A4032 在小电流接地系统中，发生金属性接地时接地相的电压（　　）。

（A）等于零；（B）等于 10kV；（C）升高；（D）不变。

答案：**A**

La4A4033 中性点接地系统比不接地系统供电可靠性（   ）。

（A）高；（B）低；（C）相同；（D）不一定。

答案：B

La4A4034 蓄电池室内温度在（   ）。

（A）5～10℃；（B）10～30℃；（C）不高于50℃；（D）－20～0℃。

答案：B

La4A4035 凡是不能应用（   ）简化为无分支电路的电路，便是复杂直流电路。

（A）串并联电路；（B）欧姆定律；（C）等效电流法；（D）等效电压法。

答案：A

La4A5036 多台电动机启动时应（   ）。

（A）按容量从小到大启动；（B）逐一启动；（C）从大到小启动；（D）一起启动。

答案：C

La4A5037 快速切除线路与母线的短路故障，是提高电力系统（   ）的最重要手段。

（A）暂态稳定；（B）静态稳定；（C）动态稳定。

答案：A

La4A5038 蓄电池在新装第一次充电叫初充电，时间为（   ）h。

（A）10～30；（B）30～40；（C）40～50；（D）60～80。

答案：D

La4A5039 电流互感器损坏需要更换时，（   ）是不必要的。

（A）变比与原来相同；（B）极性正确；（C）经试验合格；（D）电压等级高于电网额定电压。

答案：D

La4A5040 《电网调度管理条例》所称统一调度，在形式上表现为（   ）。

（A）由电网调度机构统一组织全网调度计划的编制和执行；（B）统一指挥全网的运行操作和事故处理；（C）统一协调和规定全网继电保护，安全自动装置，调度自动化系统和调度通信系统的运行；（D）在调度业务上，下级调度必须服从上级调度的指挥。

答案：D

La4A5041 变压器的变比（   ）。

（A）与匝数比成正比；（B）与匝数比成反比；（C）与电压比成反比；（D）与电流比成正比。

答案：A

Lb4A1042 变压器防爆管薄膜的爆破压力是（　　　）。

（A）0.0735MPa；（B）0.049MPa；（C）0.196MPa；（D）0.186MPa。

答案：B

Lb4A1043 电流互感器的不完全星形接线，在运行中（　　　）故障。

（A）不能反映所有的接地；（B）能反映各种类型的接地；（C）仅反映单相接地；（D）不能反映三相短路。

答案：A

Lb4A1044 三绕组变压器绕组由里向外排列顺序为（　　　）。

（A）高压、中压、低压；（B）低压、中压、高压；（C）中压、低压、高压；（D）低压、高压、中压。

答案：B

Lb4A2045 有载调压变压器的有载调压开关在（　　　）次变换后应将切换部分吊出检查。

（A）4000；（B）5000；（C）6000；（D）7000。

答案：B

Lb4A2046 发生三相对称短路时，短路电流中包含（　　　）分量。

（A）正序；（B）负序；（C）零序；（D）负荷电流。

答案：A

Lb4A2047 电流互感器极性对（　　　）没有影响。

（A）差动保护；（B）方向保护；（C）电流速断保护；（D）距离保护。

答案：C

Lb4A2048 电容器组的过流保护反映电容器的（　　　）故障。

（A）内部；（B）外部短路；（C）双星形；（D）相间。

答案：B

Lb4A2049 在正弦交流纯电容电路中，（　　　）式正确。

（A）$I=U\omega C$；（B）$I=U\omega C$；（C）$I=U/\omega C$；（D）$I=U/C$。

答案：A

Lb4A2050 变压器带（　　　）负荷时电压最高。

（A）容性；（B）感性；（C）电阻性；（D）纯感性。

答案：A

Lb4A2051 变压器一、二次绕组的匝数之比为 25，二次侧电压为 400V，一次侧电压为（　　）。

（A）10000V；（B）35000V；（C）15000V；（D）12500V。

答案：**A**

Lb4A2052 当备自投装置拒动时，值班员应（　　）。

（A）可不经检查立即合上备用开关；（B）可不经汇报，应即手动模拟备自投操作；（C）汇报调度，经过必要的检查后，合上备用开关；（D）汇报调度，经同意后合上备用开关。

答案：**B**

Lb4A2053 有限个同频率正弦量相加的结果是一个（　　）。

（A）同频率的交流量；（B）另一频率的交流量；（C）同频率的正弦量；（D）另一频率的正弦量。

答案：**C**

Lb4A3054 电力线路发生故障时，本线路继电保护的反应能力称为继电保护的（　　）。

（A）选择性；（B）灵敏度；（C）可靠性；（D）快速性。

答案：**B**

Lb4A3055 一般变压器的上层油温不能超过（　　）。

（A）85℃；（B）95℃；（C）105℃；（D）75℃。

答案：**A**

Lb4A3056 标志断路器开合短路故障能力的数据是（　　）。

（A）额定短路开合电流的峰值；（B）最大单相短路电流；（C）断路电压；（D）最大运行负荷电流。

答案：**A**

Lb4A3057 电压互感器的精度级一般与（　　）有关。

（A）电压比误差；（B）相角误差；（C）变比误差；（D）二次阻抗。

答案：**A**

Lb4A3058 用兆欧表摇测（　　）时应在摇把转动的情况下，将接线断开。

（A）二次回路；（B）电网；（C）电容器；（D）直流回路。

答案：**C**

Lb4A3059 铅酸蓄电池均衡充电不宜频繁进行，间隔一般不宜短于(　　)。

(A) 3个月；(B) 6个月；(C) 9个月 ；(D) 12个月。

答案：**B**

Lb4A3060 变压器气体继电器内有气体(　　)。

(A) 说明内部有故障；(B) 不一定有故障；(C) 说明有较大故障；(D) 没有故障。

答案：**B**

Lb4A3061 方向阻抗继电器中，记忆回路的作用是(　　)。

(A) 提高灵敏度；(B) 消除正方向出口三相短路的死区；(C) 防止反方向出口短路。

答案：**B**

Lb4A3062 当电力系统发生故障时，要求本线路继电保护该动的动，不该动的不动称为继电保护的(　　)。

(A) 选择性；(B) 灵敏度；(C) 可靠性；(D) 快速性。

答案：**C**

Lb4A3063 对变压器差动保护进行相量图分析时，应在变压器(　　)时进行。

(A) 停电；(B) 空载；(C) 载有一定负荷；(D) 过负荷。

答案：**C**

Lb4A4064 装拆接地线的导线端时，要对(　　)保持足够的安全距离，防止触电。

(A) 构架；(B) 瓷质部分；(C) 带电部分；(D) 导线之间。

答案：**C**

Lb4A4065 高压断路器的额定电流是(　　)。

(A) 断路器长期运行电流；(B) 断路器长期运行电流的有效值；(C) 断路器运行中的峰值电流；(D) 断路器长期运行电流的最大值。

答案：**B**

Lb4A4066 与变压器气体继电器连接的油管坡度为(　　)。

(A) 2%～4%；(B) 1%～5%；(C) 13%；(D) 5%。

答案：**A**

Lb4A4067 为了保证在电流互感器与断路器之间发生故障时，本侧断路器跳开后对侧高频保护能快速动作，应采取的措施是(　　)。

(A) 跳闸位置继电器停信；(B) 母差保护跳闸停信；(C) 保护正方向动作停信。

答案：**B**

Lb4A4068 变压器发生内部故障时的主保护是( )保护。

（A）瓦斯；（B）差动；（C）过流；（D）中性点。

答案：**A**

Lb4A4069 变压器的接线组别表示变压器的高压、低压侧( )间的相位关系。

（A）线电压；（B）线电流；（C）相电压；（D）相电流。

答案：**A**

Lb4A5070 变压器净油器的作用是( )。

（A）运行中的变压器因上层油温与下层油温的温差，使油在净油器外循环；（B）油中的有害物质被净油器内的硅胶吸收，使油净化而保持良好的电气及化学性能，起到对变压器油再生的作用；（C）净油器是一个充有吸附剂的金属容器，吸附油中水分和二氧化碳；（D）油的循环由上而下以渗流方式流过净油器，能延长变压器油的使用寿命。

答案：**B**

Lb4A5071 电压互感器故障对保护及自动装置的影响为( )。

（A）电压互感器故障对距离保护、方向保护没有影响；（B）电压互感器故障对于反映电压降低的保护和反映电压、电流相位关系的保护装置有影响；（C）电压互感器故障对三相一次重合闸没有影响；（D）电压互感器故障对母差保护没有影响。

答案：**B**

Lb4A5072 距接地体的跨步电压变化距离一般( )。

（A）10m 以外为 0；（B）越接近接地体越大，越远则越小，20m 远时为 0；（C）30m以外为 0；（D）5m 以内最小。

答案：**B**

Lc4A1073 为了保证用户电压质量，系统必须保证有足够的( )。

（A）有功容量；（B）电压；（C）无功容量；（D）电流。

答案：**C**

Lc4A2074 LCWD-110 型电流互感器的第四个字母表示( )。

（A）单匝贯穿式；（B）单相；（C）差动保护；（D）绝缘等级。

答案：**C**

Lc4A2075 由铁磁材料构成的磁通集中通过的路径，称为( )。

（A）电路；（B）磁链；（C）磁路；（D）磁场。

答案：**C**

Lc4A2076 SW6 系列断路器断口并联电容起（   ）作用。

（A）灭弧；（B）均压；（C）改变参数；（D）改变电流。

答案：**B**

Lc4A2077 功率因数表指针在停电后（   ）。

（A）指在 0；（B）没有固定位置；（C）指在最大位置；（D）每次都固定在同一位置。

答案：**B**

Lc4A2078 新建、扩建、改建工程包括继电保护、自动装置要由运行单位设专人分段验收，竣工时要经过（   ）组织全面验收。

（A）总工；（B）工区运行专工；（C）变电所专工；（D）生技领导。

答案：**A**

Lc4A2079 变压器每隔（   ）做一次预防性试验。

（A）1～3 年；（B）2～4 年；（C）4～6 年；（D）5～7 年。

答案：**A**

Lc4A3080 断路器额定电压指（   ）。

（A）断路器正常工作电压；（B）正常工作相电压；（C）正常工作线电压有效值；（D）正常工作线电压最大值。

答案：**C**

Lc4A3081 变压器套管型号中的字母 BR 表示（   ）。

（A）油纸套管；（B）变压器油浸式套管；（C）变压器电容式套管；（D）油浸风冷。

答案：**C**

Lc4A3082 两台阻抗电压不相等变压器并列运行时，在负荷分配上（   ）。

（A）阻抗电压大的变压器负荷小；（B）阻抗电压小的变压器负荷小；（C）负荷分配不受阻抗电压影响；（D）一样大。

答案：**A**

Lc4A4083 防雷保护装置的接地属于（   ）。

（A）工作接地；（B）保护接地；（C）防雷接地；（D）保护接零。

答案：**A**

Lc4A4084 变电站事故处理中应正确迅速在所长领导下执行（   ）命令。

（A）站长；（B）值班调度；（C）工区主任；（D）生产调度。

答案：**B**

Lc4A4085 省调规程规定：系统频率超出( )为事故频率。

(A) (49.5±0.5) Hz； (B) (50±0.5) Hz； (C) (50±0.2) Hz； (D) (50±1) Hz。

答案：**C**

Lc4A4086 新值班人员在上岗独立值班工作前，必须经过( )培训阶段。

(A) 现场基本制度学习、跟班学习和试行值班学习； (B) 安全知识学习、跟班学习和试行值班学习； (C) 安全知识学习、师徒共同学习和试行值班学习； (D) 现场基本制度学习、师徒共同学习和试行值班学习。

答案：**A**

Lc4A4087 事故处理可不用操作票，但应记入操作记录簿和( )内。

(A) 运行记录簿； (B) 缺陷记录簿； (C) 命令指示记录簿； (D) 检修记录簿。

答案：**A**

Lc4A4088 事故发生后，如需紧急抢修超过( )h以上者，应转为事故检修工作。

(A) 2； (B) 3； (C) 4； (D) 5。

答案：**C**

Lc4A5089 变压器铭牌上标注有额定电压$U_N±5\%$，是说明该变压器是( )。

(A) 有载调压； (B) 三级调压； (C) 无载调压； (D) 三级有载调压。

答案：**B**

Lc4A5090 换路定律确定的初始值是由( )决定的。

(A) 换路前； (B) 换路后； (C) 换路前瞬间； (D) 换路后瞬间。

答案：**C**

Jd4A1091 断路器在合闸位置时发生控制回路断线，属于( )缺陷。

(A) 一般； (B) 严重； (C) 危急； (D) 重大。

答案：**C**

Jd4A1092 双回线路的横差保护的范围是( )。

(A) 线路全长； (B) 线路的50%； (C) 相邻线路全长； (D) 线路的80%。

答案：**A**

Jd4A1093 平行线路的方向横差保护装有方向元件和（　　）元件。

（A）选择；（B）启动；（C）闭锁；（D）加速。

答案：B

Jd4A1094 110kV 变压器有载装置的调压规定每天不超过（　　）次，每次调节间隔的时间不少于 1min。

（A）20；（B）15；（C）10；（D）5。

答案：C

Jd4A2095 母差保护的毫安表中出现的微小电流是电流互感器的（　　）。

（A）开路电流；（B）误差电流；（C）接错线而产生的电流；（D）负荷电流。

答案：B

Jd4A2096 对蓄电池进行维护检修工作时（　　）。

（A）应办理第一种工作票；（B）应办理第二种工作票；（C）不用工作票；（D）口头联系。

答案：B

Jd4A2097 （　　）是为补充主保护和后备保护的性能或当主保护和后备保护退出运行而增加的简单保护。

（A）异常运行保护；（B）辅助保护；（C）失灵保护。

答案：B

Jd4A2098 充油设备渗漏率按密封点不能超过（　　）。

（A）0.1%；（B）0.05%；（C）0.02%；（D）0.01%。

答案：A

Jd4A2099 新装电容器的三相电容之间的差值应不超过一相总电容量的（　　）。

（A）1%；（B）5%；（C）10%；（D）15%。

答案：B

Jd4A2100 用钳形电流表测量变电站主变压器风冷油泵电流时，导线应放在（　　）。

（A）里侧；（B）外侧；（C）中央；（D）任意处。

答案：C

Jd4A3101 变压器的铁芯接地是因为（　　）。

（A）绕组端部电场分布是极不均匀的，铁芯接地可以改善其电场分布；（B）铁芯接地后减少绕组周围的磁场和电场干扰；（C）高压绕组与铁芯柱的距离较近，绝缘处理较难，接地使其承受较大的电磁力；（D）不接地可能会使变压器的铁芯及其他附件感应到一定的电压，为了避免变压器的内部放电。

答案：**D**

Jd4A3102 为了消除超高压断路器各个断口上的电压分布不均匀，改善灭弧性能，可在断路器各个断口加装（　　）。

（A）并联均压电容；（B）均压电阻；（C）均压带；（D）均压环。

答案：**A**

Jd4A3103 互感器呼吸器中的硅胶受潮后应变成（　　）。

（A）白色；（B）粉红色；（C）蓝色；（D）黄色。

答案：**B**

Jd4A3104 周期性非正弦量用等效正弦波代替时，它只在（　　）方面等效。

（A）电压、功率、频率；（B）电压、功率、电流；（C）有效值、功率、频率；（D）有效值、有功功率、频率。

答案：**D**

Jd4A3105 不对应启动重合闸主要是为了（　　）。

（A）纠正保护误动作；（B）防止保护不启动重合闸；（C）纠正开关偷跳；（D）防止断路器辅助接点损坏而不能启动重合闸。

答案：**C**

Jd4A3106 变压器运行规程规定，新装变压器的瓦斯保护在变压器投运（　　）h 无问题再投入跳闸。

（A）1；（B）8；（C）12；（D）24。

答案：**D**

Jd4A3107 在变压器中性点装设消弧线圈的目的是（　　）。

（A）提高电网电压水平；（B）限制变压器故障电流；（C）补偿电网接地的电容电流；（D）吸收无功。

答案：**C**

Jd4A3108 过流保护加装复合电压闭锁可以（　　）。

（A）加快保护动作时间；（B）增加保护可靠性；（C）提高保护的灵敏度；（D）延长保护范围。

答案：**C**

Jd4A3109 凡遇到直流接地或开关跳闸等异常情况时，不论与现场二次工作人员的本身工作是否有关，应立即( )，保持现状待查。

(A) 汇报；(B) 采取相应措施；(C) 停止工作；(D) 查找故障点。

答案：**C**

Jd4A3110 在电力系统中，使用 ZnO 避雷器的主要原因是( )。

(A) 造价低；(B) 便于安装；(C) 保护性能好；(D) 不用维护。

答案：**C**

Jd4A3111 主变压器重瓦斯动作是由于( )造成的。

(A) 主变压器两侧断路器跳闸；(B) 220kV 套管两相闪络；(C) 主变压器内部高压侧绕组严重匝间短路；(D) 主变压器大盖着火。

答案：**C**

Jd4A3112 CY 液压机构如果储压筒有划痕，高压油越过活塞进入氮气中，则压力表指示比正常时( )。

(A) 升高；(B) 降低；(C) 不变；(D) 不一定。

答案：**A**

Jd4A4113 下列对 SF_6 气体的灭弧性能描述错误的是( )。

(A) 弧柱导电率高，燃弧电压很低，弧柱能量较小；(B) 当交流电流过零时，SF_6 气体的介质绝缘强度恢复快，约比空气快 100 倍，即它的灭弧能力比空气的高 100 倍；(C) SF_6 气体的绝缘强度较高；(D) SF_6 气体是一种惰性气体，无色、无臭、无毒、化学性能稳定。

答案：**D**

Jd4A4114 一份操作票规定由一组人员操作，( )手中只能持一份操作票。

(A) 监护人；(B) 值长；(C) 操作人；(D) 专工。

答案：**A**

Jd4A4115 下列说法正确的是( )。

(A) 变压器装设磁吹避雷器可以保护变压器绕组不因过电压而损坏；(B) 变压器铁芯损耗是无功损耗；(C) 变压器额定负荷时强油风冷装置全部停止运行，此时其上层油温不超过 75℃ 就可以长时间运行；(D) 变压器过负荷运行时也可以调节有载调压装置的分接开关。

答案：**A**

Jd4A4116 单相串级瓷绝缘电压互感器的型号是（　　）。

（A）JSSW；（B）JDJJ；（C）JDJ；（D）JCC。

答案：D

Jd4A4117 通电导体在磁场中所受的力是（　　）。

（A）电场力；（B）磁场力；（C）电磁力；（D）引力。

答案：C

Jd4A5118 电源的对称三相非正弦电动势各次谐波相电动势相量和为（　　）。

（A）0；（B）1.73 倍零序谐波电动势；（C）3 倍零序谐波电动势；（D）某一常数。

答案：C

Jd4A5119 电力系统震荡时，各点电压和电流（　　）。

（A）均作往复性摆动；（B）均会发生变化；（C）在震荡的频率高时会发生突变。

答案：A

Jd4A5120 对于低压用电系统为了获得 380/220V 两种供电电压，习惯上采用中性点构成三相四线制供电方式（　　）。

（A）直接接地；（B）不接地；（C）经消弧线圈接地；（D）经高阻抗接地。

答案：A

Jd4A5121 绕组内感应电动势的大小与穿过该绕组磁通的变化率成（　　）。

（A）正比；（B）反比；（C）不确定；（D）平方比。

答案：A

Je4A1122 过电流方向保护是在过电流保护的基础上，加装一个（　　）而组成的装置。

（A）负序电压元件；（B）复合电流继电器；（C）方向元件；（D）选相元件。

答案：C

Je4A1123 使用万用表后，应把选择开关旋转到（　　）。

（A）交流电压最低档位置上；（B）交流电压最高档位置上；（C）交流电流最低档位置上；（D）交流电流最高档位置上。

答案：B

Je4A1124 220kV 电流互感器二次绕组中如有不用的应采取（　　）的处理。

（A）短接；（B）拆除；（C）与其他绕组并联；（D）与其他绕组串联。

答案：A

Je4A2125 变压器并列运行必须满足下列条件是（　　）。

（A）接线组别必须完全相同；变比相等，允许相差 0.5％；短路电压相等，允许相差 10％；（B）接线组别相差不大于 30°；变比相等，允许相差 5％；短路电压相等，允许相差 10％；（C）接线组别必须完全相同；变比相等，允许相差 10％；短路电压相等，允许相差 5％；（D）接线组别相差不大于 30°；变比相等，允许相差 10％；短路电压相等，允许相差 5％。

答案：**A**

Je4A2126 35kV 变压器有载装置的调压规定每天不超过（　　）次，每次调节间隔的时间不少于 1min。

（A）20；（B）15；（C）10；（D）5。

答案：**A**

Je4A2127 横差方向保护反映（　　）故障。

（A）母线；（B）线路；（C）母线上设备接地；（D）开关。

答案：**B**

Je4A2128 停用保护连接片使用术语为（　　）。

（A）停用；（B）脱离；（C）退出；（D）切开。

答案：**C**

Je4A2129 下列对真空断路器的特点描述不正确的是（　　）。

（A）触头开距小，燃弧时间短；（B）触头在开断故障电流时烧伤轻微；（C）真空断路器所需的操作能量大，动作慢；（D）具有体积小、重量轻、维护工作量小，能防火、防爆，操作噪声小的优点。

答案：**C**

Je4A2130 电力线路发生故障时，要求继电保护装置尽快切除故障，称为继电保护的（　　）。

（A）选择性；（B）快速性；（C）可靠性；（D）灵敏度。

答案：**B**

Je4A2131 凡是个别次要部件或次要试验项目不合格，暂不影响安全运行或影响较小，外观尚可，主要技术资料齐备并基本符合实际的电气设备应定为（　　）。

（A）一类设备；（B）二类设备；（C）三类设备；（D）不合格设备。

答案：**B**

Je4A2132 运行中的电流互感器一次侧最大负荷电流不得超过额定电流的(　　)。

(A) 1 倍；(B) 1.2 倍；(C) 5 倍；(D) 3 倍。

答案：**B**

Je4A3133 自感系数 L 与(　　)有关。

(A) 电流大小；(B) 电压高低；(C) 电流变化率；(D) 线圈结构及材料性质。

答案：**D**

Je4A3134 中性点非有效接地系统中，作单相接地监视用的电压互感器，一次中性点应接地，为防止(　　)，应在一次中性点或二次回路装设消谐装置。

(A) 谐振过电压；(B) 操作过电压；(C) 大气过电压；(D) 雷电行波。

答案：**A**

Je4A3135 交流电流表或交流电压表指示的数值是(　　)。

(A) 平均值；(B) 有效值；(C) 最大值；(D) 瞬时值。

答案：**B**

Je4A3136 在正常运行时应重点监视隔离开关的参数为(　　)。

(A) 电流不超过额定电流，温度不超过 70℃；(B) 电流不超过额定电流，温度不超过 75℃；(C) 电流不超过额定电流，温度不超过 85℃；(D) 电流不超过额定电流，温度不超过 105℃。

答案：**A**

Je4A3137 10kV 电压互感器隔离开关作业时，应拉开二次熔断器，这是为了(　　)。

(A) 防止反充电；(B) 防止熔断器熔断；(C) 防止二次接地；(D) 防止短路。

答案：**A**

Je4A3138 变压器短路阻抗与阻抗电压(　　)。

(A) 相同；(B) 不同；(C) 阻抗电压大于短路阻抗；(D) 阻抗电压小于短路阻抗。

答案：**A**

Je4A3139 三相负载三角形连接时(　　)。

(A) 当负载对称时，线电压是相电压的 1.73 倍；(B) 当负载对称时，在相位上相电流落后于线电流30°；(C) 任一线电流的相量等于对应的两个相电流的相量之差；(D) 每相负载上的电压就等于电源的对应相电压。

答案：**C**

Je4A3140 如电压互感器高压侧和低压侧额定电压分别是 60000V 和 100V，则该互感器的变比为( )。

(A) 600/1；(B) 1/600；(C) 600/3；(D) 3/600。

答案：**A**

Je4A3141 电压监视和控制点电压偏差超出电网调度的规定值( )，且延续时间超过( )h，为一般电网事故。

(A) ±10％, 1；(B) ±5％, 1.5；(C) ±5％, 1；(D) ±5％, 3。

答案：**A**

Je4A3142 变压器在额定电压下，二次开路时在铁芯中消耗的功率为( )。

(A) 铜损；(B) 无功损耗；(C) 铁损；(D) 热损。

答案：**C**

Je4A3143 使用拉路法查找直流接地时，至少应由两人进行，断开直流时间不得超过( )。

(A) 3s；(B) 3min；(C) 5s；(D) 5min。

答案：**A**

Je4A3144 断路器最高工作电压是指( )。

(A) 长期运行的线电压；(B) 长期运行的最高相电压；(C) 长期运行的最高线电压；(D) 故障电压。

答案：**C**

Je4A3145 断路器液压操动机构在( )应进行机械闭锁。

(A) 压力表指示零压时；(B) 断路器严重渗油时；(C) 压力表指示为零且行程杆下降至最下面一个微动开关处时；(D) 液压机构打压频繁时。

答案：**C**

Je4A4146 当变压器外部故障时，有较大的穿越性短路电流流过变压器，这时变压器的差动保护( )。

(A) 应立即动作；(B) 不应动作；(C) 视短路时间长短和性质而定。

答案：**B**

Je4A4147 RL 串联与 C 并联电路发生谐振的条件是( )。

(A) $\omega L = 1/\omega C$；(B) $R^2 + (\omega L)^2 = L/C$；(C) $R^2 + (\omega L)^2 = \omega C$；(D) $R^2 + (\omega L)^2 = (1/\omega C)^2$。

答案：**B**

Je4A4148 油断路器的交流耐压试验周期是：大修时一次，另外 10kV 以下周期是（　　）。

（A）一年两次；（B）一至三年一次；（C）五年一次；（D）半年一次。

答案：B

Je4A4149 运行中的电流互感器，当一次电流在未超过额定值 1.2 倍时，电流增大，误差（　　）。

（A）不变；（B）增大；（C）变化不明显；（D）减小。

答案：D

Je4A4150 导线通以交流电流时，在导线表面的电流密度（　　）。

（A）较靠近导线中心密度大；（B）较靠近导线中心密度小；（C）与靠近导线外表密度一样；（D）无法确定。

答案：A

Je4A4151 方向继电器采用（　　）接线方式。

（A）90°；（B）0°；（C）180°；（D）125°。

答案：A

Je4A4152 变压器负载为纯电阻时，输入功率为（　　）。

（A）无功功率；（B）有功功率；（C）感性；（D）容性。

答案：B

Je4A5153 由于故障点的过渡电阻存在，将使阻抗继电器的测量（　　）。

（A）阻抗增大；（B）距离不变，过渡电阻不起作用；（C）阻抗随短路形式而变化；（D）阻抗减小。

答案：A

Je4A5154 距离保护二段的保护范围是（　　）。

（A）不足线路全长；（B）线路全长并延伸至下一线路的一部分；（C）距离一段的后备保护；（D）本线路全长。

答案：B

Jf4A1155 交流测量仪表所指示的读数是正弦量的（　　）。

（A）有效值；（B）最大值；（C）平均值；（D）瞬时值。

答案：A

Jf4A1156 在同期并列中规定，同步表两侧频率差在（　　）Hz 以内时，才允许将同步表电路接通。

(A) ±0.1；(B) ±0.2；(C) ±0.5；(D) ±0.75。

答案：C

Jf4A2157 少油断路器为了防止慢分，一般都在断路器（　　）加装防慢分装置。

(A) 传动机构；(B) 传动机构和液压机构；(C) 传动液压回路和油泵控制回路；(D) 远方控制装置。

答案：B

Jf4A2158 当变压器电源电压高于额定电压时，铁芯中的损耗（　　）。

(A) 减少；(B) 不变；(C) 增大；(D) 变化很小。

答案：C

Jf4A2159 方向阻抗继电器中，引入第三相电压是为了（　　）。

(A) 距离保护暂态超越；(B) 故障点过渡电阻影响；(C) 防止正方向出口相间短路拒动或反方向两相短路时误动；(D) 正方向出口相间短路拒动及反方向两相短路时误动。

答案：C

Jf4A2160 在人站立或行走时通过有电流流过的地面，两脚间所承受的电压称为（　　）。

(A) 跨步电压；(B) 接触电压；(C) 接地电压；(D) 过渡电压。

答案：A

Jf4A3161 变压器二次侧负载为 Z，一次侧接在电源上用（　　）的方法可以增加变压器输入功率。

(A) 增加一次侧绕组匝数；(B) 减少二次侧绕组匝数；(C) 减少负载阻抗；(D) 增加负载阻抗。

答案：A

Jf4A3162 选择断路器遮断容量应根据其安装处（　　）来决定。

(A) 变压器的容量；(B) 最大负荷；(C) 最大短路电流；(D) 最大电压。

答案：C

Jf4A3163 电流互感器在运行中必须使（　　）。

(A) 铁芯及二次绕组牢固接地；(B) 铁芯两点接地；(C) 二次绕组不接地；(D) 铁芯多点接地。

答案：A

Jf4A3164 所谓母线充电保护是指(　　)。

（A）母线故障的后备保护；（B）利用母线上任意一个断路器给母线充电时的保护；（C）利用母联断路器给另一母线充电时的保护；（D）主变的后备保护。

答案：**C**

Jf4A3165 互感系数与(　　)有关。

（A）电流大小；（B）电压大小；（C）电流变化率；（D）两互感绕组相对位置及其结构尺寸。

答案：**D**

Jf4A3166 变压器油枕的作用(　　)。

（A）为使油面能够自由地升降，防止空气中的水分和灰尘进入；（B）通过油的循环，将绕组和铁芯中发生的热量带给枕壁或散热器进行冷却；（C）储油和补油作用，使变压器与空气的接触面积减小，减缓了油的劣化速度；（D）防止因温度的变化导致箱壳内部压力迅速升高。

答案：**C**

Jf4A3167 电容器差动保护动作后应做的处理为(　　)。

（A）可不经检查就对电容器试送一次；（B）应对电容器外部及二次进行相应检查，无异常后可对电容器试送一次；（C）只要电容器外壳不膨胀，不喷油，即可对电容器进行试送；（D）不允许对电容器进行试送。

答案：**B**

Jf4A3168 检修时，隔离开关的主要作用是(　　)。

（A）断开电流；（B）拉合线路；（C）形成明显的断开点；（D）拉合空母线。

答案：**C**

Jf4A3169 在运行中的电流互感器二次回路上工作时，(　　)是正确的。

（A）用铅丝二次短接；（B）用导线缠绕短接二次；（C）用短路片二次短接；（D）将二次引线拆下。

答案：**C**

Jf4A4170 为了防止变压器外部短路引起变压器线圈过电流，为了变压器本身的后备保护，变压器必须装设(　　)。

（A）变压器差动保护；（B）瓦斯保护；（C）相间短路过电流保护。

答案：**C**

Jf4A4171 油浸风冷变压器的风扇发生故障时，变压器允许带负荷为额定容量（　　）。

（A）65%；（B）70%；（C）75%；（D）80%。

答案：**B**

Jf4A4172 下列对自由脱扣描述不正确的是（　　）。

（A）只要接到分闸信号，在分闸弹簧作用下断路器就能完成分闸操作；（B）操动机构在断路器合闸到任何位置时，接收到分闸脉冲命令均应立即分闸；（C）断路器在合闸过程中的任何时刻，若保护动作接通跳闸回路，断路器能可靠地断开；（D）可以保证断路器合于短路故障时，能迅速断开，避免扩大事故范围。

答案：**A**

Jf4A4173 220kV 电压互感器二次熔断器上并联电容器的作用是（　　）。

（A）无功补偿；（B）防止断线闭锁装置误动；（C）防止断线闭锁装置拒动；（D）防止熔断器熔断。

答案：**C**

Jf4A4174 下列对电压互感器描述不正确的是（　　）。

（A）10kV 电压互感器一次侧熔断器熔丝的额定电流是 0.5A；（B）由于不能满足断流容量要求，电压互感器一次侧熔丝熔断后不允许用普通熔丝代替；（C）若电压互感器二次侧熔丝容量选择不合理，有可能造成一次侧熔丝熔断；（D）110kV 的电压互感器采用石英砂填充的熔断器具有较好的灭弧性能和较大的断流容量，同时具有限制短路电流的作用。

答案：**D**

Jf4A5175 切换无载调压变压器的分接开关应遵循（　　）的原则。

（A）变压器停电后方可进行切换，并经测试三相直流电阻合格后，才能将变压器投入运行；（B）变压器停电后方可进行切换，分接开关切换正常后变压器即可投入运行；（C）可在变压器运行时进行切换；（D）变压器停电后方可进行切换，分接开关切换至所需分接位置，并经测试三相直流电阻合格后，才能将变压器投入运行。

答案：**D**

1.2 判断题

La4B1001 RL 串联与 C 并联电路发生谐振的条件是 $R^2+(\omega L)^2=LC$。（×）

La4B1002 由 $L=\varphi/i$ 可知，电感 L 与电流 i 成反比。（×）

La4B1003 互感系数的大小决定于通入线圈的电流大小。（×）

La4B1004 5Ω 与 1Ω 电阻串联，5Ω 电阻大，电流不易通过，所以流过 1Ω 电阻的电流大。（×）

La4B1005 三相三线制电路中，三个相电流之和必等于零。（√）

La4B1006 自感系数 L 与线圈自身结构及材料性质有关。（√）

La4B1007 在电容电路中，电流的大小完全取决于交流电压的大小。（×）

La4B1008 电流的热效应是对电气运行的一大危害。（√）

La4B1009 kW·h 是功的单位。（√）

La4B1010 电容器储存的电量与电压的平方成正比。（×）

La4B1011 电流互感器二次开路会引起铁芯发热。（√）

La4B1012 在对称三相四线制电路中，三个线电流之和等于零。（√）

La4B1013 交流铁芯绕组的主磁通由电压 U、频率 f 及匝数 N 所决定的。（√）

La4B1014 电流互感器铁芯内的交变主磁通是由一次绕组两端电压产生的。（×）

La4B1015 对线路空载充电时，高频保护严禁由充电侧单独投入使用，作为线路的快速保护。（×）

La4B2016 主变压器发生内部故障时，变压器差动保护动作，重瓦斯保护不动作。（×）

La4B2017 同步电动机的转速不随负载的变化而变化。（√）

La4B2018 交流电流表或交流电压表指示的数值是平均值。（×）

La4B2019 变压器经济运行目的是在供电量相同的情况下，最大限度地降低变压器的无功损失。（×）

La4B2020 距离保护三段是靠本身的延时来躲系统振荡的。（√）

La4B2021 直流磁路中的磁通随时间变化。（×）

La4B2022 运行中的电流互感器过负荷时，应立即停止运行。（×）

La4B2023 根据调度员命令装设的接地线，必须征得调度员的许可，方可进行拆除。（√）

La4B2024 有限个同频率正弦量相加的结果是一个同频率的正弦量。（×）

La4B2025 电流互感器二次侧的两个绕组并联后变比不变，容量增加一倍。（×）

La4B2026 消弧线圈的电感电流补偿电容电流之后，流经接地点的剩余电流，叫残流。（√）

La4B2027 无载调压变压器可以在变压器空载运行时调整分接开关。（×）

La4B2028 电力线路发生故障时，要求继电保护装置尽快切除故障，称为继电保护的可靠性。（×）

La4B2029 周期性非正弦量用等效正弦波代替时，它只在有效值、频率方面等效。（√）

La4B2030 结合滤波器实质上是阻抗匹配器。（√）

La4B2031 电力线路发生故障时，本线路继电保护的反应能力称为继电保护的选择性。（×）

La4B2032 过电流方向保护是在过电流保护的基础上，加装一个复合电压继电器而组成的装置。（×）

La4B2033 电力系统不能向负荷供应所需的足够的有功功率时，系统的频率就要降低。（√）

La4B2034 当系统频率降低时，应增加系统中的有功出力。（√）

La4B2035 操作开关时，操作中操作人只需检查表计是否正确。（×）

La4B2036 导线通交流电流时，在导线表面的电流密度较靠近导线中心密度小。（×）

La4B2037 在纯电容正弦交流电路中，流过电容的电流 $I=U\omega C$。（√）

La4B2038 当验收的设备个别项目未达到验收标准，而系统又急需投入运行时，需经主管局总工程师批准，方可投入运行。（√）

La4B2039 同步调相机的同步是当调相机运行时，定子的旋转磁场和转子以相同的方向、相同的速度旋转。（√）

La4B2040 红绿灯串电阻的目的是防止灯座处发生短路时造成开关误跳、合闸。（√）

La4B2041 电气设备的绝缘在交流电压作用下表现为容性，其有功功率损失部分统称为绝缘的介质损失。（√）

La4B2042 变压器铁芯中的主磁通随负载的变化而变化。（×）

La4B2043 新设备如没有出厂试验报告不可以投入运行。（√）

La4B3044 铁磁材料被磁化的内因是具有磁导。（√）

La4B3045 用伏安法可间接测电阻。（√）

La4B3046 输、配电变压器的铁损，调相机、调压器、电抗器、消弧线圈等设备的铁损属于线损中的固定损耗。（√）

La4B3047 分闸缓冲器的作用是自断路器接到分闸指令起到三相电弧完全熄灭有一段时间延时。（×）

La4B3048 RLC 串联电路谐振时电流最小，阻抗最大。（×）

La4B3049 对于无法进行直接验电的设备，应进行间接验电。（√）

La4B3050 自由脱扣是指断路器在合闸过程中的任何时刻，若保护动作接通跳闸回路，断路器能可靠地断开。（√）

La4B3051 电气设备操作后，其位置检查应以设备实际位置为准。（√）

La4B3052 变电站装设了并联电容器组后，上一级线路输送的无功功率不会减少。（×）

La4B3053 母线串联电抗器可以限制短路电流，维持母线有较高的残压。（√）

La4B3054 断路器位置指示灯串联电阻是为了防止灯泡过电压。（×）

La4B3055 填写错误或未执行而不需执行的操作票要在每页右上角横线上盖"作废"章。（×）

La4B3056 变电站装设了并联电容器组后，上一级线路输送的无功功率将减少。（√）

La4B3057 工作地点保留带电部分应由工作许可人填写。（√）

La4B3058　复用通道方式指保护信息以 2M 或 64K 电信号接入 SDH 通信设备，与其他数据业务复用后共同在光纤通信网上传输。（√）

La4B3059　电感元件的基本工作性能是产生电能。（×）

La4B3060　低电压带电作业时，应先断开零线，再断开火线。（×）

La4B3061　通电绕组的磁通方向可用右手定则判断。（×）

La4B3062　在同一回路中有零序保护、高频保护，电流互感器二次侧有作业时，均应在二次侧短路前停用上述保护。（√）

La4B3063　变压器的后备保护，主要是作为相邻元件及变压器内部故障的后备保护。（√）

La4B3064　电容器具有隔断直流电、通过交流电的性能。（√）

La4B4065　高压试验应填写第一种工作票或第二种工作票。（×）

La4B4066　变压器的接线组别表示变压器的高压、低压侧线电流间的相位关系。（×）

La4B4067　OPGW 是指自承式架空光缆。（×）

La4B4068　距离保护是 500kV 线路的主保护。（×）

La4B4069　电压互感器与变压器不同，互感比不等于匝数比。（√）

La4B4070　利用阻抗元件来反映短路故障的保护装置称为距离保护。（√）

La4B4071　变压器差动保护反映该保护范围内的变压器内部及外部故障。（√）

La4B4072　绕组中有感应电动势产生时，其方向总是与原电流方向相反。（×）

La4B4073　在直流回路中串入一个电感线圈，回路中的灯就会变暗。（×）

La4B4074　对变压器差动保护进行相量图分析时，应在变压器空载时进行。（×）

La4B4075　凡是新建、扩建、大小修、预试的一、二次变电设备，必须按部颁及有关规程和技术标准经过验收合格、手续完备后方能投入运行。（√）

La4B4076　电压互感器一次绕组导线很细，匝数很多，二次匝数很少，经常处于空载的工作状态。（√）

La4B4077　距离保护不带方向。（×）

La4B4078　电流互感器二次侧的两个绕组串联后变比不变，容量增加一倍。（√）

La4B4079　新建、扩建、改建和检修后的设备投运前，值班长均要组织进行全面外部整体检查验收和进行开关传动试验并参加保护整组传动试验。（√）

La4B5080　在阻抗相同的两条平行线路上可装设横联差动方向保护。横联差动方向保护反应的是平行线路的内部故障，而不反应平行线路的外部故障。（√）

La4B5081　故障报告包括报告号、故障发生时刻、动作元件、各元件动作时间，对于电流动作的元件还记录故障类型及最大相的故障电流。（√）

La4B5082　巡检中断告警、无打印信息可能是人机对话插件处于调试位置。（√）

La4B5083　PCM 是脉冲编码调制，将 64K 的电信号转换成 2M 的电信号。（√）

Lb4B1084　断路器额定电压指正常工作线电压最大值。（×）

Lb4B1085　三绕组降压变压器绕组由里向外排列顺序为（低压、中压、高压）。（×）

Lb4B1086　变压器的变比与匝数比成反比。（×）

Lb4B1087　变压器温升指的是变压器周围的环境温度。（×）

Lb4B1088　当系统频率降低时，应减小系统中的无功出力。（√）

Lb4B1089 FZ 型避雷器在非雷雨季节可以退出运行。（√）

Lb4B1090 凡是不能应用欧姆定律简化为无分支电路的电路，便是复杂直流电路。（×）

Lb4B1091 电压互感器的互感比是指互感器一、二次额定电压之比。（√）

Lb4B1092 用隔离开关可以拉合无故障时的避雷器。（√）

Lb4B1093 系统电压降低时，应增加发电机的有功功率。（×）

Lb4B1094 同步电动机的转速随负载的变化而变化。（×）

Lb4B1095 在一个电气连接部分同时有检修和试验时，可填写一张工作票，但在试验前应得到检修工作负责人的许可。（√）

Lb4B2096 任意电路中支路数一定大于节点数。（×）

Lb4B2097 事故声响信号是由蜂鸣器发出的声响。（√）

Lb4B2098 变压器每隔 5 年做一次预防性试验。（×）

Lb4B2099 通电导体在磁场中要受到力的作用，我们把这个力叫磁场力。（×）

Lb4B2100 对变压器的差动保护，需要在全电压下投入变压器的方法检验保护能否躲过励磁涌流的影响。（√）

Lb4B2101 220kV 电压互感器二次熔断器上并联电容器的作用是防止断线闭锁装置误动。（×）

Lb4B2102 遥测就是应用通信技术，传输被测变量的测量值。（√）

Lb4B2103 拉开（拆除）全回路仅有的一组接地开关（地线）可不用操作票。（×）

Lb4B2104 变压器和电动机都是依靠电磁感应来传递和转换能量的。（√）

Lb4B2105 系统电压降低时，应减少发电机的有功功率。（×）

Lb4B2106 在重合闸投入时，运行中线路故障跳闸而重合闸未动作，可不经调度同意，立即手动重合一次。（√）

Lb4B2107 电压互感器一次侧熔丝熔断后不允许用普通熔丝代替由于不能满足断流容量要求。（√）

Lb4B2108 当系统发生单相接地时，由于电压不平衡，距离保护的断线闭锁继电器会动作距离保护闭锁。（×）

Lb4B2109 电源的对称三相非正弦电动势各次谐波相电动势相量和为 0。（×）

Lb4B2110 运行中的电流互感器一次最大负荷不得超过 1.2 倍额定电流。（√）

Lb4B2111 保护专用 PCM 复接设备可以再复用其他业务信号。（×）

Lb4B2112 主变压器重瓦斯动作是由于主变压器内部发生断路故障造成的。（×）

Lb4B2113 接地距离保护比零序电流保护灵敏可靠。（√）

Lb4B2114 两只电容器的电容不等，而它们两端的电压一样，则电容大的电容器带的电荷量多，电容小的电容器带的电荷量少。（√）

Lb4B2115 高压断路器的额定电流是断路器长期运行电流的最大值。（×）

Lb4B2116 温度计是用来测量油箱里面上层油温的，起到监视电力变压器是否正常运行的作用。（√）

Lb4B2117 在零初始条件下，刚一接通电源瞬间，电容元件相当于短路。（√）

Lb4B2118 线损中的可变损耗大小随着负荷的变动而变化，它与通过电力网各元件

中的负荷功率或电流的二次方成反比。（×）

  Lb4B2119 在操作过程中，监护人在前、操作人在后。（×）

  Lb4B2120 升高电压进行远距离输电不仅可以提高输送功率，而且可以降低线路中的功率损耗、改善电压质量。（√）

  Lb4B2121 电磁式电气仪表为交直流两用，并且过载能力强。（√）

  Lb4B2122 变压器铁芯损耗是无功损耗。（×）

  Lb4B2123 接到工作票后，值班长指定工作许可人审核工作票并填写工作许可人栏内的内容。（√）

  Lb4B2124 电压互感器和电流互感器的二次侧接地因为一、二次侧绝缘如果损坏，一次侧高压串到二次侧，就会威胁人身和设备的安全，所以二次侧必须接地。（√）

  Lb4B2125 耦合电容器能通高频阻工频，起到了分离工频和高频的作用。（√）

  Lb4B3126 保护专用光纤是保护设备直接与光纤相连，通过 OPGW 光纤进行传输。（√）

  Lb4B3127 熟练的值班员，简单的操作可不用操作票，而凭经验和记忆进行操作。（×）

  Lb4B3128 工作票的改期应由工作负责人提出改期的口头申请，经值班许可人向值班调度提出申请。值班调度员同意后，方可办理改期。（√）

  Lb4B3129 当蓄电池电解液温度超过 35℃时，其容量减少。（√）

  Lb4B3130 浮充电运行的蓄电池组，应严格控制所在蓄电池室的环境温度不能长期超过 30℃。（√）

  Lb4B3131 中性点经消弧线圈接地的系统正常运行时，消弧线圈带有一定电压。（√）

  Lb4B3132 高频保护是线路保护中的无时限保护。（√）

  Lb4B3133 任何单位和个人不得非法干预电网调度。（√）

  Lb4B3134 选择断路器遮断容量应根据安装最大负荷来决定。（×）

  Lb4B3135 电力系统发生振荡时，电流振荡最激烈的地方是系统振荡中心，其每一周期约降低至零值一次。（×）

  Lb4B3136 在停电的低压回路上工作，已有明显的断开点，工作前不必验电。（×）

  Lb4B3137 高频阻波器主要是由电感和电容组成的串联谐振回路，它串接在高压线路的两端。（×）

  Lb4B3138 各电压等级母线、母联断路器、旁路断路器、母联兼旁路断路器的名称必须有电压等级。（√）

  Lb4B3139 采用自动重合闸装置不能提高电力系统动态稳定。（×）

  Lb4B3140 电路发生换路时，通过电感中的电流及电容两端的电压不能突变。（√）

  Lb4B3141 使用指针式万用表后，应把选择开关旋转到交流电压最高档位置上。（√）

  Lb4B3142 中性点经消弧线圈接地的系统正常运行时，消弧线圈不带有电压。（×）

  Lb4B3143 并联电抗器可以抑制高次谐波，限制合闸涌流和操作过电压的产生，保证可靠运行。（×）

  Lb4B3144 通电绕组在磁场中的受力用左手定则判断。（√）

  Lb4B3145 由铁磁材料构成的磁通集中通过的路径称为磁链。（×）

  Lb4B3146 同步调相机的同步是当调相机运行时，定子和转子以相同的方向同时旋转。（×）

Lb4B3147 真空断路器具有触头开距小，燃弧时间短，触头在开断故障电流时烧伤轻微等特点，因此真空断路器所需的操作能量小，动作快。（√）

Lb4B3148 零序电流保护不反映电网的正常负荷、震荡和相间短路。（√）

Lb4B3149 用钳形电流表测量变电站主变压器风冷油泵电流时导线应放在中央。（√）

Lb4B3150 变压器零序保护是线路的后备保护。（√）

Lb4B3151 工作票的改期应由值班负责人、工作负责人分别签名，并记入运行记录中。（√）

Lb4B3152 操作票每页修改不得超过四个字。（×）

Lb4B3153 硬磁材料的剩磁、矫顽磁力以及磁滞损失都较小。（×）

Lb4B3154 蓄电池电解液中有杂质是造成自放电的主要原因。（√）

Lb4B3155 接地故障时的零序电流分布，与一次系统发电机的开停有关。（×）

Lb4B4156 由于绕组自身电流变化而产生感应电动势的现象叫互感现象。（×）

Lb4B4157 铁磁材料被磁化的外因是有外磁场。（√）

Lb4B4158 差动保护范围是变压器各侧电流互感器之间的设备。（√）

Lb4B4159 电流互感器一次绕组导线很细，匝数很少，二次匝数很多，经常处于空载的工作状态。（×）

Lb4B4160 在停电的低压回路上工作，应将检修设备的各方面电源断开，取下熔断器，即可工作。（×）

Lb4B4161 如果电流通过触电者入地，并且触电者紧握电线，用有绝缘柄的钳子将电线剪断时，必须快速一下将电线剪断。（√）

Lb4B4162 为了保证用户电压质量，系统必须保证有足够的无功容量。（√）

Lb4B4163 故障报告能打印出故障时刻（年、月、日、时、分、秒）、故障类型、故障点距离、保护安装距离、各种保护动作情况和时间顺序及故障前 20s 和故障后 40s 的各相电压和电流的采样值。（√）

Lb4B5164 直流母线电压过高或过低时，只要调整充电机的输出电压即可。（×）

Lb4B5165 工作票的个别栏目填写不下，需要多张做续页时，应以最后一页编号为本次作业所用工作票的编号。（×）

Lb4B5166 谐振过电压指的是线性谐振、铁磁谐振和参数谐振引起的过电压。（√）

Lb4B5167 消弧线圈与变压器的铁芯是相同的。（×）

Lb4B5168 工作票的个别栏目填写不下，可用下一张编号的工作票（或多张）做续页，并在正页工作票右下角写明"转×号"工作票。（√）

Lb4B5169 FKL-10-2×750-6 是额定电抗为 10%，额定电压为 6kV，两个支路的额定电流是 750A 的铝电缆分裂电抗器的铭牌。（×）

Lb4B5170 电流互感器二次侧的两个绕组串联后变比不变，容量不变。（×）

Lc4B1171 若看、听结果既无呼吸又无颈动脉搏动，则可以作出伤员死亡的诊断。（×）

Lc4B1172 心肺复苏应在现场就地坚持进行，但为了方便也可以随意移动伤员。（×）

Lc4B1173 发现杆上或高处有人触电，应争取时间在杆上或高处进行抢救。（√）

Lc4B1174 触电伤员如牙关紧闭，可口对鼻人工呼吸。口对鼻人工呼吸吹气时，要将

伤员嘴唇张开，便于通气。（×）

Lc4B1175 只有医生有权做出伤员死亡的诊断。（√）

Jd4B1001 用兆欧表测绝缘时，在干燥气候下绝缘电阻不小于1MΩ。（×）

Jd4B1002 操作票不得任意涂改，严禁刀刮。（√）

Jd4B1003 高频保护是220kV及以上超高压线路的主保护。（√）

Jd4B1004 系统向用户提供的无功功率越小，用户电压就越高。（×）

Jd4B1005 耦合电容器电压抽取装置抽取的电压是100V。（√）

Jd4B2006 变压器气体继电器内有气体说明内部有故障。（×）

Jd4B2007 工作票的个别栏目填写不下，在续页右下角写"接×号"工作票，并在相应的栏目内填写，填完为止。（√）

Jd4B2008 SW6系列断路器断口并联电容起灭弧作用。（×）

Jd4B2009 变压器额定负荷时，强油风冷装置全部停止运行，此时其上层油温不超过100℃就可以长时间运行。（×）

Jd4B2010 给运行中变压器补油时，应先申请调度将重瓦斯保护改投信号后再许可工作。（√）

Jd4B2011 电压互感器隔离开关检修时，应取下二次侧熔丝，防止反充电造成高压触电。（√）

Jd4B2012 主变压器重瓦斯动作是由于主变压器内部发生短路故障造成的。（√）

Jd4B2013 BP-2B母差保护，母联开关充电保护动作不经过复合电压闭锁。（√）

Jd4B2014 系统电压降低时，应增加发电机的无功功率。（√）

Jd4B2015 工作中需要拆除全部或一部分接地线者，工作完毕后无需再次恢复。（×）

Jd4B2016 工作中需要拆除全部或一部分接地线者，必须征得值班员的许可。（√）

Jd4B2017 在小电流接地系统中，发生金属性接地时接地相的电压不变。（×）

Jd4B2018 少油断路器只需通过观察窗能看见有油就能运行。（×）

Jd4B2019 失灵保护相电流接点可以用断路器的跳、合闸位置继电器接点代替。（×）

Jd4B3020 SF_6开关中，SF_6气体水分值超标，一般可以采取四种方法和措施加以处理，抽真空充高纯N_2、干燥SF_6气体、外挂吸附罐和解体大修。（√）

Jd4B3021 变压器取气时，必须两人同时进行。（√）

Jd4B3022 操作票要妥善保管留存，保存期不少于一个月。（×）

Jd4B3023 在操作中可以穿插口头命令的操作项目。（×）

Jd4B3024 仅巡检中断告警，无打印信息可能是人机对话插件工作异常，应更换插件。（√）

Jd4B3025 对称三相正弦量在任一时刻瞬时值的代数和都等于零。（√）

Jd4B3026 BP-2B母差保护，母线分列运行压板应在拉开母联开关前投入。（×）

Jd4B3027 用万用表对两直流系统定相时所测得的相同相的电压数值分别是220V、0V。（×）

Jd4B3028 工频变化量距离继电器需要经振荡闭锁。（×）

Jd4B3029 变压器的净油器的工作原理是利用运行中的变压器上层油温与下层油温的

温差，使油在净油器内循环，油中的有害物质被净油器内的硅胶吸收，使油净化而保持良好的电气及化学性能，起到对变压器油再生的作用。（√）

Jd4B3030　运行中的电压互感器溢油时，应立即停止运行。（√）

Jd4B3031　在模拟预演中，保护连接片及二次熔丝等设备的模拟操作要在模拟图板上指出相当的位置。（√）

Jd4B3032　用隔离开关可以拉合无故障时的电压互感器和避雷器。（√）

Jd4B3033　硬母线施工中，铜铝搭接时，必须涂凡士林。（×）

Jd4B3034　在液压机构油泵电机回路中，电源已加装熔断器，再加装热继电器是作为熔断器的后备保护。（×）

Jd4B3035　变压器零序保护应装在变压器中性点直接接地侧，用来保护该侧绕组的内部及引出线上接地短路，也可作为相应母线和线路接地短路时的后备保护，因此当该变压器中性点接地开关合入后，零序保护即可投入运行。（√）

Jd4B3036　当变压器三相负载不对称时，将出现负序电流。（√）

Jd4B3037　在硬母线上装设伸缩接头为避免因热胀冷缩的变化使母线和支持绝缘子受到过大的应力并损坏。（√）

Jd4B3038　10kV 配电线供电距离较短，线路首端和末端短路电流值相差不大，速断保护按躲过线路末端短路电流整定，保护范围太小；另外过流保护动作时间较短，当具备这两种情况时必须装电流速断保护。（×）

Jd4B3039　互感系数与两互感绕组相对位置及其结构尺寸有关。（√）

Jd4B3040　220kV 电压互感器二次侧一相熔断器上都有一个并联电容器。（√）

Jd4B3041　BP-2B 母差保护，在任何情况下母线失压都会发出 PT 断线信号。（×）

Jd4B3042　接线组别不同的变压器可以并列运行。（×）

Jd4B3043　微机变压器保护双重化是指双套差动保护，一套后备保护。（×）

Jd4B3044　与变压器气体继电器连接油管的坡度为 1‰～5‰。（×）

Jd4B3045　SF_6 气体是有毒气体，所以充放气工作时应站在上风口。（×）

Jd4B3046　在直流系统中，无论哪一极的对地绝缘被破坏，则另一极电压就升高。（×）

Jd4B3047　电流互感器的不完全星形接线，在运行中也能反映各种类型的接地故障。（×）

Jd4B3048　触点串联电流线圈的目的，是防止保护动作后触点抖动、振动或极短时间的闭合不能使开关跳闸。（√）

Jd4B3049　强迫油循环风冷变压器冷却装置投入的数量应根据变压器电压来决定。（×）

Jd4B3050　当保护和仪表共用一套电流互感器、表计工作时，必须在表计本身端子上短接。（√）

Jd4B3051　变压器铭牌上的阻抗电压就是额定电压。（×）

Jd4B4052　断路器失灵保护动作必须闭锁重合闸。（√）

Jd4B4053　故障录波报告中录得的故障时电气参数（如电压、电流、负序电压和零序电流）等都是二次值。（√）

Jd4B4054　高频保护不反应被保护线路以外的故障，所以不能作为下一段线路的后备

保护。（√）

Jd4B4055 对工作票中所列内容即使发生很小疑问，也必须向工作票签发人询问清楚，必要时应要求作详细补充。（√）

Jd4B4056 当电压回路断线时，将造成距离保护装置误动，所以在距离保护中装设了断线闭锁装置。（√）

Jd4B4057 BCH 型差动继电器的差电压与负荷电流成正比。（√）

Jd4B4058 断路器操作把手在预备合闸位置时绿灯闪光。（√）

Jd4B4059 若进行遥控操作，则必须同时检查所操作设备的机械位置指示、电气指示、带电显示装置、仪表及各种遥测、遥信等信号的指示进行间接验电。（√）

Jd4B4060 新设备投入时应核对相位相序正确，相应的保护装置通信自动化设备同步调试投入将新设备全电压合闸送电。（√）

Jd4B4061 蓄电池电解液上下的密度不同不会引起蓄电池的自放电。（×）

Jd4B4062 低频减载装置的动作没有时限。（×）

Jd4B4063 SF_6 气体具有很强的灭弧能力，在静止 SF_6 气体中的灭弧能力为空气的 200 倍以上。（×）

Jd4B4064 中性点经消弧线圈接地的系统，正常运行时中性点电压不能超过额定相电压的 2%。（×）

Jd4B4065 三绕组变压器低压侧的过流保护动作后，不光跳开本侧断路器还跳开中压侧断路器。（×）

Jd4B4066 变电站只有当值值班长可以受令。（×）

Jd4B4067 进行间接验电指需要检查隔离开关（刀闸）的机械指示位置、电气指示、仪表及带电显示装置指示的变化，且至少应有三个及以上指示已同时发生对应变化。（×）

Jd4B4068 变压器装设磁吹避雷器可以保护变压器绕组不因过电压而损坏。（√）

Jd4B4069 新安装或大修后的有载调压变压器在投入运行前，运行人员应检查有载调压装置的瓦斯保护应接入信号位置。（×）

Jd4B4070 在 SF_6 断路器中，密度继电器指示的是 SF_6 气体的气体密度。（√）

Jd4B4071 变压器的温度指示器指示的是变压器绕组的温度。（×）

Jd4B5072 断路器操作把手在预备跳闸位置时红灯闪光。（√）

Jd4B5073 变压器的铁芯接地避免变压器的铁芯及其他附件感应一定的电压，在外加电压的作用下，当感应电压超过对地放电电压时，产生放电现象。（√）

Jd4B5074 中性点经消弧线圈接地的系统普遍采用全补偿方式，因此此时接地电流最小。（×）

Jd4B5075 工作票的改期应由值班负责人、工作负责人、工作班人员分别签名，并记入运行记录中。（×）

Jd4B5076 BP-2B 母差保护，母联开关在分闸位置时，延时 50ms 就封母联开关的电流。（√）

Je4B1077 压力式温度计常用于变压器油温的就地指示和远方报警。（√）

Je4B1078 运行中的电压互感器溢油时，可以工作一段时间再停止运行。（×）

Je4B2079 耦合电容器电压抽取装置抽取的电压是 50V。(×)

Je4B2080 BP-2B 母差保护，母联开关的母差电流互感器断线时，不闭锁母差保护。(√)

Je4B2081 防误装置万能钥匙使用时必须经监护人批准。(×)

Je4B2082 变压器过负荷时，应立即将变压器停运。(×)

Je4B2083 变压器差动保护用电流互感器应装设在变压器高、低压侧少油断路器的靠变压器侧。(√)

Je4B2084 SF_6 气体与其他介质相比有良好的灭弧性能是由于在均匀或稍不均匀电场中，气体绝缘的电气强度随气体压力的升高而增加。(×)

Je4B2085 变压器空载时，一次绕组中仅流过励磁电流。(√)

Je4B2086 一般变压器的上层油温不能超过 105℃。(×)

Je4B2087 CY4 液压机构如果储压筒有划痕，高压油越过活塞进入氮气中，则压力表指示比正常时降低。(×)

Je4B2088 在将断路器合入有永久性故障时，跳闸回路中的跳跃闭锁继电器不起作用。(×)

Je4B2089 故障录波器可以录开关量变化。(√)

Je4B2090 0.8MV·A 及以上油浸变压器应装设气体继电器。(√)

Je4B3091 BP-2B 母差保护，母联开关的母差电流互感器断线时，母差保护动作将失去选择性。(√)

Je4B3092 交流测量仪表所指示的读数是正弦量的最大值。(×)

Je4B3093 断路器操作把手在预备合闸位置时绿灯闪光，在预备跳闸位置时红灯闪光。(√)

Je4B3094 断路器跳闸后应检查保护动作情况、断路器分、合指示及外观、操作机构、相关气体或液体压力是否正常等。(√)

Je4B3095 耦合电容器电压抽取装置抽取的电压是 150V。(×)

Je4B3096 双母线带旁路接线方式缺点很多。(×)

Je4B3097 空载变压器投入运行时，由于仅有一侧开关合上，构不成电流回路通道，因此不会产生太大电流。(×)

Je4B3098 电流互感器二次作业时，工作中必须有专人监护。(√)

Je4B3099 快速切除短路故障可以提高电力系统动态稳定。(√)

Je4B3100 BP-2B 母差保护，母线分列运行压板应在合母联开关前退出。(√)

Je4B3101 换路定律确定的初始值是由换路前瞬间决定的。(√)

Je4B3102 距离保护一段的保护范围受运行方式变化的影响。(×)

Je4B3103 当系统运行电压降低时，应增加系统中的无功出力。(√)

Je4B3104 定时限过流保护动作值按躲过线路末端短路电流整定。(×)

Je4B3105 三相对称负荷星接时，线电压的最大值是相电压有效值的 3 倍。(×)

Je4B3106 当系统频率降低时，应增加系统中的无功出力。(×)

Je4B3107 新安装或大修后的有载调压变压器在投入运行前，可不进行检查试验，直接投入运行后进行试验。(×)

Je4B3108 各站防误装置万能钥匙要由值班员登记保管和交接，使用时必须由当值值长、变电站运行专工或站长批准，并做好记录。(×)

Je4B3109 线损中的固定损耗与通过元件的负荷功率的电流无关，而与电力网元件上所加的电压有关。(√)

Je4B3110 消弧线圈的电感电流与电容电流之差和电网的电容电流之比叫补偿度。(√)

Je4B3111 变压器过负荷保护接入跳闸回路。(×)

Je4B3112 系统频率降低时应增加发电机的有功功率。(√)

Je4B3113 装有有导向强油风冷装置的变压器的大部分油流通过箱壁和绕组之间的空隙流回，少部分油流进入绕组和铁芯内部，其冷却效果不高。(×)

Je4B3114 110kV 变压器在停、送电前无需将中性点接地。(×)

Je4B3115 变压器事故过负荷可以经常使用。(×)

Je4B3116 绕组内感应电动势的大小与穿过该绕组的磁通成正比。(×)

Je4B3117 方向高频保护是根据比较被保护线路两侧的电流方向这一原理构成。(×)

Je4B3118 异常处理可不用操作票。(×)

Je4B3119 在 SF_6 断路器中，密度继电器指示的是 SF_6 气体的压力值。(×)

Je4B4120 BP-2B 母差保护，差动开放和失灵开放信号灯带自保持。(×)

Je4B4121 变压器的油枕作用是为使油面能够自由地升降，防止空气中的水分和灰尘进入。(×)

Je4B4122 变压器的差动保护是按循环电流原理装设的。在变压器两侧安装具有相同型号的两台电流互感器，其二次侧采用环流法接线。在正常与外部故障时，差动继电器中没有电流流过，而在变压器内部发生相间短路时，差动继电器中就会有很大的电流流过。(√)

Je4B4123 变压器油枕的作用是杜绝变压器油与空气的接触，以免油受潮、被氧化。(×)

Je4B4124 用户电能表电压绕组及其他附件的损耗属于线损中的可变损耗。(×)

Je4B4125 当电压回路断线时，将造成距离保护装置误动，所以距离保护中装设了断线闭锁装置。(√)

Je4B4126 由于故障点的过渡电阻存在，将使阻抗继电器的测量阻抗减小。(×)

Je4B4127 110kV 及以上变压器在停电及送电前必须将中性点接地是因为断路器的非同期操作引起的过电压会危及变压器的绝缘。(√)

Je4B4128 保护出口中间通常采用触点带串联电流线圈的自保持接线方式。在故障情况下触点闭合，串联的电流线圈带电产生自保持，保证开关可靠地跳闸。(√)

Je4B4129 拆除接地线要先拆导体端，后拆接地端。(√)

Je4B4130 接地距离保护没有零序电流保护灵敏可靠。(×)

Je4B4131 合闸缓冲器的作用是防止合闸时的冲击力使合闸过深而损坏套管。(√)

Je4B4132 用兆欧表遥测电容器时应在摇把转动的情况下，将接线断开。(√)

Je4B4133 三相负载三角形连接时，当负载对称时，线电压是相电压的 1.732 倍。(×)

Je4B4134 用兆欧表测绝缘时，E 端接导线，L 端接地。(×)

Je4B4135 高频保护采用相-地制高频通道是因为相-地制通道衰耗小。(×)

Je4B4136 电力系统发生振荡时电压振荡最激烈的地方是系统振荡中心，其每一周期约降低至零值一次。（√）

Je4B4137 相差高频保护不受系统振荡影响。（√）

Je4B4138 变压器的差动速断保护的动作条件为不经任何制动，只要差流达到整定值即能动作。（√）

Je4B4139 即使在非雷雨季节，FZ 型避雷器也不可以退出运行。（×）

Je4B4140 沿固体介质表面的气体发生的放电称为电晕放电。（×）

Je4B4141 变压器中性点经小电阻接地是提高电力系统动态稳定的措施之一。（√）

Je4B4142 三绕组降压变压器绕组由里向外的排列顺序是高压、中压、低压。（×）

Je4B4143 流入无导向强油风冷变压器油箱的冷却油流通过油流导向隔板，有效地流过铁芯和绕组内部，提高了冷却效果，降低了绕组的温升。（×）

Je4B4144 电流速断保护的重要缺陷是受系统运行方式变化的影响不大。（×）

Je4B5145 定时限过流保护动作电流的整定原则是：动作电流必须大于负荷电流，在最大负荷电流时保护装置不动作，当下一级线路发生外部短路时，如果本级电流继电器已启动，则在下级保护切除故障电流之后，本级保护应能可靠地返回。（√）

Je4B5146 对无法进行直接验电的设备，可以进行间接验电即通过设备的机械指示位置、电气指示、带电显示装置、仪表及各种遥测、遥信等信号的变化来判断。判断时，至少应有两个非同样原理或非同源的指示，发生对应变化，且所有这些确定的指示均已同时发生对应变化，才能确认该设备已无电。（√）

Je4B5147 BP-2B 母差保护，刀闸辅助接点和一次系统不对应时会发出开入异常信号。（√）

Je4B5148 BP-2B 母差保护，发生死区故障时，无论母联开关是合位还是分位都跳开母联开关和两段母线上的其他开关。（×）

Je4B5149 线损中的可变损耗包括架空输、配电线路和电缆导线的铜损，变压器铜损，调相机、调压器、电抗器、阻波器和消弧线圈等设备的铜损。（√）

Je4B5150 操作时，如隔离开关没合到位，允许用绝缘杆进行调整，但要加强监护。（√）

Je4B5151 变压器过负荷运行时也可以调节有载调压装置的分接开关。（×）

Je4B5152 避雷器与被保护的设备距离越近越好。（√）

Je4B5153 操作时，如隔离开关没合到位，不允许使用绝缘棒调整。（×）

Je4B5154 同期并列的条件是电压、频率、相位角相同。（√）

Je4B5155 发生三相对称短路时，短路电流中包含负序分量。（×）

Je4B5156 断路器操作把手在预备合闸位置时不闪光。（×）

Je4B5157 变压器防爆管薄膜的爆破压力是 0.1MPa。（×）

Jf4B1158 可使用导线或其他金属线做临时短路线。（×）

Jf4B1159 电气设备操作后，无法看到实际位置时，可通过设备机械位置指示、电气指示、仪表及各种遥测、遥信信号的变化来确认。（√）

Jf4B1160 工作地点保留带电部分应写明停电检修设备的前、后、左、右、上、下相

邻的第一个有误触、误登、误入带电间隔，有触电危险的具体带电部位和带电设备的名称。（√）

Jf4B1161 设备的安装或检修，在施工过程中需要中间验收时，变电站负责人应指定专人配合进行，对其隐蔽部分，施工单位应做好记录，中间验收项目，应由变电站负责人与施工检修单位共同商定。（√）

Jf4B1162 关键字严禁修改，如"拉、合、投、退、装、拆"等。（√）

Jf4B1163 新值班人员在上岗独立值班工作前，必须经现场基本制度学习、跟班学习和试行值班学习三个培训阶段，每个阶段需制订培训计划，并按计划进行培训。（√）

Jf4B1164 每个档案要有四个部分：原始、检修、试验、运行资料。（√）

Jf4B1165 反事故演习应着重考虑本企业和其他企业发生事故的教训和异常现象。（√）

Jf4B1166 关键字严禁修改，如"拉、合、停、启、装、拆"等。（×）

Jf4B1167 针对工作人员在工作现场中的违反安全的动作，运行人员有权制止纠正。（√）

Jf4B1168 如果断路器和线路上均有人工作，应在线路断路器和隔离开关操作把手上悬挂"禁止合闸、有人工作！"的标示牌。（×）

Jf4B2169 标示牌的悬挂和拆除，应按调度员的命令执行。（×）

Jf4B2170 220kV 主变的差动和瓦斯保护同时停用，可以由单位总工程师批准。（×）

Jf4B2171 电气设备操作后，至少应有两个非同样原理或非同源的指示发生对应变化，且所有这些确定的指示已同时发生的应变化，方可确认该设备已成为操作到位。（√）

Jf4B2172 在大小修、预试、继电保护、仪表检验后，由有关修试人员将有关情况记入记录簿中，即可办理完工手续。（×）

Jf4B2173 在停电的低压回路上工作，应将检修设备的各方面电源断开，取下熔断器，在刀闸操作把手上悬挂"禁止合闸，有人工作！"的标示牌。（√）

Jf4B2174 "电网调度管理条例"立法的目的主要是加强电网调度管理，保障电网安全，保护用户利益，适应经济建设和人民生活用电的需要。（√）

Jf4B2175 如果线路上有人工作，应在线路断路器和隔离开关操作把手上悬挂"禁止合闸、线路有人工作！"的标示牌。（√）

1.3 多选题

La4C1001 电气工作人员必须具备（　　）。

（A）经医师鉴定，无妨碍工作的病症（体格检查每两年至少一次）；（B）经医师鉴定，无妨碍工作的病症（体格检查每三年至少一次）；（C）具备必要的电气知识和业务技能，且按工作性质，熟悉本规程的相关部分，并经考试合格；（D）具备必要的安全生产知识，学会紧急救护法，特别要学会触电急救。

答案：ACD

La4C1002 常见的系统故障有（　　）。

（A）单相接地；（B）两相接地、两相及三相短路或断线；（C）系统发生谐振。

答案：AB

La4C2001 下列对电压互感器描述正确的是（　　）。

（A）10kV 电压互感器一次侧熔断器熔丝的额定电流是 0.5A；（B）由于不能满足断流容量要求，电压互感器一次侧熔丝熔断后不允许用普通熔丝代替；（C）若电压互感器二次侧熔丝容量选择不合理，有可能造成一次侧熔丝熔断；（D）110kV 的电压互感器采用石英砂填充的熔断器具有较好的灭弧性能和较大的断流容量，同时具有限制短路电流的作用。

答案：ABC

La4C2002 电气工作人员对《安规》考试有（　　）要求。

（A）电气工作人员应每年考试一次；（B）电气工作人员应两年考试一次；（C）因故间断电气工作连续三个月以上者，必须重新温习；并经考试合格后，方能恢复工作；（D）因故间断电气工作连续三个月以上者，可以先恢复工作，然后再进行《安规》考试。

答案：AC

La4C3001 后备保护分为（　　）。

（A）近后备；（B）远后备；（C）明后备；（D）暗后备。

答案：AB

La4C3002 提高电力系统动态稳定的措施有（　　）。

（A）快速切除短路故障；（B）采用自动重合闸装置；（C）发电机采用电气制动和机械制动；（D）变压器中性点经小电阻接地；（E）设置开关站和采用串联电容补偿。

答案：ABCDE

La4C3003 下列对磁路描述正确的是（　　）。

（A）由铁磁物质制成的、磁通集中通过的路径称为磁路；（B）磁路的任一闭合回路中，所有磁势的代数和等于各段磁压的代数和；（C）直流磁路中的磁通随时间变化；（D）铁磁物质的导磁系数是常数，不随励磁电流的变化而变化。

答案：AB

La4C3004 在对称三相四线制电路中（　　）。

（A）三个线电流之和等于零；（B）忽略阻抗，各相负载上的电压等于各相电源电压；（C）每相电流都与相应的相电压有一个相同的相位差；（D）中线中没有电流。

答案：ABCD

La4C5001 下列对电感 L 描述正确的是（　　）。

（A）由 $L=\varphi/i$ 可知，电感 L 与电流 i 成反比；（B）含有铁芯的线圈电感 L 比无铁芯时大得多；（C）电感 L 的大小与线圈的尺寸、匝数及线圈内有无铁芯有关；（D）由 $L=\varphi/i$ 可知，电流 i 越大，磁通 φ 也越大。

答案：BC

La4C5002 电力系统发生振荡时会出现的现象有（　　）。

（A）随着偏离振荡中心距离的增加，电压的波动逐渐减少；（B）失去同步发电机的定子电流表指针的摆动最为激烈（可能在全表盘范围内来回摆动）；有功和无功功率表指针的摆动也很厉害；定子电压表指针亦有所摆动，但不会到零；转子电流和电压表指针都在正常值左右摆动；（C）发电机将发生不正常的，有节奏的轰鸣声；强行励磁装置一般会动作；（D）变压器由于电压的波动，铁芯也会发出不正常的、有节奏的轰鸣声。

答案：ABCD

Lb4C1001 变压器在电力系统中的主要作用是（　　）。

（A）变换电压，以利于功率的传输；（B）变换电压，可以减少线路损耗；（C）变换电压，可以改善电能质量；（D）变换电压，扩大送电距离。

答案：ABD

Lb4C2001 下列对电压互感器的二次侧描述正确的是（　　）。

（A）二次侧接地防止一次绝缘击穿，损坏设备；（B）二次侧发生短路而二次侧熔断器未熔断时，也可能造成一次熔断器熔断；（C）电压互感器的二次回路采用一点接地；（D）凡装有距离保护时，二次侧均采用空气小开关。

答案：ABCD

Lb4C2002 真空断路器的特点有（　　）。

（A）触头开距小，燃弧时间短；（B）触头在开断故障电流时烧伤轻微；（C）真空断路器所需的操作能量小，动作快；（D）具有体积小、重量轻、维护工作量小，能防火、防爆，操作噪声小的优点。

答案：ABCD

Lb4C2003 变压器净油器的工作原理是（　　）。

（A）运行中的变压器因上层油温与下层油温的温差，使油在净油器内循环；（B）油中的有害物质被净油器内的硅胶吸收，使油净化而保持良好的电气及化学性能，起到对变压器油再生的作用；（C）净油器是一个充有吸附剂的金属容器，吸附油中水分和二氧化碳；（D）油的循环由上而下以渗流方式流过净油器，能延长变压器油的使用寿命。

答案：AB

Lb4C2004 110kV 及以上电压互感器的一次侧是否需要装设熔断器（　　）。

（A）110kV 及以上系统为中性点直接接地系统，电压互感器的各相能长期承受线电压运行，所以在一次侧不装设熔断器；（B）110kV 及以上系统为中性点直接接地系统，电压互感器的各相不可能长期承受线电压运行，所以在一次侧不装设熔断器；（C）110kV 及以上电压互感器的结构采用单相串级式，绝缘强度大，所以在一次侧不装设熔断器；（D）110kV 及以上电压互感器的一次侧应装设熔断器。

答案：BC

Lb4C3001 变压器的铁芯接地是因为（　　）。

（A）绕组端部电场分布是极不均匀的，铁芯接地可以改善其电场分布；（B）为了避免变压器的内部放电；（C）高压绕组与铁芯柱的距离较近，绝缘处理较难，接地使其承受较大的电磁力；（D）不接地可能会使变压器的铁芯及其他附件感应一定的电压。

答案：BD

Lb4C3002 电容器组串联电抗器的作用是（　　）。

（A）限制系统电压升高和操作过电压的产生；（B）抑制高次谐波，限制合闸涌流；（C）在 120％ 额定电压下伏安特性呈线性，最大允许短路电流为额定电流的 20～25 倍，持续时间为 2s；（D）可以限制故障电流，使油箱爆炸的概率减少。

答案：BCD

Lb4C3003 下列对电容器描述正确的是（　　）。

（A）电容等于单位电压作用下电容器每一极板上的电荷量；（B）电容器储存的电量与电压的平方成正比；（C）电容器具有隔断直流电，通过交流电的性能；（D）串联电容器的等效电容等于各电容倒数之和。

答案：AC

Lb4C3004　升高电压进行输电有（　　）优点。

（A）功率不变，电压越高，则电流越小，线损越小；（B）功率不变，电压越高，则电流越小，节约导线；（C）功率不变，电压越高，输电距离距离越远；（D）电压越高，则电流越小，输送线路建设成本越小。

答案：ABC

Lb4C3005　变压器的油枕作用（　　）。

（A）为使油面能够自由地升降，防止空气中的水分和灰尘进入；（B）当变压器油的体积随着油温的变化而膨胀或缩小时，油枕起储油和补油作用；（C）由于装了油枕，使变压器与空气的接触面减小，减缓了油的劣化速度；（D）油枕的侧面还装有油位计，可以监视油位的变化。

答案：BCD

Lb4C3006　安装在控制盘或配电盘上的电气测量仪表在准确度上基本要求有（　　）。

（A）用于发电机及重要设备的交流仪表，应不低于 1.5 级；（B）用于其他设备和线路上的交流仪表，应不低于 2.5 级；（C）直流仪表应不低于 1.5 级；（D）频率应采用数字式或记录式，测量范围在 45～55Hz 时基本误差应不大于±0.02Hz。

答案：ABCD

Lb4C3007　电流互感器不允许长时间过负荷运行是因为（　　）。

（A）会使误差增大，表计指示不正确；（B）会使铁芯和绕组过热，绝缘老化快，甚至损坏电流互感器；（C）会使继电保护误动；（D）将二次产生高电压，危及二次设备。

答案：AB

Lb4C4001　变电站监控系统的结构分为（　　）。

（A）采样层；（B）站控层；（C）保护层；（D）间隔层。

答案：BD

Lb4C4002　下列对高压断路器的分合闸缓冲器的作用描述错误的是（　　）。

（A）分闸缓冲器的作用是自断路器接到分闸指令起到三相电弧完全熄灭有一段时间延时；（B）分闸缓冲器的作用是防止因弹簧释放能量时产生的巨大冲击力损坏断路器的零部件；（C）合闸缓冲器的作用是自断路器的机构接到合闸指令到各相触头均接触有一段时间延时；（D）合闸缓冲器的作用是防止合闸时的冲击力使合闸过深而损坏套管。

答案：AC

Lb4C4003　多支等高避雷针的保护范围确定的依据是（　　）。

（A）将多支避雷针划分为若干个三角形（划分时必须是相邻近的三支避雷针），逐个计算；（B）每三支避雷针，构成的三角形内被保护物最大高度 HX 水平面上，各相邻两支保护范围的一侧最小宽度 $BX \geqslant 0$ 时，则全部面积即受到保护；（C）无法确定；（D）多支避雷针外侧保护范围是避雷针高度的一半。

答案：**AB**

Lb4C4004 电流互感器的二次侧接地是因为（ ）。

（A）防止一次绝缘击穿，损坏设备；（B）一、二次侧绝缘如果损坏，一次侧高压串到二次侧，就会威胁人身安全；（C）防止出现高电压，将测量仪表、继电保护及自动装置的电压线圈烧毁；（D）二次侧接地属于保护接地。

答案：**ABD**

Lb4C4005 故障录波器启动方式有（ ）。

（A）正序电流、正序电压；（B）负序电流、负序电压；（C）零序电流、零序电压；（D）开关量启动。

答案：**ABCD**

Lb4C4006 高压断路器的操作机构有（ ）等形式。

（A）SF_6 机构；（B）气动机构；（C）液压机构；（D）弹簧储能机构。

答案：**BCD**

Lb4C5001 下列对自由脱扣描述正确的是（ ）。

（A）只要合闸电磁铁接到分闸信号，在分闸弹簧作用下断路器就能完成分闸操作；（B）操动机构在断路器合闸到任何位置时，接收到分闸脉冲命令均应立即分闸；（C）断路器在合闸过程中的任何时刻，若保护动作接通跳闸回路，断路器能可靠地断开；（D）可以保证断路器合于短路故障时，能迅速断开，避免扩大事故范围。

答案：**BCD**

Lc4C2001 新值班人员在上岗独立值班工作前，必须经过（ ）培训阶段。

（A）现场基本制度学习；（B）拓展训练；（C）跟班学习；（D）试行值班学习。

答案：**ACD**

Lc4C2002 正常口对口（鼻）呼吸时，应注意（ ）。

（A）开始时大口吹气两次；（B）正常口对口（鼻）呼吸的吹气量要大；（C）吹气和放松时要注意伤员胸部有起伏的呼吸动作；（D）吹气时如有较大阻力，可能是头部后仰不够，应及时纠正。

答案：**ACD**

Lc4C3001 消弧线圈的补偿方式包括（ ）。

（A）有补偿；（B）无补偿；（C）过补偿；（D）欠补偿。

答案：**CD**

Jd4C1001 工作许可人的安全责任有（　　　）。

（A）负责审查工作票所列安全措施是否正确、完备，是否符合现场条件；（B）工作现场布置的安全措施是否完善，必要时予以补充；（C）负责检查检修设备有无突然来电的危险；（D）对工作票所列内容即使发生很小疑问，也应向工作票签发人询问清楚，必要时应要求作详细补充。

答案：**ABCD**

Jd4C1002 系统发生接地，检查巡视时的要求为（　　　）。

（A）室内不得接近故障点 4m 以内；（B）室外不得接近故障点 8m 以内；（C）室内不得接近故障点 8m 以内；（D）室外不得接近故障点 4m 以内。

答案：**AB**

Jd4C3001 电抗器正常巡视项目有（　　　）。

（A）接头应接触良好无发热现象；（B）支持绝缘子应清洁无杂物；（C）周围应整洁无杂物；（D）垂直布置的电抗器不应倾斜；（E）门窗应严密。

答案：**ABCDE**

Jd4C3002 耦合电容器正常巡视应注意（　　　）。

（A）电容器瓷套部分有无破损或放电痕迹；（B）上下引线是否牢固，接地线是否良好，接地开关是否位置正确；（C）引线及各部有无放电响声；（D）有无漏、渗油现象；（E）二次电压抽取装置的无放电；（F）结合滤波器完整严密不漏雨。

答案：**ABCDEF**

Je4C2001 隔离开关正常巡视检查项目有（　　　）。

（A）瓷质部分应完好无破损；（B）各接头应无松动、发热；（C）刀口应完全合入并接触良好，试温蜡片应无熔化；（D）传动机构应完好，销子应无脱落；（E）联锁装置应完好；（F）隔离开关外壳应接地良好。

答案：**ABCDEF**

Je4C2002 枢纽变电站宜采用（　　　），根据电网结构的变化，应满足变电站设备的短路容量约束。

（A）双母分段接线；（B）内桥接线；（C）单母线分段；（D）3/2 接线方式。

答案：**AD**

Je4C2003 测量变压器上层油温的测温装置有（　　　）。

（A）电触点压力式温度计；（B）遥测温度计；（C）电阻温度计；（D）温包型温度计。

答案：**ABCD**

Je4C2004 电容器巡视检查项目有（　　　）。

（A）检查电容器是否有膨胀、喷油、渗漏油现象；（B）检查瓷质部分是否清洁，有无放电痕迹；（C）结合滤波器完整严密不漏雨；（D）检查放电变压器串联电抗是否完好；（E）电容器外熔丝有无断落。

答案：ABDE

Je4C3001 安装在配电盘上的电气测量仪表的仪表附件的准确度要求有（　　　）。

（A）与相应的测量仪表的准确度相同；（B）与仪表连接的分流器、附加电阻和仪用互感器的准确度不应低于0.5级；（C）如仅作电流和电压测量时，1.5级和2.5级仪表可用1.0级互感器；（D）非主要回路的2.5级电流表，可使用3.0级电流互感器。

答案：BCD

Je4C3002 判别母线失电的依据是同时出现（　　　）。

（A）该母线的电压表指示消失；（B）母差保护动作；（C）母线的各出线及变压器负荷消失；（D）该母线所供厂用或站用电失去。

答案：ACD

Je4C3003 在以三相整流器为电源的装置中，当发现直流母线电压降低至额定电压的70%左右时，应（　　　）。

（A）先检查交流电压数值，以判断熔断器是否熔断；（B）若熔断器熔断，可换上同容量熔断器试送一次；（C）若再断，应停下硅整流器并检查处理。

答案：ABC

Je4C3004 电压互感器停用时应注意（　　　）。

（A）不能使运行中的保护自动装置失去电压；（B）应先进行电压切换；（C）防止反充电，取下二次熔断器；（D）先断开互感器一次侧电源，后将二次开关全部断开。

答案：ABC

Je4C3005 运行中电压互感器出现（　　　）现象须立即停止运行。

（A）高压侧熔断器连续熔断二、三次；（B）内部出现放电异声或噪声；（C）发出臭味或冒烟、溢油；（D）电压互感器有轻微渗油现象。

答案：ABC

Je4C3006 低频低压减载装置必须实现（　　　）。

（A）其动作后应确保全网或解列后的局部网频率、电压恢复到规定范围内；（B）应按顺序切除负载，较重要的用户后切除，较次要的负载先切除；（C）切除负载的速度应与故障的严重程度相适应；（D）自动切除后的负载不应被其他自动装置再次投入。

答案：ABCD

Je4C3007 继电保护装置在新投入及停运后投入应做如下检查（　　）。

（A）查阅继电保护记录，保证合格才能投运并掌握注意事项；（B）检查二次回路及继电器应完整；（C）标志清楚正确。

答案：ABC

Je4C3008 在（　　）情况下重合闸应退出运行。

（A）断路器的遮断容量小于母线短路容量时，重合闸退出运行；（B）断路器故障跳闸次数超过规定，或虽未超过规定，但断路器严重喷油、冒烟等，经调度同意后应将重合闸退出运行；（C）线路有带电作业，可不经当值调度员命令将重合闸退出运行；（D）重合闸装置失灵，经调度同意后应将重合闸退出运行。

答案：ABD

Je4C3009 断路器大修后应进行的试验项目有（　　）。

（A）行程及同期试验；（B）低电压合闸试验；（C）分合闸时间计算；（D）分合闸速度计算。

答案：ABCD

Je4C30010 变压器理想并联运行的条件是（　　）。

（A）空载时并联的变压器之间没有环流；（B）负载时能够按照各台变压器的容量合理地分担负载；（C）负载时各变压器所分担的电流应为同相；（D）各变压器的短路阻抗的标幺值相等。

答案：ABC

Je4C4001 《国家电网公司十八项电网重大反事故措施》（修订版）中对阀控密封蓄电池组进行全核对性放电试验的要求有（　　）

（A）CPU方式开关在"运行"位置；（B）新安装的阀控密封蓄电池组，应进行全核对性放电试验；（C）以后每隔两年进行一次核对性放电试验；（D）运行了四年以后的蓄电池组，每年做一次核对性放电试验。

答案：BCD

Je4C4002 失灵保护由电压闭锁元件、保护动作与电流判别构成的（　　）组成。

（A）启动回路；（B）跳闸出口回路；（C）电流元件；（D）时间元件。

答案：ABD

Je4C4003 新安装或大修后的有载调压变压器在投入运行前，运行人员对有载调压装置应检查项目有（　　）。

（A）有载调压装置的油枕油位应正常，外部各密封处应无渗漏，控制箱防尘良好；（B）检查有载调压机械传动装置，用手摇操作一个循环，位置指示及动作计数器应正确动作，极限位置的机械闭锁应可靠动作，手摇与电动控制的联锁也应正常；（C）有载调压装置电动控制回路各接线端子应接触良好，保护电动机用的熔断器的额定电流与电机容量应相配合（一般为电机额定电流的2倍），在主控制室电动操作一个循环，行程指示灯、位置指示盘，动作计数器指示应正确无误，极限位置的电气闭锁应可靠；紧急停止按钮应好用；（D）有载调压装置的瓦斯保护应接入跳闸。

答案：ABCD

Je4C4004 单母线接线的10kV系统发生单相接地后，经逐条线路试停电查找，接地现象仍不消失可能是（　　）原因。

（A）两条线路同时同相接地；（B）消弧线圈有接地；（C）站内母线设备接地；（D）主变低压侧线圈有接地。

答案：ACD

Je4C4005 液压机构重点检查（　　）。

（A）机构箱内无异味、无积水、无凝露；（B）液压机构的压力在合格范围之内；（C）油箱油位正常，工作缸储压筒及各阀门管道无渗漏油；（D）无打压频繁现象，加热或驱潮装置正常。

答案：ABCD

Je4C4006 下列正确的是（　　）。

（A）装有有导向强油风冷装置的变压器的大部分油流通过箱壁和绕组之间的空隙流回，少部分油流进入绕组和铁芯内部，其冷却效果不高；（B）装有无导向强油风冷装置的变压器的大部分油流通过箱壁和绕组之间的空隙流回，少部分油流进入绕组和铁芯内部，其冷却效果不高；（C）流入有导向强油风冷变压器油箱的冷却油流通过油流导向隔板，有效地流过铁芯和绕组内部，提高了冷却效果，降低了绕组的温升；（D）流入无导向强油风冷变压器油箱的冷却油流通过油流导向隔板，有效地流过铁芯和绕组内部，提高了冷却效果，降低了绕组的温升。

答案：BC

Jf4C2001 创伤急救的原则和判断是（　　）。

（A）创伤急救原则上是先固定，后抢救，再搬运；（B）注意采取措施，防止伤情加重或污染；（C）需要送医院救治的，应立即做好保护伤员措施后送医院救治；（D）抢救前先使伤员安静躺平，判断全身情况和受伤程度，如有无出血，骨折和休克。

答案：BCD

Jf4C3001 以下故障操作，现场可以先进行操作，然后尽速报告相应级调度员（   ）。

（A）将直接对人身安全有威胁的设备停电；（B）对运行设备的安全有威胁时进行的处理；（C）将故障点及已损伤的设备进行隔离；（D）当母线电压消失时，拉开连接到该母线上的开关。

答案：ABCD

1.4 计算题

La4D1001 一直径 $D_1 = 3\text{mm}$，长 $L_1 = 1\text{m}$ 的铜导线，被均匀拉长至 $L_2 = X_1\text{m}$（设体积不变），则此时电阻 $R_2 = \underline{\qquad} R_1$。

X_1 取值范围：0.5、2、3、4、5

计算公式： $R_2 = (\dfrac{L_2}{L_1})^2 R_1 = X_1{}^2 R_1$

La4D1002 如图所示，已知电阻 $R_1 = X_1\text{k}\Omega$，$R_2 = 2\text{k}\Omega$，B 点的电位 $U_B = 15\text{V}$，C 点的电位 $U_C = -5\text{V}$，则电路中 a 点的电位 U_a 是 $\underline{\qquad}$ V。

X_1 取值范围：2、3、8、18

计算公式： $U_a = U_B - (\dfrac{U_B - U_C}{R_1 + R_2}) \times R_1 = 15 - \dfrac{15 - (-5)}{X_1 + 2} X_1 = 15 - \dfrac{20X_1}{X_1 + 2}$

La4D1003 将 $U = 220\text{V}$、$P = 100\text{W}$ 的灯泡接在 220V 的电源上，允许电源电压波动 $\pm X_1\%$，则最高电压时灯泡的实际功率 $P_{\max} = \underline{\qquad}$ W 和最低电压时灯泡的实际功率 $P_{\min} = \underline{\qquad}$ W。

X_1 取值范围：2、4、5、10

计算公式： $P_{\max} = \dfrac{[U(1 + X_1)]^2}{(\dfrac{U^2}{P})} = (1 + X_1)^2 P = 100(1 + X_1)^2$

$P_{\min} = \dfrac{[U(1 - X_1)]^2}{(\dfrac{U^2}{P})} = (1 - X_1)^2 P = 100(1 - X_1)^2$

La4D1004 有一只电动势 $E = X_1\text{V}$、内阻 $R_0 = 0.1\Omega$ 的电池，给一个电阻 $R = 4.9\Omega$ 的负载供电，求电池产生的功率 $P_1 = \underline{\qquad}$ W，电池输出的功率 $P_2 = \underline{\qquad}$ W，电池的效率 $\eta = \underline{\qquad}$。

X_1 取值范围：1、2、3、4、5

计算公式： $P_1 = \dfrac{E^2}{R + R_0} = \dfrac{X_1^2}{4.9 + 0.1} = \dfrac{X_1^2}{5} = 0.2X_1^2$

$P_2 = (\dfrac{E}{R + R_0})^2 R = 4.9 \times (\dfrac{X_1}{4.9 + 0.1})^2 = \dfrac{4.9X_1^2}{25} = 0.196X_1^2$

$\eta = \dfrac{P_2}{P_1} = \dfrac{0.196X_1^2}{0.2X_1^2} \times 100\% = 98\%$

La4D1005 在直流电压 $U=220\text{V}$ 的供电线路中，若要使用一个 $U_1=110\text{V}$，$P_1=X_1$ W 的灯泡，需串联的电阻 $R=\underline{\hspace{2cm}}$ Ω。

X_1取值范围：10、11、20、50、100

计算公式： $R=\dfrac{U}{\left(\dfrac{P_1}{U_1}\right)}-\dfrac{U_1{}^2}{P_1}==\dfrac{UU_1}{P_1}-\dfrac{U_1{}^2}{P_1}=\dfrac{U_1\ (U-U_1)}{P_1}=\dfrac{110\times\ (220-110)}{X_1}$

$$=\dfrac{12100}{X_1}$$

La4D2006 有一只量限 $I_g=100\mu\text{A}$ 的 1.0 级直流微安表，内阻 $R_g=800\Omega$，现打算把它改制成量限 $I=X_1\mu\text{A}$ 的电流表，则在这个表头上应并联的分流电阻 $R=\underline{\hspace{2cm}}$ Ω。

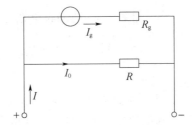

X_1取值范围：150、200、300、350、500

计算公式： $I_gR_g=R(I-I_g)$

$$R=\dfrac{I_gR_g}{I-I_g}=\dfrac{100\times10^{-6}\times800}{X_1\,10^{-6}-100\times10^{-6}}=\dfrac{100\times10^{-6}\times800}{X_1\,10^{-6}-100\times10^{-6}}=\dfrac{80000}{X_1-100}$$

La4D2007 如图所示，已知 $E=X_1\text{V}$，$R_0=8\Omega$，则 R_5 上流过的电流 $I_5=\underline{\hspace{2cm}}$ A，总电流 $I=\underline{\hspace{2cm}}$ A。

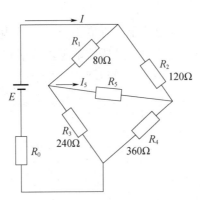

X_1取值范围：20、30、40、50、60

计算公式： $\dfrac{R_1}{R_2}=\dfrac{R_3}{R_4}$

$$I_5=0$$

$$R = \frac{(R_1 + R_3)(R_2 + R_4)}{R_1 + R_3 + R_2 + R_4} = \frac{(80 + 240) \times (120 + 360)}{80 + 240 + 120 + 360} = 192$$

$$I = \frac{E}{R_0 + R} = \frac{X_1}{8 + 192} = \frac{X_1}{200}$$

La4D2008　在磁感应强度 $B = 0.6\text{T}$ 的磁场中有一条有效长度 $L = 0.15\text{m}$ 的导线，导线在垂直于磁力线的方向上切割磁力线时，速度 $v = X_1\text{m/s}$，则导线中产生的感应电动势 $E = \underline{\qquad}$ V。

X_1 取值范围：10、20、30、40、50

计算公式： $E = BLv = 0.6 \times 0.15 X_1 = 0.09 X_1$

La4D2009　电场中某点有一个电量 $Q = 20\mu\text{C}$ 的点电荷，需用 $F = X_1\text{N}$ 的力才能阻止它的运动，则该点的电场强度 $E = \underline{\qquad}$ N/C。

X_1 取值范围：10、20、30、40、50

计算公式： $E = \dfrac{F}{Q} = \dfrac{X_1}{20 \times 10^{-6}}$

La4D2010　有一电感线圈，其电感量 $L = 1\text{H}$，将其接在频率 $f = 50\text{Hz}$ 的交流电源上，其线圈通过的电流 $i = I_m \sin\omega t\text{A}$，其中 $I_m = X_1\text{A}$，则线圈两端的电压降 $U = \underline{\qquad}$ V，所吸收的无功功率 $Q = \underline{\qquad}$ V·A。

X_1 取值范围：1、2、3、4、5

计算公式： $U = IX_L = \dfrac{I_m}{\sqrt{2}} \cdot 2\pi f L = \dfrac{X_1}{\sqrt{2}} \cdot 2 \times 3.14 \times 50 \times 1 = \dfrac{314 X_1}{\sqrt{2}}$

$$Q = I^2 X_L = \left(\frac{I_m}{\sqrt{2}}\right)^2 2\pi f L = \left(\frac{X_1}{\sqrt{2}}\right)^2 2 \times 3.14 \times 50 \times 1 = 157 X_1^{\,2}$$

La4D2011　一只 $C = 50\mu\text{F}$ 的电容器，在它两端所加的电压 $u = X_1 \sin 314t\text{V}$，则容抗 $X_C = \underline{\qquad}$ Ω，电流 $i = \underline{\qquad}$ A，所吸收的无功功率 $Q = \underline{\qquad}$ V·A。

X_1 取值范围：63.7、127.4、191.1、254.8、318.5

计算公式： $X_C = \dfrac{1}{wC} = \dfrac{1}{314 \times 50 \times 10^{-6}} = 63.7$

$$i = \frac{U_m}{X_C}\sin(\omega t + 90°) = \frac{X_1}{63.7}\sin(\omega t + 90°)$$

$$Q = \frac{U^2}{X_C} = \frac{\left(\dfrac{X_1}{\sqrt{2}}\right)^2}{63.7} = \frac{X_1^{\,2}}{127.4}$$

La4D2012　有一电阻 $R = 10\text{k}\Omega$ 和 $C = 0.637\mu\text{F}$ 的电阻电容串联电路，接在电压 $U = X_1\text{V}$，频率 $f = 50\text{Hz}$ 的电源上，该电路中电容两端的电压 $U_C = \underline{\qquad}$ V。

X_1 取值范围：2.23、22.3、44.6、223、446

计算公式：$X_C = \dfrac{1}{2\pi fC} = \dfrac{1}{2 \times 3.14 \times 50 \times 0.637 \times 10^{-6}} = 5000$

$$U_C = \dfrac{X_C U}{\sqrt{X_C{}^2 + R^2}} = \dfrac{5000 X_1}{\sqrt{5000^2 + 10000^2}} = \dfrac{X_1}{\sqrt{5}}$$

La4D2013　一个 RC 串联电路接于电压为 220V，频率为 50Hz 的电源上，若电路中的电流为 5A，电阻上消耗的功率为 X_1 W，则电阻 $R = $ _____ Ω，电容 $C = $ _____ μF。

X_1 取值范围：25、50、75、100、125

计算公式：$R = \dfrac{P}{I^2} == \dfrac{X_1}{5 \times 5} = \dfrac{X_1}{25}$

$$X_C = \sqrt{\left(\dfrac{U}{I}\right)^2 - R^2} = \dfrac{\sqrt{U^2 - I^2 R^2}}{I}$$

$$C = \dfrac{1}{2\pi f X_C} = \dfrac{I \times 10^6}{2 \times 3.14 \times 50 \times \sqrt{U^2 - I^2 R^2}}$$

$$= \dfrac{5 \times 10^6}{2 \times 3.14 \times 50 \times \sqrt{220^2 - 5^2 \times \dfrac{X_1{}^2}{25^2}}}$$

$$= \dfrac{25 \times 10^4}{3.14 \sqrt{1100^2 - X_1{}^2}}$$

La4D2014　一块 $C = X_1 \mu\mathrm{F}$ 的电容器，当它接在电压 $U = 220\mathrm{V}$，$f = 50\mathrm{Hz}$ 时电容容量 $Q = $ _____ V·A。

X_1 取值范围：5、10、15、20、25

计算公式：$Q = \dfrac{U^2}{X_C} = \dfrac{U^2}{\left(\dfrac{1}{2\pi fC}\right)} = 2\pi fCU^2 = 2 \times 3.14 \times 50 X_1\, 10^{-6} \times 220^2 = 15.2 X_1$

La4D2015　今有电感两个串联在交流电路上，电源频率 $f = 200\mathrm{Hz}$，$L_1 = 1/314\mathrm{H}$，$L_2 = X_1/314\mathrm{H}$，等效电抗值 $X_L = $ _____ Ω。

X_1 取值范围：1、2、3、4、5

计算公式：$X_L = 2\pi fL = 2 \times 3.14 \times 200\left(\dfrac{1}{314} + \dfrac{X_1}{314}\right) = 4\,(1 + X_1)$

La4D2016　把一块电磁铁接到 220V，50Hz 的电源上，只有当电流 $I = 22\mathrm{A}$ 以上时才能吸住电磁铁。已知线圈的电感 $X_L = X_1 \Omega$，则线圈电阻 R 不能大于 _____ Ω。

X_1 取值范围：1、2、4、8、16

计算公式：$R = \sqrt{\left(\dfrac{U}{I}\right)^2 - X_L{}^2} = \sqrt{\left(\dfrac{220}{22}\right)^2 - X_1{}^2} = \sqrt{100 - X_1{}^2}$

La4D2017　已知一个 R、L 串联电路，$R=10\Omega$，$X_L=X_1\Omega$，则在线路上加 $U=100$V 交流电压时，若电路中的电压和电流的相位差用 δ 表示，则 $\tan\delta=$＿＿＿＿＿。

X_1 取值范围：1、2、3、4、5

计算公式：$\tan\delta=\dfrac{X_L}{R}=\dfrac{X_1}{10}$

La4D3018　有一个电感 L 和一个电容 C，在 $f=50$Hz 时，感抗等于容抗；当 $f_1=X_1$Hz 时，感抗与容抗的比值 $k=$＿＿＿＿＿。

X_1 取值范围：25、75、100、125、150

计算公式：$\omega L=\dfrac{1}{\omega C}$

$$LC=\dfrac{1}{(2\pi f)^2}=\dfrac{1}{4\pi^2 f^2}$$

$$k=\dfrac{X_L}{X_C}=\dfrac{\omega L}{\left(\dfrac{1}{\omega C}\right)}=\omega^2 LC=(2\pi f_1)^2 LC=(2\pi X_1)^2 LC=4\pi^2 X_1^2 LC=\dfrac{X_1^2}{f^2}=\dfrac{X_1^2}{2500}$$

La4D3019　如图所示，已知 $E=X_1$V，$r=1\Omega$，$C_1=4\mu$F，$C_2=15\mu$F，$R=19\Omega$，求 C_1、C_2 两端电压 $U_1=$＿＿＿＿＿ V，$U_2=$＿＿＿＿＿ V。

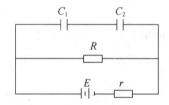

X_1 取值范围：20、40、60、80、100

计算公式：$I=\dfrac{E}{R+r}=\dfrac{X_1}{1+19}=\dfrac{X_1}{20}$

$$U=IR=\dfrac{19X_1}{20}$$

$$U_1=\dfrac{C_2}{C_1+C_2}U=\dfrac{15}{19}\times\dfrac{19X_1}{20}=\dfrac{3X_1}{4}$$

$$U_2=\dfrac{C_1}{C_1+C_2}U=\dfrac{4}{19}\times\dfrac{19X_1}{20}=\dfrac{X_1}{5}$$

La4D3020　如图所示的电路中，$E=X_1$V，$R_1=1.6$kΩ，$R_2=6$kΩ，$R_3=4$kΩ，$L=0.5$H，开关原在合上位置。把开关打开，在换路瞬间 $t=0_+$ 时，电感上的电压 U_L（0_+）=＿＿＿ V。

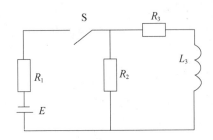

X_1 取值范围：10、12、14、16、18

计算公式： $R = \dfrac{R_2 R_3}{R_2 + R_3} + R_1 = \dfrac{6 \times 4}{6 + 4} + 1.6 = 4$

$$I = \dfrac{X_1}{R} = \dfrac{X_1}{4}$$

$$I_L(0_+) = \dfrac{R_2}{R_2 + R_3} \dfrac{X_1}{R} = \left(\dfrac{6}{6+4}\right) \times \dfrac{X_1}{4} = \dfrac{3X_1}{20}$$

$$U_L(0_+) = I_L(0_+)(R_2 + R_3) = \dfrac{3X_1}{20}(6+4) = \dfrac{3X_1}{2}$$

La4D3021 正弦交流量的频率 $f = X_1\,\mathrm{Hz}$，则它的周期 $T=$ _____ s，角频率 $\omega=$ _____ Hz。

X_1 取值范围：25、50、100、200、250

计算公式： $T = \dfrac{1}{f} = \dfrac{1}{X_1}$

$$\omega = 2\pi f = 2 \times 3.14 X_1$$

La4D3022 某正弦电流的初相为 30°，在 $t = T/2$ 时，瞬时值 $i = -X_1\,\mathrm{A}$，其有效值 $I=$ _____ A。

X_1 取值范围：1、2、3、4、5

计算公式： $i = I_\mathrm{m}\sin\left(\omega t + \dfrac{\pi}{6}\right) = I_\mathrm{m}\sin\left(2\pi\dfrac{1}{T}t + \dfrac{\pi}{6}\right)$

$$I_\mathrm{m}\sin\left(2\pi\dfrac{1}{T} \cdot \dfrac{T}{2} + \dfrac{\pi}{6}\right) = -\dfrac{I_\mathrm{m}}{2} = -X_1$$

$$I_\mathrm{m} = 2X_1$$

$$I = \dfrac{I_m}{\sqrt{2}} = \dfrac{2X_1}{\sqrt{2}} = \sqrt{2}\,X_1$$

La4D3023 已知通过某支路的正弦交流电的频率 $f = 1\,\mathrm{Hz}$，$I_\mathrm{m} = 10\,\mathrm{mA}$，初相角 $\varphi = \pi/4$，则当 $t = X_1\,\mathrm{s}$ 时，电流的瞬时值 $i=$ _____ mA。

X_1 取值范围：1/8、1/4、1/2、1、3/2

计算公式： $i = I_\mathrm{m}\sin\left(\omega t + \varphi\right) = I_\mathrm{m}\sin\left(2\pi f t + \varphi\right) = 10\sin\left(2\pi X_1 + \dfrac{\pi}{4}\right)$

La4D3024 三相负载接成星形，已知相电压有效值为 $U_{ph}=220V$，每相负载的阻抗 $Z=X_1\Omega$。则线电压有效值 $U_L=$ _____ V，线电流有效值 $I_L=$ _____ A，相电流有效值 $I_{ph}=$ _____ A。

X_1 取值范围：5、10、11、20、22

计算公式： $U_L=\sqrt{3}U_{ph}=\sqrt{3}\times220=380$

$$I_{ph}=\frac{U_{ph}}{Z}=\frac{220}{X_1}$$

$$I_L=I_{ph}=\frac{220}{X_1}$$

La4D3025 有一个三相负载，每相的等效电阻 $R=X_1\Omega$，等效电抗 $X_L=10\Omega$。接线为星形，当把它接到线电压 $U_L=380V$ 的三相电源时，则负载消耗的电流 $I=$ _____ A、功率因数 $\cos\varphi=$ _____，有功功率 $P=$ _____ W。

X_1 取值范围：10、20、30、40、50

计算公式： $I=\dfrac{U_{ph}}{X}=\dfrac{U_L}{\sqrt{3}\times\sqrt{R^2+X_L^2}}=\dfrac{380}{\sqrt{3}\times(\sqrt{X_1^2+10^2})}=\dfrac{220}{\sqrt{X_1^2+100}}$

$$\cos\varphi=\frac{X_1}{\sqrt{X_1^2+100}}$$

$$P=3I^2R=3\times\left(\frac{U_L}{\sqrt{3}\times\sqrt{R^2+X_L^2}}\right)^2R=3\times\left(\frac{380}{\sqrt{3}\times\sqrt{X_1^2+10^2}}\right)^2X_1$$

$$=\frac{380^2X_1}{X_1^2+100}$$

La4D3026 有一三角形连接的三相对称负载，每相具有电阻 $R=X_1\Omega$，感抗 $X_L=X_1\Omega$，接在线电压为 380V 的电源上，则该三相负载的有功功率 $P=$ _____ W，无功功率 $Q=$ _____ V·A，视在功率 $S=$ _____ V·A。

X_1 取值范围：19、38、57、76、95

计算公式： $P=3I^2R=3\times\left(\dfrac{U_L}{\sqrt{R^2+X_L^2}}\right)^2R=3\times\left(\dfrac{380}{\sqrt{X_1^2+X_1^2}}\right)^2X_1=3\times\dfrac{380^2}{2X_1}$

$$Q=3I^2X_L=3\times\left(\frac{U_L}{\sqrt{R^2+X_L^2}}\right)^2X_L=3\times\left(\frac{380}{\sqrt{X_1^2+X_1^2}}\right)^2X_1=3\times\frac{380^2}{2X_1}$$

$$S=3\frac{U^2}{Z}=3\times\frac{U_L^2}{\sqrt{R^2+X_L^2}}=3\times\frac{380^2}{\sqrt{X_1^2+X_1^2}}=3\times\frac{380^2}{\sqrt{2}X_1}$$

La4D3027 有一台三角形连接的电动机，接在线电压 $U_L=380V$ 电源上，电动功率 $P_1=8.2kW$，效率 $\eta=X_1$，$\cos\varphi=0.83$，则相电流 $I_{ph}=$ _____ A，线电流 $I_L=$ _____ A。

X_1 取值范围：0.7、0.8、0.9

计算公式：$P=\dfrac{P_1}{\eta}=\dfrac{8.2\times10^3}{X_1}$

$$I_L=\dfrac{P}{\sqrt{3}U_L\cos\varphi}=\dfrac{P_1}{\sqrt{3}U_L\cos\varphi\eta}=\dfrac{8.2\times10^3}{\sqrt{3}\times380\times0.83X_1}$$

$$I_{ph}=\dfrac{I_L}{\sqrt{3}}=\dfrac{8.2\times10^3}{\sqrt{3}\times\sqrt{3}\times380\times0.83X_1}=\dfrac{8.2\times10^3}{3\times380\times0.83X_1}$$

La4D3028 某三相对称负载的功率是 5.5kW，按三角形连接在线电压 $U_L=380$V 的线路上，流过负载的线电流 I_L 是 X_1A，则功率因数 $\cos\varphi=$＿＿＿＿＿，每相的阻抗值 $Z_\varphi=$＿＿＿＿＿Ω。

X_1 取值范围：0.7、0.8、0.9

计算公式：$\cos\varphi=\dfrac{P}{\sqrt{3}U_LI_L}=\dfrac{5.5\times10^2}{\sqrt{3}\times380X_1}$

$$Z_\varphi=\dfrac{U_\varphi}{I_\varphi}=\dfrac{U_L}{\left(\dfrac{I_L}{\sqrt{3}}\right)}=\dfrac{\sqrt{3}U_L}{I_L}=\dfrac{\sqrt{3}\times380}{X_1}$$

La4D4029 一台单相电动机由电压 $U=220$V 交流电源供电，电路中电流为 X_1A，$\cos\varphi=0.83$，则视在功率 $S=$＿＿＿＿＿ V·A，有功功率 $P=$＿＿＿＿＿ W，无功功率 $Q=$＿＿＿＿＿ V·A。

X_1 取值范围：11、22、33、44

计算公式：$S=UI=220X_1$

$P=UI\cos\varphi=220\times0.83X_1=182.6X_1$

$Q=UI\sin\varphi=220\times\sqrt{1-0.83^2}X_1$

Lb4D4030 电池的电压不够高时，可以串联使用。现将 $n=X_1$ 个 $E=1.56$V，$r_0=0.06$Ω 的电池串联起来，给 $R=15$Ω 的电阻负载供电，则负载的电流 $I=$＿＿＿＿＿ A，电压 $U=$＿＿＿＿＿ V。

X_1 取值范围：5、10、15、20

计算公式：$I=\dfrac{nE}{nr_0+R}=\dfrac{n1.56}{n0.06+15}$

$$U=IR=\dfrac{nER}{nr_0+R}=\dfrac{n1.56\times15}{n0.06+15}$$

Lb4D4031 有一台 110kV 双绕组变压器，$S_e=X_1$kV·A，当高低压侧的阻抗压降为 $\Delta U_D\%=10.5\%$，短路损耗为 $\Delta P_D=230$kW，则变压器绕组的电阻 $R_B=$＿＿＿＿＿ Ω 和漏抗值 $X_B=$＿＿＿＿＿ Ω。

X_1 取值范围：31500、40000、50000、60000

计算公式：$\Delta P_D=\left(\dfrac{S_e}{U_e}\right)^2R_B$

$$R_B = \frac{\Delta P_D \times 10^3 U_e{}^2}{S_e{}^2} = \frac{230 \times 10^3 \times 110^2}{X_1{}^2}$$

$$\Delta U_D = \frac{\left(\dfrac{S_e}{U_e}\right) X_B \times 10^{-3}}{U_e}$$

$$X_B = \frac{\Delta U_D U_e{}^2}{S_e \times 10^{-3}} = \frac{10.5\% \times 110^2}{X_1 \ 10^{-3}}$$

Lb4D5032 有一台 X_1kV·A、10/0.4kV 的三相变压器，短路损耗 $\Delta P_D = 3.586$kW，则变压器绕组的电阻 $R_B = \underline{\qquad}$ Ω。

X_1 取值范围：100、300、500、600

计算公式：$I_e = \dfrac{S_e}{\sqrt{3} U_e}$

$$R_B = \frac{\Delta P_D}{3 I_e{}^2} = \frac{\Delta P_D 3 U_e{}^2}{3 S_e{}^2} = \frac{3.586 \times 10^3 \times 10^2}{X_1{}^2}$$

Lb4D5033 一台 X_1MV·A 双绕组变压器，短路电压 $\Delta U_D\% = 10.5\%$，取基准容量 $S_j = 90.0$MV·A，则其阻抗的标幺值 $X_{B*} = \underline{\qquad}$。

X_1 取值范围：15、20、25、30

计算公式：$\Delta U_D = \dfrac{\left(\dfrac{S_e}{U_e}\right) X_B \times 10^{-3}}{U_e}$

$$X_B = \frac{\Delta U_D U_e{}^2}{S_e} = \frac{10.5\% \times U_e{}^2}{X_1}$$

$$X_{B*} = \frac{\left(\dfrac{\Delta U_D U_e{}^2}{S_e}\right)}{X_j} = \frac{\left(\dfrac{\Delta U_D U_e{}^2}{S_e}\right)}{\dfrac{U_e{}^2}{S_j}} = \frac{\Delta U_D S_j}{S_e} = \frac{10.5 \times 90}{100 X_1}$$

Jd4D3034 将一块最大刻度是 300A 的电流表接入变比 $N = 300/5$ 的电流互感器二次回路中，当电流表的指示 $I = X_1$A，表计的线圈实际通过的电流 $I_1 = \underline{\qquad}$ A。

X_1 取值范围：60、120、180、240、300

计算公式：$I_1 = \dfrac{I}{N} = \dfrac{X_1}{\left(\dfrac{300}{5}\right)} = \dfrac{X_1}{60}$

Jd4D3035 一台 $S_e = X_1$kV·A 的变压器，$t = 24$h 的有功电量 $Q = 15360$kW·h，功率因数 $\cos\varphi = 0.8$，则变压器的利用率 $\eta = \underline{\qquad}$。

X_1 取值范围：800、1000、1200、1600

计算公式：$P = \dfrac{Q}{t} = \dfrac{15360}{24} = 640$

$$S = \frac{P}{\cos\varphi} = \frac{640}{0.8} = 800$$

$$\eta = \frac{S}{S_e} \times 100\% = \frac{800}{X_1} \times 100\%$$

Jd4D3036 一台变压器从电网输入功率为 $P_1 = X_1 \text{kW}$，变压器本身损耗 $P_0 = 5\text{kW}$，则该变压器的效率 $\eta = $_____。

X_1 取值范围：50、60、70、80

计算公式： $\eta = \dfrac{P_1 - P_0}{P_1} \times 100\% = \dfrac{X_1 - 5}{X_1} \times 100\%$

Je4D1037 一台 220kV 的单相变压器，其容量 $S = X_1 \text{kV} \cdot \text{A}$，一次侧额定电压 $U_{e1} = 220/\sqrt{3}\text{kV}$，二次侧额定电压 $U_{e2} = 38.5/\sqrt{3}\text{kV}$，变压器一、额定电流 $I_{e1} = $_____ A，二次侧额定电流 $I_{e2} = $_____ A。

X_1 取值范围：10500、20000、31500、40000、50000

计算公式： $I_{e1} = \dfrac{S}{U_{e1}} = \dfrac{\sqrt{3}X_1}{220}$

$$I_{e2} = \frac{S}{U_{e2}} = \frac{\sqrt{3}X_1}{38.5}$$

Je4D3038 一台 Y，y0 的三相变压器，容量为 180kV · A，额定电压为 10/0.4kV，频率为 50Hz，每匝绕组的感应电势为 $X_1 \text{V}$，变压器一次绕组的匝数 $N_1 = $_____匝，二次绕组的匝数 $N_2 = $_____匝。

X_1 取值范围：0.72、1.44、2.88、5.77、11.54

计算公式： $N_1 = \dfrac{U_{e1}}{\sqrt{3}U} = \dfrac{10 \times 10^3}{\sqrt{3}X_1}$

$$为 \ N_2 = \frac{U_{e2}}{\sqrt{3}U} = \frac{0.4 \times 10^3}{\sqrt{3}X_1} 为$$

Je4D4039 一台 Y，y0 的三相变压器，容量 180kV · A，额定电压 10/0.4kV，频率 50Hz，每匝绕组的感应电势为 $X_1 \text{V}$，铁芯截面积为 100cm^2，求变压器一次绕组匝数 $N_1 = $_____，铁芯中的磁通密度 $B = $_____ T。

X_1 取值范围：1.11、2.22、3.33、4.44、5.55

计算公式： $N_1 = \dfrac{U_1}{\sqrt{3}X_1} = \dfrac{10 \times 10^3}{\sqrt{3}X_1}$

$$E = 4.44 f \Phi N_1$$

$$\Phi = \frac{E}{4.44 f N_1} = \frac{\left(\dfrac{10 \times 10^3}{\sqrt{3}}\right)}{4.44 \times 50 \times \left(\dfrac{10 \times 10^3}{\sqrt{3}X_1}\right)} = \frac{X_1}{4.44 \times 50} = \frac{X_1}{222}$$

$$B=\frac{\varPhi}{S}=\frac{\left(\dfrac{X_1}{222}\right)}{100\times10^{-4}}=\frac{X_1}{2.22}$$

Je4D4040 已知一台 220kV 强油风冷三相变压器高压侧的额定电流 $I_e=315$A，则这台变压器的容量 $S_e=$ _____ kV·A。在运行中，当高压侧流过 $I=X_1$A 电流时，变压器过负荷程度 $K=$ _____。

X_1 取值范围：350、360、370、380、390

计算公式： $S_e=\sqrt{3}U_eI_e=1.732\times220\times315=120000$

$$K=\frac{I-I_e}{I_e}\times100\%=\frac{X_1-315}{315}\times100\%$$

Je4D4041 某过流保护采用 150/5 的电流互感器，其二次动作值为 X_1A，在最小运行方式下，被保护线路末端金属性两相短路电流为 315A，则灵敏系数 $k=$ _____。

X_1 取值范围：3、7、14

计算公式： $k=\dfrac{315}{\left(\dfrac{150}{5}X_1\right)}=\dfrac{10.5}{X_1}$

Je4D4042 某设备装有电流保护，电流互感器的变比 $N_1=200/5$，电流保护整定值 $I_1=X_1$A，如果一次电流不变，将电流互感器变比改为 $N_2=300/5$，电流保护整定值整定 $I=$ _____ A。

X_1 取值范围：3、6、9、12、15

计算公式： $I_1=N_1I_2=\dfrac{200}{5}X_1=40X_1$

$$I=\frac{I_1}{N_2}=\frac{40X_1}{\dfrac{300}{5}}=\frac{2X_1}{3}$$

Je4D4043 某站新装 GGF-300 型蓄电池共 118 个准备投入运行，运行人员在验收时以 X_1A 的电流放电，测得电压为 236V，停止放电后蓄电池组电压立即回升到 250V，则蓄电池的总内阻 $R_1=$ _____ Ω 和每个电池的内阻 $R_2=$ _____ Ω。

X_1 取值范围：1、2、7、14、28

计算公式： $R_1=\dfrac{U_1-U_2}{I}=\dfrac{250-236}{X_1}=\dfrac{14}{X_1}$

$$R_2=\frac{R_1}{n}=\frac{14}{118X_1}$$

Je4D4044 某站装有一组由 118 只 GGF-300 型铅酸蓄电池组成的蓄电池组，每只电池电压 $U_D=X_1$V，正常负荷电流 $I_{fh}=10$A，若想使母线电压 U 保持在 220V，应有 $n=$

_____只电池投入运行。

X_1取值范围：2、2.1、2.2

计算公式： $n = \dfrac{U}{U_D} = \dfrac{220}{X_1}$

Je4D5045 某站装有一组由 118 只 GGF-233.0 型铅酸蓄电池组成的蓄电池组，每只电池电压 $U_D = 2.15\text{V}$，正常负荷电流 $I_{fh} = X_1\text{A}$，若蓄电池组的浮充电流 $I_{fc} = 0.036Q_e/36\text{A}$，那么浮充机输出的电流 $I_c = $ _____ A。

X_1取值范围：10、11、12、13、14

计算公式： $I_c = I_{fh} + I_{fc} = I_{fh} + \dfrac{0.03Q_e}{36} = X_1 + \dfrac{0.036 \times 233}{36} = X_1 + 0.233$

Je4D5046 有额定电压 11kV、额定容量 88.0kV·A 的电容器 X_1 台，每两台串联后再并联星接，接入 35kV 母线，该组电容器的额定电流 $I = $ _____ A。

X_1取值范围：12、24、48、96、104

计算公式： $I = \dfrac{n}{3 \times 2} \times \dfrac{Q_C}{U_e} = \dfrac{88X_1}{6 \times 11} = \dfrac{4X_1}{3}$

1.5 识图题

La4E1001　导线通如图方向的电流，放在通电线圈形成的磁场中，受到向下的磁场力作用，图中标出的通电线圈电流方向和磁铁 N 极、S 极是否正确。（　　）

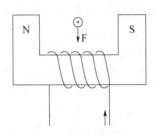

（A）正确；（B）错误。

答案：B

La4E1002　图中的磁铁 N 极、S 极和通电导体在磁场中受力方向已知，标出的导体中的电流方向是否正确。（　　）

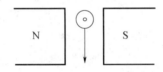

（A）正确；（B）错误。

答案：B

La4E2003　如图所示标出的通电螺线管中 A 点，外部 B 点的磁场方向是否正确。（　　）

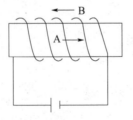

（A）正确；（B）错误。

答案：A

La4E2004 图中标出的导体切割磁力线产生的感生电流方向是否正确。（   ）

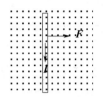

（A）正确；（B）错误。

答案：**A**

La4E2005 两导线中的电流方向已知，图中的两导线受力方向是否正确。（   ）

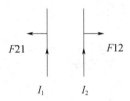

（A）正确；（B）错误。

答案：**B**

Lb4E2006 工频交流电源加在电阻和电容串联的电路中，电容两端的电压和流过电容器的电流向量图如图所示。（   ）

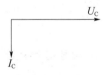

（A）正确；（B）错误。

答案：**B**

Lb4E2007 工频交流电源加在电阻和电感串联的电路中，该回路的总电压和电流的向量图如图所示。（   ）

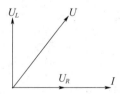

（A）正确；（B）错误。

答案：**A**

Lb4E4008 三相变压器的 Y，d11 组别接线图极性正确的是（　　）。

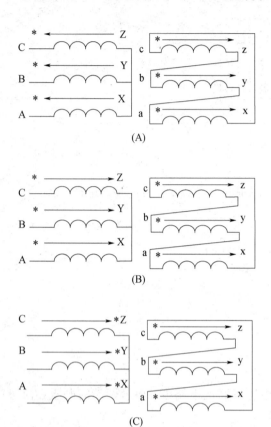

(A)

(B)

(C)

答案：**B**

Lb4E4009 有三台电流互感器二次侧是星形接线，其中 B 相极性相反，图中表示的电流向量是否正确。（　　）

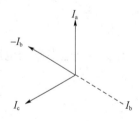

（A）正确；（B）错误。

答案：**A**

Jd4E30010 电流互感器三相完全星形接线图是（　　）。

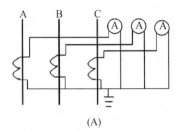

(A)

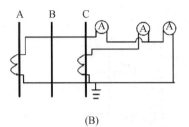

(B)

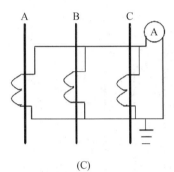

(C)

答案：A

Jd4E3011 电流互感器两相不完全星形接线图是（　　）。

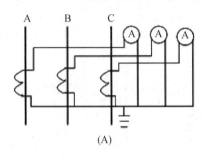

(A)

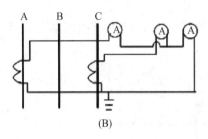

(B)

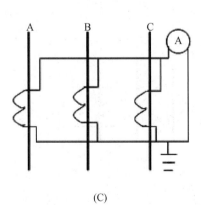

(C)

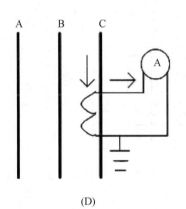

(D)

答案：B

Jd4E3012 电流互感器零序电流接线图是（　　　）。

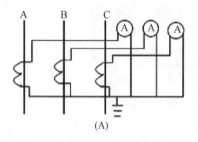

(A)

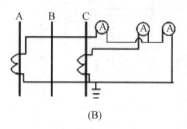

(B)

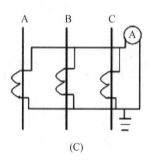

(C)

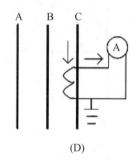

(D)

答案：**C**

Jd4E3013 电流互感器两相电流差接线图是（　　　）。

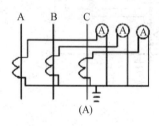

(A)

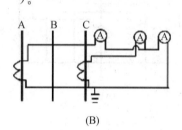

(B)

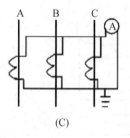

(C)

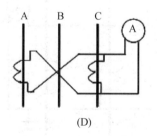

(D)

答案：**D**

Je4E3014 三段式过流保护的逻辑框图如图所示。（   ）

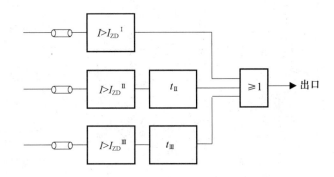

（A）正确；（B）错误。

答案：**A**

Je4E3015 三段式距离保护的逻辑框图如图所示。（   ）

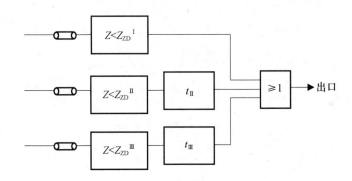

（A）正确；（B）错误。

答案：**A**

Je4E4016 变压器差动保护动作逻辑框图如图所示。（   ）

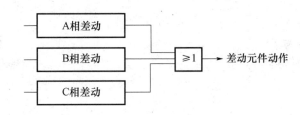

（A）正确；（B）错误。

答案：**A**

Je4E4017 如图所示，图（　　）为内桥接线方式。

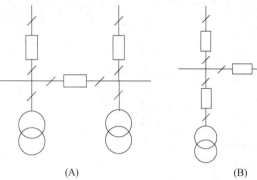 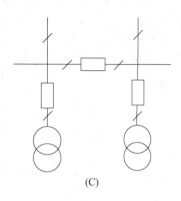

　　　　　　(A)　　　　　　　　　　(B)　　　　　　　　　　(C)

答案：**A**

Je4E4018 如图所示，图（　　）为单母线分段接线方式。

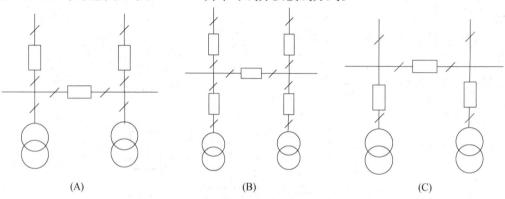

　　　　　　(A)　　　　　　　　　　(B)　　　　　　　　　　(C)

答案：**B**

Je4E5019 如图所示，保护配置图正确的是（　　）。

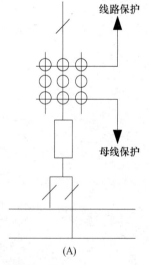 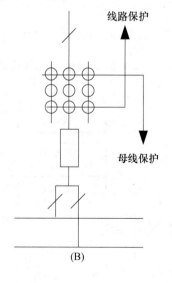

　　　　　　　　(A)　　　　　　　　　　　　　　　(B)

答案：**B**

2 技能操作

2.1 技能操作大纲

变电站值班员（中级工）技能鉴定技能操作考核大纲

等级	考核方式	能力种类	能力项	考核项目	考核主要内容
中级工	技能操作	基本技能	01. 主要电气设备	01. 说明主变压器各部件名称及作用	主要电气设备结构、性能、工作原理和各部件的作用
				02. 简述高压断路器和高压隔离开关的作用	
				03. 简述电流互感器和电压互感器的作用及运行注意事项	
			02. 继电保护及自动装置、二次回路	01. 变电站保护范围划分	熟知各种保护范围和相互间配合关系
		专业技能	01. 运行操作	01. 10kV 站变由运行转检修	站用系统正常运行和特殊运行方式及有关注意事项
				02. 巡视检查主变压器间隔一、二次设备	熟知电气设备的巡视项目，并能独立进行巡查
				03. 10kV 母线由运行转检修	
				04. 35kV 母线由运行转检修	
				05. 110kV 母线及电压互感器（PT）由运行转检修	能填写各种倒闸操作票
				06. 220kV 母线及 PT 由运行转检修	
				07. 主变压器由运行转检修	
				08. 110kV 出线间隔母线侧隔离开关过热消缺的第一种工作票填写与签发	能正确布置各种电气设备检修时的安全措施，办理工作票并许可工作

等级	考核方式	能力种类	能力项	考核项目	考核主要内容
中级工	技能操作	专业技能	02. 异常运行及事故处理	01.35kV 电压互感器刀闸瓷瓶裂纹异常处理	准确地进行一般性事故处理
				02.110kV 出线母线侧刀闸瓷瓶裂纹异常处理	
				03.220kV 出线开关母线侧刀闸瓷瓶裂纹异常处理	
				04. 主变压器高压套管瓷瓶裂纹异常处理	
				05.220kV 出线开关线路侧刀闸永久性相间短路事故处理	
				06.220kV 出线开关线路侧刀闸永久性单相接地事故处理	
				07. 500kV 变电站 220kV 线路母线刀闸瓷瓶裂纹异常处理	
		相关技能	01. 传艺、培训	01. 讲述主变压器操作原则、要求及注意事项	具有一定培训工作能力，能讲述一般电气设备工作原理、操作方法和运行注意事项
				02. 简述"事故照明切换检查"的步骤	
				03. 简述"普测蓄电池"的步骤	

2.2 技能操作项目

2.2.1 BZ4JB0101 说明主变压器各部件名称及作用

一、作业

（一）工器具、材料、设备

1. 工器具：绝缘帽、绝缘靴。

2. 材料：笔、记录纸。

3. 设备：一台 220kV 或 110kV 主变压器。

（二）安全要求

1. 在指定的场地、设备上独立完成项目。

2. 完成答题后，记录纸写好姓名、设备名称后交给考评员留存。

3. 按照项目要求表述完整，正确答题。

4. 时间到应立即停止答题，离开考试场地。

（三）操作步骤及工艺要求（含注意事项）

1. 正确记录下主变压器的各部件名称及作用，并大声喧读。

2. 完成考评员随机提出的问题。

二、考核

（一）考核场地

考核场地配有一台 220kV 或 110kV 的主变压器。

（二）考核时间

考核时间为 30min。

（三）考核要点

熟练掌握主变压器各部件名称及作用，并回答现场考评员随机的提问。

三、评分标准

行业：电力工程　　　　　　　　工种：变电站值班员　　　　　　　等级：中级工

编号	BZ4JB0101	行为领域	d	鉴定范围		得分	
考核时限	30min	题型	A	满分	100分	得分	
试题名称	说明主变压器各部件名称及作用						
考核要点及其要求	（1）熟练掌握主变压器各部件名称及作用 （2）能够熟练回答考评员随机提出的简单问题 （3）完成答题后，记录纸写好姓名、设备名称后交给考评员留存 （4）时间到应立即停止答题，离开考试场地						
现场设备、工器具、材料	（1）工器具：绝缘帽、绝缘靴 （2）材料：笔、记录纸 （3）设备：一台 220kV 或 110kV 主变压器						
备注	考评员可作为记录人，随时对考生进行监督和考评，并适时提出问题						

评分标准

序号	考核项目名称	质量要求	分值	扣分标准	扣分原因	得分
1	工作前准备		10			
1.1	准备个人工具	个人工具齐全，准备的个人工具满足工作需要	5	个人工具齐全不扣分，准备的个人工具不满足工作需要，漏、缺一处扣1分，直至扣完		
1.2	穿戴好工作服、绝缘鞋、安全帽	应穿戴正确无一遗漏	5	穿戴正确完整不扣分，不按规定穿着一处扣1分，直至扣完		
2	工作过程		72			
2.1	说明主变压器各部件名称及作用	检查主变压器部件：铁芯，高、中、低压侧绕组和绝缘套管，油箱，油枕，油位计，绝缘油，呼吸器，散热器，分接开关，放油阀，中性点，铭牌，瓦斯继电器，防爆管，温度表。逐一检查主变压器各部件，同时说出其部件名称，简单指出各部件作用（箱体内部的部件只需说出名称）	72	①部件名称讲解错误或漏检一项扣2分 ②部件作用讲解错误一项扣2分 ③不熟悉直接扣20分		
3	工作终结验收		18			
3.1	记录所检查部件名称	完整、正确	4	一处不正确扣1分		
3.2	回答随机提出的简单问题	简明明了、正确（口试）	10	口试不正确一次扣5分		
3.3	安全文明生产	符合安全文明生产要求	4	不符合安全文明生产要求一处扣1分，直至扣完		

2.2.2 BZ4JB0102 简述高压断路器和高压隔离开关的作用

一、作业

（一）工器具、材料、设备

1. 工器具：无。

2. 材料：无。

3. 设备：无。

（二）安全要求

在规定时间内完成论述。

（三）操作步骤及工艺要求（含注意事项）

1. 高压断路器的作用。

（1）切断和接通正常情况下的空载电流和负荷电流。

（2）系统发生故障时与保护装置及自动装置相配合，迅速切断故障电流。

2. 高压隔离开关的作用。

（1）隔离开关和断路器配合，进行倒闸操作。

（2）设备检修时，用隔离开关隔离有电和无电设备，形成明显的断开点。

（3）用来开断无故障的小电流电路。

3. 有条件可在现场进行讲解，设专人监护，不准触及带电设备。

4. 完成考评员现场随机提问。

二、考核

（一）考核场地

无。

（二）考核时间

考核时间为10min。

（三）考核要点

准确描述高压断路器和高压隔离开关的作用，并回答现场考评员随机提问。

三、评分标准

行业：电力工程　　　　　　　　　工种：变电站值班员　　　　　　　　　等级：中级工

编号	BZ4JB0102	行为领域	d	鉴定范围		
考核时限	10min	题型	A	满分	100分	得分
试题名称	简述高压断路器和高压隔离开关的作用					
考核要点及其要求	（1）着装整洁，准考证、身份证齐全 （2）遵守考场规定，按时独立完成 （3）准确描述高压断路器和高压隔离开关的作用，并回答现场考评员随机的提问					
现场设备、工器具、材料	（1）工器具：无 （2）材料：无 （3）设备：无					
备注						

评分标准

序号	考核项目名称	质量要求	分值	扣分标准	扣分原因	得分
1	简述高压断路器的作用	切断和接通正常情况下的空载电流和负荷电流	20	论述不正确扣20分		
		系统发生故障时与保护装置及自动装置相配合，迅速切断故障电流	20	论述不正确扣20分		
2	叙述高压隔离开关的作用	隔离开关和断路器配合，进行倒闸操作	20	论述不正确扣20分		
		设备检修时，用隔离开关隔离有电和无电设备，形成明显的断开点	20	论述不正确扣20分		
		用来开断无故障的小电流电路	10	论述不正确扣10分		
3	回答考评员现场随机提问	回答正确、完整	10	回答不正确一次扣5分		
4	考场纪律	独立完成，遵守考场纪律	否决	在考场内被发现夹带作弊、交头接耳等扣100分；考试现场不服从考评员安排或顶撞者，取消考评资格		

2.2.3 BZ4JB0103 简述电流互感器和电压互感器作用及运行注意事项

一、作业

（一）工器具、材料、设备

1. 工器具：无。

2. 材料：无。

3. 设备：无。

（二）安全要求

在规定时间内完成论述。

（三）操作步骤及工艺要求（含注意事项）

1. 正确回答电流互感器的作用及运行注意事项。

2. 正确回答电压互感器的作用及运行注意事项。

3. 完成考评员现场随机提问。

二、考核

（一）考核场地

无。

（二）考核时间

考核时间为 10min。

（三）考核要点

准确描述电流互感器和电压互感器作用及运行注意事项，并回答现场考评员随机的提问。

三、评分标准

行业：电力工程　　　　　　　工种：变电站值班员　　　　　　等级：中级工

编号	BZ4JB0103	行为领域	d	鉴定范围		
考核时限	10min	题型	A	满分	100 分	得分
试题名称	简述电流互感器和电压互感器作用及运行注意事项					
考核要点及其要求	(1) 准确描述电流互感器和电压互感器作用及运行注意事项，并回答现场考评员随机的提问 (2) 着装整洁，准考证、身份证齐全 (3) 遵守考场规定，按时独立完成					
现场设备、工器具、材料	(1) 工器具：无 (2) 材料：无 (3) 设备：无					
备注						

评分标准

序号	考核项目名称	质量要求	分值	扣分标准	扣分原因	得分
1	简述电流互感器的作用	把大电流变换为小电流,供二次保护计量测量使用	7	论述不正确扣7分		
		使仪表电气与主电路绝缘,起隔离作用	7	论述不正确扣7分		
		使二次设备标准化和规范化	7	论述不正确扣7分		
2	简述电流互感器的运行注意事项	禁止将电流互感器二次侧开路	8	论述不正确扣8分		
		短路电流互感器二次绕组,应使用短接片或短路线,禁止用导线缠绕	8	论述不正确扣8分		
		电流互感器二次绕组应有一点且仅有一点永久性的、可靠的保护接地	8	论述不正确扣8分		
3	简述电压互感器的作用	把高电压变换为低电压,供二次保护计量测量使用	7	论述不正确扣7分		
		使仪表电气与主电路绝缘,起隔离作用	7	论述不正确扣7分		
		使二次设备标准化和规范化	7	论述不正确扣7分		
4	简述电压互感器运行注意事项	禁止将电压互感器二次侧短路或接地	8	论述不正确扣8分		
		电压互感器故障必要时申请停用有关保护装置、安全自动装置或自动化监控系统	8	论述不正确扣8分		
		电流互感器二次绕组应有一点且仅有一点永久性的、可靠的保护接地	8	论述不正确扣8分		
5	回答考评员现场随机提问	回答正确、完整	10	回答不正确一次扣5分		
6	考场纪律	独立完成,遵守考场纪律	否决	在考场内被发现夹带作弊、交头接耳等扣100分		

2.2.4　BZ4JB0201　变电站保护范围划分

一、作业

（一）工器具、材料、设备

1. 工器具：无。

2. 材料：笔、A4 纸。

3. 设备：220kV 周营子仿真变电站（或备有 220kV 周营子变电站一次系统图）、110kV 马集仿真变电站（或备有 110kV 马集变电站一次系统图）。

（二）安全要求

考生不得随意退出、启动任何程序。

（三）操作步骤及工艺要求（含注意事项）

1. 在规定时间内完成绘图。

2. 字迹清楚，卷面整洁，严禁随意涂改。

二、考核

（一）考核场地

考核场地配有 220kV 周营子仿真变电站培训系统（或备有 220kV 周营子变电站一次系统图）、110kV 马集仿真变电站（或备有 110kV 马集变电站一次系统图）。

（二）考核时间

考核时间为 10min。

（三）考核要点

准确说明周营子站 220kV Ⅰ 母差动、110kV Ⅱ 母差动、1 号主变差动保护，马集站 1 号主变差动范围内设备。

三、评分标准

行业：电力工程　　　　　　　　工种：变电站值班员　　　　　　　等级：中级工

编号	BZ4JB0201	行为领域	d	鉴定范围		
考核时限	10min	题型	A	满分	100 分	得分
试题名称	变电站保护范围划分					
考核要点及其要求	准确说明周营子站 220kV Ⅰ 母差动、110kV Ⅱ 母差动、1 号主变差动保护，马集站 1 号主变差动保护范围内设备 （1）着装整洁，准考证、身份证齐全 （2）遵守考场规定，按时独立完成 （3）字迹清楚，卷面整洁，严禁随意涂改					
现场设备、工器具、材料	（1）工器具：无 （2）材料：笔、A4 纸 （3）设备：220kV 周营子仿真变电站（或备有 220kV 周营子变电站一次系统图）、110kV 马集仿真变电站（或备有 110kV 马集变电站一次系统图）					
备注						

		评分标准				
序号	考核项目名称	质量要求	分值	扣分标准	扣分原因	得分
1	周营子站 220kV Ⅰ母差动保护范围设备	289-1、289-2 刀闸开关侧、289 开关、289CT、211-1、211-2 刀闸开关侧、211 开关、211CT、201 开关、201-1、201CT、21-7、21PT、避雷器、220kV 1 号母线、21MD1、21MD2	17	少一处扣 1 分		
2	周营子站 110kV Ⅱ母差动保护范围设备	184、186、188、112 间隔-1 刀闸开关侧、-2 刀闸、开关、CT 183、185、187、111 间隔-2 刀闸母线侧 101 间隔-2 刀闸、CT 12-7 刀闸、12PT、避雷器 110kV 2 号母线、12-MD1、12-MD2	56	少一处扣 2 分		
3	周营子站 1 号主变差动保护范围设备	211CT、211-4、高压侧 BLQ、111-4、111CT、中压侧 BLQ、主变本体、低压侧 BLQ、511-4、511 开关柜	10	少一处扣 1 分		
4	马集站 1 号主变差动保护范围	145CT、145 开关、145-1 刀闸、101-1 刀闸 101CT、110kVⅠ母线、11-7 刀闸、11PT、BLQ、111-1 刀闸、高压侧 BLQ、1 号主变本体、中压侧 BLQ、311-4 刀闸、311 开关、低压侧 BLQ、511-4 刀闸、511 开关	17	少一处扣 1 分		

2.2.5 BZ4ZY0101 10kV 站变由运行转检修

一、作业

（一）工器具、材料、设备

1. 工器具：无。

2. 材料：笔、空白操作票。

3. 设备：220kV 周营子仿真变电站。

（二）安全要求

考生不得随意启动、退出任何程序。

（三）操作步骤及工艺要求（含注意事项）

1. 装有站用变自投装置的注意退出站用变自投装置（无此装置的可以不用考虑）。

2. 停电时，先拉开需要停运的站用变压器低压断路器。

3. 检查相应电压表无指示，合上低压母线联络断路器，送电顺序与此相反。

4. 拉开站用变压器高压侧断路器，拉开其隔离开关（或取下高压熔断器，或将手车开关拉至"试验"位置）。

5. 将需要停运的站用变压器高低压侧分别三相验电后接地。

6. 正确填写操作票，字迹清楚，卷面整洁，严禁随意涂改。

7. 按照操作票在仿真系统上进行实际操作。

二、考核

（一）考核场地

考核场地配有 220kV 周营子仿真变电站培训系统。

（二）考核时间

考核时间为 30min。

（三）考核要点

1. 掌握站用变压器停电操作顺序，正确填写操作票。

2. 按照操作票在仿真系统上进行实际操作，无误操作。

三、评分标准

行业：电力工程　　　　　　　工种：变电站值班员　　　　　　　等级：中级工

编号	BZ4ZY0101	行为领域	e	鉴定范围		
考核时限	30min	题型	A	满分	100 分	得分
试题名称	10kV 站变由运行转检修					
考核要点及其要求	（1）掌握站用变压器停电操作顺序，正确填写操作票 （2）按照操作票在仿真系统上进行实际操作，无误操作					
现场设备、工器具、材料	（1）工器具：无 （2）材料：笔、空白操作票 （3）设备：220kV 周营子仿真变电站（或备有 220kV 周营子变电站一次系统图）					
备注	周营子 2 号站变由运行转检修评分标准同					

		评分标准				
序号	考核项目名称	质量要求	分值	扣分标准	扣分原因	得分
1	操作票填写	填写准确,使用双重名称	1	未使用双重名称或任务不准确扣1分		
		核对调度令,确认与操作任务相符	1	未核对调度令扣1分		
		①退出站变备自投1号站变跳闸压板 ②退出站变备自投2号站变跳闸压板 ③退出站变备自投分段合闸压板 ④将站变备自投把手切至停用位置	4	①少一项扣1分 ②跳合闸压板顺序反扣1分 ③压板把手顺序反扣1分		
		①拉开411开关 ②检查411开关三相电流指示为零 ③现场检查411开关机械指示在分位	6	①发生误拉开关扣4分 ②未检查开关三相电流扣1分 ③未检查开关机械指示扣1分		
		①合上401开关 ②检查401开关三相电流指示正常 ③现场检查401开关机械指示在合位 ④检查380V I母电压正常 ⑤检查直流装置运行正常 ⑥检查通信电源运行正常 ⑦检查主变风冷系统运行正常	9	①未合上401开关扣2分 ②操作401开关后未检查三相电流扣1分,未检查开关机械指示扣1分 ③未检查380V I母电压正常扣2分 ④未检查380V I母所带负荷运行正常每项扣1分		
		①拉开515开关 ②检查515开关三相电流指示为零 ③将515开关"远方/就地"把手切至"就地"位置 ④现场检查515开关机械指示在分位 ⑤将515小车开关摇至试验位置 ⑥现场检查515小车开关已摇至试验位置	10	①未拉开515开关扣6分;若拉开515开关后未检查开关三相电流扣1分;未将515开关"远方/就地"把手切至"就地"位置扣1分;未检查开关机械指示扣1分 ②未将515小车开关摇至试验位置扣4分;小车遥至试验位置后未检查只扣1分		

1	操作票填写	①在1号站变高压侧验明三相确无电压 ②在1号站变高压侧挂7号接地线一组 ③检查7号接地线已挂好 ④在1号站变低压侧验明三相确无电压 ⑤在1号站变低压侧挂10号接地线一组	16	少一组接地扣8分。其中挂接前未验电每次扣3分，接地后未检查接地良好扣2分	
		票面整洁无涂改	3	票面涂改、术语不规范每处扣1分	
2	倒闸操作	携带安全帽、绝缘手套、绝缘靴、10kV验电器、380V验电器、10kV接地线、380V接地线、绝缘杆	4	少带一种扣0.5分	
		按照操作票正确操作	45	①拉合开关后未检查监控机变位扣0.5分 ②验电前未试验验电器良好扣2分，未三相验电扣2分 ③其他项目评分细则参照操作票评分标准 ④未按操作票顺序操作每次扣0.5分，最多扣5分	
		操作完毕汇报调度	1	操作完毕未汇报调度扣1分	
3	质量否决	操作过程中发生误操作	否决	①倒站变时，先合后拉造成电磁环网扣30分 ②发生带负荷拉刀闸、带电合接地刀闸、带电挂地线等恶性误操作扣50分	

2.2.6　BZ4ZY0102　巡视检查主变压器间隔一、二次设备

一、作业

（一）工器具、材料、设备

1. 工器具：无。

2. 材料：笔、空白操作票。

3. 设备：220kV周营子仿真变电站。

（二）安全要求

考生不得随意启动、退出任何程序。

（三）操作步骤及工艺要求（含注意事项）

1. 按照标准巡视主变的各部位，并指出巡视要点。

2. 巡视主变一次设备过程中发现缺陷或异常，汇报调度。

3. 巡视主变二次设备过程中发现缺陷或异常，汇报调度。

4. 根据主变异常情况，正确填写倒闸操作票，字迹清楚，卷面整洁，严禁随意涂改。

5. 按照操作票在仿真系统上进行实际操作。

6. 倒站变遵循先拉后合原则。

二、考核

（一）考核场地

考核场地配有220kV周营子仿真变电站培训系统。

（二）考核时间

考核时间为30min。

（三）考核要点

1. 正确巡视主变一、二次设备，发现异常或缺陷，并上报。

2. 根据主变异常情况正确填写操作票。

3. 按照操作票在仿真系统上进行实际操作，无误操作。

三、评分标准

行业：电力工程　　　　　　　　工种：变电站值班员　　　　　　　等级：中级工

编号	BZ4ZY0102	行为领域	e	鉴定范围			
考核时限	30min	题型	A	满分	100分	得分	
试题名称	巡视检查主变压器间隔一、二次设备						
考核要点及其要求	（1）正确巡视主变一、二次设备，发现异常或缺陷，并上报 （2）根据主变异常情况正确填写操作票 （3）按照操作票在仿真系统上进行实际操作，无误操作						
现场设备、工器具、材料	（1）工器具：无 （2）材料：笔、空白操作票 （3）设备：220kV周营子仿真变电站						
备注	周营子1号主变压的间隔一、二次设备巡视评分标准同						

评分标准

序号	考核项目名称	质量要求	分值	扣分标准	扣分原因	得分
1	戴安全帽	进设备区前戴安全帽	2	进设备区前未戴安全帽扣2分		
2	2号主变瓦斯继电器内有气体	①提交缺陷内容准确 ②缺陷等级（严重）准确 ③处理方式（取气检验，加强监视）正确	6	①提交缺陷内容不准确扣3分 ②缺陷等级不准确扣1分 ③处理方式不正确扣2分		
3	2号主变硅胶A变色	①提交缺陷内容准确 ②缺陷等级（严重）准确 ③处理方式（更换硅胶）正确	5	①提交缺陷内容不准确扣3分 ②缺陷等级不准确扣1分 ③处理方式不正确扣1分		
4	2号主变10kV B相接头发热	①提交缺陷内容准确 ②缺陷等级（危急）准确 ③处理方式（根据发热程度退出运行或加强监视安排处理；或减负荷，紧急处理接头；或倒负荷，停电处理，不能倒负荷、减负荷者，则应加强监视；或加强监视，观察负荷、汇报、安排处理）正确	5	①提交缺陷内容不准确扣3分 ②缺陷等级不准确扣1分 ③处理方式不正确扣1分		
5	2号主变220kV A相瓷瓶裂纹	①提交缺陷内容准确 ②缺陷等级（严重或危急）准确 ③处理方式（停运、检修）正确	5	①提交缺陷内容不准确扣3分 ②缺陷等级不准确扣1分 ③处理方式不正确扣1分		
6	2号主变110kV C相油位低	①提交缺陷内容准确 ②缺陷等级（一般） ③准确处理方式（加强监视，查漏点处理）正确	5	①提交缺陷内容不准确扣3分 ②缺陷等级不准确扣1分 ③处理方式不正确扣1分		
7	2号主变漏油，每滴3s	①提交缺陷内容准确 ②缺陷等级（严重或危急）准确 ③处理方式（加强监视，查漏点处理；或加强监视，查渗点安排带电加油；或处理渗油、除锈、重新喷漆）正确	6	①提交缺陷内容不准确扣3分 ②缺陷等级不准确扣1分 ③处理方式不正确扣2分		

序号	考核项目名称	质量要求	分值	扣分标准	扣分原因	得分
8	112-1 刀闸 A 相瓷瓶破裂	①提交缺陷内容准确 ②缺陷等级（严重）准确 ③处理方式（停运、检修）正确	5	①提交缺陷内容不准确扣3分 ②缺陷等级不准确扣1分 ③处理方式不正确扣1分		
9	112-2 刀闸接地线断裂	①提交缺陷内容准确 ②缺陷等级（一般）准确 ③处理方式（更换接地引线）正确	5	①提交缺陷内容不准确扣3分 ②缺陷等级不准确扣1分 ③处理方式不正确扣1分		
10	112 避雷器接地线锈蚀	①提交缺陷内容准确 ②缺陷等级（一般）准确 ③处理方式（加强维护除锈防腐；或更换接地引线）正确	5	①提交缺陷内容不准确扣3分 ②缺陷等级不准确扣1分 ③处理方式不正确扣1分		
11	112 开关 C 相接头发热	①提交缺陷内容准确 ②缺陷等级（危急）准确 ③处理方式（根据发热程度退出运行或加强监视安排处理；或减负荷，紧急处理接头；或倒负荷，停电处理，不能倒负荷、减负荷者，则应加强监视；或加强监视，观察负荷、汇报、安排处理）正确	5	①提交缺陷内容不准确扣3分 ②缺陷等级不准确扣1分 ③处理方式不正确扣1分		
12	112CT B 相油位低	①提交缺陷内容准确 ②缺陷等级（一般）准确 ③处理方式（加强监视，查漏点处理）正确	5	①提交缺陷内容不准确扣3分 ②缺陷等级不准确扣1分 ③处理方式不正确扣1分		
13	112 开关机构箱内挂"凝露"牌（25%）	①提交缺陷内容准确 ②缺陷等级（一般）准确 ③处理方式（通风，加强监视）正确	5	①提交缺陷内容不准确扣3分 ②缺陷等级不准确扣1分 ③处理方式不正确扣1分		
14	误投入 2 号主变保护 I 屏 1LP9 退中压侧电压压板	①提交缺陷内容准确 ②缺陷等级（严重或危急）准确 ③处理方式（核对后退出该压板）正确	6	①提交缺陷内容不准确扣3分 ②缺陷等级不准确扣1分 ③处理方式不正确扣2分		

序号	考核项目名称	质量要求	分值	扣分标准	扣分原因	得分
15	2号主变保护I屏高压切换II灯不亮	①提交缺陷内容准确 ②缺陷等级（一般）准确 ③处理方式（查找原因）正确	6	①提交缺陷内容不准确扣3分 ②缺陷等级不准确扣1分 ③处理方式不正确扣2分		
16	漏投2号主变保护II屏1LP25高压侧间隙零流投入压板	①提交缺陷内容准确 ②缺陷等级（严重或危急）准确 ③处理方式（核对后投入该压板）正确	6	①提交缺陷内容不准确扣3分 ②缺陷等级不准确扣1分 ③处理方式不正确扣2分		
17	2号主变第一套保护CT断线	①提交缺陷内容准确 ②缺陷等级（危急）准确 ③处理方式（退出保护，查找原因）正确	6	①提交缺陷内容不准确扣分 ②缺陷等级不准确扣1分 ③处理方式不正确扣2分		
18	2号主变第二套保护PT断线	①提交缺陷内容准确 ②缺陷等级（严重）准确 ③处理方式（查找原因）正确	6	①提交缺陷内容不准确扣3分 ②缺陷等级不准确扣1分 ③处理方式不正确扣2分		
19	2号主变第三套保护直流消失	①提交缺陷内容准确 ②缺陷等级（危急）准确 ③处理方式（退出保护，查找原因）正确	6	①提交缺陷内容不准确扣3分 ②缺陷等级不准确扣1分 ③处理方式不正确扣2分		

2.2.7 BZ4ZY0103 10kV 母线由运行转检修

一、作业

(一) 工器具、材料、设备

1. 工器具：无。

2. 材料：笔、空白操作票。

3. 设备：220kV 周营子仿真变电站（或备有 220kV 周营子变电站一次系统图）。

(二) 安全要求

考生不得随意启动、退出任何程序。

(三) 操作步骤及工艺要求（含注意事项）

1. 停电时先停线路（电容器、站用变），再停主变压器，最后停母联断路器，送电时与此相反。

2. 停用以上一次设备时，应考虑相应保护的配合操作，例如备自投保护、主变压器保护中的相应侧电压投入（或退出）压板的投退等。

3. 拉分段断路器两侧隔离开关时，先拉停电母线侧的隔离开关，后拉带电母线侧的隔离开关，送电时与此相反。

4. 停电母线所接电压互感器的操作一般应在母线不带电的情况下进行，同时注意其一、二次的操作顺序，送电时与此相反。对于可能产生谐振的，停电时可先停电压互感器，送电时后送电压互感器。

5. 对停电母线验明三相确无电压后，在母线上挂接接地线（或将接地手车推入电压互感器柜，实现接地操作）。

6. 正确填写操作票，字迹清楚，卷面整洁，严禁随意涂改。

7. 按照操作票在仿真系统上进行实际操作。

8. 倒站变遵循先拉后合原则。

二、考核

(一) 考核场地

考核场地配有 220kV 周营子仿真变电站培训系统（或备有 220kV 周营子变电站一次系统图）。

(二) 考核时间

考核时间为 50min。

(三) 考核要点

1. 正确填写操作票。

2. 按照操作票在仿真系统上进行实际操作，无误操作。

三、评分标准

行业：电力工程　　　　　　工种：变电站值班员　　　　　　等级：中级工

编号	BZ4ZY0103	行为领域	e	鉴定范围		
考核时限	50min	题型	B	满分	100 分	得分
试题名称	10kV 母线由运行转检修					

考核要点 及其要求	(1) 正确填写操作票 (2) 按照操作票在仿真系统上进行实际操作，无误操作
现场设备、 工器具、材料	(1) 工器具：无 (2) 材料：笔、空白操作票 (3) 设备：220kV 周营子仿真变电站（或备有 220kV 周营子变电站一次系统图）
备注	评分标准以周营子站 10kV 1 号母线由运行转检修为例，周营子站 10kV 2 号母线由运行转检修评分标准与其相同

评分标准

序号	考核项目名称	质量要求	分值	扣分标准	扣分原因	得分
1	操作票填写	填写准确，使用双重名称	1	未使用双重名称或任务不准确扣 1 分		
		核对调度令，确认与操作任务相符	1	未核对调度令扣 1 分		
		①拉开 524 开关 ②检查 524 开关三相电流指示为零 ③拉开 523 开关 ④检查 523 开关三相电流指示为零 ⑤拉开 522 开关 ⑥检查 522 开关三相电流指示为零 ⑦拉开 521 开关 ⑧检查 521 开关三相电流指示为零	4	①少停一组电容器扣 1 分 ②拉开开关后未检查三相电流扣 0.5 分		
		①退出站变备自投 1 号站变跳闸压板 ②退出站变备自投 2 号站变跳闸压板 ③退出站变备自投分段合闸压板 ④将站变备自投把手切至停用位置	2	①少一项扣 0.5 分 ②跳合闸压板顺序反扣 0.5 分 ③压板把手顺序反扣 0.5 分		
		①拉开 411 开关 ②检查 411 开关三相电流指示为零 ③现场检查 411 开关机械指示在分位	2	①未拉开 411 开关扣 2 分 ②拉开 411 开关后未检查开关三相电流扣 0.5 分 ③未检查开关机械指示扣 0.5 分		

序号	考核项目名称	质量要求	分值	扣分标准	扣分原因	得分
1	操作票填写	①合上 401 开关 ②检查 401 开关三相电流指示正常 ③现场检查 401 开关机械指示在合位 ④检查 380V Ⅰ母电压正常 ⑤检查直流装置运行正常 ⑥检查通信电源运行正常 ⑦检查主变风冷系统运行正常	4	①未合上 401 开关扣 4 分 ②合上 401 开关后未检查三相电流扣 0.5 分，未检查开关机械指示扣 0.5 分 ③未检查 380V Ⅰ母电压正常扣 0.5 分 ④未检查 380V Ⅰ母所带负荷运行正常少一项扣 0.5 分		
		①拉开 515 开 ②检查 515 开关三相电流指示为零	2	①未拉开 515 开关扣 1 分 ②拉开 515 开关后未检查三相电流扣 1 分		
		①检查 511 开关三相电流指示为零 ②拉开 511 开关 ③检查 10kV 1 号母线三相电压指示为零 ④退出 1 号主变 CSC-326D 低压侧电压投入压板 1LP36 ⑤投入 1 号主变 RCS-978 退出低压侧电压压板 1LP11	4	①未拉开 511 开关扣 3 分，其中 511 开关拉开前未检查 511 开关三相电流为零扣 1 分，未检查 10kV 1 号母线电压为零扣 1 分，未三相检查扣 1 分 ②未操作 1 号主变低压侧复压压板每个扣 0.5 分		
		①将 511 开关"远方/就地"把手切至"就地"位置 ②现场检查 511 开关机械指示在分位 ③将 511-1 手车刀闸由"工作"位置拉至"试验"位置 ④现场检查 511-1 手车刀闸已拉至"试验"位置 ⑤拉开 511-4 刀闸 ⑥现场检查 511-4 刀闸三相触头已拉开	6	①未将 511 开关"远方/就地"把手切至"就地"位置扣 1 分 ②操作刀闸前未检查开关机械指示扣 1 分 ③少操作一把刀闸扣 2 分，其中操作后未检查触头位置每处扣 1 分；操作顺序反扣 1 分		

序号	考核项目名称	质量要求	分值	扣分标准	扣分原因	得分
1	操作票填写	①将515开关"远方/就地"把手切至"就地"位置 ②现场检查515开关机械指示在分位 ③将515手车开关摇至试验位置 ④现场检查515手车开关已摇至试验位置	2	①未将开关"远方/就地"把手切至"就地"位置扣0.5分 ②摇手车开关前未检查开关机械指示在分位扣1分 ③摇至试验位置后未检查实际位置扣0.5分		
		①将524开关"远方/就地"把手切至"就地"位置 ②现场检查524开关机械指示在分位 ③将524手车开关摇至试验位置 ④现场检查524手车开关已摇至试验位置	2	①未将开关"远方/就地"把手切至"就地"位置扣0.5分 ②摇手车开关前未检查开关机械指示扣1分 ③摇至试验位置后未检查实际位置扣0.5分		
		①将523开关"远方/就地"把手切至"就地"位置 ②现场检查523开关机械指示在分位 ③将523手车开关摇至试验位置 ④现场检查523手车开关已摇至试验位置	2	①未将开关"远方/就地"把手切至"就地"位置扣0.5分 ②摇手车开关前未检查开关机械指示扣1分 ③摇至试验位置后未检查实际位置扣0.5分		
		①将522开关"远方/就地"把手切至"就地"位置 ②现场检查522开关机械指示在分位 ③将522手车开关摇至试验位置 ④现场检查522手车开关已摇至试验位置	2	①未将开关"远方/就地"把手切至"就地"位置扣0.5分 ②摇手车开关前未检查开关机械指示扣1分 ③摇至试验位置后未检查实际位置扣0.5分		
		①将521开关"远方/就地"把手切至"就地"位置 ②现场检查521开关机械指示在分位 ③将521手车开关摇至试验位置 ④现场检查521手车开关已摇至试验位置	2	①未将开关"远方/就地"把手切至"就地"位置扣0.5分 ②摇手车开关前未检查开关机械指示扣1分 ③摇至试验位置后未检查实际位置扣0.5分		

序号	考核项目名称	质量要求	分值	扣分标准	扣分原因	得分
1	操作票填写	①拉开 10kV I 母保护 PT 小开关 ②拉开 10kV I 母计量 PT 小开关 ③拉开 51-7 手车刀闸 ④现场检查 51-7 手车刀闸已拉开	4	①未断 51PT 二次保险扣 2 分 ②未拉开 51-7 刀闸扣 2 分，其中操作后未检查实际位置扣 1 分，一、二次操作顺序反扣 1 分		
		①检查 10kV 1 号母线带电显示装置显示三相确无电压 ②合上 51-7MD 接地刀闸 ③现场检查 51-7MD 接地刀闸三相触头已合好	7	①未合上 51-7MD 接地刀闸扣 3 分 ②合接地刀闸前未验电扣 2 分 ③接地刀闸合好后未检查实际位置扣 2 分		
		票面整洁无涂改	3	票面涂改、术语不规范每处扣 0.5 分		
2	倒闸操作	携带安全帽、绝缘手套、绝缘靴	3	未按要求携带安全用具扣 3 分，少带一种扣 1 分		
		按照操作票正确操作	45	①拉合开关后未检查监控机变位扣 0.5 分 ②其他项目评分细则参照操作票评分标准 ③未按操作票顺序操作每次扣 0.5 分，最多扣 5 分		
		操作完毕汇报调度	2	操作完毕未汇报调度扣 2 分		
3	质量否决	操作过程中发生误操作	否决	①发生误拉开关未造成停电扣 5 分，造成停电扣 10 分 ②倒站变时先合后拉造成电磁环网扣 30 分 ③发生带负荷拉刀闸、带电合接地刀闸、带电挂地线等恶性误操作扣 50 分		

2.2.8 BZ4ZY0104 35kV母线由运行转检修

一、作业

（一）工器具、材料、设备

1. 工器具：无。

2. 材料：笔、空白操作票。

3. 设备：110kV马集仿真变电站（或备有110kV马集变电站一次系统图）。

（二）安全要求

考生不得随意启动、退出任何程序。

（三）操作步骤及工艺要求（含注意事项）

1. 停电时先停线路（电容器、站用变），再停主变压器，最后停母联断路器，送电时与此相反。

2. 停用以上一次设备时，应考虑相应保护的配合操作，例如备自投保护、主变压器保护中的相应侧电压投入（或退出）压板的投退等。

3. 拉母联断路器两侧隔离开关时，先拉停电母线侧的隔离开关，后拉带电母线侧的隔离开关，送电时与此相反。

4. 停电母线所接电压互感器的操作一般应在母线不带电的情况下进行，同时注意其一、二次的操作顺序，送电时与此相反。对于可能产生谐振的，停电时可先停电压互感器，送电时后送电压互感器。

5. 对停电母线验明三相确无电压后，在母线上挂接接地线（或将接地手车推入电压互感器柜，实现接地操作）。

6. 正确填写操作票，字迹清楚，卷面整洁，严禁随意涂改。

7. 按照操作票在仿真系统上进行实际操作。

8. 35kV母线上要有站用变时，应注意倒站变遵循先拉后合的原则。

二、考核

（一）考核场地

考核场地配有110kV马集仿真变电站培训系统（或备有110kV马集变电站一次系统图）。

（二）考核时间

考核时间为50min。

（三）考核要点

1. 正确填写操作票。

2. 按照操作票在仿真系统上进行实际操作，无误操作。

三、评分标准

行业：电力工程　　　　　　　　工种：变电站值班员　　　　　　　　等级：中级工

编号	BZ4ZY0104	行为领域	e	鉴定范围		
考核时限	50min	题型	B	满分	100分	得分
试题名称	35kV母线由运行转检修					

考核要点 及其要求	(1) 正确填写操作票 (2) 按照操作票在仿真系统上进行实际操作，无误操作
现场设备、 工器具、材料	(1) 工器具：无 (2) 材料：笔、空白操作票 (3) 设备：110kV 马集仿真变电站（或备有 110kV 马集变电站一次系统图）
备注	评分标准以马集站 35kV 2 号母线由运行转检修为例，马集站 35kV 1 号母线由运行转检修评分标准与其相同

评分标准

序号	考核项目名称	质量要求	分值	扣分标准	扣分原因	得分
1	操作票填写	填写准确，使用双重名称	0.5	未使用双重名称或任务不准确扣 0.5 分		
		核对调度令，确认与操作任务相符	1	未核对调度令扣 1 分		
		①退出 35kV 自投跳 311 压板 1LP ②退出 35kV 自投跳 312 压板 3LP ③退出 35kV 自投合 301 压板 5LP ④将 35kV 自投把手由"投入"位置切至"停用"位置	2	少退出一项压板扣 0.5 分，其中跳合闸压板顺序反扣 0.5 分；压板把手顺序反扣 0.5 分		
		①拉开 346 开关 ②检查 346 开关三相电流指示为零 ③拉开 347 开关 ④检查 347 开关三相电流指示为零 ⑤拉开 348 开关 ⑥检查 348 开关三相电流指示为零 ⑦拉开 349 开关 ⑧检查 349 开关三相电流指示为零 ⑨拉开 350 开关 ⑩检查 350 开关三相电流指示为零	7.5	少停一组出线开关扣 1.5 分，其中拉开出线开关后未检查开关三相电流扣 0.5 分		

序号	考核项目名称	质量要求	分值	扣分标准	扣分原因	得分
1	操作票填写	①检查 312 开关三相电流指示为零 ②拉开 312 开关 ③检查 35kV 2 号母线三相电压指示为零 ④退出 2 号主变 35kV 复合电压投入压板 15LP ⑤退出 2 号主变 35kV 复合电压投入压板（2）32LP	4	①未拉开 312 开关扣 30 分，其中操作 312 开关前未检查三相电流为零扣 1 分，操作后未检查 35kV 2 号母线电压为零扣 1 分 ②未操作 2 号主变中压侧复压压板每个扣 0.5 分		
		①将 312 开关"远方/就地"把手从"远方"位置切至"就地"位置 ②将 346 开关"远方/就地"把手从"远方"位置切至"就地"位置 ③将 347 开关"远方/就地"把手从"远方"位置切至"就地"位置 ④将 348 开关"远方/就地"把手从"远方"位置切至"就地"位置 ⑤将 349 开关"远方/就地"把手从"远方"位置切至"就地"位置 ⑥将 350 开关"远方/就地"把手从"远方"位置切至"就地"位置 ⑦将 301 开关"远方/就地"把手从"远方"位置切至"就地"位置	3.5	少一项扣 0.5 分		
		①现场检查 346 开关机械指示在分位 ②拉开 346-5 刀闸 ③现场检查 346-5 刀闸三相触头已拉开 ④拉开 346-2 刀闸 ⑤现场检查 346-2 刀闸三相触头已拉开	2.5	①操作刀闸前未检查开关机械指示扣 0.5 分 ②少操作一把刀闸扣 1 分，其中操作后未检查触头位置每处扣 0.5 分；两把刀闸操作顺序反扣 1 分		

序号	考核项目名称	质量要求	分值	扣分标准	扣分原因	得分
1	操作票填写	①现场检查 347 开关机械指示在分位 ②拉开 347-5 刀闸 ③现场检查 347-5 刀闸三相触头已拉开 ④拉开 347-2 刀闸 ⑤现场检查 347-2 刀闸三相触头已拉开	2.5	①操作刀闸前未检查开关机械指示扣 0.5 分 ②少操作一把刀闸扣 1 分,其中操作后未检查触头位置每处扣 0.5 分;两把刀闸操作顺序反扣 1 分		
		①现场检查 348 开关机械指示在分位 ②拉开 348-5 刀闸 ③现场检查 348-5 刀闸三相触头已拉开 ④拉开 348-2 刀闸 ⑤现场检查 348-2 刀闸三相触头已拉开	2.5	①操作刀闸前未检查开关机械指示扣 0.5 分 ②少操作一把刀闸扣 1 分。其中操作后未检查触头位置每处扣 0.5 分;两把刀闸操作顺序反扣 1 分		
		①现场检查 349 开关机械指示在分位 ②拉开 349-5 刀闸 ③现场检查 349-5 刀闸三相触头已拉开 ④拉开 349-2 刀闸 ⑤现场检查 349-2 刀闸三相触头已拉开	2.5	①操作刀闸前未检查开关机械指示扣 0.5 分 ②少操作一把刀闸扣 1 分,其中操作后未检查触头位置每处扣 0.5 分;两把刀闸操作顺序反扣 1 分		
		①现场检查 350 开关机械指示在分位 ②拉开 350-5 刀闸 ③现场检查 350-5 刀闸三相触头已拉开 ④拉开 350-2 刀闸 ⑤现场检查 350-2 刀闸三相触头已拉开	2.5	①操作刀闸前未检查开关机械指示扣 0.5 分 ②少操作一把刀闸扣 1 分,其中操作后未检查触头位置每处扣 0.5 分;两把刀闸操作顺序反扣 1 分		
		①现场检查 301 开关机械指示在分位 ②拉开 301-2 刀闸 ③现场检查 301-2 刀闸三相触头已拉开 ④拉开 301-1 刀闸 ⑤现场检查 301-1 刀闸三相触头已拉开	2.5	①操作刀闸前未检查开关机械指示扣 0.5 分 ②少操作一把刀闸扣 1 分,其中操作后未检查触头位置每处扣 0.5 分;两把刀闸操作顺序反扣 1 分		

序号	考核项目名称	质量要求	分值	扣分标准	扣分原因	得分
1	操作票填写	①现场检查 312 开关机械指示在分位 ②拉开 312-2 刀闸 ③现场检查 312-2 刀闸三相触头已拉开 ④拉开 312-4 刀闸 ⑤现场检查 312-4 刀闸三相触头已拉开	2.5	①操作刀闸前未检查开关机械指示扣 0.5 分 ②少操作一把刀闸扣 1 分，其中操作后未检查触头位置每处扣 0.5 分；两把刀闸操作顺序反扣 1 分		
		①拉开 35kV 2 号母线 TV 保护小开关 ②拉开 35kV 2 号母线 TV 计量小开关 ③拉开 32-7 刀闸 ④现场检查 32-7 刀闸三相触头已拉开	4	①未断 32PT 二次保险扣 2 分 ②未拉开 32-7 刀闸扣 2 分，其中操作后未检查触头位置扣 1 分；一、二次操作顺序反扣 1 分		
		①在 32-7 刀闸母线侧验明三相确无电压 ②合上 32-7MD 接地刀闸 ③现场检查 32-7MD 接地刀闸三相触头已合好	7	①合接地刀闸前未验电扣 3 分 ②未合上 32-7MD 接地刀闸扣 2 分 ③接地刀闸合好后未检查实际位置扣 2 分		
		票面整洁无涂改	3	票面涂改、术语不规范每处扣 1 分		
2	倒闸操作	携带安全帽、绝缘手套、绝缘靴、35kV 验电器	4	少带一种扣 1 分		
		按照操作票正确操作	45	①拉开开关后未检查监控机变位扣 0.5 分 ②验电前未试验验电器是否良好扣 2 分，未三相验电扣 2 分 ③其他项目评分细则参照操作票评分标准 ④未按操作票顺序操作每次扣 0.5 分，最多扣 5 分		
		操作完毕汇报调度	1	操作完毕未汇报调度扣 1 分		
3	质量否决	操作过程中发生误操作	否决	①发生误拉开关未造成停电扣 5 分，造成停电扣 10 分 ②发生带负荷拉刀闸、带电合接地刀闸、带电挂地线等恶性误操作扣 50 分		

2.2.9 BZ4ZY0105 110kV 母线及 PT 由运行转检修

一、作业

（一）工器具、材料、设备

1. 工器具：无。

2. 材料：笔、空白操作票。

3. 设备：220kV 周营子仿真变电站（或备有 220kV 周营子变电站一次系统图）。

（二）安全要求

考生不得随意启动、退出任何程序。

（三）操作步骤及工艺要求（含注意事项）

1. 双母线接线方式，在停用一条母线时，先检查母联断路器在合位，确认两条母线在并列运行状态，然后将母差保护切"非选择"方式，断开母联断路器控制电源；热倒母线操作完毕后，先合上母联断路器控制电源，然后将母差保护切"有选择"方式。

2. 双母线接线方式，在拉合母线侧隔离开关后，要检查其辅助接点切换到位，需要检查相应母差保护隔离开关变位正确，检查线路保护（主变压器保护）上的电压切换到位，以上检查项目需要体现在操作票中。

3. 拉开主变压器任一侧断路器后，应考虑主变压器保护中的相应侧电压投入（或退出）压板的投退。

4. 热倒母线过程中，可根据现场设备布置顺序按照"先合后拉"的顺序依次操作。拉母联断路器两侧隔离开关时，先拉停电母线侧的隔离开关，后拉带电母线侧的隔离开关，送电时与此相反。

5. 停电母线所接电压互感器的操作一般应在母线不带电的情况下进行，同时注意其一、二次的操作顺序，送电时与此相反。对于可能产生谐振的，停电时可先停电压互感器，送电时后送电压互感器。

6. 对停电母线及电压互感器验明三相确无电压后，分别合上电压互感器母线侧接地刀闸和电压互感器侧接地刀闸。

7. 正确填写操作票，字迹清楚，卷面整洁，严禁随意涂改。

8. 按照操作票在仿真系统上进行实际操作。

二、考核

（一）考核场地

考核场地配有 220kV 周营子仿真变电站培训系统（或备有 220kV 周营子变电站一次系统图）。

（二）考核时间

考核时间为 50min。

（三）考核要点

1. 正确填写操作票。

2. 按照操作票在仿真系统上进行实际操作，无误操作。

三、评分标准

行业：电力工程　　　　　工种：变电站值班员　　　　　等级：中级工

编号	BZ4ZY0105	行为领域	e	鉴定范围	
考核时限	50min	题型	C	满分	100 分	得分	

试题名称	110kV 母线及 PT 由运行转检修
考核要点 及其要求	(1) 正确填写操作票 (2) 按照操作票在仿真系统上进行实际操作，无误操作
现场设备、 工器具、材料	(1) 工器具：无 (2) 材料：笔、空白操作票 (3) 设备：220kV 周营子仿真变电站（或备有 220kV 周营子变电站一次系统图）
备注	评分标准以周营子站 110kV 1 号母线及 PT 由运行转检修为例，周营子站 110kV 2 号母线及 PT 由运行转检修评分标准与其相同

评分标准

序号	考核项目名称	质量要求	分值	扣分标准	扣分原因	得分
1	操作票填写	填写准确，使用双重名称	1	未使用双重名称或任务不准确扣 1 分		
		核对调度令，确认与操作任务相符	1	未核对调度令扣 1 分		
		①检查 101 开关在合位 ②投入 110kV 母差 CSC-150 母联互联投入压板 1LP24 ③拉开 101 开关控制电源小空开	4.5	①未检查开关在合位扣 0.5 分 ②未投入母联互联压板扣 2 分 ③未断开母联控制电源扣 2 分，其中压板、电源操作顺序反扣 2 分		
		①合上 111-2 刀闸 ②现场检查 111-2 刀闸三相触头已合好 ③检查 111-2 刀闸二次回路切换正常 ④拉开 111-1 刀闸 ⑤现场检查 111-1 刀闸三相触头已拉开 ⑥检查 111-1 刀闸二次回路切换正常	5	少操作一把刀闸扣 2.5 分，其中操作后未检查触头位置每处扣 0.5 分，未进行二次回路切换检查扣 1 分		

序号	考核项目名称	质量要求	分值	扣分标准	扣分原因	得分
1	操作票填写	①合上 183-2 刀闸 ②现场检查 183-2 刀闸三相触头已合好 ③检查 183-2 刀闸二次回路切换正常 ④拉开 183-1 刀闸 ⑤现场检查 183-1 刀闸三相触头已拉开 ⑥检查 183-1 刀闸二次回路切换正常	5	少操作一把刀闸扣 2.5 分，其中操作后未检查触头位置每处扣 0.5 分，未进行二次回路切换检查扣 1 分		
		①合上 185-2 刀闸 ②现场检查 185-2 刀闸三相触头已合好 ③检查 185-2 刀闸二次回路切换正常 ④拉开 185-1 刀闸 ⑤现场检查 185-1 刀闸三相触头已拉开 ⑥检查 185-1 刀闸二次回路切换正常	5	少操作一把刀闸扣 2.5 分，其中操作后未检查触头位置每处扣 0.5 分，未进行二次回路切换检查扣 1 分		
		①合上 187-2 刀闸 ②现场检查 187-2 刀闸三相触头已合好 ③检查 187-2 刀闸二次回路切换正常 ④拉开 187-1 刀闸 ⑤现场检查 187-1 刀闸三相触头已拉开 ⑥检查 187-1 刀闸二次回路切换正常	.5	少操作一把刀闸扣 2.5 分，其中操作后未检查触头位置每处扣 0.5 分，未进行二次回路切换检查扣 1 分		
		进行 110kV 母差刀闸位置确认	0.5	未进行 110kV 母差刀闸位置确认扣 0.5 分		

序号	考核项目名称	质量要求	分值	扣分标准	扣分原因	得分
1	操作票填写	①合上 101 开关控制电源小空开 ②退出 110kV 母差 CSC-150 母联互联投入压板 1LP24 ③检查 101 开关电流指示为零 ④拉开 101 开关 ⑤检查 110kV 1 号母线三相电压指示为零 ⑥现场检查 101 开关机械指示在分位 ⑦拉开 101-1 刀闸 ⑧现场检查 101-1 刀闸三相触头已拉开 ⑨拉开 101-2 刀闸 ⑩现场检查 101-2 刀闸三相触头已拉开	7	①未合控制电源扣 0.5 分 ②未退母联互联压板扣 1 分,其中压板和电源操作顺序反扣 1 分 ③未拉开 101 开关扣 2.5 分,其中操作前未检查电流指示为零扣 0.5 分,操作后未检查母线电压指示为零扣 0.5 分,未检查机械指示分位扣 0.5 分 ④少操作一把刀闸扣 1.5 分,其中操作后未检查触头位置每处扣 0.5 分		
		①拉开 110kV 1 号母线 TV 二次小开关 ②拉开 110kV 1 号母线 TV 二次计量小开关 ③拉开 110kV 1 号母线 TV 二次保护小开关 ④拉开 11-7 刀闸 ⑤现场检查 11-7 刀闸三相触头已拉开	2	①未断 11PT 二次保险扣 0.5 分 ②为拉开 11-7 刀闸口 1.5 分,其中操作后未检查触头位置扣 0.5 分,一、二次操作顺序反扣 1 分		
		①检查 110kV 所有-1 刀闸均在断位 ②在 11-MD1 接地刀闸静触头处验明三相确无电压 ③合上 11-MD1 接地刀闸 ④现场检查 11-MD1 接地刀闸三相触头已合好 ⑤在 11-MD2 接地刀闸静触头处验明三相确无电压 ⑥合上 11-MD2 接地刀闸 ⑦现场检查 11-MD2 接地刀闸三相触头已合好 ⑧在 11-7 刀闸 PT 侧验明三相确无电压 ⑨合上 11-7PD 接地刀闸 ⑩现场检查 11-7PD 接地刀闸三相出头已合好 ⑪断开 110kV 母线保护屏 I 母 PT 小开关	11	①少合一组接地刀闸扣 3.5 分,其中合接地刀闸前未检查 110kV 所有扣 1 刀闸在断位扣 1 分,合接地刀闸前未验电每处扣 2 分,接地刀闸合好后未检查触头位置每处扣 0.5 分 ②未断开、I 母 PT 小开关扣 0.5 分		

序号	考核项目名称	质量要求	分值	扣分标准	扣分原因	得分
1	操作票填写	票面整洁无涂改	3	票面涂改、术语不规范每处扣1分		
2	倒闸操作	携带安全帽、绝缘手套、绝缘靴、110kV验电器	4	少带一种扣1分		
		按照操作票正确操作	45	①拉开开关后未检查监控机变位扣0.5分 ②验电前未试验验电器是否良好扣2分，未三相验电扣2分 ③其他项目评分细则参照操作票评分标准 ④未按操作票顺序操作每处扣0.5分，最多扣5分		
		操作完毕汇报调度	1	操作完毕未汇报调度扣1分		
3	质量否决	操作过程中发生误操作	否决	①发生误拉开关未造成停电扣5分，造成停电扣10分 ②发生带负荷拉刀闸、带电合接地刀闸、带电挂地线等恶性误操作扣50分		

2.2.10　BZ4ZY0106　220kV 母线及 PT 由运行转检修

一、作业

（一）工器具、材料、设备

1. 工器具：无。

2. 材料：笔、空白操作票。

3. 设备：220kV 周营子仿真变电站（或备有 220kV 周营子变电站一次系统图）。

（二）安全要求

考生不得随意启动、退出任何程序。

（三）操作步骤及工艺要求（含注意事项）

1. 正确填写操作票，字迹清楚，卷面整洁，严禁随意涂改。

2. 按照操作票在仿真系统上进行实际操作。

二、考核

（一）考核场地

考核场地配有 220kV 周营子仿真变电站培训系统（或备有 220kV 周营子变电站一次系统图）。

（二）考核时间

考核时间为 50min。

（三）考核要点

1. 双母线接线方式，在停用一条母线时，先检查母联断路器在合位，确认两条母线在并列运行状态，然后将母差保护切"非选择"方式，断开母联断路器控制电源；热倒母线操作完毕后，先合上母联断路器控制电源，然后将母差保护切至"有选择"方式。

2. 双母线接线方式，在拉母线侧隔离开关后，要检查其辅助接点切换到位，需要检查相应母差保护隔离开关变位正确，检查线路保护（主变压器保护）上的电压切换到位，以上检查项目需要体现在操作票中。

3. 拉开主变压器任一侧断路器后，应考虑主变压器保护中的相应侧电压投入（或退出）压板的投退。

4. 热倒母线过程中，可根据现场设备布置按照"先合后拉"的顺序依次操作。由于 220kV 的隔离开关为电动操作，为防止隔离开关误动作，故在操作完毕后，需要拉开其操作电源。拉母联断路器两侧隔离开关时，先拉停电母线侧的隔离开关，后拉带电母线侧的隔离开关，送电时与此相反。

5. 停电母线所接电压互感器的操作一般应在母线不带电的情况下进行，同时注意其一、二次的操作顺序，送电时与此相反。对于可能产生谐振的，停电时可先停电压互感器，送电时后送电压互感器。

6. 对停电母线及电压互感器验明三相确无电压后，分别合上电压互感器母线侧接地刀闸和电压互感器侧接地刀闸。

7. 正确填写操作票，字迹清楚，卷面整洁，严禁随意涂改。

8. 按照操作票在仿真系统上进行实际操作。

三、评分标准

行业：电力工程　　　　　　　工种：变电站值班员　　　　　　　等级：中级工

编号	BZ4ZY0106	行为领域	e	鉴定范围	
考核时限	50min	题型	C	满分	100分	得分	

试题名称	220kV 母线及 PT 由运行转检修
考核要点及其要求	（1）正确填写操作票 （2）按照操作票在仿真系统上进行实际操作，无误操作
现场设备、工器具、材料	（1）工器具：无 （2）材料：笔、空白操作票 （3）设备：220kV 周营子仿真变电站（或备有 220kV 周营子变电站一次系统图）
备注	评分标准以周营子站 220kV 2 号母线及 PT 由运行转检修为例，周营子站 220kV 1 号母线及 PT 由运行转检修评分标准与其相同

评分标准

序号	考核项目名称	质量要求	分值	扣分标准	扣分原因	得分
1	操作票填写	填写准确，使用双重名称	0.5	未使用双重名称或任务不准确扣 0.5 分		
		核对调度令，确认与操作任务相符	0.5	未核对调度令扣 0.5 分		
		①检查 201 开关在合位 ②投入 220kV 母差 RCS-915 母线互联投入压板 ③投入 220kV 母差 CSC-150 母联互联投入压板 ④拉开 201 开关控制电源 I 小空开 ⑤拉开 201 开关控制电源 II 小空开	4.5	①未检查开关在合位扣 0.5 分 ②未投入母联互联压板扣 2 分 ③未断开母联控制电源扣 2 分，其中压板、电源操作顺序反扣 2 分		
		①合上 282-1 刀闸机构电源 ②合上 282-1 刀闸 ③现场检查 282-1 刀闸三相触头确已合好 ④检查 282-1 刀闸二次回路切换正常 ⑤拉开 282-1 刀闸机构电源 ⑥合上 282-2 刀闸机构电源 ⑦拉开 282-2 刀闸 ⑧现场检查 282-2 刀闸三相触头确已拉开 ⑨检查 282-2 刀闸二次回路切换正常 ⑩拉开 282-2 刀闸机构电源	8	少操作一把刀闸扣 4 分，其中操作后未检查触头位置每处扣 1 分，未进行二次回路切换检查每处扣 1 分，未断开电机电源每处扣 1 分		

序号	考核项目名称	质量要求	分值	扣分标准	扣分原因	得分
1	操作票填写	①合上 212-1 刀闸机构电源 ②合上 212-1 刀闸 ③现场检查 212-1 刀闸三相触头确已合好 ④检查 212-1 刀闸二次回路切换正常 ⑤拉开 212-1 刀闸机构电源 ⑥合上 212-2 刀闸机构电源 ⑦拉开 212-2 刀闸 ⑧现场检查 212-2 刀闸三相触头确已拉开 ⑨检查 212-2 刀闸二次回路切换正常 ⑩拉开 212-2 刀闸机构电源	8	少操作一把刀闸扣 4 分，其中操作后未检查触头位置每处扣 1 分，未进行二次回路切换检查每处扣 1 分，未断开电机电源每处扣 1 分		
		进行 220kV 母差刀闸位置确认	0.5	未进行 220kV 母差刀闸位置确认扣 0.5 分		
		①合上 201 开关控制电源Ⅰ小空开 ②合上 201 开关控制电源Ⅱ小空开 ③退出 220kV 母差 RCS-915 母线互联投入压板 ④退出 220kV 母差 CSC-150 母联互联投入压板 ⑤检查 201 开关电流指示为零 ⑥拉开 201 开关 ⑦检查 220kV 2 号母线三相电压指示为零	4	①未合控制电源扣 1 分 ②未退互联压板扣 1 分，其中电源和压板操作顺序反扣 1 分 ③未拉开 201 开关扣 2 分，其中操作前未检查电流指示为零扣 0.5 分，操作后未检查母线电压指示为零扣 0.5 分		
		①现场检查 201 开关三相机械指示在分位 ②合上 201-2 刀闸机构电源 ③拉开 201-2 刀闸 ④现场检查 201-2 刀闸三相触头确已拉开 ⑤拉开 201-2 刀闸机构电源 ⑥合上 201-1 刀闸机构电源 ⑦拉开 201-1 刀闸 ⑧现场检查 201-1 刀闸三相触头确已拉开 ⑨拉开 201-1 刀闸机构电源	6	①操作刀闸前未检查机械指示扣 1 分 ②少操作一把刀闸扣 2.5 分，其中操作刀闸后未检查触头位置每处扣 1 分，未断开电机电源每处扣 0.5 分		

序号	考核项目名称	质量要求	分值	扣分标准	扣分原因	得分
1	操作票填写	①拉开 220kV 2 号母线 TV 二次小空开 ②合上 22-7 刀闸机构电源 ③拉开 22-7 刀闸 ④现场检查 22-7 刀闸三相触头确已拉开 ⑤拉开 22-7 刀闸机构电源	2.5	①未断 22PT 二次保险扣 0.5 分 ②拉 22-7 刀闸 2 分，未检查触头位置扣 1 分，未断开电机电源扣 0.5 分；其中一、二次操作顺序反扣 1 分		
		①检查 220kV 所有-2 刀闸均在断位 ②在 22-MD1 接地刀闸母线侧验明三相确无电压 ③合上 22-MD1 接地刀闸 ④现场检查 22-MD1 接地刀闸三相触头确已合好 ⑤在 22-MD2 接地刀闸母线侧验明三相确无电压 ⑥合上 22-MD2 接地刀闸 ⑦现场检查 22-MD2 接地刀闸三相触头确已合好 ⑧在 22-7 刀闸 PT 侧验明三相确无电压 ⑨合上 22-7PD 接地刀闸 ⑩现场检查 22-7PD 接地刀闸三相触头确已合好 ⑪断开 220kV 母线保护屏 1 Ⅱ母 PT 小开关 ⑫断开 220kV 母线保护屏 2 Ⅱ母 PT 小开关	13.5	①未检查所有-2 刀闸在断位扣 0.5 分 ②少合一组接地刀闸扣 4 分，其中接地前未验电每处扣 2 分，接地后未检查触头位置每处扣 1 分 ③未断开Ⅱ母 PT 小开关每次扣 0.5 分		
		票面整洁无涂改	1	票面涂改、术语不规范扣 1 分		
2	倒闸操作	携带安全帽、绝缘手套、绝缘靴、220kV 验电器	4	未按要求携带安全用具扣 4 分，少带一种扣 1 分		
		按照操作票正确操作	45	①拉开开关后未检查监控机变位扣 0.5 分 ②验电前未试验验电器是否良好扣 2 分，未三相验电扣 2 分 ③其他项目评分细则参照操作票评分标准 ④未按操作票顺序操作每处扣 0.5 分，最多扣 5 分		
		操作完毕汇报调度	1	操作完毕未汇报调度扣 1 分		

序号	考核项目名称	质量要求	分值	扣分标准	扣分原因	得分
3	质量否决	操作过程中发生误操作	否决	①发生误拉开关未造成停电扣5分，造成停电扣10分 ②发生带负荷拉刀闸、带电合接地刀闸、带电挂地线等恶性误操作扣50分		

2.2.11　BZ4ZY0107　主变压器由运行转检修

一、作业

（一）工器具、材料、设备

1. 工器具：无。

2. 材料：笔、空白操作票。

3. 设备：220kV 周营子仿真变电站（或备有 220kV 周营子变电站一次系统图）。

（二）安全要求

考生不得随意启动、退出任何程序。

（三）操作步骤及工艺要求（含注意事项）

1. 检查要停电变压器、运行变压器负荷分配。

2. 切换变压器中性点间隙保护，若变压器停送电操作，临时中性点接地时，可不改变间隙保护投退状态。

3. 将停电变压器低压负荷转移至运行变压器或将其停电。

4. 停电变压器从运行转热备用，按照从低压侧到高压侧的顺序操作，送电顺序与此相反。

5. 停电变压器从热备用转冷备用，按照现场设备布置合理安排操作顺序，送电时顺序与此相同。

6. 停电变压器从冷备用转检修，送电顺序与此相反。变压器停电后，拉开变压器风冷电源和有载调压电源。

7. 需要退出停电主变启动 220kV 侧失灵压板，退出主变保护跳中低压侧母联断路器压板，防止误跳其他运行设备。

8. 正确填写操作票，字迹清楚，卷面整洁，严禁随意涂改。

9. 按照操作票在仿真系统上进行实际操作。

二、考核

（一）考核场地

考核场地配有 220kV 周营子仿真变电站培训系统（或备有 220kV 周营子变电站一次系统图）。

（二）考核时间

考核时间为 60min。

（三）考核要点

1. 正确填写操作票。

2. 按照操作票在仿真系统上进行实际操作，无误操作。

三、评分标准

行业：电力工程		工种：变电站值班员			等级：中级工		
编号	BZ4ZY0107	行为领域	e	鉴定范围			
考核时限	60min	题型	C	满分	100 分	得分	
试题名称	主变压器由运行转检修						

考核要点及其要求	(1) 正确填写操作票 (2) 按照操作票在仿真系统上进行实际操作，无误操作
现场设备、工器具、材料	(1) 工器具：无 (2) 材料：笔、空白操作票 (3) 设备：220kV 周营子仿真变电站（或备有 220kV 周营子变电站一次系统图）
备注	周营子站 2 号主变由运行转检修评分标准与相同

评分标准

序号	考核项目名称	质量要求	分值	扣分标准	扣分原因	得分
1	操作票填写	填写准确，使用双重名称	0.5	未使用双重名称或任务不准确扣 0.5 分		
		核对调度令，确认与操作任务相符	0.5	未核对调度令扣 0.5 分		
		检查 2 号主变能带全站负荷	1	未检查 2 号主变能带全站负荷扣 1 分		
		①拉开 524 开关 ②检查 524 开关三相电流指示为零 ③拉开 523 开关 ④检查 523 开关三相电流指示为零 ⑤拉开 522 开关 ⑥检查 522 开关三相电流指示为零 ⑦拉开 521 开关 ⑧检查 521 开关三相电流指示为零	2	少停一组电容器扣 0.5 分，其中未检查三相电流每处扣 0.25 分		
		①退出站变备自投 1 号站变跳闸压板 ②退出站变备自投 2 号站变跳闸压板 ③退出站变备自投分段合闸压板 ④将站变备自投把手切至停用位置	1.5	少操作一项压板扣 0.5 分，其中跳合闸压板顺序反扣 0.5 分，压板与把手顺序反扣 0.5 分		

序号	考核项目名称	质量要求	分值	扣分标准	扣分原因	得分
1	操作票填写	①拉开411开关 ②检查411开关三相电流指示为零 ③现场检查411开关机械指示在分位 ④合上401开关 ⑤检查401开关三相电流指示正常 ⑥现场检查401开关机械指示在合位 ⑦检查380V I 母电压正常 ⑧检查直流装置运行正常 ⑨检查主变风冷系统运行正常	4	①少操作一个开关扣1.5分，其中操作后未检查三相电流每处扣0.5分，未检查开关机械指示每处扣0.5分 ②合上401开关后未检查380V I 母线电压正常扣0.5分 ③未检查重要负荷运行正常共扣0.5分		
		①拉开515开关 ②检查515开关三相电流指示为零	1	未拉开515开关扣1分，其中未检查三相电流扣0.5分		
		①合上212-9刀闸机构电源 ②合上212-9刀闸 ③现场检查212-9刀闸触头已合好 ④拉开212-9刀闸机构电源 ⑤合上112-9刀闸机构电源 ⑥合上112-9刀闸 ⑦现场检查112-9刀闸触头已合好 ⑧拉开112-9刀闸机构电源	3	未合主变中性点接地刀闸扣3分，其中操作后未检查触头位置扣0.5分，未断开电机电源扣0.5分		
		①检查511开关三相电流指示为零 ②拉开511开关 ③检查10kV 1号母线三相电压指示为零 ④拉开111开关 ⑤检查111开关三相电流指示为零 ⑥拉开211开关 ⑦检查211开关三相电流指示为零	3.5	①未拉开511开关扣1.5开关，其中操作前未检查三相电流指示为零扣0.5分，操作后未检查三相电压指示为零扣0.5分 ②111、211每少操作一个开关扣1分，其中开关操作后未检查三相电流每处扣0.5分		

序号	考核项目名称	质量要求	分值	扣分标准	扣分原因	得分
1	操作票填写	①将 511 开关"远方/就地"把手由"远方"切至"就地"位置 ②将 111 开关"远方/就地"把手由"远方"切至"就地"位置 ③将 211 开关"远方/就地"把手由"远方"切至"就地"位置	1.5	少一项扣 0.5 分		
		①现场检查 511 开关机械指示在分位 ②拉开 511-4 刀闸 ③现场检查 511-4 刀闸三相触头已拉开 ④将 511-1 手车刀闸由"工作"位置拉至"试验"位置 ⑤现场检查 511-1 车刀闸已拉至"试验"位置	5	①操作刀闸前未检查开关机械指示扣 1 分 ②少操作一把刀闸扣 2 分，其中刀闸操作后未检查触头位置扣 1 分		
		①现场检查 111 开关机械指示在分位 ②拉开 111-4 刀闸 ③现场检查 111-4 刀闸三相触头已拉开 ④拉开 111-1 刀闸 ⑤现场检查 111-1 刀闸三相触头已拉开 ⑥检查 111-1 刀闸二次回路切换正常 ⑦进行 110kV 母差保护刀闸位置确认	6.5	①操作刀闸前未检查开关机械指示扣 1 分 ②未操作 111-4 刀闸扣 2 分，未操作 111-1 刀闸扣 3 分，其中刀闸操作后未检查触头位置每处扣 1 分，未进行二次回路切换检查扣 1 分，刀闸操作顺序反扣 2 分 ③未进行 110kV 母差刀闸位置确认扣 0.5 分		
		①现场检查 211 开关三相机械指示在分位 ②合上 211-4 刀闸机构电源 ③拉开 211-4 刀闸 ④现场检查 211-4 刀闸三相触头已拉开 ⑤拉开 211-4 刀闸机构电源 ⑥合上 211-1 刀闸机构电源 ⑦拉开 211-1 刀闸 ⑧现场检查 211-1 刀闸三相触头已拉开 ⑨检查 211-1 刀闸二次回路切换正常 ⑩进行 220kV 母差保护刀闸位置确认 ⑪拉开 211-1 刀闸机构电源	7	①操作刀闸前未检查开关机械指示扣 1 分 ②未操作 211-4 刀闸扣 2.5 分，未操作 211-1 刀闸口 3 分，其中刀闸操作后未检查触头位置每处扣 1 分，未进行二次回路切换检查扣 1 分，未断开电机电源每处扣 0.5 分，操作顺序反扣 2 分 ③未进行 220kV 母差刀闸位置确认扣 0.5 分		

序号	考核项目名称	质量要求	分值	扣分标准	扣分原因	得分
1	操作票填写	①在 211-4 刀闸主变侧验明三相确无电压 ②合上 211-4BD 接地刀闸 ③现场检查 211-4BD 接地刀闸三相触头已合好 ④在 111-4 刀闸主变侧验明三相确无电压 ⑤合上 111-4BD 接地刀闸 ⑥现场检查 111-4BD 接地刀闸三相触头已合好 ⑦在 1 号主变低压母线桥处验明三相确无电压 ⑧在 1 号主变低压母线桥处挂 10 号接地线一组 ⑨现场检查 10 号接地线已挂好	9	少一组接地扣 3 分，其中接地刀前未验电每处扣 2 分，接地后未检查接地良好每处扣 0.5		
		①拉开 1 号主变有载调压电源 ②拉开 1 号主变风冷电源 ③退出 1 号主变 CSC-326D 跳 201 出口Ⅰ压板 1LP3 ④退出 1 号主变 CSC-326D 跳 201 出口Ⅱ压板 1LP4 ⑤退出 1 号主变 CSC-326D 跳 101 出口压板 1LP6 ⑥退出 1 号主变 CSC-326D 启动 220kV 侧失灵压板 1LP9 ⑦退出 1 号主变 RCS-978 跳 201 出口Ⅰ压板 1LP12 ⑧退出 1 号主变 RCS-978 跳 201 出口Ⅱ压板 1LP13 ⑨退出 1 号主变 RCS-978 跳 101 出口压板 1LP21 ⑩退出 1 号主变 RCS-978 启动 220kV 侧失灵压板 1LP16	4	少一项扣 0.4 分		

序号	考核项目名称	质量要求	分值	扣分标准	扣分原因	得分
2	倒闸操作	携带安全帽、绝缘手套、绝缘靴、10kV验电器、110kV验电器、220kV验电器、10kV接地线、绝缘棒	4	少带一种扣0.5分		
		按照操作票正确操作	45	①拉开开关后未检查监控机变位扣0.5分 ②验电前未试验验电器是否良好扣2分，未三相验电扣2分 ③其他项目评分细则参照操作票评分标准 ④未按操作票顺序操作每处扣0.5分，最多扣5分		
		操作完毕汇报调度	1	操作完毕未汇报调度扣1分		
3	质量否决	操作过程中发生误操作	否决	①发生误拉开关未造成停电扣5分，造成停电扣10分 ②发生带负荷拉刀闸、带电合接地刀闸、带电挂地线等恶性误操作扣50分		

2.2.12 BZ4ZY0108 110kV 出线间隔母线侧隔离开关过热消缺的第一种工作票填写与签发

一、作业

（一）工器具、材料、设备

1. 工器具：无。

2. 材料：笔、空白第一种工作票、A4 纸。

3. 设备：220kV 周营子仿真变电站（或备有 220kV 周营子变电站一次系统图）。

（二）安全要求

考生不得随意启动、退出任何程序。

（三）操作步骤及工艺要求（含注意事项）

1. 应拉开的断路器。拉开母联开关、隔离开关过热的出线间隔开关。

2. 应拉开的隔离开关。拉开 110kV 1 号母线所有隔离开关（包括所有出线开关的-1 隔离开关、主变受总开关的-1 隔离开关、母联开关的-1 隔离开关、110kV 1 号电压互感器-7 隔离开关）。

3. 应装设的接地线。合上 110kV 1 号母线接地刀闸，在隔离开关过热的出线间隔-1 刀闸开关侧挂接地线一组。

4. 现场安全措施的布置。

（1）在隔离开关过热的出线间隔-1 刀闸的工作现场四周装设围栏，围栏出入口围至邻近道路旁边，并设置"从此进出"的标示牌。四周围栏上悬挂适当数量的"止步，高压危险"标示牌，标示牌朝向检修设备。

（2）在隔离开关过热的出线间隔-1 刀闸工作现场设"在此工作"标示牌。

（3）在所有可能来电的刀闸操作把手上悬挂"禁止合闸，有人工作"的标示牌。

5. 现场危险点及补充安全措施。

（1）相邻间隔带电，工作人员注意与带电设备保持足够的安全距离，110kV 不小于 1.0m。

（2）使用升降车时，应与 110kV 2 号母线及相邻间隔设备保持足够的安全距离，110kV 不小于 5.0m，并设专人监护。

（3）升降车脚架应置于坚实的地面上，并针对地面情况采取正确的安全措施。

二、考核

（一）考核场地

考核场地配有 220kV 周营子仿真变电站培训系统（或备有 220kV 周营子变电站一次系统图）。

（二）考核时间

考核时间为 60min。

（三）考核要点

1. 按照工作任务正确填写并签发第一种工作票。

2. 按照工作任务在仿真系统上进行实际操作，并布置好现场安全措施。

三、评分标准

行业：电力工程　　　　　　　　工种：变电站值班员　　　　　　　　等级：中级工

编号	BZ4ZY0107	行为领域	e		鉴定范围	
考核时限	60min	题型	B	满分	100分	得分
试题名称	110kV出线间隔母线侧隔离开关过热消缺的第一种工作票填写与签发					
考核要点及其要求	(1) 按照工作任务正确填写并签发第一种工作票 (2) 按照工作任务在仿真系统上进行实际操作，并布置好现场安全措施					
现场设备、工器具、材料	(1) 工器具：无 (2) 材料：笔、空白第一种工作票、A4纸 (3) 设备：220kV周营子仿真变电站（或备有220kV周营子变电站一次系统图）					
备注	评分细则以周营子站"周曲线187-1隔离开关过热消缺"的第一种工作票填写与签发为例，周营子站相同电压等级的其他间隔母线侧隔离开关过热消缺的第一种工作票填写与签发评分标准与其相同					

评分标准

序号	考核项目名称	质量要求	分值	扣分标准	扣分原因	得分
1	第一种工作票的填写与签发		42			
1.1	应拉开的断路器	拉开101、187开关	2	少操作一个断路器扣1分		
1.2	应拉开的隔离开关	拉开183-1、184-1、185-1、186-1、187-1、187-2、187-5、188-1、101-1、111-1、112-1、11-7刀闸	12	少操作一把隔离开关扣1分		
1.3	应装设的接地线	合上101-1MD接地刀闸，在187-1刀闸开关侧挂接地线一组	4	少装设一组接地线或不正确扣2分		
1.4	现场安全措施的布置	在187-1刀闸的工作现场四周装设围栏，围栏出入口围至邻近道路旁边，并设置"从此进出！"的标示牌	5	设置的安全围栏不正确扣5分		
		在187-1刀闸的工作现场四周围栏上悬挂适当数量的"止步，高压危险！"标示牌，标示牌朝向检修设备；在187-1刀闸工作现场设"在此工作！"标示牌	13	设置的标示牌不正确每个扣1分		

序号	考核项目名称	质量要求	分值	扣分标准	扣分原因	得分
1.4	现场安全措施的布置	在 183-1、184-1、185-1、186-1、187-2、187-5、188-1、101-1、111-1、112-1、11-7 刀闸操作把手上悬挂"禁止合闸，有人工作!"标示牌	13			
1.5	现场危险点及补充安全措施	187-2 刀闸带电，相邻 188、186 间隔带电，工作人员注意与带电设备保持足够的安全距离：110kV 不小于 1.0m	2	补充安全措施不正确扣 2 分		
		使用升降车时，应与 110kV 2 号母线及相邻间隔设备保持足够的安全距离，110kV 不小于 5.0m，并设专人监护	2	补充安全措施不正确扣 2 分		
		升降车脚架应置于坚实的地面上，并针对地面情况采取正确的安全措施	2	补充安全措施不正确扣 2 分		
2	仿真系统上实际操作		42			
2.1	周曲线 187 开关转冷备用	拉开 187 开关	1	操作不正确扣 1 分		
		检查 187 开关电气指示、遥测值回零	2	未检查 187 开关电气指示和遥测值每处扣 1 分		
		将 187 开关"远方/就地"切换把手改投"就地"位置	1	未切换 187 开关"远方/就地"把手扣 1 分		
		现场检查 187 开关机械指示在分位	1	未检查 187 开关机械指示扣 1 分		
		拉开 187-5 刀闸；拉开 187-1 刀闸	2	操作 187-5-1 刀闸顺序不正确扣 2 分		
		操作 187-1 刀闸后应进行二次回路切换检查	2	未检查母差保护屏和线路保护屏二次回路切换每处扣 1 分		
		现场检查 187-2 刀闸三相触头在拉开位置	1	未检查 187-2 刀闸三相触头在拉开位置扣 1 分		

序号	考核项目名称	质量要求	分值	扣分标准	扣分原因	得分
2.2	热倒母线	检查 101 开关电气指示在合位	1	未检查 101 开关电气指示在合位扣 1 分		
		将 110kV 母差保护切"非选择"方式；拉开母联 101 开关控制电源	4	切母差"非选择"方式和断开控制电源顺序不正确扣 4 分		
		将 183、185、111 开关热倒至 110kV 2 号母线	8	未按照"先合后拉"的顺序操作扣 2 分；少操作一处隔离开关扣 1 分		
		在 183、185、111 开关热倒母线过程中进行二次回路检查	6	183、185、111 开关热倒母线过程中未进行二次回路检查，每处扣 1 分		
		合上母联 101 开关控制电源；将 110kV 母差改投"有选择"方式	4	合上 101 控制电源和切 110kV 母差"有选择"方式顺序不正确扣 4 分		
		检查 101 开关电流遥测值回零	1	未检查 101 开关三相电流回零扣 1 分		
		拉开 101 开关	1	未拉开 101 开关扣 1 分		
		检查 110kV 1 号母线三相电压回零	1	未检查 110kV 1 号母线三相电压回零扣 1 分		
		将 101 开关"远方/就地"切换把手改投"就地"位置	1	未将 101 开关"远方/就地"切换把手改投"就地"位置扣 1 分		
		拉开 101-1-2 刀闸	1	操作 101-1-2 刀闸顺序不正确扣 1 分		
2.3	装设接地线	在 187-1 刀闸开关侧挂接地线一组；合上 101-1MD 接地刀闸	4	少装设或装设不正确每处扣 2 分		
3	布置安全措施		16			
3.1	装设围栏	在 187-1 刀闸工作现场四周装设围栏，围栏上悬挂适当数量的"止步，高压危险"标示牌	2	未在 187-1 刀闸工作现场四周装设围栏扣 1 分；未在围栏上悬挂适当数量的"止步，高压危险"标示牌扣 1 分		

序号	考核项目名称	质量要求	分值	扣分标准	扣分原因	得分
3.2	设置标示牌	187-1 刀闸工作现场四周围栏围至邻近道路旁边，设置"从此进出"标示牌	2	未将 187-1 刀闸工作现场四周围栏围至邻近道路旁边扣 1 分；设置"从此进出"标示牌扣 1 分		
		187-1 刀闸工作现场设置"在此工作"标示牌	1	未在 187-1 刀闸工作现场设置"在此工作"标示牌扣 1 分		
		在 183-1、184-1、185-1、186-1、187-2、187-5、188-1、101-1、111-1、112-1、11-7 刀闸操作把手上悬挂"禁止合闸，有人工作"标示牌	11	刀闸操作把手上少悬挂一个标示牌扣 1 分		

2.2.13 BZ4ZY0201 35kV 电压互感器刀闸瓷瓶裂纹异常处理

一、作业

（一）工器具、材料、设备

1. 工器具：无。

2. 材料：笔、空白操作票。

3. 设备：110kV 马集仿真变电站（或备有 110kV 马集变电站一次系统图）。

（二）安全要求

考生不得随意启动、退出任何程序。

（三）操作步骤及工艺要求（含注意事项）

1. 根据巡视任务，检查该间隔设备异常情况，如有无裂纹、冒烟、过热发红等现象。

2. 发现设备异常后，汇报相应调度，并做好必要的倒闸操作准备。

3. 根据调度令，将故障设备隔离（注意二次保护的相应操作），若在隔离期间造成无故障设备停电的，要及时恢复无故障设备的运行。

4. 将异常设备转成检修，并汇报相应调度。

5. 根据设备异常现象填写倒闸操作票，并在仿真机上完成事故处理操作。

二、考核

（一）考核场地

考核场地配有 110kV 马集仿真变电站培训系统（或备有 110kV 马集变电站一次系统图）。

（二）考核时间

考核时间为 80min。

（三）考核要点

1. 正确填写操作票。

2. 按照操作票在仿真系统上完成事故处理操作，无误操作。

三、评分标准

行业：电力工程　　　　　　　　工种：变电站值班员　　　　　　等级：中级工

编号	BZ4ZY0201	行为领域	e	鉴定范围		
考核时限	80min	题型	C	满分	100 分	得分
试题名称	35kV 电压互感器刀闸瓷瓶裂纹异常处理					
考核要点及其要求	（1）正确填写操作票 （2）按照操作票在仿真系统上完成事故处理操作，无误操作					
现场设备、工器具、材料	（1）工器具：无 （2）材料：笔、空白操作票 （3）设备：110kV 马集仿真变电站（或备有 110kV 马集变电站一次系统图）					
备注	评分标准以 110kV 马集站 35kV 1 号电压互感器 31-7 刀闸瓷瓶裂纹异常处理为例，110kV 马集站 35kV 出线开关（或主变受总开关）母线侧刀闸瓷瓶裂纹异常处理、35kV 电压互感器 32-7 刀闸瓷瓶裂纹异常处理评分标准与此相同					

评分标准

序号	考核项目名称	质量要求	分值	扣分标准	扣分原因	得分
1	查找故障点及带安全工具	①戴安全帽 ②提交设备缺陷报告 ③汇报调度	2	①未戴安全帽扣1分 ②未提交设备缺陷报告扣1.5分 ③未汇报调度扣0.5分		
2	操作票填写	填写准确,使用双重名称	0.5	未使用双重名称或任务不准确扣0.5分		
		核对调度令,确认与操作任务相符	0.5	未核对调度令扣0.5分		
		①退出35kV自投跳311压板1LP ②退出35kV自投跳312压板3LP ③退出35kV自投合301压板5LP ④将35kV自投把手由"投入"位置切至"停用"位置	2	少操作一项扣0.5分,其中跳合闸压板顺序反扣0.5分,压板把手顺序反扣0.5分		
		①拉开341开关 ②检查341开关三相电流指示为零 ③拉开343开关 ④检查343开关三相电流指示为零 ⑤拉开344开关 ⑥检查344开关三相电流指示为零 ⑦拉开345开关 ⑧检查345开关三相电流指示为零	6	少操作一组出线开关扣1.5分,其中拉开每组出线开关后未检查三相电流每处扣0.5分		
		①检查311开关三相电流指示为零 ②拉开311开关 ③检查35kV 1号母线三相电压指示为零 ④退出1号主变35kV复合电压投入压板15LP ⑤退出1号主变35kV复合电压投入压板(2)32LP	2.5	①未拉开311开关扣1.5分,其中操作前未检查三相电流为零扣0.5分,操作后未检查35kV 1号母线电压为零扣0.5分 ②未操作1号主变中压侧复压压板每个扣0.5分		

序号	考核项目名称	质量要求	分值	扣分标准	扣分原因	得分
2	操作票填写	①将 311 开关"远方/就地"把手从"远方"位置切至"就地"位置 ②将 341 开关"远方/就地"把手从"远方"位置切至"就地"位置 ③将 343 开关"远方/就地"把手从"远方"位置切至"就地"位置 ④将 344 开关"远方/就地"把手从"远方"位置切至"就地"位置 ⑤将 345 开关"远方/就地"把手从"远方"位置切至"就地"位置 ⑥将 302 开关"远方/就地"把手从"远方"位置切至"就地"位置 ⑦将 301 开关"远方/就地"把手从"远方"位置切至"就地"位置	3.5	少一项扣 0.5 分		
		①现场检查 341 开关机械指示在分位 ②拉开 341-5 刀闸 ③现场检查 341-5 刀闸三相触头已拉开 ④拉开 341-1 刀闸 ⑤现场检查 341-1 刀闸三相触头已拉开	3	①操作刀闸前未检查开关机械指示扣 1 分 ②少操作一把刀闸扣 1 分,其中刀闸操作后未检查触头位置每处扣 0.5 分,刀闸操作顺序反扣 1 分		
		①现场检查 343 开关机械指示在分位 ②拉开 343-5 刀闸 ③现场检查 343-5 刀闸三相触头已拉开 ④拉开 343-1 刀闸 ⑤现场检查 343-1 刀闸三相触头已拉开	3	①操作刀闸前未检查开关机械指示扣 1 分 ②少操作一把刀闸扣 1 分,其中刀闸操作后未检查触头位置每处扣 0.5 分,刀闸操作顺序反扣 1 分		

序号	考核项目名称	质量要求	分值	扣分标准	扣分原因	得分
2	操作票填写	①现场检查 344 开关机械指示在分位 ②拉开 344-5 刀闸 ③现场检查 344-5 刀闸三相触头已拉开 ④拉开 344-1 刀闸 ⑤现场检查 344-1 刀闸三相触头已拉开	3	①操作刀闸前未检查开关机械指示扣 1 分 ②少操作一把刀闸扣 1 分,其中刀闸操作后未检查触头位置每处扣 0.5 分,刀闸操作顺序反扣 1 分		
		①现场检查 345 开关机械指示在分位 ②拉开 345-5 刀闸 ③现场检查 345-5 刀闸三相触头已拉开 ④拉开 345-1 刀闸 ⑤现场检查 345-1 刀闸三相触头已拉开	3	①操作刀闸前未检查开关机械指示扣 1 分 ②少操作一把刀闸扣 1 分,其中刀闸操作后未检查触头位置每处扣 0.5 分,刀闸操作顺序反扣 1 分		
		①现场检查 301 开关机械指示在分位 ②拉开 301-1 刀闸 ③现场检查 301-1 刀闸三相触头已拉开 ④拉开 301-2 刀闸 ⑤现场检查 301-2 刀闸三相触头已拉开	3	①操作刀闸前未检查开关机械指示扣 1 分 ②少操作一把刀闸扣 1 分,其中刀闸操作后未检查触头位置每处扣 0.5 分,刀闸操作顺序反扣 1 分		
		①现场检查 311 开关机械指示在分位 ②拉开 311-1 刀闸 ③现场检查 311-1 刀闸三相触头已拉开	3	①操作刀闸前未检查开关机械指示扣 1 分 ②少操作一把刀闸扣 1 分,其中刀闸操作后未检查触头位置每处扣 0.5 分,刀闸操作顺序反扣 1 分		
		①拉开 35kV 1 号母线 TV 保护小开关 ②拉开 35kV 1 号母线 TV 计量小开关	1	未断 31PT 二次保险扣 1 分		

序号	考核项目名称	质量要求	分值	扣分标准	扣分原因	得分
2	操作票填写	①检查35kV所有-1刀闸均在断位 ②在31-7刀闸母线侧验明三相确无电压 ③在31-7刀闸母线侧挂11号接地线一组 ④现场检查11号接地线已挂好 ⑤在31-7刀闸PT侧验明三相确无电压 ⑥在31-7刀闸PT侧挂12号接地线一组 ⑦现场检查12号接地线已挂好	9	①未检查所有-1刀闸在断位扣1分 ②少一组接地线（或接地刀闸）扣4分，其中接地前未验电扣2分，接地后未检查接地是否良好扣0.5分		
		票面整洁无涂改	5	票面涂改、术语不规范每处扣0.5分		
3	倒闸操作	携带绝缘手套、绝缘靴、35kV验电器、35kV接地线	4	少带一种扣1分		
		按照操作票正确操作	45	①拉开开关后未检查监控机变位扣0.5分 ②验电前未试验验电器是否良好扣2分，未三相验电扣2分 ③其他项目评分细则参照操作票评分标准 ④未按操作票顺序操作每处扣0.5分，最多扣5分		
		操作完毕汇报调度	1	操作完毕未汇报调度扣1分		
4	质量否决	操作过程中发生误操作	否决	①发生误拉开关未造成停电扣5分，造成停电扣10分 ②发生带负荷拉刀闸、带电合接地刀闸、带电挂地线等恶性误操作扣50分		

2.2.14 BZ4ZY0202 110kV 出线开关母线侧刀闸瓷瓶裂纹异常处理

一、作业

（一）工器具、材料、设备

1. 工器具：无。

2. 材料：笔、空白操作票。

3. 设备：220kV 周营子仿真变电站（或备有 220kV 周营子变电站一次系统图）。

（二）安全要求

考生不得随意启动、退出任何程序。

（三）操作步骤及工艺要求（含注意事项）

1. 根据巡视任务，检查该间隔设备异常情况，如有无裂纹、冒烟、过热发红等现象。

2. 发现设备异常后，汇报相应调度，并做好必要的倒闸操作准备。

3. 根据调度令，将故障设备隔离（注意二次保护的相应操作），若在隔离期间造成无故障设备停电的，要及时恢复无故障设备的运行。

4. 将异常设备转成检修，并汇报相应调度。

5. 根据设备异常现象填写倒闸操作票，并在仿真机上完成事故处理操作。

二、考核

（一）考核场地

考核场地配有 220kV 周营子仿真变电站培训系统（或 220kV 周营子变电站一次系统图）。

（二）考核时间

考核时间为 60min。

（三）考核要点

1. 正确填写操作票。

2. 按照操作票在仿真系统上完成事故处理操作，无误操作。

三、评分标准

行业：电力工程　　　　　　工种：变电站值班员　　　　　　等级：中级工

编号	BZ4ZY0202	行为领域	e	鉴定范围			
考核时限	60min	题型	C	满分	100 分	得分	
试题名称	110kV 出线开关母线侧刀闸瓷瓶裂纹异常处理						
考核要点及其要求	（1）正确填写操作票 （2）按照操作票在仿真系统上完成事故处理操作，无误操作						
现场设备、工器具、材料	（1）工器具：无 （2）材料：笔、空白操作票 （3）设备：220kV 周营子仿真变电站（或备有 220kV 周营子变电站一次系统图）						
备注	评分标准以 220kV 周营子站 110kV 周杨线 188-2 刀闸瓷瓶裂纹异常处理为例，220kV 周营子站相同电压等级的出线开关母线侧刀闸瓷瓶裂纹异常处理评分标准与其相同						

		评分标准				
序号	考核项目名称	质量要求	分值	扣分标准	扣分原因	得分
1	查找故障点及带安全工具	①戴安全帽 ②提交设备缺陷报告 ③汇报调度	3	①未戴安全帽扣1分 ②未提交设备缺陷报告扣1.5分 ③未汇报调度扣0.5分		
2	操作票填写	填写准确,使用双重名称	1.5	未使用双重名称或任务不准确每处扣0.5分		
		核对调度令,确认与操作任务相符	1.5	未核对调度令每处扣0.5分		
		拉开188开关、188-5刀闸				
		①拉开188开关 ②检查188开关三相电流指示为零 ③将188开关"远方/就地"切换把手切至"就地"位置 ④现场检查188开关机械指示在分位 ⑤拉开188-5刀闸 ⑥现场检查188-5刀闸三相触头确已拉开	4	①未拉开188开关扣1.5分,其中操作后未检查三相电流指示为零扣0.5分 ②未将开关"远方/就地"切换把手切至"就地"位置扣0.5分 ③未检查188开关机械指示在分位扣0.5分 ④未拉开188-5刀闸扣1.5分,其中操作后未检查触头位置扣0.5分		
		110kV 2号母线由运行转检修				
		①检查101开关在合位 ②投入110kV母差CSC-150母联互联投入压板1LP24 ③拉开101开关控制电源小空开	4.5	①倒母线前未检查开关在合位扣0.5分 ②未投入母联互联压板扣2分 ③未断开母联控制电源扣2分,其中压板、电源操作顺序反扣2分		
		①合上112-1刀闸 ②现场检查112-1刀闸三相触头已合好 ③检查112-1刀闸二次回路切换正常 ④拉开112-2刀闸 ⑤现场检查112-2刀闸三相触头已拉开 ⑥检查112-2刀闸二次回路切换正常	5	少操作一把刀闸扣2.5分,其中操作刀闸后未检查实际位置扣0.5分,未检查二次回路切换正常每组刀闸扣1分		

序号	考核项目名称	质量要求	分值	扣分标准	扣分原因	得分
2	操作票填写	①合上 184-1 刀闸 ②现场检查 184-1 刀闸三相触头已合好 ③检查 184-1 刀闸二次回路切换正常 ④拉开 184-2 刀闸 ⑤现场检查 184-2 刀闸三相触头已拉开 ⑥检查 184-2 刀闸二次回路切换正常	5	少操作一把刀闸扣 2.5 分，其中操作刀闸后未检查实际位置扣 0.5 分，未检查二次回路切换正常每组刀闸扣 1 分		
		①合上 186-1 刀闸 ②现场检查 186-1 刀闸三相触头已合好 ③检查 186-1 刀闸二次回路切换正常 ④拉开 186-2 刀闸 ⑤现场检查 186-2 刀闸三相触头已拉开 ⑥检查 186-2 刀闸二次回路切换正常	5	少操作一把刀闸扣 2.5 分，其中操作刀闸后未检查实际位置扣 0.5 分，未检查二次回路切换正常每组刀闸扣 1 分		
		进行 110kV 母差刀闸位置确认	0.5	未进行 110kV 母差刀闸位置确认扣 0.5 分		
		①合上 101 开关控制电源小空开 ②退出 110kV 母差 CSC-150 母联互联投入压板 1LP24 ③检查 101 开关电流指示为零 ④拉开 101 开关 ⑤检查 110kV 1 号母线三相电压指示为零 ⑥现场检查 101 开关机械指示在分位 ⑦拉开 101-2 刀闸 ⑧现场检查 101-2 刀闸三相触头已拉开 ⑨拉开 101-1 刀闸 ⑩现场检查 101-1 刀闸三相触头已拉开	7	①未退互联压板扣 1 分 ②未合 101 开关控制电源扣 0.5 分，其中压板、电源操作顺序反扣 1 分 ③101 开关 2.5 分。操作前未检查电流指示为零扣 0.5 分，操作后未检查母线电压指示为零扣 0.5 分，未检查机械指示扣 0.5 分 ④每把刀闸 1.5 分。拉开刀闸后未检查触头位置每处扣 0.5 分，其中操作顺序反扣 1 分		

序号	考核项目名称	质量要求	分值	扣分标准	扣分原因	得分
2	操作票填写	①拉开 110kV 2 号母线 TV 二次小开关 ②拉开 110kV 2 号母线 TV 二次计量小开关 ③拉开 110kV 2 号母线 TV 二次保护小开关 ④拉开 12-7 刀闸 ⑤现场检查 12-7 刀闸三相触头已拉开	2.5	①未断 12PT 二次保险扣 1 分 ②未拉开 12-7 刀闸扣 1.5 分，其中拉开刀闸后未检查实际位置扣 0.5 分，一、二次操作顺序反扣 1 分		
		①检查 110kV 除 188-2 刀闸外所有—2 刀闸均在断位 ②检查 188-5 刀闸在断位 ③检查 188-1 刀闸在断位 ④在 12-MD2 接地刀闸静触头处验明三相确无电压 ⑤合上 12-MD2 接地刀闸 ⑥现场检查 12-MD2 接地刀闸三相触头已合好 ⑦断开 110kV 母线保护屏Ⅱ母 PT 小开关	5	①合接地刀闸前未检查所有-2 刀闸在断位扣 0.5 分，未检查 188-5、188-1 刀闸在断位每项扣 0.5 分 ②未接地扣 3.5 分，其中接地前未验电扣 2 分，接地后未检查触头位置扣 0.5 分 ③未断开 110kV 母线保护屏Ⅱ母 PT 小开关扣 0.5 分		
		在 188-2 刀闸开关侧挂接地线一组				
		①在 188-2 刀闸开关侧验明三相确无电压 ②在 188-2 刀闸开关侧挂 10 号接地线一组 ③现场检查 10 号接地线已挂好	3.5	188-2 刀闸开关侧未挂接地线扣 4 分，其中接地前未验电扣 2 分，接地后未检查触头位置扣 0.5 分，合 188-2KD 接地刀闸扣 2 分		
		票面整洁无涂改	2	票面涂改、术语不规范每处扣 0.5 分		
3	倒闸操作	携带绝缘手套、绝缘靴、110kV 验电器、110kV 接地线、绝缘棒	4	少带一种扣 1 分		
		按照操作票正确操作	45	①拉开关后未检查监控机变位扣 0.5 分 ②验电前未试验验电器是否良好扣 2 分，未三相验电扣 2 分 ③其他项目评分细则参照操作票评分标准 ④未按操作票顺序操作每处扣 0.5 分，最多扣 5 分		

序号	考核项目名称	质量要求	分值	扣分标准	扣分原因	得分
3	倒闸操作	操作完毕汇报调度	1	操作完毕未汇报调度扣1分		
4	质量否决	操作过程中发生误操作	否决	①发生误拉开关未造成停电扣5分，造成停电扣10分 ②发生带负荷拉刀闸、带电合接地刀闸、带电挂地线等恶性误操作扣50分		

2.2.15 BZ4ZY0203 220kV 出线开关母线侧刀闸瓷瓶裂纹异常处理

一、作业

（一）工器具、材料、设备

1. 工器具：无。

2. 材料：笔、空白操作票。

3. 设备：220kV 周营子仿真变电站（或备有 220kV 周营子变电站一次系统图）。

（二）安全要求

考生不得随意启动、退出任何程序。

（三）操作步骤及工艺要求（含注意事项）

1. 根据巡视任务，检查该间隔设备异常情况，如有无裂纹、冒烟、过热发红等现象。

2. 发现设备异常后，汇报相应调度，并做好必要的倒闸操作准备。

3. 根据调度令，将故障设备隔离（注意二次保护的相应操作），若在隔离期间造成无故障设备停电的，要及时恢复无故障设备的运行。

4. 将异常设备转成检修，并汇报相应调度。

5. 根据设备异常现象填写倒闸操作票，并在仿真机上完成事故处理操作。

二、考核

（一）考核场地

考核场地配有 220kV 周营子仿真变电站培训系统（或 220kV 周营子变电站一次系统图）。

（二）考核时间

考核时间为 60min。

（三）考核要点

1. 正确填写操作票。

2. 按照操作票在仿真系统上完成事故处理操作，无误操作。

三、评分标准

行业：电力工程　　　　　　工种：变电站值班员　　　　　　等级：中级工

编号	BZ4ZY0203	行为领域	e	鉴定范围		
考核时限	60min	题型	C	满分	100 分	得分
试题名称	220kV 出线开关母线侧刀闸瓷瓶裂纹异常处理					
考核要点及其要求	（1）正确填写操作票 （2）按照操作票在仿真系统上完成事故处理操作，无误操作					
现场设备、工器具、材料	（1）工器具：无 （2）材料：笔、空白操作票 （3）设备：220kV 周营子仿真变电站（或备有 220kV 周营子变电站一次系统图）					
备注	评分标准以 220kV 周营子站 220kV 苍周线 289-1 刀闸瓷瓶裂纹异常处理为例，220kV 周营子站 220kV 西周线 282-2 刀闸瓷瓶裂纹异常处理评分标准与其相同					

评分标准

序号	考核项目名称	质量要求	分值	扣分标准	扣分原因	得分
1	查找故障点及带安全工具	①戴安全帽 ②提交设备缺陷报告 ③汇报调度	3	①未戴安全帽扣1分 ②未提交设备缺陷报告扣1.5分 ③未汇报调度扣0.5分		
2	操作票填写	填写准确，使用双重名称	1	未使用双重名称或任务不准确每处扣0.5分		
		核对调度令，确认与操作任务相符	1.5	未核对调度令每处扣0.5分		
		拉开289开关、289-5刀闸				
		①拉开289开关 ②检查289开关三相电流指示为零 ③将289开关"远方/就地"切换把手切至"就地"位置 ④现场检查289开关三相机械指示在分位 ⑤合上289-5刀闸机构电源 ⑥拉开289-5刀闸 ⑦现场检查289-5刀闸三相触头确已拉开 ⑧拉开289-5刀闸机构电源	7	①未拉开289开关扣2分，其中操作后未检查三相电流扣1分 ②刀闸操作前未将开关"远方/就地"切换把手切至"就地"位置扣1分 ③未检查开关三相机械指示扣1分 ④未拉开刀闸扣3分，其中操作后未检查触头位置扣1分，未断开电机电源扣1分		
		220kV 1号母线由运行转检修				
		①检查201开关在合位 ②投入220kV母差RCS-915母线互联投入压板 ③投入220kV母差CSC-150母联互联投入压板 ④拉开201开关控制电源Ⅰ小空开 ⑤拉开201开关控制电源Ⅱ小空开	4.5	①倒母线前未检查开关在合位扣0.5分 ②未投入母联互联压板扣2分 ③未断开母联控制电源扣2分，其中压板、电源操作顺序反扣2分		
		①合上211-2刀闸机构电源 ②合上211-2刀闸 ③现场检查211-2刀闸三相触头确已合好 ④检查211-2刀闸二次回路切换正常 ⑤拉开211-2刀闸机构电源	7	少操作一把刀闸扣3.5分，其中操作后未检查触头位置扣1分，未进行二次回路切换检查每组刀闸扣1分，未断开电机电源扣0.5分		

序号	考核项目名称	质量要求	分值	扣分标准	扣分原因	得分
2	操作票填写	⑥合上 211-1 刀闸机构电源 ⑦拉开 211-1 刀闸 ⑧现场检查 211-1 刀闸三相触头确已拉开 ⑨检查 211-1 刀闸二次回路切换正常 ⑩拉开 211-1 刀闸机构电源				
		进行 220kV 母差刀闸位置确认	0.5	未进行 220kV 母差刀闸位置确认扣 0.5 分		
		①合上 201 开关控制电源Ⅰ小空开 ②合上 201 开关控制电源Ⅱ小空开 ③退出 220kV 母差 RCS-915 母线互联投入压板 ④退出 220kV 母差 CSC-150 母联互联投入压板 ⑤检查 201 开关电流指示为零 ⑥拉开 201 开关 ⑦检查 220kV 1 号母线三相电压指示为零	4	①未合 201 控制电源扣 1 分 ②未退互联压板扣 1 分，其中电源、压板操作顺序反扣 1 分 ③未拉开 201 开关扣 2 分，其中操作前未检查电流指示为零扣 0.5 分，操作后未检查母线电压指示为零扣 0.5 分		
		①现场检查 201 开关三相机械指示在分位 ②合上 201-1 刀闸机构电源 ③拉开 201-1 刀闸 ④现场检查 201-1 刀闸三相触头确已拉开 ⑤拉开 201-1 刀闸机构电源 ⑥合上 201-2 刀闸机构电源 ⑦拉开 201-2 刀闸 ⑧现场检查 201-2 刀闸三相触头确已拉开 ⑨拉开 201-2 刀闸机构电源	7	①刀闸操作前未检查开关机械指示扣 1 分 ②少操作一把刀闸扣 3 分，其中刀闸操作后未检查触头位置扣 1 分，未断开电机电源扣 1 分		
		①拉开 220kV 1 号母线 TV 二次小空开 ②合上 21-7 刀闸机构电源 ③拉开 21-7 刀闸 ④现场检查 21-7 刀闸三相触头确已拉开 ⑤拉开 21-7 刀闸机构电源	2	①未断 21 PT 二次保险扣 0.5 分 ②未拉开 21-7 刀闸扣 2 分，其中操作后未检查实际位置扣 0.5 分，未断开电机电源扣 0.5 分，操作顺序反扣 0.5 分		

序号	考核项目名称	质量要求	分值	扣分标准	扣分原因	得分
2	操作票填写	①检查 220kV 所有-1 刀闸均在断位 ②检查 289-5 刀闸在断位 ③检查 289-1 刀闸在断位 ④在 21-MD2 接地刀闸静触头处验明三相确无电压 ⑤合上 21-MD2 接地刀闸 ⑥现场检查 21-MD2 接地刀闸三相触头已合好 ⑦断开 220kV 母线保护屏Ⅱ母 PT 小开关 ⑧断开 220kV 母线保护屏ⅡⅠ母 PT 小开关	6	①合接地刀闸前未检查所有 220kV-1 刀闸在断位扣 0.5 分，未检查 289-5-1 刀闸在断位每项扣 0.5 分 ②未接地扣 3.5 分，中接地前未验电扣 2 分，接地后未检查触头位置扣 0.5 分 ③未断开Ⅰ母 PT 小开关每项扣 0.5 分		
		①在 289-2 刀闸开关侧验明三相确无电压 ②合上 289-2KD 接地刀闸 ③现场检查 289-2KD 接地刀闸三相触头已合好	3.5	其中接地前未验电扣 2 分，接地后未检查接地良好扣 0.5 分		
		票面整洁无涂改	2	票面涂改、术语不规范每处扣 0.5 分		
3	倒闸操作	携带绝缘手套、绝缘靴、220kV 验电器、220kV 接地线、绝缘棒	4	少带一种扣 1 分		
		按照操作票正确操作	43.5	①拉开开关后未检查监控机变位扣 0.5 分 ②验电前未试验验电器是否良好扣 2 分，未三相验电扣 2 分 ③其他项目评分细则参照操作票评分标准 ④未按操作票顺序操作每处扣 0.5 分，最多扣 5 分		
		操作完毕汇报调度	0.5	操作完毕未汇报调度扣 0.5 分		
4	质量否决	操作过程中发生误操作	否决	①发生误拉开关未造成停电扣 5 分，造成停电扣 10 分 ②发生带负荷拉刀闸、带电合接地刀闸、带电挂地线等恶性误操作扣 50 分		

2.2.16 BZ4ZY0204 主变压器高压套管瓷瓶裂纹异常处理

一、作业

（一）工器具、材料、设备

1. 工器具：无。

2. 材料：笔、空白操作票。

3. 设备：220kV周营子仿真变电站（或备有220kV周营子变电站一次系统图）。

（二）安全要求

考生不得随意启动、退出任何程序。

（三）操作步骤及工艺要求（含注意事项）

1. 根据巡视任务，检查该间隔设备异常情况，如有无裂纹、冒烟、过热发红等现象。

2. 发现设备异常后，汇报相应调度，并做好必要的倒闸操作准备。

3. 根据调度令，将故障设备隔离（注意二次保护的相应操作），若在隔离期间造成无故障设备停电的，要及时恢复无故障设备的运行。

4. 将异常设备转成检修，并汇报相应调度。

5. 根据设备异常现象填写倒闸操作票，并在仿真机上完成事故处理操作。

二、考核

（一）考核场地

考核场地配有220kV周营子仿真变电站培训系统（或备有220kV周营子变电站一次系统图）。

（二）考核时间

考核时间为80min。

（三）考核要点

1. 正确填写操作票。

2. 按照操作票在仿真系统上完成事故处理操作，无误操作。

三、评分标准

行业：电力工程		工种：变电站值班员			等级：中级工	
编号	BZ4ZY0204	行为领域	e	鉴定范围		
考核时限	80min	题型	C	满分	100分	得分
试题名称	主变压器高压套管瓷瓶裂纹异常处理					
考核要点及其要求	（1）正确填写操作票 （2）按照操作票在仿真系统上完成事故处理操作，无误操作					
现场设备、工器具、材料	（1）工器具：无 （2）材料：笔、空白操作票 （3）设备：220kV周营子仿真变电站（或备有220kV周营子变电站一次系统图）					
备注	评分标准以220kV周营子站2号主变高压套管瓷瓶裂纹异常处理为例，220kV周营子站1号主变高压套管瓷瓶裂纹异常处理评分标准与其相同					

评分标准

序号	考核项目名称	质量要求	分值	扣分标准	扣分原因	得分
1	查找故障点及带安全工具	①戴安全帽 ②提交设备缺陷报告 ③汇报调度	2	①未戴安全帽扣0.5分 ②未提交设备缺陷报告扣1分 ③未汇报调度扣0.5分		
2	操作票填写	填写准确,使用双重名称	0.5	未使用双重名称或任务不准确扣0.5分		
		核对调度令,确认与操作任务相符	0.5	未核对调度令扣0.5分		
		检查1号主变能带全站负荷	0.5	未检查1号主变能带全站负荷扣0.5分		
		①拉开525开关 ②检查525开关三相电流指示为零 ③拉开526开关 ④检查526开关三相电流指示为零 ⑤拉开527开关 ⑥检查527开关三相电流指示为零 ⑦拉开528开关 ⑧检查528开关三相电流指示为零	2	少停一组电容器扣0.5分,其中未检查三相电流扣0.25分		
		①退出站变备自投1号站变跳闸压板 ②退出站变备自投2号站变跳闸压板 ③退出站变备自投分段合闸压板 ④将站变备自投把手切至停用位置	2	少一项扣0.5分,其中跳合闸压板顺序反扣0.5分,压板与把手顺序反扣0.5分		
		①拉开412开关 ②检查412开关三相电流指示为零 ③现场检查412开关机械指示在分位 ④合上401开关 ⑤检查401开关三相电流指示正常 ⑥现场检查401开关机械指示在合位 ⑦检查380V Ⅱ母电压正常 ⑧检查直流装置运行正常 ⑨检查主变风冷系统运行正常	3	①少操作一个开关扣1分,其中开关操作后未检查三相电流扣0.25分,未检查开关机械指示扣0.25分 ②合上401开关后未检查母线电压正常扣0.5分 ③未检查重要负荷运行正常共扣0.5分		

序号	考核项目名称	质量要求	分值	扣分标准	扣分原因	得分
2	操作票填写	①拉开 517 开关 ②检查 517 开关三相电流指示为零	1	未拉开开关扣 1 分，其中未检查三相电流扣 0.5 分		
		①拉开 516 开关 ②检查 516 开关三相电流指示为零	1	未拉开开关扣 1 分，其中未检查三相电流扣 0.5 分		
		①合上 212-9 刀闸机构电源 ②合上 212-9 刀闸 ③现场检查 212-9 刀闸触头已合好 ④拉开 212-9 刀闸机构电源 ⑤合上 112-9 刀闸机构电源 ⑥合上 112-9 刀闸 ⑦现场检查 112-9 刀闸触头已合好 ⑧拉开 112-9 刀闸机构电源	3	少操作一把刀闸扣 1.5 分，其中操作后未检查触头位置扣 0.5 分，未断开电机电源扣 0.5 分		
		①检查 512 开关三相电流指示为零 ②拉开 512 开关 ③检查 10kV 2 号母线三相电压指示为零 ④拉开 112 开关 ⑤检查 112 开关三相电流指示为零 ⑥拉开 212 开关 ⑦检查 212 开关三相电流指示为零	5	①未拉开 512 开关扣 2 分，其中操作前未检查三相电流指示为零扣 0.5 分，操作后未检查三相电压指示为零扣 0.5 分 ②未拉开 112、212 开关每个扣 1.5 分，其中拉开开关后未检查三相电流每处扣 0.5 分		
		①将 512 开关"远方/就地"把手由"远方"切至"就地"位置 ②将 112 开关"远方/就地"把手由"远方"切至"就地"位置 ③将 212 开关"远方/就地"把手由"远方"切至"就地"位置	1.5	少一项扣 0.5 分		
		①现场检查 512 开关机械指示在分位 ②拉开 512-4 刀闸 ③现场检查 512-4 刀闸三相触头已拉开 ④拉开 512-2 手车刀闸 ⑤现场检查 512-2 小车刀闸已拉开	4	①操作刀闸前未检查开关机械指示扣 1 分 ②少操作一把刀闸扣 1.5 分，其中刀闸操作后未检查触头位置扣 0.5 分		

序号	考核项目名称	质量要求	分值	扣分标准	扣分原因	得分
2	操作票填写	①现场检查 112 开关机械指示在分位 ②拉开 112-4 刀闸 ③现场检查 112-4 刀闸三相触头已拉开 ④拉开 112-2 刀闸 ⑤现场检查 112-2 刀闸三相触头已拉开 ⑥检查 112-2 刀闸二次回路切换正常 ⑦进行 110kV 母差保护刀闸位置确认	5.5	①操作刀闸前未检查开关机械指示扣 1 分 ②未拉开 112-4 刀闸扣 1.5 分，未拉开 112-2 刀闸扣 2.5 分，其中刀闸操作后未检查触头位置扣 0.5 分，未进行二次回路检查扣 1 分，刀闸操作顺序反扣 2 分 ③未进行母差刀闸位置确认扣 0.5 分		
		①现场检查 212 开关三相机械指示在分位 ②合上 212-4 刀闸机构电源 ③拉开 212-4 刀闸 ④现场检查 212-4 刀闸三相触头已拉开 ⑤拉开 212-4 刀闸机构电源 ⑥合上 212-2 刀闸机构电源 ⑦拉开 212-2 刀闸 ⑧现场检查 212-2 刀闸三相触头已拉开 ⑨检查 212-2 刀闸二次回路切换正常 ⑩进行 220kV 母差保护刀闸位置确认 ⑪拉开 212-2 刀闸机构电源	5.5	①操作刀闸前未检查开关机械指示扣 1 分 ②未拉开 212-4 刀闸扣 1.5 分，未拉开 212-2 刀闸扣 2.5 分，其中刀闸操作后未检查触头位置扣 0.5 分，未进行二次回路检查扣 1 分，未断开电机电源扣 0.5 分，刀闸操作顺序反扣 2 分 ③未进行母差刀闸位置确认扣 0.5 分		
		①在 212-4 刀闸主变侧验明三相确无电压 ②合上 212-4BD 接地刀闸 ③现场检查 212-4BD 接地刀闸三相触头已合好 ④在 112-4 刀闸主变侧验明三相确无电压 ⑤合上 112-4BD 接地刀闸 ⑥现场检查 112-4BD 接地刀闸三相触头已合好 ⑦在 2 号主变低压母线桥处验明三相确无电压 ⑧在 2 号主变低压母线桥处挂 10 号接地线一组 ⑨现场检查 10 号接地线已挂好	12	少一组接地扣 4 分，其中接地前未验电每处扣 2 分，接地后未检查接地是否良好每处扣 1 分		

序号	考核项目名称	质量要求	分值	扣分标准	扣分原因	得分
2	操作票填写	①拉开 2 号主变有载调压电源 ②拉开 2 号主变风冷电源	1	少一项扣 0.5 分		
3	倒闸操作	携带绝缘手套、绝缘靴、220kV 验电器、110kV 验电器、10kV 验电器、10kV 接地线、绝缘棒	3.5	少带一种扣 0.5 分		
		按照操作票正确操作	46	①拉开开关后未检查监控机变位扣 0.5 分 ②验电前未试验验电器是否良好扣 2 分，未三相验电扣 2 分 ③其他项目评分细则参照操作票评分标准 ④未按操作票顺序操作每处扣 0.5 分，最多扣 5 分		
		操作完毕汇报调度	0.5	操作完毕未汇报调度扣 0.5 分		
4	质量否决	操作过程中发生误操作	否决	①发生误拉开关未造成停电扣 5 分，造成停电扣 10 分 ②发生带负荷拉刀闸、带电合接地刀闸、带电挂地线等恶性误操作扣 50 分		

2.2.17 BZ4ZY0205 220kV 出线开关线路侧刀闸永久性相间短路事故处理

一、作业

（一）工器具、材料、设备

1. 工器具：无。

2. 材料：笔、A4 纸。

3. 设备：220kV 周营子仿真变电站（或备有 220kV 周营子变电站一次系统图）。

（二）安全要求

考生不得随意启动、退出任何程序。

（三）操作步骤及工艺要求（含注意事项）

1. 根据告警信息做出正确判断，检查后台机上传的遥信信息，清闪；告警的保护装置复归并汇报。

2. 进行必要的倒闸操作（例如合上变压器中性点隔离开关、恢复站用变运行、相应二次压板的投退等）。

3. 对保护跳闸的设备进行检查，并汇报调度。

4. 发现、隔离故障设备后，将无故障设备恢复送电，并汇报调度。

5. 将故障跳闸设备转检修，做好安全措施，并汇报调度。

6. 在仿真机上完成事故处理操作。

二、考核

（一）考核场地

考核场地配有 220kV 周营子仿真变电站培训系统（或备有 220kV 周营子变电站一次系统图）。

（二）考核时间

考核时间为 30min。

（三）考核要点

根据告警信息做出正确判断并在仿真机上完成事故处理操作，无误操作。

三、评分标准

行业：电力工程　　　　　　　工种：变电站值班员　　　　　　　等级：中级工

编号	BZ4ZY0205	行为领域	e	鉴定范围			
考核时限	30min	题型	C	满分	100 分	得分	
试题名称	220kV 出线开关线路侧刀闸永久性相间短路事故处理						
考核要点及其要求	根据告警信息做出正确判断并在仿真机上完成事故处理操作，无误操作						
现场设备、工器具、材料	（1）工器具：无 （2）材料：笔、A4 纸 （3）设备：220kV 周营子仿真变电站（或备有 220kV 周营子变电站一次系统图）						
备注	评分标准以 220kV 周营子站 220kV 西周线 282-5 刀闸永久性相间短路事故处理为例，220kV 周营子站 220kV 苍周线 289-5 刀闸永久性相间短路事故处理评分标准与其相同						

评分标准

序号	考核项目名称	质量要求	分值	扣分标准	扣分原因	得分
1	监控系统信息检查	①检查 282 线路"PSL603 纵联差动保护Ⅰ保护动作""PSL603 纵联差动保护Ⅱ保护动作"光字信号 ②检查 282 开关变位及遥测值 ③汇报调度	13	①未检查 282 线路"PSL603 纵联差动保护Ⅰ保护动作""PSL603 纵联差动保护Ⅱ保护动作"光字信号每个扣 3 分 ②未检查 282 开关变位扣 3 分、未检查 282 开关三相电流每相扣 1 分 ③未汇报调度扣 1 分		
2	检查、记录保护装置动作情况	①检查 282 线路保护屏"保护动作""跳 A""跳 B""跳 C"信号灯点亮，记录液晶显示并复归 ②检查 282 开关操作箱"一组跳 A""一组跳 B""一组跳 C""一组三跳""二组跳 A""二组跳 B""二组跳 C""二组三跳""A 相分位""B 相分位""C 相分位"信号灯点亮并复归 ③检查 220kV 线路故障录波并复归	22	①未检查 282 线路保护屏"保护动作"信号灯点亮扣 3 分，未记录液晶显示扣 2，未复归扣 1 分 ②未检查 282 线路保护屏"跳 A""跳 B""跳 C"信号灯点亮每个扣 1 分，未记录液晶显示扣 2 分，未复归扣 1 分 ③未检查 282 开关操作箱"一组跳 A""一组跳 B""一组跳 C""一组三跳""二组跳 A""二组跳 B""二组跳 C""二组三跳""A 相分位""B 相分位""C 相分位"信号灯点亮每个扣 0.5 分，未复归扣 1 分 ④未检查 220kV 线路故障录波扣 3 分，未复归扣 0.5 分		
3	查找故障点	①戴安全帽 ②检查 282 开关实际位置 ③检查保护范围内设备及切除故障设备(-5 刀闸、282CT、耦合电容器、282 开关)并提交报告	15	①未戴安全帽扣 2 分 ②未检查 282 开关实际位置扣 2 分 ③检查保护范围内设备及切除故障设备(282CT、耦合电容器 282 开关)未提交报告每个扣 2 分，范围外多查一处扣 1 分 ④未提交 282-5 刀闸故障报告扣 4 分		

序号	考核项目名称	质量要求	分值	扣分标准	扣分原因	得分
4	隔离故障点	①穿戴绝缘手套、绝缘靴 ②拉开282-2 ③汇报调度	14	①未穿戴绝缘手套、绝缘靴每个扣2分 ②未拉开282-2刀闸扣8分，其中操作后未查实际位置扣3分，未进行二次回路切换检查扣扣2分 ③操作282-5刀闸扣1分 ④未汇报调度扣1分		
5	故障设备转检修	①带220kV验电器、220kV接地线、绝缘杆 ②在282-5刀闸开关侧、线路侧各挂一组接地线 ③汇报调度	30	①未带220kV验电器、220kV接地线、绝缘杆每个扣3分 ②验电前未在有电设备上试验电器是否良好扣3分 ③282-5刀闸开关侧、线路侧接地，每少一组扣10分，其中挂接地线前未验电每次扣5分，接地刀闸合后未检查位置每组扣3分 ④未汇报调度扣1分		
6	布置安全措施	①在282-5刀闸操作把手上悬挂"在此工作"标示牌 ②在282-1-2刀闸操作把手上悬挂"禁止合闸，有人工作"标示牌 ③在282-5刀闸处设置围栏，围栏上悬挂"止步，高压危险""从此进出"标示牌	6	①未在282-5刀闸操作把手上悬挂"在此工作"标示牌扣2分 ②未在282-1-2刀闸操作把手上悬挂"禁止合闸，有人工作"标示牌每个扣1分 ③未在282-5刀闸处设置围栏，围栏上未悬挂"止步，高压危险""从此进出"标示牌每个扣1分		
7	质量否决	操作过程中发生误操作	否决	①发生误拉开关扣10分 ②发生带负荷拉刀闸、带电合接地刀闸、带电挂地线等恶性误操作扣100分		

2.2.18 BZ4ZY0206 220kV 出线开关线路侧刀闸永久性单相接地事故处理

一、作业

（一）工器具、材料、设备

1. 工器具：无。

2. 材料：笔、A4 纸。

3. 设备：220kV 周营子仿真变电站（或备有 220kV 周营子变电站一次系统图）。

（二）安全要求

考生不得随意启动、退出任何程序。

（三）操作步骤及工艺要求（含注意事项）

1. 根据告警信息做出正确判断，检查后台机上传的遥信信息，清闪；告警的保护装置复归并汇报。

2. 进行必要的倒闸操作（例如合上变压器中性点隔离开关，恢复站用变运行，相应二次压板的投退等）。

3. 对保护跳闸的设备进行检查，并汇报调度。

4. 发现、隔离故障设备后，将无故障设备恢复送电，并汇报调度。

5. 将故障跳闸设备转检修，做好安全措施，并汇报调度。

6. 在仿真机上完成事故处理操作。

二、考核

（一）考核场地

考核场地配有 220kV 周营子仿真变电站培训系统（或备有 220kV 周营子变电站一次系统图）。

（二）考核时间

考核时间为 30min。

（三）考核要点

根据告警信息做出正确判断并在仿真机上完成事故处理操作，无误操作。

三、评分标准

行业：电力工程　　　　　　工种：变电站值班员　　　　　　等级：中级工

编号	BZ4ZY0206	行为领域	e	鉴定范围		
考核时限	30min	题型	C	满分	100 分	得分
试题名称	220kV 出线开关线路侧刀闸永久性单相接地事故处理					
考核要点及其要求	根据告警信息做出正确判断并在仿真机上完成事故处理操作，无误操作					
现场设备、工器具、材料	（1）工器具：无 （2）材料：笔、A4 纸 （3）设备：220kV 周营子仿真变电站（或备有 220kV 周营子变电站一次系统图）					
备注	评分标准以 220kV 周营子站 220kV 苍周线 289-5 刀闸永久性单相接地事故处理为例，220kV 周营子站 220kV 西周线 282-5 刀闸永久性单相接地事故处理评分标准与其相同					

			评分标准			
序号	考核项目名称	质量要求	分值	扣分标准	扣分原因	得分
1	监控系统信息检查	①检查289线路"PSL603纵联差动保护Ⅰ保护动作""PSL603纵联差动保护Ⅰ重合闸动作""PSL603纵联差动保护Ⅱ保护动作""PSL603纵联差动保护Ⅱ重合闸动作"光字信号 ②检查289开关变位及三相电流 ③汇报调度	11	①未检查289线路"PSL603纵联差动保护Ⅰ保护动作""PSL603纵联差动保护Ⅰ重合闸动作""PSL603纵联差动保护Ⅱ保护动作""PSL603纵联差动保护Ⅱ重合闸动作"每个扣2分 ②未检查289开关变位扣2分。其中未检查289开关三相电流每相扣0.5分 ③未汇报调度扣1分		
2	检查、记录保护装置动作情况	①检查289线路保护屏"跳A""跳B""跳C""重合""保护动作""重合动作"信号灯点亮,记录液晶屏显示并复归 ②检查289开关操作箱"一组跳A""一组跳B""一组跳C""一组永跳""二组跳A""二组跳B""二组跳C""二组永跳""A相分位""B相分位""C相分位""重合闸"信号灯点亮并复归 ③检查220kV线路故障录波并复归	23	①未检查289线路保护屏"跳A""跳B""跳C"信号灯点亮每个扣0.5分,未检查"重合"信号灯点亮扣2分,未记录液晶屏信息扣2分,未复归扣1分 ②未检查289线路保护屏"保护动作""重合动作"信号灯点亮每个扣2分,未记录液晶屏信息扣2分,未复归扣1分 ③未检查289开关操作箱"一组跳A""一组跳B""一组跳C""一组永跳""二组跳A""二组跳B""二组跳C""二组永跳""A相分位""B相分位""C相分位"信号灯点亮每个扣0.5分,未检查"重合闸"信号灯点亮扣1分,未复归扣1分 ④未检查220kV线路故障录波扣1分,未复归扣1分		
3	查找故障点	①戴安全帽 ②检查289开关实际位置 ③检查保护范围内设备及切除故障设备(-5刀闸、289CT、耦合电容器、289开关)并提交报告	15	①未戴安全帽扣2分 ②未检查289开关实际位置扣2分 ③检查保护范围内设备及切除故障设备(289CT、耦合电容器289开关)后未提交报告每个扣2分,范围外多查一处扣1分 ④未提交289-5刀闸故障报告扣4分		

序号	考核项目名称	质量要求	分值	扣分标准	扣分原因	得分
4	隔离故障点	①穿戴绝缘手套、绝缘靴 ②拉开289-1刀闸 ③汇报调度	13	①未穿戴绝缘手套、绝缘靴每个扣2分 ②未拉开289-1刀闸扣7分，其中未实际位置扣3分，拉开289-1刀闸后未检查二次回路切换每处扣1分 ③未汇报调度扣1分 ④操作289-5刀闸扣1分		
5	故障设备转检修	①带220kV验电器、220kV接地线、绝缘杆 ②在289-5刀闸开关侧、线路侧各挂一组接地线 ③汇报调度	32	①未带220kV验电器、220kV接地线、绝缘杆每个扣2分 ②验电前未在有电设备上试验验电器是否良好扣3分 ③289-5刀闸两侧接地，少一组扣11分，其中挂接地线前未验电每次扣5分，接地后未检查每次扣2分 ④未汇报调度扣1分		
6	布置安全措施	①在289-5刀闸操作把手上悬挂"在此工作"标示牌 ②在289-2-1刀闸操作把手上悬挂"禁止合闸，有人工作"标示牌 ③在289-5刀闸处设置围栏，围栏上悬挂"止步，高压危险""从此进出"标示牌	6	①未在289-5刀闸操作把手上悬挂"在此工作"标示牌扣2分 ②未在289-2-1刀闸操作把手上悬挂"禁止合闸，有人工作"标示牌每个扣1分 ③未在289-5刀闸处设置围栏，围栏上未悬挂"止步，高压危险""从此进出"标示牌每个扣1分		
7	质量否决	操作过程中发生误操作	否决	①发生误拉开关扣5分 ②发生带负荷拉刀闸、带电合接地刀闸、带电挂地线等恶性误操作扣50分		

2.2.19 BZ4ZY0207 500kV变电站220kV线路母线刀闸瓷瓶裂纹异常处理

一、作业

（一）工器具、材料、设备

1. 工器具：无。

2. 材料：笔、A4纸。

3. 设备：500kV石北仿真变电站（或备有500kV石北变电站一次系统图）。

（二）安全要求

考生不得随意启动、退出任何程序。

（三）操作步骤及工艺要求（含注意事项）

1. 根据告警信息做出正确判断，检查后台机上传的遥信信息，清闪；告警的保护装置复归并汇报。

2. 进行必要的倒闸操作（例如合上变压器中性点隔离开关，恢复站用变运行，相应二次压板的投退等）。

3. 对保护跳闸的设备进行检查，并汇报调度。

4. 发现、隔离故障设备后，将无故障设备恢复送电，并汇报调度。

5. 将故障跳闸设备转检修，做好安全措施，并汇报调度。

6. 在仿真机上完成事故处理操作。

二、考核

（一）考核场地

考核场地配有500kV石北仿真变电站培训系统（或备有500kV石北变电站一次系统图）。

（二）考核时间

考核时间为60min。

（三）考核要点

根据告警信息做出正确判断并在仿真机上完成事故处理操作，无误操作。

三、评分标准

行业：电力工程　　　　　　　　　工种：变电站值班员　　　　　　　　等级：中级工

编号	BZ4ZY0207	行为领域	e	鉴定范围		
考核时限	60min	题型	C	满分	100分	得分
试题名称	500kV变电站220kV线路母线刀闸瓷瓶裂纹异常处理					
考核要点及其要求	根据告警信息做出正确判断并在仿真机上完成事故处理操作，无误操作					
现场设备、工器具、材料	（1）工器具：无 （2）材料：笔、A4纸 （3）设备：500kV石北仿真变电站（或备有500kV石北变电站一次系统图）					
备注	评分标准以500kV石北站220kV北坊线224-1刀闸瓷瓶裂纹为例					

		评分标准				
序号	考核项目名称	质量要求	分值	扣分标准	扣分原因	得分
1	查找缺陷	①戴安全帽 ②提交设备缺陷报告 ③汇报调度	3	①未戴安全帽扣0.5分 ②未提交设备缺陷报告扣2分，缺陷点、缺陷类型、缺陷等级、处理方式一项不准确扣0.5分 ③未汇报调度扣0.5分		
2	操作票填写	224开关由运行转冷备用	6	①未填写操作任务扣1分，未使用双重名称或任务不准确扣0.5分 ②未核对调度令扣0.5分 ③拉开224开关后未检查三相电流指示为零扣0.5分，未查监控变位扣0.5分 ④拉开刀闸前未将开关远方就地把手切至就地位置扣0.5分，未检查开关机械分合指示扣0.5分 ⑤刀闸操作顺序错误扣1.5分，未拉开224-5刀闸扣1.5分，未拉开224-2刀闸扣2.5分 ⑥刀闸操作后未检查位置每处扣0.5分，未检查刀闸二次切换回路扣1分，未断开刀闸操作电源扣0.5分，未检查监控变位每处扣0.5分		
		将220kV 1号A母线由运行转检修	25	①未填写操作任务扣1分，未使用双重名称或任务不准确扣0.5分 ②未核对调度令扣0.5分 ③倒母线前未检查开关在合位扣0.5分，未投入母联互联压板扣2分，少投一个扣1分，未断开母联控制电源扣2分，少断一个扣1分，压板、电源操作顺序反扣2分 ④少倒一个间隔扣3分，拉合刀闸后未检查触头位置每处扣0.5分，未检查监控变位每处扣0.5分，未断开刀闸操作电源每处扣0.5分，未检查二次切换回路每处扣1分，未进行母差保护刀闸位置确认扣0.5分		

序号	考核项目名称	质量要求	分值	扣分标准	扣分原因	得分
2	操作票填写	将 220kV 1 号 A 母线由运行转检修	25	⑤倒完母线未合 101 开关控制电源扣 1 分,少合一个扣 0.5 分,未退互联压板扣 1 分,少退一个扣 0.5 分,压板、电源操作顺序反扣 1 分;未拉开 201 开关扣 2 分,操作前未检查电流指示为零扣 0.5 分,操作后未检查母线电压指示为零扣 0.5 分,未检查监控变位扣 0.5 分,未检查机械指示扣 0.5 分 ⑥201、203 两侧刀闸少拉一组扣 1 分,未将开关远方就地把手切至就地位置每处扣 0.5 分,未检查触头位置每处扣 0.5 分,未检查监控变位每处扣 0.5 分,未断开刀闸操作电源每处扣 0.5 分,刀闸操作顺序反每次扣 1 分 ⑦未断 PT 二次空开扣 1.5 分少断一个扣 0.5 分,未拉开 21A-7 刀闸扣 1.5 分,未检查触头位置扣 0.5 分,未检查监控变位扣 0.5 分,未断开刀闸操作电源扣 0.5 分,一、二次操作顺序反扣 1 分 ⑧母线未接地扣 3 分,合母线接地刀闸前未检查所有-1 刀闸在分位扣 0.5 分,未验电扣 1.5 分,未三相验电扣 1 分,挂接地线扣 1 分,合接地刀闸后未检查触头位置扣 0.5 分,未检查监控变位扣 0.5 分 ⑨未断开母差保护电压小空开扣 1 分,少断一个扣 0.5 分		
		在 224-1 刀闸开关侧挂接地线一组	4	①未填写操作任务扣 1 分,未使用双重名称或任务不准确扣 0.5 分 ②未核对调度令扣 0.5 分 ③未检查 224-1-2-5 刀闸位置扣 1 分,少查一组扣 0.5 分 ④未挂接地线扣 2 分,未验电扣 1.5 分,未三相验电扣 1 分,合接地刀闸扣 1 分		

序号	考核项目名称	质量要求	分值	扣分标准	扣分原因	得分
2	操作票填写	票面整洁无涂改，操作术语准确规范	10	①票面涂改5字及以下每处扣0.5分，5字以上每处扣1分 ②术语不规范每处扣0.5分 ③操作设备位置表述不准确每处扣0.5分		
		操作票中有误操作内容	否决	①拉错开关扣10分 ②带负荷拉刀闸、带电合接地刀闸扣45分		
3	倒闸操作	携带绝缘手套、绝缘靴、220kV验电器、接地线、绝缘杆	2.5	少带或带错一种扣0.5分		
		按照操作票正确操作	49	①未按操作票顺序操作酌情扣1~5分 ②验电前未在有电设备上试验验电器扣1分 ③刀闸、接地刀闸操作后未上锁每处扣0.5分 ④其他项目评分细则参照操作票评分标准		
		操作完毕汇报调度	0.5	操作完毕未汇报调度扣0.5分		
		操作过程中发生误操作	否决	①发生拉错开关每次扣5分 ②发生带负荷拉刀闸、带电合接地刀闸等恶性误操作造成停电事故扣52分 ③操作错设备但由于五防系统未造成误操作后果每次扣5分		

2.2.20 BZ4XG0101 讲述主变压器操作原则、要求及注意事项

一、作业

（一）工器具、材料、设备

1. 工器具：无。

2. 材料：无。

3. 设备：无。

（二）安全要求

在规定时间内完成论述。

（三）操作步骤及工艺要求（含注意事项）

1. 正确描述主变压器操作原则、要求。

2. 正确描述主变压器操作注意事项。

3. 完成考评员现场随机提问。

二、考核

（一）考核场地

无。

（二）考核时间

考核时间为10min。

（三）考核要点

准确、完整地讲述主变压器操作原则、要求及注意事项，并回答现场考评员随机的提问。

三、评分标准

行业：电力工程		工种：变电站值班员				等级：中级工	
编号	BZ4XG0101	行为领域	f	鉴定范围			
考核时限	10min	题型	A	满分	100分	得分	
试题名称	讲述主变压器操作原则、要求及注意事项						
考核要点及其要求	(1) 准确、完整地讲述主变压器操作原则、要求及注意事项，并回答现场考评员随机的提问 (2) 着装整洁，准考证、身份证齐全 (3) 遵守考场规定，按时独立完成						
现场设备、工器具、材料	(1) 工器具：无 (2) 材料：无 (3) 设备：无						
备注							

			评分标准				
序号	考核项目名称	质量要求	分值	扣分标准	扣分原因	得分	
1	论述主变压器操作原则、要求	检查要停电变压器、运行变压器负荷分配	10	论述不正确扣10分			

序号	考核项目名称	质量要求	分值	扣分标准	扣分原因	得分
1	论述主变压器操作原则、要求	切换变压器中性点间隙保护、变压器停送电操作、临时中性点接地时，可不改变间隙保护投退状态	10	论述不正确扣10分		
		将停电变压器低压负荷转移至运行变压器或将其停电	10	论述不正确扣10分		
		停电变压器从运行转热备用，按照从低压侧到高压侧的顺序操作，送电顺序与此相反	10	论述不正确扣10分		
		停电变压器从热备用转冷备用，按照现场设备布置合理安排操作顺序，送电时顺序与此相同	10	论述不正确扣10分		
2	论述主变压器操作注意事项	某侧电压互感器停运或断路器停电等造成变压器某侧二次失去电压，退出变压器保护该侧的电压	10	论述不正确扣10分		
		对三绕组变压器复合电压闭锁过流保护，如果采用三侧复合电压回路并联闭锁变压器某一侧或各侧过流，则变压器任一侧断路器单独停电时，拉开断路器后退出该侧复合电压闭锁功能	10	论述不正确扣10分		
		新投运或大修后的变压器应进行核相，确认无误后方可并列运行	10	论述不正确扣10分		
		新安装变压器投入运行，以额定电压冲击五次；大修（含更换线圈）的变压器冲击三次	10	论述不正确扣10分		
3	回答考评员现场随机提问	回答正确、完整	10	回答不正确一次扣5分，直至扣完		
4	考场纪律	独立完成，遵守考场纪律	否决	在考场内被发现夹带作弊、交头接耳等扣100分；考试现场不服从考评员安排或顶撞者，取消考评资格		

2.2.21　BZ4XG0102　简述"事故照明切换检查"的步骤

一、作业

（一）工器具、材料、设备

1. 工器具：无。

2. 材料：无。

3. 设备：无。

（二）安全要求

在规定时间内完成论述。

（三）操作步骤及工艺要求（含注意事项）

1. 切换检查直接由直流电源供电的事故照明回路。

2. 切换检查正常由交流电源供电的事故照明回路。

3. 完成考评员现场随机提问。

二、考核

（一）考核场地

无。

（二）考核时间

考核时间为 10min。

（三）考核要点

准确、完整地论述"事故照明切换检查"的步骤，并回答现场考评员随机的提问。

三、评分标准

行业：电力工程　　　　　　工种：变电站值班员　　　　　　等级：中级工

编号	BZ4XG0102	行为领域	f	鉴定范围			
考核时限	10min	题型	A	满分	100 分	得分	
试题名称	简述"事故照明切换检查"的步骤						
考核要点 及其要求	（1）正确、完整地论述"事故照明切换检查"的步骤 （2）着装整洁，准考证、身份证齐全 （3）遵守考场规定，按时独立完成						
现场设备、 工器具、材料	（1）工器具：无 （2）材料：无 （3）设备：无						
备注							

评分标准

序号	考核项目名称	质量要求	分值	扣分标准	扣分原因	得分
1	工作准备		20			
1.1	人员准备	至少由两人一起进行	5	单人进行检查扣 5 分		
1.2	材料准备	应穿戴正确、无一遗漏；工作中的操作工具准备完备	5	不按规定穿着每处扣 1 分；工作工具准备不充分扣 1 分		

序号	考核项目名称	质量要求	分值	扣分标准	扣分原因	得分
1.3	切换前检查	检查直流屏事故照明电源开关在合位	5	未检查直流屏事故照明电源开关在合位扣5分		
		检查交流屏事故照明开关（隔离开关）在合位	5	未检查交流屏事故照明开关（隔离开关）在合位扣5分		
2	工作过程		70			
2.1	直接由直流电源供电的事故照明回路	合上照明电源开关	7	未合上照明电源开关扣7分		
		检查照明正常	7	未检查照明正常扣7分		
		拉开照明电源开关	7	未拉开照明电源开关扣7分		
2.2	正常由交流电源供电的事故照明回路	合上照明电源开关	7	未合上照明电源开关扣7分		
		检查照明正常，此时由交流电源供电	7	未检查照明正常扣7分		
		拉开交流屏事故照明开关（或刀闸）	7	未拉开交流屏事故照明开关（或刀闸）扣7分		
		照明回路切换为直流电源供电，检查交流接触器返回，直流接触器动作，检查照明正常	7	未检查交流接触器返回，直流接触器动作，检查照明正常扣7分		
		合上交流屏事故照明开关（或刀闸）	7	未合上交流屏事故照明开关（或刀闸）扣7分		
		照明回路切换交流电源供电，检查直流接触器返回，交流接触器动作，检查照明正常	7	未检查直流接触器返回，交流接触器动作，检查照明正常扣7分		
		拉开照明电源开关	7	未拉开照明电源开关扣7分		
3	回答考评员现场随机提问	回答正确、完整	10	回答不正确一次扣5分，直至扣完		
4	考场纪律	独立完成，遵守考场纪律	否决	在考场内被发现夹带作弊、交头接耳等扣100分；考试现场不服从考评员安排或顶撞者，取消考评资格		

2.2.22 BZ4XG0103 简述"普测蓄电池"的步骤

一、作业

（一）工器具、材料、设备

1. 工器具：万用表。

2. 材料：蓄电池测试记录表、笔。

3. 设备：蓄电池组。

（二）安全要求

在规定时间内完成论述。

（三）操作步骤及工艺要求（含注意事项）

1. 测试单只蓄电池电压并记录。

2. 发现电压异常或漏液、外壳变形的蓄电池上报缺陷。

3. 完成考评员现场随机提问。

二、考核

（一）考核场地

备有蓄电池组。

（二）考核时间

考核时间为 10min。

（三）考核要点

准确、完整地论述"普测蓄电池"的步骤，并回答现场考评员随机的提问。

三、评分标准

行业：电力工程　　　　　　　　工种：变电站值班员　　　　　　等级：中级工

编号	BZ4XG0103	行为领域	f		鉴定范围		
考核时限	10min	题型	A	满分	100分	得分	
试题名称	简述"普测蓄电池"的步骤						
考核要点及其要求	（1）正确、完整地论述"普测蓄电池"的步骤 （2）着装整洁，准考证、身份证齐全 （3）遵守考场规定，按时独立完成						
现场设备、工器具、材料	（1）工器具：万用表 （2）材料：蓄电池测试记录表、笔 （3）设备：蓄电池组						
备注							

			评分标准				
序号	考核项目名称	质量要求	分值	扣分标准		扣分原因	得分
1	工作准备		10				
1.1	蓄电池测试周期	每周测试一次代表电池电压，每月普测一次全部电池电压	2	测试周期不正确扣2分			

254

序号	考核项目名称	质量要求	分值	扣分标准	扣分原因	得分
1.2	人员安排	至少由两人一起进行	3	单人进行检查扣3分		
1.3	材料准备	应穿戴正确无一遗漏；工作中的操作工具准备完备	5	不按规定穿戴一处扣1分；工作工具准备不充分扣1分，直至扣完		
2	工作过程		80			
2.1	记录蓄电池室温度	蓄电池温度不得高于26°	10	未记录蓄电池室温度扣10分		
2.2	打开万用表	万用表选择合适的档位，一般用直流10V档	15	万用表档位选择不当扣15分		
2.3	蓄电池测量	测试人测试单只蓄电池电压并口述，记录人复诵并记录	15	测试人未测试单只蓄电池电压并口述，记录人未复诵并记录扣15分		
2.4	检查蓄电池	检查蓄电池无漏液、外壳变形	15	未检查蓄电池无漏液、外壳变形扣15分		
		检查蓄电池室封堵完好	15	未检查蓄电池室封堵完好扣15分		
2.5	测试结束	关好蓄电池室门并锁好	10	未关闭蓄电池室门，未上锁扣10分		
3	回答考评员现场随机提问	回答正确、完整	10	回答不正确一次扣5分，直至扣完		
4	考场纪律	独立完成，遵守考场纪律	否决	考试现场不服从考评员安排或顶撞者，取消考评资格		

第三部分　高　级　工

1 理论试题

1.1 单选题

La3A1001 一台降压变压器，如果一次绕组和二次绕组用同样材料和同样截面积的导线绕制，在加压使用时，将出现（   ）。

（A）两绕组发热量一样；（B）二次绕组发热量较大；（C）一次绕组发热量较大；（D）二次绕组发热量较小。

答案：**B**

La3A1002 在发生非全相运行时，应闭锁（   ）保护。

（A）零序三段；（B）距离一段；（C）高频；（D）失灵。

答案：**B**

La3A1003 在大电流系统中，发生单相接地故障时，零序电流和通过故障点的电流在相位上（   ）。

（A）同相位；（B）相差 90°；（C）相差 45°；（D）相差 120°。

答案：**A**

La3A1004 断开熔断器时先拉正极后拉（   ），合熔断器时与此相反。

（A）保护；（B）信号；（C）正极；（D）负极。

答案：**D**

La3A2005 中性点经消弧线圈接地系统，发生单相非金属性接地，非故障相对地电压（   ）。

（A）不变；（B）升高 3 倍；（C）降低；（D）略升高。

答案：**D**

La3A2006 现场规程宜每（   ）进行一次全面修订、审定并印发。

（A）每年；（B）1～2 年；（C）3～5 年；（D）5～6 年。

答案：**C**

La3A2007 接地网除了起保护接地的作用外，还主要起（   ）作用。

（A）设备放电；（B）构成回路；（C）作为零电压；（D）工作接地。

答案：**D**

La3A2008 以下不属于断路器液压机构的闭锁方式的是（　　）。

（A）电气闭锁；（B）防慢分阀；（C）防误闭锁；（D）机械闭锁。

答案：**C**

La3A2009 电力系统在很小的干扰下，能独立地恢复到它初始运行状况的能力，称为（　　）。

（A）初态稳定；（B）静态稳定；（C）系统的抗干扰能力；（D）动态稳定。

答案：**B**

La3A2010 断路器连接瓷套法兰所用的橡皮垫压缩量不宜超过其厚度的（　　）。

（A）1/5；（B）1/3；（C）1/2；（D）1/4。

答案：**B**

La3A2011 硅胶的吸附能力在油温（　　）时最佳。

（A）75℃；（B）20℃；（C）0℃；（D）50℃。

答案：**B**

La3A2012 电容器组的差压保护反映电容器的（　　）故障。

（A）内部；（B）外部短路；（C）单相接地；（D）都不对。

答案：**A**

La3A2013 当500kV变电站发生全站失电时，恢复供电首先要考虑（　　）。

（A）500kV系统；（B）220kV系统；（C）所用电系统；（D）35kV系统。

答案：**C**

La3A2014 220kV变电站的全站电量不平衡率一般要求不超过（　　）。

（A）−1.0％～2.0％；（B）0.5％～1.5％；（C）±1.0％；（D）1.0％～1.5％。

答案：**B**

La3A2015 在中性点非直接接地的电网中，母线一相电压为0，另两相电压为相电压，这是（　　）现象。

（A）单相接地；（B）单相断线不接地；（C）两相断线不接地；（D）PT熔丝熔断。

答案：**D**

La3A3016 变压器并联运行的理想状况：空载时，并联运行的各台变压器绕组之间（　　）。

（A）无电压差；（B）同相位；（C）连接组别相同；（D）无环流。

答案：**D**

La3A3017 500kV 变压器过励磁保护反映的是（　　）。

（A）励磁电流；（B）励磁电压；（C）励磁电抗；（D）励磁电容。

答案：**B**

La3A3018 当电力系统无功容量严重不足时，会使系统（　　）。

（A）稳定；（B）瓦解；（C）电压质量下降；（D）电压质量上升。

答案：**B**

La3A3019 各种保护连接片、切换把手、按钮均应标明（　　）。

（A）名称；（B）编号；（C）用途；（D）切换方向。

答案：**A**

La3A3020 电力企业职工因违反制度规程、不服从调度指令，而造成（　　）的，将依法追究刑事责任。

（A）运行障碍；（B）事故；（C）重大事故；（D）特别重大事故。

答案：**C**

La3A3021 电容器的电容允许值最大变动范围为（　　）。

（A）＋10.0％；（B）＋5.0％；（C）＋7.5％；（D）＋2.5％。

答案：**A**

La3A3022 电流表和电压表串联附加电阻后，（　　）能扩大量程。

（A）电流表；（B）电压表；（C）都不能；（D）都能。

答案：**B**

La3A3023 以下哪项不会造成断路器液压机构的油泵打压频繁（　　）。

（A）放油阀密封不良漏油；（B）储压筒活塞轻微渗油；（C）微动开关的停泵、启泵距离不匹配；（D）高压油路漏油。

答案：**B**

La3A3024 功率表在接线时正负的规定是（　　）。

（A）电流有正负，电压无正负；（B）电流无正负，电压有正负；（C）电流、电压均有正负；（D）电流、电压均无正负。

答案：**C**

La3A3025 在正常运行情况下，中性点不接地系统中性点位移电压不得超过（　　）。

（A）15％；（B）10％；（C）5％；（D）20％。

答案：**A**

La3A3026 产生电压崩溃的原因为（　　）。

（A）无功功率严重不足；（B）有功功率严重不足；（C）系统受到小的干扰；（D）系统发生短路。

答案：A

La3A4027 当电容器电流达到额定电流的（　　），应将电容器退出运行。

（A）1.1倍；（B）1.2倍；（C）1.3倍；（D）1.5倍。

答案：C

La3A4028 PMS记录中，以下哪一项不属于变电巡视类型（　　）。

（A）正常巡视；（B）全面巡视；（C）周期巡视；（D）特殊巡视。

答案：C

La3A4029 在接地故障线路上，零序功率方向（　　）。

（A）与正序功率同方向；（B）与正序功率反方向；（C）与负序功率同方向；（D）与负荷功率同方向。

答案：B

La3A4030 电压表的内阻为3kΩ，最大量程为3V，先将它串联一个电阻改装成一个15V的电压表，则串联电阻的阻值为（　　）kΩ。

（A）3；（B）9；（C）12；（D）24。

答案：C

La3A4031 220kV及以上变压器新油电气绝缘强度为（　　）kV以上。

（A）30；（B）35；（C）40；（D）45。

答案：C

La3A4032 进行倒母线操作时，应将（　　）操作直流熔断器拉开。

（A）旁路断路器；（B）所用变断路器；（C）母联断路器；（D）线路断路器。

答案：C

La3A4033 当双侧电源线路两侧重合闸均投入检查同期方式时，将造成（　　）。

（A）两侧重合闸均启动；（B）非同期合闸；（C）两侧重合闸均不启动；（D）一侧重合闸启动，另一侧不启动。

答案：C

La3A4034 变压器负载增加时将出现（　　）。

（A）一次侧电流保持不变；（B）一次侧电流减小；（C）一次侧电流随之相应增加；（D）二次侧电流不变。

答案：**C**

La3A5035 在对称三相非正弦星接电路中，线电压与相电压有效值的关系是（　　）。

（A）$U_l=1.73U_p$；（B）$U_l>1.73U_p$；（C）$U_l<1.73U_p$；（D）$U_l=3U_p$。

答案：**C**

La3A5036 变压器气体继电器、差动保护、过电流保护均动作，防爆管爆破，三相电流不平衡，三相电压不平衡，这表明变压器发生了（　　）。

（A）断线故障；（B）相间短路故障；（C）线圈匝间短路故障；（D）其他故障。

答案：**B**

La3A5037 审查工作票所列安全措施是否正确完备，是否符合现场条件的人员是（　　）。

（A）工作班成员；（B）工作许可人；（C）工作负责人；（D）工作票签发人。

答案：**B**

Lb3A1038 A级绝缘的变压器规定最高使用温度为（　　）。

（A）100℃；（B）105℃；（C）110℃；（D）115℃。

答案：**B**

Lb3A1039 接入距离保护的阻抗继电器的测量阻抗与（　　）。

（A）电网运行方式无关；（B）短路形式无关；（C）保护安装处至故障点的距离成正比；（D）系统故障、振荡有关。

答案：**C**

Lb3A1040 变压器出现（　　）情况时可不立即停电处理。

（A）内部声响很大，很不均匀，有爆裂声；（B）油枕或防爆管喷油；（C）油色变化过甚，油内出现炭质；（D）轻瓦斯保护告警。

答案：**D**

Lb3A2041 母线复役充电时，用母联断路器对母线充电，则应启用（　　）。

（A）母差保护中的充电保护；　（B）长充电保护；　（C）充电保护和长充电保护；（D）母差保护。

答案：**A**

Lb3A2042 额定电压为 1kV 以上的变压器绕组，在测量绝缘电阻时，必须用（   ）。

（A）1000V 兆欧表；（B）2500V 兆欧表；（C）500V 兆欧表；（D）200V 兆欧表。

答案：B

Lb3A2043 对电力系统的稳定性干扰最严重的是（   ）。

（A）投切大型空载变压器；（B）发生三相短路故障；（C）系统内发生大型两相接地短路；（D）发生单相接地。

答案：B

Lb3A2044 油浸式互感器应直立运输，倾角不得超过（   ）。

（A）15°；（B）25°；（C）35°；（D）45°。

答案：A

Lb3A2045 以下不属于电流互感器的接线方式的是（   ）。

（A）负序接线；（B）星形接线；（C）三角接线；（D）零序接线。

答案：A

Lb3A2046 三相电容器之间的差值不应超过单相总容量的（   ）。

（A）1％；（B）5％；（C）10％；（D）15％。

答案：B

Lb3A2047 电流表、电压表本身的阻抗规定是（   ）。

（A）电流表阻抗较小、电压表阻抗较大；（B）电流表阻抗较大、电压表阻抗较小；（C）电流表、电压表阻抗相等；（D）电流表阻抗等于 2 倍电压表阻抗。

答案：A

Lb3A2048 用节点电压法求解电路时，应首先列出（   ）独立方程。

（A）比节点少一个的；（B）与回路数相等的；（C）与节点数相等的；（D）比节点多一个的。

答案：A

Lb3A3049 强送的定义是（   ）。

（A）设备带标准电压但不带负荷；（B）对设备充电并带负荷；（C）设备因故障跳闸后，未经检查即送电；（D）设备因故障跳闸后经初步检查后再送电。

答案：C

Lb3A3050 SCADA 的含义是（   ）。

（A）监视控制、数据采集；（B）能量管理；（C）调度员模拟真；（D）安全管理。

答案：A

Lb3A3051 电容器的无功输出功率与电容器的电容（　　　）。

（A）成反比；（B）成正比；（C）成比例；（D）不成比例。

答案：**B**

Lb3A3052 发生（　　　）情况需要联系调度处理。

（A）电容器爆炸；（B）环境温度超过 40℃；（C）人身触电；（D）套管油漏油。

答案：**D**

Lb3A3053 电源频率增加 1 倍，变压器绕组的感应电动势（　　　）。

（A）增加 1 倍；（B）不变；（C）略有降低；（D）略有增加。

答案：**A**

Lb3A3054 在屋外变电站和高压室内搬动梯子等长物时，应（　　　）

（A）两人搬运且与带电部分保持足够的安全距离；（B）两人放倒搬运且与带电部分保持足够的安全距离；（C）单人放倒搬运，注意与带电部分保持足够的安全距离；（D）三人搬运，一人负责监护。

答案：**B**

Lb3A3055 铁磁谐振过电压一般为（　　　）。

（A）1～1.5 倍相电压；（B）5 倍相电压；（C）2～3 倍相电压；（D）1～1.2 倍相电压。

答案：**C**

Lb3A3056 下面哪一条不是对继电保护装置的基本要求（　　　）。

（A）可靠性；（B）灵敏度；（C）快速性；（D）安全性。

答案：**D**

Lb3A4057 既能保护本线路全长，又能保护相邻线路全长的保护是（　　　）。

（A）距离Ⅰ段；（B）距离Ⅱ段；（C）距离Ⅲ段；（D）高频距离保护。

答案：**C**

Lb3A4058 一般电气设备的标示牌为（　　　）。

（A）白底红字红边；（B）白底红字绿边；（C）白底黑字黑边；（D）白底红字黑边。

答案：**A**

Lb3A4059 在 220/110kV 单相变压器的 110kV 侧接一个 100Ω 的负载，不考虑变压器阻抗影响，相当于在 220kV 电源侧直接连接一个（　　　）Ω 的负载，电源输出功率不变。

(A) 400；(B) 200；(C) 100；(D) 25。

答案：**A**

Lb3A4060 两只额定电压相同的电阻串联在适当的电压上，则额定功率大的电阻
(   )。

(A) 发热量较大；(B) 发热量较小；(C) 与功率小的发热量相同；(D) 不能确定。

答案：**B**

Lb3A4061 互感器的呼吸孔的塞子有垫片时，带电前 (   )。

(A) 应将其取下；(B) 不取下；(C) 取不取都可以；(D) 应请示领导。

答案：**A**

Lb3A4062 变电站的综合分析要 (   )。

(A) 每周一次；(B) 两周一次；(C) 每月进行一次；(D) 半年一次。

答案：**C**

Lb3A5063 按照反措要点的要求，对于有两组跳闸线圈的断路器，(   )。

(A) 其每一跳闸回路应分别由专用的直流熔断器供电；(B) 两组跳闸回路可共用一组直流熔断器供电；(C) 其中一组由专用的直流熔断器供电，另一组可与一套主保护共用一组直流熔断器；(D) 与保护公用直流电源共用一组直流熔断器。

答案：**A**

Lb3A5064 为解决系统无功电源容量不足、提高功率因素、改善电压质量、降低线损，可采用 (   )。

(A) 串联电容和并联电抗；(B) 串联电容；(C) 并联电容；(D) 并联电抗。

答案：**C**

Lb3A5065 单相重合闸，下列说法正确的是 (   )

(A) 相间故障跳故障相，不重合；(B) 单相故障跳单相，重合单相，重合不成跳三相不重合，相间故障跳三相，不重合；(C) 相间故障跳三相，重合三相；(D) 单相永久性故障跳三相，不重合。

答案：**B**

Lc3A1066 电缆敷设图纸中不包括 (   )。

(A) 电缆芯数；(B) 电缆截面；(C) 电缆长度；(D) 电缆走向。

答案：**C**

Lc3A2067 一般自动重合闸的动作时间取（   ）。

（A）0.3～2s；（B）0.5～3s；（C）1.2～9s；（D）1～2.0s。

答案：**B**

Lc3A2068 电流互感器的零序接线方式，在运行中（   ）。

（A）只能反映零序电流，用于零序保护；（B）能测量零序功率；（C）能测量零序电压和零序电流；（D）只测量零序电压。

答案：**A**

Lc3A2069 双母线系统的两组电压互感器二次回路采用自动切换的接线，切换继电器的触点（   ）。

（A）应采用同步接通与断开的触点；（B）应采用先断开、后接通的触点；（C）应采用先接通、后断开的触点；（D）对触点的断开顺序不作要求。

答案：**C**

Lc3A2070 用于计算电费的电能表应配置电流互感器的准确等级为（   ）。

（A）3级；（B）2级；（C）0.2级；（D）无要求。

答案：**C**

Lc3A2071 当故障发生在母联断路器与母联 TA 之间时会出现动作死区，此时母线差动保护应该（   ）。

（A）启动远方跳闸；（B）启动母联失灵（或死区）保护；（C）启动失灵保护及远方跳闸；（D）退出母差。

答案：**B**

Lc3A2072 高频闭锁距离保护的优点是（   ）。

（A）串补电容对其无影响；（B）在电压二次断线时不会误动；（C）能快速地反映各种对称和不对称故障；（D）系统振荡无影响，不需要采取任何措施。

答案：**C**

Lc3A3073 三相三线式变压器中，各相负荷的不平衡度不许超过（   ）；在三相四线式变压器中，不平衡电流引起的中性线电流不许超过低压绕组额定电流的（   ）。

（A）20%、25%；（B）25%、25%；（C）25%、20%；（D）10%、15%。

答案：**A**

Lc3A3074 变压器的接线组别表示的是变压器高、低压侧（   ）间的相位关系。

（A）线电流；（B）相电流；（C）零序电流；（D）线电压。

答案：**D**

Lc3A3075 用有载调压变压器的调压装置进行调整电压时，对系统来说（　　）。

（A）作用不大；（B）能提高功率因数；（C）不能补偿无功不足的情况；（D）降低功率因数。

答案：**C**

Lc3A4076 停低频率减负荷装置时，正确的操作是（　　）。

（A）只停跳闸连接片，不停放电连接片；（B）只停放电连接片，不停跳闸连接片；（C）放电连接片、跳闸连接片均应停用；（D）放电连接片、跳闸连接片均应不停。

答案：**C**

Lc3A4077 在倒母线操作时，对微机母差保护差电流的影响，下列（　　）说法是正确的。

（A）影响小差电流；（B）影响大差电流；（C）既影响小差电流，又影响大差电流；（D）对差流无任何影响。

答案：**A**

Lc3A4078 故障切除的总时间等于保护装置和（　　）动作时间之和。

（A）断路器；（B）隔离开关；（C）刀闸；（D）火花间隙。

答案：**A**

Lc3A4079 自耦变压器公共线圈过负荷保护是为了防止（　　）供电时，公共线圈过负荷而设置的。

（A）高压侧向中、低压侧；（B）低压侧向高、中压侧；（C）中压侧向高、低压侧；（D）高压侧向中压侧。

答案：**C**

Lc3A4080 变压器装设的差动保护，对变压器来说一般要求是（　　）。

（A）所有变压器均装设；（B）视变压器的使用性质而定；（C）1500kV·A以上的变压器要装设；（D）8000kV·A以上的变压器要装设。

答案：**C**

Lc3A5081 变压器的有载调压装置动作失灵的原因是（　　）。

（A）变压器的油位过低、过高；（B）变压器的油温过低、过高；（C）传动机构脱扣及销子脱落；（D）变压器在备用状态。

答案：**C**

Lc3A5082 高压断路器的极限通过电流是指（　　）。

（A）断路器在合闸状态下能承载的峰值电流；（B）断路器正常通过的最大电流；（C）在系统发生故障时断路器通过的最大故障电流；（D）单相接地电流。

答案：A

Jd3A1083 一台降压变压器，如果一次绕组和二次绕组用同样材料和同样（　　）的导线绕制，在加压使用时，将出现二次绕组发热量较大。

（A）强度；（B）截面积；（C）绝缘性；（D）耐热能力。

答案：B

Jd3A1084 当开关合闸线圈的端电压低于额定值的 $80\%\sim85\%$ 时，可能产生下列（　　）后果。

（A）使开关合闸速度变慢；（B）故障电流比较大，不利于电弧的熄灭；（C）造成开关拒动；（D）造成开关误动。

答案：C

Jd3A1085 采取无功补偿装置调整系统电压时，对系统来说（　　）。

（A）调整电压的作用不明显；（B）既补偿了系统的无功容量，又提高了系统的电压；（C）不起无功补偿的作用；（D）调整电容电流。

答案：B

Jd3A1086 配置双母线完全电流差动保护的母线倒闸操作过程中，当出线母线侧两组隔离开关双跨两组母线时，母线差动保护选择元件（　　）的平衡被破坏。

（A）跳闸回路；（B）直流回路；（C）电压回路；（D）差流回路。

答案：D

Jd3A2087 按照《反措》要点的要求，防跳继电器的电流线圈应（　　）。

（A）与断路器跳闸线圈并联；（B）串接在出口触点与断路器跳闸回路之间；（C）与断路器跳闸出口触点并联；（D）无规定。

答案：B

Jd3A2088 安装在变电站内的表用互感器的准确级为（　　）。

（A）0.5～1.0 级；（B）1.0～2.0 级；（C）2.0～3.0 级；（D）1.0～3.0 级。

答案：A

Jd3A2089 在小电流系统中，某处发生单相接地时，母线 TV 开口三角电压为（　　）。

（A）故障点距母线越近，电压越高；（B）故障点距母线越近，电压越低；（C）不管距离远近，基本上电压一样高；（D）正常系统电压。

答案：C

Jd3A2090 新安装的阀控密封蓄电池组，应进行核对性放电试验。以后每隔（ ）进行一次核对性放电试验。运行了（ ）以后的蓄电池组，每年做一次核对性放电试验。

（A）1年，3年；（B）2年，4年；（C）3年，5年；（D）3年，6年。

答案：D

Jd3A2091 变压器的油枕容积应保证变压器在环境温度为（ ）停用时，油枕中要经常有油存在。

（A）-20℃；（B）-10℃；（C）-30℃；（D）0℃。

答案：C

Jd3A2092 以下（ ）情况主变压器重瓦斯不动作。

（A）主变压器铁芯与绕组间严重短路；（B）主变压器全部油泵同时启动，本体油箱与油枕间油剧烈流动；（C）主变压器大盖着火；（D）主变压器内部高压侧绕组严重匝间短路。

答案：C

Jd3A3093 不灵敏一段的保护定值是按躲开（ ）整定的。

（A）线路出口短路电流值；（B）末端接地电流值；（C）非全相运行时的不平衡电流值；（D）线路末端短路电容。

答案：C

Jd3A3094 快速切除线路任意一点故障的主保护是（ ）。

（A）接地距离保护；（B）零序电流保护；（C）纵联保护；（D）相间距离保护。

答案：C

Jd3A3095 为了改善断路器多断口之间的均压性能，通常采用在断口上并联（ ）的措施。

（A）电阻；（B）电感；（C）电容；（D）电阻和电容。

答案：C

Jd3A3096 关于变压器瓦斯保护，下列说法中错误的是（ ）。

（A）0.8MV·A及以上油浸式变压器应装设瓦斯保护；（B）变压器的有载调压装置无需另外装设瓦斯保护；（C）当本体内故障产生轻微瓦斯或油面下降时，瓦斯保护应动作于信号；（D）当产生大量瓦斯时，应动作于断开变压器各侧断路器。

答案：B

Jd3A3097 油浸式变压器装有气体继电器时，顶盖沿气体继电器方向的升高坡度为（　　）。

(A) 1‰以下；(B) 1‰～1.5‰；(C) 2‰～4‰；(D) 4‰～6‰。

答案：B

Jd3A3098 功率因数用 $\cos\varphi$ 表示，其大小为（　　）。

(A) $\cos\varphi=P/Q$；(B) $\cos\varphi=R/Z$；(C) $\cos\varphi=R/S$；(D) $\cos\varphi=X/R$。

答案：B

Jd3A3099 变压器油温与（　　）有关。

(A) 环境温度；(B) 变压器负荷；(C) 变压器内部故障；(D) 其他三项都。

答案：D

Jd3A3100 下列不属于电力法的内容有（　　）。

(A) 电力供应与使用；(B) 电价与电费；(C) 农村电力建设和农村用电；(D) 电力职业培训制度。

答案：D

Jd3A3101 伸缩接头故障多发生在（　　）。

(A) 10kV 少油断路器上的伸缩接头上；(B) 户内母线伸缩接头上；(C) 户外母线伸缩接头上；(D) 说法都不对。

答案：A

Jd3A3102 新安装或更换线圈的变压器投入运行时，应以额定电压进行合闸冲击加压试验。大修（含更换线圈）的变压器冲击（　　）次。

(A) 1；(B) 2；(C) 3；(D) 4。

答案：C

Jd3A3103 产生频率崩溃的原因为（　　）。

(A) 无功功率严重不足；(B) 有功功率严重不足；(C) 系统受到小的干扰；(D) 系统发生短路。

答案：B

Jd3A3104 变压器充电时，应注意检查电源电压，使充电后变压器各侧电压不超过其相应分接头电压的（　　）。

(A) 3‰；(B) 5‰；(C) 10‰；(D) 15‰。

答案：B

Jd3A3105　无人值班变电站的远动模式分为两种，即常规远动模式和（　　）模式。

（A）综合自动化；（B）遥控；（C）自动控制；（D）无人值守。

答案：A

Jd3A3106　在小电流接地系统中发生单相接地时（　　）。

（A）过流保护动作；（B）速断保护动作；（C）接地保护动作；（D）低频保护动作。

答案：C

Jd3A4107　对于同一电容器，两次连续投切之间应断开（　　）时间以上。

（A）5min；（B）10min；（C）30min；（D）60min。

答案：A

Jd3A4108　变压器阻抗电压是变压器的重要参数之一，它是通过变压器（　　）而得到的。

（A）冲击试验；（B）短路试验；（C）带负荷试验；（D）空载试验。

答案：B

Jd3A4109　220kV 线路强送电准则：对故障为（　　）者，一般不宜强送。

（A）单相接地；（B）两相短路；（C）三相短路；（D）两相或三相短路。

答案：D

Jd3A4110　有一块内阻为 0.15Ω、最大量程为 1A 的电流表，先将它并联一个 0.05Ω 的电阻，则这块电流表的量程将扩大为（　　）。

（A）3A；（B）4A；（C）2A；（D）6A。

答案：B

Jd3A4111　关于电压互感器和电流互感器二次接地正确的说法是（　　）。

（A）电压互感器二次接地属保护接地，电流互感器属工作接地；（B）电压互感器二次接地属工作接地，电流互感器属保护接地；（C）均属工作接地；（D）均属保护接地。

答案：D

Jd3A5112　双微机保护停用重合闸顺序（　　）

（A）退出合闸出口压板，重合闸切换开关切至"停用"，投入沟通三跳压板；（B）重合闸切换开关切至"停用"，退出合闸出口压板，投入沟通三跳压板；（C）投入沟通三跳压板，重合闸切换开关切至"停用"，退出合闸出口压板；（D）投入沟通三跳压板，退出合闸出口压板，重合闸切换开关切至"停用"。

答案：C

Jd3A5113 串联谐振的电路的特征是（　　）。

（A）电路阻抗最小（$Z=R$）、电压一定时电流最大，电容或电感两端电压为电源电压的 Q 倍；（B）电路阻抗最大 $[Z=1/(RC)]$、电流一定时电压最大，电容中的电流为电源电流的 Q 倍，品质因数 Q 值较大时，电感中电流近似为电源电流的 Q 倍；（C）电流、电压均不变；（D）电流最大。

答案：**A**

Jd3A5114 关于变压器事故跳闸的处理原则，下列（　　）说法是错的。

（A）若主保护（瓦斯、差动等）动作，未查明原因消除故障前不得送电；（B）如只是过流保护（或低压过流）动作，检查主变无问题可以送电；（C）如因线路故障，保护越级动作引起变压器跳闸，则故障线路开关断开后，可恢复变压器运行；（D）若系统需要，即使跳闸原因尚未查明，调度员仍可自行下令对跳闸变压器进行强送电。

答案：**D**

Jd3A5115 按照反措要点的要求，保护跳闸连接片（　　）。

（A）开口端应装在上方，接到断路器的跳闸线圈回路；（B）开口端应装在下方，接到断路器的跳闸线圈回路；（C）开口端应装在上方，接到保护的跳闸出口回路；（D）开口端应装在下方，接到保护的跳闸出口回路。

答案：**A**

Je3A1116 变压器的温度升高时，绝缘电阻测量值（　　）。
（A）增大；（B）降低；（C）不变；（D）成比例增长。

答案：**B**

Je3A1117 系统向用户提供的无功功率越小，用户电压就（　　）。
（A）无变化；（B）越合乎标准；（C）越低；（D）越高。

答案：**C**

Je3A1118 更换配变熔丝元件时，应先拉开低压、高压刀闸或用负荷开断器，摘熔丝管须使用（　　）。

（A）绝缘棒；（B）绝缘棒、绝缘手套；（C）高压电笔；（D）核相棒。

答案：**B**

Je3A2119 零序电流的分布主要取决于（　　）。

（A）发电机是否接地；（B）变压器中性点接地的数目；（C）用电设备的外壳是否接地；（D）故障电流。

答案：**B**

Je3A2120 距离保护第一段动作时间是（   ）。

（A）绝对零秒；（B）保护装置与断路器固有的动作时间；（C）可以按需要而调整；（D）0.1s。

答案：**B**

Je3A2121 分析和计算复杂电路的基本依据是（   ）。

（A）欧姆定律；（B）基尔霍夫定律；（C）基尔霍夫定律和欧姆定律；（D）节点电压法。

答案：**C**

Je3A2122 调相机不具备的作用是（   ）。

（A）向系统输送无功功率；（B）改善功率因数；（C）降低网络中的损耗；（D）向系统输送有功功率。

答案：**D**

Je3A2123 在直接接地系统中，当接地电流大于1000A时，变电站接地网的接地电阻不应大于（   ）。

（A）5Ω；（B）2Ω；（C）0.5Ω；（D）4Ω。

答案：**C**

Je3A2124 操作人、监护人必须明确操作目的、任务、作业性质、停电范围和（   ），做好倒闸操作准备。

（A）操作顺序；（B）操作项目；（C）时间；（D）带电部位。

答案：**C**

Je3A2125 当系统发生故障时，正确地切断离故障点最近的断路器，是继电保护的（   ）的体现。

（A）快速性；（B）选择性；（C）可靠性；（D）灵敏度。

答案：**B**

Je3A2126 母线保护用的电流互感器，一般要求在最不利的区外故障条件下，误差电流不超过最大故障电流的（   ）。

（A）5％；（B）10％；（C）15％；（D）3％。

答案：**B**

Je3A3127 倒闸操作时，如隔离开关没合到位，允许用（   ）进行调整，但要加强监护。

（A）绝缘杆；（B）绝缘手套；（C）验电器；（D）干燥木棒。

答案：**A**

Je3A3128 电容器中性母线应刷（　　）色。

（A）黑；（B）赭；（C）灰；（D）紫。

答案：**B**

Je3A3129 变更工作票中工作负责人的规定是（　　）

（A）工作签发人同意即可；（B）应由工作票签发人同意并通知工作许可人，工作许可人将变动情况记录在工作票上；（C）工作许可人同意即可；（D）无所谓。

答案：**B**

Je3A3130 某变电站电压互感器的开口三角形 B 相接反，则正常运行时，如一次侧运行电压为 110kV，开口三角形的输出为（　　）。

（A）0V；（B）100V；（C）200V；（D）220V。

答案：**C**

Je3A3131 电容器的容抗与（　　）成反比。

（A）电压；（B）电流；（C）电抗；（D）频率。

答案：**D**

Je3A3132 开工前工作票内的安全措施应（　　）。

（A）全部一次性完成；（B）根据工作人员要求随时完成；（C）威胁人生安全的必须完成，其他可以逐步完成；（D）根据工作进度分步完成。

答案：**A**

Je3A3133 户外配电装置，35kV 以上的软母线采用（　　）。

（A）多股铜线；（B）多股铝线；（C）钢芯铝绞线；（D）钢芯铜线。

答案：**C**

Je3A3134 装拆高压熔断器时，应采取（　　）的安全措施。

（A）穿绝缘靴、戴绝缘手套；（B）穿绝缘靴、戴护目眼镜；（C）戴护目眼镜、线手套；（D）戴护目眼镜和绝缘手套。

答案：**D**

Je3A3135 变压器气体继电器内有气体，信号回路动作，取油样化验，油的闪点降低，且油色变黑并有一种特殊的气味，这表明变压器（　　）。

（A）铁芯接片断裂；（B）铁芯局部短路与铁芯局部熔毁；（C）铁芯之间绝缘损坏；

(D) 绝缘损坏。

　　答案：B

　　Je3A3136　绝缘靴的试验周期为（　　）。

　　(A) 每年 1 次；(B) 6 个月；(C) 3 个月；(D) 1 个月。

　　答案：B

　　Je3A3137　当仪表接入线路时，仪表本身（　　）。

　　(A) 消耗很小功率；(B) 不消耗功率；(C) 消耗很大功率；(D) 送出功率。

　　答案：A

　　Je3A3138　在电流互感器中，由于有（　　）存在，一次绕组和二次绕组的匝数不相等，并且一次电流与二次电流的相位也不相同。

　　(A) 励磁电流；(B) 励磁涌流；(C) 感应电流；(D) 感应电压。

　　答案：A

　　Je3A3139　调度术语中"许可"的含义是指（　　）。

　　(A) 上级值班调度员对下级值班调度员或厂站值班人员提出的申请、要求予以同意；(B) 在改变电气设备的状态和电网运行方式前，由有关人员提出操作项目，值班调度员同意其操作；(C) 值班调度员对厂站值班人员发出调度指令，同意其操作；(D) 值班调度员向值班人员发布调度命令的调度方式。

　　答案：B

　　Je3A4140　变更工作票中工作班成员的规定是（　　）

　　(A) 须经工作负责人同意；(B) 须经工作票签发人同意；(C) 须经工作许可人同意；(D) 无所谓。

　　答案：A

　　Je3A4141　SF_6 气体断路器的 SF_6 气体，在常压下绝缘强度比空气（　　）。

　　(A) 大 2 倍；(B) 大 2.7 倍；(C) 大 3 倍；(D) 大 3.5 倍。

　　答案：B

　　Je3A4142　在操作箱中，关于开关位置继电器线圈正确的接法是（　　）。

　　(A) TWJ 在跳闸回路中，监视跳闸回路；(B) HWJ 在合闸回路中，监视合闸回路；(C) TWJ、HWJ 反应断路器位置；(D) TWJ 接在合闸回路，监视合闸回路，HWJ 接在跳闸回路，监视跳闸回路。

　　答案：D

Je3A4143 母线三相电压同时升高，相间电压仍为额定，PT 开口三角端有较大的电压，这是（　　）现象。

（A）单相接地；（B）断线；（C）工频谐振；（D）PT 熔丝熔断。

答案：**C**

Je3A4144 在大电流接地系统中，线路发生接地故障时，保护安装处的零序电压（　　）。

（A）距故障点越远就越高；（B）距故障点越近就越高；（C）与距离无关；（D）距离故障点越近就越低。

答案：**B**

Je3A4145 真空断路器停电时，发现一相真空泡有放电声应采取隔离措施为（　　）。

（A）可以直接用刀闸隔离，不会造成相间短路；（B）只能用上级电源对其停电隔离；（C）既可以直接用刀闸隔离，也可以用上级电源对其停电隔离；（D）说法都不对，无法隔离。

答案：**B**

Je3A5146 零序电压的特性是（　　）。

（A）接地故障点最高；（B）变压器中性点零序电压最高；（C）接地电阻大的地方零序电压高；（D）接地故障点最低。

答案：**A**

Je3A5147 倒母线操作顺序正确的是（　　）。

（A）断开母联开关操作电源，母差保护改为非选择，PT 二次联络；（B）母差保护改为非选择，断开母联开关操作电源，PT 二次联络；（C）断开母联开关操作电源，PT 二次联络，母差保护改为非选择；（D）PT 二次联络，断开母联开关操作电源，母差保护改为非选择。

答案：**B**

Je3A5148 具有检同期装置的变电站的运行人员在系统发生故障又与各级调度通信中断时（　　）。

（A）确认线路无压后，可以自行同期并列；（B）确认线路有电压后，可以强送电一次；（C）确认线路无压后，可强送电一次；（D）确认线路有电压后，可以自行同期并列。

答案：**D**

Jf3A1149 工作负责人和工作许可人中，（　　）。

（A）工作负责人可以根据工作需要变更安全措施；（B）工作许可人可以根据工作需要改变有关检修设备的运行接线方式；（C）工作许可人可以根据工作需要变更安全措施；

（D）工作负责人、工作许可人任何一方不得擅自变更安全措施。

答案：D

Jf3A1150 弹簧储能操动机构的断路器发出"弹簧未储能"信号，（　　）。

（A）影响断路器的合闸回路，不影响断路器的分闸回路；（B）影响断路器的分闸回路，不影响断路器的合闸回路；（C）影响断路器的合、分闸回路；（D）不影响断路器的合、分闸回路。

答案：A

Jf3A2151 断路器在运行中液压降到零时应（　　）。

（A）立即强行补压，使其压力恢复正常；（B）先应用卡板将断路器卡死在合闸位置，然后断开控制电源，再用旁路转带或母联串供的方法将其停用；（C）先应用卡板将断路器卡死在合闸位置，然后断开保护电源，再用旁路转带或母联串供的方法将其停用；（D）先应用卡板将断路器卡死在合闸位置，然后断开控制电源、保护电源，再用旁路转带或母联串供的方法将其停用。

答案：B

Jf3A2152 防止因电压互感器的熔丝熔断造成自投装置误动的措施有（　　）。

（A）将变压器的高、低压侧两块电压继电器的无压触点串联在自投装置启动回路中；（B）检查变压器高压侧开关位置；（C）将变压器的高、低压侧两块电压继电器的无压触点并联在自投装置启动回路中；（D）检查变压器低压侧开关位置。

答案：A

Jf3A2153 反时限过流保护延时动作时间与短路电流的大小关系是（　　）。

（A）短路电流大，动作时间长；（B）短路电流大，动作时间短；（C）短路电流小，动作时间短；（D）短路电流与动作时间无关。

答案：B

Jf3A2154 调度术语中"同意"的含义是指（　　）。

（A）上级值班调度员对下级值班调度员或厂站值班人员提出的申请、要求予以同意；（B）在改变电气设备的状态和电网运行方式前，由有关人员提出操作项目，值班调度员同意其操作；（C）值班调度员对厂站值班人员发出调度指令，同意其操作；（D）值班调度员向值班人员发布调度命令的调度方式。

答案：A

Jf3A3155 220kV 大电流接地系统中，双母线上两组电压互感器二次绕组应（　　）。

（A）在开关场各自的中性点接地；（B）选择其中一组接地，另一组经放电间隙接地；（C）只允许有一个公共接地点，其接地点宜选在控制室；（D）在控制室分别接地。

答案：C

Jf3A3156 断路器失灵保护是（　　）。

（A）一种近后备保护，当故障元件的保护拒动时，可依靠该保护切除故障；（B）一种远后备保护，当故障元件的断路器拒动时，必须依靠故障元件本身保护的动作信号启动失灵保护以切除故障点；（C）一种近后备保护，当故障元件的断路器拒动时，可依靠该保护隔离故障点；（D）一种近后备保护，当故障元件的断路器拒动时，必须依靠故障元件本身保护动作后启动失灵保护以切除故障点。

答案：D

Jf3A3157 对于液压机构，（　　）。

（A）合闸操作后比跳闸操作后打压概率少；（B）合闸操作后比跳闸操作后打压概率多；（C）跳合闸操作后打压概率差不多。

答案：A

Jf3A3158 采用一台三相三柱式电压互感器，接成 Y，yn 接线，该方式能进行（　　）。

（A）相对地电压的测量；（B）相间电压的测量；（C）电网运行中的负荷电流监视；（D）负序电流监视。

答案：B

Jf3A3159 变电站在投入保护跳闸出口压板时，用万用表直流电压档测量跳闸出口对地电位，正确的状态应该是（　　）。

（A）压板下口对地为＋110V 左右，上口对地为－110V 左右；（B）压板下口对地为＋110V 左右，上口对地为 0V 左右；（C）压板下口对地为 0V，上口对地为－110V 左右；（D）压板下口对地为＋220V 左右，上口对地为 0V。

答案：C

Jf3A3160 下列不是金属氧化物避雷器保护性能的优点的是（　　）。

（A）金属氧化物避雷器无串联间隙，动作快，伏安特性平坦，残压低，不产生截波；（B）金属氧化物阀片允许通流能力大、体积小、质量小且结构简单；（C）在额定电压下，伏安特性曲线所对应的续流为 100A 左右；（D）伏安特性对称，对正极性、负极性过电压保护水平相同。

答案：C

Jf3A3161 断路器出现闭锁分合闸时，不宜按如下（　　）方式处理。

（A）将对侧负荷转移后，用本侧隔离开关拉开；（B）本侧有旁路开关时，旁代后拉开故障断路器两侧刀闸；（C）本侧有母联开关时，用其串代故障开关后，在对侧负荷转移后断开母联开关，再断开故障断路器两侧隔离刀闸；（D）对于母联断路器可将某一元件两条母线隔离开关同时合上，再断开母联断路器两侧隔离开关。

答案：A

Jf3A4162 在电压互感器出现异常并有可能发展为故障时，值班员应做到（　　）。

（A）将异常 PT 的二次与正常 PT 二次并列，保证电压互感器二次不失压；（B）可以近控操作拉开 PT 高压刀闸，使二次电压尽快切换到正常母线 PT 上；（C）值班人员应主动申请调度将该 PT 所在母线停电隔离，或用刀闸以远控操作方式将异常 PT 隔离；（D）尽快将该电压互感器所在母线保护停用或将母差保护改为非选择方式（或单母方式）。

答案：C

Jf3A4163 断路器操作回路闭锁，值班员应（　　）。

（A）如断路器在热备用状态，可不经调度同意将该断路器改为冷备用；（B）如断路器在合闸位置，可采用旁路代供、母联串供的方法将该断路器隔离；（C）如断路器在合闸位置，经调度同意可采用旁路代供、母联串供的方法将该断路器隔离；（D）可以解除电气闭锁将其隔离。

答案：C

Jf3A5164 关于电压监测点、电压中枢点，下列说法错误的是（　　）。

（A）监测电力系统电压值和考核电压质量的节点，称为电压监测点；（B）电力系统中重要的电压支撑节点称为电压中枢点；（C）电压中枢点一定是电压监测点，而电压监测点却不一定是电压中枢点；（D）电压中枢点的选择有一定的原则要求，电压监测点的选择可以随机进行。

答案：D

Jf3A5165 变压器温度过高时，应（　　）。

（A）检查变压器的负荷和环境温度，检查变压器冷却装置情况，汇报调度，请专业人员进行检查并寻找原因加以排除；（B）立即汇报调度，将变压器停运；（C）检查变压器冷却系统，如冷却系统故障，汇报调度，将变压器停运；（D）汇报调度，请专业人员进行检查并寻找原因加以排除。

答案：A

Jf3A5166 小车开关推入"运行"位置前，应（　　）。

（A）释放断路器操动机构的能量；（B）取下断路器控制电源；（C）断开断路器操动机构的电源。

答案：A

Jf3A5167 将母差保护投入"非选择"方式，描述不正确的是（　　）

（A）采用隔离开关跨接母线运行时；（B）不停电进行倒母线操作期间；（C）单母线运行期间；（D）其他需要投入"非选择"方式的情况。

答案：**C**

Jf3A5168 在正常运行中断路器发生非全相，若两相断开时应（　　）

（A）合上断路器；（B）拉开该断路器；（C）设法合上断开的两相；（D）合上断路器不成功后拉开断路器。

答案：**B**

1.2 判断题

La3B1001 电场力将正电荷从 a 点推到 b 点做正功，则电压的实际方向是 b→a。（×）

La3B1002 串联谐振时的特性阻抗是由电源频率决定的。（×）

La3B1003 交流电路中，对电感元件 $uL=Ldi/dt$ 总成立。（×）

La3B1004 线性电路中电压、电流、功率都可用叠加法计算。（×）

La3B1005 任意电路中回路数大于网孔数。（√）

La3B1006 用节点电压法求解电路时，应首先列出与回路数相等的独立方程。（×）

La3B1007 分析和计算复杂电路的基本依据是基尔霍夫定律和欧姆定律。（√）

La3B1008 零序电压的特性是变压器中性点零序电压最高。（×）

La3B1009 串联谐振有时也叫电压谐振。（√）

La3B1010 电感元件两端电压升高时，电压与电流方向相同。（√）

La3B1011 功率表在接线时正负的规定是电流、电压均无正负。（×）

La3B1012 直流电磁式仪表是根据磁场对通电矩形线圈有力的作用这一原理制成的。（√）

La3B1013 RLC 串联电路，当 $\omega C<1/\omega L$ 时电路成容性。（√）

La3B2014 系统中变压器和线路电阻中产生的损耗称可变损耗，它与负荷大小成正比。（×）

La3B2015 当变压器的三相负载不对称时，将出现正序电流。（×）

La3B2016 电容器的容抗与频率成反比。（√）

La3B2017 在大电流系统中，发生单相接地故障时，零序电流和通过故障点的电流在相位上相差 90°。（×）

La3B2018 消弧线圈可以同时连接在两个主变中性点上运行。（×）

La3B2019 电晕放电是一种沿面放电。（×）

La3B2020 电和磁两者是相互联系不可分割的基本现象。（√）

La3B2021 电压互感器正常工作时的磁通密度接近饱和值，系统故障时其二次电压上升。（×）

La3B2022 绝缘体不容易导电是因为绝缘体中几乎没有电子。（×）

La3B2023 自耦变压器的标准容量等于其通过容量。（×）

La3B2024 使用万用表测回路电阻时，必须将有关回路电源拉开。（√）

La3B2025 零序电流的分布主要取决于故障电流的大小。（×）

La3B2026 增加自耦变压器的传导功率不需要增加二次线圈容量。（√）

La3B2027 感性无功功率的电流相量滞后电压相量 90°，容性无功功率的电流相量超前电压相量 90°。（√）

La3B2028 增加系统有功和无功的备用容量可以系统静稳定，能达到提高系统静稳定的目的。（√）

La3B2029 采用按频率减负荷装置不能达到提高系统动稳定的目的。（×）

La3B2030 串联在线路上的补偿电抗器的作用是补偿无功。（×）

La3B2031 电流表、电压表本身的阻抗规定是电流表阻抗较小、电压表阻抗较大。（√）

La3B2032 感性无功功率的电流相量超前电压相量 $90°$，容性无功功率的电流相量滞后电压相量 $90°$。（×）

La3B2033 三相电容器之间的差值不应超过单相总容量的 15%。（×）

La3B2034 自耦变压器一次侧与二次侧不仅有磁的联系，而且有电的联系，而普通变压器仅是磁的联系。（√）

La3B2035 在装设高频保护的线路两端，一端装有发信机，另一端装有收信机。（×）

La3B2036 瓦斯保护装设于容量为 $1000kV \cdot A$ 及以上的变压器。（×）

La3B2037 变压器并联运行的理想状况：空载时，并联运行的各台变压器绕组之间无环流。（√）

La3B2038 测量直流电压和电流时，要注意仪表的极性与被测量回路的极性一致。（√）

La3B3039 常用的复式整流有单相和三相两种。（√）

La3B3040 对于电源，电源力总是把正电荷从高电位移向低电位做功。（×）

La3B3041 采取无功补偿装置调整系统电压时，对系统来说既补偿了系统的无功容量，又提高了系统的电压。（√）

La3B3042 在换路瞬间电感两端的电压不能跃变。（×）

La3B3043 安装并联电容器的目的，一是改善系统的功率因数，二是调整网络电压。（√）

La3B3044 电容器的无功输出功率与电容器的电容成正比，与外施电压的平方成反比。（×）

La3B3045 变压器的接线组别是指一次线电压和二次线电压之间的相位关系。（√）

La3B3046 当磁路中的长度、横截面和磁压一定时，磁通与构成磁路物质的磁导率成正比。（√）

La3B3047 在实际运行中，三相线路的对地电容不能达到完全相等，三相对地电容电流也不完全对称，这时中性点和大地之间的电位不相等，称为中性点出现位移。（√）

La3B3048 发生单相接地时，消弧线圈的电感电流超前零序电压 $90°$。（×）

La3B3049 发生单相接地时，消弧线圈的电感电流滞后零序电压 $90°$。（√）

La3B3050 220kV 变电所 220kV 母线正常运行电压允许偏差为系统额定电压的 $-5\% \sim +5\%$。（×）

La3B3051 一般在小电流接地系统中发生单相接地故障时，保护装置应动作，使断路器跳闸。（×）

La3B3052 变压器的绝缘可分为内绝缘和外绝缘，内绝缘又可以分为主绝缘和纵绝缘，纵绝缘是指不同绕组之间的绝缘。（×）

La3B3053 冲击继电器有各种不同型号，但每种都有一个脉冲变流器和相应的执行元

件。（√）

La3B3054 在直接接地系统中，当接地电流大于 1000A 时，变电站接地网的接地电阻不应大于 4Ω。（×）

La3B3055 在设备评级中将母线划分为母线隔离开关、避雷器、电压互感器及架构共四个设备单元。（×）

La3B3056 直流系统发生正极接地时，其负极对地电压降低，而正极对地电压升高。（×）

La3B3057 自耦变压器中性点必须接地运行。（√）

La3B3058 联锁触点接触不良是变压器的有载调压装置动作失灵的原因之一。（√）

La3B3059 周期性非正弦量的有效值等于它各次谐波的有效值平方和算术平方根。（√）

La3B3060 电容器的无功输出功率与电容器的电容成正比，与外施电压的平方成正比。（√）

La3B3061 系统中变压器和线路电阻中产生的损耗称可变损耗，它与负荷大小的平方成正比。（√）

La3B3062 电容器组各相之间电容的差值应不超过一相电容总值的 25％。（×）

La3B3063 变压器大盖沿气体继电器方向坡度为 2％～4％。（×）

La3B3064 有载调压分接开关在调压过程中遇到穿越性故障电流时，可能造成分接开关损坏。（√）

La3B3065 距离保护测量元件的阻抗继电器采用 90°接线时能正确反映短路点至保护安装处的距离。（×）

La3B3066 并联电容器可以提高功率因数，而串联电容器不可以提高功率因数。（×）

La3B3067 单相复式整流又分为并联接线和串联接线两种。（√）

La3B3068 零序保护的Ⅱ段是与保护安装处相邻线路零序保护的Ⅰ段相配合整定的，它不仅能保护本线路的全长，而且可以延伸至相邻线路。（√）

La3B3069 阻抗角就是线电压超前线电流的角度。（×）

La3B3070 导体在磁场中做切割磁力线运动时，导体内会产生感应电动势，这种现象叫作电磁感应，由电磁感应产生的电动势叫作感应电动势。（√）

La3B3071 在接地故障线路上，零序功率方向与正序功率反向。（√）

La3B3072 考虑保护双重化配置时，应遵循相互独立的原则，220kV 及以上线路保护每套保护装置的交流电压、交流电流应分别取自电压互感器和电流互感器相互独立的绕组，其保护范围应交叉，避免死区。（√）

La3B3073 方向高频保护是根据比较被保护线路两侧的电压方向这一原理构成的。（×）

La3B4074 零序保护的Ⅰ段是按躲过本线路末端单相短路时流经保护装置的最大零序电流整定的，它不能保护线路全长。（√）

La3B4075 当仪表接入线路时，仪表本身送出功率。（×）

La3B4076 分频谐振不会使铁芯饱和，因此对系统危害不大。（×）

La3B4077 在将断路器合入有永久性故障线路时，跳闸回路中的跳闸闭锁继电器不起

作用。（×）

La3B4078 能躲开非全相运行的保护接入综合重合闸的 M 端，不能躲开非全相运行的保护接入重合闸 N 端。（×）

La3B4079 电容器的过流保护应按躲过电容器组的最大电容负荷电流整定。（×）

La3B4080 在计算和分析三相不对称系统短路时，广泛应用对称分量法。（√）

La3B4081 减少电网无功负荷使用容性无功功率来补偿感性无功功率。（√）

La3B4082 高压断路器的极限通过电流是指单相接地电流。（×）

La3B4083 瓦斯保护能反映变压器油箱内的任何故障。（√）

La3B4084 在系统发生不对称断路时，会出现负序分量，可使发电机转子过热，局部温度高而烧毁。（√）

La3B4085 在非零初始条件下，刚一换路瞬间，电容元件相当于一个恒压源。（√）

La3B4086 磁电系仪表测量机构内部的磁场很强，动线圈中只需通过很小电流就能产生足够的转动力矩。（√）

La3B4087 电容器的过流保护应按躲过电容器组的最大负荷电流来整定。（×）

La3B4088 R 和 L 串联的正弦电路中，各元件电压的相位总是超前电流的相位。（×）

La3B4089 电容器室的门要向内开，要有消防措施。（×）

La3B4090 更换变压器吸潮器无需将主变重瓦斯保护改接信号。（×）

La3B4091 变压器差动保护在新投运前不应该带负荷测量相量和差电压。（×）

La3B4092 变压器各侧的过电流保护按躲过变压器额定电流整定，但不作为短路保护的一级参与选择性配合，其动作时间应大于所有出线保护的最长时间。（√）

La3B5093 在电力系统中设置消弧线圈，应尽量装在电网的送电端，以减少当电网内发生故障时消弧线圈被切除的可能性。（√）

La3B5094 保护用 10P20 电流互感器，是指互感器通过短路电流为 20 倍额定电流时，误差不超过 10％。（√）

La3B5095 维持变压器高电压运行可以有效避免变压器过励磁。（×）

Lb3B1096 电容器的无功输出功率与电容器的电容成反比，与外施电压的平方成正比。（×）

Lb3B1097 交流电的初相位是当 $t=0$ 时的相位，用 ψ 表示。（√）

Lb3B1098 电压也称电位差，电压的方向是由高电位指向低电位，外电路中，电流的方向与电压的方向是一致的，总是由高电位流向低电位。（√）

Lb3B1099 调相机的作用是向系统输送无功功率、有功功率。（×）

Lb3B1100 空载长线路充电时，线路末端电压会升高。这是由于对地电容电流在线路自感电抗上产生了电压降。（√）

Lb3B1101 在一段电阻电路中，如果电压不变，当增加电阻时，电流就减小，如果电阻不变，增加电压时，电流就减小。（×）

Lb3B1102 电容器的无功输出功率与电容器的电容成反比。（×）

Lb3B1103 接地距离保护可容许很大的过渡电阻，但是受系统运行方式影响大。（×）

Lb3B1104 在系统变压器中，无功功率损耗较有功功率损耗小得多。（×）

Lb3B1105 隔离开关可以进行同期并列。（×）

Lb3B1106 新安装的电流互感器极性错误不会引起保护装置误动作。（×）

Lb3B2107 电流表和电压表串联附加电阻后，电压表能扩大量程。（√）

Lb3B2108 发生单相接地时，消弧线圈的电感电流超前零序电压150°。（×）

Lb3B2109 在计算和分析三相不对称系统短路时，广泛应用不对称分量法。（√）

Lb3B2110 自耦变压器高压侧受到过电压时，会引起低压侧的严重过电压。（√）

Lb3B2111 电容器允许在1.3倍额定电压、1.1倍额定电流下运行。（×）

Lb3B2112 电源电压一定的同一负载按星形连接与按三角形连接所获得的功率是一样的。（×）

Lb3B2113 准同期并列时并列开关两侧的电压最大允许相差为20%以内。（√）

Lb3B2114 沿着两种电介质交界面发生的放电称为沿面放电。（√）

Lb3B2115 直流环路隔离开关要根据网络的长短，电流的大小和电压降的大小确定运行方式。（√）

Lb3B2116 自耦变压器原副边线圈传递能量，既有电磁感应又有直接传导电能。（√）

Lb3B2117 当磁路中的长度、截面积和磁压一定时，磁通与构成磁路物质的磁导率成正比。（√）

Lb3B2118 变压器温升指的是变压器油的实际温度。（×）

Lb3B2119 电流互感器的一次电流由一次回路的负荷电流决定，但随二次回路的阻抗改变而变化。（×）

Lb3B2120 根据自动低频减负荷装置的整定原则，自动低频减负荷装置所切除的负荷不应被自动重合闸再次投入。（√）

Lb3B2121 保护用10P20电流互感器，是指互感器通过短路电流为10倍额定电流时，误差不超过10%。（×）

Lb3B2122 安装在变电站内的表用互感器的准确级为1.0～3.0级。（×）

Lb3B2123 接入重合闸不灵敏一段的保护定值是按躲开线路出口短路电流值整定的。（×）

Lb3B2124 距离保护在运行中应有可靠的电源，应避免运行的电压互感器向备用状态的电压互感器反充电，使断线闭锁装置失去作用，若恰好在此时电压互感器的二次熔丝熔断，距离保护可能会因失压而误动作。（√）

Lb3B2125 自动重合闸只能动作一次，避免把断路器多次重合至永久性故障上。（√）

Lb3B2126 断路器的失灵保护主要由启动回路、时间元件、电压闭锁、跳闸出口回路四部分组成。（√）

Lb3B2127 在任何一台变压器不会过负荷的条件下，允许将短路电压不等的变压器并列运行，必要时应先进行计算。（√）

Lb3B2128 对变压器进行校相一般使用相位表或电压表，如测得结果为两同相电压

等于零，非同相为线电压，则说明两变压器相序一致。（√）

Lb3B2129 交流电的相位差（相角差）是指两个频率相等的正弦交流电相位之差，相位差实际上说明两交流电之间在时间上超前或滞后的关系。（√）

Lb3B2130 电容器允许在 1.1 倍额定电压、1.3 倍额定电流下运行。（√）

Lb3B2131 两台变压器并列运行时，其过流保护要加装低电压闭锁装置。（√）

Lb3B2132 为实时调节母线电压在合格范围以内，220kV 及以上的变电站，一般宜优先采用变压器带负荷调压方式调压。（×）

Lb3B2133 既能保护本线路全长，又能保护相邻线路全长的保护是距离Ⅲ段。（√）

Lb3B2134 断路器失灵保护的动作时间应大于断路器的跳闸时间与继电保护装置的返回时间之和。（√）

Lb3B2135 变压器在运行中测量差动保护回路电流、电压时应将差动保护停用。（×）

Lb3B2136 在高频闭锁式保护中，当发生区外故障时，总有一侧保护视之为正方向，故这一侧停信，而另一侧连续向线路两侧发闭锁信号，因而两侧高频闭锁保护均不会动作。（√）

Lb3B2137 方向高频保护是根据比较被保护线路两侧的功率方向这一原理构成。（√）

Lb3B2138 自动重合闸中的电容的充电时间一般为 15～25s。（√）

Lb3B2139 双回线方向横差保护只保护本线路，不反映线路外部及相邻线路故障，不存在保护配置问题。（√）

Lb3B2140 双母线接线中当停用一组母线时，要防止另一组运行母线电压互感器二次倒充停用母线而引起二次保险熔断或自动开关断开，使继电保护失压引起误动作。（√）

Lb3B2141 自耦变压器一次绕组匝数比普通变压器一次绕组匝数多。（×）

Lb3B3142 电流互感器的一次电流由一次回路的负荷电流决定，不随二次回路的阻抗改变而变化。（√）

Lb3B3143 线路距离保护在电压切换过程中，必须保证距离保护不失去电压，否则在断开电压的过程中首先断开直流电源，防止距离保护误跳闸。（√）

Lb3B3144 在小电流接地系统中发生单相接地时过流保护动作。（×）

Lb3B3145 单相重合闸方式是指，单相故障跳故障相，重合单相，相间故障不重合。（√）

Lb3B3146 气体继电器引出电缆不应经过中间端子，需直接接到继电保护屏线。（√）

Lb3B3147 电源通过自耦变压器的容量是由变压器高压侧容量与中低压侧容量组成。（×）

Lb3B3148 并联电容器不能提高感性负载本身的功率因数。（√）

Lb3B3149 当系统发生事故时，变压器允许过负荷运行。（√）

Lb3B3150 接地距离保护能反映各种接地故障。（√）

Lb3B3151 一个 10kV 变比为 200/5、容量是 6V·A 的电流互感器，它可带 10Ω 的

负荷。（×）

Lb3B3152 新投运的变压器做冲击合闸试验，可以检测变压器绝缘强度能否承受安全电压或操作过电压。（√）

Lb3B3153 变压器带负荷运行在铁耗和铜耗相等时，效率最低，称为经济运行。（×）

Lb3B3154 同期并列时，两侧断路器电压相差小于25％，频率相差1.0Hz范围内，即可准同期并列。（×）

Lb3B3155 我国电流互感器一次绕组和二次绕组是按加极性方式缠绕的。（×）

Lb3B3156 交流电的有效值是指同一电阻在相同时间内通过直流电和交流电产生相同热量，这时直流电流数值就定为交流电流的有效值。（√）

Lb3B3157 在电流的周围空间存在一种特殊的物质，称为电流磁场。（×）

Lb3B3158 一般自动重合闸有两种启动方式：断路器控制开关位置与断路器位置不对应启动和保护启动。（√）

Lb3B3159 用有载调压变压器的调压装置进行调整电压时，对系统来说能补偿无功不足的情况。（×）

Lb3B3160 用电流表、电压表不可以测出电容器的电容。（×）

Lb3B3161 铁磁谐振过电压一般表现为三相电压同时升高或降低。（×）

Lb3B3162 直流环路隔离开关一般在正常时都是合环运行。（×）

Lb3B3163 零序保护的Ⅰ段是按躲过本线路末端单相短路时流经保护装置的最大零序电流整定的，它能保护线路全长。（×）

Lb3B3164 电流速断保护的重要缺陷是受系统运行方式变化的影响较大。（√）

Lb3B3165 变压器的并联运行是指两台或两台以上的变压器一次侧和二次侧分别接在两侧公共的母线上，同时对负载供电的方式。（√）

Lb3B3166 相差高频保护是一种对保护线路全线故障接地能够瞬时切除的保护，它也能兼作相邻线路的后备保护。（×）

Lb3B3167 串联电容器和并联电容器一样，可以提高功率因数。（√）

Lb3B3168 电磁式仪表与磁电式仪表的区别在于电磁式仪表的磁场是由被测量的电流产生的。（√）

Lb3B3169 一般在小电流接地系统中发生单相接地故障时，保护装置应动作发信号。（√）

Lb3B3170 在开关控制回路中防跳继电器是由电压启动线圈启动，电流线圈保持来起防跳作用的。（×）

Lb3B3171 铁磁谐振分为高频谐振和分频谐振。（×）

Lb3B3172 变压器在运行中差动保护回路出现不平衡电流增大时应将差动保护停用。（×）

Lb3B3173 断路器偷跳闸后，自动重合闸应当动作。（√）

Lb3B3174 变压器分接头调整不能增减系统的无功，只能改变无功的分布。（√）

Lb3B3175 重合闸启动方式有保护启动和开关位置不对应启动。（√）

Lb3B3176 停用备用电源自动投入装置之前，不需要先停用电压回路。（√）

Lb3B3177 500kV 线路由于输送功率大，故采用导线截面积大的即可。（×）

Lb3B3178 铁磁电动系仪表的特点是：在较小的功率下可以获得较大的转矩，受外磁场的影响小。（√）

Lb3B3179 判断直导体和线圈中电流产生的磁场方向，可以用右手螺旋定则。（√）

Lb3B3180 蓄电池极板短路时充电或放电时电压比较低。（√）

Lb3B3181 自动重合闸可以根据故障情况动作 2～3 次。（×）

Lb3B3182 当断路器保护用于分相操作机构的母联或分段开关时，正常情况下，只用三相不一致功能。充电保护、过流保护、失灵启动功能均不用。（√）

Lb3B3183 变压器中性点零序过流保护和间隙过电压保护可以同时投入使用。（√）

Lb3B3184 长期对重要线路充电时，应投入线路重合闸。（×）

Lb3B3185 电力系统调度管理的任务是领导整个系统的运行和操作。（×）

Lb3B3186 停用按频率自动减负荷装置时，可以不打开重合闸放电连接片。（×）

Lb3B4187 简化电网接线，500kV 电网与 220kV 电网之间，220kV 电网与 110kV 及以下电压电网之间，均不宜构成电磁环网运行，110kV 及以下电网以辐射形开环运行。（√）

Lb3B4188 220kV 及以上变压器新油电气绝缘强度为 40kV 以上。（√）

Lb3B4189 在系统变压器中，无功功率损耗较有功功率损耗大得多。（√）

Lb3B4190 若是 220kV 断路器造成线路非全相运行的，一相断路器合上，其他两相断路器在断开状态时，应立即将两相断路器合上。（×）

Lb3B4191 金属氧化物避雷器也是一种阀型避雷器，其阀片以氧化锌为主要材料，在工作电压下，阀片呈现极大的电阻，续流近似为零。（√）

Lb3B4192 按频率自动减负荷装置中电流闭锁元件的作用是防止电流反馈造成低频率误动。（√）

Lb3B4193 保护装置"交流电压断线"时装置会退出纵联保护和距离保护。（×）

Lb3B4194 在非直接接地系统正常运行时，电压互感器二次侧辅助绕组的开口三角处有 100V 电压。（×）

Lb3B4195 把电容器串联在线路上以补偿电路电抗，可以改善电压质量，提高系统稳定性和增加电力输出能力。（√）

Lb3B4196 当系统发生振荡时，距振荡中心远近的影响都一样。（×）

Lb3B4197 我国电流互感器一次绕组和二次绕组是按减极性方式缠绕的。（√）

Lb3B4198 零序电流保护在线路两侧都有变压器中性点接地时，是否加装功率方向元件不影响保护的正确动作。（×）

Lb3B4199 自动低频减负荷装置是防止电力系统发生频率崩溃的系统保护。（√）

Lb3B4200 变压器线圈首端和尾端的绝缘强度一样的称为半绝缘变压器。（×）

Lb3B4201 用电流表、电压表可间接测出电容器的电容。（√）

Lb3B4202 自耦变压器零序保护的零序电流取自中性线上的电流互感器。（×）

Lb3B4203 恒流源输出电流随它连接的外电路不同而异。（×）

Lb3B4204 电流互感器的零序接线方式在运行中只能反映零序电流，用于零序保护。（√）

Lb3B4205 重合闸启动方式：当开关发生偷跳时也能启动。（√）

Lb3B4206 重合闸充电回路受控制开关触点的控制。（√）

Lb3B4207 正在运行中的同期继电器的一个线圈失电，不会影响同期重合闸。（×）

Lb3B4208 蓄电池极板短路时充电过程中电解液密度不能升高。（√）

Lb3B4209 KK6,7 接点在开关分闸后接通。（×）

Lb3B4210 母线电流差动保护采用电压闭锁元件主要是为了防止系统振荡时母线差动保护误动。（×）

Lb3B4211 新变压器或变压器大修后冲击送电时，压力释放保护应投跳闸，最后一次冲击无问题，将压力释放，保护改接信号。（×）

Lb3B4212 变压器负载增加时将出现一次侧电流保持不变。（×）

Lb3B4213 电源频率增加 1 倍，变压器绕组的感应电动势增加 1 倍。（√）

Lb3B4214 当电气触头刚分开时，虽然电压不一定很高，但触头间距离很小，因此会产生很强的电场强度。（√）

Lb3B5215 当交流电路中有非线性元件时，就会产生非正弦电流。（√）

Lb3B5216 在对称三相非正弦星接电路中，线电压与相电压有效值的关系是 $U_1 = 1.732 U_p$。（×）

Lb3B5217 近后备是当主保护拒动时，由本电力设备或线路的另一套保护实现的后备保护；远后备是当断路器拒动时，由断路器失灵保护来实现的后备保护。（×）

Lb3B5218 在系统发生不对称断路时，会出现零序分量，可使发电机转子过热，局部温度高而烧毁。（×）

Lb3B5219 所谓电流互感器的 10% 误差特性曲线，是指以电流误差等于 10% 为前提，一次电流对额定电流的倍数与二次阻抗之间的关系曲线。（√）

Lb3B5220 电力系统在很小的干扰下，能独立地恢复到它初始运行状况的能力，称为动态稳定。（×）

Lb3B5221 在 10kV 电压互感器开口三角处并联电阻是为了防止当一相接地断线或系统不平衡时可能出现的铁磁谐振过电压。（√）

Lc3B1222 胸外按压以 100 次/min 左右均匀进行。（√）

Lc3B1223 胸外按压以 50 次/min 左右均匀进行。（×）

Lc3B1224 通畅气道即将手放在伤员后脑将其头部抬起。（×）

Jd3B1001 第一种工作票应在工作当日交给值班员。（×）

Jd3B1002 第二种工作票的有效期限最长为 7 天。（×）

Jd3B1003 带电设备着火时，应使用干式灭火器、CO_2 灭火器等灭火，不得使用泡沫灭火器。（√）

Jd3B1004 电流速断保护的主要缺点是不受系统运行方式变化的影响。（×）

Jd3B1005 变压器带负荷运行在铁耗和铜耗相等时，效率最高，输送功率最大，称为经济运行。（×）

Jd3B1006 操作票中，下令时间以调度下达操作预令时间为准。（×）

Jd3B1007 变压器油位与渗漏有关。（√）

Jd3B2008 "备注"栏内经值班长同意，可以填写操作项目。（×）

Jd3B2009 直流系统发生负极接地时，其负极对地电压降低，而正极对地电压升高。（×）

Jd3B2010 查找直流接地应用仪表内阻不得低于 $1000M\Omega$。（×）

Jd3B2011 距离保护一段的保护范围受运行方式变化的影响很大。（×）

Jd3B2012 当电压互感器退出运行时，相差高频保护将阻抗元件触点断开后，保护仍可运行。（√）

Jd3B2013 误碰保护使断路器跳闸后，自动重合闸应当动作。（√）

Jd3B2014 运行中的变压器严重漏油时应将重瓦斯保护改接信号。（×）

Jd3B2015 变压器非电气量保护应启动失灵保护。（×）

Jd3B2016 装拆接地线必须使用绝缘杆，戴绝缘手套和安全帽，可以攀登设备。（×）

Jd3B2017 取油样时应将重瓦斯保护改信号。（×）

Jd3B2018 所有继电保护在系统发生振荡时，保护范围内有故障，保护装置均应可靠动作。（√）

Jd3B2019 装拆接地线必须使用绝缘杆，戴绝缘手套和安全帽，并不准攀登设备。（√）

Jd3B2020 停用备用电源自动投入装置时，应先停用电流回路。（×）

Jd3B2021 保护装置"交流电压断线"时装置会退出纵联保护。（×）

Jd3B2022 接地距离保护受系统运行方式变化的影响较大。（×）

Jd3B2023 当操作把手的位置与断路器的实际位置不对应时，开关位置指示灯将发出闪光。（√）

Jd3B2024 油浸式变压器装有气体继电器时，顶盖沿气体继电器方向的升高坡度为 $2\%\sim4\%$。（×）

Jd3B2025 对室内电容器的安装，应安装在通风良好、无腐蚀性气体以及没有剧烈振动、冲击、易燃、易爆物品的室内。（√）

Jd3B2026 事故检修可不用工作票，但必须做好必要的安全措施，设专人监护。（×）

Jd3B2027 220kV线路配置两套保护都带有重合闸，正常运行只启用其中的一套重合闸。（√）

Jd3B2028 按利用通道的不同类型，纵联保护可分为导引线纵联保护、光纤纵联保护、微波纵联保护等类型。（√）

Jd3B2029 高频保护通道交换试验的三个"5s"过程是，第一个"5s"为收到对侧信号，第二个"5s"为收到两侧信号，第三个"5s"为收到本侧信号。（√）

Jd3B2030 变压器差动保护产生不平衡电流的原因有：每相原、副边电流之差（正常运行时的励磁电流）、带负荷调节变压器产生的不平衡电流、TA变比规格化产生的不平衡电流。（√）

Jd3B2031 新投运的断路器应进行远方电动操作试验良好。（√）

Jd3B3032 变压器在运行中差动保护互感器一相断线或回路开路时应将差动保护停用。（√）

Jd3B3033 当双回线中一条线路停电时，应将双回线方向横差保护停用。（√）

Jd3B3034 需要为运行中的变压器补油时先将重瓦斯保护改接信号再工作。（√）

Jd3B3035 用于双母线接线形式的变电站，其母差保护、断路器失灵保护的复合电压闭锁触点应分别串接在各断路器的启动回路中，不得共用。（×）

Jd3B3036 液压机构高压密封圈损坏及放油阀没有复归，都会使液压机构的油泵打不上压。（√）

Jd3B3037 过流保护加装低电压闭锁是为了提高过流保护在发生短路故障时的灵敏度和改善躲过最大负荷电流的条件。（√）

Jd3B3038 变压器过负荷时可以不投入全部冷却器。（×）

Jd3B3039 距离保护测量元件的阻抗继电器采用 0°接线时能正确反映短路点至保护安装处的距离。（√）

Jd3B3040 继电保护快速动作能迅速切除故障，提高系统稳定性。（√）

Jd3B3041 执行一个倒闸操作任务如遇特殊情况，中途可以换人操作。（×）

Jd3B3042 在变压器中性点不接地系统中，当发生单相接地故障时，将在变压器中性点产生很大的零序电压。（×）

Jd3B3043 新安装或改造后的主变压器投入运行的 24h 内每小时巡视一次，其他设备投入运行 8h 内每小时巡视一次。（×）

Jd3B3044 运行中的变压器绕组温度最高点横向自绕组内径算起的三分之二处。（×）

Jd3B3045 当距离保护突然失去电压时，只要闭锁回路动作不失灵，距离保护就不会产生误动。（√）

Jd3B3046 将检修设备停电，对已拉开的断路器和隔离开关取下操作能源，隔离开关操作把手必须锁住。（√）

Jd3B3047 距离保护一段的保护范围基本不受运行方式变化的影响。（√）

Jd3B3048 母联短充电保护、长充电保护及母联开关电流保护正常情况下均停用。（√）

Jd3B3049 双绕组变压器的分接开关装设在低压侧。（×）

Jd3B3050 零序保护的Ⅲ段与相邻线路的Ⅱ段相配合，是Ⅱ、Ⅳ段的后备保护。Ⅳ段则一般作为Ⅲ段的后备保护。（×）

Jd3B3051 发现隔离开关过热时，应采用倒闸的方法，将故障隔离开关退出运行，如不能倒闸则应停电处理。（√）

Jd3B3052 无载调压变压器必须在变压器停电或检修的情况下进行变压器分接头位置调节。（√）

Jd3B3053 具有运行上的安全性和灵活性是对电气主接线的一个基本要求。（√）

Jd3B3054 对联系较弱、易发生振荡的环形线路，应加装三相重合闸，对联系较强的线路应加装单相重合闸。（×）

Jd3B3055 500kV 主变压器零序差动保护是变压器纵差保护的后备保护。（×）

Jd3B3056 在检修中个别项目未达到验收标准但尚未影响安全运行，且系统需要立即投入运行时，需经局总工批准后方可投入运行。（√）

Jd3B3057 现场巡视检查时间为 6 时、10 时、14 时、20 时、24 时，其中 20 时为闭灯巡视。（×）

Jd3B3058 保护装置在电压互感器二次回路一相、两相或三相同时断线、失压时，应发告警信号，并闭锁可能误动作的保护。（√）

Jd3B3059 重合闸后加速是当线路发生永久性故障时，启动保护不带时限无选择的动作，再次断开断路器。（√）

Jd3B3060 新安装变压器大盖坡度为 2‰～4‰，油枕连接管坡度为 1‰～1.5‰。（×）

Jd3B3061 BP-2B 母差保护中有双母分列运行压板，此压板在母联开关由运行改为热备用前投入。（×）

Jd3B3062 直流母线应采用分段运行方式，每段母线分别有独立的蓄电池供电，并在两段直流母线之间设置联络开关，正常运行时该开关处于合闸位置。（×）

Jd3B3063 新投入运行的二次回路电缆绝缘电阻，室内不低于 $10M\Omega$，室外不低于 $20M\Omega$。（×）

Jd3B4064 正常情况下母线停电操作时，应先断开各路出线断路器，后断开电容器断路器。（×）

Jd3B4065 变压器每隔 1～3 年做一次预防性试验。（√）

Jd3B4066 蓄电池运行中极板硫化时正极板呈现褐色带有白点。（√）

Jd3B4067 母差保护控制中整定母线互联和投互联压板两种方式可强制母差保护工作于互联方式。（√）

Jd3B4068 变压器差动保护在新投运前应带负荷测量相量和差电压。（√）

Jd3B4069 当全站无电后，必须将电容器的断路器拉开。（√）

Jd3B4070 为防止电流互感器二次绕组开路，在带电的电流互感器二次回路上工作前，用导线将其二次缠绕短路方可工作。（×）

Jd3B4071 距离保护的第Ⅲ段不受振荡闭锁控制，主要是靠第Ⅲ段的延时来躲过振荡。（√）

Jd3B4072 双重化配置的保护装置的直流电源应取自不同蓄电池供电直流母线段。（√）

Jd3B4073 变压器油枕中的胶囊器起使空气与油隔离和调节内部油压的作用。（√）

Jd3B4074 220kV 线路保护宜采用远后备方式，110kV 线路保护宜采用近后备方式。（×）

Jd3B4075 当用 500kV 或 220kV 开关进行并列或解列操作，因机构失灵造成二相开关断开，一相开关合上的情况时，不允许将断开的二相开关合上，而应迅速将合上的一相开关拉开。若开关合上两相应将断开的一相再合一次，若不成即拉开合上的二相开关。发变组出现非全相运行按有关现场规定处理。（√）

Jd3B4076 需要为运行中的变压器补油时，应先将重瓦斯改接信号后再工作。（√）

Jd3B4077 变压器气体继电器内有气体，信号回路动作，取油样化验，油的闪点降低，且油色变黑并有一种特殊的气味，这表明变压器铁芯局部短路与铁芯局部熔毁。（√）

Jd3B4078 按照变压器运行规程要求：本体瓦斯保护接信号和跳闸；有载分接开关瓦斯接跳闸；压力释放宜动作于信号；温度过高建议动作于信号。（√）

Jd3B4079 电容器中性母线应刷紫色。（×）

Jd3B4080 变压器新投运行前，应做 3 次冲击合闸试验。（×）

Jd3B4081 220kV 主变发生非全相运行无法恢复时，有条件的应先考虑旁代故障开关进行隔离，否则应停主变进行隔离。此间不得进行中性点倒换操作。（√）

Jd3B5082 IEC 中规定线圈热点温度任何时候不得超过 140℃，一般取 130℃作为设计值。（√）

Jd3B5083 测某处 150V 左右的电压，用 1.5 级的电压表分别在 450V、200V 段位上各测一次，结果 450V 段位所测数值比较准确。（×）

Je3B1084 熔断器熔断时，可以任意更换不同型号的熔丝。（×）

Je3B1085 绝缘工具上的泄漏电流主要是指绝缘表面流过的电流。（√）

Je3B1086 高频闭锁保护一侧发信机损坏，无法发信，当反方向发生故障时，对侧的高频闭锁保护会误动作。（√）

Je3B1087 在操作中经调度及值长同意，方可穿插口头命令的操作项目。（×）

Je3B1088 新安装的电流互感器极性错误会引起保护装置误动作。（√）

Je3B1089 采用一台三相三柱式电压互感器，接成 Y，yn 接线，该方式能进行负序电流监视。（×）

Je3B1090 隔离开关在运行时发生烧红、异响等情况，可采用合另一把母线隔离开关的方式降低通过该隔离开关的潮流。（×）

Je3B1091 无功电能表应配备 2.0 级或 3.0 级的电流互感器。（√）

Je3B1092 变压器油箱到油枕连接管的坡度，应为 2%～4%。（√）

Je3B2093 当全站无电后，必须将电容器的断路器闭合。（×）

Je3B2094 变压器油位计的 20℃线是指变压器满载时油位指示。（×）

Je3B2095 蓄电池极板短路时，充电时冒气泡多且气泡发生得早。（×）

Je3B2096 新安装的蓄电池应有检修负责人、值班员、站长进行三级验收。（×）

Je3B2097 电气主接线的设计不用考虑将来扩建的可能性。（×）

Je3B2098 电压速断保护必须加装电流闭锁元件才能使用。（√）

Je3B2099 误碰保护使断路器跳闸后，自动重合闸不动作。（×）

Je3B2100 当线路两端电流相位相差 180°时，相差高频保护装置就应动作。（×）

Je3B2101 当电流互感器的变比误差超过 10%时，将影响继电保护的正确动作。（√）

Je3B2102 当用 500kV 或 220kV 开关进行并列或解列操作，因机构失灵造成二相开关断开、一相开关合上的情况时，不允许将断开的二相开关合上，而应迅速将合上的一相开关拉开。（√）

Je3B2103 液压机构高压密封圈损坏及放油阀复归，液压机构的油泵打不上压。（×）

Je3B2104 变压器过负荷时需投入全部冷却器。（√）

Je3B2105 BCH 型差动继电器的差电压与负荷电流成反比。(×)

Je3B2106 强油风冷变压器冷却器全停总运行时间不得超过一个小时。(√)

Je3B2107 检同期重合闸中同期继电器的一个线圈失电会使同期重合闸拒动。(√)

Je3B2108 在带电的电流互感器二次回路工作时，如有需要，可将回路的永久接地点暂时断开，工作完成后及时恢复。(×)

Je3B2109 工作中需要扩大工作任务时，必须重新填写新的工作票。(×)

Je3B2110 变压器正常运行应该是连续的嗡嗡声，当听到主变内部噼啪声时，则是内部绝缘击穿现象。(√)

Je3B2111 在 220kV 双母线运行方式下，当任一母线故障，母差保护动作但母联断路器拒动时，需由断路器失灵保护切除故障。(√)

Je3B2112 运行中的变压器绕组温度最高点应为高度方向的 70%～75% 处。(√)

Je3B2113 变压器油枕容量太小可能引起变压器缺油。(√)

Je3B2114 变压器额定负荷时强油风冷装置全部停止运行，此时其上层油温不超过 75℃ 就可以长时间运行。(×)

Je3B3115 未装重合闸或重合闸故障退出的线路（不包括电缆线路），开关跳闸后，现场值班人员可不待调度指令立即强送电一次。(×)

Je3B3116 用兆欧表测电容器时，应先将摇把停下后再将接线断开。(×)

Je3B3117 变压器在 80～140℃ 的温度范围内，温度每增加 8℃，变压器绝缘有效使用寿命降低的速度会增加一倍。(×)

Je3B3118 变压器绕组温升的限值为 65℃，上层油面温升限值为 55℃。(√)

Je3B3119 通过瓦斯继电器内的气体颜色可判断出故障，若为灰黑色，易燃，则可能是变压器内纸质烧毁所致，有可能造成绝缘损坏。(×)

Je3B3120 测某处 150V 左右的电压，用 1.5 级的电压表分别在 450V、200V 段位上各测一次，结果 450V 段位所测数值比较准确。(×)

Je3B3121 强迫油循环风冷变压器冷却装置投入的数量应根据变压器温度、负荷来决定。(√)

Je3B3122 新投运的变压器做冲击合闸试验，是为了检查变压器各侧主断路器能否承受操作过电压。(×)

Je3B3123 第一种工作票应在工作前一日交给值班员。(√)

Je3B3124 变压器过负荷时应该立即停运。(×)

Je3B3125 高频保护每日由值班人员交换信号可以检查收发信机及高频通道是否完好。(√)

Je3B3126 新投运的变压器做冲击试验为两次，其他情况为一次。(×)

Je3B3127 运行时 BP-2B 母差保护发"TV 断线告警"后，若母线故障，母差保护还不能正确动作。(×)

Je3B3128 TV 断线时，方向高频保护停用，相差高频保护不必停用。(√)

Je3B3129 在双母线接线方式下，利用电压闭锁元件来防止差动继电器误动或误碰出口中间继电器造成母线保护误动。(√)

Je3B3130 户内隔离开关的泄漏比距比户外隔离开关的泄漏比距小。（√）

Je3B3131 在电容器组上或进入其围栏内工作时，应将电容器逐个多次放电后方可进行。（×）

Je3B3132 检同期重合闸中同期继电器的一个线圈失电会使同期重合闸误动。（×）

Je3B3133 双母线倒闸操作过程中，母线保护仅由大差构成，动作时将跳开两段母线上所有连接单元。（√）

Je3B3134 在正常运行情况下，中性点不接地系统中性点位移电压不得超过 20％。（×）

Je3B3135 使用钳形电流表时，钳口两个面应接触良好，不得有杂质。（√）

Je3B3136 某变电站的某一条线路的电流表指示运行中的电流为 200A，这就是变电站供给用户的实际电流。（×）

Je3B3137 停用备用电源自动投入装置时，应先停用电压回路。（×）

Je3B3138 某大型变压器发生故障，应跳开该变压器各侧断路器，若高压侧断路器失灵，则应启动断路器失灵保护，因此瓦斯保护、差动保护等均可构成失灵保护的启动条件。（×）

Je3B3139 KK5,8 接点在开关合闸时接通。（√）

Je3B3140 变压器轻瓦斯保护发出信号应进行检查，并适当降低变压器负荷。（×）

Je3B3141 当采用检无压同期重合闸时，若线路的一端装设同期重合闸，则线路的另一端必须装设检无压重合闸。（√）

Je3B3142 站内所有避雷针和接地网装置为一个单元进行评级。（√）

Je3B3143 硅胶的吸附能力在油温20℃时最大。（√）

Je3B3144 沿气体继电器方向变压器大盖坡度，应为 1％～1.5％。（√）

Je3B3145 投、切电抗器、电容器的单一操作必须填写操作票。（×）

Je3B3146 一般缺陷处理、各种临检和日常维护工作应由检修负责人和运行值班员进行验收。（√）

Je3B3147 变压器充电时，重瓦斯应投信号。（×）

Je3B3148 系统在全相或非全相振荡过程中，被保护线路如发生各种类型的不对称故障，保护装置应有选择性的动作跳闸，纵联保护仍应快速动作。（√）

Je3B4149 变压器防爆管安装在变压器箱盖上，作为变压器内部发生故障时，用来防止油箱内产生高压力的释放保护。（√）

Je3B4150 重合闸后加速就是重合到故障线路上，保护再动作不带延时也无选择性。（√）

Je3B4151 一般自动重合闸的动作时间取 2～0.3s。（×）

Je3B4152 设备缺陷处理率每季统计应在 70％以上，每年应达 85％以上。（×）

Je3B4153 故障录波器装置的零序电流启动元件接于主变压器中性点上。（√）

Je3B4154 运行中的变压器中性点接地隔离开关如需倒换，则应先拉开原来一台变压器的中性点接地隔离开关，再合上另一台变压器的中性点接地隔离开关。（×）

Je3B4155 强油风冷变压器上层油温不得超过 95°。（×）

296

Je3B4156 在处理事故的过程中，可以不填写操作票。（√）

Je3B4157 各变电站防误装置万能锁钥匙要由值班员登记保管和交接。（×）

Je3B4158 运行时 BP-2B 母差保护发"TA 断线告警"后，若母线故障，母差保护不能正确动作。（√）

Je3B4159 双微机保护失灵、启动装置异常时，应同时将两套保护跳闸接点回路和对应的失灵启动压板断开。（×）

Je3B4160 新设备验收内容包括图纸、资料、设备、设备原始说明书、合格证、安装报告、大修报告、设备试验报告。（√）

Je3B4161 变压器在运行中差动保护二次回路及电流互感器回路有变动或进行校验时应将差动保护停用。（√）

Je3B4162 无时限电流速断保护范围是线路的 70%。（×）

Je3B4163 设备缺陷处理率每季统计应在 80% 以上，每年应达 85% 以上。（√）

Je3B4164 断路器或刀闸闭锁回路不能用重动继电器，应直接用断路器或隔离开关的辅助接点，操作断路器或隔离开关时，应以现场状态为准。（√）

Je3B4165 备用电源自动投入装置时间元件的整定应使之大于本级线路电源侧后备保护动作时间与线路重合闸时间之和。（√）

Je3B4166 保护"开入异常"时，装置会发告警信号并闭锁保护。（√）

Je3B4167 主变压器保护出口保护信号继电器线圈通过的电流就是各种故障时的动作电流。（×）

Je3B4168 任何电力设备（线路、母线、变压器等）都不允许在无继电保护的状态下运行。（√）

Je3B4169 在直接接地系统正常运行时，电压互感器二次侧辅助绕组的开口三角处有 100V 电压。（×）

Je3B5170 距离保护装置中的阻抗继电器一般都采用 90°接线。（×）

Je3B5171 500kV、220kV 变压器所装设的保护都一样。（×）

Je3B5172 主变压器非电气量保护应设置独立的电源回路（包括直流空气小开关及其直流电源监视回路）和出口跳闸回路，且必须与电气量保护完全分开，在保护柜上的安装位置也应相互独立。（√）

Je3B5173 220kV 旁路开关充电运行时，零序Ⅰ段保护应该投入运行，当带线路开关运行时，一般情况下，零序Ⅰ段保护应该退出。（√）

Je3B5174 断路器失灵保护的动作时间应小于故障线路断路器的跳闸时间及保护装置返回时间之和。（×）

Jf3B1175 靠在管子上使用梯子时，应将其上端用挂钩挂牢或用绳索绑住。（√）

Jf3B1176 新设备有出厂试验报告即可投运。（×）

Jf3B2177 在继电保护装置、安全自动装置及自动化监控系统屏间的通道上搬运或安放试验设备时，为工作需要可临时封闭通道，但应告知运行人员。（×）

Jf3B2178 专题运行分析每月进行一次，针对某一问题进行专门深入的分析。（×）

Jf3B2179 吊车进入 220kV 现场作业与带电体的安全距离为 3m。（×）

Jf3B2180 对已停电的设备，在未获得调度许可开工前，应视为有随时来电的可能，严禁自行进行检修。（√）

Jf3B3181 各种保护连接片、切换把手、按钮均应标明名称。（√）

Jf3B3182 各级调度在电力系统的运行指挥中是上下级关系。在调度关系上，下级调度机构的值班调度员、发电厂值长、变电站值班长受上级调度机构值班调度员的指挥。（√）

Jf3B3183 当开关检修同时开关保护校验时，它的启动失灵保护的回路应同时退出工作。（√）

Jf3B3184 调度管辖、调度许可和调度同意的设备，严禁约时停送电。（√）

Jf3B3185 变电站各种工器具要设专柜，固定地点存放，设专人负责管理维护试验。（√）

Jf3B3186 400V 及以下的二次回路的带电体之间的电气间隙应不小于 2mm，带电体与接地点间漏电距离应不小于 6mm。（×）

1.3 多选题

La3C3001 直流系统在变电站中的作用是（ ）。

（A）提供可靠的直流操作电源；（B）为控制、信号提供可靠的直流电源；（C）为继电保护、自动装置提供可靠的直流电源；（D）为事故照明提供可靠的直流电源。

答案：ABCD

La3C3002 远动就是应用通信技术，完成（ ）等功能的总称。

（A）遥测；（B）遥信；（C）遥控；（D）遥调。

答案：ABCD

La3C3003 微机保护的特点有（ ）。

（A）维护调试方便；（B）可靠性高；（C）易于扩展功能；（D）保护性能得到了良好的改善。

答案：ABCD

La3C3004 有载分接开关操作失灵的主要原因有（ ）。

（A）操作电源电压消失或过低；（B）电机绕组断线烧毁，起动电机失压；（C）联锁触点接触不良；（D）转动机构脱扣及销子脱落。

答案：ABCD

La3C3005 对室内电容器的安装时要求（ ）。

（A）应安装在通风良好、无腐蚀性气体以及没有剧烈振动、冲击、易燃、易爆物品的室内；（B）安装电容器根据容量的大小合理布置，并应考虑安全巡视通道；（C）电容器室应为耐火材料的建筑；（D）电容器室门要向内开，要有消防措施。

答案：ABC

La3C3006 电网进行无功补偿可以（ ）。

（A）减少系统频率波动；（B）增加电网输电能力；（C）减少电网的传输损耗；（D）提高用户的功率因数。

答案：BCD

La3C3007 影响沿面放电电压的因素有（ ）。

（A）电场的均匀程度；（B）介质表面的介电系数的差异程度；（C）有无淋雨；（D）污秽的程度。

答案：ABCD

La3C3008 继电保护装置的作用有（　　）。

（A）能反映电气设备的故障和不正常工作状态；（B）动作于断路器将所有设备从系统中切除；（C）提高系统运行的可靠性；（D）最大限度地保证向用户安全、连续供电。

答案：**ACD**

La3C4001 二次设备常见的异常和事故有（　　）。

（A）直流系统异常、故障；（B）二次接线异常、故障；（C）CT、PT等异常、故障；（D）继电保护及安全自动装置异常、故障。

答案：**ABCD**

La3C4002 测量绝缘电阻的作用是（　　）。

（A）测量绝缘电阻可以检查产品是否达到设计的绝缘水平；（B）通过测量绝缘电阻，可以判断电气设备绝缘有无局部贯穿性缺陷、绝缘老化和受潮现象；（C）由所测绝缘电阻能发现电气设备导电部分影响绝缘的异物、绝缘油严重劣化、绝缘击穿和严重热老化等缺陷；（D）检查其绝缘状态最简便的辅助方法。

答案：**BCD**

La3C4003 500kV变压器增加的特殊保护有（　　）。

（A）过励磁保护；（B）比率差动保护；（C）低阻抗保护；（D）间隙保护。

答案：**AC**

Lb3C1001 隔离开关允许进行（　　）操作。

（A）无接地故障时拉合消弧线圈；（B）在中性点直接接地系统中，拉合变压器中性点；（C）在电网无接地故障时，拉合电压互感器、在无雷电活动时拉合避雷器；（D）与断路器并联的旁路隔离开关，当断路器合好时，可以拉合断路器的旁路电流；（E）拉合励磁电流不超过2A的空载变压器、电抗器和电容电流不超过5A的空载线路（但20kV以上应使用户外三联隔离开关）；（F）拉合220kV及以下母线和直接连接在母线上的设备的电容电流，拉合经试验允许的500kV空母线和拉合3/2接线母线环流。

答案：**ABCEF**

Lb3C2001 中性点不接地或经消弧线圈接地系统消除分频谐振过电压的方法有（　　）。

（A）立即恢复原系统或投入备用消弧线圈；（B）投入或断开空线路，事先应进行验算；（C）TV开口三角绕组经电阻短接或直接短接3～5s；（D）投入消振装置。

答案：**ABCD**

Lb3C2002 当两台变比不相同的变压器并列运行时（　　）。

（A）将会产生环流；（B）会影响变压器的输出功率；（C）不能按变压器的容量比例

分配负荷；（D）会使变压器短路。

答案：**AB**

Lb3C2003 当两台接线组别不同的变压器并列运行时会（　　）。

（A）产生环流；（B）造成变压器绕组严重过热；（C）不能按变压器的容量比例分配负荷；（D）使变压器短路。

答案：**BD**

Lb3C2004 故障录波器的启动方式有（　　）。

（A）保护启动；（B）负序电压；（C）过电流；（D）低电压；（E）零序电压；（F）零序电流。

答案：**BCDEF**

Lb3C3001 三绕组变压器三侧都装过流保护的作用是（　　）。

（A）能有选择地切除变压器内、外部故障；（B）能有选择地切除故障，无需将变压器停运；（C）能快速切除变压器内、外部故障；（D）各侧的过流保护可以作为本侧母线、线路的后备保护；（E）可以保护变压器任意一侧的母线。

答案：**BDE**

Lb3C3002 电阻限流有载调压分接开关由（　　）和快速机构组成。

（A）切换开关；（B）选择开关；（C）范围开关；（D）操动机构。

答案：**ABCD**

Lb3C3003 过流保护延时特性可分为（　　）。

（A）定时限延时特性；（B）反时限延时特性；（C）长时限延时特性；（D）短时限延时特性。

答案：**AB**

Lb3C3004 母线保护一般包括（　　）等模块。

（A）母差保护；（B）断路器失灵保护；（C）充电保护；（D）非全相保护。

答案：**ABC**

Lb3C3005 切换变压器中性点接地开关的规定是（　　）。

（A）先合上备用接地点的隔离开关，再拉开工作接地点的隔离开关；（B）先拉开工作接地点的隔离开关，再合上备用接地点的隔离开关；（C）将中性点接地的变压器上零序保护投入；（D）零序保护无需切换。

答案：**AC**

Lb3C3006 自投装置的启动回路串联备用电源电压继电器的有压触点的目的是（　　）。

（A）防止自投装置拒动；（B）保证自投装置动作的正确性；（C）防止在备用电源无电时自投装置动作；（D）提高自投装置可靠性。

答案：BC

Lb3C3007 瓦斯保护可以保护变压器的故障有（　　）。

（A）变压器内部的多相短路；（B）套管闪烁放电；（C）油面下降或漏油；（D）分接开关接触不良或导线焊接不牢固；（E）铁芯接地；（F）匝间短路，绕组与铁芯或与外壳短路。

答案：ACDF

Lb3C3008 运行中的电流互感器发生不正常声响的原因有（　　）。

（A）电流互感器过负荷；（B）二次侧开路；（C）二次侧短路；（D）内部绝缘损坏发生放电。

答案：ABD

Lb3C3009 断路器拒绝分闸的原因有（　　）。

（A）断路器操作控制箱内"远方/就地"选择开关在就地位置；（B）弹簧机构的断路器弹簧未储能；（C）断路器控制回路断线；（D）分闸线圈故障。

答案：ACD

Lb3C3010 电压断线信号表示时，应立即将（　　）停用。

（A）距离保护；（B）振荡解列装置；（C）检查无电压的重合闸；（D）低电压保护。

答案：ABCD

Lb3C3011 新变压器在投入运行前做冲击试验是为了（　　）。

（A）检查变压器的绝缘强度；（B）考核变压器的机械强度；（C）考核变压器操作过电压是否在合格范围内；（D）考核继电保护是否会误动。

答案：ABD

Lb3C3012 （　　）情况应停用线路重合闸装置。

（A）不能满足重合闸要求的检查测量条件时；（B）可能造成非同期合闸时；（C）长期对线路充电时；（D）线路上有带电作业要求时。

答案：ABCD

Lb3C4001 下列（　　）是影响断路器分闸时间的因素。

（A）分闸铁芯的行程；（B）分闸铁芯的材料；（C）分闸弹簧的情况；（D）分闸锁扣

扣入的深度。

答案：ACD

Lb3C4002 断路器失灵保护动作出口的条件有（   ）。

（A）保护对该断路器发出跳闸命令且出口继电器不返回；（B）该断路器在合闸位置；（C）保护范围内仍有故障存在；（D）该断路器控制回路断线。

答案：AC

Lb3C4003 双电源线路装有无压鉴定重合闸的一侧采用重合闸后加速作用（   ）。

（A）尽快恢复用户供电；（B）可以避免扩大事故范围；（C）有利于故障点绝缘恢复；（D）利于系统的稳定；（E）使电气设备免受损坏。

答案：BDE

Lb3C4004 220kV 线路多采用"单相重合闸方式"的原因是（   ）。

（A）提高供电可靠性；（B）防止操作过电压；（C）有利于快速切除故障；（D）提高系统稳定性。

答案：ABD

Lb3C4005 以下（   ）异常情况，将闭锁备自投。

（A）Ⅰ母、Ⅱ母均无压；（B）备自投的跳闸开关拒动；（C）开关控制回路断线；（D）备自投装置报警；

答案：BCD

Lb3C4006 微机保护装置中启动元件的作用是（   ）。

（A）增加保护可靠性；（B）启动保护故障处理程序；（C）开放出口继电器电源；（D）闭锁出口回路。

答案：BC

Lb3C4007 当两台百分阻抗不等的变压器并列运行时会（   ）。

（A）产生环流；（B）影响变压器的输出功率；（C）不能按变压器的容量比例分配负荷；（D）会使变压器短路。

答案：BC

Lb3C4008 直流正、负极接地对运行的影响有（   ）。

（A）直流正极接地有造成保护误动的可能；（B）直流负极接地有造成保护拒动的可能；（C）没有影响；（D）会使蓄电池受到损坏。

答案：AB

Lb3C4009 变压器长时间在极限温度下运行的后果是（　　）。

（A）加速绝缘老化；（B）造成变压器故障；（C）加快绝缘油劣化；（D）损耗增加；（E）影响使用寿命。

答案：ACDE

Lb3C5001 不允许在母线差动保护电流互感器的两侧挂地线，是因为（　　）。

（A）将使母差保护励磁阻抗大大降低，可能对母线差动保护的正确动作产生不利影响；（B）无故障时，可能造成母差保护误动；（C）母线故障时，将降低母线差动保护的灵敏度；（D）母线外故障时，将增加母线差动保护二次不平衡电流，甚至误动。

答案：ACD

Lb3C5002 振荡闭锁装置应满足如下基本要求（　　）。

（A）系统不振荡时开放；（B）系统纯振荡时不开放；（C）系统发生振荡时发生区内故障时可靠开放；（D）系统发生振荡且区外故障时，在距离保护误动期间不开放。

答案：ABCD

Lb3C5003 保护装置退出时，应断开其出口压板（线路纵联保护还要退出对侧纵联功能），包括（　　），一般不应断开保护装置及其附属二次设备的直流。

（A）跳各断路器的跳闸压板；（B）合闸压板及启动重合闸；（C）启动失灵保护；（D）启动远跳的压板。

答案：ABCD

Lb3C5004 消除铁磁谐振过电压的方法有（　　）。

（A）拉合断路器，改变运行方式，投入母线，改变接线方式；（B）投入母线上的备用变压器或所用变压器；（C）将 TV 二次回路短接；（D）投、切电容器或电抗器。

答案：ABD

Lc3C1001 工作票签发人的安全责任是（　　）。

（A）做好保证安全工作的各项措施；（B）工作必要性和安全性；（C）工作票上所填安全措施是否正确完备；（D）所派工作负责人和工作班人员是否适当和充足。

答案：BCD

Lc3C2001 对变电站的消防器具的使用和管理有（　　）规定。

（A）消防器具是消防专用工具，应存放在消防专用工具箱处或指定地点，由消防员统一管理，任何人不得做其他使用；（B）消防器材应保持完好，如有过期、失效或损坏，应报保卫部门处理；（C）值班人员平时不得随意检查、打开灭火器；（D）冬、春季节值班员应定期打开灭火器试验。

答案：ABC

Lc3C2002 触电伤员好转以后，（　　）。

（A）如触电伤员的心跳和呼吸经抢救后均已恢复，应继续心肺复苏法操作，防止心跳骤停；（B）如触电伤员的心跳和呼吸经抢救后均已恢复，可停止心肺复苏法操作，但应严密监护，要随时准备再次抢救；（C）如触电伤员在初期恢复后，神志不清或精神恍惚、躁动，应大声与其交谈，防止再次昏迷；（D）如触电伤员在初期恢复后，神志不清或精神恍惚、躁动，应设法使伤员安静。

答案：BD

Lc3C2003 心肺复苏法及其三项基本措施是（　　）。

（A）脱离电源；（B）口对口（鼻）人工呼吸；（C）胸外按压（人工循环）；（D）通畅气道。

答案：BCD

Lc3C2004 不得在下列（　　）设备附近给火炉或喷灯点火。

（A）带电导线；（B）带电设备；（C）变压器；（D）油断路器。

答案：ABCD

Lc3C2005 "两票三制"中的"三制"指（　　）。

（A）交接班制度；（B）巡回检查制度；（C）设备定期试验轮换制度；（D）工作监护制度。

答案：ABC

Lc3C2006 在（　　）情况下可不经许可，立即断开有关设备的电源。

（A）在发生人身触电事故时，为了解救触电人；（B）设备着火；（C）设备严重损坏；（D）严重危及设备安全。

答案：ABCD

Lc3C2007 在带电设备附近使用喷灯时，火焰与带电部分的距离应满足（　　）。

（A）电压在 10kV 及以下者，不得小于 2.0m；（B）电压在 10kV 及以下者，不得小于 1.5m；（C）电压在 10kV 以上者，不得小于 2.0m；（D）电压在 10kV 以上者，不得小于 3.0m。

答案：BD

Lc3C3001 按有关规定录用的新生产人员入厂（局）后，必须进行入厂（局）教育，内容为（　　）。

（A）政治思想和优良传统、厂（局）史、厂（局）纪教育；（B）电业职业道德教育；（C）遵纪守法和文明礼貌教育；（D）有关法律、法规和安全生产知识教育。

答案：ABCD

Lc3C3002 低压回路停电的安全措施有（　　　）。

（A）将检修设备的各电源断开并取下可熔熔断器；（B）在隔离开关操作把手上挂"有人工作"标示牌；（C）工作前必须验电；（D）根据需要采取其他安全措施。

答案：ACD

Jd3C1001 新安装的电容器在投入运行前应检查的项目有（　　　）。

（A）接地隔离开关均在断开位置；（B）室内通风良好，电缆沟有防小动物措施；（C）电容器设有储油池和灭火装置；（D）五防联锁安装齐全、可靠。

答案：ABCD

Jd3C1002 处理故障电容器时应注意的安全事项有（　　　）。

（A）在处理故障电容器前，应先对电容器停电；（B）验电、装设接地线；（C）在接触故障电容器前，还应戴上绝缘手套，用短路线将故障电容器的两极短接并接地；（D）对双星形接线电容器组的中性线及多个电容器的串联线，还应单独放电。

答案：ABCD

Jd3C2001 变压器新安装或大修后，投入运行前应验收的项目有（　　　）。

（A）变压器本体无缺陷，外表整洁，无严重渗漏油和油漆脱落现象；（B）变压器绝缘试验应合格，无遗漏试验项目；（C）各部油位应正常，各阀门的开闭位置应正确，油的性能试验、色谱分析和绝缘强度试验应合格；（D）变压器外壳应有良好的接地装置，接地电阻应合格。

答案：ABCD

Jd3C2002 在带电的电压互感器二次回路上工作，应注意的安全事项有（　　　）。

（A）严格防止电压互感器二次短路和接地；（B）工作时应使用绝缘工具，戴绝缘手套；（C）根据需要将有关保护停用，防止保护拒动和误动；（D）接临时负荷时，应装设专用隔离开关和可熔熔断器。

答案：ABCD

Jd3C2003 倒停母线时拉母联断路器应注意（　　　）。

（A）对要停电的母线再检查一次，确认设备已全部倒至运行母线上；（B）拉母联断路器前，检查母联断路器电流表应指示为零；（C）拉母联断路器后，检查停电母线的电压表应指示零；（D）先拉电压互感器，后拉母联断路器。

答案：ABC

Jd3C3001 直流环路隔离开关的运行操作的注意事项有（　　　）。

（A）解环操作前必须查明没有造成某一网络电源中断的可能性；（B）当直流系统发生同一极两点接地时，在未查明原因和消除故障前不准合环路隔离开关；（C）当直流系统一路失电时应立即合环路隔离开关。

答案：**AB**

Jd3C3002 变压器新安装或大修后，投入运行前验收的项目有（　　）。

（A）变压器的坡度应合格；（B）检查变压器的相位和接线组别应能满足电网运行要求，变压器的二、三次侧有可能和其他电源并列运行时，应进行核相工作，相位漆应标示正确、明显；（C）温度表及测温回路完整良好；（D）套管油封的放油小阀门和瓦斯放气阀门应无堵塞现象；（E）变压器上应无遗留物，临近的临时设施应拆除，永久设施布置完毕应清扫现场。

答案：**ABCDE**

Je3C1001 断路器出现（　　）异常时应停电处理。

（A）油断路器渗油；（B）SF_6 断路器的气室严重漏气发出操作闭锁信号；（C）真空断路器真空损坏；（D）液压机构的断路器液压突然失压到零。

答案：**BCD**

Je3C1002 综合重合闸可以由（　　）改变方式。

（A）切换压板；（B）装置内部软压板；（C）切换开关 QK；（D）远方更改。

答案：**BCD**

Je3C2001 判别母线失电的依据是同时出现（　　）现象。

（A）该母线的电压表指示消失；（B）该母线的出线负荷均消失；（C）该母线所供的所用电失电；（D）母线差动保护动作。

答案：**ABC**

Je3C2002 综合重合闸投"综合重合闸"方式时的动作行为（　　）。

（A）任何类型故障跳三相重合三相，重合不成跳三相；（B）单相故障跳单相、重合单相、重合不成跳三相；（C）相间故障跳三相重合三相、重合不成跳三相；（D）相间故障跳三相，不重合。

答案：**BC**

Je3C2003 断路器出现非全相运行，正确的处理方法是（　　）。

（A）断路器只跳开一相，应立即合上断路器，如合不上应将断路器拉开；（B）断路器跳开两相，应立即合上断路器，如合不上应将断路器拉开；（C）断路器跳开两相，应立即将断路器拉开；（D）断路器跳开一相，应立即将断路器拉开。

答案：**AC**

Je3C2004 正常双母线运行的母联、分段断路器，除（　　）外，不准投入其他保护。

（A）母差；（B）失灵；（C）非全相；（D）变压器后备保护。

正确答案：**ABCD**

Je3C2005 保护装置"交流电压断线"时装置会（　　）。

（A）发"PT断线"异常信号；（B）退出零序保护；（C）退出距离保护；（D）退出纵联保护。

答案：**AC**

Je3C2006 综合重合闸投"单相重合闸"方式时的动作行为（　　）。

（A）任何类型故障跳三相重合三相，重合不成跳三相；（B）单相故障跳单相、重合单相、重合不成跳三相；（C）相间故障跳三相重合三相，重合不成跳三相；（D）相间故障跳三相，不重合。

答案：**BD**

Je3C2007 保护和仪表共用一套电流互感器时，当表计回路有工作，应注意（　　）。

（A）应先停用电流互感器；（B）必须在表计本身端子上短接，注意不要开路且不要把保护回路短路；（C）现场工作时应根据实际接线确定短路位置和安全措施；（D）在同一回路中如有零序保护、高频保护等，均应在短路之前停用。

答案：**BCD**

Je3C3001 综合重合闸投"三相重合闸"方式时的动作行为（　　）。

（A）单相故障跳三相重合三相；重合不成跳三相；（B）单相故障跳单相、重合单相、重合不成跳三相；（C）相间故障跳三相重合三相，重合不成跳三相；（D）相间故障跳三相，不重合。

答案：**AC**

Je3C3002 变压器运行时，出现油面过高或有油从油枕中溢出时，应（　　）。

（A）检查变压器的负荷和温度是否正常；（B）如果负荷和温度均正常，则可以判断是因呼吸器或油标管堵塞造成的假油面；（C）应经当值调度员同意后，将重瓦斯保护改接信号，然后疏通呼吸器或油标管；（D）如因环境温度过高引起油枕溢油时，应放油处理。

答案：**ABCD**

Je3C4001 变压器运行中有（　　）异常时应将差动保护停用。

（A）差动保护二次回路及电流互感器回路有变动或进行校验时；（B）差动回路出现不平衡电流增大时；（C）差动回路出现明显的异常现象；（D）差动保护误动跳闸；（E）差动保护互感器一相断线或回路开路；（F）测量差动保护回路电流、电压时。

答案：**ACDE**

Je3C4002 断路器远控操作失灵，允许断路器可以近控分相和三相操作时，应满足的条件有（　　）。

（A）现场规程允许；（B）确认即将带电的设备（线路、变压器、母线等）应属于无故障状态；（C）工区领导许可；（D）公司总工程师批准。

答案：AB

Je3C5001 造成液压操动机构的油泵打压频繁的原因有（　　）。

（A）储压筒活塞杆漏油、高压油路漏油、放油阀密封不良；（B）微动开关的停泵、启泵距离不合格；（C）液压油内有杂质；（D）氮气损失。

答案：ABCD

Je3C5002 BP-2B 母差保护双母线并列运行，当母联电流互感器发生断线时，保护会发出（　　）信号。

（A）互联；（B）TA 断线；（C）TA 告警；（D）开入异常。

答案：AD

1.4 计算题

La3D1001 三相对称负载接成三角形，每相电阻 $R = X_1 \Omega$，其等效星形电阻 $R' =$ _____ Ω。

X_1 取值范围：30、45、60

计算公式：

$$R' = \frac{R}{3} = \frac{X_1}{3}$$

La3D1002 三相星形负载均为 $R = X_1 \Omega$，求它的等效三角形负载 $R' =$ _____ Ω。

X_1 取值范围：10、15、20

计算公式：

$$R' = 3R = 3X_1$$

La3D1003 一直流电压 $U = 220\text{V}$，额定电流 $I = 50\text{A}$，各种损耗之和 $P = X_1 \text{kW}$，则直流设备的效率 $\eta =$ _____。

X_1 取值范围：0.2、0.3、0.4、0.5

计算公式：

$$\eta = \left(1 - \frac{10^3 X_1}{UI}\right) \times 100\% = \left(1 - \frac{10^3 X_1}{220 \times 50}\right) \times 100\% = \left(1 - \frac{X_1}{11}\right) \times 100\%$$

La3D1004 正弦交流电流中的电压表的读数为 $U = X_1 \text{V}$，交流电压的最大值 $U_m =$ _____ V。

X_1 取值范围：200、300、400、500

计算公式：

$$U_m = \sqrt{2} U = \sqrt{2} X_1$$

La3D1005 已知正弦交流电流的最大值 $I_{max} = X_1 \text{A}$，则该电流的有效值 $I =$ _____ A。

X_1 取值范围：4、5、8、10

计算公式：

$$I = \frac{I_{max}}{\sqrt{2}} = \frac{X_1}{\sqrt{2}}$$

La3D2006 如图所示的电路，已知电动势 $E = 300\text{V}$，R 两端电压 $U = 220\text{V}$，电路中的内阻 $r = X_1 \Omega$，则电路中的电流 $I =$ _____ A。

X_1取值范围：4、5、8、10

计算公式：

$$I = \frac{E-U}{r} = \frac{300-220}{X_1} = \frac{80}{X_1}$$

La3D2007　一蓄电池用 $R_1 = 5\Omega$ 电阻作外电阻时产生 $I_1 = 0.4A$ 电流，用 $R_2 = 2\Omega$ 电阻作外阻时，端电压为 $U_2 = X_1V$，电动势 $E = \underline{\qquad} V$，内阻 $r_0 = \underline{\qquad} \Omega$。

X_1取值范围：1、1.2、1.6、1.8

计算公式：

$$E = I_1 \ (R_1 + r_0) = \frac{U_2}{R_2} \ (2 + r_0)$$

$$r_0 = \frac{\frac{2U_2}{R_2} - I_1 R_1}{I_1 - \frac{U_2}{R_2}} = \frac{\frac{2U_2}{2} - 0.4 \times 5}{0.4 - \frac{U_2}{2}} = \frac{U_2 - 2}{0.4 - 0.5U_2} = \frac{10 \ (X_1 - 2)}{4 - 5X_1}$$

$$E = \frac{U_2}{R_2} \times \left(2 + \frac{U_2 - 2}{0.4 - 0.5U_2}\right) = \frac{6X_1}{5X_1 - 4}$$

La3D2008　已知电源电压 $U = 220V$，电流 $I = 10A$，消耗有功功率 $P = X_1 kW$，则电路的功率因数 $\cos\varphi = \underline{\qquad}$。

X_1取值范围：1、1.5、2

计算公式：

$$\cos\varphi = \frac{P}{UI} = \frac{10^3 X_1}{220 \times 10} = \frac{5X_1}{11}$$

La3D2009　如图所示，$U = X_1V$，$R_1 = 30\Omega$，$R_2 = 10\Omega$，$R_3 = 20\Omega$，$R_4 = 15\Omega$，则 $I_4 = \underline{\qquad} \Omega$。

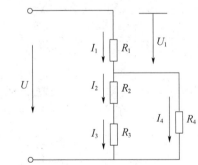

X_1取值范围：60、120、180、240

计算公式：

$$R = \frac{(R_2 + R_3)R_4}{(R_2 + R_3) + R_4} + R_1 = 40$$

$$I_1 = \frac{U}{R} = \frac{X_1}{40}$$

$$I_4 = I_1 \frac{(R_2 + R_3)}{(R_2 + R_3) + R_4} = \frac{X_1}{40} \times \frac{(10 + 20)}{(10 + 20) + 15} = \frac{X_1}{60}$$

La3D2010　三相负载接成三角形，已知线电压有效值为 $U_L = 380\text{V}$，每相负载的阻抗为 $Z = X_1 \Omega$。则相电压的有效值 $U_{ph} = $ _____ V，相电流的有效值 $I_{ph} = $ _____ A，线电流有效值 $I_L = $ _____ A。

X_1 取值范围：19、38、57、76

计算公式：
$$U_{ph} = U_L = 380$$
$$I_{ph} = \frac{U_{ph}}{Z} = \frac{380}{X_1}$$
$$I_L = \sqrt{3} I_{ph} = \frac{380\sqrt{3}}{X_1}$$

La3D2011　某线圈的电阻 $R = 8\Omega$，阻抗 $Z = X_1 \Omega$，频率 $f = 50\text{Hz}$，则线圈的电感 $L = $ _____ mH。

X_1 取值范围：9、10、12

计算公式：
$$X_L = \sqrt{Z^2 - R^2} = \sqrt{X_1{}^2 - 8^2}$$
$$L = \frac{10^3 \sqrt{Z^2 - R^2}}{\omega} = \frac{10^3 \sqrt{X_1{}^2 - 8^2}}{2\pi f} = \frac{10^3 \sqrt{X_1{}^2 - 8^2}}{2 \times 3.14 \times 50} = \frac{10 \sqrt{X_1{}^2 - 8^2}}{3.14}$$

La3D2012　在 220V 交流电路中，电阻 $R = 9\Omega$ 与电感 $X_L = X_1 \Omega$ 串联，则该电路的电流值 $I = $ _____ A。

X_1 取值范围：8、10、12

计算公式：
$$Z = \sqrt{R^2 + X_L^2} = \sqrt{81 + X_1^2}$$
$$I = \frac{U}{\sqrt{R^2 + X_L^2}} = \frac{220}{\sqrt{81 + X_1^2}}$$

La3D2013　一个电路如图所示，$R_1 = X_1 \Omega$，$R_2 = 2\Omega$，$R_3 = 1\Omega$，$R_4 = 1\Omega$，$R_5 = 2\Omega$，$R_6 = 1\Omega$，则它的等值电阻 $R_{ab} = $ _____ Ω。

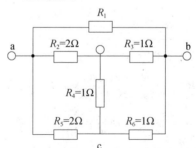

X_1取值范围：3、4、5、6

计算公式：

$$R_{ac1} = \frac{R_2 R_5}{R_2 + R_5} = \frac{R_3 R_6}{R_3 + R_6}$$

$$= \frac{2 \times 2}{2 + 2} + \frac{1 \times 1}{1 + 1} = \frac{3}{2}$$

$$R_{ab} = \frac{R_{ab1} \cdot R_1}{R_{ab1} + R_1} = \frac{\frac{3}{2} X_1}{\frac{3}{2} + X_1} = \frac{3 X_1}{3 + 2 X_1}$$

La3D2014 如图所示，已知 $E_1 = X_1 \text{V}$，$E_2 = 30\text{V}$，$r_1 = r_3 = r_4 = 5\Omega$，$r_2 = 10\Omega$，则 $U_{bc} = $ _____ V，$U_{ac} = $ _____ V。

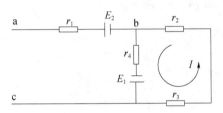

X_1取值范围：4、5、8、10

计算公式：

$$I = \frac{E_1}{r_2 + r_3 + r_4} = \frac{X_1}{10 + 5 + 5} = \frac{X_1}{20}$$

$$U_{bc} = I_4 - E_1 = \frac{X_1}{20} \times 5 - X_1 = -\frac{3 X_1}{4}$$

$$U_{ac} = E_2 + U_{bc} = 30 - \frac{3 X_1}{4}$$

La3D2015 如图所示电路，已知 $E = X_1 \text{V}$，$R_1 = 1\Omega$，$R_2 = 99\Omega$，$C = 10\mu\text{F}$。S 闭合瞬间，总 $U_{R_2}(0+) = $ _____ V。

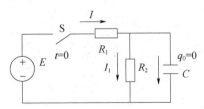

X_1取值范围：20、30、40、50

计算公式： $\qquad\qquad U_{R_2}(0+) = 0$

La3D3016 已知加在$C=94\mu F$电容器上的电压$U_C=X_1\sin(10^3t+60°)$ V。则电容器的无功功率$Q_C=$________ V·A，U_C达到最大值时，电容所储存的能量$W=$________ J。

X_1取值范围：2.6、2.7、2.8、2.9

计算公式：

$$R_0=\frac{E}{I}-R_1=\frac{6}{2}-X_1=3-X_1$$

$$Q_C=U^2\omega C=\left(\frac{U_m}{\sqrt{2}}\right)^2\times10^3\times94\times10^{-6}=0.047\,(U_m)^2=0.047\,(X_1)^2$$

$$W=\frac{1}{2}CU^2=\frac{1}{2}\times94\times10^{-6}(U_m)^2=47\times10^{-6}(U_m)^2=47\times10^{-6}(X_1)^2$$

La3D3017 如图所示电路中，4个电容器的电容各为$C_1=C_4=X_1\mu F$，$C_2=C_3=0.6\mu F$，则开关S打开时，ab两点间的等效电容$C_{1ab}=$________ μF；开关S闭合时，ab两点间的等效电容$C_{2ab}=$________ μF。

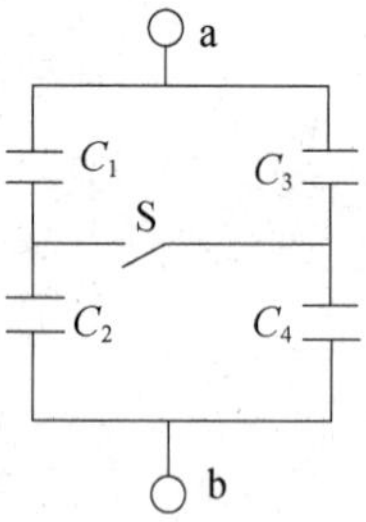

X_1取值范围：0.2、0.4、0.5

计算公式：

$$C_{1ab}=\frac{C_1C_2}{C_1+C_2}+\frac{C_3C_4}{C_3+C_4}=\frac{X_1 0.6}{X_1+0.6}+\frac{0.6X_1}{0.6+X_1}=\frac{1.2X_1}{X_1+0.6}$$

$$C_{2ab}=\frac{(C_1+C_3)\ (C_2+C_4)}{C_1+C_3+C_2+C_4}=\frac{(X_1+0.6)^2}{1.2+2X_1}$$

La3D3018 如图所示，$E=X_1$ V，$R_1=4\Omega$，$R_2=2\Omega$，$R_3=3\Omega$，$C=1F$，则R_2两端的电压$U=$________ V。

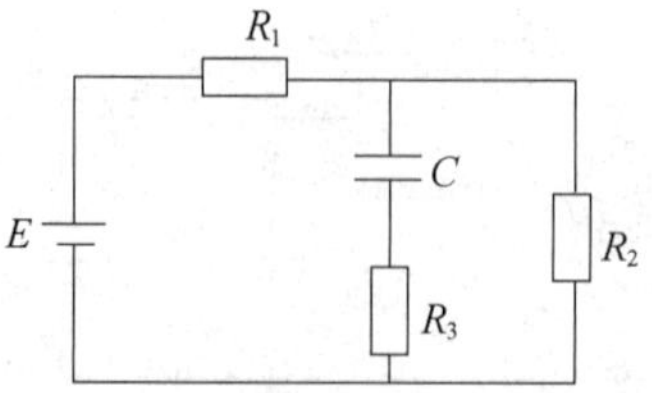

X_1取值范围：3、9、12、15

计算公式：

$$U=\frac{ER_2}{R_1+R_2}=\frac{2X_1}{4+2}=\frac{X_1}{3}$$

La3D3019 如图所示电路，已知 $E=X_1\text{V}$，$R_1=1\Omega$，$R_2=99\Omega$，$C=20\mu\text{F}$。S 闭合到达稳定状态时，电容 C 两端电压 U_C 的数值＝_____ V。

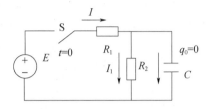

X_1 取值范围：50、100、150、200

计算公式：
$$U_C=\frac{R_2E}{R_1+R_2}=\frac{99E}{1+99}=\frac{99X_1}{100}$$

La3D3020 有一个三相三角形接线的负载，每相均由电阻 $R=10\Omega$、感抗 $X_L=X_1\Omega$ 组成，电源的线电压 $U_L=380\text{V}$，则相电流 $I_{ph}=$ _____ A，线电流 $I_L=$ _____ A，三相有功功率 $P=$ _____ W。

X_1 取值范围：10、15、20、25

计算公式：
$$U_{ph}=U_L=380$$

$$I_{ph}=\frac{U_{ph}}{Z}=\frac{380}{\sqrt{R^2+{X_1}^2}}=\frac{380}{\sqrt{10^2+{X_1}^2}}$$

$$I_L=\sqrt{3}\,I_{ph}=\frac{380\sqrt{3}}{\sqrt{10^2+{X_1}^2}}$$

$$P=3{I_{ph}}^2R=3\times\left(\frac{380}{\sqrt{10^2+{X_1}^2}}\right)^2\times10=\frac{380\times380\times30}{10^2+{X_1}^2}$$

La3D3021 如图所示电路为对称三相电路，每相阻抗均为 $Z=10+jX_1\Omega$，对称线电压的有效值 $U=570\text{V}$，则负载的相电流 $I_{ph}=$ _____ A。

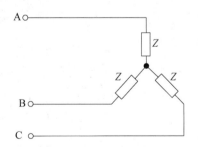

X_1 取值范围：10、15、20、25

计算公式：
$$U_{ph}=\frac{U_L}{\sqrt{3}}=\frac{570}{\sqrt{3}}$$

$$I_{ph}=\frac{U_{ph}}{Z}=\frac{570}{\sqrt{3}\sqrt{10^2+{X_1}^2}}$$

La3D3022 已知星形连接的三相对称电源，若接成三线制（即星形连接不用中线），每相负载 $Z=X_1\angle 36.87°\Omega$。若电源线电压 $U_L=380\mathrm{V}$，A 相断路时，B、C 两相线电流分别为 $I_C=$＿＿＿＿ A，$I_B=$＿＿＿＿ A。

X_1 取值范围：10、19、20

计算公式：
$$I_C=I_B=\frac{U}{Z_A+Z_B}=\frac{380}{2Z}=\frac{190}{X_1}$$

La3D3023 某串联电路中 $R=10\Omega$、$L=64\mu\mathrm{H}$、$C=100\mu\mathrm{F}$，电源电动势 $E=X_1\mathrm{V}$，则发生谐振时 $U_R=$＿＿＿＿ V，$U_L=$＿＿＿＿ V，$U_C=$＿＿＿＿ V。

X_1 取值范围：25、50、75、100

计算公式：
$$U_R=X_1$$
$$\omega L=\frac{1}{\omega C}$$
$$\omega=\sqrt{\frac{1}{LC}}=\sqrt{\frac{1}{64\times10^{-6}\times100\times10^{-6}}}=\frac{10^5}{8}$$
$$U_C=U_L=\frac{E}{R}\omega L=\frac{X_1}{10}\times\frac{10^5}{8}\times64\times10^{-6}=\frac{2X_1}{25}$$

La3D4024 如图所示，将变频电源接在此电路中，$R=50\Omega$，$L=16\mathrm{mH}$，$C=40\mu\mathrm{F}$，$U=X_1\mathrm{V}$，则谐振频率 $f=$＿＿＿＿ Hz，与谐振频率相应的 $I=$＿＿＿＿ A、$I_C=$＿＿＿＿ A、$I_L=$＿＿＿＿ A、$I_R=$＿＿＿＿ A。

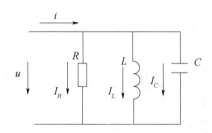

X_1 取值范围：100、150、200、250

计算公式：
$$\frac{U}{\bar{\omega}L}=\frac{U}{\frac{1}{\bar{\omega}C}}=\bar{\omega}CU$$
$$\bar{\omega}^2LC=4\pi^2fLC=1$$
$$f_0=\frac{1}{2\pi\sqrt{LC}}=\frac{1}{2\times3.14\times\sqrt{16\times10^{-3}\times40\times10^{-6}}}=199$$
$$I=I_R=\frac{U}{50}=\frac{X_1}{50}$$
$$I_C=I_L=\frac{U}{\bar{\omega}_0L}=\frac{X_1}{2\pi\times199\times16\times10^{-3}}=\frac{X_1}{20}$$

La3D4025 已知星形连接的三相对称电源，接一星形四线制平衡负载 $Z=3+j4\Omega$。若电源线电压为 X_1V，则 A 相断路时，中线电流 $\dot{I}=$ _____ A。

X_1 取值范围：190、380、570

计算公式：

$$\dot{I}_{Bph}=\frac{\dot{U}_{Bph}}{Z}=\frac{\frac{X_1}{\sqrt{3}}\angle-120°}{3+j4}=\frac{X_1}{5\sqrt{3}}\angle-173°$$

$$\dot{I}_{Cph}=\frac{\dot{U}_{Cph}}{Z}=\frac{\frac{X_1}{\sqrt{3}}\angle120°}{3+j4}=\frac{X_1}{5\sqrt{3}}\angle67°$$

$$\dot{I}=\dot{I}_{Cph}+\dot{I}_{Bph}=\frac{X_1}{5\sqrt{3}}\ (\angle-173°+\angle67°)=\frac{X_1}{5\sqrt{3}}\angle127°$$

La3D4026 如图所示的三相四线制电路，其各相电阻分别为 $R_C=R_B=20\Omega$，$R_A=X_1\Omega$。已知对称三相电源的线电压 $U_L=380$V，则中线电流值 $I_0=$ _____ A。

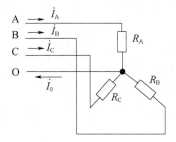

X_1 取值范围：2、4、5

计算公式：

$$U_{ph}=\frac{U_L}{\sqrt{3}}=\frac{380}{\sqrt{3}}\approx220$$

$$\dot{I}_0=\dot{I}_A+\dot{I}_B+\dot{I}_C=\frac{220}{R_A}+\frac{220\angle-120°}{R_B}+\frac{220\angle120°}{X_1}$$

$$=\frac{220}{X_1}+\frac{220\ (-1-\sqrt{3}i)}{20}+\frac{220\ (-1+\sqrt{3}i)}{20}=\frac{220}{X_1}-11$$

La3D4027 已知一对称三相感性负载，接在线电压 $U_L=380$V 的电源上，接线如图所示，送电后测得线电流 $I_L=38$A，三相负载功率 $P=X_1$kW，则负载电阻 $R=$ _____ Ω，负载电抗 $X=$ _____ Ω。

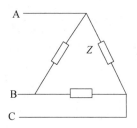

X_1取值范围：4、5、6、7

计算公式： $U_{ph}=U_L=380V$

$$I_{ph}=\frac{U_{ph}}{Z}=\frac{380}{\sqrt{R^2+(X)^2}}=\frac{I_L}{\sqrt{3}}=\frac{38}{\sqrt{3}}$$

$$R^2+X^2=\left(\frac{380\sqrt{3}}{I_L}\right)^2=\frac{380\times380\times3}{38\times38}=300$$

$$P=3I_{ph}^2R=3\times\left(\frac{38}{\sqrt{3}}\right)^2R=3\times\frac{380\times380R}{300}=1444R=X_1$$

$$R=\frac{X_1}{1444}$$

$$X=\sqrt{300-\left(\frac{X_1}{1444}\right)^2}$$

La3D4028 如图所示的对称三相电路中，由三线制电源所提供的对称三相线电压 U_L $=380V$，线路阻抗 $Z_L=(0.4+j0.3)$ Ω，星形连接的负载各相阻抗 $Z=(7.6+jX_1)$ Ω，则三相负载的相电压 $U_{Zph}=$＿＿＿＿ V，$I_{Zph}=$＿＿＿＿ A。

X_1取值范围：2.7、3.7、4.7、5.7

计算公式：
$$U_{ph}=\frac{U_L}{\sqrt{3}}=\frac{380}{\sqrt{3}}\approx220$$

$$I_{Zph}=I_{ph}=\frac{U_{ph}}{Z}=\frac{220}{\sqrt{(0.4+7.6)^2+(0.3+X_1)^2}}=\frac{220}{\sqrt{64+(0.3+X_1)^2}}$$

$$U_{Zph}=ZI_{ph}=\frac{220\sqrt{7.6^2+X_1^2}}{\sqrt{64+(0.3+X_1)^2}}$$

Lb3D3029 某工厂设有一台容量为 320kV·A 的三相变压器，该厂原有负载有功功率 $P_0=255kV·A$，平均功率因数 $\cos\varphi=0.8$（感性），若工厂的负载平均功率因数不变，而负载的有功功率增加到 $P=X_1kW$，此时变压器容量 $S=$＿＿＿＿ kV·A 才能满足需求。

X_1取值范围：320、360、400、480

计算公式：
$$S=\frac{P}{\cos\varphi}=\frac{X_1}{0.8}$$

Lb3D4030 有一个三相对称星形连接电路，线电压 $U_L=X_1$V，中性线未接，如果运行中某相断线，则其他两相的相电压 $U_{ph}=$＿＿＿＿ V。

X_1取值范围：110、220、380、500

计算公式：
$$U_{ph}=\frac{1}{2}U_L=\frac{X_1}{2}$$

Lb3D4031 电容器 $C_1=4\mu F$、$C_2=2\mu F$，串联后接到 $U=X_1$ V 电压上，则两个电容器上的电压分别是 $U_1=$ _____ V，$U_2=$ _____ V。

X_1 取值范围：600、900、1200、1500

计算公式：

$$U_1=\frac{C_2U}{C_1+C_2}=\frac{2U}{4+2}=\frac{X_1}{3}$$

$$U_2=\frac{C_1U}{C_1+C_2}=\frac{4U}{4+2}=\frac{2X_1}{3}$$

Lb3D4032 一台三绕组变压器绕组间的短路电压分别为 $U_{dI\sim II}=9.92\%$，$U_{dI\sim III}=14.72\%$，$U_{dII\sim III}=X_1\%$，则 $U_{dI}=$ _____ %，$U_{dII}=$ _____ %，$U_{dIII}=$ _____ %。

X_1 取值范围：5.2、6.4、7.5、8.2

计算公式：

$$U_{dI}\%=\frac{U_{dI\sim II}+U_{dI\sim III}-U_{dII\sim III}}{2}=\frac{9.92\%+14.72\%-X_1\%}{2}$$

$$U_{dII}\%=\frac{U_{dI\sim II}+U_{dII\sim III}-U_{dI\sim III}}{2}=\frac{9.92\%+X_1\%-14.72\%}{2}$$

$$U_{dIII}\%=\frac{U_{dII\sim III}+U_{dI\sim III}-U_{dI\sim II}}{2}=\frac{X_1\%+14.72\%-9.92\%}{2}$$

Lb3D5033 如果选定视在功率基准值 $S_j=1000MV\cdot A$，35kV 系统电压基准值 $U_j=35kV$，则电压 $U_e=38.5$ kV，容量 $S_e=X_1 MV\cdot A$，变压比 $k=110kV/38.5kV$ 的变压器低压侧额定电流的标幺值 $I_*=$ _____。

X_1 取值范围：31.5、40、50

计算公式：

$$I_j=\frac{S_j}{\sqrt{3}U_j}=\frac{1000}{35\sqrt{3}}$$

$$I_e=\frac{S_e}{\sqrt{3}U_e}=\frac{X_1}{38.5\sqrt{3}}$$

$$I_*=\frac{I}{I_j}=\frac{\dfrac{X_1}{38.5\sqrt{3}}}{\left(\dfrac{1000}{35\sqrt{3}}\right)}=\frac{X_1}{1100}$$

Lb3D5034 已知 10/0.4kV 容量 $S_e=X_1 kV\cdot A$，$\Delta P_D=2.4kW$，$\Delta P_0=0.73kW$，$U_d\%=5.5$，$I_0\%=7.5$，则变压器的电阻 $R_B=$ _____ Ω、电抗 $X_B=$ _____ Ω。

X_1 取值范围：31500、40000、50000、60000

计算公式：

$$\Delta P_D=\left(\frac{S_e}{U_e}\right)^2 R_B$$

$$R_B=\frac{\Delta P_D\times10^3 U_e^{\,2}}{S_e^{\,2}}=\frac{2.4\times10^3\times(10)^2}{X_1^{\,2}}$$

$$\Delta U_{D} = \frac{\left(\dfrac{S_{e}}{U_{e}}\right) X_{B} \, 10^{-3}}{U_{e}}$$

$$X_{B} = \frac{\Delta U_{D} U_{e}^{2}}{S_{e} \times 10^{-3}} = \frac{5.5\% \times (10)^{2}}{X_{1} \, 10^{-3}}$$

Lb3D5035 某工厂单相供电线路的额定电压 $U = 10\text{kV}$，平均负荷 $P = 400\text{kW}$，$Q = 260\text{kV} \cdot \text{A}$，现将该厂的功率因数 $\cos\varphi$ 提高到 X_{1}，需装补偿电容 $C = \underline{\qquad} \mu\text{F}$。

X_{1} 取值范围：0.85、0.86、0.9

计算公式：

$$\cos\varphi_{2} = X_{1}$$

$$\sin\varphi_{2} = \sqrt{1 - (X_{1})^{2}}$$

$$\tan\varphi_{2} = \frac{X_{1}}{\sqrt{1 - X_{1}^{2}}}$$

$$Q_{2} = P \cdot \tan\varphi_{2}$$

$$Q_{2} - Q_{1} = U^{2} \bar{\omega} C$$

$$C = \frac{Q_{2} - Q_{1}}{U^{2} \bar{\omega}} = \frac{P\tan\varphi_{2} - Q_{1}}{U^{2} \bar{\omega}} = \frac{400 \times \dfrac{X_{1}}{\sqrt{1 - X_{1}^{2}}} - 260}{314 \times 10^{2} \times 10^{3}} \times 10^{6} = \frac{40}{3.14} \frac{X_{1}}{\sqrt{1 - X_{1}^{2}}} - \frac{26}{3.14}$$

Jd3D2036 蓄电池组的电源电压 $E = 6\text{V}$，将 $R_{1} = X_{1} \Omega$ 电阻接在它两端，测出电流 $I = 2\text{A}$，则它的内阻 $R_{0} = \underline{\qquad} \Omega$。

X_{1} 取值范围：2.6、2.7、2.8、2.9

计算公式： $\qquad R_{0} = \dfrac{E}{I} - R_{1} = \dfrac{6}{2} - X_{1} = 3 - X_{1}$

Jd3D3037 长 $L = 200\text{m}$ 的照明线路，负载电流 $I = X_{1}\text{A}$，如果采用截面积 $S = 5\text{mm}^{2}$ 的铝线，导线上的电压损失 $U = \underline{\qquad}$ V（$\rho = 0.0283\Omega \cdot \text{mm}^{2}/\text{m}$）。

X_{1} 取值范围：2、3、4、5、6

计算公式： $\qquad U = \rho \dfrac{L}{S} I = 0.0283 \dfrac{200}{5} X_{1}$

Jd3D3038 一条直流线路，原来用的是截面积 $S_{c} = X_{1}\text{mm}^{2}$ 的橡皮绝缘铜线，现因绝缘老化要换新线，并决定改用铝线，要求导线传输能力不改变。则所需铝线的截面积 $S_{A} = \underline{\qquad} \text{mm}^{2}$（$\rho_{c} = 0.0175\Omega \cdot \text{mm}^{2}/\text{m}$，$\rho_{A} = 0.0283\Omega \cdot \text{mm}^{2}/\text{m}$）。

X_{1} 取值范围：2.6、2.7、2.8、2.9

计算公式：

$$\rho_{c} \frac{L}{S_{c}} = \rho_{A} \frac{L}{S_{A}}$$

$$S_{A} = S_{c} \frac{\rho_{A}}{\rho_{c}} = X_{1} \frac{0.0283}{0.0175}$$

Jd3D3039 已知控制电缆型号 KVV29-500 型，回路最大负荷电流 $I=2.5A$，额定电压 $U_e=220V$，电缆长度 $L=250m$，铜的电阻率 $\rho=0.0184\Omega\cdot mm^2/m$，导线的允许压降不应超过额定电压的 X_1，则控制信号馈线电缆的截面积 $S=$ _____ mm^2。

X_1 取值范围：5%、6%、7%、8%

计算公式：
$$2\rho\frac{L}{S}I=X_1 U_e$$

$$S=2\rho\frac{L}{X_1 U_e}I=2\times0.0184\times\frac{250}{220X_1}\times2.5$$

Jd3D3040 三相三角形接线电容接到工频电源上，测得线电压 $U_L=400V$，线电流 $I_L=X_1 A$，则该电容器每相电容值 $C=$ _____ μF。

X_1 取值范围：2.6、2.7、2.8、2.9

计算公式：
$$\frac{1}{\omega C}=\frac{U_{ph}}{I_{ph}}=\frac{U_L}{\left(\dfrac{I_L}{\sqrt{3}}\right)}=\frac{\sqrt{3}U_L}{I_L}$$

$$C=\frac{I_L}{\sqrt{3}U_L\omega}\times10^6=\frac{X_1\times10^6}{\sqrt{3}\times400\times2\times3.14\times50}$$

Jd3D4041 一台铭牌为 $10kV$、$80kV\cdot A$ 的电力电容器，当测量电容器的电容量时，工频电压 $U=X_1 V$，电流 $I=194mA$，则实测电容量和标称电容量的偏差 $\Delta C=$ _____。

X_1 取值范围：200、210、220、230

计算公式：
$$Q_e=U^2\omega C_e$$

$$C_e=\frac{Q_e}{U_e^2\omega}=\frac{Q_e}{U_e^2 2\pi f}=\frac{80\times10^3}{(10\times10^3)^2\times2\times3.14\times50}=\frac{8\times10^{-4}}{314}$$

$$\frac{U}{I}=\frac{1}{\omega C}$$

$$C=\frac{I}{U\omega}=\frac{194\times10^{-3}}{2\times3.14\times50X_1}=\frac{194\times10^{-3}}{314X_1}$$

$$\Delta C=\frac{C-C_e}{C_e}\times100\%=\frac{\left(\dfrac{194\times10^{-3}}{314X_1}\right)-\left(\dfrac{8\times10^{-4}}{314}\right)}{\left(\dfrac{8\times10^{-4}}{314}\right)}\times100\%=\left(\frac{1940}{8X_1}-1\right)\times100\%$$

Je3D2042 某一 $220kV$ 变电站三相变压器高中低三侧额定容量分别为 $X_1 MV\cdot A$、$X_1 MV\cdot A$、$90MV\cdot A$，三侧额定电压分别为 $220kV$、$115kV$、$38.5kV$，则其高压侧额定电流 $I_{1e}=$ _____ A、$I_{2e}=$ _____ A、$I_{3e}=$ _____ A。

X_1 取值范围：120、180

计算公式：
$$I_{1e}=\frac{S_{1e}}{\sqrt{3}U_{1e}}=\frac{10^3 X_1}{\sqrt{3}\times220}$$

$$I_{2e}=\frac{S_{2e}}{\sqrt{3}U_{2e}}=\frac{10^3 X_1}{\sqrt{3}\times115}$$

$$I_{3e} = \frac{S_{3e}}{\sqrt{3}\,U_{3e}} = \frac{90 \times 10^3}{\sqrt{3} \times 38.5} = 1350$$

Je3D3043　一台 220/38.5kV 的三相变压器，若此时电网电压维持在 220kV，而将高压侧分接头调至 $U = X_1$ kV，低压侧电压 $U_2 =$ _____ kV。

X_1 取值范围：210、215、225、230

计算公式：
$$k' = \frac{U}{38.5} = \frac{X_1}{38.5}$$

$$U_2 = \frac{220}{k'} = \frac{220 \times 38.5}{X_1} = \frac{8470}{X_1}$$

Je3D3044　SN1-10I 型断路器的额定开断电流 $I = X_1$ kA，则断路器的额定开断容量 S = _____ MV·A。

X_1 取值范围：10、20、30、40

计算公式：
$$S = \sqrt{3}\,UI = \sqrt{3} \times 10X_1 = 10\sqrt{3}\,X_1$$

Je3D4045　某电容器单台容量为 100kV·A，额定电压为 $11/\sqrt{3}$ kV，额定频率为 60Hz，现要在某变电站 10kV 母线上装设一组星形连接的容量为 X_1 kV·A 的电容器组，需用这种电容器的数量 $N =$ _____ 台。

X_1 取值范围：5000、6000、8000、9000

计算公式：
$$Q = \frac{U^2}{\left(\dfrac{1}{\omega C}\right)} = \omega C U^2 = 2\pi f C U^2$$

$$\frac{Q_1}{Q_2} = \frac{2\pi f_1 C U^2}{2\pi f_2 C U^2} = \frac{f_1}{f_2}$$

$$Q_2 = \frac{Q_1 f_2}{f_1} = \frac{100 \times 50}{60} = \frac{500}{6}$$

$$N = \frac{Q}{Q_2} = \frac{X_1}{\left(\dfrac{500}{6}\right)} = \frac{6X_1}{500}$$

Je3D5046　型号为 NKL-10-X_1-6 的电抗器的感抗 $X_L =$ _____ Ω。

X_1 取值范围：210、215、225、230

计算公式：
$$X_{Le} = \frac{\left(\dfrac{U}{\sqrt{3}}\right)}{I_e} = \frac{U}{\sqrt{3}\,I_e} = \frac{10 \times 10^3}{\sqrt{3}\,I_e} = \frac{10 \times 10^3}{\sqrt{3}\,X_1}$$

$$X_L\% = \frac{X_L}{X_{Le}} \times 100 = \frac{X_L}{\left(\dfrac{10 \times 10^3}{\sqrt{3}\,X_1}\right)} \times 100 = \frac{\sqrt{3}\,X_1 X_L}{10 \times 10^3} \times 100$$

$$X_L = \frac{10 \times 10^3 X_L\%}{\sqrt{3} \times 100 X_1} = \frac{10^4 \times 6}{\sqrt{3} \times 100 X_1} = \frac{600}{\sqrt{3}\,X_1}$$

1.5 识图题

Lb3E2001 Y，d11 组别接线图及向量图如图所示。（　　）

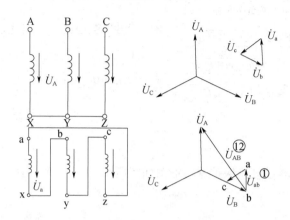

（A）正确；（B）错误。
答案：**A**

Jd3E2002 中性点非直接接地系统中，当单相（A 相）接地时，其电压相量图如图所示。（　　）

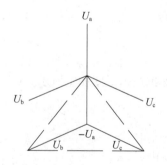

（A）正确；（B）错误。
答案：**B**

Je3E3003 220kV 变压器复合电压闭锁保护动作逻辑框图如图所示。（　　）
（A）正确；（B）错误。

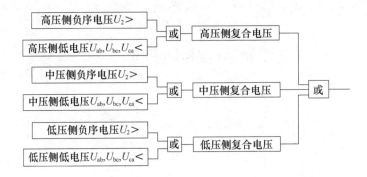

答案：**A**

Je3E3004 电容器过电流保护逻辑框图如图所示。（　　　）

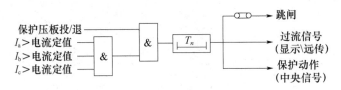

图中：T_n——n 段保护时限（$n=1$，2）

（A）正确；（B）错误。

答案：**B**

Je3E3005 电容器低电压保护逻辑框图如图所示。（　　　）

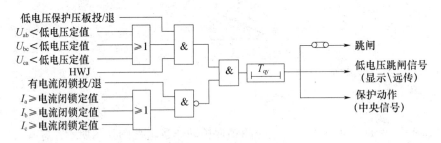

图中：T_{qy} 为低电压保护延时

（A）正确；（B）错误。

答案：**B**

Je3E4006 如图所示，220kV 主变压器三侧 CT 安装位置正确的是（   ）。

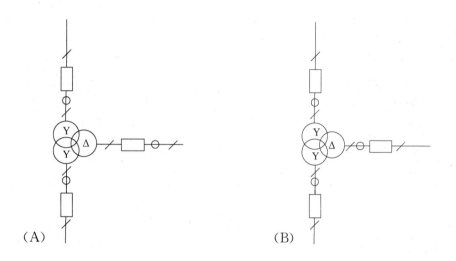

(A)   (B)

答案：**A**

Je3E5007 如图所示，（   ）发生接地将造成开关拒动。

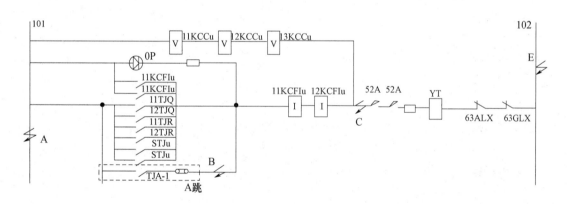

(A) AB；

(B) AC；

(C) CE。

答案：**C**

Je3E5008 如图所示，（　　）发生接地将造成开关误动。

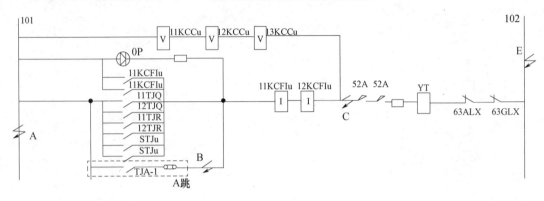

(A) AC；

(B) BE；

(C) CE。

答案：**A**

Je3E5009 非全相保护逻辑框图正确的是（　　）。

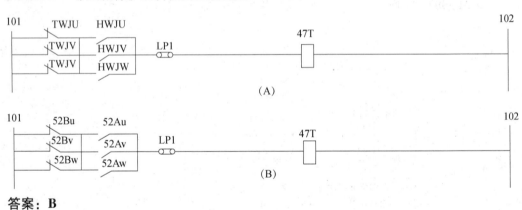

答案：**B**

2 技能操作

2.1 技能操作大纲

变电站值班员（高级工）技能鉴定　技能操作考核大纲

等级	考核方式	能力种类	能力项	考核项目	考核主要内容
高级工	技能操作	基本技能	01. 一次局部网络	01. 填写 GIS 设备各部件名称	能看懂设备结构图
			02. 保护装置和二次回路	01. 简述备自投装置操作原则	掌握继电保护、自动装置操作方法及注意事项
				02. 简述桥接线变电站电容器低电压保护、110kV 线路重合闸、110kV 备自投保护之间的配合关系	熟知继电保护、自动装置的配合原则
		专业技能	01. 设备操作	01. 220kV 变电站主变压器及三侧开关由运行转检修	能组织和所管辖站各种运行方式的倒闸操作
				02. 110kV 变电站主变压器及三侧开关由运行转检修	
			02. 安全经济运行	01. 110kV 变电站主进开关母线侧刀闸瓷瓶裂纹异常处理	电气设备异常运行产生的现象，能分析判断产生异常的原因，并能设法处理
				02. 110kV 出线间隔母线侧刀闸瓷瓶裂纹异常处理	
				03. 220kV 出线间隔母线侧刀闸瓷瓶裂纹异常处理	
				04. 220kV 主进开关变压器侧刀闸瓷瓶裂纹异常处理	
				05. 35kV 主进开关变压器侧刀闸瓷瓶裂纹异常处理	熟悉各种设备事故时所产生的现象，能正确地判断故障范围和性质，并能正确进行处理
				06. 35kV 出线间隔旁母刀闸相间短路，出线开关 SF_6 闭锁	
				07. 35kV 电压互感器侧刀闸相间短路	
				08. 主变压器中压侧 BLQ 单相接地事故处理	
				09. 110kV 出线开关单相接地	
				10. 220kV 出线开关单相接地	
				11. 35kV 出线开关相间接地	
				12. 500kV 出线开关单相接地	
			03. 新设备投运	01. 10kV 电容器新设备投运操作	新设备投运充电原则、操作方法和有关注意事项，以及带电带负荷试验项目及其标准

2.2 技能操作项目

2.2.1 BZ3JB0101 填写 GIS 设备各部件名称

一、作业

（一）工器具、材料、设备

1. 工器具：无。

2. 材料：笔、空白的 GIS 设备部件图。

3. 设备：无。

（二）安全要求

1. 遵守考场规定，按时独立完成。

2. 字迹清楚，卷面整洁，严禁随意涂改。

（三）操作步骤及工艺要求（含注意事项）

1. 在规定时间内将 GIS 设备各部件名称填写完整。

2. 有条件可在现场进行讲解，设专人监护，不准触及带电设备。

3. 完成考评员现场随机提问。

二、考核

（一）考核场地

考核场地可配有 GIS 设备。

（2）考核时间

考核时间为 10min。

（三）考核要点

准确将 GIS 设备各部件名称填写完整，见下图，并回答现场考评员随机的提问。

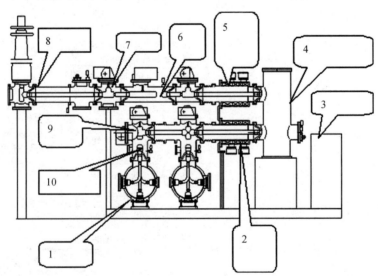

三、评分标准

行业：电力工程　　　　工种：变电站值班员　　　　等级：高级工

编号	BZ3JB0101	行为领域	d	鉴定范围	
考核时限	10min	题型	A	满分	100 分	得分	
试题名称	填写 GIS 设备各部件名称				
编号	BZ3JB0101	行为领域	d	鉴定范围	
考核要点及其要求	(1) 着装整洁，准考证、身份证齐全 (2) 遵守考场规定，按时独立完成 (3) 准确将 GIS 设备各部件名称填写完整，并回答现场考评员随机的提问				
现场设备、工器具、材料	(1) 工器具：无 (2) 材料：笔、空白的 GIS 设备部件图 (3) 设备：无				
备注					

评分标准

序号	考核项目名称	质量要求	分值	扣分标准	扣分原因	得分
1	GIS 设备部件名称填写	各部件名称如下： 1—母线　　　　2—CT 3—汇控柜　　　4—开关 5—CT　　　　　6—刀闸 7—线路侧接地刀闸 8—盆式绝缘子 9—开关侧接地刀闸 10—2 号母线侧刀闸	80	漏填或一处设备名称错误扣8 分		
2	卷面整洁	答卷应字迹清晰、卷面整洁，严禁随意涂改	10	字迹潦草每处扣 1 分；涂改一处扣 1 分		
3	回答考评员现场随机提问	回答正确、完整	10	回答不正确一次扣 5 分，直至扣完		
4	考场纪律	独立完成，遵守考场纪律	否决	在考场内被发现夹带作弊、交头接耳等扣 100 分		

2.2.2 BZ3JB0201 简述备自投装置操作原则

一、作业

（一）工器具、材料、设备

1. 工器具：无。

2. 材料：无。

3. 设备：无。

（二）安全要求

在规定时间内完成笔答。

（三）操作步骤及工艺要求（含注意事项）

1. 装置投运时，先投入交流电源，后投入直流电源。因为工作电压消失是备自投动作的一个重要判据，装置投运时先将系统的交流电压接入，再投入装置的直流电源，防止装置因交流电压未接入而误动作。

2. 投入出口压板时，先投合闸断路器的合闸压板，后投跳闸压板，退出时顺序相反。如果先投入跳闸压板，此时装置误动作，会把工作电源断路器跳开，但合闸压板未投，备用电源断路器不能合上，造成误停电。

3. 若备自投功能压板与出口压板同时投退，一般应先投功能压板，检查装置无异常信号后，再投出口压板，退出时顺序相反。

4. 字迹清楚，卷面整洁，严禁随意涂改。

5. 完成考评员现场随机提问。

二、考核

（一）考核场地

无。

（二）考核时间

考核时间为 10min。

（三）考核要点

准确论述备自投装置操作原则，并回答现场考评员随机的提问。

三、评分标准

行业：电力工程　　　　　　　工种：变电站值班员　　　　　　　等级：高级工

编号	BZ3JB0201	行为领域	d	鉴定范围		
考核时限	10min	题型	A	满分	100分	得分
试题名称	简述备自投装置操作原则					
考核要点及其要求	（1）着装整洁，准考证、身份证齐全 （2）遵守考场规定，按时独立完成 （3）准确论述备自投装置操作原则，并回答现场考评员随机的提问					
现场设备、工器具、材料	（1）工器具：无 （2）材料：无 （3）设备：无					
备注						

评分标准

序号	考核项目名称	质量要求	分值	扣分标准	扣分原因	得分
1	简述备自投装置操作原则	装置投运时，先投入交流电源，后投入直流电源	25	论述不正确扣25分		
		投入出口压板时，先投合闸断路器的合闸压板，后投跳闸压板，退出时顺序相反	25	论述不正确扣25分		
		若备自投功能压板与出口压板同时投退，一般应先投功能压板，检查装置无异常信号后，再投出口压板，退出时顺序相反	30	论述不正确扣30分		
2	回答考评员现场随机提问	回答正确、完整	10	回答不正确一处扣5分		
3	卷面整洁	答卷应字迹清晰、卷面整洁，严禁随意涂改	10	字迹潦草每处扣1分；涂改一处扣1分		
4	考场纪律	独立完成，遵守考场纪律	否决	在考场内被发现夹带作弊、交头接耳等扣100分		

2.2.3 BZ3JB0202 简述桥接线变电站电容器低电压保护、110kV 线路重合闸、110kV 备自投保护之间的配合关系

一、作业

（一）工器具、材料、设备

1. 工器具：无。

2. 材料：无。

3. 设备：110kV 马集仿真变电站（或备有 110kV 马集变电站一次系统图）。

（二）安全要求

在规定时间内完成回答。

（三）操作步骤及工艺要求（含注意事项）

1. 110kV 线路故障，线路保护动作跳闸，跳开线路断路器。

2. 电容器低电压保护动作，跳开电容器断路器。

3. 110kV 线路重合闸动作重合。

4. 若重合成功，110kV 线路恢复正常运行；若重合不成功，110kV 备自投动作，跳开故障线路，根据备自投方式合上母联断路器（或线路断路器）。

5. 完成考评员现场随机提问。

二、考核

（一）考核场地

110kV 马集仿真变电站（或备有 110kV 马集变电站一次系统图）。

（二）考核时间

考核时间为 10min。

（三）考核要点

准确论述桥接线变电站电容器低电压保护、110kV 线路重合闸、110kV 备自投保护之间的配合关系，并回答现场考评员随机的提问。

三、评分标准

行业：电力工程　　　　　　　　工种：变电站值班员　　　　　　　　等级：高级工

编号	BZ3JB0202	行为领域	d	鉴定范围		
考核时限	10min	题型	A	满分	100 分	得分
试题名称	简述桥接线变电站电容器低电压保护、110kV 线路重合闸、110kV 备自投保护之间的配合关系					
考核要点 及其要求	（1）着装整洁，准考证、身份证齐全 （2）遵守考场规定，按时独立完成 （3）准确论述简述桥接线变电站电容器低电压保护、110kV 线路重合闸、110kV 备自投保护之间的配合关系，并回答现场考评员随机的提问					
现场设备、工 器具、材料	（1）工器具：无 （2）材料：无 （3）设备：110kV 马集仿真变电站（或备有 110kV 马集变电站一次系统图）					
备注	评分标准以 110kV 马集变电站为例					

评分标准

序号	考核项目名称	质量要求	分值	扣分标准	扣分原因	得分
1	简述马集站电容器低电压保护、110kV线路重合闸、110kV备自投保护之间的配合关系	110kV线路故障，线路保护动作跳闸，跳开线路断路器	20	论述不正确扣20分		
		电容器低电压保护动作，跳开电容器断路器	20	论述不正确扣20分		
		110kV线路重合闸动作重合	20	论述不正确扣20分		
		若重合成功，110kV线路恢复正常运行；若重合不成功，110kV备自投动作，跳开故障线路，根据备自投方式合上母联断路器（或线路断路器）	30	论述不正确扣30分		
2	回答考评员现场随机提问	回答正确、完整	10	回答不正确一次扣5分		
3	考场纪律	独立完成，遵守考场纪律		在考场内被发现夹带作弊、交头接耳等扣100分		

2.2.4 BZ3ZY0101 220kV变电站主变压器及三侧开关由运行转检修

一、作业

（一）工器具、材料、设备

1. 工器具：无。

2. 材料：笔、空白操作票。

3. 设备：220kV周营子仿真变电站（或备有220kV周营子变电站一次系统图）。

（二）安全要求

考生不得随意启动、退出任何程序。

（三）操作步骤及工艺要求（含注意事项）

1. 检查要停电变压器、运行变压器负荷分配。

2. 切换变压器中性点间隙保护，若变压器停送电操作，临时中性点接地时，可不改变间隙保护投退状态。

3. 将停电变压器低压负荷转移至运行变压器或将其停电。

4. 停电变压器从运行转热备用，按照从低压侧到高压侧的顺序操作，送电顺序与此相反。

5. 停电变压器从热备用转冷备用，按照现场设备布置合理安排操作顺序，送电时顺序与此相同。

6. 停电变压器及三侧断路器从冷备用转检修，送电顺序与此相反。

7. 断开变压器断路器控制电源和机构储能电源，拉开变压器风冷电源和有载调压电源。

8. 需要退出停电主变启动220kV侧失灵压板，退出主变保护跳中低压侧母联断路器压板，防止误跳其他运行设备。

9. 正确填写操作票，字迹清楚，卷面整洁，严禁随意涂改。

10. 按照操作票在仿真系统上进行实际操作。

二、考核

（一）考核场地

考核场地配有220kV周营子仿真变电站培训系统（或备有220kV周营子变电站一次系统图）。

（二）考核时间

考核时间为80min。

（三）考核要点

1. 正确填写操作票。

2. 按照操作票在仿真系统上进行实际操作，无误操作。

三、评分标准

行业：电力工程　　　　　　　　　　工种：变电站值班员　　　　　　　　等级：高级工

编号	BZ3ZY0101	行为领域	e		鉴定范围		
考核时限	80min	题型	C	满分	100 分	得分	
试题名称	220kV 变电站主变及三侧开关由运行转检修						
考核要点及其要求	(1) 正确填写操作票 (2) 按照操作票在仿真系统上进行实际操作，无误操作						
现场设备、工器具、材料	(1) 工器具：无 (2) 材料：笔、空白操作票 (3) 设备：220kV 周营子仿真变电站（或备有 220kV 周营子变电站一次系统图）						
备注	评分标准以 220kV 周营子站 2 号主变及三侧开关由运行转检修为例，220kV 周营子站 1 号主变及三侧开关由运行转检修评分标准与其相同						

评分标准

序号	考核项目名称	质量要求	分值	扣分标准	扣分原因	得分
1	操作票填写	填写准确，使用双重名称	0.5	未使用双重名称或任务不准确扣 0.5 分		
		核对调度令，确认与操作任务相符	0.5	未核对调度令扣 0.5 分		
		检查 1 号主变能带全站负荷	0.5	未检查 1 号主变能带全站负荷扣 0.5 分		
		①拉开 525 开关 ②检查 525 开关三相电流指示为零 ③拉开 526 开关 ④检查 526 开关三相电流指示为零 ⑤拉开 527 开关 ⑥检查 527 开关三相电流指示为零 ⑦拉开 528 开关 ⑧检查 528 开关三相电流指示为零	2	少停一组电容器扣 0.5 分，其中拉开开关后未检查三相电流扣 0.25 分		
		①退出站变备自投 1 号站变跳闸压板 ②退出站变备自投 2 号站变跳闸压板 ③退出站变备自投分段合闸压板 ④将站变自投把手切至停用位置	1	少操作一项扣 0.25 分，其中跳、合闸压板顺序反扣 0.5 分，压板与把手顺序反扣 0.5 分		

序号	考核项目名称	质量要求	分值	扣分标准	扣分原因	得分
1	操作票填写	①拉开412开关 ②检查412开关三相电流指示为零 ③现场检查412开关机械指示在分位 ④合上401开关 ⑤检查401开关三相电流指示正常 ⑥现场检查401开关机械指示在合位 ⑦检查380V Ⅱ母电压正常 ⑧检查直流装置运行正常 ⑨检查主变风冷系统运行正常	3	①少操作一个开关扣1分，其中操作后未检查三相电流及机械指示每项扣0.25分 ②合上401开关后未检查母线电压正常扣0.5分 ③未检查重要负荷运行正常共扣0.5分		
		①拉开516开关 ②检查516开关三相电流指示为零	0.5	未操作开关扣0.5分，其中拉开开关后未检查三相电流扣0.25分		
		①拉开517开关 ②检查517开关三相电流指示为零	0.5	未操作开关扣0.5分，其中拉开开关后未检查三相电流扣0.25分		
		①合上212-9刀闸机构电源 ②合上212-9刀闸 ③现场检查212-9刀闸触头已合好 ④拉开212-9刀闸机构电源 ⑤合上112-9刀闸机构电源 ⑥合上112-9刀闸 ⑦现场检查112-9刀闸触头已合好 ⑧拉开112-9刀闸机构电源	3	少操作一把刀闸扣1.5分，其中操作后未检查触头位置扣0.5分，未断开电机电源扣0.5分		
		①检查512开关三相电流指示为零 ②拉开512开关 ③检查10kV 2号母线三相电压指示为零 ④拉开112开关 ⑤检查112开关三相电流指示为零 ⑥拉开212开关 ⑦检查212开关三相电流指示为零	3	①未操作512开关扣1分，其中操作前未检查三相电流指示为零扣0.25分，操作后未检查10kV 2号母线三相电压指示为零扣0.25分 ②未操作112、512开关每个扣1分，其中操作后未检查三相电流扣0.5分		

序号	考核项目名称	质量要求	分值	扣分标准	扣分原因	得分
1	操作票填写	①将512开关"远方/就地"把手由"远方"切至"就地"位置 ②将112开关"远方/就地"把手由"远方"切至"就地"位置 ③将212开关"远方/就地"把手由"远方"切至"就地"位置	1.5	少切一个扣0.5分		
		①现场检查512开关机械指示在分位 ②拉开512-4刀闸 ③现场检查512-4刀闸三相触头已拉开 ④将512-4手车刀闸由"工作"位置拉至"试验"位置 ⑤现场检查512-4手车刀闸已拉至"试验"位置	5	①操作刀闸前未检查开关机械指示扣0.5分 ②少操作一把手车刀闸（手车开关）扣1.5分，其中操作后未检查实际位置扣0.5分		
		①现场检查112开关机械指示在分位 ②拉开112-4刀闸 ③现场检查112-4刀闸三相触头已拉开 ④拉开112-2刀闸 ⑤现场检查112-2刀闸三相触头已拉开 ⑥检查112-2刀闸二次回路切换正常 ⑦进行110kV母差保护刀闸位置确认	4.5	①操作刀闸前未检查开关机械指示扣0.5分 ②少操作一把刀闸扣2分，其中操作后未检查实际位置扣1分；未检查二次回路切换正常扣0.5分 ③未进行母差刀闸位置确认扣0.5分 ④刀闸操作顺序反直接扣1.5分		

序号	考核项目名称	质量要求	分值	扣分标准	扣分原因	得分
1	操作票填写	①现场检查 212 开关三相机械指示在分位 ②合上 212-4 刀闸机构电源 ③拉开 212-4 刀闸 ④现场检查 212-4 刀闸三相触头已拉开 ⑤拉开 212-4 刀闸机构电源 ⑥合上 212-2 刀闸机构电源 ⑦拉开 212-2 刀闸 ⑧现场检查 212-2 刀闸三相触头已拉开 ⑨检查 212-2 刀闸二次回路切换正常 ⑩进行 220kV 母差保护刀闸位置确认 ⑪拉开 212-2 刀闸机构电源	5	①操作刀闸前未检查开关机械指示扣 0.5 分 ②少操作一把刀闸扣 2 分。操作后未检查实际位置扣 0.5 分，未断开电机电源扣 0.5 分，未进行二次回路切换检查扣 0.5 分 ③未进行母差刀闸位置确认扣 0.5 分 ④刀闸操作顺序反直接扣 2 分		
		①在 212-4 刀闸主变侧验明三相确无电压 ②合上 212-4BD 接地刀闸 ③现场检查 212-4BD 接地刀闸三相触头已合好 ④在 212-4 刀闸开关侧验明三相确无电压 ⑤合上 212-4KD 接地刀闸 ⑥现场检查 212-4KD 接地刀闸三相触头已合好 ⑦在 212-2 刀闸开关侧验明三相确无电压 ⑧合上 212-2KD 接地刀闸 ⑨现场检查 212-2KD 接地刀闸三相触头已合好 ⑩拉开 212 开关机构电源	7.5	少合一组接地刀闸扣 2.5 分，其中合接地刀闸前未验电扣 1 分，接地刀闸合好后未检查实际位置扣 0.5 分，未断开电机电源扣 0.5		

序号	考核项目名称	质量要求	分值	扣分标准	扣分原因	得分
1	操作票填写	①在 112-4 刀闸主变侧验明三相确无电压 ②合上 112-4BD 接地刀闸 ③现场检查 112-4BD 接地刀闸三相触头已合好 ④在 112-4 刀闸开关侧验明三相确无电压 ⑤合上 112-4KD 接地刀闸 ⑥现场检查 112-4KD 接地刀闸三相触头已合好 ⑦在 112-2 刀闸开关侧验明三相确无电压 ⑧合上 112-2KD 接地刀闸 ⑨检查 112-2KD 接地刀闸三相触头已合好 ⑩拉开 112 开关机构电源	6	少合一组接地刀闸扣 2 分，其中合接地刀闸前未验电扣 1 分，接地刀闸合好后未检查实际位置扣 0.5 分，未断开电机电源扣 0.5		
		①取下 512 手车开关二次插头 ②将 512 手车开关摇至检修位置 ③现场检查 512 手车开关已摇至检修位置 ④拉开 512 开关储能电源 ⑤在 2 号主变低压侧母线桥处验明三相确无电压 ⑥2 号主变低压侧母线桥处挂 10 号接地线一组 ⑦现场检查 10 号接地线已挂好	4	①未取下 512 手车开关二次插头扣 0.5 分 ②未将 512 手车开关摇至检修位置扣 1 分，其中操作后未检查扣 0.5 分 ③未断开 512 开关储能电源扣 0.5 分 ④未挂接地线扣 2 分，其中挂接地线前未验电扣 1 分，接地线挂好好后未检查已挂好扣 0.5 分		
		①拉开 2 号主变有载调压电源 ②拉开 2 号主变风冷电源 ③退出 2 号主变跳 101 出口压板 1LP6V ④退出 2 号主变保护屏 Ⅱ 启动 220kV 侧失灵压板 1LP9 ⑤退出 2 号主变保护屏 Ⅰ 启动 220kV 侧失灵 1LP16	1	少一项扣 0.25 分		
		①拉开 212 开关控制电源 Ⅰ ②拉开 212 开关控制电源 Ⅱ ③拉开 112 开关控制电源 ④拉开 512 开关控制电源	1	少一项扣 0.25 分		

序号	考核项目名称	质量要求	分值	扣分标准	扣分原因	得分
2	倒闸操作	携带安全帽、绝缘手套、绝缘靴、10kV验电器、110kV验电器、220kV验电器、10kV接地线、绝缘杆	4	少带一种扣0.5分		
		按照操作票正确操作	45.5	①拉开开关后未检查监控机变位扣0.5分 ②验电前未试验验电器是否良好扣2分，未三相验电扣2分 ③其他项目评分细则参照操作票评分标准 ④未按操作票顺序操作每处扣0.5分，最多扣5分		
		操作完毕汇报调度	0.5	操作完毕未汇报调度扣0.5分		
3	质量否决	操作过程中发生误操作	否决	①发生误拉开关未造成停电扣5分，造成负荷停电扣10分 ②发生带负荷拉刀闸、带电合接地刀闸、带电挂地线等恶性误操作扣50分		

2.2.5 BZ3ZY0102 110kV变电站主变压器及三侧开关由运行转检修

一、作业

（一）工器具、材料、设备

1. 工器具：无。

2. 材料：笔、空白操作票。

3. 设备：110kV马集仿真变电站（或备有110kV马集变电站一次系统图）。

（二）安全要求

考生不得随意启动、退出任何程序。

（三）操作步骤及工艺要求（含注意事项）

1. 检查要停电变压器、运行变压器负荷分配。

2. 切换变压器中性点间隙保护，若变压器停送电操作，临时中性点接地时，可不改变间隙保护投退状态。

3. 将停电变压器低压负荷转移至运行变压器或将其停电。

4. 停电变压器从运行转热备用，按照从低压侧到高压侧的顺序操作，送电顺序与此相反。

5. 停电变压器从热备用转冷备用，按照现场设备布置合理安排操作顺序，送电时顺序与此相同。

6. 停电变压器及三侧断路器从冷备用转检修，送电顺序与此相反。

7. 断开变压器断路器控制电源和机构储能电源，拉开变压器风冷电源和有载调压电源。

8. 需要退出停电主变保护跳中低压侧母联断路器压板，防止误跳其他运行设备。

9. 正确填写操作票，字迹清楚，卷面整洁，严禁随意涂改。

10. 按照操作票在仿真系统上进行实际操作。

二、考核

（一）考核场地

考核场地配有110kV马集仿真变电站培训系统（或备有110kV马集变电站一次系统图）。

（二）考核时间

考核时间为80min。

（三）考核要点

1. 正确填写操作票。

2. 按照操作票在仿真系统上进行实际操作，无误操作。

三、评分标准

行业：电力工程		工种：变电站值班员			等级：高级工		
编号	BZ3ZY0102	行为领域	e	鉴定范围			
考核时限	80min	题型	C	满分	100分	得分	
试题名称	110kV变电站主变压器及三侧开关由运行转检修						

编号	BZ3ZY0102	行为领域	e	鉴定范围	
考核要点 及其要求	（1）正确填写操作票 （2）按照操作票在仿真系统上进行实际操作，无误操作				
现场设备、 工器具、材料	（1）工器具：无 （2）材料：笔、空白操作票 （3）设备：110kV马集仿真变电站（或备有110kV马集变电站一次系统图）				
备注	评分标准以110kV马集站2号主变及三侧开关由运行转检修为例，110kV马集站1号主变及三侧开关由运行转检修评分标准与其相同				

评分标准

序号	考核项目名称	质量要求	分值	扣分标准	扣分原因	得分
1	操作票填写	调整方式				
		①合上101开关 ②检查101开关三相电流指示正常 ③拉开146开关 ④检查146开关三相电流指示为零	3	少操作一个开关扣1.5分，其中操作后未检查三相电流扣0.5分		
		2号主变及三侧开关由运行转检修				
		填写准确，使用双重名称	0.5	未使用双重名称或任务不准确扣0.25分		
		核对调度令，确认与操作任务相符	0.5	未核对调度令扣0.25分		
		检查1号主变能带全站负荷	0.5	未检查1号主变能带全站负荷扣0.5分		·
		检查2号主变分头位置与1号主变分头位置一致	0.5	未检查1号主变分头位置与2号主变分头位置一致扣0.5分		
		①退出10kV自投跳511压板1LP ②退出10kV自投跳512压板2LP ③退出10kV自投合501压板3LP ④退出35kV自投跳311压板1LP	3.5	少一项扣0.25分		

序号	考核项目名称	质量要求	分值	扣分标准	扣分原因	得分
		⑤退出 35kV 自投跳 312 压板 3LP ⑥退出 35kV 自投合 301 压板 5LP ⑦退出 110kV 自互投跳 145 1LP ⑧退出 110kV 自互投跳 146 3LP ⑨退出 110kV 自互投合 145 2LP ⑩退出 110kV 自互投合 146 4LP ⑪退出 110kV 自互投合 101 5LP ⑫将 10kV 自投切换把手切至停用位置 ⑬将 35kV 自投切换把手切至停用位置 ⑭将 110kV 自投切换把手切至停用位置	3.5			
1	操作票填写	①合上 112-9 刀闸 ②现场检查 112-9 刀闸触头已合好	1	未合主变中性点接地刀闸扣 1 分,其中操作后未检查触头位置扣 0.5 分		
		①合上 501 开关 ②检查 501 开关三相电流指示正常 ③拉开 512 开关 ④检查 512 开关三相电流指示为零 ⑤合上 301 开关 ⑥检查 301 开关三相电流指示正常 ⑦拉开 312 开关 ⑧检查 312 开关三相电流指示为零 ⑨检查 101 开关三相电流指示正常 ⑩拉开 101 开关 ⑪检查 110kV 2 号母线三相电压指示为零	5.5	①少拉开 501、512、301、312 开关扣 1 分,其中操作后未检查三相电流扣 0.5 分 ②未操作 101 开关 1.5 分,其中操作后未检查三相电流扣 0.5 分,未检查 110kV 2 号母线电压为零扣 0.5 分		

序号	考核项目名称	质量要求	分值	扣分标准	扣分原因	得分
1	操作票填写	①将101开关"远方/就地"切换把手由"远方"切至"就地"位置 ②将146开关"远方/就地"切换把手由"远方"切至"就地"位置 ③将312开关"远方/就地"切换把手由"远方"切至"就地"位置 ④将512开关"远方/就地"切换把手由"远方"切至"就地"位置	1	少一项扣0.25分		
		①现场检查501开关机械指示在合位 ②现场检查512开关机械指示在分位 ③拉开512-4刀闸 ④现场检查512-4刀闸三相触头已拉开 ⑤将512手车开关摇至试验位置 ⑥现场检查512手车开关已摇至试验位置	3	①未检查501、512开关机械指示每个扣0.5分 ②未操作手车刀闸（手车开关）每把扣1分，其中操作刀闸后未检查触头位置扣0.5分		
		①现场检查301开关机械指示在合位 ②现场检查312开关机械指示在分位 ③拉开312-4刀闸 ④现场检查312-4刀闸三相触头已拉开 ⑤拉开312-2刀闸 ⑥现场检查312-2刀闸三相触头已拉开	3	①未检查301、312开关机械指示每个扣0.5分 ②少操作一把刀闸扣1分，其中操作刀闸后未检查触头位置扣0.5分		
		①现场检查101开关机械指示在分位 ②现场检查146开关机械指示在分位 ③拉开112-2刀闸 ④现场检查112-2刀闸三相触头已拉开	6	①未检查101、146开关机械指示每个扣0.5分 ②少操作一把刀闸扣1分，其中操作刀闸后未检查触头位置扣0.5分 ③刀闸操作顺序错误每处扣1分		

序号	考核项目名称	质量要求	分值	扣分标准	扣分原因	得分
1	操作票填写	⑤拉开 146-5 刀闸 ⑥现场检查 146-5 刀闸三相触头已拉开 ⑦拉开 146-2 刀闸 ⑧现场检查 146-2 刀闸三相触头已拉开 ⑨拉开 101-2 刀闸 ⑩现场检查 101-2 刀闸三相触头已拉开 ⑪拉开 101-1 刀闸 ⑫现场检查 101-1 刀闸三相触头已拉开	6			
		①在 112-2 刀闸主变侧验明三相确无电压 ②合上 112-2BD 接地刀闸 ③现场检查 112-2BD 接地刀闸三相触头已合好 ④在 146-5 刀闸开关侧验明三相确无电压 ⑤合上 146-5KD 接地刀闸 ⑥现场检查 146-5KD 接地刀闸三相触头已合好 ⑦在 146-2 刀闸开关侧验明三相确无电压 ⑧合上 146-2KD 接地刀闸 ⑨现场检查 146-2KD 接地刀闸三相触头已合好 ⑩在 101-1 刀闸开关侧验明三相确无电压 ⑪合上 101-1KD 接地刀闸 ⑫现场检查 101-1KD 接地刀闸三相触头已合好 ⑬在 101-2 刀闸开关侧验明三相确无电压 ⑭合上 101-2KD 接地刀闸 ⑮现场检查 101-2KD 接地刀闸三相触头已合好 ⑯拉开 146 开关机构电源 ⑰拉开 101 开关机构电源	8.5	①少合一组接地刀闸扣 1.5 分，其中合接地刀闸前未验电扣 0.5 分，接地刀闸合好后未检查实际位置、接地线已挂好扣 0.25 分 ②未拉开开关机构电源每个扣 0.5 分		

序号	考核项目名称	质量要求	分值	扣分标准	扣分原因	得分
1	操作票填写	①在 312-4 刀闸主变侧验明三相确无电压 ②在 312-4 刀闸主变侧挂 6 号接地线一组 ③现场检查 312-4 刀闸主变侧 6 号接地线已挂好 ④在 312-4 刀闸开关侧验明三相确无电压 ⑤合上 312-4KD 接地刀闸 ⑥现场检查 312-4KD 接地刀闸三相触头已合好 ⑦在 312-2 刀闸开关侧验明三相确无电压 ⑧合上 312-2KD 接地刀闸 ⑨现场检查 312-2KD 接地刀闸三相触头已合好 ⑩拉开 312 开关机构电源	5	①少合一组接地刀闸或少挂一组接地线扣 1.5 分，其中合接地刀闸前未验电扣 1 分，接地刀闸合好后未检查实际位置、接地线已挂好扣 0.5 分 ②未拉开开关机构电源扣 0.5 分		
		①取下 512 手车开关二次插头 ②将 512 手车开关摇至检修位置 ③现场检查 512 手车开关已摇至检修位置 ④拉开 512 开关储能电源 ⑥在 512-4 刀闸开关侧处验明三相确无电压 ⑦在 512-4 刀闸开关侧挂 10 号接地线一组 ⑧现场检查 10 号接地线已挂好 ⑨在 512-4 刀闸主变侧验明三相确无电压 ⑩在 512-4 刀闸主变侧挂 11 号接地线一组 ⑪现场检查 11 号接地线已挂好	5	①未取下 512 手车开关二次插头扣 0.5 分 ②未将 512 手车开关摇至检修位置扣 1 分，操其中作后未检查扣 0.5 分 ③未断开 512 开关储能电源扣 0.5 分 ④少挂一组挂接地线扣 1.5 分，其中挂接地线前未验电扣 0.5 分，接地线挂好后未检查已挂好扣 0.5 分		

序号	考核项目名称	质量要求	分值	扣分标准	扣分原因	得分
1	操作票填写	①拉开 2 号主变有载调压电源 ②退出 2 号主变跳 301 开关压板 ③退出 2 号主变跳 501 开关压板 ④拉开 146 开关控制电源开关 ⑤拉开 101 开关控制电源开关 ⑥拉开 312 开关控制电源开关 ⑦拉开 512 开关控制电源开关	3.5	①未拉开 2 号主变有载调压电源扣 0.5 分 ②未退出 2 号主变跳 301 开关压板扣 0.5 分 ③未退出 2 号主变跳 501 开关压板扣 0.5 分 ④未断开关控制电源每个扣 0.5 分		
2	倒闸操作	携带安全帽、绝缘手套、绝缘靴、10kV 验电器、35kV 验电器、110kV 验电器、10kV 接地线、35kV 接地线、绝缘杆	4	少带一种扣 0.5 分		
		按照操作票正确操作	45.5	①拉开开关后未检查监控机变位扣 0.5 分 ②验电前未试验验电器是否良好扣 2 分，未三相验电扣 2 分 ③其他项目评分细则参照操作票评分标准 ④未按操作票顺序操作每处扣 0.5 分，最多扣 5 分		
		操作完毕汇报调度	0.5	操作完毕未汇报调度扣 0.5 分		
3	质量否决	操作过程中发生误操作	否决	①发生误拉开关未造成停电扣 5 分，造成负荷停电扣 10 分 ②未合 101 开关直接合 301、501 开关造成电磁环网扣 15 分 ③发生带负荷拉刀闸、带电合接地刀闸、带电挂地线等恶性误操作扣 50 分	·	

2.2.6　BZ3ZY0201　110kV变电站主进开关母线侧刀闸瓷瓶裂纹异常处理

一、作业

（一）工器具、材料、设备

1. 工器具：无。

2. 材料：笔、空白操作票。

3. 设备：110kV马集仿真变电站（或备有110kV马集变电站一次系统图）。

（二）安全要求

考生不得随意启动、退出任何程序。

（三）操作步骤及工艺要求（含注意事项）

1. 根据巡视任务，检查该间隔设备异常情况，如有无裂纹、冒烟、过热发红等现象。

2. 发现设备异常后，汇报相应调度，并做好必要的倒闸操作准备。

3. 根据调度令，将故障设备隔离（注意二次保护的相应操作），若在隔离期间造成无故障设备停电的，要及时恢复无故障设备的运行。

4. 将异常设备转成检修，并汇报相应调度。

5. 根据设备异常现象填写倒闸操作票，并在仿真机上完成事故处理操作。

二、考核

（一）考核场地

考核场地配有110kV马集仿真变电站培训系统（或备有110kV马集变电站一次系统图）。

（二）考核时间

考核时间为80min。

（三）考核要点

1. 正确填写操作票。

2. 按照操作票在仿真系统上完成事故处理操作，无误操作。

三、评分标准

行业：电力工程		工种：变电站值班员			等级：高级工		
编号	BZ3ZY0201	行为领域	e	鉴定范围			
考核时限	80min	题型	C	满分	100分	得分	
试题名称	110kV变电站主进开关母线侧刀闸瓷瓶裂纹异常处理						
考核要点及其要求	（1）正确填写操作票 （2）按照操作票在仿真系统上完成事故处理操作，无误操作						
现场设备、工器具、材料	（1）工器具：无 （2）材料：笔、空白操作票 （3）设备：110kV马集仿真变电站（或备有110kV马集变电站一次系统图）						
备注	评分标准以110kV马集站1号主变311-1刀闸瓷瓶裂纹异常处理为例，110kV马集站2号主变312-2刀闸瓷瓶裂纹异常处理及35kV出线间隔母线侧刀闸及31-7刀闸、32-7刀闸瓷瓶裂纹异常处理评分标准与其相同						

评分标准

序号	考核项目名称	质量要求	分值	扣分标准	扣分原因	得分
1	查找故障点及带安全工具	①戴安全帽 ②提交设备缺陷报告 ③汇报调度	2	①未戴安全帽扣0.5分 ②未提交设备缺陷报告扣1分 ③未汇报调度扣0.5分		
2	操作票填写	填写准确，使用双重名称	0.5	未使用双重名称或任务不准确每次扣0.5分		
		核对调度令，确认与操作任务相符	0.5	未核对调度令每次扣0.5分		
		35kV 1号母线由运行转检修				
		①退出35kV自投跳311压板1LP ②退出35kV自投跳312压板3LP ③退出35kV自投合301压板5LP ④将35kV自投把手由"投入"位置切至"停用"位置	2	少一项扣0.5分，其中跳合闸压板操作顺序反扣0.5分，压板把手操作顺序反扣0.5分		
		①拉开341开关 ②检查341开关三相电流指示为零 ③拉开343开关 ④检查343开关三相电流指示为零 ⑤拉开344开关 ⑥检查344开关三相电流指示为零 ⑦拉开345开关 ⑧检查345开关三相电流指示为零	6	少停一组出线开关扣1.5分，其中拉开开关后未检查开关三相电流扣0.5分		
		①检查311开关三相电流指示为零 ②拉开311开关 ③检查35kV 1号母线三相电压指示为零 ④退出1号主变35kV复合电压投入压板15LP ⑤退出1号主变35kV复合电压投入压板（2）32LP	3	①未操作311开关扣2分，其中操作前未检查三相电流为零扣0.5分，操作后未检查35kV 1号母线电压为零扣0.5分 ②未操作1号主变中压侧复压压板每个扣0.5分		

序号	考核项目名称	质量要求	分值	扣分标准	扣分原因	得分
2	操作票填写	①将 311 开关"远方/就地"把手从"远方"位置切至"就地"位置 ②将 341 开关"远方/就地"把手从"远方"位置切至"就地"位置 ③将 343 开关"远方/就地"把手从"远方"位置切至"就地"位置 ④将 344 开关"远方/就地"把手从"远方"位置切至"就地"位置 ⑤将 345 开关"远方/就地"把手从"远方"位置切至"就地"位置 ⑥将 301 开关"远方/就地"把手从"远方"位置切至"就地"位置	3	少一项扣 0.5 分		
		①现场检查 341 开关机械指示在分位 ②拉开 341-5 刀闸 ③现场检查 341-5 刀闸三相触头已拉开 ④拉开 341-1 刀闸 ⑤现场检查 341-1 刀闸三相触头已拉开	4	①拉开刀闸前未检查开关机械指示在分位扣 1 分 ②少操作一把刀闸扣 1.5 分，操作后未检查触头位置扣 0.5 分 ③刀闸操作顺序反直接扣 1 分		
		①现场检查 343 开关机械指示在分位 ②拉开 343-5 刀闸 ③现场检查 343-5 刀闸三相触头已拉开 ④拉开 343-1 刀闸 ⑤现场检查 343-1 刀闸三相触头已拉开	4	①拉开刀闸前未检查开关机械指示在分位扣 1 分 ②少操作一把刀闸扣 1.5 分，操作后未检查触头位置扣 0.5 分 ③刀闸操作顺序反直接扣 1 分		
		①现场检查 344 开关机械指示在分位 ②拉开 344-5 刀闸 ③现场检查 344-5 刀闸三相触头已拉开 ④拉开 344-1 刀闸 ⑤现场检查 344-1 刀闸三相触头已拉开	4	①拉开刀闸前未检查开关机械指示在分位扣 1 分 ②少操作一把刀闸扣 1.5 分。操作后未检查触头位置扣 0.5 分 ③刀闸操作顺序反直接扣 1 分		

序号	考核项目名称	质量要求	分值	扣分标准	扣分原因	得分
2	操作票填写	①现场检查 345 开关机械指示在分位 ②拉开 345-5 刀闸 ③现场检查 345-5 刀闸三相触头已拉开 ④拉开 345-1 刀闸 ⑤现场检查 345-1 刀闸三相触头已拉开	4	①拉开刀闸前未检查开关机械指示在分位扣 1 分 ②少操作一把刀闸扣 1.5 分，操作后未检查触头位置扣 0.5 分 ③刀闸操作顺序反直接扣 1 分		
		①现场检查 301 开关机械指示在分位 ②拉开 301-1 刀闸 ③现场检查 301-1 刀闸三相触头已拉开 ④拉开 301-2 刀闸 ⑤现场检查 301-2 刀闸三相触头已拉开	4	①拉开刀闸前未检查开关机械指示在分位扣 1 分 ②少操作一把刀闸扣 1.5 分，操作后未检查触头位置扣 0.5 分 ③刀闸操作顺序反直接扣 1 分		
		①现场检查 311 开关机械指示在分位 ②拉开 311-4 刀闸 ③现场检查 311-4 刀闸三相触头已拉开	2.5	①拉开刀闸前未检查开关机械指示在分位扣 1 分 ②未操作 311-4 刀闸扣 1.5 分，其中操作后未检查触头位置扣 0.5 分		
		①拉开 35kV 1 号母线 TV 保护小开关 ②拉开 35kV 1 号母线 TV 计量小开关 ③拉开 31-7 刀闸 ④现场检查 31-7 刀闸三相触头已拉开	2.5	①未断 PT 二次保险扣 1 分 ②未操作 31-7 刀闸扣 1.5 分，其中拉开刀闸后未检查实际位置扣 0.5 分，一、二次操作顺序反扣 1 分		
		①检查 35kV 所有-1 刀闸除 311-1 刀闸外均在断位 ②检查 311-4 刀闸在拉开位置 ③在 31-7 刀闸母线侧验明三相确无电压 ④合上 31-7MD 接地刀闸 ⑤现场检查 31-7MD 接地刀闸三相触头已合好	4.5	①合接地刀闸前未检查所有 -1 刀闸在断位扣 0.5 分，未检查 311-4 刀闸在断位扣 0.5 分 ②未合上接地刀闸扣 4 分，其中合接地刀闸前未验电扣 2 分，接地刀闸合好后未检查触头位置扣 0.5 分		

序号	考核项目名称	质量要求	分值	扣分标准	扣分原因	得分
2	操作票填写	在 311-1 刀闸开关侧挂接地线一组				
		①在 311-1 刀闸开关侧验明三相确无电压 ②在 311-1 刀闸开关侧挂 11 号接地线一组 ③检查 11 号接地线已挂好	2.5	①挂底线前未验电扣 1 分 ②挂好接地线后未检查已挂好扣 0.5 分 ③合 311-1KD 接地刀闸扣 1 分		
3	倒闸操作	携带绝缘手套、绝缘靴、35kV 验电器、35kV 接地线绝缘杆	4	少带一项扣 1 分		
		按照操作票正确操作	45.5	①拉开开关后未检查监控机变位扣 0.5 分 ②验电前未试验验电器是否良好扣 2 分，未三相验电扣 2 分 ③其他项目评分细则参照操作票评分标准 ④未按操作票顺序操作每处扣 0.5 分，最多 5 分		
		操作完毕汇报调度	0.5	操作完毕未汇报调度扣 0.5 分		
4	质量否决	操作过程中发生误操作	否决	①发生误拉开关未造成停电扣 5 分，造成停电扣 10 分 ②发生带负荷拉刀闸、带电合接地刀闸、带电挂地线等恶性误操作扣 50 分		

2.2.7 BZ3ZY0202 110kV 出线间隔母线侧刀闸瓷瓶裂纹异常处理

一、作业

（一）工器具、材料、设备

1. 工器具：无。

2. 材料：笔、空白操作票。

3. 设备：220kV 周营子仿真变电站（或备有 220kV 周营子变电站一次系统图）。

（二）安全要求

考生不得随意启动、退出任何程序。

（三）操作步骤及工艺要求（含注意事项）

1. 根据巡视任务，检查该间隔设备异常情况，如有无裂纹、冒烟、过热发红等现象。

2. 发现设备异常后，汇报相应调度，并做好必要的倒闸操作准备。

3. 根据调度令，将故障设备隔离（注意二次保护的相应操作），若在隔离期间造成无故障设备停电的，要及时恢复无故障设备的运行。

4. 将异常设备转成检修，并汇报相应调度。

5. 根据设备异常现象填写倒闸操作票，并在仿真机上完成事故处理操作。

二、考核

（一）考核场地

考核场地配有 220kV 周营子仿真变电站培训系统（或备有 220kV 周营子变电站一次系统图）。

（二）考核时间

考核时间为 60min。

（三）考核要点

1. 正确填写操作票。

2. 按照操作票在仿真系统上完成事故处理操作，无误操作。

三、评分标准

行业：电力工程　　　　　　工种：变电站值班员　　　　　　等级：高级工

编号	BZ3ZY0202	行为领域	e	鉴定范围		
考核时限	60min	题型	C	满分	100 分	得分
试题名称	110kV 出线间隔母线侧刀闸瓷瓶裂纹异常处理					
考核要点 及其要求	（1）正确填写操作票 （2）按照操作票在仿真系统上完成事故处理操作，无误操作					
现场设备、 工器具、材料	（1）工器具：无 （2）材料：笔、空白操作票 （3）设备：220kV 周营子仿真变电站（或备有 220kV 周营子变电站一次系统图）					
备注	评分标准以 220kV 周营子站周获线 185-2 刀闸瓷瓶裂纹异常处理为例，220kV 周营子站 110kV 其他出线间隔母线侧刀闸及 11-7、12-7 刀闸瓷瓶裂纹异常处理评分标准与其相同					

		评分标准				
序号	考核项目名称	质量要求	分值	扣分标准	扣分原因	得分
1	查找故障点及带安全工具	①戴安全帽 ②提交设备缺陷报告 ③汇报调度	3	①未戴安全帽扣1分 ②未提交设备缺陷报告扣1.5分 ③未汇报调度扣0.5分		
2	操作票填写	填写准确,使用双重名称	1.5	未使用双重名称或任务不准确每处扣0.5分		
		核对调度令,确认与操作任务相符	1.5	未核对调度令每处扣0.5分		
		185开关由运行转冷备用				
		①拉开185开关 ②检查185开关三相电流指示为零 ③将185开关"远方/就地"切换把手切至"就地"位置 ④现场检查185开关机械指示在分位 ⑤拉开185-5刀闸 ⑥现场检查185-5刀闸三相触头确已拉开 ⑦拉开185-1刀闸 ⑧现场检查185-1刀闸三相触头确已拉开 ⑨检查185-1刀闸二次回路切换正常 ⑩检查185-2刀闸在拉开位置	6.5	①未操作185开关扣2.5分,其中操作后未检查三相电流指示为零扣0.5分,未将开关"远方/就地"切换把手切至"就地"位置扣0.5分,未检查开关机械指示在分位扣0.5分 ②未操作185-5刀闸扣1.5分,未操作185-1刀闸扣2分,其中操作后未检查触头位置扣0.5分,未进行二次回路切换检查扣0.5 ③操作刀闸顺序反直接扣1分 ④未检查185-2刀闸在断位扣0.5分		
		110kV 2号母线由运行转检修				
		①检查101开关在合位 ②投入110kV母差CSC-150母联互联投入压板1LP24 ③拉开101开关控制电源小空开	4.5	①倒母线前未检查开关在合位扣0.5分 ②未投入母联互联压板扣2分 ③未为断开母联控制电源扣2分 ④压板、电源操作顺序反直接扣2分		

序号	考核项目名称	质量要求	分值	扣分标准	扣分原因	得分
2	操作票填写	①合上 112-1 刀闸 ②现场检查 112-1 刀闸三相触头已合好 ③检查 112-1 刀闸二次回路切换正常 ④拉开 112-2 刀闸 ⑤现场检查 112-2 刀闸三相触头已拉开 ⑥检查 112-2 刀闸二次回路切换正常	3	少操作一把刀闸扣 1.5，其中操作后未检查触头位置扣 0.5 分，未进行二次回路切换检查每处扣 0.5 分		
		①合上 184-2 刀闸 ②现场检查 184-2 刀闸三相触头已合好 ③检查 184-2 刀闸二次回路切换正常 ④拉开 184-1 刀闸 ⑤现场检查 184-1 刀闸三相触头已拉开 ⑥检查 184-1 刀闸二次回路切换正常	3	少操作一把刀闸扣 1.5，其中操作后未检查触头位置扣 0.5 分，未进行二次回路切换检查每处扣 0.5 分		
		①合上 186-2 刀闸 ②现场检查 186-2 刀闸三相触头已合好 ③检查 186-2 刀闸二次回路切换正常 ④拉开 186-1 刀闸 ⑤现场检查 186-1 刀闸三相触头已拉开 ⑥检查 186-1 刀闸二次回路切换正常	3	少操作一把刀闸扣 1.5，其中操作后未检查触头位置扣 0.5 分，未进行二次回路切换检查每处扣 0.5 分		
		①合上 188-2 刀闸 ②现场检查 188-2 刀闸三相触头已合好 ③检查 188-2 刀闸二次回路切换正常 ④拉开 188-1 刀闸 ⑤现场检查 188-1 刀闸三相触头已拉开 ⑥检查 188-1 刀闸二次回路切换正常 ⑦进行 110kV 母差刀闸位置确认	3	少操作一把刀闸扣 1.5，其中操作后未检查触头位置扣 0.5 分，未进行二次回路切换检查每处扣 0.5 分；未进行 110kV 母差刀闸位置确认扣 0.5 分		

序号	考核项目名称	质量要求	分值	扣分标准	扣分原因	得分
2	操作票填写	①合上101开关控制电源小空开 ②退出110kV母差CSC-150母联互联投入压板1LP24 ③检查101开关电流指示为零 ④拉开101开关 ⑤检查110kV1号母线三相电压指示为零 ⑥现场检查101开关机械指示在分位 ⑦拉开101-2刀闸 ⑧现场检查101-2刀闸三相触头已拉开 ⑨拉开101-1刀闸 ⑩现场检查101-1刀闸三相触头已拉开	9	①未合101开关控制电源扣0.5分 ②未退母联互联压板扣1分，其中电源、压板操作顺序反扣1分 ③未操作101开关扣3.5分，其中操作前未检查电流指示为零扣1分，操作后未检查110kV1号母线三相电压指示为零扣1分，未检查开关机械指示扣0.5分 ④少操作一把刀闸扣2分，其中操作后未检查触头位置每处扣1分 ⑤101两侧刀闸操作顺序反直接扣1分		
		①拉开110kV2号母线TV二次小开关 ②拉开110kV2号母线TV二次计量小开关 ③拉开110kV2号母线TV二次保护小开关 ④拉开12-7刀闸 ⑤现场检查12-7刀闸三相触头已拉开	2	①未断PT二次保险扣0.5分 ②未操作12-7刀闸扣1.5分，其中操作后未检查触头位置扣0.5分，一、二次操作顺序反扣1分		
		①检查110kV所有-2刀闸均在断位 ②在12-MD2接地刀闸静触头处验明三相确无电压 ③合上12-MD2接地刀闸 ④现场检查12-MD2接地刀闸三相触头已合好 ⑤断开110kV母线保护屏Ⅱ母PT小空开	4	①合接地刀闸前未检查所有-2刀闸在断位扣0.5分 ②未接扣3.5分，其中合接地刀闸前未验电扣2分，接地刀闸合好后未检查触头位置扣0.5分 ③未断开110kV母线保护屏Ⅱ母PT小空开扣0.5分		
		在185-2刀闸开关侧挂接地线一组				

序号	考核项目名称	质量要求	分值	扣分标准	扣分原因	得分
2	操作票填写	①在 185-2 刀闸开关侧验明三相确无电压 ②在 185-2 刀闸开关侧挂 10 号接地线一组 ③现场检查 10 号接地线已挂好	3.5	未接地扣 3.5 分，其中合接地刀闸前未验扣 2 分，接地刀闸合好后未检查实际位置扣 0.5 分		
		票面整洁无涂改	2	票面涂改、术语不规范每处扣 0.5 分		
3	倒闸操作	携带绝缘手套、绝缘靴、110kV 验电器、110kV 接地线、绝缘棒	4	少带一种扣 1 分		
		按照操作票正确操作	45.5	①拉开开关后未检查监控机变位扣 0.5 分 ②验电前未试验验电器是否良好扣 2 分，未三相验电扣 2 分 ③其他项目评分细则参照操作票评分标准 ④未按操作票顺序操作每处扣 0.5 分，最多扣 5 分		
		操作完毕汇报调度	0.5	操作完毕未汇报调度扣 0.5 分		
4	质量否决	操作过程中发生误操作	否决	①发生误拉开关未造成停电扣 5 分，造成停电扣 10 分 ②发生带负荷拉刀闸、带电合接地刀闸、带电挂地线等恶性误操作扣 50 分		

2.2.8 BZ3ZY0203 220kV 出线间隔母线侧刀闸瓷瓶裂纹异常处理

一、作业

（一）工器具、材料、设备

1. 工器具：无。

2. 材料：笔、空白操作票。

3. 设备：220kV 周营子仿真变电站（或备有 220kV 周营子变电站一次系统图）。

（二）安全要求

考生不得随意启动、退出任何程序。

（三）操作步骤及工艺要求（含注意事项）

1. 根据巡视任务，检查该间隔设备异常情况，如有无裂纹、冒烟、过热发红等现象。

2. 发现设备异常后，汇报相应调度，并做好必要的倒闸操作准备。

3. 根据调度令，将故障设备隔离（注意二次保护的相应操作），若在隔离期间造成无故障设备停电的，要及时恢复无故障设备的运行。

4. 将异常设备转成检修，并汇报相应调度。

5. 根据设备异常现象填写倒闸操作票，并在仿真机上完成事故处理操作。

二、考核

（一）考核场地

考核场地配有 220kV 周营子仿真变电站培训系统（或备有 220kV 周营子变电站一次系统图）。

（二）考核时间

考核时间为 80min。

（三）考核要点

1. 正确填写操作票。

2. 按照操作票在仿真系统上完成事故处理操作，无误操作。

三、评分标准

行业：电力工程		工种：变电站值班员			等级：高级工		
编号	BZ3ZY0203	行为领域	e	鉴定范围			
考核时限	80min	题型	C	满分	100分	得分	
试题名称	220kV 出线间隔母线侧刀闸瓷瓶裂纹异常处理						
考核要点及其要求	（1）正确填写操作票 （2）按照操作票在仿真系统上完成事故处理操作，无误操作						
现场设备、工器具、材料	（1）工器具：无 （2）材料：笔、空白操作票 （3）设备：220kV 周营子仿真变电站（或备有 220kV 周营子变电站一次系统图）						
备注	评分标准以 220kV 周营子站西周线 282-1 刀闸瓷瓶裂纹异常处理为例，220kV 周营子站 220kV 苍周线 289-2 刀闸瓷瓶裂纹异常处理及 21-7、22-7 刀闸瓷瓶裂纹异常处理评分标准与其相同						

评分标准

序号	考核项目名称	质量要求	分值	扣分标准	扣分原因	得分
1	查找故障点及带安全工具	①戴安全帽 ②提交设备缺陷报告 ③汇报调度	3	①未戴安全帽扣1分 ②未提交设备缺陷报告扣1.5分 ③未汇报调度扣0.5分		
2	操作票填写	填写准确,使用双重名称	1.5	未使用双重名称或任务不准确每处扣0.5分		
		核对调度令,确认与操作任务相符	1.5	未核对调度令每处扣0.5分		
		282开关由运行转冷备用				
		①拉开282开关 ②检查282开关三相电流指示为零 ③将282开关"远方/就地"切换把手切至"就地"位置 ④现场检查282开关三相机械指示在分位 ⑤合上282-5刀闸机构电源 ⑥拉开282-5刀闸 ⑦现场检查282-5刀闸三相触头确已拉开 ⑧拉开282-5刀闸机构电源 ⑨合上282-2刀闸机构电源 ⑩拉开282-2刀闸 ⑪现场检查282-2刀闸三相触头确已拉开 ⑫检查282-2刀闸二次回路切换正常 ⑬拉开282-2刀闸机构电源 ⑭检查282-1刀闸在断开位置	7.5	①未操作282开关扣2.5分,其中操作后未检查三相电流指示为零扣0.5分,未将282开关"远方/就地"切换把手切至"就地"位置扣0.5分,未检查开关机械指示在分位扣0.5分 ②未操作282-5刀闸扣2分,未操作282-2刀闸扣2.5分,其中操作后未检查触头位置扣0.5分,未断开电机电源扣0.5分,未进行二次回路切换检查扣0.5分 ③未检查282-1刀闸在断开位置扣0.5分		
		220kV 1号母线由运行转检修				
		①检查201开关在合位 ②投入220kV母差RCS-915母线互联投入压板 ③投入220kV母差CSC-150母联互联投入压板 ④拉开201开关控制电源Ⅰ小空开 ⑤拉开201开关控制电源Ⅱ·小空开	4.5	①倒母线前未检查开关在合位扣0.5分 ②未投入母联互联压板扣2分 ③未断开母联控制电源扣2分,其中压板、电源操作顺序反扣2分		

序号	考核项目名称	质量要求	分值	扣分标准	扣分原因	得分
2	操作票填写	①合上 211-2 刀闸机构电源 ②合上 211-2 刀闸 ③现场检查 211-2 刀闸三相触头已合好 ④检查 211-2 刀闸二次回路切换正常 ⑤拉开 211-2 刀闸机构电源 ⑥合上 211-1 刀闸机构电源 ⑦拉开 211-1 刀闸 ⑧现场检查 211-1 刀闸三相触头已拉开 ⑨检查 211-1 刀闸二次回路切换正常 ⑩拉开 211-1 刀闸机构电源	6	少操作一把刀闸扣 3 分，其中操作后未检查触头位置扣 0.5 分，未进行二次回路切换检查每组刀闸扣 1 分，未断开电机电源扣 0.5 分		
		①合上 289-2 刀闸机构电源 ②合上 289-2 刀闸 ③现场检查 289-2 刀闸三相触头已合好 ④检查 289-2 刀闸二次回路切换正常 ⑤拉开 289-2 刀闸机构电源 ⑥合上 289-1 刀闸机构电源 ⑦拉开 289-1 刀闸 ⑧现场检查 289-1 刀闸三相触头已拉开 ⑨检查 289-1 刀闸二次回路切换正常 ⑩拉开 289-1 刀闸机构电源	6	少操作一把刀闸扣 3 分，其中操作后未检查触头位置扣 0.5 分，未进行二次回路切换检查每组刀闸扣 1 分，未断开电机电源扣 0.5 分		
		进行 220kV 母差刀闸位置确认	0.5	未进行 220kV 母差刀闸位置确认扣 0.5 分		
		①合上 201 开关控制电源Ⅰ小空开 ②合上 201 开关控制电源Ⅱ小空开 ③退出 220kV 母差 RCS-915 母线互联投入压板 ④退出 220kV 母差 CSC-150 母联互联投入压板 ⑤检查 201 开关电流指示为零 ⑥拉开 201 开关 ⑦检查 220kV 1 号母线三相电压指示为零	3	①未合 201 控制电源扣 0.5 分 ②未退互联压板扣 0.5 分，其中操作顺序反扣 0.5 分 ③未操作 201 开关扣 2 分，其中操作前未检查电流指示为零扣 0.5 分，操作后未检查母线电压指示为零扣 0.5 分		

序号	考核项目名称	质量要求	分值	扣分标准	扣分原因	得分
2	操作票填写	①现场检查 201 开关三相机械指示在分位 ②合上 201-1 刀闸机构电源 ③拉开 201-1 刀闸 ④现场检查 201-1 刀闸三相触头确已拉开 ⑤拉开 201-1 刀闸机构电源 ⑥合上 201-2 刀闸机构电源 ⑦拉开 201-2 刀闸 ⑧现场检查 201-2 刀闸三相触头确已拉开 ⑨拉开 201-2 刀闸机构电源	4.5	①操作刀闸前未检查开关机械指示在分位扣 0.5 分 ②少操作一把刀闸扣 2 分，其中操作后未检查触头位置扣 1 分，未断开电机电源扣 0.5 分		
		①拉开 220kV 1 号母线 TV 二次小空开 ②合上 21-7 刀闸机构电源 ③拉开 21-7 刀闸 ④现场检查 21-7 刀闸三相触头确已拉开 ⑤拉开 21-7 刀闸机构电源	2.5	①未断 PT 二次保险扣 0.5 分 ②未操作 21-7 刀闸扣 2 分，其中刀闸操作后未检查触头位置扣 0.5 分，未断开电机电源扣 0.5 分，一、二次操作顺序反扣 1 分		
		①检查 220kV 所有-1 刀闸均在断位 ②在 21-MD2 接地刀闸静触头处验明三相确无电压 ③合上 21-MD2 接地刀闸 ④现场检查 21-MD2 接地刀闸三相触头已合好 ⑤拉开 220kV 母线保护屏ⅠⅠ母 PT 小开关 ⑥拉开 220kV 母线保护屏ⅡⅠ母 PT 小开关	5	①合接地刀闸前未检查所有-1 刀闸在断位扣 0.5 分 ②未接地扣 3.5 分，其中合接地刀闸前未验电扣 2 分，接地刀闸合好后未检查触头位置扣 0.5 分 ③未拉开 220kV 母线保护屏Ⅰ母 PT 小开关每个扣 0.5 分		
		合上 282-2KD 接地刀闸				
		①在 282-2 刀闸开关侧验明三相确无电压 ②合上 282-2KD 接地刀闸 ③现场 282-2KD 接地刀闸三相触头已合好	3.5	未接地扣 3.5 分，其中接地前未验电扣 2 分，接地后未检查触头位置扣 0.5 分		
		票面整洁无涂改	1	票面涂改、术语不规范每处扣 0.5 分		

序号	考核项目名称	质量要求	分值	扣分标准	扣分原因	得分
3	倒闸操作	携带绝缘手套、绝缘靴、220kV 验电器、220kV 接地线、绝缘棒	4	少带一种扣 1 分		
		按照操作票正确操作	45.5	①拉开开关后未检查监控机变位扣 0.5 分 ②验电前未试验验电器是否良好扣 2 分，未三相验电扣 2 分 ③其他项目评分细则参照操作票评分标准 ④未按操作票顺序操作每处扣 0.5 分，最多扣 5 分		
		操作完毕汇报调度	0.5	操作完毕未汇报调度扣 0.5 分		
4	质量否决	操作过程中发生误操作	否决	①发生误拉开关未造成停电扣 5 分，造成停电扣 10 分 ②发生带负荷拉刀闸、带电合接地刀闸、带电挂地线等恶性误操作扣 50 分		

2.2.9 BZ3ZY0204 220kV主进开关变压器侧刀闸瓷瓶裂纹异常处理

一、作业

（一）工器具、材料、设备

1. 工器具：无。

2. 材料：笔、空白操作票。

3. 设备：220kV周营子仿真变电站（或备有220kV周营子变电站一次系统图）。

（二）安全要求

考生不得随意启动、退出任何程序。

（三）操作步骤及工艺要求（含注意事项）

1. 根据巡视任务，检查该间隔设备异常情况，如有无裂纹、冒烟、过热发红等现象。

2. 发现设备异常后，汇报相应调度，并做好必要的倒闸操作准备。

3. 根据调度令，将故障设备隔离（注意二次保护的相应操作），若在隔离期间造成无故障设备停电的，要及时恢复无故障设备的运行。

4. 将异常设备转成检修，并汇报相应调度。

5. 根据设备异常现象填写倒闸操作票，并在仿真机上完成事故处理操作。

二、考核

（一）考核场地

考核场地配有220kV周营子仿真变电站培训系统（或备有220kV周营子变电站一次系统图）。

（二）考核时间

考核时间为80min。

（三）考核要点

1. 正确填写操作票。

2. 按照操作票在仿真系统上完成事故处理操作，无误操作。

三、评分标准

行业：电力工程　　　　　　　工种：变电站值班员　　　　　　　等级：高级工

编号	BZ3ZY0204	行为领域	e	鉴定范围		
考核时限	80min	题型	C	满分	100分	得分
试题名称	220kV主进开关变压器侧刀闸瓷瓶裂纹异常处理					
考核要点及其要求	（1）正确填写操作票 （2）按照操作票在仿真系统上完成事故处理操作，无误操作					
现场设备、工器具、材料	（1）工器具：无 （2）材料：笔、空白操作票 （3）设备：220kV周营子仿真变电站（或备有220kV周营子变电站一次系统图）					
备注	评分标准以220kV周营子站211-4刀闸瓷瓶裂纹异常处理为例，220kV周营子站212-4刀闸瓷瓶裂纹异常处理评分标准与其相同					

评分标准

序号	考核项目名称	质量要求	分值	扣分标准	扣分原因	得分
1	查找故障点及带安全工具	①戴安全帽 ②提交设备缺陷报告 ③汇报调度	3	①未戴安全帽扣 0.5 分 ②未提交设备缺陷报告扣 2 分 ③未汇报调度扣 0.5 分		
2	操作票填写	填写准确,使用双重名称	1.5	未使用双重名称或任务不准确每次扣 0.5 分		
		核对调度令,确认与操作任务相符	1.5	未核对调度令每次扣 0.5 分		
		1 号主变由运行转冷备用				
		检查 2 号主变能带全站负荷	1	未检查 2 号主变能带全站负荷扣 1 分		
		①拉开 524 开关 ②检查 524 开关三相电流指示为零 ③拉开 523 开关 ④检查 523 开关三相电流指示为零 ⑤拉开 522 开关 ⑥检查 522 开关三相电流指示为零 ⑦拉开 521 开关 ⑧检查 521 开关三相电流指示为零	2	少停一组电容器扣 0.5 分,其中拉开开关后未检查三相电流扣 0.25 分		
		①退出站变备自投 1 号站变跳闸压板 ②退出站变备自投 2 号站变跳闸压板 ③退出站变备自投分段合闸压板 ④将站变备自投把手切至停用位置	1	少操作一项扣 0.25 分,其中跳合闸压板顺序反扣 0.5 分,压板与把手顺序反扣 0.5 分		

序号	考核项目名称	质量要求	分值	扣分标准	扣分原因	得分
2	操作票填写	①拉开411开关 ②检查411开关三相电流指示为零 ③现场检查411开关机械指示在分位 ④合上401开关 ⑤检查401开关三相电流指示正常 ⑥现场检查401开关机械指示在合位 ⑦检查380V I 母电压正常 ⑧检查直流装置运行正常 ⑨检查主变风冷系统运行正常	3	①少操作一个开关扣1分，其中操作后未检查三相电流扣0.25分，未检查开关机械指示扣0.25分 ②合上401开关后未检查母线电压正常扣0.5分 ③未检查重要负荷运行正常共扣0.5分		
		①拉开515开关 ②检查515开关三相电流指示为零	0.5	未拉开开关扣0.5分，其中拉开开关后未检查三相电流扣0.25分		
		①合上212-9刀闸机构电源 ②合上212-9刀闸 ③现场检查212-9刀闸触头已合好 ④拉开212-9刀闸机构电源 ⑤合上112-9刀闸机构电源 ⑥合上112-9刀闸 ⑦现场检查112-9刀闸触头已合好 ⑧拉开112-9刀闸机构电源	7	少操作一个主变中性点接地刀闸扣3.5分，其中操作后未检查实际位置扣1分，未断开电机电源扣0.5分		
		①检查511开关三相电流指示为零 ②拉开511开关 ③检查10kV 1号母线三相电压指示为零 ④拉开111开关 ⑤检查111开关三相电流指示为零 ⑥拉开211开关 ⑦检查211开关三相电流指示为零	5	①未操作511开关扣2分，其中操作关前未检查三相电流指示为零扣0.5分，操作后未检查三相电压指示为零扣0.5分 ②未操作111、211每个开关扣1.5分，其中拉开开关后未检查三相电流扣0.5分		

序号	考核项目名称	质量要求	分值	扣分标准	扣分原因	得分
2	操作票填写	①将 511 开关"远方/就地"把手由"远方"切至"就地"位置 ②将 111 开关"远方/就地"把手由"远方"切至"就地"位置 ③将 211 开关"远方/就地"把手由"远方"切至"就地"位置	1.5	少一项扣 0.5 分		
		①现场检查 511 开关机械指示在分位 ②拉开 511-4 刀闸 ③现场检查 511-4 刀闸三相触头已拉开 ④拉开 511-1 手车刀闸 ⑤现场检查 511-1 手车刀闸已拉开	5	①操作刀闸前未检查开关机械指示扣 1 分 ②少操作一把刀闸扣 2 分，其中操作后未检查实际位置扣 1 分		
		①现场检查 111 开关机械指示在分位 ②拉开 111-4 刀闸 ③现场检查 111-4 刀闸三相触头已拉开 ④拉开 111-1 刀闸 ⑤现场检查 111-1 刀闸三相触头已拉开 ⑥检查 111-1 刀闸二次回路切换正常 ⑦进行 110kV 母差保护刀闸位置确认	6	①操作刀闸前未检查开关机械指示扣 1 分 ②未操作 111-4 刀闸扣 2 分，未操作 111-1 刀闸扣 2.5 分，其中操作后未检查触头位置扣 1 分，未进行二次回路切换检查扣 0.5 分 ③未进行母差刀闸位置确认扣 0.5 分 ④刀闸操作顺序反直接扣 2 分		
		①现场检查 211 开关三相机械指示在分位 ②合上 211-1 刀闸机构电源 ③拉开 211-1 刀闸 ④现场检查 211-1 刀闸三相触头已拉开 ⑤检查 211-1 刀闸二次回路切换正常 ⑥进行 220kV 母差保护刀闸位置确认 ⑦拉开 211-1 刀闸机构电源	4	①操作刀闸前未检查开关机械指示扣 0.5 分 ②未操作 211-1 刀闸扣 3 分，其中操作后未检查实际位置扣 1 分，未开断电机电源扣 0.5 分，未进行二次回路切换检查扣 0.5 分 ③未进行母差刀闸位置确认扣 0.5 分 ④刀闸操作顺序反直接扣 2 分		

序号	考核项目名称	质量要求	分值	扣分标准	扣分原因	得分
2	操作票填写	在 211-4 刀闸主变侧挂接地线一组				
		①在 211-4 刀闸主变侧验明三相确无电压 ②在 211-4 刀闸主变侧挂 1 号接地线一组 ③现场检查 1 号接地线已挂好	4	接地前未验电扣 2 分,接地后未检查接地良好扣 0.5 分。合 211-4BD 接地刀闸扣 1 分		
		在 211-4 刀闸开关侧挂接地线一组				
		①在 211-4 刀闸开关侧验明三相确无电压 ②在 211-4 刀闸开关侧挂 2 号接地线一组 ③现场检查 2 号接地线已挂好	4	接地前未验电扣 2 分,接地后未检查接地良好扣 0.5 分。合 211-4KD 接地刀闸扣 1 分		
3	倒闸操作	携带安全帽、绝缘手套、绝缘靴、220kV 验电器、220kV 接地线、绝缘棒	3	少带一种扣 0.5 分		
		按照操作票正确操作	46.5	①拉开开关后未检查监控机变位扣 0.5 分 ②验电前未试验电器是否良好扣 2 分,未三相验电扣 2 分 ③其他项目评分细则参照操作票评分标准 ④未按操作票顺序操作每处扣 0.5 分,最多扣 5 分		
		操作完毕汇报调度	0.5	操作完毕未汇报调度扣 0.5 分		
4	质量否决	操作过程中发生误操作	否决	①发生误拉开关未造成停电扣 5 分,造成停电扣 10 分 ②发生带负荷拉刀闸、带电合接地刀闸、带电挂地线等恶性误操作扣 50 分		

2.2.10 BZ3ZY0205 35kV 主进开关变压器侧刀闸瓷瓶裂纹异常处理

一、作业

（一）工器具、材料、设备

1. 工器具：无。

2. 材料：笔、空白操作票。

3. 设备：110kV 马集仿真变电站（或备有 110kV 马集变电站一次系统图）。

（二）安全要求

考生不得随意启动、退出任何程序。

（三）操作步骤及工艺要求（含注意事项）

1. 根据巡视任务，检查该间隔设备异常情况，如有无裂纹、冒烟、过热发红等现象。

2. 发现设备异常后，汇报相应调度，并做好必要的倒闸操作准备。

3. 根据调度令，将故障设备隔离（注意二次保护的相应操作），若在隔离期间造成无故障设备停电的，要及时恢复无故障设备的运行。

4. 将异常设备转成检修，并汇报相应调度。

5. 根据设备异常现象填写倒闸操作票，并在仿真机上完成事故处理操作。

二、考核

（一）考核场地

考核场地配有 110kV 马集仿真变电站培训系统（或备有 110kV 马集变电站一次系统图）。

（二）考核时间

考核时间为 80min。

（三）考核要点

1. 正确填写操作票。

2. 按照操作票在仿真系统上完成事故处理操作，无误操作。

三、评分标准

行业：电力工程　　　　　　　　工种：变电站值班员　　　　　　　　等级：高级工

编号	BZ3ZY0205	行为领域	e	鉴定范围		
考核时限	80min	题型	C	满分	100 分	得分
试题名称	35kV 主进开关变压器侧刀闸瓷瓶裂纹异常处理					
考核要点及其要求	（1）正确填写操作票 （2）按照操作票在仿真系统上进行实际操作，无误操作					
现场设备、工器具、材料	（1）工器具：无 （2）材料：笔、空白操作票 （3）设备：110kV 马集仿真变电站（或备有 110kV 马集变电站一次系统图）					
备注	评分标准以 110kV 马集站 311-4 刀闸瓶裂纹异常处理为例，110kV 马集站 312-4 刀闸瓶裂纹异常处理评分标准与其相同					

评分标准

序号	考核项目名称	质量要求	分值	扣分标准	扣分原因	得分
1	查找故障点及带安全工具	①戴安全帽 ②提交设备缺陷报告 ③汇报调度	3	①未戴安全帽扣0.5分 ②未提交设备缺陷报告扣2分 ③未汇报调度扣0.5分		
2	操作票填写	填写准确,使用双重名称	1.5	未使用双重名称或任务不准确每次扣0.5分		
		核对调度令,确认与操作任务相符	1.5	未核对调度每次令扣0.5分		
		调整方式				
		①合上101开关 ②检查101开关三相电流指示正常 ③拉开145开关 ④检查145开关三相电流指示为零	3	少操作一个开关扣1.5分,其中拉合开关后未检查三相电流扣1分		
		1号主变由运行转冷备用				
		检查2号主变能带全站负荷	0.5	未检查2号主变能带全站负荷扣0.5分		
		检查1号主变分头位置与2号主变分头位置一致	0.5	未检查1号主变分头位置与2号主变分头位置一致扣0.5分		
		①退出10kV自投跳511压板1LP ②退出10kV自投跳512压板2LP ③退出10kV自投合501压板3LP ④退出35kV自投跳311压板1LP ⑤退出35kV自投跳312压板3LP ⑥退出35kV自投合301压板5LP ⑦退出110kV自互投跳145 1LP ⑧退出110kV自互投跳146 3LP	3.5	少一项扣0.25分		

序号	考核项目名称	质量要求	分值	扣分标准	扣分原因	得分
2	操作票填写	⑨退出 110kV 自互投合 145 2LP ⑩退出 110kV 自互投合 146 4LP ⑪退出 110kV 自互投合 101 5LP ⑫将 10kV 自投切换把手切至停用位置 ⑬将 35kV 自投切换把手切至停用位置 ⑭将 110kV 自投切换把手切至停用位置	3.5			
		①合上 111-9 刀闸 ②现场检查 111-9 刀闸触头已合好	1.5	未合主变中性点接地刀闸扣 1.5 分,其中操作后未检查触头位置扣 0.5 分		
		①合上 501 开关 ②检查 501 开关三相电流指示正常 ③拉开 511 开关 ④检查 511 开关三相电流指示为零 ⑤合上 301 开关 ⑥检查 301 开关三相电流指示正常 ⑦拉开 311 开关 ⑧检查 311 开关三相电流指示为零 ⑨检查 101 开关三相电流指示正常 ⑩拉开 101 开关 ⑪检查 110kV 1 号母线三相电压指示为零	11	①未操作 501、511、301、311 开关每个扣 2 分,其中操作拉合未检查三相电流扣 1 分 ②未操作 101 开关扣 3 分,其中操作前未检查三相电流扣 1 分,操作后未检查 110kV 1 号母线三相电压指示为零扣 1 分		
		①将 101 开关"远方/就地"切换把手由"远方"切至"就地"位置 ②将 145 开关"远方/就地"切换把手由"远方"切至"就地"位置	2	少一项扣 0.5 分		

序号	考核项目名称	质量要求	分值	扣分标准	扣分原因	得分
		③将311开关"远方/就地"切换把手由"远方"切至"就地"位置 ④将511开关"远方/就地"切换把手由"远方"切至"就地"位置	2			
		①现场检查501开关机械指示在合位 ②现场检查511开关机械指示在分位 ③拉开511-4刀闸 ④现场检查511-4刀闸三相触头已拉开	3	①未检查501、511开关机械指示每个扣0.5分 ②未操作511-4刀闸扣1分,操作刀闸后未检查触头位置扣1分		
2	操作票填写	①现场检查301开关机械指示在合位 ②现场检查311开关机械指示在分位 ③拉开311-1刀闸 ④现场检查311-1刀闸三相触头已拉开	3	①未检查301、311开关机械指示每个扣0.5分 ②刀闸操作2分,其中操作刀闸后未检查触头位置扣0.5分		
		①现场检查101开关机械指示在分位 ②现场检查145开关机械指示在分位 ③拉开111-1刀闸 ④现场检查111-1刀闸三相触头已拉开 ⑤将101开关"远方/就地"切换把手由"就地"切至"远方"位置 ⑥将145开关"远方/就地"切换把手由"就地"切至"远方"位置	3	①未检查101、145开关机械指示每个扣0.5分 ②未操作111-1刀闸扣2分,其中操作后未检查触头位置扣1分 ③未将101、145开关"远方/就地"切换把手由"就地"切至"远方"位置每个扣0.5分		
		在311-4刀闸开关侧挂接地线一组				

序号	考核项目名称	质量要求	分值	扣分标准	扣分原因	得分
2	操作票填写	①在 311-4 刀闸开关侧验明三相确无电压 ②在 311-4 刀闸开关侧挂 5 号接地线一组 ③现场检查 5 号接地线已挂好	3.5	接地前未验电扣 2 分，接地后未检查接地良好扣 0.5 分		
		在 311-4 刀闸主变侧挂接地线一组				
		①在 311-4 刀闸主变侧验明三相确无电压 ②在 311-4 刀闸主变侧挂 6 号接地线一组 ③现场检查 6 号接地线已挂好	3.5	接地前未验电扣 2 分，接地后未检查接地良好扣 0.5 分		
		调整方式				
		①合上 145 开关 ②检查 110kV 1 号母线电压三相指示正常 ③现场检查 145 开关机械指示在合位 ④将 110kV 自投切换把手切至运行位置 ⑤投入 110kV 自互投合 101 5LP ⑥投入 110kV 自互投合 145 2LP ⑦投入 110kV 自互投合 146 4LP ⑧投入 110kV 自互投跳 145 1LP ⑨投入 110kV 自互投跳 146 3LP	5	①未操作 145 开关扣 2 分，其中操作后未检查 110kV 1 号母线电压三相指示正常扣 0.5 分，未检查机械指示扣 0.5 分 ②未投自投扣 3 分		
3	倒闸操作	携带绝缘手套、绝缘靴、35kV 验电器、35kV 接地线、绝缘杆	2.5	少带一种扣 0.5 分		

序号	考核项目名称	质量要求	分值	扣分标准	扣分原因	得分
3	倒闸操作	按照操作票正确操作	47	①拉开开关后未检查监控机变位扣0.5分 ②验电前未试验验电器良好扣2分，未三相验电扣2分 ③其他项目评分细则参照操作票评分标准 ④未按操作票顺序操作每处扣0.5分，最多扣5分		
		操作完毕汇报调度	0.5	操作完毕未汇报调度扣0.5分		
4	质量否决	操作过程中发生误操作	否决	①发生误拉开关未造成停电扣5分，造成负荷停电扣10分 ②未合101开关直接合301、501开关造成电磁环网扣15分 ③发生带负荷拉刀闸、带电合接地刀闸、带电挂地线等恶性误操作扣50分		

2. 2. 11 BZ3ZY0206 35kV 出线间隔旁母刀闸相间短路，出线开关 SF_6 闭锁

一、作业

（一）工器具、材料、设备

1. 工器具：无。

2. 材料：笔、A4 纸。

3. 设备：110kV 马集仿真变电站（或备有 110kV 马集变电站一次系统图）。

（二）安全要求

考生不得随意启动、退出任何程序。

（三）操作步骤及工艺要求（含注意事项）

1. 根据告警信息做出正确判断，检查后台机上传的遥信信息，清闪；告警的保护装置、复归并汇报。

2. 进行必要的倒闸操作（例如合上变压器中性点隔离开关，恢复站用变运行，相应二次压板的投退等）。

3. 对保护跳闸的设备进行检查，并汇报调度。

4. 发现、隔离故障设备后，将无故障设备恢复送电，并汇报调度。

5. 将故障跳闸设备转检修，做好安全措施，并汇报调度。

6. 在仿真机上完成事故处理操作。

二、考核

（一）考核场地

考核场地配有 110kV 马集仿真变电站培训系统（或备有 110kV 马集变电站一次系统图）。

（二）考核时间

考核时间为 40min。

（三）考核要点

根据告警信息做出正确判断并在仿真机上完成事故处理操作，无误操作。

三、评分标准

行业：电力工程　　　　　　工种：变电站值班员　　　　　等级：高级工

编号	BZ3ZY0206	行为领域	e	鉴定范围		
考核时限	40min	题型	C	满分	100 分	得分
试题名称	35kV 出线间隔旁母刀闸相间短路，出线开关 SF_6 闭锁					
考核要点及其要求	根据告警信息做出正确判断并在仿真机上完成事故处理操作，无误操作					
现场设备、工器具、材料	（1）工器具：无 （2）材料：笔、A4 纸 （3）设备：110kV 马集仿真变电站（或备有 110kV 马集变电站一次系统图）					
备注	评分标准以 110kV 马集站 35kV 开发区线 343-3 刀闸相间短路，343 开关 SF_6 压力低闭锁事故处理为例，110kV 马集站 35kV 其他出线间隔旁母刀闸相间短路，出线开关 SF_6 压力低闭锁事故处理评分标准与其相同					

评分标准

序号	考核项目名称	质量要求	分值	扣分标准	扣分原因	得分
1	监控系统信息检查	①检查 35kV 1 号母线三相电压 ②检查 311 开关变位、遥测值 ③检查 343 "控制回路断线""SF$_6$ 压力低闭锁""过流Ⅰ段""过流Ⅱ段"动作光字信号，检查 343 开关位置及三相电流 ④汇报调度	6.5	①未检查 35kV 1 号母线电压扣 1 分，其中未三相检查扣 0.5 分 ②未检查 311 开关变位、遥测值各扣 0.5 分 ③未检查 343 "控制回路断线""SF$_6$ 压力低闭锁""过流Ⅰ段""过流Ⅱ段"动作光字信号，每个扣 1 分，其中未检查 343 开关位置、三相电流各扣 0.5 分 ④未汇报调度扣 0.5 分		
2	拉开失压母线开关	拉开 341、344、345 开关，操作前应检查三相电流为零	9	拉开 341、344、345 开关，少拉一个扣 3 分，其中操作未检查其电流为零扣 1 分		
3	检查、记录保护装置动作情况	①检查 1 号主变两套保护保护动作信号并进行信号复归 ②检查 311 操作箱信号 ③检查 343 过流Ⅰ段、过流Ⅱ段信号灯	5	①未检查 1 号主变装置 1、装置 2 保护动作信号，每套扣 1 分，其中未进行信号复归扣 0.5 分 ②未检查 311 操作箱信号扣 1 分 ③未检查 343 过流Ⅰ段、过流Ⅱ段信号灯每个扣 1 分		
4	停用 35kV 自投	①退出 301 自投保护 ②退主变 35kV 侧复压压板	3	①未退出 301 自投保护扣 2 分 ②未退主变 35kV 侧复压压板扣 1 分		

序号	考核项目名称	质量要求	分值	扣分标准	扣分原因	得分
5	查找故障点	①戴安全帽 ②检查 311、341、343、344、345 开关实际位置 ③检查保护范围内设备及切除故障设备（-5 刀闸、-3 刀闸线路侧、311 开关），检查 343 开关压力值并提交故障报告	10.5	①未戴安全帽扣 1 分 ②未检查 311、341、343、344、345 开关实际位置每个扣 0.5 分 ③检查保护范围内设备及切除故障设备（-5 刀闸、311 开关）未提交报告每个扣 0.5 分，未提交 343-3 刀闸故障报告扣 3 分，范围外多查四处及以上扣 1 分 ④未检查 343 开关压力值扣 1 分，未提交故障报告扣 2 分		
6	隔离故障点	①穿戴绝缘手套、绝缘靴 ②拉开 343-5-1 刀闸，操作顺序应正确，操作前应将 343 开关"远方/就地"把手切至"就地"位置，操作后应检查触头位置	10.5	①未穿戴绝缘手套、绝缘靴每个扣 1 分 ②拉开 343-5-1 刀闸，少拉一组扣 4 分，其中操作刀闸前未将 343 开关"远方/就地"把手切至"就地"位置扣 1 分，操作后未检查触头位置每处扣 1 分，刀闸顺序错每处扣 3 分 ③未汇报调度扣 0.5 分		
7	恢复无故障设备送电	①恢复 311、341、344、345 开关送电，操作后应检查 35kV 1 号母线三相电压、三相电流和机械指示 ②投入 35kV 自投，投入主变复压压板	22.5	①311、341、344、345 开关少送一路扣 5 分 ②合上 311 开关后，未检查 35kV 1 号母线三相电压扣 1 分，其中合开关后未检查三相电流每个扣 1 分，未检查机械指示每个扣 1 分 ③未投入 35kV 自投扣 1 分，未投入主变复压压板每处扣 0.5 分 ④未汇报调度扣 0.5 分		

序号	考核项目名称	质量要求	分值	扣分标准	扣分原因	得分
8	故障设备转检修	①带 35kV 验电器、接地线、绝缘杆 ②在 343-3 刀闸线路侧、母线侧挂接地线，合上 343-5KD、343-1KD 接地刀闸 ③断开 343 开关机构电源、控制电源 ④汇报调度	28	①未带 35kV 验电器、接地线、绝缘杆每个扣 0.5 分 ②343-1KD、343-3 刀闸线路侧、母线侧地线少一组扣 6 分，未合 343-5KD 接地刀闸扣 4 分，接地前未验电每次扣 3 分，接地刀闸合后未检查位置每组扣 1 分 ③未断 343 开关机构电源、控制电源每个扣 0.5 分 ④未检查所有-3 刀闸位置扣 1 分 ⑤未汇报调度扣 0.5 分		
9	布置安全措施	在 343-1-5、341-3、302-3、344-3、345-3 刀闸操作把手上挂"禁止合闸、有人工作"，在 343 开关、343-3 刀闸上挂"在此工作"，在 343 开关、343-3 刀闸周围设围栏，挂"止步、高压危险""从此进出"标示牌	5	未在 343-1-5、341-3、302-3、344-3、345-3 刀闸操作把手上挂"禁止合闸、有人工作"，在 343 开关、343-3 刀闸上挂"在此工作"标示牌，未在 343 开关、343-3 刀闸周围设围栏，挂"止步、高压危险""从此进出"标示牌，少一个扣 0.5 分		
10	质量否决	事故处理过程中发生误操作	否决	①发生误拉开关扣 10 分 ②发生带负荷拉合刀闸、带电合接地刀闸等恶性误操作扣 100 分		

2.2.12　BZ3ZY0207　35kV 电压互感器侧刀闸相间短路

一、作业

（一）工器具、材料、设备

1. 工器具：无。

2. 材料：笔、A4 纸。

3. 设备：110kV 马集仿真变电站（或备有 110kV 马集变电站一次系统图）。

（二）安全要求

考生不得随意启动、退出任何程序。

（三）操作步骤及工艺要求（含注意事项）

1. 根据告警信息做出正确判断，检查后台机上传的遥信信息，清闪；告警的保护装置、复归并汇报。

2. 进行必要的倒闸操作（例如合上变压器中性点隔离开关，恢复站用变运行，相应二次压板的投退等）。

3. 对保护跳闸的设备进行检查，并汇报调度。

4. 发现、隔离故障设备后，将无故障设备恢复送电，并汇报调度。

5. 将故障跳闸设备转检修，做好安全措施，并汇报调度。

6. 在仿真机上完成事故处理操作。

二、考核

（一）考核场地

考核场地配有 110kV 马集仿真变电站（或备有 110kV 马集变电站一次系统图）。

（二）考核时间

考核时间为 35min。

（三）考核要点

根据告警信息做出正确判断并在仿真机上完成事故处理操作，无误操作。

三、评分标准

行业：电力工程　　　　　　　工种：变电站值班员　　　　　　　等级：高级工

编号	BZ3ZY0207	行为领域	e	鉴定范围		
考核时限	35min	题型	C	满分	100 分	得分
试题名称	35kV 电压互感器侧刀闸相间短路					
考核要点及其要求	根据告警信息做出正确判断并在仿真机上完成事故处理操作，无误操作					
现场设备、工器具、材料	（1）工器具：无 （2）材料：笔、A4 纸 （3）设备：110kV 马集仿真变电站（或备有 110kV 马集变电站一次系统图）					
备注	评分标准以 110kV 马集站 32-7 刀闸相间短路事故处理为例，110kV 马集站 31-7 刀闸相间短路事故处理及 35kV 出线间隔母线侧刀闸相间短路事故处理评分标准与其相同					

评分标准

序号	考核项目名称	质量要求	分值	扣分标准	扣分原因	得分
1	监控系统信息检查	①检查 35kV 2 号母线三相电压 ②检查 312 开关变位、遥测值 ③汇报调度	3	①未检查 35kV 2 号母线三相电压扣 1 分 ②未检查 312 开关变位、遥测值各扣 0.5 分 ③未汇报调度扣 1 分		
2	拉开失压母线开关	拉开 346、347、348、349、350 开关，拉开前检查其电流为零	5	拉开 346、347、348、349、350 开关，少拉一个扣 1 分，其中拉开关前未检查其电流为零扣 0.5 分		
3	检查、记录保护装置动作情况	①检查 1 号、2 号主变两套保护保护动作信号并进行信号复归 ②检查 312 操作箱信号 ③检查 346、347、348、349、350 开关操作箱	6.5	①未检查 1、2 号主变保护动作信号每套扣 1 分，未进行信号复归每套扣 0.5 分 ②未检查 312 操作箱信号扣 1 分 ③未检查 346、347、348、349、350 开关操作箱信号每个扣 0.5 分		
4	停用 35kV 自投	①退出 301 自投保护 ②退 2 号主变 35kV 侧复压压板	2.5	①未退出 301 自投保护扣 2 分 ②未退 2 号主变 35kV 侧复压压板扣 0.5 分		
5	查找故障点	①戴安全帽 ②检查 312、346、347、348、349、350 开关实际位置 ③检查保护范围内设备及切除故障设备并提交报告	15	①未戴安全帽扣 1 分 ②未检查 312、346、347、348、349、350 开关实际位置每个扣 0.5 分 ③检查保护范围内设备及切除故障设备（312、346、347、348、349、350 间隔开关、-2 刀闸，35kV 2 号母线、32PT、BLQ）未提交报告每个扣 0.5 分，未提交 32-7 刀闸故障报告扣 3 分，范围外多查四处及以上扣 0.5 分		

序号	考核项目名称	质量要求	分值	扣分标准	扣分原因	得分
6	隔离故障点	①穿戴绝缘手套、绝缘靴 ②拉开 312-2-4、301-2-1 刀闸、拉开 346、347、348、349、350 间隔-5-2 刀闸，操作前应将开关"远方/就地"把手切至"就地"位置，操作后应检查触头位置，操作顺序应正确 ③断开 32PT 二次空开	47	①未穿戴绝缘手套、绝缘靴每个扣 1 分 ②拉开 312-2-4、301-2-1 刀闸，拉开 346、347、348、349、350 间隔-5-2 刀闸，少拉一组扣 3 分，其中操作前未将开关"远方/就地"把手切至"就地"位置扣 0.5 分，未检查 301 开关机械指示扣 0.5 分，操作后未查触头位置每处扣 1 分，刀闸顺序错每处扣 1 分 ③未断 32PT 二次空开扣 1 分 ④拉开 32-7 刀闸扣 1 分 ⑤未汇报调度扣 1 分		
7	故障设备转检修	①带 35kV 验电器、35kV 接地线、绝缘杆 ②32-7 刀闸两侧验电、接地，验电前应试验验电器是否良好，接地前应三相验电，接地后应检查接地是否良好 ③汇报调度	16.5	①未带 35kV 验电器、35kV 接地线、绝缘杆每个扣 0.5 分 ②未检查所有-2 刀闸位置扣 0.5 分 ③未试验验电器是否良好扣 2 分 ④32-7 刀闸母线侧、PT 侧地线少一组 6 分，其中合 32-7PD 接地刀闸扣 1 分、接地前未验电每次扣 3 分，接地刀闸合后未检查位置每组扣 1 分 ⑤未汇报调度扣 0.5 分		
8	布置安全措施	在 346-2、347-2、348-2、349-2、301-2、312-2、350-2 刀闸操作把手上挂"禁止合闸、有人工作"，在 32-7 刀闸上挂"在此工作"，在 32-7 刀闸周围设围栏，挂"止步、高压危险""从此进出"标示牌	4.5	在 346-2、347-2、348-2、349-2、301-2、312-2、350-2 刀闸操作把手上挂"禁止合闸、有人工作"，在 32-7 刀闸上挂"在此工作"，在 32-7 刀闸周围设围栏，挂"止步、高压危险""从此进出"标示牌，少一个扣 0.5 分		
9	质量否决	事故处理过程中发生误操作	否决	①发生误拉开关扣 10 分 ②发生带负荷拉合刀闸、带电合接地刀闸等恶性误操作扣 100 分		

2.2.13 BZ3ZY0208 主变压器中压侧 BLQ 单相接地事故处理

一、作业

（一）工器具、材料、设备

1. 工器具：无。

2. 材料：笔、A4 纸。

3. 设备：220kV 周营子仿真变电站（或备有 220kV 周营子变电站一次系统图）。

（二）安全要求

考生不得随意启动、退出任何程序。

（三）操作步骤及工艺要求（含注意事项）

1. 根据告警信息做出正确判断，检查后台机上传的遥信信息，清闪；告警的保护装置、复归并汇报。

2. 进行必要的倒闸操作（例如合上变压器中性点隔离开关，恢复站用变运行，相应二次压板的投退等）。

3. 对保护跳闸的设备进行检查，并汇报调度。

4. 发现、隔离故障设备后，将无故障设备恢复送电，并汇报调度。

5. 将故障跳闸设备转检修，做好安全措施，并汇报调度。

6. 在仿真机上完成事故处理操作。

二、考核

（一）考核场地

考核场地配有 220kV 周营子仿真变电站培训系统（或备有 220kV 周营子变电站一次系统图）。

（二）考核时间

考核时间为 35min。

（三）考核要点

根据告警信息做出正确判断并在仿真机上完成事故处理操作，无误操作。

三、评分标准

行业：电力工程　　　　　　　　工种：变电站值班员　　　　　　　　等级：高级工

编号	BZ3ZY0208	行为领域	e	鉴定范围		
考核时限	35min	题型	C	满分	100 分	得分
试题名称	主变压器中压侧 BLQ 单相接地事故处理					
考核要点及其要求	根据告警信息做出正确判断并在仿真机上完成事故处理操作，无误操作					
现场设备、工器具、材料	（1）工器具：无 （2）材料：笔、A4 纸 （3）设备：220kV 周营子仿真变电站（或备有 220kV 周营子变电站一次系统图）					
备注	评分标准以 220kV 周营子站 1 号主变中压侧 BLQ 单相接地事故处理为例，220kV 周营子站 2 号主变中压侧 BLQ 单相接地事故处理评分标准与其相同					

评分标准

序号	考核项目名称	质量要求	分值	扣分标准	扣分原因	得分
1	监控系统信息检查	①检查1号主变"RCS978差动动作""CSC326差动动作"光字信号 ②检查511、111、211开关变位及遥测值 ③检查10kV 1号母线三相电压表指示为零 ④检查电容器521、522、523、524开关"欠压保护动作"光字信号 ⑤检查电容器521、522、523、524开关变位及遥测值 ⑥检查2号主变过负荷情况（高压侧、中压侧电流、油温） ⑦汇报调度	12.5	①未检查1号主变"RCS978差动动作""CSC326差动动作"光字每个扣1分 ②未检查511、111、211开关变位及遥测值每个开关扣1分 ③未检查10kV 1号母线三相电压扣1分，其中未三相检查扣0.5分 ④未检查电容器521、522、523、524开关"欠压保护动作"光字每个扣0.25分 ⑤未检查电容器521、522、523、524开关变位、遥测值每组扣0.5分 ⑥未检查2号主变过负荷情况扣3分（高压侧、中压侧电流、油温各1分） ⑦未汇报调度扣0.5分		
2	应急处理措施	①佩戴安全帽、绝缘手套、绝缘靴 ②合上112-9、212-9中性点接地刀闸，操作后应检查触头位置，应断开电机电源	9.5	①未佩戴安全帽、绝缘手套、绝缘靴每个扣0.5分 ②未合上112-9、212-9中性点接地刀闸每组扣4分，其中操作后未检查触头位置每个扣1分，未断开电机电源每个扣1分		
3	检查、记录保护装置动作情况	①检查1号主变保护屏"差动动作"信号灯点亮，记录液晶显示并复归 ②检查1号主变保护屏"跳闸"信号灯点亮，记录液晶显示并复归 ③检查1号主变中、低压侧操作箱"1DL分位""1DL跳闸"信号灯点亮并复归	26.5	①未检查1号主变保护屏"差动动作"信号灯点亮扣1分，未记录液晶显示扣1分，未复归扣0.5分 ②未检查1号主变保护屏"跳闸"信号灯点亮扣1分，未记录液晶显示扣1分，未复归扣0.5分 ③未检查1号主变中、低压侧操作箱"1DL分位""1DL跳闸"信号灯点亮每个扣0.5分，未复归每套扣0.5分		

序号	考核项目名称	质量要求	分值	扣分标准	扣分原因	得分
3	检查、记录保护装置动作情况	④检查1号主变保护屏212开关操作箱"一组跳A""一组跳B""一组跳C""一组永跳""二组跳A""二组跳B""二组跳C""二组永跳""A相分位""B相分位""C相分位"信号灯点亮并复归 ⑤检查2号主变保护屏"过负荷"信号灯点亮 ⑥检查站变公用测控屏"跳闸""合闸"信号灯点亮，记录液晶显示并复归 ⑦检查站变低压侧411、401开关表计及机械指示 ⑧检查电容器保护测控装置"跳闸"指示灯，记录液晶显示并复归 ⑨检查电容器521、522、523、524开关、511开关实际位置	26.5	④未检查1号主变保护屏212开关操作箱"一组跳A""一组跳B""一组跳C""一组永跳""二组跳A""二组跳B""二组跳C""二组永跳""A相分位""B相分位""C相分位"信号灯点亮每个扣0.5分，未复归扣0.5分 ⑤未检查2号主变保护屏"过负荷"信号灯点亮扣0.5分 ⑥未检查站变公用测控屏"跳闸""合闸"信号灯点亮每个扣0.5分，未记录液晶显示扣0.5分，未复归扣0.5分 ⑦未检查站变低压侧411、401开关表计及机械指示每个开关扣2分 ⑧未检查电容器保护测控装置"跳闸"指示灯每个扣0.5分，未记录液晶显示每个扣0.5分，未复归扣0.5分 ⑨未检查电容器521、522、523、524开关、511开关实际位置每个扣0.5分		
4	查找故障点	检查保护范围内设备及跳闸开关并提交报告（包括211开关、211CT、211-4、高压侧BLQ、111-4、111开关、111CT、中压侧BLQ、主变、511-4、511开关柜），检查211、111开关机械指示	10	保护范围内设备及跳闸开关（包括211开关、211CT、211-4、高压侧BLQ、111-4、111开关、111CT、主变、511-4、511开关柜）少查一处扣0.5分；未检查111、211开关位置每个扣1分；范围外设备多查一处扣0.5分；未提交中压侧BLQ故障情况扣3分		
5	隔离故障点	①拉开211-4-1、111-4-1、511-4刀闸。操作后应检查触头位置，断开电机电源，进行二次回路切换检查 ②汇报调度	14.5	①未拉开211-1刀闸扣4分，未拉开211-4、111-1刀闸每把扣3分，未拉开111-4、511-4刀闸每把扣2分，其中操作后未检查触头位置每处扣1分，母线侧刀闸未进行二次回路切换检查扣1分，未断开电机电源每处扣1分 ②未汇报调度扣0.5分		

序号	考核项目名称	质量要求	分值	扣分标准	扣分原因	得分
6	故障设备转检修	①带220kV、110kV、10kV验电器和10kV接地线 ②主变三侧验电、接地，验电前应试验验电器良好，接地前应三相验电，接地后应检查接地良好 ③汇报调度	23.5	①未带220kV、110kV、10kV验电器和10kV接地线每个扣0.5分 ②未试验验电器良好每次扣2分 ③主变三侧3组接地线、接地刀闸少操作一组扣5分，其中接地前未验电每次扣3分，接地后未检查每处扣1分 ④未汇报调度扣0.5分		
7	布置安全措施	在111-4、211-4、511-4操作把手上挂"禁止合闸、有人工作"，在1号主变中压侧BLQ处挂"在此工作"标示牌 在1号主变中压侧BLQ处设围栏，围栏上挂"止步、高压危险""从此进出"标示牌	3.5	未在111-4、211-4、511-4操作把手上挂"禁止合闸、有人工作"，未在1号主变中压侧BLQ处挂"在此工作"标示牌，未在1号主变中压侧BLQ处设围栏，围栏上未挂"止步、高压危险""从此进出"标示牌，每少一处扣0.5分		
8	质量否决	操作过程中发生误操作	否决	①发生误拉开关扣10分 ②发生带负荷拉刀闸、带电合接地刀闸、带电挂地线等恶性误操作扣100分		

2.2.14 BZ3ZY0209 110kV 出线开关单相接地

一、作业

（一）工器具、材料、设备

1. 工器具：无。

2. 材料：笔、A4 纸。

3. 设备：220kV 周营子仿真变电站（或备有 220kV 周营子变电站一次系统图）。

（二）安全要求

考生不得随意启动、退出任何程序。

（三）操作步骤及工艺要求（含注意事项）

根据告警信息做出正确判断并在仿真机上完成事故处理操作。

二、考核

（一）考核场地

1. 根据告警信息做出正确判断，检查后台机上传的遥信信息，清闪；告警的保护装置、复归并汇报。

2. 进行必要的倒闸操作（例如合上变压器中性点隔离开关，恢复站用变运行，相应二次压板的投退等）。

3. 对保护跳闸的设备进行检查，并汇报调度。

4. 发现、隔离故障设备后，将无故障设备恢复送电，并汇报调度。

5. 将故障跳闸设备转检修，做好安全措施，并汇报调度。

6. 在仿真机上完成事故处理操作。

（二）考核时间

考核时间为 35min。

（三）考核要点

根据告警信息做出正确判断并在仿真机上完成事故处理操作，无误操作。

三、评分标准

行业：电力工程　　　　　　　工种：变电站值班员　　　　　　　等级：高级工

编号	BZ3ZY0209	行为领域	e	鉴定范围			
考核时限	35min	题型	C	满分	100 分	得分	
试题名称	110kV 出线开关单相接地						
考核要点及其要求	根据告警信息做出正确判断并在仿真机上完成事故处理操作，无误操作						
现场设备、工器具、材料	（1）工器具：无 （2）材料：笔、A4 纸 （3）设备：220kV 周营子仿真变电站（或备有 220kV 周营子变电站一次系统图）						
备注	评分标准以 220kV 周营子站周铝线 184 开关单相接地事故处理为例，220kV 周营子站 110kV 其他出线开关单相接地事故处理评分标准与其相同						

评分标准

序号	考核项目名称	质量要求	分值	扣分标准	扣分原因	得分
1	监控系统信息检查	①检查"110kV 母线保护差动跳Ⅱ母""110kVⅤⅡ母 PT 断线"光字信号 ②检查 184、186、188、112、101 开关变位及遥测值 ③检查 110kV 2 号母线三相电压指示 ④汇报调度	8.5	①未检查"110kV 母线保护差动跳Ⅱ母""110kVⅡ母 PT 断线"光字信号每个扣 2 分 ②未检查 184、186、188、112、101 开关变位及遥测值每项扣 0.5 分 ③未检查 110kV 2 号母线电压指示扣 1 分,未三相检查扣 0.5 分 ④未汇报调度扣 0.5 分		
2	应急处理	①带安全帽、绝缘手套、绝缘靴 ②合上 112-9 中性点接地刀闸刀闸。操作后应检查触头位置,断开电机电源 ③退出 2 号主变中压侧电压投入压板	8.5	①安全帽、绝缘手套、绝缘靴少带一种扣 0.5 分 ②未合 112-9 中性点接地刀闸扣 5 分,其中合得晚扣 2 分,未断开电机电源扣 1 分,未检查触头位置扣 1 分 ③未退出 2 号主变保护中压侧电压投入扣 2 分		
3	检查、记录保护装置动作情况	①检查 110kV 母差保护屏"母差动作"信号灯点亮,记录液晶显示并复归 ②检查 184、186、188、101 开关操作箱"跳位"信号灯点亮 ③检查 112 开关操作箱"1DL 分位""1DL 跳闸"信号灯点亮并复归 ④检查 110kV 线路故障录波信号并复归	7.5	①未检查 110kV 母差保护屏"母差动作"灯扣 1 分,未记录液晶显示扣 1 分,未复归扣 0.5 分 ②未检查 184、186、188、101 操作箱"跳位"信号灯点亮每个扣 0.5 分 ③未检查 112 开关操作箱"1DL 分位""1DL 跳闸"信号灯点亮每个扣 0.5 分,未复归扣 0.5 分 ④未检查 110kV 线路故障录波信号扣 1 分,未复归扣 0.5 分		

序号	考核项目名称	质量要求	分值	扣分标准	扣分原因	得分
4	查找故障点	①检查保护范围内设备并提交报告 ②检查 184、186、188、112、101 开关位置 ③汇报调度	18.5	①保护范围内设备（包括 184、186、188、112 间隔-1 刀闸开关侧、-2 刀闸、开关、CT；183、185、187、111 间隔-2 刀闸母线侧；101 间隔-2 刀闸、开关、CT；12-7 刀闸、12PT、避雷器；110kV 2 号母线；12-MD 1、12-MD 2）少查找一处扣 0.5 分，范围外设备多查两处扣 0.5 分 ②未检查 184、186、188、112、101 开关位置每个扣 0.5 分 ③未提交 184 开关故障情况扣 2 分		
5	隔离故障点	①拉开 184-5-2 刀闸。操作刀闸前应将 184 开关"远方/就地"把手切至"就地"位置，操作后应检查触头位置，应进行二次切换检查，进行 110kV 母差刀闸位置确认 ②汇报调度	6	①操作刀闸前未将 184 开关"远方/就地"把手切至"就地"位置扣 0.5 分 ②未拉开 184-5 刀闸扣 2 分，其中操作后未检查触头位置扣 1 分 ③未拉开 184-2 刀闸扣 3 分，其中未进行二次切换检查每组刀闸扣 1 分，未进行 110kV 母差刀闸位置确认扣 0.5 分 ④未汇报调度扣 0.5 分		
6	恢复无故障设备送电	①恢复 110kV 2 号母线送电。投入 101 母联保护屏充电保护，合上 101 开关，检查 110kV 2 号母线三相电压及 101 开关机械指示，退出充电保护 ②恢复 112 送电。送点前投入 2 号主变保护中压侧电压投入压板，112 开关合闸后应检查三相电流及机械指示，拉开 112-9 中性点接地刀闸 ③恢复 186、188 开关送电。开关合闸后应检查三相电流及机械指示 ④汇报调度	30.5	①恢复 110kV 2 号母线送电 15 分，其中充电前未投入充电保护扣 10 分，充电后未检查 110kV 2 号母线三相电压扣 1 分，未检查开关变位扣 1 分，未检查机械指示扣 0.5 分 ②恢复 112 送电 8 分，其中未投入 2 号主变保护中压侧电压投入压板扣 1 分。112 开关合闸后未检查开关变位扣 0.5 分，未检查三相电流扣 1 分，未检查机械指示每处扣 1 分。未拉开 112-9 刀闸扣 3 分。未断开操作电源扣 1 分，未检查触头位置扣 1 分 ③恢复 186、188 开关送电，每路 3.5 分。合闸后未检查开关变位每处扣 0.5 分，未检查三相电流每处扣 1 分，未检查机械指示每处扣 1 分 ④未汇报调度扣 0.5 分		

序号	考核项目名称	质量要求	分值	扣分标准	扣分原因	得分
7	故障设备转检修	①带110kV验电器 ②184开关两侧验电、接地，验电前应试验验电器良好，接地前应三相验电，接地后应检查接地良好 ③断开184开关控制电源、机构电源 ④汇报调度	17	①未带110kV验电器扣0.5分 ②未试验验电器良好扣2分 ③2组接地刀闸少操作一组扣6分，合接地刀闸前未验电每次扣3分，合接地刀闸后未检查触头位置扣1分 ④未断开184开关控制电源、机构电源每个扣1分 ⑤未汇报调度扣0.5分		
8	布置安全措施	在184-1-2-5刀闸操作机构挂"禁止合闸，有人工作"标示牌，184开关挂"在此工作"标示牌，184开关设围栏，挂"止步，高压危险"标示牌	3.5	184-1-2-5刀闸操作机构挂"禁止合闸，有人工作"标示牌，184开关挂"在此工作"标示牌，184开关设围栏，挂"止步，高压危险""从此进出"标示牌，少一处扣0.5分		
9	质量否决	操作过程中发生误操作	否决	①发生误拉开关扣10分 ②母线充电后未退保护压板造成开关跳闸扣15分 ③发生带负荷拉刀闸、带电合接地刀闸、带电挂地线等恶性误操作扣100分		

2.2.15　BZ3ZY0210　220kV 出线开关单相接地

一、作业

（一）工器具、材料、设备

1. 工器具：无。

2. 材料：笔、A4 纸。

3. 设备：220kV 周营子仿真变电站（或备有 220kV 周营子变电站一次系统图）。

（二）安全要求

考生不得随意启动、退出任何程序。

（三）操作步骤及工艺要求（含注意事项）

1. 根据告警信息做出正确判断，检查后台机上传的遥信信息，清闪；告警的保护装置、复归并汇报。

2. 进行必要的倒闸操作（例如合上变压器中性点隔离开关，恢复站用变运行，相应二次压板的投退等）。

3. 对保护跳闸的设备进行检查，并汇报调度。

4. 发现、隔离故障设备后，将无故障设备恢复送电，并汇报调度。

5. 将故障跳闸设备转检修，做好安全措施，并汇报调度。

6. 在仿真机上完成事故处理操作。

二、考核

（一）考核场地

考核场地配有 220kV 周营子仿真变电站培训系统（或备有 220kV 周营子变电站一次系统图）。

（二）考核时间

考核时间为 35min。

（三）考核要点

根据告警信息做出正确判断并在仿真机上完成事故处理操作，无误操作。

三、评分标准

行业：电力工程			工种：变电站值班员			等级：高级工	
编号	BZ3ZY0210	行为领域	e	鉴定范围			
考核时限	35min	题型	C	满分	100 分	得分	
试题名称	220kV 出线开关单相接地						
考核要点及其要求	根据告警信息做出正确判断并在仿真机上完成事故处理操作，无误操作						
现场设备、工器具、材料	（1）工器具：无 （2）材料：笔、A4 纸 （3）设备：220kV 周营子仿真变电站（或备有 220kV 周营子变电站一次系统图）						
备注	评分标准以 220kV 周营子站西周线 282 开关单相接地事故处理为例，220kV 周营子站 220kV 苍周线 289 开关单相接地事故处理评分标准与其相同						

评分标准

序号	考核项目名称	质量要求	分值	扣分标准	扣分原因	得分
1	监控系统信息检查	①检查"220kV 母线保护 1 差动跳Ⅱ母""220kV 母线保护 2 差动动作""220kV 母线保护 2 差动跳Ⅱ母""220kVⅡ母 PT 断线"光字信号 ②检查 282、212、201 开关变位及遥测值 ③检查 220kV 2 号母线电压指示 ④汇报调度	8.5	①未检查"220kV 母线保护 1 差动跳Ⅱ母""220kV 母线保护 2 差动动作""220kV 母线保护 2 差动跳Ⅱ母""220kVⅡ母 PT 断线"光字每个扣 1 分 ②未检查 282、212、201 开关变位及遥测值每个开关扣 1 分 ③未检查 220kV 2 号母线电压指示扣 1 分,其中未三相检查扣 0.5 分 ④未汇报调度扣 0.5 分		
2	应急处理	①带安全帽、绝缘手套、绝缘靴 ②合上 212-9 中性点接地刀闸。操作后应检查触头位置,应断开电机电源	7.5	①安全帽、绝缘手套、绝缘靴少带一种扣 0.5 分 ②未合上 212-9 中性点接地刀闸扣 4 分,其中未检查触头位置扣 1 分,未断开电机电源扣 1 分,合中性点晚扣 3 分 ③未退 2 号主变高压侧电压投入压板扣 2 分		
3	检查、记录保护装置动作情况	①检查 220kV 母差保护屏"跳Ⅱ母""报警"信号灯点亮,记录液晶显示并复归 ②检查 220kV 母差保护屏"母差动作""交流异常"信号灯点亮,记录液晶显示并复归 ③检查 282、212 开关操作箱"一组跳 A""一组跳 B""一组跳 C""一组永跳""二组跳 A""二组跳 B""二组跳 C""二组永跳""A 相分位""B 相分位""C 相分位"指示灯点亮并复归	12	①未检查 220kV 母差保护屏"跳Ⅱ母""报警"信号灯点亮每个扣 0.5 分,未记录液晶显示扣 1 分,未复归扣 0.5 分 ②未检查 220kV 母差保护屏"母差动作""交流异常"信号灯点亮每个扣 0.5 分,未记录液晶显示扣 1 分,未复归扣 0.5 分 ③未检查 282、212 开关操作箱"一组跳 A""一组跳 B""一组跳 C""一组永跳""二组跳 A""二组跳 B""二组跳 C""二组永跳""A 相分位""B 相分位""C 相分位"指示灯点亮每个开关扣 0.1 分,未复归扣 0.3 分		

序号	考核项目名称	质量要求	分值	扣分标准	扣分原因	得分
3	检查、记录保护装置动作情况	④检查201开关操作箱"A相分位""B相分位""C相分位"指示灯点亮 ⑤检查1号主变保护屏"过负荷"信号灯点亮 ⑥检查282线路保护屏"告警""PT断线"信号灯点亮 ⑦检查220kV线路故障录波并复归	12	④未检查201开关操作箱"A相分位""B相分位""C相分位"指示灯点亮每个扣0.5分 ⑤未检查1号主变保护屏"过负荷"信号灯点亮扣0.5分 ⑥未检查282线路保护屏"告警""PT断线"信号灯点亮每个扣0.5分 ⑦未检查220kV线路故障录波扣1分，未复归扣0.5分		
4	查找故障点	①检查保护范围内设备并提交报告 ②检查282、212、201开关位置	15	①保护范围内设备（包括282、212间隔-1刀闸开关侧、-2刀闸、开关、CT；289、211间隔-2刀闸母线侧；201间隔开关、-2刀闸、CT；22-7刀闸、22PT、避雷器；220kV 2号母线；21MD、22MD）少查找一处扣0.5分，范围外设备多查四处及以上扣1分（查找故障最多扣12分） ②未检查开关位置（282、212、201）每个扣1分 ③未提交282开关故障情况扣3分		
5	隔离故障点	①拉开282-5-2刀闸。操作前应将282开关"远方/就地"把手切至"就地"位置，操作后应检查触头位置，应断开电机电源，应进行二次回路切换检查 ②汇报调度	9.5	①操作刀闸前未将282开关"远方/就地"把手切至"就地"位置扣1分 ②未拉开282-5刀闸口3.5分，未拉开282-2刀闸口4.5分，其中操作后未检查触头位置每处扣1分，未断刀闸电机电源每处扣1分，未进行二次回路切换检查扣1分 ③未汇报调度扣0.5分		

序号	考核项目名称	质量要求	分值	扣分标准	扣分原因	得分
6	恢复无故障设备送电	①恢复220kV 2号母线送电。投入201母联保护屏充电保护，合上201开关，检查母线电压及开关机械指示，退出充电保护 ②恢复212送电。合开关前应投入2号主变高压侧电压投入压板，合开关后应检查三相电流及机械指示，并拉开212-9中性点接地刀闸 ③汇报调度	22.5	①恢复220kV 2号母线送电14分，其中母线充电前未投入201保护屏充电保护（两个功能压板、两个出口压板）扣10分，充电后未检查母线电压扣1分，合开关后未检查机械指示扣1分 ②合212开关前未投入2号主变高压侧电压投入压板扣1分 ③恢复212送电4分。合开关后未检查三相电流、机械指示每项扣1分 ④未拉开212-9中性点接地刀闸扣3分。操作后未检查触头位置扣1分，未断开电机电源扣1分 ⑤未汇报调度扣0.5分		
7	故障设备转检修	①带220kV验电器并试验验电器是否良好 ②合上282-5KD、282-2KD接地刀闸。合接地刀闸前应三相验电，合接地刀闸后应检查触头位置 ③断开282开关机构电源、控制电源 ④断开282开关纵联差动、启动失灵、远跳压板 ⑤汇报调度	21.5	①未220kV带验电器扣1分 ②未试验验电器的良好扣3分 ③2组接地刀闸少操作一组扣6分，其中合接地刀闸前未验电每次扣3分，合好后未检查位置扣1分 ④未断开282开关机构电源、控制电源每个扣1分 ⑤未断开282开关纵联差动、启动失灵、远跳压板（6个）扣3分 ⑥未汇报调度扣0.5分		
8	布置安全措施	282-5-1-2刀闸操作把手上悬挂"禁止合闸，有人工作"，282开关上悬挂"在此工作"，282开关设置围栏，悬挂"止步，高压危险""从此进出"标示牌	3.5	在282-5-1-2刀闸操作把手上悬挂"禁止合闸，有人工作"，282开关上悬挂"在此工作"，282开关设置围栏，悬挂"止步，高压危险""从此进出"标示牌，少一个扣0.5分		

序号	考核项目名称	质量要求	分值	扣分标准	扣分原因	得分
9	质量否决	操作过程中发生误操作	否决	①发生误拉开关扣 5 分 ②母线充电后未退保护压板造成开关跳闸扣 14 分 ③发生带负荷拉刀闸、带电合接地刀闸、带电挂地线等恶性误操作扣 100 分		

2.2.16　BZ3ZY0211　35kV 出线开关相间接地

一、作业

（一）工器具、材料、设备

1. 工器具：无。

2. 材料：笔、A4 纸。

3. 设备：110kV 马集仿真变电站（或备有 110kV 马集变电站一次系统图）。

（二）安全要求

考生不得随意启动、退出任何程序。

（三）操作步骤及工艺要求（含注意事项）

1. 根据告警信息做出正确判断，检查后台机上传的遥信信息，清闪；告警的保护装置、复归并汇报。

2. 进行必要的倒闸操作（例如合上变压器中性点隔离开关，恢复站用变运行，相应二次压板的投退等）。

3. 对保护跳闸的设备进行检查，并汇报调度。

4. 发现、隔离故障设备后，将无故障设备恢复送电，并汇报调度。

5. 将故障跳闸设备转检修，做好安全措施，并汇报调度。

6. 在仿真机上完成事故处理操作。

二、考核

（一）考核场地

考核场地配有 110kV 马集仿真变电站培训系统（或备有 110kV 马集变电站一次系统图）。

（二）考核时间

考核时间为 35min。

（三）考核要点

根据告警信息做出正确判断并在仿真机上完成事故处理操作，无误操作。

三、评分标准

行业：电力工程　　　　　　　　　　工种：变电站值班员　　　　　　　　　　等级：高级工

编号	BZ3ZY0211	行为领域	e	鉴定范围		
考核时限	35min	题型	C	满分	100 分	得分
试题名称	35kV 出线开关相间接地					
考核要点及其要求	根据告警信息做出正确判断并在仿真机上完成事故处理操作，无误操作					
现场设备、工器具、材料	（1）工器具：无 （2）材料：笔、A4 纸 （3）设备：110kV 马集仿真变电站（或备有 110kV 马集变电站一次系统图）					
备注	评分标准以 110kV 马集站开发区线 343 开关相间短路事故处理为例，110kV 马集站 35kV 其他出线开关相间短路事故处理评分标准与其相同					

评分标准

序号	考核项目名称	质量要求	分值	扣分标准	扣分原因	得分
1	监控系统信息检查	①检查 35kV 1 号母线三相电压 ②检查 311 开关变位、遥测值 ③汇报调度	3	①未检查 35kV 1 号母线三相电压扣 1 分 ②未检查 311 开关变位、遥测值各扣 0.5 分 ③未汇报调度扣 1 分		
2	拉开失压母线开关	拉开 341、343、344、345 开关，拉开关前检查其电流为零	10	拉开 341、343、344、345 开关，少拉一个扣 2 分，其中拉开关前未检查其电流为零扣 1 分		
3	检查、记录保护装置动作情况	①检查 1 号、2 号主变两套保护保护动作信号并进行信号复归 ②检查 311 操作箱信号 ③检查 341、343、344、345 开关操作箱	9.5	①未检查 1 号、2 号主变保护动作信号每套扣 2 分，未进行信号复归每套扣 0.5 分 ②未检查 311 操作箱信号扣 2 分 ③未检查 341、343、344、345 开关操作箱信号每个扣 0.5 分		
4	停用 35kV 自投	①退出 301 自投保护 ②退 1 号主变 35kV 侧复压压板	4	①未退出 301 自投保护扣 3 分 ②未退 1 号主变 35kV 侧复压压板扣 1 分		
5	查找故障点	①戴安全帽 ②检查 311、341、343、344、345 开关实际位置 ③检查保护范围内设备及切除故障设备并提交报告	14.5	①未戴安全帽扣 0.5 分 ②未检查 311、341、343、344、345 开关实际位置每个扣 0.5 分 ③检查保护范围内设备及切除故障设备（311、341、343、344、345 间隔开关、-1 刀闸、35kV 1 号母线、31PT、31-7 刀闸、BLQ）未提交报告每个扣 0.5 分，未提交 343 开关故障报告扣 3 分，范围外多查四处及以上扣 1 分		

序号	考核项目名称	质量要求	分值	扣分标准	扣分原因	得分
6	隔离故障点	①穿戴绝缘手套、绝缘靴 ②拉开 343-5-1 刀闸。操作前应将 343 开关"远方/就地"把手切至"就地"位置，操作后应查触头位置，操作顺序应正确	9	①未穿戴绝缘手套、绝缘靴每个扣 1 分 ②拉开 343-5-1 刀闸，少拉一组扣 3 分，其中操作前未将 343 开关"远方/就地"把手切至"就地"位置扣 0.5 分，操作后未查触头位置每处扣 1 分，操作顺序错每处扣 1 分 ③未汇报调度扣 1 分		
7	恢复无故障设备送电	①用分段 301 开关给母线充电。充电前应投入充电保护，充电后应检查 35kV 1 号母线三相电压，应检查开关变位，应检查机械指示 ②恢复 341、344、345 开关送电。送电后应检查三相电流及机械指示 ③311 开关送电后投入 1 号主变保护中压侧电压投入压板 ④汇报调度	31	①未用分段 301 开关给母线充电扣 13 分，其中充电前未投充电保护扣 8 分，充电后未检查 35kV 1 号母线三相电压扣 1 分，未检查开关变位扣 1 分，未检查机械指示扣 0.5 分 ②341、344、345 开关送电少送一路扣 4 分，其中送电后未检查开关变位每处扣 1 分，未检查三相电流每处扣 1 分 ③311 开关送电后未投入 1 号主变保护中压侧电压投入压板扣 1 分 ④未汇报调度扣 1 分		
7	故障设备转检修	①带 35kV 验电器 ②343 开关两侧验电、接地，验电前应试验电器良好，接地前应三相验电，接地后应检查接地良好 ③汇报调度	16	①未带 35kV 验电器扣 1 分 ②未试验电器良好扣 2 分 ③343 开关两侧接地少一组扣 6 分，其中接地前未验电每次扣 3 分，接地刀闸合后未检查位置每组扣 1 分 ④未汇报调度扣 1 分		
8	布置安全措施	在 343-5-1 刀闸操作把手上挂"禁止合闸、有人工作"，在 343 开关上挂"在此工作"，在 343 开关周围设围栏，挂"止步、高压危险""从此进出"标示牌	3	在 343-5-1 刀闸操作把手上挂"禁止合闸、有人工作"，在 343 开关上挂"在此工作"，在 343 开关周围设围栏，挂"止步、高压危险""从此进出"标示牌，少一个扣 0.5 分		

序号	考核项目名称	质量要求	分值	扣分标准	扣分原因	得分
9	质量否决	事故处理过程中发生误操作	否决	①发生误拉开关扣10分 ②发生带负荷拉合刀闸、带电合接地刀闸等恶性误操作扣100分		

2.2.17 BZ3ZY0212 500kV 出线开关单相接地

一、作业

（一）工器具、材料、设备

1. 工器具：无。

2. 材料：笔、A4 纸。

3. 设备：500kV 石北仿真变电站（或备有 500kV 石北变电站一次系统图）。

（二）安全要求

考生不得随意启动、退出任何程序。

（三）操作步骤及工艺要求（含注意事项）

1. 根据告警信息做出正确判断，检查后台机上传的遥信信息，清闪；告警的保护装置、复归并汇报。

2. 进行必要的倒闸操作（例如合上变压器中性点隔离开关，恢复站用变运行，相应二次压板的投退等）。

3. 对保护跳闸的设备进行检查，并汇报调度。

4. 发现、隔离故障设备后，将无故障设备恢复送电，并汇报调度。

5. 将故障跳闸设备转检修，做好安全措施，并汇报调度。

6. 在仿真机上完成事故处理操作。

二、考核

（一）考核场地

考核场地配有 500kV 石北仿真变电站培训系统（或备有 500kV 石北变电站一次系统图）。

（二）考核时间

考核时间为 50min。

（三）考核要点

根据告警信息做出正确判断并在仿真机上完成事故处理操作，无误操作。

三、评分标准

行业：电力工程　　　　　　工种：变电站值班员　　　　　等级：高级工

编号	BZ3ZY0212	行为领域	e	鉴定范围		
考核时限	50min	题型	C	满分	100 分	得分
试题名称	500kV 出线开关单相接地					
考核要点及其要求	根据告警信息做出正确判断并在仿真机上完成事故处理操作，无误操作					
现场设备、工器具、材料	（1）工器具：无 （2）材料：笔、A4 纸 （3）设备：500kV 石北仿真变电站（或备有 500kV 石北变电站一次系统图）					
备注	评分标准以 500kV 石北站 500kV 忻石Ⅱ线 5073 开关单相接地 500kV 出线开关单相接地为例					

评分标准

序号	考核项目名称	质量要求	分值	扣分标准	扣分原因	得分
1	监控系统信息检查	①检查"2 母线 RCS-915E 保护装置报警""2 母线 RCS-915E 保护母差跳闸""2 母线 RCS-915E 保护 B 相跳闸""2 母线 CSC-150 保护差动保护动作跳闸""2 母线 CSC-150 保护交流断线告警""2 母线 CSC-150 保护装置告警 I"光字信号 ②检查 500kV 2 号母线三相电压指示 ③检查 5013、5023、5033、5043、5063、5073 开关变位、三相电流、"断路器保护 RCS-921A A 相跳闸""断路器保护 RCS-921A B 相跳闸""断路器保护 RCS-921A C 相跳闸""跳闸事故音响"光字 ④检查 5053 开关变位、三相电流、"断路器保护 RCS-921A A 相跳闸""5053 断路器操作箱第一组跳闸出口""5053 断路器操作箱第二组跳闸出口""跳闸事故音响"光字 ⑤检查 5083 开关变位、三相电流、"断路器第一组出口跳闸""断路器第二组出口跳闸""跳闸事故音响"光字 ⑥汇报调度	16.5	①未检查"2 母线 RCS-915E 保护装置报警""2 母线 RCS-915E 保护母差跳闸""2 母线 RCS-915E 保护 B 相跳闸""2 母线 CSC-150 保护差动保护动作跳闸""2 母线 CSC-150 保护交流断线告警""2 母线 CSC-150 保护装置告警 I"光字信号每个扣 0.5 分 ②未检查 500kV 2 号母线电压扣 1 分,未三相检查-0.5 分 ③未检查 5013、5023、5033、5043、5063、5073 开关变位、三相电流、"断路器保护 RCS-921A A 相跳闸""断路器保护 RCS-921A B 相跳闸""断路器保护 RCS-921A C 相跳闸""跳闸事故声响"光字每个开关扣 1.5 分(变位、电流、光字各 0.5 分) ④未检查 5053 开关变位、三相电流、"断路器保护 RCS-921A A 相跳闸""5053 断路器操作箱第一组跳闸出口""5053 断路器操作箱第二组跳闸出口""跳闸事故声响"光字扣 1.5 分(变位、电流、光字各 0.5 分) ⑤未检查 5083 开关变位、三相电流、"断路器第一组出口跳闸""断路器第二组出口跳闸""跳闸事故音响"光字扣 1.5 分(变位、电流、光字各 0.5 分) ⑥未汇报调度扣 0.5 分		

序号	考核项目名称	质量要求	分值	扣分标准	扣分原因	得分
2	检查、记录保护装置动作情况	①检查 5033、5013、5023、5053、5043、5073、5063 操作箱"TA""TB""TC"信号灯点亮并复归，检查断路器保护装置液晶屏显示，"跳 A""跳 B""跳 C"信号灯点亮并复归 ②检查主变故障录波、53、51、55、54、57、56、21、22 号故障录波器屏"录波"信号灯点亮并复归 ③检查 5043/5042 阳北Ⅰ线 L90 纵联电流差动保护屏"边开关 A 相断开""边开关 B 相断开""边开关 C 相断开"信号灯点亮 ④检查母线保护屏 RCS-915"母差动作""断线报警"信号灯点亮并复归，检查液晶屏显示 ⑤检查母线保护屏 CSC-150"母差动作""交流异常"信号灯点亮并复归，检查液晶屏显示 ⑥检查 5083 操作箱"一组跳 A""一组跳 B""一组跳 C""一组永跳""二组跳 A""二组跳 B""二组跳 C""一组永跳"信号灯点亮并复归	15	①未检查 5033、5013、5023、5053、5043、5073、5063 操作箱"TA""TB""TC"信号灯点亮并复归每个开关扣 0.5 分，未检查断路器保护装置液晶屏显示每个扣 0.5 分，未检查断路器保护装置"跳 A""跳 B""跳 C"信号灯点亮并复归每个开关扣 0.5 分 ②未检查主变故障录波、53、51、55、54、57、56、21、22 号故障录波器屏"录波"信号灯点亮并复归扣 2 分 ③未检查 5043/5042 阳北Ⅰ线 L90 纵联电流差动保护屏"边开关 A 相断开"、"边开关 B 相断开"、"边开关 C 相断开"信号灯点亮扣 0.5 分 ④未检查母线保护屏 RCS-915"母差动作""断线报警"信号灯点亮每个扣 0.5 分，未复归扣 0.5 分，未检查液晶屏显示扣 0.5 分 ⑤未检查母线保护屏 CSC-150"母差动作""交流异常"信号灯点亮每个扣 0.5 分，未复归扣 0.5 分，未检查液晶屏显示扣 0.5 分 ⑥未检查 5083 操作箱"一组跳 A""一组跳 B""一组跳 C""一组永跳""二组跳 A""二组跳 B""二组跳 C""一组永跳"信号灯点亮并复归扣 1 分		
3	查找故障点	①带安全帽、绝缘手套、绝缘靴 ②检查保护范围内设备并提交报告 ③检查 5013、5023、5033、5043、5053、5063、5073、5083 开关位置	20	①安全帽、绝缘手套、绝缘靴少带一种扣 0.5 分 ②保护范围内设备（包括 5013、5023、5033、5043、5053、5063、5073、5083 间隔-2 刀闸、开关、CT；母线 PT；500kV 1 号母线；52-27、52-17）少查找一处扣 0.5 分，范围外设备多查两处扣 0.5 分 ③未检查 5013、5023、5033、5043、5053、5063、5073、5083 开关位置每个扣 0.5 分 ④未提交 5073 开关故障情况扣 2 分		

序号	考核项目名称	质量要求	分值	扣分标准	扣分原因	得分
4	隔离故障点	①拉开 5073-2-1 刀闸。操作刀闸前应将 5073 开关"远方/就地"把手切至"就地"位置，操作后应检查触头位置 ②汇报调度	5.5	①操作刀闸前未将 5073 开关"远方/就地"把手切至"就地"位置扣 0.5 分 ②5073-2-1 刀闸每组 2 分。操作后未检查触头位置扣 0.5 分，操作后未断开刀闸电机电源扣 0.5 分 ③未汇报调度扣 0.5 分		
5	恢复无故障设备送电	①恢复 500kV 1 号母线送电。合上开关，检查 500kV 1 号母线三相电压及开关机械指示 ②恢复其他分路送电。开关合闸后应检查开关变位、三相电流及机械指示 ③汇报调度	25.5	①未恢复 500kV 1 号母线送电 4 分。未合开关 2 分，合开关后未检查母线三相电压-1 分，未检查开关变位扣 0.5 分，未检查机械指示扣 0.5 分 ②未恢复分路送电，每路 3.5 分。开关合闸后未检查开关变位扣 0.5 分，未检查三相电流扣 0.5 分，未检查机械指示扣 0.5 分。 ③未汇报调度扣 0.5 分		
6	故障设备转检修	①若采取直接验电则带 500kV 验电器 ②5073 开关两侧验电、接地，直接验电前应试验验电器良好，接地前应三相验电，间接验电应检查开关及其两侧刀闸监控机位置及机械指示，接地后应检查接地良好 ③断开 5073 开关控制电源、机构电源 ④断开 5073 断路器 RCS 断路器保护屏、忻石Ⅱ线 RCS 纵联电流差动及远跳 1 保护屏、忻石Ⅱ线 RCS 纵联电流差动及远跳 2 保护屏、忻石Ⅱ线高抗保护屏 1 忻石Ⅱ线高抗保护屏 2 相关压板 ⑤汇报调度	17.5	①5073 开关两侧未验电、接地，每组接地 6 分。若采取直接验电未带 500kV 验电器扣 0.5 分，未试验验电器良好扣 1.5 分，少合一组接地刀闸扣 6 分，合接地刀闸前未验电每次扣 3 分，未三相验电每次扣 1.5 分，合接地刀闸后未检查实际位置每处扣 0.5 分。若采用间接验电，少合一把接地刀闸扣 6 分，合接地刀闸前未检查开关及两侧刀闸监控机位置及机械指示每次扣 3 分，合接地刀闸后未检查实际位置每处扣 0.5 分。 ②未断开 5073 开关控制电源、机构电源每个扣 0.5 分 ③未断开 5073 断路器 RCS 断路器保护屏、忻石Ⅱ线 RCS 纵联电流差动及远跳 1 保护屏、忻石Ⅱ线 RCS 纵联电流差动及远跳 2 保护屏、忻石Ⅱ线高抗保护屏 1、石Ⅱ线高抗保护屏 2 相关压板（21 个）扣 4 分 ④汇报调度扣 0.5 分		

序号	考核项目名称	质量要求	分值	扣分标准	扣分原因	得分
7	质量否决	操作过程中发生误操作	否决	①发生误拉开关扣 10 分 ②发生带负荷拉刀闸、带电合接地刀闸、带电挂地线等恶性误操作扣 100 分		

2.2.18 BZ3ZY0301 10kV电容器新设备投运操作

一、作业

（一）工器具、材料、设备

1. 工器具：无。

2. 材料：无。

3. 设备：无。

（二）安全要求

在规定时间内独立完成论述。

（三）操作步骤及工艺要求（含注意事项）

1. 10kV电容器新设备投运前，需要运维人员向地调汇报：电容器组一、二次设备安装施工结束，传动良好，验收合格，地线拆除，人员撤离，具备送电条件，投运设备在冷备用状态。有关通信远动装置、计量测量表计安装调试完毕，验收合格。

2. 投运步骤：

（1）按照调度令，将电容器断路器转成热备用状态，用电容器断路器对电容器组充电三次，每次间隔不少于5min，最后断路器在分位。

（2）最后一次充电拉开断路器前进行电容器保护向量检查，正确报地调。

（3）确认电容器断路器"远方/就地"切换把手在"远方"位置，报调控中心人员，由AVC设备进行投切，投运结束。

3. 投运注意事项：

（1）投运前，需要检查一、二次设备施工完成，传动良好，具备投运条件。相应的远动、计量装置安装调试合格。

（2）新投运电容器组充电三次，每次间隔时间不少于5min。

（3）投运结束后报调控人员，将此电容器投入AVC运行。

4. 回答现场考评员随机提出的问题。

二、考核

（一）考核场地

无。

（二）考核时间

考核时间为10min。

（三）考核要点

1. 正确论述10kV电容器新设备投运操作步骤及注意事项。

2. 回答现场考评员随机提出的问题。

三、评分标准

行业：电力工程　　　　　　　　工种：变电站值班员　　　　　　　　等级：高级工

编号	BZ3ZY0301	行为领域	e	鉴定范围			
考核时限	10min	题型	A	满分	100分	得分	
试题名称	10kV电容器新设备投运操作						

考核要点及其要求	1. 正确论述 10kV 电容器新设备投运操作步骤及注意事项 2. 回答现场考评员随机提出的问题 3. 在规定时间内独立完成论述
现场设备、工器具、材料	1. 工器具：无 2. 材料：无 3. 设备：无
备注	

评分标准

序号	考核项目名称	质量要求	分值	扣分标准	扣分原因	得分
1	论述 10kV 电容器新设备投运操作步骤	按照调度令，将电容器断路器转成热备用状态，用电容器断路器对电容器组充电三次，每次间隔不小于 5min，最后断路器在分位	20	论述不正确扣 20 分		
		最后一次充电拉开断路器前进行电容器向量检查，正确报地调	20	论述不正确扣 20 分		
		确认电容器断路器"远方/就地"切换把手在"远方"位置，报调控中心人员，由 AVC 设备进行投切，投运结束	20	论述不正确扣 20 分		
2	论述 10kV 电容器新设备投运的注意事项	投运前，需要检查一、二次设备施工完成，传动良好，具备投运条件。相应的远动、计量装置安装调试合格	10	论述不正确扣 10 分		
		新投运电容器组充电三次，每次间隔时间不小于 10min	10	论述不正确扣 10 分		
		投运结束后报调控人员，将此电容器投入 AVC 运行	10	论述不正确扣 10 分		
3	回答考评员现场随机提问	回答正确、完整	10	回答不正确一次扣 5 分，直至扣完		
4	考场纪律	独立完成，遵守考场纪律		考试现场不服从考评员安排或顶撞者，取消考评资格		

第四部分　技　　师

1 理论试题

1.1 单选题

La2A1001 发生两相短路时，短路电流中含有（　　）分量。
(A) 正序；(B) 负序；(C) 正序和负序；(D) 正序和零序。
答案：**C**

La2A1002 预告信号装置分为（　　）。
(A) 延时预告；(B) 瞬时预告；(C) 延时和瞬时；(D) 三种都不对。
答案：**C**

La2A2003 线路纵联保护的保护范围是（　　）。
(A) 不足线路全长；(B) 线路全长；(C) 线路全长的 20%～50%；(D) 线路全长的 95%。
答案：**B**

La2A2004 重合闸时间是指（　　）。
(A) 重合闸启动开始记时，到合闸脉冲发出终止；(B) 重合闸启动开始记时，到断路器合闸终止；(C) 合闸脉冲发出开始记时，到断路器合闸终止；(D) 说法都不对。
答案：**A**

La2A2005 电压互感器在运行中，为避免产生很大的短路电流，烧毁互感器，所以要求互感器（　　）。
(A) 严禁二次线圈短路；(B) 必须一点接地；(C) 严禁超过规定的容量加带负荷；(D) 以上说法都对。
答案：**A**

La2A2006 只有发生（　　），零序电流才会出现。
(A) 相间故障；(B) 振荡时；(C) 接地故障或非全相运行时；(D) 短路。
答案：**C**

La2A2007 用手接触变压器的外壳时，如有触电感，可能是（　　）。
(A) 线路接地引起；(B) 过负荷引起；(C) 外壳接地不良；(D) 线路故障。
答案：**C**

La2A3008　电流互感器在运行中必须使（　　　）。

（A）铁芯及二次线圈牢固接地；（B）铁芯两点接地；（C）二次线不接地；（D）二次线接地。

答案：A

La2A3009　断路器连接水平传动杆时，轴销应（　　　）。

（A）垂直插入；（B）任意插入；（C）水平插入；（D）不插入。

答案：C

La2A3010　单侧电源线路的自动重合闸装置必须在故障切除后，经一定时间间隔才允许发出合闸脉冲，这是因为（　　　）。

（A）需与保护配合；（B）故障点要有足够的去游离时间以及断路器及传动机构的准备再次动作时间；（C）防止多次重合；（D）断路器消弧。

答案：B

La2A3011　备自投不具有如下（　　　）功能。

（A）手分闭锁；（B）有流闭锁；（C）主变保护闭锁；（D）开关拒分闭锁。

答案：D

La2A3012　电压互感器发生异常有可能发展成故障时，母差保护应（　　　）。

（A）停用；（B）改接信号；（C）改为单母线方式；（D）仍启用。

答案：D

La2A4013　对采用单相重合闸的线路，当发生永久性单相接地故障时，保护及重合闸的动作顺序为（　　　）。

（A）三相跳闸不重合；（B）选跳故障相，延时重合单相，后加速跳三相；（C）直接跳故障相不重合；（D）选跳故障相，瞬时重合单相，后加速跳三相。

答案：B

La2A4014　电压互感器的下列接线方式中，哪种不能测量相电压（　　　）。

（A）Y，y；（B）YN，yn，d；（C）Y，yn，d；（D）Y，yn。

答案：A

La2A4015　当交流电流回路不正常或断线时，母线差动保护应（　　　）。

（A）闭锁；（B）跳开；（C）开放；（D）正常工作。

答案：A

La2A4016 红外热像检测时的环境要求为（　　　）。

（A）环境相对湿度不宜大于 85%；（B）风速一般不大于 6m/s；（C）天气以晴天为宜；（D）可以在雾天进行。

答案：**A**

La2A5017 PT 电压切换回路采用双位置继电器时，下列说法正确的是（　　　）。

（A）PT 切换直流电源突然消失，不影响 PT 交流电压回路；（B）PT 切换直流电源突然消失，影响 PT 交流电压回路，应将失压误动的保护退出；（C）PT 切换直流电源突然消失，不影响 PT 交流电压回路，只影响 PT 本身停送电操作，不影响线路本身停送电操作；（D）PT 切换直流电源突然消失，不影 PT 变交流电压回路，但影响 PT 本身停送电操作，且影响线路本身停送电操作。

答案：**D**

La2A5018 在旁路代主变操作（　　　）工作完成后，投入主变差动保护。

（A）调整差动电流互感器端子连接片，一、二次方式不对应前；（B）调整差动电流互感器端子连接片，并进行电压回路切换，一、二次方式对应后；（C）调整差动电流互感器端子连接片，并进行电压回路切换后，不必考虑一、二次方式对应问题；（D）进行电压回路切换，一、二次方式不对应后。

答案：**B**

Lb2A1019 变压器瓦斯保护动作原因是由于变压器（　　　）。

（A）内部故障；（B）高压侧引线接地故障；（C）电压过高；（D）一、二次 TA 故障。

答案：**A**

Lb2A1020 变压器差动保护范围为（　　　）。

（A）变压器低压侧；（B）变压器高压侧；（C）变压器各侧差动电流互感器之间设备；（D）变压器中压侧。

答案：**C**

Lb2A2021 下列哪种接线的电压互感器可测对地电压（　　　）。

（A）Y，y；（B）Y，yn；（C）YN，yn；（D）D，yn。

答案：**C**

Lb2A2022 用来供给断路器跳、合闸和继电保护装置工作的电源有（　　　）。

（A）交流；（B）直流；（C）交、直流；（D）都不对。

答案：**C**

Lb2A2023 消弧室的作用是（　　）。

（A）储存电弧；（B）进行灭弧；（C）缓冲冲击力；（D）加大电弧。

答案：B

Lb2A2024 母差不平衡电流一般不超过（　　）。

（A）10mA；（B）15mA；（C）20mA；（D）25mA。

答案：D

Lb2A3025 距离保护二段的时间（　　）。

（A）比距离一段加一个延时 Δt；（B）比相邻线路的一段加一个延时 Δt；（C）固有动作时间加延时 Δt；（D）固有分闸时间。

答案：B

Lb2A3026 发电厂及 500kV 变电所 220kV 母线事故运行电压允许偏差为系统额定电压的（　　）。

（A）$-5\%\sim+10\%$；（B）$0\sim+10\%$；（C）$-3\%\sim+7\%$；（D）$5\%\sim+10\%$。

答案：A

Lb2A3027 双母线进行倒母线操作过程中会出现两个隔离开关同时闭合的情况，如果此时Ⅰ母发生故障，母线保护应（　　）。

（A）切除两条母线；（B）切除Ⅰ母；（C）切除Ⅱ母；（D）不动作。

答案：A

Lb2A3028 测量电流互感器极性的目的是（　　）。

（A）满足负载要求；　（B）保护外部接线正确；　（C）提高保护装置动作灵敏度；（D）提高保护可靠性。

答案：B

Lb2A4029 变压器按中性点绝缘水平分类时，中性点绝缘水平与端部绝缘水平相同叫（　　）。

（A）全绝缘；（B）半绝缘；（C）两者都不是；（D）不绝缘。

答案：A

Lb2A4030 当瓦斯保护本身故障时，值班人员应（　　），防止保护误动作。

（A）将跳闸连接片打开；（B）将保护直流取下；（C）将瓦斯直流打开；（D）向领导汇报。

答案：A

Lb2A5031 在测量电流互感器极性时，电池正极接一次侧正极，负极接一次侧负极，在二次侧接直流电流表，如何判断二次侧的正极（　　）。

（A）电池断开时，表针向正方向转，则与表正极相连的是二次侧正极；（B）电池接通时，表针向正方向转，则与表正极相连的是二次侧正极；（C）电池断开时，表针向反方向转，则与表负极相连的是二次侧正极；（D）电池接通时，表针向反方向转，则与表负极相连的是二次侧正极。

答案：B

Lc2A1032 如果二次回路故障导致重瓦斯保护误动作变压器跳闸，应将重瓦斯保护（　　）变压器恢复运行。

（A）投入；（B）退出；（C）继续运行；（D）运行与否都可以。

答案：B

Lc2A2033 对异步电动机启动的主要要求是（　　）。

（A）启动电流倍数小，启动转矩倍数大；（B）启动电流倍数大，启动转矩倍数小；（C）启动电阻大，启动电压小；（D）启动电压大，启动电阻小。

答案：A

Lc2A2034 断路器远控操作失灵，允许断路器可以近控分相和三相操作时，下列说法错误的是（　　）。

（A）必须现场规程允许；（B）确认即将带电的设备应属于无故障状态；（C）限于对设备进行轻载状态下的操作；（D）限于对设备进行空载状态下的操作。

答案：C

Lc2A3035 超高压输电线路单相接地故障跳闸后，熄弧较慢是由于（　　）。

（A）短路阻抗小；（B）单相故障跳闸慢；（C）潜供电流的影响；（D）电压高。

答案：C

Lc2A3036 纯电感在电路中是（　　）元件。

（A）耗能；（B）不耗能；（C）发电；（D）发热。

答案：B

Lc2A3037 变压器新投运行前，应做（　　）次冲击合闸试验。

（A）5；（B）4；（C）3；（D）2。

答案：A

Lc2A4038 500kV三相并联电抗器的中性点经小电抗器接地，其目的为（　　）。

（A）限制单相重合闸的潜供电流；（B）降低线路接地时的零序电流；（C）防止并联

电抗器过负荷；(D) 防止并联电抗器过电压。

答案：A

Lc2A4039 断路器的跳闸辅助触点应在（　　）接通。

(A) 合闸过程中，合闸辅助触点断开后；　(B) 合闸过程中，动静触头接触前；
(C) 合闸过程中；(D) 合闸终结后。

答案：B

Lc2A5039 线路带电作业时重合闸（　　）。

(A) 退出；(B) 投入；(C) 改时限；(D) 操作不确定。

答案：A

Jd2A1040 单电源线路速断保护范围是（　　）。

(A) 线路的 10％；(B) 线路的 20％～50％；(C) 线路的 70％；(D) 线路的 90％。

答案：B

Jd2A1041 保护出口跳闸时，断路器跳闸回路会自保持，切断跳闸自保持回路的是
（　　）。

(A) 防跳继电器接点；　(B) 断路器常闭辅助接点；　(C) 断路器常开辅助接点；
(D) 保护出口继电器动作返回。

答案：C

Jd2A2042 距离保护一段的保护范围是（　　）。

(A) 该线路一半；　(B) 被保护线路全长；　(C) 被保护线路全长的 80％～85％；
(D) 线路全长的 20％～50％。

答案：C

Jd2A2043 短路电流的冲击值主要用来检验电器设备的（　　）。

(A) 绝缘性能；(B) 热稳定；(C) 动稳定；(D) 机械性能。

答案：C

Jd2A3044 距离二段定值按（　　）整定。

(A) 线路末端有一定灵敏度考虑；(B) 线路全长 80％；(C) 最大负荷；(D) 最小
负荷。

答案：A

Jd2A3045 低周保护动作跳闸后，应（　　）

(A) 汇报调度，听候处理；(B) 将低周保护停用，汇报调度并立即恢复本站管辖出

线送电；（C）不必停用低周保护，汇报调度，检查本站设备无异常即可恢复本站管辖出线送电。

答案：A

Jd2A3046 部分 GIS 设备利用开关母线侧接地刀闸代替线路接地刀闸作线路操作接地者，施工时控制开关手柄应悬挂（　　）的标示牌。

（A）禁止合闸，线路有人工作；（B）禁止分闸，线路有人工作；（C）禁止合闸，有人工作；（D）禁止分闸。

答案：D

Jd2A3047 为从时间上判别断路器失灵故障的存在，失灵保护的动作时间应（　　）故障元件断路器跳闸时间和继电保护动作时间之和。

（A）多于；（B）等于；（C）少于；（D）少于或等于。

答案：A

Jd2A3048 选择电压互感器二次熔断器的容量时，不应超过额定电流的（　　）。
（A）1.2 倍；（B）1.5 倍；（C）1.8 倍；（D）2 倍。

答案：B

Jd2A3049 变压器的温升是指（　　）。
（A）一、二次线圈的温度之差；（B）线圈与上层油面温度之差；（C）变压器上层油温与变压器周围环境的温度之差；（D）线圈与变压器周围环境的温度之差。

答案：C

Jd2A3050 220kV 枢纽变电站全停定为（　　）。
（A）一类故障；（B）一般事故；（C）重大事故；（D）特别重大事故。

答案：C

Jd2A4051 由于断路器自身原因而闭锁重合闸的是（　　）。
（A）气压或油压过低；（B）控制电源消失；（C）保护闭锁；（D）断路器漏油。

答案：A

Jd2A4052 双母线接线的变电站发生某一线路交流电流回路断线时，下列哪一种处理错误（　　）
（A）迅速将可以转供的负荷转出，并断开交流断线开关；（B）迅速将交流回路断线的空载线路开关断开；（C）采用旁路开关旁代该线路开关，并将该开关断开；（D）迅速进行倒母线操作，将交流断线的馈线倒至完好的另外一段母线运行。

答案：D

Jd2A4053 当单相接地电流大于 4000A 时，规程规定接地装置接地电阻在一年内（　　）均不超过 0.5Ω。

（A）春秋季节；（B）夏季；（C）冬季；（D）任意季节。

答案：**D**

Jd2A5054 脉动磁通势在空间按（　　）规律分布。

（A）正弦；（B）余弦；（C）梯形波；（D）锯齿波。

答案：**B**

Jd2A5055 对于双母线接线形式的变电站，当某一连接元件发生故障且断路器拒动时，失灵保护动作应首先跳开（　　）。

（A）拒动断路器所在母线上的所有开关；（B）母联断路器；（C）故障元件的对侧断路器；（D）拒动断路器所在母线上的电源开关。

答案：**B**

Je2A1056 断路器缓冲器的作用是（　　）。

（A）分闸过度；（B）合闸过度；（C）缓冲分合闸冲击力；（D）降低分合闸速度。

答案：**C**

Je2A2057 发预告信号时光字牌内两只灯是（　　）。

（A）串联；（B）并联；（C）混联；（D）都不是。

答案：**B**

Je2A2058 以下那种情况线路可以强送（　　）。

（A）电缆线路；（B）线路开关有缺陷或遮断容量不足的线路；（C）已掌握有严重缺陷的线路；（D）刚正式投运不久的架空线路。

答案：**D**

Je2A2059 变压器中性点零序过流保护在（　　）时方能投入，而间隙过压保护在变压器中性点（　　）时才能投入。

（A）中性点直接接地，中性点直接接地；（B）中性点直接接地，经放电间隙接地；（C）经放电间隙接地，中性点直接接地；（D）经放电间隙接地，经放电间隙接地。

答案：**B**

Je2A2060 对于密封圈等橡胶制品，可用（　　）清洗。

（A）汽油；（B）水；（C）酒精；（D）清洗剂。

答案：**C**

Je2A2061 产生过渡过程的外因是（　　）。

（A）电路中有储能元件；（B）电路断开；（C）电路关闭；（D）换路。

答案：**D**

Je2A3062 变压器差动保护投入前要（　　）测相量、差电压。

（A）不带负荷；（B）带负荷；（C）视具体情况；（D）带少许负荷。

答案：**B**

Je2A3063 互感电动势的大小和方向，用（　　）分析。

（A）楞次定律；（B）法拉第电磁感应定律；（C）右手定则；（D）左手定则。

答案：**B**

Je2A3064 断路器大修后应进行（　　）。

（A）改进；（B）特巡；（C）加强巡视；（D）正常巡视。

答案：**B**

Je2A3065 变电站接地网的接地电阻大小与（　　）无关。

（A）土壤电阻率；（B）接地网面积；（C）站内设备数量；（D）接地体尺寸。

答案：**C**

Je2A3066 手动拉 220kV 开关时，出现只跳开一相或两相开关，则应（　　）

（A）立即用操作把手将拉开的一相或两相开关合上；（B）立即设法拉开三相开关，并汇报工区及调度；（C）保持原状，汇报工区及调度。

答案：**B**

Je2A3067 SF_6 气体在电弧作用下会产生（　　）。

（A）低氟化合物；（B）氟气；（C）气味；（D）氢气。

答案：**A**

Je2A3068 一般电气设备铭牌上的电压和电流的数值是（　　）。

（A）瞬时值；（B）最大值；（C）有效值；（D）平均值。

答案：**C**

Je2A4069 操作断路器时，操作中操作人要检查（　　）是否正确。

（A）位置、表计；（B）灯光、信号；（C）灯光、表计；（D）光字牌、表计。

答案：**C**

Je2A4070 电压互感器二次熔断器熔断时间应（　　）。

（A）少于 1s；（B）少于 0.5s；（C）少于 0.1s；（D）少于保护动作时间。

答案：**D**

Je2A4071 弹簧储能机构合闸操作后未储能，将会发生（　　）现象。

（A）线路故障不能跳闸；（B）开关跳闸不能重合；（C）均不能进行跳闸和合闸操作；（D）无影响。

答案：**B**

Je2A5072 新投运电容器组应进行（　　）合闸冲击试验。

（A）3 次；（B）5 次；（C）7 次；（D）1 次。

答案：**A**

Jf2A1073 室内母线分段部分、母线交叉部分及部分停电检修易误碰有电设备的，应设有（　　）的永久性隔离挡板（护网）。

（A）明显标志；（B）一定数量；（C）可靠接地；（D）耐压合格。

答案：**A**

Jf2A2074 母差保护的毫安表中出现的微小电流是 CT（　　）。

（A）开路电流；（B）负荷电流；（C）误差电流；（D）电容电流。

答案：**C**

Jf2A2075 埋入地下的扁钢接地体和接地线的厚度最小尺寸为（　　）mm。

（A）4.8；（B）3.0；（C）3.5；（D）4.0。

答案：**D**

Jf2A2076 在大电流接地系统中，零序电压的分布特性是（　　）

（A）接地故障点最高；（B）变压器中性点零序电压最高；（C）接地电阻大的地方零序电压高。

答案：**A**

Jf2A2077 隔离开关（　　）灭弧能力。

（A）有；（B）没有；（C）有少许；（D）不一定有。

答案：**B**

Jf2A3078 断路器发生非全相运行时，（　　）是错误的。

（A）一相断路器合上其他两相断路器在断开状态时，立即合上在断开状态的两相断路器；（B）一相断路器断开其他两相断路器在合上状态时，将断开状态的一相断路器再合一次；（C）立即降低通过非全相运行断路器的潮流；（D）发电机组（厂）经 220kV 单线并网发生非全相运行时，立将发电机组（厂）解列。

答案：A

Jf2A3079 开关在遥控操作后，必须核对执行遥控操作后自动化系统上（　　）、遥测量变化信号（在无遥测信号时，以设备变位信号为判据），以确认操作的正确性。

（A）开关变位信号；（B）刀闸变位信号；（C）电流变化；（D）电压变化。

答案：A

Jf2A3080 BP-2B 母差保护在倒母线后，Ⅰ号母线 PT 停电后，母差保护屏上会发出（　　）信号。

（A）差动开放Ⅰ、TV 断线信号灯亮；（B）TV 断线；（C）互联；（D）差动闭锁。

答案：A

Jf2A3081 用于双母线接线形式的变电站，其母差保护、断路器失灵保护的复合电压闭锁触点应（　　）在各断路器的的跳闸回路中，不得共用。

（A）分别串接；（B）串接；（C）并接；（D）分别并接。

答案：A

Jf2A4082 感应调压器定子、转子之间（　　）。

（A）只有磁联系，没有电联系；（B）只有电联系，没有磁联系；（C）既有磁联系，又有电联系；（D）无联系。

答案：C

Jf2A4083 双母线进行（　　）时，应检查刀闸辅助接点是否到位。

（A）线路停送电操作；（B）倒母线操作；（C）母线及线路刀闸任何操作；（D）母线刀闸任何操作。

答案：D

Jf2A4084 变压器瓦斯保护动作原因是由于变压器（　　）。

（A）内部故障；（B）套管故障；（C）电压过高；（D）一、二次 TA 故障。

答案：A

Jf2A5085 变压器差动保护应满足（　　）。

（A）无需考虑过励磁涌流和外部短路产生的不平衡电流；（B）在变压器过励磁时不应误动作；（C）在电流回路断线时应发出断线信号，并闭锁差动保护跳闸出口；（D）差动保护的保护范围不应包括变压器套管和引出线。

答案：B

Jf2A5086 满足真空断路器正常灭弧的真空度不能低于（　　）。

（A）6.6×10^{-2}Pa；（B）5.6×10^{-2}Pa；（C）4.6×10^{-2}Pa；（D）3.6×10^{-2}Pa。

答案：**A**

Jf2A5087 断路器的非全相保护一般使用（　　）的非全相功能。

（A）继电保护中；（B）断路器本体中；（C）操作箱中；（D）继电保护和断路器本体中。

答案：**B**

Jf2A5088 变压器保护配置双套相同同型号的保护，保护压板填写术语为（　　）。

（A）投入（退出）＋编号＋保护屏号＋压板名称；（B）投入（退出）＋编号＋"空格"＋保护屏号＋压板名称；（C）投入（退出）＋编号＋保护型号＋压板名称；（D）投入（退出）＋编号＋"空格"＋保护型号＋压板名称。

答案：**A**

1.2 判断题

La2B1001 消弧室的作用是储存电弧。（×）

La2B1002 有功功率和无功功率之和称为视在功率（×）

La2B1003 产生过渡过程的外因是换路。（√）

La2B1004 电力系统发生短路时，通常还发生电流下降。（×）

La2B2005 互感电动势的大小和方向，用右手定则分析。（×）

La2B2006 电网无功补偿的原则一般是按全网平衡原则进行。（×）

La2B2007 纯电感在电路中是不耗能元件。（√）

La2B3008 断路器缓冲器的作用是降低分合闸速度。（×）

La2B3009 保护接零就是将设备在正常情况下将带电的金属部分用导线与系统零线进行直接相连。（×）

La2B3010 线路开关跳闸重合或强送成功后，随即出现单相接地故障时，应首先判定该线路为故障线路，汇报调度，拉开该线路开关。（√）

La2B3011 重瓦斯或差动保护之一动作跳闸，未查明原因和消除故障之前不得强送。（√）

La2B3012 变压器投运前做冲击试验的目的是为了检查其保护装置是否误动。（×）

La2B4013 对于配置双套主保护、双套后备保护的微机主变保护，正常时，双套主保护、双套后备保护均启用投跳闸。（√）

La2B4014 新投运的变压器作冲击合闸试验，是为了检查变压器各侧主断路器是否承受操作过电压。（×）

La2B4015 自耦变压器在电网中的大量使用，有利于简化操作方式，使继电保护的整定和配置简化。（×）

Lb2B2016 装设自动重合闸装置可以提高电力系统的暂态稳定水平。（√）

Lb2B2017 变压器的短路电压百分数，实际上此电压是变压器通电侧和高压侧的漏抗在额定电压下的压降。（×）

Lb2B2018 设备定级分为一级、二级、三级，一级、二级设备为完好设备，要求各变电站设备完好率在 80% 以上。（×）

Lb2B2019 同一电压等级的旁路母线原则上不允许同时有两把以上的旁路刀闸在合闸位置。（√）

Lb2B2020 如果线路高频保护全停，则会造成线路后备延时段保护与重合闸重合时间不配，这是因为重合闸重合时间的整定是与线路高频保护相配合的。（√）

Lb2B3021 正常运行时 220kV 线路必须保持双高频（含完整后备）运行，否则应退出运行线路或采取临时保护措施。（×）

Lb2B3022 在应用单相重合闸的线路上，发生瞬时或较长时间的两相运行，高频保护不会误动。（√）

Lb2B3023 220kV 线路采用近后备保护原则，由本线路另一套保护实现后备，当断路

器拒动时，由断路器失灵保护来实现后备保护。（√）

Lb2B3024 因为重合闸后加速保护能使永久性故障尽快切除，避免事故扩大，因此一般都设有重合闸后加速各段保护。（×）

Lb2B3025 当变电站全停而又与调度失去联系时，变电站发现来电后即可按规程规定送出负荷。（√）

Lb2B4026 线路采用双微机保护时，为简化保护与重合闸的配合方式，只启用其中一套重合闸（两套微机保护均启动该重合闸实现重合闸功能），另一套重合闸不用。（√）

Lb2B4027 自耦变压器的大量使用，会降低单相短路电流，提高系统稳定性。（×）

Lb2B4028 变压器励磁涌流的特点有包含很大的非周期分量，包含有大量的高次谐波分量，并以二次谐波为主。（√）

Lb2B5029 对交流二次电压回路通电时，必须可靠断开至电压互感器二次侧的回路，防止反充电。（√）

Lb2B5030 交接后的新设备应调整至热备用状态，所有保护自动化装置在停用状态。（×）

Lb2B5031 埋入地下的扁钢接地体和接地线的厚度最小尺寸为 3.0mm。（×）

Jd2B1001 中性点接地开关合上后其间隙过流投入。（×）

Jd2B1002 SF_6 气体在电弧作用下会产生氟气。（×）

Jd2B2003 短路电流的冲击值主要用来检验电器设备的绝缘性能。（×）

Jd2B2004 对 500kV 系统，在未经试验和批准的情况下，不得对末端带有变压器的线路进行充电或拉停。（√）

Jd2B3005 新投运电容器组应进行 5 次合闸冲击试验。（×）

Jd2B3006 对线路零起加压时线路继电保护及重合闸装置应正常投入。（×）

Jd2B3007 当母差保护交流电流回路不正常或断线时，应开放母线差动保护，并发告警信号。（×）

Jd2B3008 变压器运行时，若大电流接地系统一侧热备用，则该侧中性点接地刀闸必须合上。（√）

Jd2B3009 新安装变压器，在第一次充电时，为防止变压器差动保护相量接反造成误动，差动保护必须退出，但需投入差动速断保护。（×）

Jd2B4010 500kV 线路故障跳闸后（包括故障跳闸，重合闸不成功），一般允许强送一次。如强送不成，系统有条件时，可以采用零起升压，如无条件零起升压，系统又需要，经请示有关领导后允许再强送一次。（√）

Jd2B4011 500kV 联变和低抗或电容补偿装置的停、送电，应先送低抗或电容补偿装置，后送联变，停电操作与之相反。（×）

Jd2B4012 当一个半断路器的接线方式一串中的中间断路器拒动时，启动失灵保护，并采用远方跳闸方式使线路对侧断路器跳闸并闭锁重合闸。（√）

Je2B2013 对于微机保护装置，当失去 TV 电压，只要装置不启动，不进入故障处理程序就不会误动。若失压不及时处理，遇有区外故障，则只要有一定的负荷电流保护有可能误动。（√）

Je2B2014 设备定级分为一级、二级、三级、四级、五级，一级、二级、三级、四级设备为完好设备。（×）

Je2B2015 高频保护中母差跳闸停信，主要防止故障发生在电流互感器和断路器之间，需要通过远方跳闸来切除故障点。（√）

Je2B2016 投入××线重合闸，指重合闸合闸压板投入，重合闸方式切换开关位置按调度继电保护装置整定通知书要求由现场执行。重合闸装置为运行状态。（√）

Je2B2017 对于 3km 及以下线路，微机线路保护其距离Ⅰ段和接地距离Ⅰ段均停用。（×）

Je2B2018 微机型变压器保护中的非电气量保护，其跳闸回路不进入微机保护装置，直接作用于跳闸，以保证可靠性。（√）

Je2B2019 旁代过程中电流差动保护不会跳闸，在操作结束后可直接将保护投入。（×）

Je2B2020 当母差保护退出运行，应避免母线倒闸操作。（√）

Je2B2021 当 110kV 终端变电站因供电电源全停而导致全站失电时，可不必拉开进线断路器及主变三侧断路器和中、低压侧馈线断路器（保护动作断路器拒动者除外），并加强电源线路监视，及时将母线投入首先来电的线路。（√）

Je2B2022 新投入的变压器或大修后变动过内外连接线的变压器，在投入运行前必须进行定相。（√）

Je2B2023 电力系统发生振荡时，距离保护可能误动，故对距离Ⅰ、Ⅱ段采用振荡闭锁元件来闭锁保护出口，其距离Ⅲ段主要靠延时元件来躲过振荡。（√）

Je2B2024 多电源联系的变电站全停电时，变电站运行值班人员应按规程规定立即将母线上所有开关拉开。（×）

Je2B2025 通信中断时，母线故障不允许对故障母线不经检查就强送电，以防事故扩大；经过检查找不到故障点时，应继续查找，不得擅自恢复送电。（√）

Je2B2026 BP-2B 母差保护装置充电保护一旦投入自动展宽 200ms 后退出，当母联任一相电流大于充电电流定值，经整定延时跳开母联开关，不经复合电压闭锁。（√）

Jf2B3027 直流电源系统包括蓄电池、充电装置、直流屏、直流网络，简称直流系统。（√）

Jf2B3028 单电源馈线未装重合闸的所有线路，开关跳闸后，现场值班人员可不待调度指令立即强送电一次。（×）

Jf2B3029 运行单位发现危急、严重缺陷后，应立即上报。一般缺陷应定期上报，以便安排处理。（√）

1.3 多选题

La2C2001 电网无功补偿的原则是电网无功补偿应基本上按（　　）原则考虑，并应能随负荷或电压进行整定。

（A）分层分区；（B）统一分配；（C）总体平衡；（D）就地平衡。

答案：AD

La2C2002 以下属于工作接地的有（　　）。

（A）中性点直接接地；（B）中性点经消弧线圈接地；（C）防雷设备接地；（D）电压互感器二次绕组接地。

答案：ABC

La2C3001 局部电网无功功率过剩、电压偏高，可采取哪些措施（　　）。

（A）降低发电机无功出力；（B）切除并联电容器；（C）投入并联电抗器；（D）改变运行方式。

答案：ABCD

La2C3002 电力系统发生两相接地短路会出现（　　）。

（A）两相接地短路故障相电流幅值相等；（B）流入地中的电流为 3 倍零序电流；（C）非故障相电压为 3 倍负序电压，且方向相同；（D）非故障相电压为 3 倍零序电压，且方向相同。

答案：ABD

La2C3003 零序电流的特点包括（　　）。

（A）零序电流超前零序电压；（B）零序电流的分布与变压器中性点接地数目有关；（C）零序阻抗和零序网络受系统运行方式影响；（D）零序功率的方向由线路流向母线。

答案：ABD

Lb2C1001 大气过电压包括（　　）。

（A）直击雷击过电压；（B）感应雷击过电压；（C）侵入雷击过电压；（D）电弧接地过电压。

答案：ABC

Lb2C1002 绝缘子表面涂覆（　　）和加装（　　）是防止变电设备污闪的重要措施。

（A）防污闪涂料；（B）绝缘涂料；（C）防污闪辅助伞裙；（D）防鸟害装置。

答案：AC

Lb2C2001 智能开关的在线监测类型有（　　）

（A）局部放电在线监测；（B）绕组测温在线监测；（C）SF_6 微水密度在线监测；（D）断路器机械特性在线监测。

答案：ACD

Lb2C2002 接地阻抗难以满足要求的高土壤电阻率地区的接地网，应采用完善的（　　）措施，防止人身及设备事故。

A、均压；B、隔离；C、绝缘；D、限压。

答案：AB

Lb2C3001 造成变压器不对称运行的原因有（　　）。

（A）变压器过载运行；（B）三相负荷不对称；（C）三台单相变压器组成三相变压器组，当一台损坏用不同参数的变压器来代替；（D）变压器两相运行。

答案：BCD

Lb2C4001 变压器励磁涌流具有哪些特点（　　）

（A）包含有很大成分的非周期分量，往往使涌流偏于时间轴的一侧；（B）包含大量的高次谐波，并以二次谐波成分最大；（C）涌流波形之间存在间断角；（D）涌流在初始阶段数值很大，以后逐渐衰弱。

正确答案：ABCD

Lb2C4002 （　　）情况下中性点电抗器会有电流通过。

（A）系统接地；（B）三相电压不平衡；（C）并联电抗器三项参数不一致；（D）电压中含三次谐波时。

答案：ABCD

Lb2C4003 10kV PT 高压熔断器熔断的原因有（　　）。

（A）铁磁谐振；（B）系统发生单相间歇电弧接地；（C）PT 本身内部有单相接地或相间短路故障；（D）二次侧发生短路而二次侧熔断器未熔断。

答案：ABCD

Lb2C5001 已发跳闸命令的断路器，在延时到达后，还流有（　　），断路器失灵保护的电流元件将动作。

（A）任意一相的相电流；（B）零序电流；（C）负序电流；（D）载波电流。

正确答案：ABC

Lc2C1001 检修现场应有完善的（　　），在禁火区动火应制订（　　），严格执行（　　）。变压器现场检修工作期间应有专人值班，不得出现现场无人情况。

（A）防火措施；（B）消防设施；（C）动火作业管理制度；（D）动火工作票制度。

答案：ACD

Je2C2001 母差保护可以通过（　　）方式识别母线互联状态。

（A）互联压板；（B）"强制互联"控制字；（C）母联开关 TA 断线；（D）隔离开关辅助触点。

答案：ABCD

Je2C2002 变压器油温高的表现形式有（　　）。

（A）变压器油温高出平时 10℃以上；（B）负载不变而温度不断上升；（C）出现"变压器温度高"报警信号；（D）周围环境温度达到 40℃以上。

答案：ABC

Je2C2003 新安装的有载分接开关，应对（　　）进行测试。

（A）切换程序；（B）切换时间；（C）过渡电阻；（D）切换电流。

答案：AB

Je2C3001 当变压器气体继电器发出轻瓦斯动作信号时，应（　　）。

（A）立即检查气体继电器；（B）及时取气样检验，以判明气体成分；（C）立即将重瓦斯保护退出；（D）取油样进行色谱分析，查明原因及时排除。

答案：ABD

Je2C3002 遇有（　　）情况时，差动保护应退出。

（A）发现差回路差电压或差电流不合格时；（B）装置异常或故障时；（C）差动保护任何一侧电流互感器回路有工作时；（D）电流互感器二次回路断线时。

答案：ABCD

Je2C3003 正常运行时的变压器（　　）投信号位置，严禁投跳闸位置。

（A）压力释放；（B）瓦斯保护；（C）冷却器全停；（D）绕组过温。

答案：ACD

Je2C3004 断路器液压机构（　　）时会出现油泵打压频繁现象。

（A）储压筒活塞杆漏油；（B）放油阀密封不良；（C）微动开关的停泵、启泵距离不合作；（D）高压油路漏油。

答案：ABCD

Je2C3005 运行中的变压器出现假油面的原因可能有（　　）。

（A）油标管堵塞；（B）呼吸器堵塞；（C）变压器渗漏油；（D）防爆管通气孔堵塞。

答案：ABD

Je2C3006 电容器局部放电的原因主要是（　　）。

（A）运行电压过高；（B）断路器重燃引起的操作过电压；（C）电容器本身的质量不良；（D）电容电流过大。

答案：ABC

Je2C3007 下列哪些情况应先将变压器重瓦斯保护停用（　　）。

（A）运行中的变压器的冷却器油回路或通向储油柜各阀门由关闭位置旋转至开启位置时；（B）当油位计的油面异常升高或呼吸系统有异常现象，需要打开放油或放气阀门时；（C）若需将气体继电器集气室的气体排出时；（D）当气体继电器发出轻瓦斯动作信号时。

答案：ABC

Je2C4001 下列哪些不属于智能变电站继电保护装置的硬压板（　　）。

（A）"投检修状态"压板；（B）"保护出口跳闸"压板；（C）"投主保护"压板；（D）"启动失灵保护"压板。

答案：BCD

Je2C4002 断路器出现非全相运行应该（　　）。

（A）断路器操作时，发生非全相运行，变电站值班员应立即拉开该断路器；（B）断路器在运行中一相断开，变电站值班员应立即试合该断路器一次；（C）当断路器运行中两相断开时，变电站值班员应立即拉开该断路器；（D）如上述措施仍不能恢复全相运行时，应尽快采取措施将该断路器停电。

答案：ABCD

Je2C4003 下列有关排油注氮保护装置叙述正确的是（　　）。

（A）排油注氮启动（触发）功率应大于 $220V×5A$（DC）；（B）注油阀动作线圈功率应大于 $220V×6A$（DC）；（C）注氮阀与排油阀间应设有机械联锁阀门；（D）动作逻辑关系应满足本体重瓦斯保护、主变断路器开关跳闸、油箱超压开关同时动作时才能启动排油充氮保护。

答案：ABCD

Je2C5001 在（　　）情况下，变压器重瓦斯保护必须投入跳闸。

（A）变压器新装或大修后充电时；（B）变压器正常运行或处于备用时；（C）变压器差动保护停运时；（D）变压器零序保护停运时。

答案：ABC

Je2C5002 双母线接线智能变电站，变压器停电，本体合并单元检修时，需投退的保护有（　　）。

（A）退出该变压器差动保护跳闸出口压板；（B）退出该主变保护中本体合并单元 SV 接收软压板；（C）投入该变压器本体合并单元"检修压板"；（D）退出该变压器重瓦斯保护出口压板。

答案：BC

1.4 计算题

La2D1001 如图所示，电路 a、b 间的等效电阻 $R=$_____ Ω。

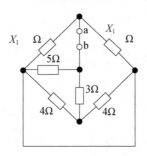

X_1取值范围：2、4、6
计算公式：

$$R=\frac{X_1 \cdot X_1}{X_1+X_1}+\frac{5\times\left(\frac{4\times4}{4+4}+3\right)}{5+\frac{4\times4}{4+4}+3}=\frac{X_1{}^2}{2}+\frac{5}{2}$$

La2D2002 有一设备可交直流两用，当接到直流 220V 电源上消耗功率为 X_1 kW；当接到 50Hz，220V 交流电源上，消耗功率为 1.0 kW，则该设备电感 $L=$_____ H。

X_1取值范围：2、3、5
计算公式：

$$R=\frac{U^2}{P}=\frac{220^2}{1000X_1}$$

$$P=UI\cos\varphi=U\left(\frac{U}{Z}\right)\frac{R}{Z}$$

$$Z^2=\frac{U^2R}{P}=\frac{220^2\times\frac{220^2}{1000X_1}}{1000}$$

$$X_L=\sqrt{Z^2-R^2}=\sqrt{\frac{U^2R}{P}-R^2}=\sqrt{\frac{220^2\times\frac{220^2}{1000X_1}}{1000}-\left(\frac{220^2}{1000X_1}\right)^2}$$

$$L=\frac{X_L}{\omega}=\frac{\sqrt{\frac{220^2\times\frac{220^2}{X_1}}{1000}-\left(\frac{220^2}{X_1}\right)^2}}{2\pi f}=\frac{\sqrt{\frac{220^2\times\frac{220^2}{1000X_1}}{1000}-\left(\frac{220^2}{1000X_1}\right)^2}}{2\times3.14\times50}$$

La2D2003 某线圈的电阻 $R=8\Omega$，阻抗 $Z=X_1\Omega$，频率为 50Hz，则线圈的电感 $L=$_____ mH。

X_1取值范围：9、10、12

计算公式：

$$X_L = \sqrt{Z^2 - R^2} = \sqrt{X_1{}^2 - 8^2}$$

$$L = \frac{10^3 \sqrt{Z^2 - R^2}}{\omega} = \frac{10^3 \sqrt{X_1{}^2 - 8^2}}{2\pi f} = \frac{10^3 \sqrt{X_1{}^2 - 8^2}}{2 \times 3.14 \times 50}$$

La2D2004 如图所示，已知 $E_1 = 12V$，$E_2 = X_1 V$，$E_3 = 8V$，$R_2 = 4\Omega$，$R_1 = R_3 = 1\Omega$，$R_4 = R_5 = R_6 = R_7 = 2\Omega$。则 K 合上时，各支路电流 $J_1 = $＿＿＿＿＿ A、$J_2 = $＿＿＿＿＿ A。

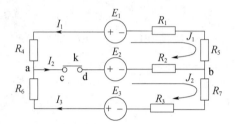

X_1 取值范围：9、10、12

计算公式：

$$E_2 - E_1 = R_4 J_1 + R_1 J_1 + R_5 J_1 + R_2 (J_1 - J_2)$$

$$E_3 - E_2 = R_6 J_2 + R_3 J_2 + R_2 (J_2 - J_1) + R_7 J_2$$

$$X_1 - 12 = 2J_1 + J_1 + 2J_1 + 4 (J_1 - J_2) = 9J_1 - 4J_2$$

$$8 - X_1 = 2J_1 + J_1 + 2J_1 + 4 (J_2 - J_1) = 9J_2 - 4J_1$$

$$J_1 = \frac{1}{13} X_1 - \frac{76}{65}$$

$$J_2 = \frac{24}{65} - \frac{1}{13} X_1$$

La2D2005 如图所示，已知 $I_1 = X_1 mA$，$I_3 = 16mA$，$I_4 = 12mA$。则 $I_2 = $＿＿＿＿＿ mA，$I_5 = $＿＿＿＿＿ mA。

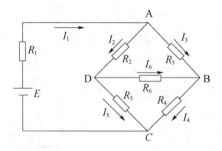

X_1 取值范围：20、21、22、23

计算公式：

$$I_2 = I_1 - I_3 = X_1 - 16$$

$$I_5 = I_2 - I_6 = (X_1 - 16) - (I_4 - I_3) = X_1 - 12$$

La2D3006　电路如图所示，已知 $R_1=R_2=4\Omega$，电源的电动势 $E=X_1$V，电池的内阻 $r=0.2\Omega$，则电流表的读数 $I=$ _____ A，电压表 P_V 的读数 $U=$ _____ V。

　　X_1 取值范围：2.2、3.3、4.4、5.5

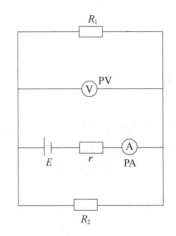

　　计算公式：

$$I=\frac{E}{\dfrac{R_1 R_2}{R_1+R_2}+r}=\frac{X_1}{\dfrac{4\times 4}{4+4}+0.2}=\frac{X_1}{2.2}$$

$$U=\frac{IR_1}{2}=\frac{4X_1}{2\times 2.2}=\frac{X_1}{1.1}$$

La2D3007　某对称三相电路的负载作星形连接时线电压 $U=380$V，负载阻抗电阻 $R=X_1\Omega$，电抗 $X=X_1\Omega$，则负载的相电流 $I_{\text{ph}}=$ _____ A。

　　X_1 取值范围：10、11、22

　　计算公式：

$$I_{\text{ph}}=\frac{\dfrac{U}{\sqrt{3}}}{\sqrt{R^2+X^2}}=\frac{\dfrac{380}{\sqrt{3}}}{\sqrt{X_1{}^2+X_1{}^2}}=\frac{220}{\sqrt{2}\,X_1}$$

La2D3008　有一条三相 380V 的对称电路，负载是星形接线，线电流 $I=X_1$A，功率因数 $\cos\varphi=0.8$，则负载消耗的有功功率 $P=$ _____ kW，无功功率 $Q=$ _____ kV·A。

　　X_1 取值范围：10、15、20

　　计算公式：

$$P=\sqrt{3}UI\cos\varphi=\sqrt{3}\times 380\times 0.8X_1\times 10^{-3}$$

$$Q=\sqrt{3}UI\sin\varphi=\sqrt{3}\times 380\times 0.6X_1\times 10^{-3}$$

La2D3009　已知某三相对称负载接在电压 $U=X_1$V 的三相电源中，其中每相负载的电阻 $R=6\Omega$，电抗 $X=8\Omega$，则该负载作三角形连接时的相电流 $I_{\text{ph}}=$ _____ A，线电流 $I_L=$ _____ A，有功功率 $P=$ _____ kW。

　　X_1 取值范围：190、380、760

　　计算公式：

$$I_{ph}=\frac{U}{\sqrt{R^2+X^2}}=\frac{X_1}{\sqrt{6^2+8^2}}=\frac{X_1}{10}$$

$$I_L=\sqrt{3}\,I_{ph}=\frac{\sqrt{3}\,X_1}{10}$$

$$\cos\varphi=\frac{R}{\sqrt{R^2+X^2}}=\frac{6}{\sqrt{6^2+8^2}}=0.6$$

$$P=3UI\cos\varphi=3\times\frac{(X_1)^2}{10}\times0.6\times10^{-3}$$

La2D3010 已知某三相对称负载接在电压 $U=X_1$ V 的三相电源中，其中 $R_{ph}=6\Omega$，$X_{ph}=8\Omega$，则该负载作星形连接时的相电流 $I_{Yph}=$ _____ A，线电流 $I_{YL}=$ _____ A，作三角形连接时的相电流 $I_{\Delta ph}=$ _____ A，线电流 $I_{\Delta L}=$ _____ A。

X_1 取值范围：5、10、20

计算公式：

$$I_{Yph}=\frac{\dfrac{U}{\sqrt{3}}}{\sqrt{R^2+X^2}}=\frac{\dfrac{X_1}{\sqrt{3}}}{\sqrt{6^2+8^2}}=\frac{X_1}{10\sqrt{3}}$$

$$I_{YL}=I_{Yph}$$

$$I_{\Delta ph}=\frac{U}{\sqrt{R^2+X^2}}=\frac{X_1}{\sqrt{6^2+8^2}}=\frac{X_1}{10}$$

$$I_{\Delta L}=\sqrt{3}\,I_{\Delta ph}$$

La2D3011 某厂供电线路的额定电压是 10kV，平均负荷 $P=400$kW，$Q=300$kV·A，若将较低的功率因数 $\cos\varphi$ 提高到 X_1，还需装设补偿电容器的容量 Q' _____ kV·A。

X_1 取值范围：0.85、0.9

计算公式：

$$Q'=\frac{P}{\cos\varphi}\sqrt{1-\cos\varphi^2}-Q=\frac{400}{X_1}\sqrt{1-X_1{}^2}-300$$

Jd2D4012 220kV 容量为 X_1MV·A 变压器，电压组合及分接范围为高压 $220\pm8\times1.25\%$kV，低压 121kV，空载损耗 $P_0=58.5$kW，空载电流 $I_0\%=0.23\%$，负载损耗 $P=294$kW，短路阻抗 $U_d\%=7.68\%$，联接组标号为 Ydl1，变压器 $\Delta S_0=$ _____ kV·A，满负荷时 $\Delta S_d=$ _____ kV·A。

X_1 取值范围：120、150、180

计算公式：

$$\Delta S_0=\frac{I_0\%S_e}{100}=2.3X_1$$

$$\Delta S_d=\frac{U_d\%S_e}{100}=76.8X_1$$

Je2D3013 如图所示，已知系数在最大运行方式时的等效电源电抗 $X_{\min}=15\Omega$，系统在最小运行方式时的等效电源电抗 $X_{\max}=20\Omega$，AB 两点间的等效电抗 $X_{AB}=X_1\Omega$，系统等效电源电势为 $E_s=10\text{kV}$，则系统在最大运行方式时 B 点的三相短路电流 $I_{d\max}{}^{(3)}=$ _____ A，最小运行方式时 B 点的三相短路电流 $I_{d\min}{}^{(3)}=$ _____ A。

X_1 取值范围：5、10、20

计算公式：

$$I_{d\max}{}^{(3)}=\frac{E_s}{X_{\min}+X_{AB}}=\frac{10000}{15+X_1}$$

$$I_{d\min}{}^{(3)}=\frac{E_s}{X_{\max}+X_{AB}}=\frac{10000}{20+X_1}$$

Je2D4014 有一条额定电压为 10kV 的架空线路，采用 LJ-35 导线，$L=X_1$ km，则导线的电阻 $R=$ _____ Ω。已知，LJ-35：$d=7.5\text{mm}$，$S=35\text{mm}^2$，$\rho=31.5\Omega\text{mm}^2/\text{km}$

X_1 取值范围：5、10、15

计算公式：

$$r_0=\frac{\rho}{S}=\frac{31.5}{35}=0.9$$

$$R=r_0L=0.9X_1$$

Je2D4015 有一条 10kV 架空电力线路，导线为 LJ-70，导线排列为三角形，线间距离 1m，线路长 $L=X_1\text{km}$，输送有功功率 $P=1000\text{kW}$，无功功率 $Q=400\text{kV}\cdot\text{A}$，则线路中的电压损失 $\Delta U=$ _____ V。已知 LJ-70 导线的电阻和电抗为 $r_0=0.45\Omega/\text{km}$，$X_0=0.345\Omega/\text{km}$。

X_1 取值范围：5、10、15

计算公式：

$$R=0.45L=0.45X_1$$

$$X=0.345L=0.345X_1$$

$$\Delta U=\frac{PR+QX}{U}=\frac{1000\times0.45X_1+400\times0.345X_1}{10}=\frac{588X_1}{10}$$

Je2D4016 10kV 单星形接线电容器，每相电容器容量 $Q=X_1\text{kV}\cdot\text{A}$，当该电容器一相断开，两相接通时，电容器总容量 $Q'=$ _____ kV·A。

X_1 取值范围：100、150、200

计算公式：

$$Q'=U^2\omega C=(\sqrt{3}U)^2\omega\frac{1}{2}C=\frac{3}{2}U^2\omega C=\frac{3}{2}Q=\frac{3}{2}X_1$$

Je2D5017 某 10kV 变电站两台变压器并联运行，变压器 1 容量为 $S_1 = X_1$ kV·A，电压比 10000/400V，阻抗电压百分比 $U_{d1}\% = 3.5\%$，变压器 2 容量 $S_2 = 800$ kV·A，电压比 10000/390V，阻抗电压百分比 $U_{d2}\% = 4\%$，求变压器并列运行时，循环电流值 $I = $ _____ A。

X_1 取值范围：500、800、1000

计算公式：

$$I_1 = \frac{S_1}{\sqrt{3}U_1} = \frac{X_1 \cdot 10^3}{\sqrt{3} \times 400} = \frac{2.5X_1}{\sqrt{3}}$$

$$I_2 = \frac{S_2}{\sqrt{3}U_2} = \frac{800 \times 10^3}{\sqrt{3} \times 390} = 1184.3$$

$$Z_1 = \frac{U_{d1}\% U_1}{I_1} = \frac{3.5\% \times 400}{I_1} = \frac{14}{I_1}$$

$$Z_2 = \frac{U_{d2}\% U_2}{I_2} = \frac{4\% \times 390}{1184.3} = 0.01317$$

$$I = \frac{U_2 - U_1}{Z_1 + Z_2} = \frac{400 - 390}{\dfrac{14}{I_1} + 0.01317} = \frac{10}{\dfrac{14\sqrt{3}}{2.5X_1} + 0.01317}$$

Je2D5018 如图所示，变压器上级母线电压 $U = X_1$ kV，发电机的电抗标幺值 $X_{F^*} = $ _____，变压器的电抗标幺值 $X_{B^*} = $ _____，架空线路的电抗标幺值 $X_{L^*} = $ _____，$d1^{(3)}$ 点发生短路时短路回路的总电抗 $X_{\sum^*} = $ _____。

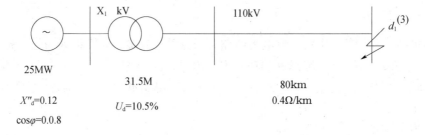

X_1 取值范围：100、150、200

计算公式：

$$X_{F^*} = X_d'' \frac{S_j}{S_F} = 0.12 + \frac{X_1}{\left(\dfrac{25}{0.8}\right)}$$

$$X_{B^*} = \frac{U_d\%}{100} \frac{S_j}{S_B} = \frac{10.5}{100} \times \frac{X_1}{31.5}$$

$$X_{L^*} = 0.4L \frac{S_j}{U_P^2} = 0.4 \times 0.8 \times \frac{X_1}{115^2}$$

$$X_{\sum^*} = X_{F^*} + X_{B^*} + X_{L^*} = \frac{0.096X_1}{25} + \frac{0.105X_1}{31.5} + \frac{0.32X_1}{115^2}$$

1.5 识图题

Lb2E2001 如图所示，中性点不接地系统发生单相接地故障时，电压互感器开口三角绕组电压为 $3U_p$。（　　）

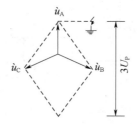

（A）正确；（B）错误。

答案：A

Lb2E2002 如图所示，中性点直接接地系统发生单相接地故障时，电压互感器开口三角绕组电压为 U_p。（　　）

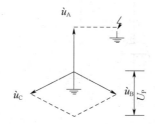

（A）正确；（B）错误。

答案：A

Je2E1003 3/2 接线母线差动保护动作逻辑如图所示。（　　）

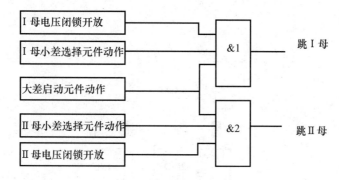

（A）正确；（B）错误。

答案：B

Je2E3004 如图所示，单星形接线的三相电容器，两相接通，一相断开时，电容器不平衡电压保护动作。（　　）

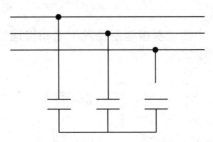

（A）正确；（B）错误。

答案：**B**

Je2E3005 如图所示，单星形接线的三相电容器，一相接通，两相断开时，电容器不平衡电压保护动作。（　　）

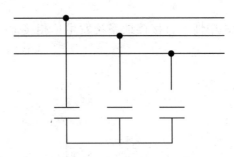

（A）正确；（B）错误。

答案：**B**

Je2E4006 如图所示，双母线接线 282-1 刀闸合闸条件为 282 分位，282-5 分位，282-2 分位，282-5KD 分位，282-1KD 分位，202-1MD 分位或 282-2 合位，202 合位，202-1 合位，202-2 合位。（　　）

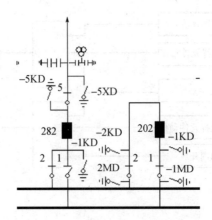

（A）正确；（B）错误。

答案：**A**

Je2E4007 如图所示，双母线接线 282-2 刀闸分闸条件为 282 分位，282-5 分位，282-1 分闸或 282-1 合闸，202 合闸，202-1 合闸，202-2 合闸。（　　）

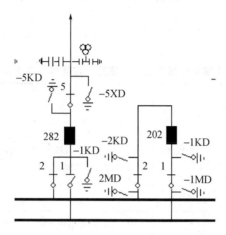

（A）正确；（B）错误。

答案：**A**

Je2E5008 如图所示，智能变电站的智能操作箱，一方面经 GOOSE 网络接收本套保护装置发出的"TA/TB/TC"及"闭重"信号，另外也通过硬连接线接收另外一个操作箱的"闭重"信号，对这两个信号做"或"逻辑，形成内部"闭重"标志，再送给本套的重合闸装置及另外一个操作箱。（　　）

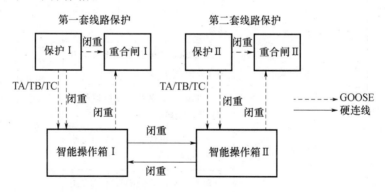

（A）正确；（B）错误。

答案：**A**

2 技能操作

2.1 技能操作大纲

变电站值班员技师技能鉴定　技能操作考核大纲

等级	考核方式	能力种类	能力项	考核项目	考核主要内容
技师	技能操作	基本技能	01. 系统运行及设备	01. 简述 3/2 接线和双母线接线母线差动保护有何不同	大型超高压变电站和本系统内继电保护、自动装置及在不同运行方式下保护配合的方法及整定原则
		专业技能	01. 运行与倒闸操作	01.110kV 变电站进线开关母线侧刀闸瓷瓶裂纹异常处理	能迅速准确地发现设备异常，及时排除故障，熟练指挥值班人员进行各种运行方式下的倒闸操作和重大事故处理
				02.110kV 变电站主变压器高压侧母线刀闸瓷瓶裂纹异常处理	
				03.220kV 变电站 110kV 主进开关母线侧刀闸瓷瓶裂纹异常处理	
				04.220kV 变电站 220kV 主进开关母线侧刀闸瓷瓶裂纹异常处理	
				05.110kV 变电站进线开关单相接地	
				06.110kV 变电站主变压器-4 刀闸开关侧相间短路	
				07.110kV 变电站主变压器高压侧套管单相接地	
				08.220kV 出线间隔母线侧刀闸母线侧单相接地	
				09.220kV 出线间隔母线侧刀闸开关侧单相接地	
				10.110kV 出线间隔母线侧刀闸开关侧单相接地	
				11.110kV 出线间隔母线侧刀闸母线侧单相接地	

等级	考核方式	能力种类	能力项	考核项目	考核主要内容
技师	技能操作	专业技能	01. 运行与倒闸操作	12. 110kV 电压互感器侧刀闸单相接地	能迅速准确地发现设备异常，及时排除故障，熟练指挥值班人员进行各种运行方式下的倒闸操作和重大事故处理
				13. 220kV 电压互感器侧刀闸单相接地	
				14. 110kV 线路单相接地，线路开关气压低闭锁（主变中性点接地）	
				15. 110kV 线路单相接地，线路开关气压低闭锁（主变中性点不接地）	
				16. 110kV 线路相间短路，线路开关气压低闭锁	
				17. 500kV 变电站 220kV 线路刀闸母线侧单相接地	
			02. 基建及新设备投运	01. 主变压器新设备投运操作	能够组织并指挥值班人员依据验收启动程序，并遵守有关规程规定进行新设备的验收投运工作
		相关技能	01. 传艺、培训	01. 变压器有载呼吸器硅胶更换	传授变电运行技术和生产知识

2.2 技能操作项目

2.2.1 BZ2JB0101 简述 3/2 接线和双母线接线母线差动保护有何不同

一、作业

（一）工器具、材料、设备

1. 工器具：无。

2. 材料：无。

3. 设备：无。

（二）安全要求

在规定时间内完成论述。

（三）操作步骤及工艺要求（含注意事项）

1. 双母线接线母线差动保护当差动元件及复合电压闭锁元件同时动作时，才能去跳各路断路器。其中，母差保护的复合电压闭锁元件，由相低电压元件、负序电压及零序过电压元件组成。以上三者中有一个或一个以上的元件动作，就会立即开放母差保护。

2. 3/2 接线方式的母线差动保护不用复合电压闭锁。因为即使母线保护误动跳边断路器，各线路和变压器都仍然能正常运行。

3. 双母线接线母线差动保护具有"有选择"和"非选择"方式切换的功能，但是 3/2 接线不用考虑运行方式上的变化，因此其母线差动保护不具有此功能。

4. 完成考评员现场随机提问。

二、考核

（一）考核场地

无。

（二）考核时间

考核时间为 10min。

（三）考核要点

正确、完整地论述 3/2 接线和双母线接线母线差动保护的不同之处，并回答现场考评员随机的提问。

三、评分标准

行业：电力工程　　　　　　　　工种：变电站值班员　　　　　　　　等级：技师

编号	BZ2JB0101	行为领域	d	鉴定范围		
考核时限	10min	题型	A	满分	100 分	得分
试题名称	简述 3/2 接线和双母线接线母线差动保护有何不同					
考核要点及其要求	（1）遵守考场规定，按时独立完成 （2）正确、完整地论述 3/2 接线和双母线接线母线差动保护有何不同 （3）完成考评员现场随机提问					

| 现场设备、工器具、材料 | (1) 工器具：无
(2) 材料：无
(3) 设备：无 | | | | | |
| 备注 | | | | | | |

评分标准

序号	考核项目名称	质量要求	分值	扣分标准	扣分原因	得分
1	简述 3/2 接线和双母线接线母线差动保护有何不同	双母线接线母线差动保护当差动元件及复合电压闭锁元件同时动作时，才能去跳各路断路器	20	论述不正确扣 20 分		
		3/2 接线方式的母线差动保护不用复合电压闭锁	20	论述不正确扣 20 分		
		双母线接线母线差动保护具有"有选择"和"非选择"方式切换的功能，但是 3/2 接线不用考虑运行方式上的变化，因此其母线差动保护不具有此功能	20	论述不正确扣 20 分		
2	回答考评员现场随机提问	回答正确、完整	40	回答不正确一次扣 20 分		
3	考场纪律	独立完成，遵守考场纪律	否决	在考场内被发现夹带作弊、交头接耳等扣 100 分		

2.2.2 BZ2ZY0101 110kV变电站进线开关母线侧刀闸瓷瓶裂纹异常处理

一、作业

(一) 工器具、材料、设备

1. 工器具: 无。

2. 材料: 笔、空白操作票。

3. 设备: 110kV马集仿真变电站 (或备有110kV马集变电站一次系统图)。

(二) 安全要求

考生不得随意启动、退出任何程序。

(三) 操作步骤及工艺要求 (含注意事项)

1. 根据巡视任务, 检查该间隔设备异常情况, 如有无裂纹、冒烟、过热发红等现象。

2. 发现设备异常后, 汇报相应调度, 并做好必要的倒闸操作准备。

3. 根据调度令, 将故障设备隔离 (注意二次保护的相应操作), 若在隔离期间造成无故障设备停电的, 要及时恢复无故障设备的运行。

4. 将异常设备转成检修, 并汇报相应调度。

5. 根据设备异常现象填写倒闸操作票, 并在仿真机上完成事故处理操作。

二、考核

(一) 考核场地

考核场地配有110kV马集仿真变电站培训系统 (或备有110kV马集变电站一次系统图)。

(二) 考核时间

考核时间为80min。

(三) 考核要点

1. 正确填写操作票。

2. 按照操作票在仿真系统上完成事故处理操作, 无误操作。

三、评分标准

行业: 电力工程　　　　　　工种: 变电站值班员　　　　　　等级: 技师

编号	BZ2ZY0101	行为领域	e	鉴定范围		
考核时限	80min	题型	C	满分	100分	得分
试题名称	110kV变电站进线开关母线侧刀闸瓷瓶裂纹异常处理					
考核要点及其要求	(1) 正确填写操作票 (2) 按照操作票在仿真系统上完成事故处理操作, 无误操作					
现场设备、工器具、材料	(1) 工器具: 无 (2) 材料: 笔、空白操作票 (3) 设备: 110kV马集仿真变电站 (或备有110kV马集变电站一次系统图)					
备注	评分标准以110kV马集站周马线145-1刀闸瓷瓶裂纹异常处理为例, 110kV马集站110kV铜马线146-2刀闸、110kV分段101-1-2刀闸瓷瓶裂纹异常处理评分标准与其相同					

评分标准

序号	考核项目名称	质量要求	分值	扣分标准	扣分原因	得分
1	查找故障点及带安全工具	①戴安全帽 ②提交设备缺陷报告 ③汇报调度	3	①未戴安全帽扣0.5分 ②未提交设备缺陷报告扣2分 ③未汇报调度扣0.5分		
2	操作票填写	填写准确，使用双重名称	1.5	未使用双重名称或任务不准确每次扣0.5分		
		核对调度令，确认与操作任务相符	1.5	未核对调度令每次扣0.5分		
		调整方式				
		①合上101开关 ②检查101开关三相电流指示正常 ③拉开145开关 ④检查145开关三相电流指示为零	4	少操作一个开关扣2分，其中拉合开关后未检查三相电流扣1分		
		1号主变由运行转热备用				
		检查2号主变能带全站负荷	0.5	未检查2号主变是否能带全站负荷扣0.5分		
		检查1号主变分头位置与2号主变分头位置一致	0.5	未检查1号主变分头位置与2号主变分头位置是否一致扣0.5分		
		①退出10kV自投跳511压板1LP ②退出10kV自投跳512压板2LP ③退出10kV自投合501压板3LP ④退出35kV自投跳311压板1LP ⑤退出35kV自投跳312压板3LP ⑥退出35kV自投合301压板5LP ⑦退出110kV自互投跳145 1LP ⑧退出110kV自互投跳146 3LP	3.5	少一项扣0.25分		

序号	考核项目名称	质量要求	分值	扣分标准	扣分原因	得分
2	操作票填写	⑨退出 110kV 自互投合 145 2LP ⑩退出 110kV 自互投合 146 4LP ⑪退出 110kV 自互投合 101 5LP ⑫将 10kV 自投切换把手切至停用位置 ⑬将 35kV 自投切换把手切至停用位置 ⑭将 110kV 自投切换把手切至停用位置				
		①合上 111-9 刀闸 ②现场检查 111-9 刀闸触头已合好	2.5	未合主变中性点接地刀闸扣 2.5 分,其中操作后未检查触头位置扣 1 分		
		①合上 501 开关 ②检查 501 开关三相电流指示正常 ③拉开 511 开关 ④检查 511 开关三相电流指示为零 ⑤合上 301 开关 ⑥检查 301 开关三相电流指示正常 ⑦拉开 311 开关 ⑧检查 311 开关三相电流指示为零 ⑨检查 101 开关三相电流指示正常 ⑩拉开 101 开关 ⑪检查 110kV 1 号母线三相电压指示为零	11	①501、511、301、311 开关少操作一个扣 2 分,其中操作拉合未检查三相电流扣 1 分 ②未操作 101 开关扣 3 分,其中操作前未检查三相电流扣 1 分,操作后未检查 110kV 1 号母线三相电压指示为零扣 1 分		
		将 110kV 1 号母线由热备用转检修	17			
		①将 101 开关"远方/就地"切换把手由"远方"切至"就地"位置 ②将 145 开关"远方/就地"切换把手由"远方"切至"就地"位置	1	少一项扣 0.5 分		

序号	考核项目名称	质量要求	分值	扣分标准	扣分原因	得分
2	操作票填写	①现场检查 101 开关机械指示在分位 ②现场检查 145 开关机械指示在分位 ③拉开 111-1 刀闸 ④现场检查 111-1 刀闸三相触头已拉开 ⑤拉开 145-5 刀闸 ⑥现场检查 145-5 刀闸三相触头已拉开 ⑦拉开 101-1 刀闸 ⑧现场检查 101-1 刀闸三相触头已拉开 ⑨拉开 101-2 刀闸 ⑩现场检查 101-2 刀闸三相触头已拉开 ⑪拉开 11PT 二次空开 ⑫拉开 11-7 刀闸 ⑬现场检查 11-7 刀闸三相触头已拉开 ⑭检查 110kV 除 145-1 刀闸外所有-1 刀闸在拉开位置 ⑮在 101-1 刀闸母线侧验明三相确无电压 ⑯合上 101-1MD 接地刀闸 ⑰现场检查 101-1MD 接地刀闸三相触头已合好	16	①未检查 101、145 开关机械指示每个扣 0.5 分 ②少操作一组刀闸扣 2 分,其中操作后未检查触头位置扣 1 分,101 两侧刀闸操作顺序反扣 2 分,拉开 145-1 刀闸扣 0.5 分 ③未断 11PT 二次空开扣 1 分 ④未拉开 11-7 刀闸扣 2 分,操作后未检查触头位置扣 1 分 ⑤一、二次操作顺序反直接扣 1 分 ⑥接地 4 分,其中接地前未验电扣 2 分,接地后未检查接地良好扣 1 分		
		在 145-1 刀闸开关侧挂接地线一组				
		①在 145-1 刀闸开关侧验明三相确无电压 ②在 145-1 刀闸开关侧挂 5 号接地线一组 ③现场检查 5 号接地线已挂好	5	①接地 5 分,其中接地前未验电扣 3 分,接地后未检查接地良好扣 1 分 ②未合 145-1KD 接地刀闸扣 1 分		
3	倒闸操作	携带绝缘手套、绝缘靴、110kV 验电器、110kV 接地线、绝缘棒	2.5	少带一种扣 0.5 分		

序号	考核项目名称	质量要求	分值	扣分标准	扣分原因	得分
3	倒闸操作	按照操作票正确操作	46	①拉开开关后未检查监控机变位扣0.5分 ②验电前未试验验电器是否良好扣2分，未三相验电扣2分 ③其他项目评分细则参照操作票评分标准 ④未按操作票顺序操作每处扣0.5分，最多扣5分		
		操作完毕汇报调度	1.5	操作完毕未汇报调度扣0.5分		
4	质量否决	操作过程中发生误操作	否决	①发生误拉开关未造成停电扣5分，造成负荷停电扣10分 ②未合101开关直接合301、501开关造成电磁环网扣15分 ③发生带负荷拉刀闸、带电合接地刀闸、带电挂地线等恶性误操作扣50分		

2.2.3　BZ2ZY0102　110kV 变电站主变压器高压侧母线刀闸瓷瓶裂纹异常处理

一、作业

（一）工器具、材料、设备

1. 工器具：无。

2. 材料：笔、空白操作票。

3. 设备：110kV 马集仿真变电站（或备有 110kV 马集变电站一次系统图）。

（二）安全要求

考生不得随意启动、退出任何程序。

（三）操作步骤及工艺要求（含注意事项）

5. 根据巡视任务，检查该间隔设备异常情况，如有无裂纹、冒烟、过热发红等现象。

6. 发现设备异常后，汇报相应调度，并做好必要的倒闸操作准备。

7. 根据调度令，将故障设备隔离（注意二次保护的相应操作），若在隔离期间造成无故障设备停电的，要及时恢复无故障设备的运行。

8. 将异常设备转成检修，并汇报相应调度。

5. 根据设备异常现象填写倒闸操作票，并在仿真机上完成事故处理操作。

二、考核

（一）考核场地

考核场地配有 110kV 马集仿真变电站培训系统（或备有 110kV 马集变电站一次系统图）。

（二）考核时间

考核时间为 80min。

（三）考核要点

1. 正确填写操作票。

2. 按照操作票在仿真系统上完成事故处理操作，无误操作。

三、评分标准

行业：电力工程　　　　　　　　工种：变电站值班员　　　　　　　等级：技师

编号	BZ2ZY0102	行为领域	e	鉴定范围		
考核时限	80min	题型	C	满分	100 分	得分
试题名称	110kV 变电站主变压器高压侧母线刀闸瓷瓶裂纹异常处理					
考核要点及其要求	（1）正确填写操作票 （2）按照操作票在仿真系统上完成事故处理操作，无误操作					
现场设备、工器具、材料	（1）工器具：无 （2）材料：笔、空白操作票 （3）设备：110kV 马集仿真变电站（或备有 110kV 马集变电站一次系统图）					
备注	评分标准以 110kV 马集站 2 号主变 112-2 刀闸瓷瓶裂纹异常处理为例，110kV 马集站 1 号主变 111-1 刀闸瓷瓶裂纹、311-4、312-4 刀闸瓷瓶裂纹异常处理评分标准与其相同					

		评分标准				
序号	考核项目名称	质量要求	分值	扣分标准	扣分原因	得分
1	查找故障点及带安全工具	①戴安全帽 ②提交设备缺陷报告 ③汇报调度	2	①未戴安全帽扣0.5分 ②未提交设备缺陷报告扣1分 ③未汇报调度扣0.5分		
2	操作票填写	填写准确，使用双重名称	1.5	未使用双重名称或任务不准确每次扣0.5分		
		核对调度令，确认与操作任务相符	1.5	未核对调度令每次扣0.5分		
		调整方式				
		①合上101开关 ②检查101开关三相电流指示正常 ③拉开146开关 ④检查146开关三相电流指示为零	3	少操作一个开关扣1.5分，其中拉合开关后未检查三相电流扣0.5分		
		110kV 2号母线、2号主变由运行转冷备用				
		检查1号主变能带全站负荷	0.5	未检查1号主变是否能带全站负荷扣0.5分		
		检查2号主变分头位置与1号主变分头位置一致	0.5	未检查2号主变分头位置与1号主变分头位置一致扣0.5分		
		①退出10kV自投跳511压板1LP ②退出10kV自投跳512压板2LP ③退出10kV自投合501压板3LP ④退出35kV自投跳311压板1LP ⑤退出35kV自投跳312压板3LP ⑥退出35kV自投合301压板5LP ⑦退出110kV自互投跳145 1LP	3.5	少一项扣0.25分		

序号	考核项目名称	质量要求	分值	扣分标准	扣分原因	得分
2	操作票填写	⑧退出 110kV 自互投跳 146 3LP ⑨退出 110kV 自互投合 145 2LP ⑩退出 110kV 自互投合 146 4LP ⑪退出 110kV 自互投合 101 5LP ⑫将 10kV 自投切换把手切至停用位置 ⑬将 35kV 自投切换把手切至停用位置 ⑭将 110kV 自投切换把手切至停用位置				
		①合上 112-9 刀闸 ②现场检查 112-9 刀闸触头已合好	2	未合主变中性点接地刀闸扣2分，其中操作后未检查触头位置扣1分		
		①合上 501 开关 ②检查 501 开关三相电流指示正常 ③拉开 512 开关 ④检查 512 开关三相电流指示为零 ⑤合上 301 开关 ⑥检查 301 开关三相电流指示正常 ⑦拉开 312 开关 ⑧检查 312 开关三相电流指示为零 ⑨检查 101 开关三相电流指示正常 ⑩拉开 101 开关 ⑪检查 110kV 2 号母线三相电压指示为零	10	①501、511、301、311 开关少操作一个扣2分，其中操作拉合后未检查三相电流扣1分 ②未操作 101 开关扣2分，其中操作前未检查三相电流扣0.5分，操作后未检查 110kV 1号母线三相电压指示为零扣0.5分		
		①将 101 开关"远方/就地"切换把手由"远方"切至"就地"位置 ②将 146 开关"远方/就地"切换把手由"远方"切至"就地"位置	1	少一项扣0.25分		

序号	考核项目名称	质量要求	分值	扣分标准	扣分原因	得分
2	操作票填写	③将 312 开关"远方/就地"切换把手由"远方"切至"就地"位置 ④将 512 开关"远方/就地"切换把手由"远方"切至"就地"位置				
		①现场检查 101 开关机械指示在分位 ②现场检查 146 开关机械指示在分位 ③拉开 146-5 刀闸 ④现场检查 146-5 刀闸三相触头已拉开 ⑤拉开 146-2 刀闸 ⑥现场检查 146-2 刀闸三相触头已拉开 ⑦拉开 101-2 刀闸 ⑧现场检查 101-2 刀闸三相触头已拉开 ⑨拉开 101-1 刀闸 ⑩现场检查 101-1 刀闸三相触头已拉开 ⑪拉开 12PT 二次空开 ⑫拉开 12-7 刀闸 ⑬现场检查 12-7 刀闸三相触头已拉开	10.5	①未检查 101、146 开关机械指示，每个扣 0.5 分 ②少操作一组刀闸扣 2 分，其中操作后未检查触头位置扣 1 分，101 两侧刀闸操作顺序反扣 2 分，拉开 112-2 刀闸扣 0.5 分 ③未断开 12PT 二次空开扣 0.5 分 ④未拉开 12-7 刀闸扣 1 分，其中操作后未检查触头位置扣 0.5 分 ⑤一、二次操作顺序反直接扣 1 分		
		①现场检查 301 开关机械指示在合位 ②现场检查 312 开关机械指示在分位 ③拉开 312-4 刀闸 ④现场检查 312-4 刀闸三相触头已拉开 ⑤拉开 312-2 刀闸 ⑥现场检查 312-2 刀闸三相触头已拉开	5	①未检查 301、312 开关机械指示每个扣 0.5 分 ②少操作一把刀闸扣 2 分，其中操作刀闸后未检查触头位置扣 1 分		

序号	考核项目名称	质量要求	分值	扣分标准	扣分原因	得分
2	操作票填写	①现场检查 501 开关机械指示在合位 ②现场检查 512 开关机械指示在分位 ③拉开 512-4 刀闸 ④现场检查 512-4 刀闸三相触头已拉开	3	①未检查 501、512 开关机械指示每个扣 0.5 分 ②未操作 512-4 刀闸扣 2 分，其中操作刀闸后未检查触头位置扣 1 分		
		在 112-2 刀闸主变侧挂接地线一组				
		①在 112-2 刀闸主变侧验明三相确无电压 ②在 112-2 刀闸主变侧挂 1 号接地线一组 ③现场检查 1 号接地线已挂好	3	①接地前未验电扣 1.5 分，接地后未检查接地良好扣 1 分 ②未合 112-2BD 接地刀闸扣 1 分		
		合上 101-2MD 接地刀闸				
		①在 101-2 刀闸母线侧验明三相确无电压 ②合上 101-2MD 接地刀闸 ③现场检查 101-2MD 接地刀闸三相触头已合好	3	接地前未验电扣 1.5 分，接地后未检查接地良好扣 1 分		
3	倒闸操作	携带绝缘手套、绝缘靴、110kV 验电器、110kV 接地线、绝缘棒	2.5	少带一种扣 0.5 分		
		按照操作票正确操作	46	①拉开开关后未检查监控机变位扣 0.5 分 ②验电前未试验验电器是否良好扣 2 分，未三相验电扣 2 分 ③其他项目评分细则参照操作票评分标准 ④未按操作票顺序操作每处扣 0.5 分，最多扣 5 分		
		操作完毕汇报调度	1.5	操作完毕未汇报调度扣 1.5 分		

序号	考核项目名称	质量要求	分值	扣分标准	扣分原因	得分
4	质量否决	操作过程中发生误操作	否决	①发生误拉开关未造成停电扣 5 分，造成负荷停电扣 10 分 ②未合 101 开关直接合 301、501 开关造成电磁环网扣 15 分 ③发生带负荷拉刀闸、带电合接地刀闸、带电挂地线等恶性误操作扣 50 分		

2.2.4 BZ2ZY0103 220kV 变电站 110kV 主进开关母线侧刀闸瓷瓶裂纹异常处理

一、作业

（一）工器具、材料、设备

1. 工器具：无。

2. 材料：笔、空白操作票。

3. 设备：220kV 周营子仿真变电站（或备有 220kV 周营子变电站一次系统图）。

5. 安全要求

考生不得随意启动、退出任何程序。

（三）操作步骤及工艺要求（含注意事项）

1. 根据巡视任务，检查该间隔设备异常情况，如有无裂纹、冒烟、过热发红等现象。

2. 发现设备异常后，汇报相应调度，并做好必要的倒闸操作准备。

3. 根据调度令，将故障设备隔离（注意二次保护的相应操作），若在隔离期间造成无故障设备停电的，要及时恢复无故障设备的运行。

4. 将异常设备转成检修，并汇报相应调度。

5. 根据设备异常现象填写倒闸操作票，并在仿真机上完成事故处理操作。

二、考核

（一）考核场地

考核场地配有 220kV 周营子仿真变电站培训系统（或备有 220kV 周营子变电站一次系统图）。

（二）考核时间

考核时间为 100min。

（三）考核要点

1. 正确填写操作票。

2. 按照操作票在仿真系统上完成事故处理操作，无误操作。

三、评分标准

行业：电力工程　　　　　　　工种：变电站值班员　　　　　　等级：技师

编号	BZ4ZY0103	行为领域	e	鉴定范围		
考核时限	100min	题型	C	满分	100 分	得分
试题名称	220kV 变电站 110kV 主进开关母线侧刀闸瓷瓶裂纹异常处理					
考核要点及其要求	（1）正确填写操作票 （2）按照操作票在仿真系统上完成事故处理操作，无误操作					
现场设备、工器具、材料	（1）工器具：无 （2）材料：笔、空白操作票 （3）设备：220kV 周营子仿真变电站（或备有 220kV 周营子变电站一次系统图）					
备注	评分标准以 220kV 周营子站 111-1 刀闸瓷瓶裂纹异常处理为例，220kV 周营子 112-2 刀闸瓷瓶裂纹异常处理评分标准与其相同					

评分标准

序号	考核项目名称	质量要求	分值	扣分标准	扣分原因	得分
1	查找故障点及带安全工具	①戴安全帽 ②提交设备缺陷报告 ③汇报调度	3	①未戴安全帽扣0.5分 ②未提交设备缺陷报告扣2分 ③未汇报调度扣0.5分		
2	操作票填写	填写准确，使用双重名称	1.5	未使用双重名称或任务不准确每处扣0.5分		
		核对调度令，确认与操作任务相符	1.5	未核对调度令每处扣0.5分		
		停电容器 ①拉开524开关 ②检查524开关三相电流指示为零 ③拉开523开关 ④检查523开关三相电流指示为零 ⑤拉开522开关 ⑥检查522开关三相电流指示为零 ⑦拉开521开关 ⑧检查521开关三相电流指示为零	4	少停一组电容器扣1分，其中拉开开关后未检查三相电流扣0.5分		
		拉开1号主变的111开关，111-4刀闸	12			
		①合上212-9刀闸机构电源 ②合上212-9刀闸 ③现场检查212-9刀闸触头已合好 ④拉开212-9刀闸机构电源 ⑤合上112-9刀闸机构电源 ⑥合上112-9刀闸 ⑦现场检查112-9刀闸触头已合好 ⑧拉开112-9刀闸机构电源 ⑨合上211-9刀闸机构电源 ⑩拉开211-9刀闸 ⑪现场检查211-9刀闸触头已合好 ⑫拉开211-9刀闸机构电源	6	未合主变中性点接地刀闸每组扣2分，未拉开211-9中性点接地刀闸扣2分，其中操作后未检查触头位置扣0.5分，未断开电机电源扣0.5分		

序号	考核项目名称	质量要求	分值	扣分标准	扣分原因	得分
2	操作票填写	①拉开 111 开关 ②检查 111 开关三相电流指示为零 ③将 111 开关"远方/就地"把手由"远方"切至"就地"位置 ④现场检查 111 开关机械指示在分位 ⑤拉开 111-4 刀闸 ⑥现场检查 111-4 刀闸三相触头已拉开	6	①未操作 111 开关扣 2 分，其中拉开开关后未检查三相电流扣 0.5 分 ②未退中压侧电压压板每个扣 0.5 分 ③操作刀闸前未将 111 开关"远方/就地"把手由"远方"切至"就地"位置扣 0.5 分 ④未操作 111-4 刀闸扣 2 分，其中操作前未检查开关机械指示扣 0.5 分，操作后未检查实际位置扣 0.5 分，未操作 111-1 刀闸扣 0.5 分		
		110kV 1 号母线由运行转检修				
		①检查 101 开关在合位 ②投入 110kV 母差 CSC-150 母联互联投入压板 1LP24 ③拉开 101 开关控制电源	4.5	①倒母线前未检查开关在合位扣 0.5 分 ②未投入母联互联压板扣 2 分 ③未断开母联控制电源扣 2 分 ④压板、电源操作顺序反直接扣 2 分		
		①合上 183-2 刀闸 ②现场检查 183-2 刀闸三相触头已合好 ③检查 183-2 刀闸二次回路切换正常 ④拉开 183-1 刀闸 ⑤现场检查 183-1 刀闸三相触头已拉开 ⑥检查 183-1 刀闸二次回路切换正常	3	少操作一把刀闸扣 1.5 分，其中操作后未检查触头位置扣 0.5 分，未进行二次回路切换检查每处扣 0.5 分		
		①合上 185-2 刀闸 ②现场检查 185-2 刀闸三相触头已合好 ③检查 185-2 刀闸二次回路切换正常 ④拉开 185-1 刀闸	3	少操作一把刀闸扣 2 分，其中操作后未检查触头位置扣 0.5 分，未进行二次回路切换检查每处扣 0.5 分		

序号	考核项目名称	质量要求	分值	扣分标准	扣分原因	得分
		⑤现场检查 185-1 刀闸三相触头已拉开 ⑥检查 185-1 刀闸二次回路切换正常				
		①合上 187-2 刀闸 ②现场检查 187-2 刀闸三相触头已合好 ③检查 187-2 刀闸二次回路切换正常 ④拉开 187-1 刀闸 ⑤现场检查 187-1 刀闸三相触头已拉开 ⑥检查 187-1 刀闸二次回路切换正常	3	少操作一把刀闸扣 2 分，其中操作后未检查触头位置扣0.5 分，未进行二次回路切换检查每处扣 0.5 分		
2	操作票填写	进行 110kV 母差刀闸位置确认	0.5	未进行 110kV 母差刀闸位置确认扣 0.5 分		
		①合上 101 开关控制电源 ②退出 110kV 母差 CSC-150 母联互联投入压板 1LP24 ③检查 101 开关电流指示为零 ④拉开 101 开关 ⑤检查 110kV 1 号母线三相电压指示为零 ⑥现场检查 101 开关机械指示在分位 ⑦拉开 101-1 刀闸 ⑧现场检查 101-1 刀闸三相触头已拉开 ⑨拉开 101-2 刀闸 ⑩现场检查 101-2 刀闸三相触头已拉开	5	①未合 101 开关控制电源扣0.5 分 ②未退母联互联压板扣 0.5分，电源、压板操作顺序反扣1 分 ③未操作 101 开关扣 2 分，其中操作前未检查电流指示为零扣 0.5 分，操作后未检查110kV 1 号母线三相电压指示为零扣 0.5 分，未检查开关机械指示扣 0.5 分 ④少操作一把刀闸扣 0.5分，其中操作后未检查触头位置每处扣 0.5 分，101 两侧刀闸操作顺序反直接扣 1 分		
		①拉开 110kV 1 号母线 TV 二次小开关 ②拉开 110kV 1 号母线 TV 二次计量小开关 ③拉开 110kV 1 号母线 TV 二次保护小开关 ④拉开 11-7 刀闸 ⑤现场检查 11-7 刀闸三相触头已拉开	1.5	①未断开 11PT 二次保险扣0.5 分 ②未操作 11-7 刀闸扣 1 分，其中操作后未检查触头位置扣0.5 分，一、二次操作顺序反直接扣 1 分		

序号	考核项目名称	质量要求	分值	扣分标准	扣分原因	得分
2	操作票填写	①检查 110kV 所有-1 刀闸除 111-1 刀闸外均在断位 ②检查 111-2 刀闸在断位 ③检查 111-4 刀闸在断位 ④在 11-MD1 接地刀闸静触头处验明三相确无电压，合上 11-MD1 接地刀闸 ⑤现场检查 11-MD1 接地刀闸三相触头已合好 ⑥拉开 110kV 母线保护屏Ⅰ母 PT 小开关	4.5	①合接地刀闸前未检查所有刀闸在断位每项扣 0.5 分 ②未接地扣 3 分，其中合接地刀闸前未验电扣 2 分，接地刀闸合好后未检查触头位置扣 0.5 分		
		合上 111-2KD 接地刀闸				
		①在 111-2 刀闸开关侧验明三相确无电压 ②合上 112-2KD 接地刀闸 ③现场检查 112-2KD 接地刀闸三相触头已合好	3	未接地扣 3 分，其中合接地刀闸前未验电扣 2 分，接地刀闸合好后未检查触头位置扣 0.5 分		
3	倒闸操作	携带绝缘手套、绝缘靴、110kV 验电器	1.5	少带一种扣 0.5 分		
		按照操作票正确操作	48	①拉开开关后未检查监控机变位扣 0.5 分 ②验电前未试验验电器是否良好扣 2 分，未三相验电扣 2 分 ③其他项目评分细则参照操作票评分标准 ④未按操作票顺序操作每处扣 0.5 分，最多扣 5 分		
		操作完毕汇报调度	0.5	操作完毕未汇报调度扣 0.5 分		
4	质量否决	操作过程中发生误操作	否决	①发生误拉开关未造成停电扣 5 分，造成负荷停电扣 10 分 ②发生带负荷拉刀闸、带电合接地刀闸、带电挂地线等恶性误操作扣 50 分		

2.2.5　BZ2ZY0104　220kV 变电站 220kV 主进开关母线侧刀闸瓷瓶裂纹异常处理

一、作业

（一）工器具、材料、设备

1. 工器具：无。

2. 材料：笔、空白操作票。

3. 设备：220kV 周营子仿真变电站（或备有 220kV 周营子变电站一次系统图）。

（二）安全要求

考生不得随意启动、退出任何程序。

（三）操作步骤及工艺要求（含注意事项）。

1. 根据巡视任务，检查该间隔设备异常情况，如有无裂纹、冒烟、过热发红等现象。

2. 发现设备异常后，汇报相应调度，并做好必要的倒闸操作准备。

3. 根据调度令，将故障设备隔离（注意二次保护的相应操作），若在隔离期间造成无故障设备停电的，要及时恢复无故障设备的运行。

4. 将异常设备转成检修，并汇报相应调度。

5. 根据设备异常现象填写倒闸操作票，并在仿真机上完成事故处理操作。

二、考核

（一）考核场地

考核场地配有 220kV 周营子仿真变电站（或备有 220kV 周营子变电站一次系统图）。

（二）考核时间

考核时间为 100min。

（三）考核要点

1. 正确填写操作票。

2. 按照操作票在仿真系统上完成事故处理操作，无误操作。

三、评分标准

行业：电力工程		工种：变电站值班员			等级：技师		
编号	BZ2ZY0104	行为领域	e	鉴定范围			
考核时限	100min	题型	C	满分	100 分	得分	
试题名称	220kV 变电站 220kV 主进开关母线侧刀闸瓷瓶裂纹异常处理						
考核要点 及其要求	（1）正确填写操作票 （2）按照操作票在仿真系统上完成事故处理操作，无误操作						
现场设备、 工器具、材料	（1）工器具：无 （2）材料：笔、空白操作票 （3）设备：220kV 周营子仿真变电站（或备有 220kV 周营子变电站一次系统图）						
备注	评分标准以 220kV 周营子站 212-1 刀闸瓷瓶裂纹异常处理为例，220kV 周营子 211-2 刀闸瓷瓶裂纹异常处理评分标准与其相同						

评分标准

序号	考核项目名称	质量要求	分值	扣分标准	扣分原因	得分
1	查找故障点及带安全工具	①戴安全帽 ②提交设备缺陷报告 ③汇报调度	2	①未戴安全帽扣0.5分 ②未提交设备缺陷报告扣1分 ③未汇报调度扣0.5分		
2	操作票填写	填写准确，使用双重名称	2	未使用双重名称或任务不准确每处扣0.5分		
		核对调度令，确认与操作任务相符	2	未核对调度令每处扣0.5分		
		2号主变由运行转热备用				
		检查1号主变能带全站负荷	0.5	未检查1号主变能带全站负荷扣0.5分		
		①拉开525开关 ②检查525开关三相电流指示为零 ③拉开526开关 ④检查526开关三相电流指示为零 ⑤拉开527开关 ⑥检查527开关三相电流指示为零 ⑦拉开528开关 ⑧检查528开关三相电流指示为零	2	少停一组电容器扣0.5分，其中拉开开关后未检查三相电流扣0.25分		
		①退出站变备自投1号站变跳闸压板 ②退出站变备自投2号站变跳闸压板 ③退出站变备自投分段合闸压板 ④将站变备自投把手切至停用位置	1	少一项扣0.25分，其中跳闸压板顺序反扣0.5分，压板与把手顺序反扣0.5分		
		①拉开412开关 ②检查412开关三相电流指示为零 ③现场检查412开关机械指示在分位 ④合上401开关	3	①少操作一个开关扣1分，其中操作后未检查三相电流扣0.25分，未检查开关机械指示扣0.25分 ②合上401开关后未检查母线电压正常扣0.5分		

序号	考核项目名称	质量要求	分值	扣分标准	扣分原因	得分
2	操作票填写	⑤检查401开关三相电流指示正常 ⑥现场检查401开关机械指示在合位 ⑦检查380V Ⅱ母电压正常 ⑧检查直流装置运行正常 ⑨检查主变风冷系统运行正常		③未检查重要负荷运行正常共扣0.5分		
		①拉开516开关 ②检查516开关三相电流指示为零	0.5	未操作开关扣0.5分，其中拉开开关后未检查三相电流扣0.25分		
		①拉开517开关 ②检查517开关三相电流指示为零	0.5	未操作开关扣0.5分，其中拉开开关后未检查三相电流扣0.25分		
		①合上212-9刀闸机构电源 ②合上212-9刀闸 ③现场检查212-9刀闸触头已合好 ④拉开212-9刀闸机构电源 ⑤合上112-9刀闸机构电源 ⑥合上112-9刀闸 ⑦现场检查112-9刀闸触头已合好 ⑧拉开112-9刀闸机构电源	3	未合主变中性点接地刀闸每处扣1.5分，其中操作后未检查触头位置扣0.5分，未断开电机电源扣0.5分		
		①检查512开关三相电流指示为零 ②拉开512开关 ③检查10kV 2号母线三相电压指示为零 ④拉开112开关 ⑤检查112开关三相电流指示为零 ⑥拉开212开关 ⑦检查212开关三相电流指示为零	3.5	①未操作512开关扣1.5分，其中操作关前未检查三相电流指示为零扣0.5分，操作后未检查三相电压指示为零扣0.5分 ②未操作112、212开关每个扣1分，其中拉开开关后未检查三相电流扣0.5分		
		212开关由热备用转冷备用				

序号	考核项目名称	质量要求	分值	扣分标准	扣分原因	得分
2	操作票填写	①将212开关"远方/就地"把手由"远方"切至"就地"位置 ②现场检查212开关机械指示在分位 ③合上212-4刀闸机构电源 ④拉开212-4刀闸 ⑤现场检查212-4刀闸三相触头已拉开 ⑥断开212-4刀闸机构电源 ⑦合上212-2刀闸机构电源 ⑧拉开212-2刀闸 ⑨现场检查212-2刀闸三相触头已拉开 ⑩检查212-2刀闸二次回路切换正常 ⑪断开212-2刀闸机构电源	4.5	①操作刀闸前未将212开关"远方/就地"把手由"远方"切至"就地"位置扣0.5分 ②操作刀闸前未检查开关机械指示扣0.5分 ③未操作212-4刀闸扣1.5分，未212-2刀闸口2分，其中拉开刀闸后未检查实际位置扣0.5分，未断开电机电源扣0.5分，未进行二次回路切换检查扣0.5分 ④操作212-4-2刀闸顺序反直接扣2分		
		220kV 1号母线由运行转检修 ①检查201开关在合位 ②投入220kV母差RCS-915母线互联投入压板 ③投入220kV母差CSC-150母联互联投入压板 ④拉开201开关控制电源Ⅰ ⑤拉开201开关控制电源Ⅱ	4.5	①倒母线前未检查开关在合位扣0.5分 ②未投入母联互联压板扣2分 ③未断开母联控制电源扣2分 ④压板、电源操作顺序反直接扣2分		
		①合上211-2刀闸机构电源 ②合上211-2刀闸 ③现场检查211-2刀闸三相触头确已合好 ④检查211-2刀闸二次回路切换正常 ⑤拉开211-2刀闸机构电源 ⑥合上211-1刀闸机构电源 ⑦拉开211-1刀闸 ⑧现场检查211-1刀闸三相触头确已拉开	4	少操作一把刀闸扣2分，其中操作后未检查实际位置扣0.5分，未进行二次回路切换检查每组刀闸扣0.5分，未断开电机电源扣0.5分		

459

序号	考核项目名称	质量要求	分值	扣分标准	扣分原因	得分
		⑨检查 211-1 刀闸二次回路切换正常 ⑩拉开 211-1 刀闸机构电源				
		①合上 289-2 刀闸机构电源 ②合上 289-2 刀闸 ③现场检查 289-2 刀闸三相触头确已合好 ④检查 289-2 刀闸二次回路切换正常 ⑤拉开 289-2 刀闸机构电源 ⑥合上 289-1 刀闸机构电源 ⑦拉开 289-1 刀闸 ⑧现场检查 289-1 刀闸三相触头确已拉开 ⑨检查 289-1 刀闸二次回路切换正常 ⑩拉开 289-1 刀闸机构电源	4	少操作一把刀闸扣 2 分，其中操作后未检查实际位置扣 0.5 分，未进行二次回路切换检查每组刀闸扣 0.5 分，未断开电机电源扣 0.5 分		
2	操作票填写	进行 220kV 母差刀闸位置确认	0.5	未进行 220kV 母差刀闸位置确认扣 0.5 分		
		①合上 201 开关控制电源Ⅰ ②合上 201 开关控制电源Ⅱ ③退出 220kV 母差 RCS-915 母线互联投入压板 ④退出 220kV 母差 CSC-150 母联互联投入压板 ⑤检查 201 开关电流指示为零 ⑥拉开 201 开关 ⑦检查 220kV 1 号母线三相电压指示为零	3	①未合 101 开关控制电源扣 0.5 分 ②未退母联互联压板扣 1 分 ③电源、压板操作顺序反直接扣 1 分 ④未操作 201 开关扣 1.5 分，其中操作前未检查电流指示为零扣 0.5 分，操作后未检查母线电压指示为零扣 0.5 分		
		①现场检查 201 开关三相机械指示在分位 ②合上 201-1 刀闸电机电源 ③拉开 201-1 刀闸 ④现场检查 201-1 刀闸三相触头确已拉开 ⑤拉开 201-1 刀闸电机电源 ⑥合上 201-2 刀闸电机电源 ⑦拉开 201-2 刀闸 ⑧现场检查 201-2 刀闸三相触头确已拉开 ⑨拉开 201-2 刀闸电机电源	3.5	①操作刀闸前未检查开关三相机械指示扣 0.5 分 ②少操作一把刀闸扣 1.5 分，其中操作后未检查实际位置扣 0.5 分，未断开电机电源扣 0.5 分		

序号	考核项目名称	质量要求	分值	扣分标准	扣分原因	得分
2	操作票填写	①拉开 220kV 1 号母线 TV 二次 ②合上 21-7 刀闸电机电源 ③拉开 21-7 刀闸 ④现场检查 21-7 刀闸三相触头确已拉开 ⑤拉开 21-7 刀闸电机电源	2	①未断 21PT 二次保险扣 0.5 分 ②未操作 21-7 刀闸扣 1.5 分，其中操作后未检查触头位置扣 0.5 分，未断开电机电源扣 0.5 分 ③一、二次操作顺序反直接扣 1 分		
		①检查 220kV 所有-1 刀闸均在断位 ②在 21-MD2 接地刀闸静触头处验明三相确无电压 ③合上 21-MD2 接地刀闸 ④现场检查 21-MD2 接地刀闸三相触头已合好 ⑤拉开 220kV 母线保护屏ⅠⅠ母 PT 小开关 ⑥拉开 220kV 母线保护屏ⅡⅠ母 PT 小开关	2	①合接地刀闸前未检查所有-1 刀闸在断位扣 0.5 分 ②未接地 1.5 分，其中合接地刀闸前未验电扣 1 分，接地刀闸合好后未检查触头位置扣 0.5 分		
		①在 212-2 刀闸开关侧验明三相确无电压 ②合上 212-2KD 接地刀闸 ③现场检查 212-2KD 接地刀闸三相触头已合好	2	未接地扣 2 分，其中合接地刀闸前未验电扣 1 分，接地刀闸合好后未检查触头位置扣 0.5 分		
3	倒闸操作	携带绝缘手套、绝缘靴、220kV 验电器	1.5	少带一种扣 0.5 分		
		按照操作票正确操作	48	①拉开开关后未检查监控机变位扣 0.5 分 ②验电前未试验验电器是否良好扣 2 分，未三相验电扣 2 分 ③其他项目评分细则参照操作票评分标准 ④未按操作票顺序操作每处扣 0.5 分，最多扣 5 分		
		操作完毕汇报调度	0.5	操作完毕未汇报调度扣 0.5 分		

序号	考核项目名称	质量要求	分值	扣分标准	扣分原因	得分
4	质量否决	操作过程中发生误操作	否决	①发生误拉开关未造成负荷停电扣 5 分，造成负荷停电扣 10 分 ②发生带负荷拉刀闸、带电合接地刀闸、带电挂地线等恶性误操作扣 50 分		

2.2.6　BZ2ZY0105　110kV 变电站进线开关单相接地

一、作业

（一）工器具、材料、设备

1. 工器具：无。

2. 材料：笔、A4 纸。

3. 设备：110kV 马集仿真变电站（或备有 110kV 马集变电站一次系统图）。

（二）安全要求

考生不得随意启动、退出任何程序。

（三）操作步骤及工艺要求（含注意事项）

1. 根据告警信息做出正确判断，检查后台机上传的遥信信息，清闪；告警的保护装置、复归并汇报。

2. 进行必要的倒闸操作（例如合上变压器中性点隔离开关，恢复站用变压器运行，相应二次压板的投退等）。

3. 对保护跳闸的设备进行检查，并汇报调度。

4. 发现、隔离故障设备后，将无故障设备恢复送电，并汇报调度。

5. 将故障跳闸设备转检修，做好安全措施，并汇报调度。

6. 在仿真机上完成事故处理操作。

二、考核

（一）考核场地

考核场地配有 110kV 马集仿真变电站培训系统（或备有 110kV 马集变电站一次系统图）。

（二）考核时间

考核时间为 50min。

（三）考核要点

根据告警信息做出正确判断并在仿真机上完成事故处理操作，无误操作。

三、评分标准

行业：电力工程　　　　　　　　工种：变电站值班员　　　　　　　等级：技师

编号	BZ2ZY0105	行为领域	e	鉴定范围			
考核时限	50min	题型	C	满分	100 分	得分	
试题名称	110kV 变电站进线开关单相接地						
考核要点及其要求	根据告警信息做出正确判断并在仿真机上完成事故处理操作，无误操作						
现场设备、工器具、材料	（1）工器具：无 （2）材料：笔、A4 纸 （3）设备：110kV 马集仿真变电站（或备有 110kV 马集变电站一次系统图）						
备注	评分标准以 110kV 马集站周马线 145 开关单相接地事故处理为例，110kV 马集站 110kV 铜马线 146 开关单相接地事故处理评分标准与其相同						

序号	考核项目名称	质量要求	分值	扣分标准	扣分原因	得分
			评分标准			
1	监控系统信息检查	① 检查 145、311、301、511、501、521、522 开关变位、遥测值 ② 检查 1 号主变差动、10kV、35kV 自投光字信号，检查 521、522 低电压光字信号 ③检查 2 号主变过负荷情况及主变温度 ④检查三个电压等级母线三相电压 ⑤汇报调度	13	① 未检查 145、311、301、511、501 开关变位、遥测值每项扣 0.5 分，未检查 521、522 开关变位及遥测值每个开关扣 0.5 分 ② 未检查 1 号主变差动、10kV、35kV 自投光字信号每个扣 1 分，未检查 521、522 低电压光字信号每个扣 0.5 分 ③ 未检查 2 号主变过负荷情况、主变温度每项扣 0.5 分 ④ 未检查三个电压等级母线三相电压每个扣 0.5 分 ⑤ 未汇报调度扣 0.5 分		
2	检查、记录保护装置动作情况	①检查 1 号主变两套保护"保护动作"灯并复归 ②检查及复归 10kV、35kV 自投动作信号灯，停用三侧备自投 ③检查 2 号主变过负荷信号 ④检查 145、311、511、501、301 操作箱"跳位"灯 ⑤检查 521、522 电容器欠压动作、绿灯、机械分合指示并复归信号 ⑥检查 501、511 开关机械指示 ⑦进高压室戴安全帽	20	①未检查 1 号主变两套保护"保护动作"灯每套扣 1 分，其中未复归信号每套扣 0.5 分 ② 未检查及复归 10kV、35kV 自投动作信号灯，每套保护扣 1 分，三侧备自投少停一套扣 2 分 ③ 未检查 2 号主变信号扣 1 分 ④ 未检查 145、311、511、501、301 操作箱"跳位"灯每个扣 1 分 ⑤ 未检查 521、522 电容器欠压动作灯、绿灯、机械分合指示并复归每组电容器扣 1 分 ⑥ 未检查 501、511 开关机械指示每个扣 0.5 分 ⑦ 进高压室未戴安全帽扣 1 分		
3	调整电压	投 521、522 电容器调整母线电压	4	未投 521、522 电容器每个扣 2 分，其中未间隔 5 分钟投入每组扣 0.5 分		

序号	考核项目名称	质量要求	分值	扣分标准	扣分原因	得分
4	查找故障点	①检查 145、311、301 开关实际位置 ②检查 145CT、145、145-1、101CT、101-1、110kV Ⅰ母线、11-7、11PT、BLQ、111-1、1 号主变、中压侧 BLQ、311-4、311、低压侧 BLQ、511-4、511 并提交报告 ③汇报调度	12	①未检查 145、311、301 开关实际位置每个扣 1 分 ②145CT、145-1、101CT、101-1、110kV Ⅰ母线、11-7、11PT、BLQ、111-1、1 号主变、中压侧 BLQ、311-4、311、低压侧 BLQ、511-4、511 少查一处扣 0.5 分,其中未提交 145 开关缺陷扣 3 分 ③未汇报调度扣 1 分		
5	隔离故障点	①穿戴绝缘手套、绝缘靴 ②将 145 开关"远方/就地"把手切至"就地"位置 ③拉开 145-5-1 刀闸	13	①未戴绝缘手套、穿绝缘靴每个扣 1 分 ②操作刀闸前未将 145 开关"远方/就地"把手切至"就地"位置扣 1 分 ③未操作 145-5-1 刀闸每组扣 5 分,其中拉刀闸后未检查触头位置每个扣 1 分		
6	恢复无故障设备送电	①合上 111-9 中性点接地刀闸 ②恢复 110kV 1 号母线送电,合上 101 开关后应检查 110kV 1 号母线三相电压正常,应检查开关三相电流及机械指示 ③拉开 111-9 中性点接地刀闸 ④恢复 10kV、35kV 方式(合上 311,拉开 301,合上 511,拉开 501,投入 35kV、10kV 备自投)	22	①主变送电前未合 111-9 中性点接地刀闸扣 8 分,主变送电后未拉开扣 4 分 ②未操作 101 开关扣 4 分,其中合开关后未检查 110kV 1 号母线三相电压扣 1 分 ③拉合开关后未查电流、机械指示每处扣 0.5 分 ④10kV、35kV 恢复方式每处扣 5 分(备自投未投入每套扣 1 分)		
7	故障设备转检修	①带 110kV 验电器并试验验电器是否良好 ②合上 145-5KD、145-1KD 接地刀闸,合接地刀闸前应三相验电,合好后应检查触头位置 ③断开 145 开关机构电源、控制电源 ④汇报调度	14	①未带 110kV 验电器扣 0.5 分 ②未接地一处扣 5 分,其中合接地刀闸前未验电每次扣 3 分,合接地刀闸后未检查触头位置每处扣 0.5 分 ③未断开 145 开关机构电源、控制电源每个扣 1 分 ④未汇报调度扣 0.5 分		

序号	考核项目名称	质量要求	分值	扣分标准	扣分原因	得分
8	布置安全措施	145-5-1 刀闸操作把手上挂"禁止合闸，有人工作"标示牌，145 开关上挂"在此工作"标示牌，145 开关设围栏，挂"止步，高压危险"标示牌	2	145-5-1 刀闸操作把手上挂"禁止合闸，有人工作"标示牌，145 开关上挂"在此工作"标示牌，145 开关设围栏，挂"止步，高压危险"标示牌，少挂一处扣 0.5 分		
9	质量否决	事故处理过程中发生误操作	否决	①发生误拉开关扣 10 分 ②发生带负荷拉合刀闸、带电合接地刀闸等恶性误操作扣 100 分		

2.2.7 BZ2ZY0106 110kV 变电站主变压器-4 刀闸开关侧相间短路

一、作业

（一）工器具、材料、设备

1. 工器具：无。

2. 材料：笔、A4 纸。

3. 设备：110kV 马集仿真变电站（或备有 110kV 马集变电站一次系统图）。

（二）安全要求

考生不得随意启动、退出任何程序

（三）操作步骤及工艺要求（含注意事项）

1. 根据告警信息做出正确判断，检查后台机上传的遥信信息，清闪；告警的保护装置、复归并汇报。

2. 进行必要的倒闸操作（例如合上变压器中性点隔离开关，恢复站用变压器运行，相应二次压板的投退等）。

3. 对保护跳闸的设备进行检查，并汇报调度。

4. 发现、隔离故障设备后，将无故障设备恢复送电，并汇报调度。

5. 将故障跳闸设备转检修，做好安全措施，并汇报调度。

6. 在仿真机上完成事故处理操作。

二、考核

（一）考核场地

考核场地配有 110kV 马集仿真变电站培训系统（或备有 110kV 马集变电站一次系统图）。

（二）考核时间

考核时间为 50min。

（三）考核要点

根据告警信息做出正确判断并在仿真机上完成事故处理操作，无误操作。

三、评分标准

行业：电力工程　　　　　　工种：变电站值班员　　　　　　等级：技师

编号	BZ2ZY0106	行为领域	e	鉴定范围		
考核时限	50min	题型	C	满分	100 分	得分
试题名称	110kV 变电站主变压器-4 刀闸开关侧相间短路					
考核要点及其要求	根据告警信息做出正确判断并在仿真机上完成事故处理操作，无误操作					
现场设备、工器具、材料	（1）工器具：无 （2）材料：笔、A4 纸 （3）设备：110kV 马集仿真变电站（或备有 110kV 马集变电站一次系统图）					
备注	评分标准以 110kV 马集站 1 号主变 311-4 刀闸开关侧相间短路事故处理为例，2 号主变 312-4 刀闸开关侧相间短路事故处理评分标准与其相同					

评分标准

序号	考核项目名称	质量要求	分值	扣分标准	扣分原因	得分
1	监控系统信息检查	①检查 145、311、301、511、501、521、522 开关变位、遥测值 ②检查 1 号主变差动、10kV、35kV 自投光字信号，检查 521、522 低电压光字信号 ③检查 2 号主变过负荷情况及主变温度 ④检查三个电压等级母线三相电压 ⑤汇报调度	14	①未检查 145、311、301、511、501、521、522 开关变位、遥测值每项扣 0.5 分 ②未检查 1 号主变差动、10kV、35kV 自投光字信号每个扣 1 分，未检查 521、522 低电压光字信号每个扣 0.5 分 ③未检查 2 号主变过负荷情况、主变温度每项扣 0.5 分 ④未检查三个电压等级母线三相电压每个扣 0.5 分 ⑤未汇报调度扣 0.5 分		
2	处理变压器过负荷	按 553、542、551、546、341、346 顺序进行限电，将负荷限制在 1.1 倍额定电流以下但不能过度限电	4	①拉路顺序错误扣 1 分（按 553、542、551、546、341、346 顺序） ②查到故障点后，主变短时间不能送电，未将负荷限制在 1.1 倍额定电流以下扣 1 分，过度限负荷扣 0.5 分（拉开 4 路或 5 路即可） ③每拉一路负荷未进行相关检查（开关三相电流）扣 0.5 分		
3	检查、记录保护装置动作情况	①检查 1 号主变两套保护"保护动作"灯并复归 ②检查及复归 10kV、35kV 自投动作信号灯，停用三侧备自投 ③检查 2 号主变过负荷信号 ④检查 145、311、511、501、301 操作箱位置灯 ⑤检查 521、522 电容器欠压动作、绿灯、机械分合指示并复归信号 ⑥检查 501、511 开关机械指示 ⑦进高压室戴安全帽	22	①未检查 1 号主变两套保护"保护动作"灯每套扣 1 分，未复归信号每套扣 0.5 分 ②未检查及复归 10kV、35kV 自投动作信号灯，每套保护扣 1 分，三侧备自投少停一套扣 2 分 ③未检查 2 号主变信号扣 1 分 ④未检查 145、311、511、501、301 操作箱位置灯每个扣 1 分 ⑤未检查 521、522 电容器欠压动作灯、绿灯、机械分合指示并复归每组电容器扣 1 分 ⑥未检查 501、511 开关机械指示每个扣 1 分 ⑦进高压室未戴安全帽扣 1 分		

序号	考核项目名称	质量要求	分值	扣分标准	扣分原因	得分
4	调整电压	投 521、522 电容器调整母线电压	4	未投 521、522 电容器每个扣 2 分，其中未间隔 5 分钟投入每组扣 0.5 分		
5	查找故障点	①检查 145、311、301 开关实际位置 ②检查 145CT、145、145-1、101CT、101-1、110kV Ⅰ 母线、11-7、11PT、BLQ、111-1、1 号主变、中压侧 BLQ、311-4、311、低压侧 BLQ、511-4、511 并提交报告 ③汇报调度	12	①未检查 145、311、301 开关实际位置每个扣 1 分 ② 145CT、145、145-1、101CT、101-1、110kV Ⅰ 母线、11-7、11PT、BLQ、111-1、1 号主变、中压侧 BLQ、311、低压侧 BLQ、511-4、511 少查一处扣 0.5 分，未提交 311-4 刀闸缺陷扣 3 分 ③未汇报调度扣 1 分		
6	隔离故障点	①穿戴绝缘手套、绝缘靴 ②拉开 311-1、111-1、511-4 刀闸	14	①未戴绝缘手套、穿绝缘靴每个扣 1 分 ② 311-1、111-1、511-4 少拉一组扣 4 分，其中拉刀闸后未检查触头位置每个扣 1 分，拉开 311-4 刀闸扣 1 分		
7	恢复无故障设备送电	①合 145 开关给 110kV 1 号母线送电，合开关后应检查 110kV 1 号母线三相电压、开关三相电流及机械指示 ②投入 110kV 备自投 ③汇报调度	10	① 合 145 开关后未检查 110kV 1 号母线电压扣 1 分，未检查开关三相电流、机械指示每项扣 1 分 ②未投入 110kV 备自投扣 6 分 ③未汇报调度扣 1 分		
8	故障设备转检修	①带 35kV 验电器、35kV 接地线 ②在 311-4 刀闸两侧接地，接地前应试验验电器良好，三相验电，合接地刀闸、挂地线后应检查接地良好 ③汇报调度	15	①未带 35kV 验电器、35kV 接地线每个扣 0.5 分 ②未试验验电器扣 1.5 分 ③少一组接地扣 6 分，其中合接地刀闸前未验电每次扣 3 分，合接地刀闸、挂地线后未检查每处扣 1 分，合上 311-4KD 接地刀闸扣 1 分 ④未汇报调度扣 0.5 分		

序号	考核项目名称	质量要求	分值	扣分标准	扣分原因	得分
9	布置安全措施	在 311-1、111-1、511-4 刀闸操作把手上挂"禁止合闸，有人工作"标示牌，311-4 刀闸上挂"在此工作"标示牌，311-4 刀闸设围栏，挂"止步，高压危险""从此进入"标示牌	5	在 311-1、111-1、511-4 刀闸操作把手上挂"禁止合闸，有人工作"标示牌，311-4 刀闸上挂"在此工作"标示牌，311-4 刀闸设围栏，挂"止步，高压危险""从此进入"标示牌，少挂一处扣 1 分		
10	质量否决	事故处理过程中发生误操作	否决	①发生误拉开关扣 10 分 ②发生带负荷拉合刀闸、带电合接地刀闸等恶性误操作扣 100 分		

2.2.8　BZ2ZY0107　110kV变电站主变压器高压套管单相接地

一、作业

（一）工器具、材料、设备

1. 工器具：无。

2. 材料：笔、A4纸。

3. 设备：110kV马集仿真变电站（或备有110kV马集变电站一次系统图）。

（二）安全要求

考生不得随意启动、退出任何程序。

（三）操作步骤及工艺要求（含注意事项）

1. 根据告警信息做出正确判断，检查后台机上传的遥信信息，清闪；告警的保护装置、复归并汇报。

2. 进行必要的倒闸操作（例如合上变压器中性点隔离开关，恢复站用变压器运行，相应二次压板的投退等）。

3. 对保护跳闸的设备进行检查，并汇报调度。

4. 发现、隔离故障设备后，将无故障设备恢复送电，并汇报调度。

5. 将故障跳闸设备转检修，做好安全措施，并汇报调度。

6. 在仿真机上完成事故处理操作。

二、考核

（一）考核场地

考核场地配有110kV马集仿真变电站培训系统（或备有110kV马集变电站一次系统图）。

（二）考核时间

考核时间为50min。

（三）考核要点

根据告警信息做出正确判断并在仿真机上完成事故处理操作，无误操作。

三、评分标准

行业：电力工程　　　　　　　　　　工种：变电站值班员　　　　　　　　　　等级：技师

编号	BZ2ZY0107	行为领域	e	鉴定范围		
考核时限	50min	题型	C	满分	100分	得分
试题名称	110kV变电站主变压器高压套管单相接地					
考核要点及其要求	根据告警信息做出正确判断并在仿真机上完成事故处理操作，无误操作					
现场设备、工器具、材料	（1）工器具：无 （2）材料：笔、A4纸 （3）设备：110kV马集仿真变电站（或备有110kV马集变电站一次系统图）					
备注	评分标准以110kV马集站2号主变高压套管单相接地事故处理为例，110kV马集站1号主变高压套管单相接地事故处理评分标准与其相同					

评分标准

序号	考核项目名称	质量要求	分值	扣分标准	扣分原因	得分
1	监控系统信息检查	① 检查 146、312、301、512、501、523、524 开关变位、遥测值 ② 检查 2 号主变差动、10kV、35kV 自投光字信号，检查 523、524 低电压光字信号 ③检查 1 号主变过负荷情况及主变温度 ④检查三个电压等级母线三相电压 ⑤汇报调度	13	① 未检查 146、312、301、512、501 开关变位、遥测每项扣 0.5 分，未检查 523、524 开关变位及遥测值每个开关扣 0.5 分 ② 未检查 2 号主变差动、10kV、35kV 自投光字信号每个扣 1 分，未检查 523、524 低电压光字信号每个扣 0.5 分 ③ 未检查 1 号主变过负荷情况、主变温度每项扣 0.5 分 ④ 未检查三个电压等级母线三相电压扣 0.5 分 ⑤未汇报调度扣 0.5 分		
2	检查、记录保护装置动作情况	①检查 2 号主变两套保护"保护动作"灯并复归 ②检查及复归 10kV、35kV 自投动作信号灯，停用三侧备自投 ③检查 1 号主变过负荷信号 ④检查 146、312、512、501、301 操作箱位置灯 ⑤检查 523、524 电容器欠压动作、绿灯、机械分合指示并复归信号 ⑥检查 501、512 开关机械指示 ⑦进高压室戴安全帽	20	①未检查 2 号主变两套保护"保护动作"灯每套扣 1 分，未复归信号每套扣 0.5 分 ② 未检查及复归 10kV、35kV 自投动作信号灯，每套保护扣 1 分，三侧备自投少停一套扣 2 分 ③未检查 1 号主变信号扣 1 分 ④ 未检查 146、312、512、501、301 操作箱位置灯扣 1 分 ⑤未检查 523、524 电容器欠压动作灯、绿灯、机械分合指示并复归每组电容器扣 0.5 分 ⑥未检查 501、512 开关机械指示每个扣 0.5 分 ⑦进高压室未戴安全帽扣 1 分		
3	调整电压	投 523、524 电容器调整母线电压	4	未投 523、524 电容器每个扣 2 分，其中未间隔 5 分钟投入每组扣 0.5 分		

序号	考核项目名称	质量要求	分值	扣分标准	扣分原因	得分
4	查找故障点	①检查146、312、301开关实际位置 ②检查146CT、146、146-2、112-2、101CT、101、101-2、110kV 2号母线、12-7、PT、BLQ、2号主变、中压侧BLQ、312-4、312、低压侧BLQ、512-4、512并提交报告 ③汇报调度	16	①未检查146、312、301开关实际位置每个扣2分 ②146CT、146、146-2、112-2、101CT、101、101-2、110kV 2号母线、12-7、PT、BLQ、中压侧BLQ、312-4、312、低压侧BLQ、512-4、512少查一处扣0.5分，其中未提交2号主变缺陷扣3分 ③未汇报调度扣1.5分		
5	隔离故障点	①穿戴绝缘手套、绝缘靴 ②拉开112-2、312-4-2、512-4刀闸	17	①未戴绝缘手套、穿绝缘靴每个扣0.5分 ②312-4-2、112-2、512-4刀闸少拉一组扣4分，其中刀闸操作后未检查触头位置每个扣0.5分		
6	恢复无故障设备送电	①合146开关恢复110kV 2号母线送电，合上开关后应检查110kV 2号母线电压，开关三相电流及机械指示. ②投入110kV备自投 ③汇报调度	9	①合146开关后未检查110kV 2号母线电压扣0.5分，未检查电流、机械指示每处扣0.5分 ②未投入110kV备自投扣7分 ③未汇报调度扣0.5分		
7	故障设备转检修	①带110kV验电器、35kV验电器、10kV验电器、35kV接地线、10kV接地线、绝缘杆 ②在2号主变三侧分别三相验电、接地，验电前应试验验电器良好，接地前应三相验电，接地后应检查接地良好 ③退出2号主变跳501、301开关压板 ④汇报调度	18	①未带110kV验电器、35kV验电器、10kV验电器、35kV接地线、10kV接地线、绝缘杆每个扣0.5分 ②少一组接地扣4.5分，其中未试验验电器良好扣1分，合接地刀闸前未验电每次扣2分，合接地刀闸、挂地线后未检查每处扣0.5分 ③未退出1号主变跳501、301开关压板扣1分 ④未汇报调度扣0.5分		

序号	考核项目名称	质量要求	分值	扣分标准	扣分原因	得分
8	布置安全措施	312-4、112-2、512-4 刀闸操作把手上挂"禁止合闸，有人工作"标示牌，2 号主变上挂"在此工作"标示牌，2 号主变刀闸设围栏，挂"止步，高压危险""从此进出"标示牌	3	312-4、112-2、512-4 刀闸操作把手上挂"禁止合闸，有人工作"标示牌，2 号主变上挂"在此工作"标示牌，2 号主变刀闸设围栏，挂"止步，高压危险""从此进出"标示牌，少挂一处扣 0.5 分		
9	质量否决	事故处理过程中发生误操作	否决	①发生误拉开关扣 10 分 ②发生带负荷拉合刀闸、带电合接地刀闸等恶性误操作扣 100 分		

2.2.9　BZ2ZY0108　220kV 出线间隔母线侧刀闸母线侧单相接地

一、作业

（一）工器具、材料、设备

1. 工器具：无。

2. 材料：笔、A4 纸。

3. 设备：220kV 周营子仿真变电站（或备有 220kV 周营子变电站一次系统图）。

（二）安全要求

考生不得随意启动、退出任何程序。

（三）操作步骤及工艺要求（含注意事项）

1. 根据告警信息做出正确判断，检查后台机上传的遥信信息，清闪；告警的保护装置、复归并汇报。

2. 进行必要的倒闸操作（例如合上变压器中性点隔离开关，恢复站用变压器运行，相应二次压板的投退等）。

3. 对保护跳闸的设备进行检查，并汇报调度。

4. 发现、隔离故障设备后，将无故障设备恢复送电，并汇报调度。

5. 将故障跳闸设备转检修，做好安全措施，并汇报调度。

6. 在仿真机上完成事故处理操作。

二、考核

（一）考核场地

考核场地配有 220kV 周营子仿真变电站培训系统（或备有 220kV 周营子变电站一次系统图）。

（二）考核时间

考核时间为 50min。

（三）考核要点

根据告警信息做出正确判断并在仿真机上完成事故处理操作，无误操作。

三、评分标准

行业：电力工程　　　　　　工种：变电站值班员　　　　　　等级：技师

编号	BZ2ZY0108	行为领域	e	鉴定范围			
考核时限	50min	题型	C	满分	100 分	得分	
试题名称	220kV 出线间隔母线侧刀闸母线侧单相接地						
考核要点及其要求	根据告警信息做出正确判断并在仿真机上完成事故处理操作，无误操作						
现场设备、工器具、材料	（1）工器具：无 （2）材料：笔、A4 纸 （3）设备：220kV 周营子仿真变电站（或备有 220kV 周营子变电站一次系统图）						
备注	评分标准以 220kV 周营子站苍周线 289-2 刀闸母线侧单相接地事故处理为例，220kV 西周线 282-1 刀闸母线侧单相接地事故处理评分标准与其相同						

评分标准

序号	考核项目名称	质量要求	分值	扣分标准	扣分原因	得分
1	监控系统信息检查	①检查"220kV 母线保护 1 差动跳Ⅱ母""220kV 母线保护 2 差动动作""220kV 母线保护 2 差动跳Ⅱ母""220kV Ⅱ母 PT 断线"光字 ②检查 282、212、201 开关变位及遥测值 ③检查 220kV 2 号母线电压指示为零 ④汇报调度	8.5	①未检查"220kV 母线保护 1 差动跳Ⅱ母""220kV 母线保护 2 差动动作""220kV 母线保护 2 差动跳Ⅱ母""220kV Ⅱ母 PT 断线"光字每个扣 1 分 ②未检查 282、212、201 开关变位及遥测值每个开关扣 1 分 ③未检查 220kV 2 号母线电压指示扣 1 分。其中未三相检查扣 0.5 分 ④未汇报调度扣 0.5 分		
2	应急处理	①带安全帽、绝缘手套、绝缘靴 ②合上 212-9 中性点接地刀闸，操作后应检查触头位置，应断开电机电源 ③退 2 号主变高压侧电压投入压板	6.5	①安全帽、绝缘手套、绝缘靴少带一种扣 0.5 分 ②未合上 212-9 中性点接地刀闸扣 3 分，其中未检查触头位置扣 1 分，未断开电机电源扣 1 分，合中性点晚扣 1 分 ③未退 2 号主变高压侧电压投入压板扣 2 分		
3	检查、记录保护装置动作情况	①检查 220kV 母差保护屏"跳Ⅱ母""报警"信号灯点亮，记录液晶显示并复归 ②检查 220kV 母差保护屏"母差动作""交流异常"信号灯点亮，记录液晶显示并复归 ③检查 282、212 开关操作箱"一组跳 A""一组跳 B""一组跳 C""一组永跳""二组跳 A""二组跳 B""二组跳 C""二组永跳""A 相分位""B 相分位""C 相分位"指示灯点亮并复归 ④检查 201 开关操作箱"A 相分位""B 相分位""C 相分位"指示灯点亮 ⑤检查 1 号主变保护屏"过负荷"信号灯点亮 ⑥检查 282 线路保护屏"告警""PT 断线"信号灯点亮 ⑦检查 220kV 线路故障录波并复归	14.5	①未检查 220kV 母差保护屏"跳Ⅱ母""报警"信号灯点亮每个扣 0.5 分，未记录液晶显示扣 1 分，未复归扣 0.5 分 ②未检查 220kV 母差保护屏"母差动作""交流异常"信号灯点亮每个扣 0.5 分，未记录液晶显示扣 1 分，未复归扣 0.5 分 ③未检查 282、212 开关操作箱"一组跳 A""一组跳 B""一组跳 C""一组永跳""二组跳 A""二组跳 B""二组跳 C""二组永跳""A 相分位""B 相分位""C 相分位"指示灯点亮每个开关扣 0.25 分，未复归每个开关扣 0.5 分 ④未检查 201 开关操作箱"A 相分位""B 相分位""C 相分位"指示灯点亮每个扣 0.5 分 ⑤未检查 1 号主变保护屏"过负荷"信号灯点亮扣 0.5 分 ⑥未检查 282 线路保护屏"告警""PT 断线"信号灯点亮每个扣 0.5 分 ⑦未检查 220kV 线路故障录波扣 1 分，其中未复归扣 0.5 分		

序号	考核项目名称	质量要求	分值	扣分标准	扣分原因	得分
4	查找故障点	①检查保护范围内设备并提交报告 ②检查282、212、201开关位置	15	①保护范围内设备（包括282、212间隔-1刀闸开关侧、-2刀闸、开关、CT；211-2刀闸母线侧；201间隔开关、-2刀闸、CT、22-7刀闸、22PT、避雷器；220kV 2号母线；21MD、22MD）少查找一处扣0.5分，范围外设备多查四处及以上扣1分（查找故障最多扣12分） ②未检查开关位置（282、212、201）每个扣1分 ③未提交289-2刀闸母线侧故障情况扣3分		
5	冷倒母线	①将282、212冷倒至Ⅰ母线运行；刀闸操作后应检查触头位置，应进行二次回路切换检查，应断开电机电源，开关送电后应检查三相电流及机械指示 ②212送电前投入2号主变高压侧电压投入压板，212送电后应拉开212-9中性点接地刀闸	23	①未冷倒282、212开关，每路扣10分，其中刀闸操作后未检查触头位置每个扣1分，未断开电机电源每处扣0.5分，未进行二次回路切换检查扣1分，开关送电后未检查三相电流及机械指示每项扣1分 ②212送电前未投入2号主变高压侧电压投入压板扣1分，212送电后未拉开212-9中性点接地刀闸扣2分		
6	隔离故障点	①拉开289开关，操作后应检查三相电流及机械指示 ②拉开289-5-1刀闸，顺序应正确，操作刀闸前应将289开关"远方/就地"把手切至"就地"位置，刀闸操作后应检查触头位置，应进行二次回路切换检查，应断开电机电源 ③拉开201-2-1刀闸，顺序应正确。刀闸操作后应检查触头位置，应断开电机电源 ④断开22PT二次空开，拉开22-7刀闸，顺序应正确 ⑤拉开220kV母线保护屏Ⅰ Ⅱ母PT小开关 ⑥拉开220kV母线保护屏Ⅱ Ⅰ母PT小开关 ⑦汇报调度	13	①未拉开289开关扣2分，其中开关操作后未检查三相电流及机械指示每项扣0.5分 ②操作刀闸前未将289开关"远方/就地"把手切至"就地"位置扣0.5分 ③未拉开289-5刀闸扣2分，未拉开289-1刀闸扣3分，其中操作后未检查触头位置每处扣1分，未断开电机电源每处扣0.5分，未进行二次回路切换检查扣1分 ④未拉开201-2-1刀闸每把刀闸扣1分，其中操作后未检查触头位置每处扣0.5分，未断电机电源每处扣0.5分 ⑤未断PT二次空开扣1分，未拉22-7刀闸扣1分，操作顺序反扣1分 ⑥未汇报调度扣0.5分		

序号	考核项目名称	质量要求	分值	扣分标准	扣分原因	得分
7	故障设备转检修	①带220kV验电器、220kV接地线、绝缘棒 ②289-2刀闸两侧验电、接地。验电前应试验验电器良好，接地前应三相验电，接地后应检查接地良好 ③汇报调度	14.5	①未带220kV验电器、220kV接地线、绝缘棒每个扣0.5分 ②未检查所有-2刀闸在断位扣0.5分 ③未试验验电器良好扣2分 ④2组接地少操作一组扣5分，其中接地前未验电每次扣3分，接地后未检查接地良好扣1分，合289-2KD接地刀闸扣1分 ⑤未汇报调度扣0.5分		
8	布置安全措施	在282-2、211-2、212-2、289-5-1、22-7刀闸操作把手上悬挂"禁止合闸，有人工作"，在289-2刀闸操作把手上悬挂"在此工作"标示牌，289-2刀闸设置围栏，悬挂"止步，高压危险""从此进出"标示牌	5	在282-2、211-2、212-2、289-5-1、22-7刀闸操作把手上悬挂"禁止合闸，有人工作"，在289-2刀闸操作把手上悬挂"在此工作"标示牌，289-2刀闸设置围栏，悬挂"止步，高压危险""从此进出"标示牌，少一个扣0.5分		
9	质量否决	操作过程中发生误操作	否决	①发生误拉开关扣10分 ②发生带负荷拉刀闸、带电合接地刀闸、带电挂地线等恶性误操作扣100分		

2.2.10　BZ2ZY0109　220kV 出线间隔母线侧刀闸开关侧单相接地

一、作业

（一）工器具、材料、设备

1. 工器具：无。

2. 材料：笔、A4 纸。

3. 设备：220kV 周营子仿真变电站（或备有 220kV 周营子变电站一次系统图）。

（二）安全要求

考生不得随意启动、退出任何程序。

（三）操作步骤及工艺要求（含注意事项）

1. 根据告警信息做出正确判断，检查后台机上传的遥信信息，清闪；告警的保护装置、复归并汇报。

2. 进行必要的倒闸操作（例如合上变压器中性点隔离开关，恢复站用变压器运行，相应二次压板的投退等）。

3. 对保护跳闸的设备进行检查，并汇报调度。

4. 发现、隔离故障设备后，将无故障设备恢复送电，并汇报调度。

5. 将故障跳闸设备转检修，做好安全措施，并汇报调度。

6. 在仿真机上完成事故处理操作。

二、考核

（一）考核场地

考核场地配有 220kV 周营子仿真变电站培训系统（或备有 220kV 周营子变电站一次系统图）。

（二）考核时间

考核时间为 50min。

（三）考核要点

根据告警信息做出正确判断并在仿真机上完成事故处理操作，无误操作。

三、评分标准

行业：电力工程　　　　　　　　工种：变电站值班员　　　　　　　　等级：技师

编号	BZ2ZY0109	行为领域	e	鉴定范围		
考核时限	50min	题型	C	满分	100 分	得分
试题名称	220kV 出线间隔母线侧刀闸开关侧单相接地					
考核要点及其要求	根据告警信息做出正确判断并在仿真机上完成事故处理操作，无误操作					
现场设备、工器具、材料	（1）工器具：无 （2）材料：笔、A4 纸 （3）设备：220kV 周营子仿真变电站（或备有 220kV 周营子变电站一次系统图）					
备注	评分标准以 220kV 周营子站苍周线 289-2 刀闸开关侧单相接地处理为例，220kV 周营子站西周线 282-1 刀闸开关侧单相接地处理评分标准与其相同					

		评分标准				
序号	考核项目名称	质量要求	分值	扣分标准	扣分原因	得分
1	监控系统信息检查	①检查"220kV 母线保护 1 差动跳Ⅰ母""220kV 母线保护 2 差动动作""220kV 母线保护 2 差动跳Ⅰ母""220kVⅠ母 PT 断线"光字信号 ②检查 289、211、201 开关变位及遥测值 ③检查 220kV 1 号母线电压指示为零 ④汇报调度	6.5	①未"220kV 母线保护 1 差动跳Ⅰ母""220kV 母线保护 2 差动动作""220kV 母线保护 2 差动跳Ⅰ母""220kVⅠ母 PT 断线"光字信号每个扣 0.5 分 ②未检查 289、211、201 开关变位及遥测值每个开关扣 1 分 ③未检查 220kV 1 号母线电压扣 1 分,其中未三相检查扣 0.5 分 ④未汇报调度扣 0.5 分		
2	应急处理	①带安全帽、绝缘手套、绝缘靴 ②合上 212-9、112-9 中性点接地刀闸,拉开 111-9 中性点接地刀闸,操作后应检查触头位置,应断开电机电源 ③退 1 号主变高压侧电压投入压板	9.5	①安全帽、绝缘手套、绝缘靴少带一种扣 0.5 分 ②未合 212-9、112-9 中性点接地刀闸扣 4 分,未拉开 111-9 中性点接地刀闸扣 2 分,其中操作后未检查触头位置扣 0.5 分,未断开电机电源扣 0.5 分;合中性点晚扣 3 分 ③未退 1 号主变高压侧电压投入压板扣 2 分		
3	检查、记录保护装置动作情况	①检查 220kV 母差保护屏"跳Ⅰ母""报警"信号灯点亮,记录液晶显示并复归 ②检查 220kV 母差保护屏"母差动作""交流异常"信号灯点亮,记录液晶显示并复归 ③检查 289、211 开关操作箱"一组跳 A""一组跳 B""一组跳 C""一组永跳""二组跳 A""二组跳 B""二组跳 C""二组永跳""A 相分位""B 相分位""C 相分位"指示灯点亮并复归 ④检查 201 开关操作箱"A 相分位""B 相分位""C 相分位"指示灯点亮 ⑤检查 2 号主变保护屏"过负荷"信号灯点亮 ⑥检查 289 线路保护屏"告警""PT 断线"信号灯点亮 ⑦检查 220kV 线路故障录波并复归	14.5	①未检查 220kV 母差保护屏"跳Ⅰ母""报警"信号灯点亮每个扣 0.5 分,未记录液晶显示扣 1 分,未复归扣 0.5 分 ②未检查 220kV 母差保护屏"母差动作""交流异常"信号灯点亮每个扣 0.5 分,未记录液晶显示扣 1 分,未复归扣 0.5 分 ③未检查 289、211 开关操作箱"一组跳 A""一组跳 B""一组跳 C""一组永跳""二组跳 A""二组跳 B""二组跳 C""二组永跳""A 相分位""B 相分位""C 相分位"指示灯点亮每个开关扣 0.25 分,未复归每个开关扣 0.5 分 ④未检查 201 开关操作箱"A 相分位""B 相分位""C 相分位"指示灯点亮每个扣 0.5 分 ⑤未检查 2 号主变保护屏"过负荷"信号灯点亮扣 0.5 分 ⑥未检查 289 线路保护屏"告警""PT 断线"信号灯点亮每个扣 0.5 分 ⑦未检查 220kV 线路故障录波扣 1 分,未复归扣 0.5 分		

序号	考核项目名称	质量要求	分值	扣分标准	扣分原因	得分
4	故障查找	①检查保护范围内设备并提交报告 ②检查289、211、201开关位置	13	①保护范围内设备（包括289-1、289开关、289CT、211-1、211-2、211开关、211CT、201开关、201-1、201CT、21-7、21PT、避雷器、220kV1号母线、21MD1、21MD2）少查找一处扣0.5分，范围外设备多查四处及以上扣1分 ②未检查289、211、201开关位置每个扣1分 ③未提交289-2刀闸故障情况扣2分		
5	隔离故障点	①将289开关"远方/就地"把手改投"就地"位置 ②拉开289-5-1刀闸，操作顺序应正确，操作后应检查触头位置，断开电机电源，应进行二次回路回路切换检查 ③汇报调度	6	①操作刀闸前未将289开关"远方/就地"把手切至"就地"位置扣0.5分 ②未拉开289-5刀闸扣2分，未拉开289-1刀闸扣3分，其中刀闸操作顺序错误扣3分，操作后未检查触头位置每处扣0.5分，未断开电机电源每处扣0.5分，未进行二次回路回路切换检查每组刀闸扣1分 ③未汇报调度扣0.5分		
6	恢复送电	①恢复220kV1号母线送电，投入201保护屏充电保护压板，合上201开关，检查220kV1号母线三相电压，及201开关机械指示，退出充电保护 ②恢复211开关送电，211送电前应投入1号主变高压侧电压投入压板，211开关送电后应检查三相电流及机械指示正常，并合上111-9，拉开212-9、112-9中性点接地刀闸 ③汇报调度	13.5	①恢复220kV1号母线送电7分，其中充电前未投入201保护屏充电保护压板扣3分，充电后未检查220kV1号母线三相电压扣1分，未检查201开关机械指示扣0.5分 ②恢复211开关送电3分，其中送电前未投入1号主变高压侧电压投入压板扣1分，送电后未检查三相电流、机械指示每项扣0.5分 ③211开关合好后未合上111-9中性点接地刀闸扣1分，未拉开212-9、112-9中性点接地刀闸扣2分，其中操作后未检查触头位置扣0.5分，未断开电机电源扣0.5分 ④未汇报调度扣0.5分		

序号	考核项目名称	质量要求	分值	扣分标准	扣分原因	得分
7	倒母线将Ⅱ母线转冷备用	①倒母线前，应投入母线互联、母联互联压板，断开201开关控制电源，压板和保险投退顺序应正确 ②将212、282热倒至220kV 1号母线供电；刀闸操作后应检查触头位置，断开电机电源，进行二次回路切换检查 ③拉201开关，拉开201开关前应检查电流为零，拉开201开关后应检查220kV 2号母线三相电压为零，并检查开关机械指示 ④拉开201-2-1刀闸，操作顺序应正确；操作后应检查触头位置，并断开电机电源 ⑤断开22PT二次空开，拉开22-7刀闸，操作顺序应正确；操作刀闸后应检查触头位置，并断开电机电源 ⑥拉开220kV母线保护屏Ⅰ Ⅱ母PT小开关 ⑦拉开220kV母线保护屏Ⅱ Ⅱ母PT小开关 ⑧汇报调度	19.5	①倒母线前，未投入母线互联、母联互联压板扣3分，未断开201开关控制电源扣2分，其中压板和保险投退顺序反扣3分 ②将212、282热倒至220kV 1号母线供电5分，其中刀闸操作后未检查触头位置每处扣0.5分，未断开电机电源每处扣0.5分，未进行二次回路切换检查每组刀闸扣1分 ③未拉开201开关扣3分，其中拉开开关前未检查三相电流扣0.5分，拉开开关后未检查220kV 2号母线三相电压扣0.5分，未检查开关机械指示扣0.5分 ④未拉开201-2-1刀闸扣4分，其中顺序反扣2分，操作后未检查触头位置每处扣0.5分，未断电机电源每处扣0.5分 ⑤未取22PT二次保险空开扣1分，未拉开22-7刀闸扣1分，其中操作顺序反扣1分，操作后未检查触头位置扣0.5分，未断电机电源扣0.5分 ⑥未汇报调度扣0.5分		
8	故障设备转检修	①带220kV验电器、220kV接地线、绝缘棒 ②289-2刀闸两侧验电、接地；验电前应试验验电器良好，接地前应三相验电，接地后应检查接地良好 ③汇报调度	12.5	①未带220kV验电器、220kV接地线、绝缘棒每个扣0.5分 ②未检查所有-2刀闸在断位扣0.5分 ③未试验验电器良好扣2分 ④2组接地刀闸少操作一组扣4分，其中接地前未验电每次扣2分，接地后未检查接地良好扣1分，合289-2KD接地刀闸扣1分 ⑤未汇报调度扣0.5分		

序号	考核项目名称	质量要求	分值	扣分标准	扣分原因	得分
9	布置安全措施	在 282-2、211-2、212-2、289-5-1、22-7 刀闸操作把手上悬挂"禁止合闸,有人工作",在 289-2 刀闸操作把手上悬挂"在此工作"标示牌,289-2 刀闸设置围栏,悬挂"止步,高压危险""从此进出"标示牌	5	在 282-2、211-2、212-2、289-5-1、22-7 刀闸操作把手上悬挂"禁止合闸,有人工作",在 289-2 刀闸操作把手上悬挂"在此工作"标示牌,289-2 刀闸设置围栏,悬挂"止步,高压危险""从此进出"标示牌,少一个扣 0.5 分		
10	质量否决	操作过程中发生误操作	否决	①发生误拉开关扣 10 分②充电后送负荷前未退充电保护造成跳闸扣 7 分③发生带负荷拉刀闸、带电合接地刀闸、带电挂地线等恶性误操作扣 100 分		

2.2.11 BZ2ZY0110 110kV 出线间隔母线侧刀闸开关侧单相接地

一、作业

(一) 工器具、材料、设备

1. 工器具：无。

2. 材料：笔、A4 纸。

3. 设备：220kV 周营子仿真变电站（或备有 220kV 周营子变电站一次系统图）。

(二) 安全要求

考生不得随意启动、退出任何程序。

(三) 操作步骤及工艺要求（含注意事项）

1. 根据告警信息做出正确判断，检查后台机上传的遥信信息，清闪；告警的保护装置、复归并汇报。

2. 进行必要的倒闸操作（例如合上变压器中性点隔离开关，恢复站用变压器运行，相应二次压板的投退等）。

3. 对保护跳闸的设备进行检查，并汇报调度。

4. 发现、隔离故障设备后，将无故障设备恢复送电，并汇报调度。

5. 将故障跳闸设备转检修，做好安全措施，并汇报调度。

6. 在仿真机上完成事故处理操作。

二、考核

(一) 考核场地

考核场地配有 220kV 周营子仿真变电站培训系统（或备有 220kV 周营子变电站一次系统图）。

(二) 考核时间

考核时间为 60min。

(三) 考核要点

根据告警信息做出正确判断并在仿真机上完成事故处理操作，无误操作。

三、评分标准

行业：电力工程　　　　　　工种：变电站值班员　　　　　　等级：技师

编号	BZ2ZY0110	行为领域	e	鉴定范围		
考核时限	60min	题型	C	满分	100 分	得分
试题名称	110kV 出线间隔母线侧刀闸开关侧单相接地					
考核要点及其要求	根据告警信息做出正确判断并在仿真机上完成事故处理操作，无误操作					
现场设备、工器具、材料	(1) 工器具：无 (2) 材料：笔、A4 纸 (3) 设备：220kV 周营子仿真变电站（或备有 220kV 周营子变电站一次系统图）					
备注	评分标注以 220kV 周营子站 183-2 刀闸开关侧单相接地事故为例，220kV 周营子站 110kV 周获线 185-2 刀闸、周曲线 187-2 刀闸开关侧单相接地事故处理评分标准与其相同					

评分标准

序号	考核项目名称	质量要求	分值	扣分标准	扣分原因	得分
1	监控系统信息检查	①检查"110kV母线保护差动跳Ⅰ母""110kVⅠ母PT断线"光字信号 ②检查183、185、187、111、101开关变位及遥测值 ③检查110kV 1号母线三相电压值为零 ④汇报调度	7.5	①未检查"110kV母线保护差动跳Ⅰ母""110kVⅠ母PT断线"光字信号每个扣0.5分 ②未检查183、185、187、111、101开关变位及遥测值每个开关扣1分 ③未检查110kV 1号母线电压扣1分,其中未三相检查扣0.5分 ④未汇报调度扣0.5分		
2	应急处理	①带安全帽、绝缘手套、绝缘靴 ②合上212-9、112-9中性点接地刀闸。拉开211-9中性点接地刀闸操作后应检查触头位置,应断开电机电源 ③退1号主变中压侧电压投入压板	6.5	①安全帽、绝缘手套、绝缘靴少带一种扣0.5分 ②未合上212-9、112-9中性点接地刀闸扣4分,其中未检查触头位置扣0.5分,未断开电机电源扣0.5分,合中性点晚扣3分 ③未退1号主变中压侧电压投入压板扣1分		
3	检查、记录保护装置动作情况	①检查110kV母差保护屏"母差动作"信号灯点亮,记录液晶显示并复归 ②检查183、185、187、101开关操作箱"跳位"信号灯点亮 ③检查111开关操作箱"1DL分位""1DL跳闸"信号灯点亮并复归 ④检查110kV线路故障录波信号并复归	6	①未检查110kV母差保护屏"母差动作"信号灯点亮扣0.5分,未记录液晶扣0.5分,未复归扣0.5分 ②未检查183、185、187、101开关操作箱"跳位"信号灯点亮每个扣0.5分 ③未检查111开关操作箱"1DL分位""1DL跳闸"信号灯点亮每个扣0.5分,未复归扣0.5分 ④未检查110kV线路故障录波信号扣0.5分,未复归扣0.5分		

序号	考核项目名称	质量要求	分值	扣分标准	扣分原因	得分
4	查找故障点	①检查保护范围内设备并提交报告 ②检查 183、185、187、111、101 开关位置	18.5	①检查保护范围内设备（包括 185、187、111 间隔-2 刀闸开关侧、-1 刀闸、开关、CT；183 间隔-1 刀闸、开关、CT；101-1 刀闸、101 开关、101CT；11-7 刀闸、11PT、避雷器；110kV 1 号母线、11MD1、11MD2）少查找一处扣 0.5 分，范围外设备多查一处扣 0.5 分 ②未检查 183、185、187、111、101 开关位置每个扣 1 分 ③未提交 183-2 刀闸故障情况扣 1.5 分		
5	隔离故障点	①将 183 开关"远方/就地"把手切至"就地"位置 ②拉开 183-5-1 刀闸，操作顺序应正确，刀闸操作后应检查触头位置，进行二次回路切换检查 ③汇报调度	4	①操作刀闸前未将 183 开关"远方/就地"把手切至"就地"位置扣 0.5 分 ②未拉开 183-5 刀闸扣 1 分，未拉开 183-1 刀闸扣 2 分，其中操作顺序反扣 1 分，操作后未检查触头位置每处扣 0.5 分，未进行二次回路回路切换检查扣 1 分 ③未汇报调度扣 0.5 分		
6	恢复送电	①恢复 110 kV 1 号母线送电：投入 101 母联保护屏充电保护压板，合上 101 开关，检查 110kV 1 号母线三相电压及 101 开关机械指示正常，退出充电保护 ②恢复 111 开关送电，111 开关合闸后应检查三相电流及机械指示正常	14	①恢复 110 kV 1 号母线送电 6 分，其中充电前未投入 101 保护屏充电保护压板扣 3 分，充电后未检查 110 kV 1 号母线电压扣 0.5 分，未检查 101 开关机械指示扣 0.5 分		

序号	考核项目名称	质量要求	分值	扣分标准	扣分原因	得分
6	恢复送电	③111 开关送电前，投入 1 号主变中压侧电压投入压板，111 开关送电后应合上 211-9，拉开 212-9、112-9 中性点接地刀闸， ④恢复 185、187 送电，开关合好后应检查开关三相电流及机械指示 ⑤汇报调度	14	②恢复 111 开关送电 2 分，其中开关合闸后未检查三相电流、机械指示每项扣 0.5 分 ③111 开关送电前未投入 1 号主变中压侧电压投入压板扣 0.5 分 ④111 开关送电后未拉开 212-9、112-9 中性点接地刀闸扣 2 分，其中操作后未检查触头位置每处扣 0.5 分，未断开电机电源每处扣 0.5 分 ⑤恢复 185、187 送电每路 1.5 分，开关合好未应检查开关三相电流及机械指示每处扣 0.5 分 ⑥未汇报调度扣 0.5 分		
7	热倒母线将 Ⅱ 母线转冷备用	①倒母线前，应投入母联互联压板，断开 101 开关控制电源；压板和电源投退顺序应正确 ② 将 184、186、188、112 热倒至 110kV 1 号母线供电；操作后应检查触头位置，应进行二次回路切换检查 ③拉开 101 开关。操作前应检查电流为零，操作后应检查母线电压为零 ④拉开 101-2-1 刀闸，操作顺序应正确，操作后应检查触头位置 ⑤断开 12PT 二次空开，拉开 12-7 刀闸；操作顺序应正确 ⑥拉开 110kV 母线保护屏 Ⅱ母 PT 小空开 ⑦汇报调度	24.5	①倒母线前，未投母联互联压板扣 1 分，未断开 101 开关控制电源扣 1 分。压板和保险投退顺序反扣 1 分 ②热倒 184、186、188、112 开关，每路不正确扣 4 分。其中刀闸操作后未检查触头位置每处扣 0.5 分，未进行电压切换检查每组刀闸扣 1 分 ③未拉开 101 开关扣 2 分。其中操作前未检查三相电流为零扣 0.5 分，操作后未查 110kV 2 号母线电压为零扣 0.5 分，未检查机械指示扣 0.5 分 ④未拉开 101-2-1 刀闸扣 2 分，其中顺序反扣 1 分，刀闸操作后未检查触头位置每处扣 0.5 分 ⑤未取 12PT 二次空开扣 1 分，未拉开 12-7 刀闸扣 1 分。其中操作顺序反扣 1 分 ⑥未汇报调度扣 0.5 分		

序号	考核项目名称	质量要求	分值	扣分标准	扣分原因	得分
8	故障设备转检修	①带110kV验电器、110kV接地线、绝缘杆 ②183-2刀闸两侧验电、接地，验电前应带验电器并试验验电器良好，接地前应三相验电，接地后应检查接地良好 ③汇报调度	11.5	①未带110kV验电器、110kV接地线、绝缘杆每个扣0.5分 ②未检查所有-2刀闸在断位扣0.5分 ③未试验验电器良好扣2分 ④2组接地少操作一组扣3.5分，其中接地前未验电每次扣2分，接地后未检查接地良好扣1，合183-2KD接地刀闸扣1分 ⑤未汇报调度扣0.5分		
9	布置安全措施	在184-2、185-2、186-2、187-2、188-2、111-2、112-2、101-2、12-7、183-5-1刀闸操作把手上挂"禁止合闸，有人工作"标示牌，183-2刀闸上挂"在此工作"标示牌，183-2刀闸设围栏，挂"止步，高压危险""从此进出"标示牌	7.5	在184-2、185-2、186-2、187-2、188-2、111-2、112-2、101-2、12-7、183-5-1刀闸操作把手上挂"禁止合闸，有人工作"标示牌，183-2刀闸上挂"在此工作"标示牌，183-2刀闸设围栏，挂"止步，高压危险""从此进出"标示牌，少挂一处扣0.5分。		
10	质量否决	操作过程中发生误操作	否决	①发生误拉开关扣10分 ②母线充电后未退保护压板造成开关跳闸扣7分 ③发生带负荷拉刀闸、带电合接地刀闸、带电挂地线等恶性误操作扣100分		

2.2.12 BZ2ZY0111 110kV 出线间隔母线侧刀闸母线侧单相接地

一、作业

（一）工器具、材料、设备

1. 工器具：无。

2. 材料：笔、A4 纸。

3. 设备：220kV 周营子仿真变电站（或备有 220kV 周营子变电站一次系统图）。

（二）安全要求

考生不得随意启动、退出任何程序。

（三）操作步骤及工艺要求（含注意事项）

1. 根据告警信息做出正确判断，检查后台机上传的遥信信息，清闪；告警的保护装置、复归并汇报。

2. 进行必要的倒闸操作（例如合上变压器中性点隔离开关，恢复站用变压器运行，相应二次压板的投退等）。

3. 对保护跳闸的设备进行检查，并汇报调度。

4. 发现、隔离故障设备后，将无故障设备恢复送电，并汇报调度。

5. 将故障跳闸设备转检修，做好安全措施，并汇报调度。

6. 在仿真机上完成事故处理操作。

二、考核

（一）考核场地

考核场地配有 220kV 周营子仿真变电站培训系统（或备有 220kV 周营子变电站一次系统图）。

（二）考核时间

考核时间为 50min。

（三）考核要点

根据告警信息做出正确判断并在仿真机上完成事故处理操作，无误操作。

三、评分标准

行业：电力工程　　　　　　　工种：变电站值班员　　　　　　　等级：技师

编号	BZ2ZY0111	行为领域	e	鉴定范围		
考核时限	50min	题型	C	满分	100 分	得分
试题名称	110kV 出线间隔母线侧刀闸母线侧单相接地					
考核要点及其要求	根据告警信息做出正确判断并在仿真机上完成事故处理操作，无误操作					
现场设备、工器具、材料	（1）工器具：无 （2）材料：笔、A4 纸 （3）设备：220kV 周营子仿真变电站（或备有 220kV 周营子变电站一次系统图）					
备注	评分标准以 220kV 周营子站 183-2 刀闸母线侧单相接地事故处理为例，220kV 周营子站 110kV 周获线 185-2 刀闸、187-2 刀闸母线侧单相接地事故处理评分标准与其相同					

评分标准

序号	考核项目名称	质量要求	分值	扣分标准	扣分原因	得分
1	监控系统信息检查	①检查"110kV 母线保护差动跳Ⅱ母""110kVⅡ母 PT 断线"光字信号 ②检查 184、186、188、112、101 开关变位及遥测值 ③检查 110kV 2 号母线三相电压为零 ④汇报调度	8.5	①未检查"110kV 母线保护差动跳Ⅱ母""110kVⅡ母 PT 断线"光字信号每个扣 1 分 ②未检查 184、186、188、112、101 开关变位及遥测值每个开关扣 1 分 ③未检查 110kV 2 号母线电压扣 1 分,其中未三相检查扣 0.5 分 ④未汇报调度扣 0.5 分		
2	应急处理	①带安全帽、绝缘手套、绝缘靴 ②合上 112-9 中性点接地刀闸。操作后应检查触头位置,应断开电机电源 ③退 2 号主变中压侧电压投入压板	5.5	①安全帽、绝缘手套、绝缘靴少带一种扣 0.5 分 ②未合上 112-9 中性点接地刀闸扣 3 分,其中未检查触头位置扣 0.5 分,未断开电机电源扣 0.5 分,合中性点晚扣 3 分 ③未退 2 号主变中压侧电压投入压板扣 1 分		
3	检查、记录保护装置动作情况	①检查 110kV 母差保护屏"母差动作"信号灯点亮,记录液晶显示并复归 ②检查 184、186、188、101 开关操作箱"跳位"信号灯点亮 ③检查 112 开关操作箱"1DL 分位""1DL 跳闸"信号灯点亮并复归 ④检查 110kV 线路故障录波信号并复归	6	①未检查 110kV 母差保护屏"母差动作"信号灯点亮扣 0.5 分,未记录液晶显示扣 0.5 分,未复归扣 0.5 分 ②未检查 184、186、188、101 开关操作箱"跳位"信号灯点亮每个扣 0.5 分 ③未检查 112 开关操作箱"1DL 分位""1DL 跳闸"信号灯点亮每个扣 0.5 分,未复归扣 0.5 分 ④未检查 110kV 线路故障录波信号扣 0.5 分,未复归扣 0.5 分		

序号	考核项目名称	质量要求	分值	扣分标准	扣分原因	得分
4	查找故障点	①检查保护范围内设备并提交报告 ②检查184、186、188、112开关位置	19	①保护范围内设备（包括184、186、188、112间隔-1刀闸开关侧、-2刀闸、开关、CT；185、187、111间隔-2刀闸母线侧；101间隔-2刀闸、开关、CT；12PT间隔12-7刀闸、PT、避雷器；110kV 2号母线；12-MD1、12-MD2）少查找一处扣0.5分，范围外设备多查一处扣0.5分； ②未检查184、186、188、112、101开关位置每个扣0.5分 ③未提交183-2刀闸故障情况扣2分		
5	隔离故障点恢复无故障设备送电	①拉开183开关。操作后应检查三相电流、机械指示 ②拉开183-5-1刀闸，顺序应正确。操作前应将183开关"远方/就地"把手切至"就地"位置，操作后应检查触头位置，进行二次回路切换检查 ③将184、186、188、112冷倒至110kV 1号母线送电。刀闸操作后应检查触头位置，应进行二次回路切换检查，开关送电后应检查三相电流、机械指示 ④112开关送电前应投入2号主变中压侧电压投入压板，送电后应拉开112-9中性点刀闸， ⑤拉开101-2-1刀闸，操作顺序应正确。操作后应检查触头位置 ⑥取12PT二次空开，拉开12-7刀闸，操作顺序应正确 ⑦拉开110kV母线保护屏Ⅱ母PT小空开 ⑧汇报调度	38.5	①操作刀闸前未将183开关"远方/就地"把手切至"就地"位置扣0.5分 ②未拉开183开关扣2分。其中操作后未检查遥测值、机械指示每处扣0.5分 ③未拉开183-5刀闸扣1.5分，未拉开183-1刀闸扣2.5分，其中操作后未检查触头位置每处扣0.5分，未进行二次回路切换检查扣1分 ④110kV冷倒母线送电：184、186、188、112少送一路扣6分，其中每把刀闸2分，操作后未进行二次回路切换检查每把刀闸扣1分，未检查触头位置每处扣0.5分，每个开关2分，操作未检查三相电流、机械指示每项扣0.5分 ⑤112送电前未投入2号主变中压侧电压投入压板扣1分 ⑥112送电后未拉开112-9中性点刀闸扣1.5分，其中操作后未检查触头位置、未断开电机电源每项扣0.5分 ⑦未拉开101-2-1刀闸扣3分，其中顺序反扣1分，操作后未检查位置每处扣0.5分 ⑧未取12PT二次空开扣1分，未拉开12-7刀闸扣1分。顺序错误扣1分 ⑨未汇报调度扣0.5分		

序号	考核项目名称	质量要求 .	分值	扣分标准	扣分原因	得分
6	故障设备转检修	①带 110kV 验电器、110kV 接地线、绝缘杆 ②183-2 刀闸两侧验电、接地，验电前应试验验电器良好，接地前应三相验电，接地后应检查接地良好 ③汇报调度	15	① 未带 110kV 验电器、110kV 接地线、绝缘杆每个扣 0.5 分 ②未检查所有-2 刀闸在断位扣 1 分 ③未试验验电器良好扣 2 分 ④2 组接地少操作一组扣 5 分，其中合接地刀闸或挂地线前未验电每次扣 3 分，接地后未检查接地良好每处扣 1 分，合 183-2KD 接地刀闸扣 1 分 ⑤未汇报调度扣 0.5 分		
7	布 置 安 全措施	在 184-2、185-2、186-2、187-2、188-2、111-2、112-2、101-2、12-7、183-5-1 刀闸操作把手上挂"禁止合闸，有人工作"标示牌，183-2 刀闸上挂"在此工作"标示牌，183-2 刀闸设围栏，挂"止步，高压危险""从此进出"标示牌	7.5	在 184-2、185-2、186-2、187-2、188-2、111-2、112-2、101-2、12-7、183-5-1 刀闸操作把手上挂"禁止合闸，有人工作"标示牌，183-2 刀闸上挂"在此工作"标示牌，183-2 刀闸设围栏，挂"止步，高压危险""从此进出"标示牌，少挂一处扣 0.5 分		
8	质量否决	操作过程中发生误操作	否决	①发生误拉开关扣 10 分 ②发生带负荷拉刀闸、带电合接地刀闸、带电挂地线等恶性误操作扣 100 分		

2.2.13 BZ2ZY0112 110kV电压互感器侧刀闸单相接地

一、作业

（一）工器具、材料、设备

1. 工器具：无。

2. 材料：笔、A4纸。

3. 设备：220kV周营子仿真变电站（或备有220kV周营子变电站一次系统图）。

（二）安全要求

考生不得随意启动、退出任何程序。

（三）操作步骤及工艺要求（含注意事项）

1. 根据告警信息做出正确判断，检查后台机上传的遥信信息，清闪；告警的保护装置、复归并汇报。

2. 进行必要的倒闸操作（例如合上变压器中性点隔离开关，恢复站用变压器运行，相应二次压板的投退等）。

3. 对保护跳闸的设备进行检查，并汇报调度。

4. 发现、隔离故障设备后，将无故障设备恢复送电，并汇报调度。

5. 将故障跳闸设备转检修，做好安全措施，并汇报调度。

6. 在仿真机上完成事故处理操作。

二、考核

（一）考核场地

考核场地配有220kV周营子仿真变电站培训系统（或备有220kV周营子变电站一次系统图）。

（二）考核时间

考核时间为50min。

（三）考核要点

根据告警信息做出正确判断并在仿真机上完成事故处理操作，无误操作。

三、评分标准

行业：电力工程　　　　　　　工种：变电站值班员　　　　　　　等级：技师

编号	BZ2ZY0112	行为领域	e	鉴定范围		
考核时限	50min	题型	C	满分	100分	得分
试题名称	110kV电压互感器侧刀闸单相接地					
考核要点及其要求	根据告警信息做出正确判断并在仿真机上完成事故处理操作，无误操作					
现场设备、工器具、材料	（1）工器具：无 （2）材料：笔、A4纸 （3）设备：220kV周营子仿真变电站（或备有220kV周营子变电站一次系统图）					
备注	评分标准以220kV周营子站12-7刀闸单相接地事故处理为例，220kV周营子站11-7刀闸单相接地、101-1-2刀闸事故处理评分标准与其相同					

评分标准						
序号	考核项目名称	质量要求	分值	扣分标准	扣分原因	得分
1	监控系统信息检查	①检查"110kV 母线保护差动跳Ⅱ母""110kVⅡ母 PT 断线"光字信号 ②检查 184、186、188、112、101 开关变位及遥测值 ③检查 110kV 2 号母线三相电压为零 ④汇报调度	8.5	①未检查"110kV 母线保护差动跳Ⅱ母""110kVⅡ母 PT 断线"光字信号每个扣 1 分 ②未检查 184、186、188、112、101 开关变位及遥测值每个开关扣 1 分 ③未检查 110kV 2 号母线电压扣 1 分，其中未三相检查扣 0.5 分 ④未汇报调度扣 0.5 分		
2	应急处理	①带安全帽、绝缘手套、绝缘靴 ②合上 112-9 中性点接地刀闸，操作后应检查触头位置，应断开电机电源 ③退 2 号主变中压侧电压投入压板	5.5	①安全帽、绝缘手套、绝缘靴少带一种扣 0.5 分 ②未合上 112-9 中性点接地刀闸扣 3 分，其中未检查触头位置扣 0.5 分，未断开电机电源扣 0.5 分，合中性点晚扣 1 分 ③未退 2 号主变中压侧电压投入压板扣 1 分		
3	检查、记录保护装置动作情况	①检查 110kV 母差保护屏"母差动作"信号灯点亮，记录液晶显示并复归 ②检查 184、186、188、101 开关操作箱"跳位"信号灯点亮 ③检查 112 开关操作箱"1DL 分位""1DL 跳闸"信号灯点亮并复归 ④检查 110kV 线路故障录波信号并复归	6	①未检查 110kV 母差保护屏"母差动作"信号灯点亮扣 0.5 分，未记录液晶显示扣 0.5 分，未复归扣 0.5 分 ②未检查 184、186、188、101 开关操作箱"跳位"信号灯点亮每个扣 0.5 分 ③未检查 112 开关操作箱"1DL 分位""1DL 跳闸"信号灯点亮每个扣 0.5 分，未复归扣 0.5 分 ④未检查 110kV 线路故障录波信号扣 0.5 分，未复归扣 0.5 分		
4	查找故障点	①检查保护范围内设备并提交报告 ②检查 184、186、188、112 开关位置	19.5	①保护范围内设备（包括 184、186、188、112 间隔-1 刀闸开关侧、-2 刀闸、开关、CT；183、185、187、111 间隔-2 刀闸母线侧；101 间隔-2 刀闸、开关、CT；12PT 间隔 PT、避雷器；110kV 2 号母线；12-MD1、12-MD2）少查找一处扣 0.5 分，范围外设备多查一处扣 0.5 分； ②未检查 184、186、188、112、101 开关位置每个扣 0.5 分 ③未提交 12-7 刀闸故障情况扣 3 分		

序号	考核项目名称	质量要求	分值	扣分标准	扣分原因	得分
5	隔离故障点恢复无故障设备送电	①将 184、186、188、112 冷倒至 110kV 1 号母线送电。刀闸操作后应检查触头位置，应进行二次回路切换检查，开关送电后应检查三相电流、机械指示 ②112 开关送电前应投入 2 号主变中压侧电压投入压板，送电后应拉开 112-9 中性点刀闸， ③拉开 101-2-1 刀闸，操作顺序应正确。操作后应检查触头位置 ④拉开 12PT 二次空开 ⑤拉开 110kV 母线保护屏Ⅱ母 PT 小空开 ⑥汇报调度	39	①184、186、188、112 少倒送一路扣 8 分，其中刀闸操作后未检查每组扣 0.5 分，未进行二次回路切换检查每组刀闸扣 1 分，开关送电后未检查开关三相电流、机械指示每项扣 0.5 分 ②112 开关送电前未投入 2 号主变中压侧送电电压投入压板扣 1 分 ③112 开关送电后未拉开 112-9 中性点刀闸扣 1.5 分，其中操作后未检查触头位置扣 0.5 分，未断开电机电源扣 0.5 分 ④未拉开 101-2-1 刀闸扣 3 分，其中顺序反扣 1 分，操作后未检查位置扣 0.5 分 ⑤未取 12PT 二次保险扣 1 分 ⑥未汇报调度扣 0.5		
6	故障设备转检修	①带 110kV 验电器、110kV 接地线、绝缘杆 ②12-7 刀闸两侧验电、接地，验电前应试验验电器良好，接地前应三相验电，接地后应检查接地良好 ③汇报调度	15	①未带 110kV 验电器、110kV 接地线、绝缘杆每个扣 0.5 分 ②未检查所有-2 刀闸在断位扣 1 分 ③未试验验电器良好扣 2 分 ④2 组接地少操作一组扣 5 分，其中接地前未验电每次扣 3 分，接地后未检查接地良好每处扣 1 分，合 12-7MD、12-7PD 接地刀闸扣 1 分 ⑤未汇报调度扣 0.5		
7	布置安全措施	在 183-2、184-2、185-2、186-2、187-2、188-2、111-2、112-2、101-2 刀闸操作把手上挂"禁止合闸，有人工作"标示牌，12-7 刀闸上挂"在此工作"标示牌，12-7 刀闸设围栏，挂"止步，高压危险""从此进出"标示牌	6.5	在 183-2、184-2、185-2、186-2、187-2、188-2、111-2、112-2、101-2 刀闸操作把手上挂"禁止合闸，有人工作"标示牌，12-7 刀闸上挂"在此工作"标示牌，12-7 刀闸设围栏，挂"止步，高压危险""从此进出"标示牌，少挂一处扣 0.5 分。		

序号	考核项目名称	质量要求	分值	扣分标准	扣分原因	得分
8	质量否决	操作过程中发生误操作	否决	①发生误拉开关扣 10 分 ②发生带负荷拉刀闸、带电合接地刀闸、带电挂地线等恶性误操作扣 100 分		

2.2.14　BZ2ZY0113　220kV 电压互感器侧刀闸单相接地

一、作业

（一）工器具、材料、设备

1. 工器具：无。

2. 材料：笔、A4 纸。

3. 设备：220kV 周营子仿真变电站（或备有 220kV 周营子变电站一次系统图）。

（二）安全要求

考生不得随意启动、退出任何程序。

（三）操作步骤及工艺要求（含注意事项）

1. 根据告警信息做出正确判断，检查后台机上传的遥信信息，清闪；告警的保护装置、复归并汇报。

2. 进行必要的倒闸操作（例如合上变压器中性点隔离开关，恢复站用变压器运行，相应二次压板的投退等）。

3. 对保护跳闸的设备进行检查，并汇报调度。

4. 发现、隔离故障设备后，将无故障设备恢复送电，并汇报调度。

5. 将故障跳闸设备转检修，做好安全措施，并汇报调度。

6. 在仿真机上完成事故处理操作。

二、考核

（一）考核场地

考核场地配有 220kV 周营子仿真变电站培训系统。

（二）考核时间

考核时间为 50min。

（三）考核要点

根据告警信息做出正确判断并在仿真机上完成事故处理操作，无误操作。

三、评分标准

行业：电力工程　　　　　　　工种：变电站值班员　　　　　　　等级：技师

编号	BZ2ZY0113	行为领域	e	鉴定范围		
考核时限	50min	题型	C	满分	100分	得分
试题名称	220kV 电压互感器侧刀闸单相接地					
考核要点及其要求	根据告警信息做出正确判断并在仿真机上完成事故处理操作，无误操作					
现场设备、工器具、材料	（1）工器具：无 （2）材料：笔、A4 纸 （3）设备：220kV 周营子仿真变电站（或备有 220kV 周营子变电站一次系统图）					
备注	评分标准以 220kV 周营子站 21-7 刀闸单相接地事故处理为例，220kV 周营子站 201-1-2 刀闸、22-7 刀闸单相接地事故处理评分标准与其相同					

序号	考核项目名称	质量要求	分值	扣分标准	扣分原因	得分
		评分标准				
1	监控系统信息检查	①检查"220kV 母线保护 1 差动跳 Ⅰ 母""220kV 母线保护 2 差动动作""220kV 母线保护 2 差动跳Ⅰ母""220kV Ⅰ母 PT 断线"光字信号 ②检查 289、211、201 开关变位及遥测值 ③检查 220kV 1 号母线电压指示为零 ④汇报调度	8.5	①未检查"220kV 母线保护 1 差动跳Ⅰ母""220kV 母线保护 2 差动动作""220kV 母线保护 2 差动跳Ⅰ母""220kVⅠ母 PT 断线"光字信号每个扣 1 分 ②未检查 289、211、201 开关变位及遥测值每个开关扣 1 分 ③未检查 220kV 1 号母线电压扣 1 分,其中未三相检查扣 0.5 分 ④未汇报调度扣 0.5 分		
2	应急处理	①带安全帽、绝缘手套、绝缘靴 ②合上 212-9、112-9 中性点接地刀闸,拉开 111-9 中性点接地刀闸。操作后应检查触头位置,应断开电机电源 V ③退 1 号主变高压侧电压投入压板	9	①安全帽、绝缘手套、绝缘靴少带一种扣 0.5 分 ②未合 212-9、112-9 中性点接地刀闸扣 4 分,未拉开 111-9 中性点接地刀闸扣 2 分,其中操作后未检查触头位置扣 0.5 分,未断开电机电源扣 0.5 分;合中性点晚扣 3 分 ③未退 1 号主变高压侧电压投入压板扣 1.5 分		
3	检查、记录保护装置动作情况	①检查 220kV 母差保护屏"跳Ⅰ母""报警"信号灯点亮,记录液晶显示并复归 ②检查 220kV 母差保护屏"母差动作""交流异常"信号灯点亮,记录液晶显示并复归 ③检查 289、211 开关操作箱"一组跳 A""一组跳 B""一组跳 C""一组永跳""二组跳 A""二组跳 B""二组跳 C""二组永跳""A 相分位""B 相分位""C 相分位"指示灯点亮并复归 ④检查 201 开关操作箱"A 相分位""B 相分位""C 相分位"指示灯点亮 ⑤检查 2 号主变保护屏"过负荷"信号灯点亮 ⑥检查 289 线路保护屏"告警""PT 断线"信号灯点亮 ⑦检查 220kV 线路故障录波并复归	14.5	①未检查 220kV 母差保护屏"跳Ⅰ母""报警"信号灯点亮每个扣 0.5 分,未记录液晶显示扣 1 分,未复归扣 0.5 分 ②未检查 220kV 母差保护屏"母差动作""交流异常"信号灯点亮每个扣 0.5 分,未记录液晶显示扣 1 分,未复归扣 0.5 分 ③未检查 289、211 开关操作箱"一组跳 A""一组跳 B""一组跳 C""一组永跳""二组跳 A""二组跳 B""二组跳 C""二组永跳"、"A 相分位""B 相分位""C 相分位"指示灯点亮每个开关扣 0.25 分,未复归扣 0.5 分 ④未检查 201 开关操作箱"A 相分位""B 相分位""C 相分位"指示灯点亮每个扣 0.5 分 ⑤未检查 2 号主变保护屏"过负荷"信号灯点亮扣 0.5 分 ⑥未检查 289 线路保护屏"告警""PT 断线"信号灯点亮每个扣 0.5 分 ⑦未检查 220kV 线路故障录波扣 1 分,未复归扣 0.5 分		

序号	考核项目名称	质量要求	分值	扣分标准	扣分原因	得分
4	故障查找	①检查保护范围内设备并提交报告 ②检查289、211、201开关位置	13	①保护范围内设备（包括289、211间隔的-1、-2、开关、CT，201间隔-1、开关、CT，21PT、避雷器、220kV1号母线、21-MD1、21-MD2）少查一处扣0.5分，范围外设备多查四处及以上扣1分 ②未检查289、211、201开关位置每个扣1分 ③未提交21-7刀闸故障情况扣2分		
5	隔离故障点恢复无故障设备送电	①将289、211冷倒至220kV2号母线运行；刀闸操作后应检查触头位置，应进行二次回路切换检查，应断开电机电源，开关送电后应检查三相电流及机械指示 ②拉开201-1-2刀闸，顺序应正确。刀闸操作后应检查触头位置，应断开电机电源 ③断开21PT二次空开 ④拉开220kV母线保护屏Ⅰ母PT小空开 ⑤拉开220kV母线保护屏Ⅱ母PT小空开 ⑥汇报调度	34	①冷倒289、211间隔不正确每路扣13分。其中刀闸操作后未检查触头位置每个扣1分，未断开电机电源每处扣1分，未进行二次回路切换检查扣1分，开关送电后未检查三相电流及机械指示每项扣1分 ②未拉开201-1-2刀闸扣6分，其中刀闸操作后未检查触头位置每个扣1分，未断开电机电源每处扣1分 ③未断开21PT二次空开扣1分 ④未汇报调度扣1分		
6	故障设备转检修	①带220kV验电器、220kV接地线、绝缘棒 ②21-7刀闸两侧验电、接地。验电前应试验验电器良好，接地前应三相验电，接地后应检查接地良好 ③汇报调度	16.5	①未带220kV验电器、220kV接地线、绝缘棒每个扣0.5分 ②未检查220kV所有-1刀闸在断位扣0.5分 ③未试验验电器扣2分 ④2组接地刀闸少操作一组扣6分，其中合接地刀闸前未验电每次扣3分，接地后未检查接地良好每处扣1分 ⑤未汇报调度扣0.5分		

序号	考核项目名称	质量要求	分值	扣分标准	扣分原因	得分
7	布置安全措施	在 282-1、211-1、212-1、289-1、201-1 刀闸操作把手上悬挂"禁止合闸，有人工作"，在 21-7 刀闸操作把手上悬挂"在此工作"标示牌，21-7 刀闸设置围栏，悬挂"止步，高压危险""从此进出"标示牌	4.5	在 282-1、211-1、212-1、289-1、201-1 刀闸操作把手上悬挂"禁止合闸，有人工作"，在 21-7 刀闸操作把手上悬挂"在此工作"标示牌，21-7 刀闸设置围栏，悬挂"止步，高压危险""从此进出"标示牌，少一个扣 0.5 分		
8	质量否决	操作过程中发生误操作	否决	①发生误拉开关扣 10 分 ②发生带负荷拉刀闸、带电合接地刀闸、带电挂地线等恶性误操作扣 100 分		

2.2.15　BZ2ZY0114　110kV线路单相接地，线路开关气压低闭锁（主变中性点接地）

一、作业

（一）工器具、材料、设备

1. 工器具：无。

2. 材料：笔、A4纸。

3. 设备：220kV周营子仿真变电站（或备有220kV周营子变电站一次系统图）。

（二）安全要求

考生不得随意启动、退出任何程序。

（三）操作步骤及工艺要求（含注意事项）

1. 根据告警信息做出正确判断，检查后台机上传的遥信信息，清闪；告警的保护装置、复归并汇报。

2. 进行必要的倒闸操作（例如合上变压器中性点隔离开关，恢复站用变压器运行，相应二次压板的投退等）。

3. 对保护跳闸的设备进行检查，并汇报调度。

4. 发现、隔离故障设备后，将无故障设备恢复送电，并汇报调度。

5. 将故障跳闸设备转检修，做好安全措施，并汇报调度。

6. 在仿真机上完成事故处理操作。

二、考核

（一）考核场地

考核场地配有220kV周营子仿真变电站培训系统。

（二）考核时间

考核时间为50min。

（三）考核要点

根据告警信息做出正确判断并在仿真机上完成事故处理操作，无误操作。

三、评分标准

行业：电力工程　　　　　　　　工种：变电站值班员　　　　　　　　等级：技师

编号	BZ2ZY0114	行为领域	e	鉴定范围			
考核时限	50min	题型	C	满分	100分	得分	
试题名称	110kV线路单相接地，线路开关气压低闭锁（主变中性点接地）						
考核要点及其要求	根据告警信息做出正确判断并在仿真机上完成事故处理操作，无误操作						
现场设备、工器具、材料	（1）工器具：无 （2）材料：笔、A4纸 （3）设备：220kV周营子仿真变电站（或备有220kV周营子变电站一次系统图）						
备注	评分标准以220kV周营子站周获线线路单相接地，线路开关气压低闭锁事故处理为例，220kV周营子站110kV周苍线线路单相接地，183开关SF_6压力低闭锁、周曲线线路单相接地，187开关SF_6压力低闭锁事故处理评分标准与其相同						

序号	考核项目名称	质量要求	分值	扣分标准	扣分原因	得分
		评分标准				
1	监控系统信息检查	①检查185线路"保护动作""SF_6气压低报警""SF_6气压闭锁""控制回路断线" ②1号主变"中压零序"光字信号 ③检查185、111、101开关变位、遥测值检查 ④110kV 1号母线三相电压值 ⑤拉开失压母线上183、187开关，操作前应检查三相电流指示为零 ⑥汇报调度	13.5	①未检查185线路"保护动作""SF_6气压低报警""SF_6气压闭锁""控制回路断线"光字信号每个扣1分 ②未检查1号主变"中压零序"光字信号扣1分 ③未检查185、111、101开关变位、遥测值每项扣0.5分 ④未检查110kV 1号母线三相电压扣1分，其中未三相检查扣0.5分 ⑤未拉开失压母线上183、187开关每个扣2分，其中操作前未检查三相电流指示为零每个扣1分 ⑥未汇报调度扣0.5分		
2	应急措施	①带安全帽、绝缘手套、绝缘靴 ②合上112-9、212-9，拉开211-9中性点接地刀闸，操作后应检查触头位置，应断开电机电源 ③调整1号主变中压侧电压压板	9	①未带安全帽、绝缘手套、绝缘靴每个扣0.5分 ②未合上112-9、212-9中性点接地刀闸扣6.5分，其中操作后未检查位置每处扣1分，未断开电机电源每处扣1分 ③未调整1号主变中压侧电压压板扣1分		
3	检查、记录保护装置动作情况	①检查周获线185线路保护屏"跳闸"灯点亮，记录液晶显示并复归 ②检查1号主变保护屏"跳闸""后备动作"指示灯点亮，记录液晶显示并复归 ③检查101、183、187开关操作箱"跳位"指示灯点亮	11.5	①未检查185线路保护"跳闸"灯点亮扣1分，未记录液晶显示扣1分，未复归扣0.5分 ②未检查1号主变保护屏"跳闸"灯点亮扣1分，未记录液晶显示扣1分，未复归扣0.5分 ③未检查1号主变保护屏"后备动作"指示灯点亮扣1分，未记录液晶显示扣1分，未复归扣0.5分		

序号	考核项目名称	质量要求	分值	扣分标准	扣分原因	得分
3	检查、记录保护装置动作情况	④检查 111 开关操作箱"1DL 分位""1DL 跳闸"指示灯点亮 ⑤检查 110kV 线路故障录波并复归	11.5	④未检查 101、183、187 开关操作箱"跳位"指示灯点亮每个扣 0.5 分 ⑤未检查 111 开关操作箱"1DL 分位""1DL 跳闸"指示灯点亮每个扣 0.5 分,未复归扣 0.5 分 ⑥未检查 110kV 线路故障录波扣 0.5 分,未复归扣 0.5 分		
4	查找故障点	①检查 185 开关压力 ②检查 183、187、185、111、101 开关实际位置 ③检查 185CT、-5 刀闸、线路耦合电容器、111、101 开关有无异常情况并提交报告	11.5	①未检查 185 开关压力扣 1 分 ②未检查 183、187、185、111、101 开关实际位置每个扣 1 分 ③未提交 185CT、-5 刀闸、线路耦合电容器、111、101 开关有无异常情况每处扣 0.5 分,未提交 185 开关异常报告扣 3 分		
5	隔离故障点	①拉开 185-5-1 刀闸,操作前应将 185 开关"远方/就地"切换把手切至"就地"位置操作后应检查触头位置,应进行二次回路切换检查 ②汇报调度	9.5	①185-5-1 少操作一把刀闸扣 4 分,其中操作前未将 185 开关"远方/就地"切换把手切至"就地"位置扣 0.5 分,操作后未检查触头位置每个扣 1 分,未进行二次回路切换检查扣 1 分,操作顺序反扣 3 分 ②未汇报调度扣 1.5 分		
6	恢复无故障设备送电	①恢复 110kV 1 号母线送电。充电前应投入 101 保护屏充电保护压板,充电后检查应 110kV 1 号母线三相电压及 101 开关机械指示,母线充电后应退出充电保护压板 ②恢复 111 开关送电。111 开关送电前调整 1 号主变中压侧电压压板,送电后应检查开关三相电流及机械指示,合上 211-9,拉开 112-9、212-9 中性点接地刀闸,操作后应检查触头位置,断开电机电源	27.5	①恢复 110kV 1 号母线送电 11 分,其中充电前未投入 101 保护屏充电保护压板扣 8 分,充电后未检查 110kV 1 号母线三相电压 1 分,未检查 101 开关机械指示扣 0.5 分 ②恢复 111 开关送电 4 分,开关合闸后未检查三相电流及机械指示每项扣 1 分		

序号	考核项目名称	质量要求	分值	扣分标准	扣分原因	得分
6	恢复无故障设备送电	③恢复183、187分路送电。合开关后检查开关三相电流及机械指示 ④汇报调度	27.5	③111开关送电前未调整1号主变中压侧电压压板扣1分,送电后未拉开112-9、212-9中性点接地刀闸扣3分,其中操作完毕后未检查触头位置扣0.5分,断开电机电源扣0.5分 ④183、187少送一路扣4分,其中合开关后未查三相电流、机械指示每项扣1分 ⑤未汇报调度扣0.5分		
7	故障设备转检修	①带验电器 ②合上185-5KD、185-2KD接地刀闸,验电前应试验验电器良好,合接地刀闸前应三相验电,合接地刀闸后应检查触头位置 ③断开185开关机构电源、控制电源 ④汇报调度	14.5	①未带验电器扣1分 ②未试验验电器扣2分 ③少合一组接地刀闸扣5分,其中合接地刀闸前未验电每次扣3分,合接地刀闸后未查触头位置每处扣1分 ④未断开开关机构电源、控制电源每处扣0.5分 ⑤未汇报调度扣0.5分		
8	布置安全措施	在185-5-1-2刀闸操作把手上挂"禁止合闸,有人工作"标示牌,185开关上挂"在此工作"标示牌,185开关设围栏,挂"止步,高压危险""从此进出"标示牌	3	在185-5-1-2刀闸操作把手上挂"禁止合闸,有人工作"标示牌,185开关上挂"在此工作"标示牌,185开关设围栏,挂"止步,高压危险""从此进出"标示牌,少一个扣0.5分		
9	质量否决	操作过程中发生误操作	否决	①发生误拉开关扣10分 ②充电后送负荷前未退充电保护造成跳闸扣12分 ③发生带负荷拉刀闸、带电合接地刀闸、带电挂地线等恶性误操作扣100分		

2.2.16 BZ2ZY0115 110kV 线路单相接地，线路开关气压低闭锁（主变中性点不接地）

一、作业

（一）工器具、材料、设备

1. 工器具：无。

2. 材料：笔、A4 纸。

3. 设备：220kV 周营子仿真变电站（或备有 220kV 周营子变电站一次系统图）。

（二）安全要求

考生不得随意启动、退出任何程序。

（三）操作步骤及工艺要求（含注意事项）

1. 根据告警信息做出正确判断，检查后台机上传的遥信信息，清闪；告警的保护装置、复归并汇报。

2. 进行必要的倒闸操作（例如合上变压器中性点隔离开关，恢复站用变压器运行，相应二次压板的投退等）。

3. 对保护跳闸的设备进行检查，并汇报调度。

4. 发现、隔离故障设备后，将无故障设备恢复送电，并汇报调度。

5. 将故障跳闸设备转检修，做好安全措施，并汇报调度。

6. 在仿真机上完成事故处理操作。

二、考核

（一）考核场地

考核场地配有 220kV 周营子仿真变电站培训系统（或备有 220kV 周营子变电站一次系统图）。

（二）考核时间

考核时间为 50min。

（三）考核要点

根据告警信息做出正确判断并在仿真机上完成事故处理操作，无误操作。

三、评分标准

行业：电力工程　　　　　　　　工种：变电站值班员　　　　　　　等级：技师

编号	BZ2ZY0115	行为领域	e	鉴定范围		
考核时限	50min	题型	C	满分	100 分	得分
试题名称	110kV 线路单相接地，线路开关气压低闭锁（主变中性点不接地）					
考核要点及其要求	根据告警信息做出正确判断并在仿真机上完成事故处理操作，无误操作					
现场设备、工器具、材料	（1）工器具：无 （2）材料：笔、A4 纸 （3）设备：220kV 周营子仿真变电站（或备有 220kV 周营子变电站一次系统图）					
备注	评分标准以 220kV 周营子站周马线线路单相接地，线路开关气压低闭锁，220kV 周营子站 110kV 周铝线线路单相接地，184 开关 SF₆ 压力低闭锁、110kV 周杨线线路单相接地，188 开关 SF₆ 压力低闭锁事故处理评分标准与其相同					

序号	考核项目名称	质量要求	分值	扣分标准	扣分原因	得分
			评分标准			
1	监控系统信息检查	①检查 186 线路"保护动作""SF₆ 气压低报警""SF₆ 气压低闭锁""控制回路断线"、1 号主变"中压零序"、2 号主变"RCS-978 中压零序""CSC-326D 后备动作"光字信号 ②检查 186、101、212、112、512、525、526、527、528 开关变位及遥测值 ③检查 110kV 2 号母线三相电压为零 ④拉开失压母线上 184、188 开关，操作前应检查开关三相电流为零 ⑤检查电容器 525、526、527、528 开关"欠压保护动作"光字信号 ⑥汇报调度	14	①未检查 186 线路"保护动作""SF₆ 气压低报警""SF₆ 气压低闭锁""控制回路断线"1 号主变"中压零序"、2 号主变"RCS-978 中压零序""CSC-326D 后备动作"光字每个扣 0.5 分 ②未检查 186、101、212、112、512 开关变位及遥测值每个开关扣 1 分 ③未检查 110kV 2 号母线三相电压为零扣 0.5 分 ④拉开失压母线上 184、186 开关每个 1 分。操作前未检查开关三相电流为零每个扣 0.5 分 ⑤未检查 525、526、527、528 开关变位及遥测值共扣 2 分 ⑥未检查电容器 525、526、527、528 开关"欠压保护动作"光字信号共扣 1 分 ⑦未汇报调度扣 0.5 分		
2	检查、记录保护装置动作情况	①检查 186 线路保护屏"跳闸"信号灯点亮，记录液晶显示并复归 ②检查 1 号主变保护屏"跳闸""后备动作"信号灯点亮，记录液晶显示并复归 ③检查 2 号主变保护屏"跳闸""后备动作"信号灯点亮，记录液晶显示并复归 ④检查 101、184、186 开关操作箱"跳位"信号灯点亮 ⑤检查 112、512 开关操作箱"1DL 分位""1DL 跳闸"信号灯点亮并复归	19	①未检查 186 线路保护"跳闸"信号灯点亮扣 0.5 分，未记录液晶显示扣 0.5 分，未复归扣 0.5 分 ②未检查 1 号主变保护屏"跳闸"信号灯点亮扣 0.5 分，未记录液晶显示扣 0.5 分，未复归扣 0.5 分 ③未检查 1 号主变保护屏"后备动作"信号灯点亮扣 0.5 分，未记录液晶显示扣 0.5 分，未复归扣 0.5 分 ④未检查 2 号主变保护屏"跳闸"信号灯点亮扣 0.5 分，未记录液晶显示扣 0.5 分，未复归扣 0.5 分 ⑤未检查 2 号主变保护屏"后备动作"信号灯点亮扣 0.5 分，未记录液晶显示扣 0.5 分，未复归扣 0.5 分 ⑥未检查 101、184、186 开关操作箱"跳位"信号灯点亮每个扣 0.5 分		

序号	考核项目名称	质量要求	分值	扣分标准	扣分原因	得分
2	检查、记录保护装置动作情况	⑥检查212开关操作箱"一组跳A""一组跳B""一组跳C""一组永跳""二组跳A""二组跳B""二组跳C""二组永跳""A相分位""B相分位""C相分位"信号灯点亮 ⑦检查站变公用测控屏"跳闸""合闸"信号灯点亮，记录液晶显示并复归 ⑧检查站变低压侧412、401开关表计、实际位置 ⑨检查110kV线路故障录波并复归	19	⑦未检查112、512开关操作箱"1DL分位""1DL跳闸"信号灯点亮每个扣0.5分，未复归每个扣0.5分 ⑧未检查212开关操作箱"一组跳A""一组跳B""一组跳C""一组永跳""二组跳A""二组跳B""二组跳C""二组永跳""A相分位""B相分位""C相分位"信号灯点亮扣分 ⑨未检查站变公用测控屏"跳闸""合闸"信号灯点亮每个扣0.5分，未记录液晶显示扣0.5分，未复归扣0.5分 ⑩未检查站变低压侧412、401开关表计、实际位置扣2分 ⑪未检查110kV线路故障录波扣0.5分，未复归扣0.5分		
3	查找故障点	①进设备区前戴安全帽 ②检查186开关压力 ③检查186、101、212、112、512、184、188开关实际位置 ④检查186CT、-5刀闸、线路耦合电容器、188、112、101开关有无异常情况并提交报告	9.5	①进设备区前未戴安全帽扣0.5分 ②未检查188开关压力扣1分 ③未检查186、101、212、112、512、184、188开关实际位置每个扣0.5分 ④未提交186CT、-5刀闸、线路耦合电容器、101、212、112开关报告每个扣0.5分 ⑤未提交188开关异常报告扣1.5分		
4	隔离故障点	①戴绝缘手套、穿绝缘靴 ②拉开186-5-2刀闸，操作前应将186开关"远方/就地"把手切至"就地"位置。操作后应检查触头位置，拉开186-2刀闸后检查二次切换 ③汇报调度	6	①未戴绝缘手套、穿绝缘靴每个扣0.5分 ②未拉开186-5-2刀闸，186-5刀闸1.5分，186-2刀闸2.5分，刀闸操作顺序反扣3分，操作前未将186开关"远方/就地"把手切至"就地"位置扣0.5分。操作后未检查触头位置每个扣0.5分，未进行二次回路切换检查扣1分 ③未汇报调度扣0.5分		

序号	考核项目名称	质量要求	分值	扣分标准	扣分原因	得分
5	恢复 110kV 1 号母线送电	①投入 101 保护屏充电保护压板 ②合上 101 开关，合好后应检查 110kV 1 号母线三相电压及 101 开关机械指示 ③检查母线充电正常后应退出充电保护压板	11	①充电前未投入 101 保护屏充电保护压板扣 8 分 ②充电后未检查 110kV 1 号母线三相电压扣 1 分 ③未检查 101 开关机械指示扣 0.5 分		
6	恢复 2 号主变送电	①2 号主变送电前应合上 212-9、112-9 中性点接地刀闸。送电后应拉开；接地刀闸操作后应检查触头位置，应断开电机电源每处 ②2 号主变应按高中低顺序送电。合 212 开关后应检查开关三相机械指示及 2 号主变充电正常，112 开关合好后应检查三相电流及机械指示，512 开关合好后应检查 10kV 2 号母线三相电压指示正常	13.5	①未合 212-9、112-9 中性点接地刀闸扣 4 分，操作后未检查触头位置扣 1 分，未断开电机电源每处扣 0.5 分 ②未含高、中、低三侧开关每个 2.5 分，顺序反扣 4 分。开关操作后未检查机械指示每处扣 0.5 分，212 开关操作后未检查 2 号主变充电良好扣 0.5 分，112、512 开关操作后未检查遥测值每处扣 0.5 分 ③2 号主变送电后未拉开 212-9、112-9 中性点接地刀闸扣 2 分		
6	恢复 110kV 分路送电	①合开关后检查开关三相电流及机械指示 ②汇报调度	5.5	①184、188 少送一路扣 2.5 分。开关合闸后未查电流、机械指示每项扣 0.5 分 ②未汇报调度扣 0.5 分		
	恢复站变运行方式	拉开 401 开关，合上 412 开关。开关操作后应检查机械指示及遥测值	2	每个开关 1 分。操作后未检查遥测值、机械指示每项扣 0.5 分		
	恢复电容器送电	①检查电容器机械指示，检查"欠压动作"信号灯点亮，记录液晶显示并复归 ②根据母线电压合上 525、526、527、528 开关。操作后应检查三相电流指示正常	5	①未检查电容器机械指示共扣 1 分 ②未检查"欠压动作"信号灯点亮，未记录液晶显示并复归每个扣 1 分		

序号	考核项目名称	质量要求	分值	扣分标准	扣分原因	得分
7	故障设备转检修	①带110kV验电器 ②合上186-5KD、186-2KD接地刀闸，合接地刀闸前带验电器并试验验电器是否良好，三相验电，合接地刀闸后检查触头位置 ③断开186开关机构电源、控制电源 ④汇报调度	11	①未带110kV验电器扣0.5分 ②验电前未试验验电器是否良好扣2分 ③少合一组接地刀闸扣3.5分，合接地刀闸前未验电每次扣2分，合接地刀闸后未查触头位置每处扣0.5分 ④未断开186开关机构电源、控制电源每个扣0.5分 ⑤未汇报调度扣0.5分		
8	布置安全措施	在186-5-1-2刀闸操作把手上挂"禁止合闸，有人工作"标示牌，186开关上挂"在此工作"标示牌，186开关设围栏，挂"止步，高压危险""从此进出"标示牌	3.5	在186-5-1-2刀闸操作把手上挂"禁止合闸，有人工作"标示牌，186开关上挂"在此工作"标示牌，186开关设围栏，挂"止步，高压危险""从此进出"标示牌，少一个扣0.5分		
9	质量否决	操作过程中发生误操作	否决	①发生误拉开关扣5分 ②充电后送负荷前未退充电保护成跳闸扣14分 ③发生带负荷拉刀闸、带电合接地刀闸、带电挂地线等恶性误操作扣100分		

2.2.17 BZ2ZY0116 110kV 线路相间短路，线路开关气压低闭锁

一、作业

（一）工器具、材料、设备

1. 工器具：无。

2. 材料：笔、A4 纸。

3. 设备：220kV 周营子仿真变电站（或备有 220kV 周营子变电站一次系统图）。

（二）安全要求

考生不得随意启动、退出任何程序。

（三）操作步骤及工艺要求（含注意事项）

1. 根据告警信息做出正确判断，检查后台机上传的遥信信息，清闪；告警的保护装置、复归并汇报。

2. 进行必要的倒闸操作（例如合上变压器中性点隔离开关，恢复站用变压器运行，相应二次压板的投退等）。

3. 对保护跳闸的设备进行检查，并汇报调度。

4. 发现、隔离故障设备后，将无故障设备恢复送电，并汇报调度。

5. 将故障跳闸设备转检修，做好安全措施，并汇报调度。

6. 在仿真机上完成事故处理操作。

二、考核

（一）考核场地

考核场地配有 220kV 周营子仿真变电站培训系统（或备有 220kV 周营子变电站一次系统图）。

（二）考核时间

考核时间为 50min。

（三）考核要点

根据告警信息做出正确判断并在仿真机上完成事故处理操作，无误操作。

三、评分标准

行业：电力工程　　　　工种：变电站值班员　　　　等级：技师

编号	BZ2ZY0116	行为领域	e	鉴定范围			
考核时限	50min	题型	C	满分	100 分	得分	
试题名称	110kV 线路相间短路，线路开关气压低闭锁						
考核要点及其要求	根据告警信息做出正确判断并在仿真机上完成事故处理操作，无误操作						
现场设备、工器具、材料	（1）工器具：无 （2）材料：笔、A4 纸 （3）设备：220kV 周营子仿真变电站（或备有 220kV 周营子变电站一次系统图）						
备注	评分标准以 220kV 周营子站周杨线线路相间短路，出线开关气压低闭锁事故处理为例，220kV 周营子站 110kV 周苍线线路相间短路，183 开关 SF$_6$ 压力低闭锁、110kV 周铝线线路相间短路，184 开关 SF$_6$ 压力低闭锁、110kV 周获线线路相间短路，185 开关 SF$_6$ 压力低闭锁、110kV 周马线线路相间短路，186 开关 SF$_6$ 压力低闭锁、110kV 周曲线线路相间短路，187 开关 SF$_6$ 压力低闭事故处理评分标准与其相同						

评分标准

序号	考核项目名称	质量要求	分值	扣分标准	扣分原因	得分
1	监控系统信息检查	①检查 188 线路"保护动作""SF$_6$ 气压低报警""SF$_6$ 气压低闭锁""控制回路断线"、1 号主变"中压相间"、2 号主变"RCS-978 中压相间""CSC-326D 后备动作"光字信号 ②检查 188、112、101 开关变位、遥测值 ③检查 110kV 2 号母线三相电压 ④拉开失压母线上 186、184 开关，操作前应检查开关三相电流为零 ⑤汇报调度	15.5	①未检查 186 线路"保护动作""SF$_6$ 气压低报警""SF$_6$ 气压低闭锁""控制回路断线"、1 号主变"中压相间"、2 号主变"RCS-978 中压相间""CSC-326D 后备动作"光字信号每个扣 1 分 ②未检查 188、112、101 开关变位、遥测值每项扣 0.5 分 ③未检查 110kV 2 号母线三相电压扣 1 分，其中未三相检查扣 0.5 分 ④未拉开失压母线上 186、184 开关每路扣 2 分，其中操作前未检查开关三相电流为零每个扣 1 分 ⑤未汇报调度扣 0.5 分		
2	应急措施	①带安全帽、绝缘手套、绝缘靴 ②合 112-9 中性点接地刀闸，操作后应检查触头位置，应断开电机电源每处 ③调整 2 号主变中压侧电压压板	7	①未带安全帽、绝缘手套、绝缘靴每个扣 1 分 ②未合 112-9 中性点接地刀闸扣 3 分，其中操作后未检查触头位置扣 1 分，未断开电机电源每处扣 1 分 ③未调整 2 号主变中压侧电压压板扣 1 分		

序号	考核项目名称	质量要求	分值	扣分标准	扣分原因	得分
3	检查、记录保护装置动作情况	①检查188线路保护"跳闸"指示灯点亮，记录液晶显示并复归 ②检查1号主变保护屏"跳闸""后备动作"指示灯点亮，记录液晶显示并复归 ③检查2号主变保护屏"跳闸""后备动作"指示灯点亮，记录液晶显示并复归 ④检查101、184、186开关操作箱"跳位"指示灯点亮 ⑤检查112开关操作箱"1DL分位""1DL跳闸"指示灯点亮 ⑥检查110kV线路故障录波并复归	16.5	①未检查188线路保护"跳闸"信号灯点亮扣1分，未记录液晶显示扣1分，未复归扣0.5分 ②未检查1号主变保护屏"跳闸"信号灯点亮扣1分，未记录液晶显示扣1分，未复归扣0.5分 ③未检查1号主变保护屏"后备动作"信号灯点亮扣1分，未记录液晶显示扣1分，未复归扣0.5分 ④未检查2号主变保护屏"跳闸"信号灯点亮扣1分，未记录液晶显示扣1分，未复归扣0.5分 ⑤未检查2号主变保护屏"后备动作"信号灯点亮扣1分，未记录液晶显示扣1分，未复归扣0.5分 ⑥未检查101、184、186开关操作箱"跳位"信号灯点亮每个扣0.5分 ⑦未检查112开关操作箱"1DL分位""1DL跳闸"信号灯点亮每个扣0.5分，未复归每个扣0.5分 ⑧未检查110kV线路故障录波扣0.5分，未复归扣0.5分		
4	查找故障点	①检查188开关压力 ②检查188、112、186、101、184开关实际位置 ③检查188CT、-5刀闸、线路耦合电容器、188、112、101开关有无异常情况并提交报告	10.5	①未检查188开关压力扣1分 ②未检查188、112、186、101、184开关实际位置每个扣1分 ③未提交188CT、-5刀闸、线路耦合电容器、112、101开关报告扣0.5分 ④未提交188开关异常报告扣2分		

序号	考核项目名称	质量要求	分值	扣分标准	扣分原因	得分
5	隔离故障点	①拉开 188-5-2 刀闸，操作前应将 188 开关"远方/就地"切换把手切至"就地"位置，操作后应检查触头位置，拉开 188-2 刀闸后应进行二次切换回路检查 ②汇报调度	7	①未拉开 188-5-2 刀闸，每把刀闸扣 3 分，其中刀闸操作顺序反扣 3 分，操作前未将 188 开关"远方/就地"切换把手切至"就地"位置扣 1分。操作后未检查触头位置每个扣 1 分，未进行二次回路切换检查扣 1 分 ②未汇报调度扣 1 分		
6	恢复无故障设备送电	①恢复 110kV 1 号母线送电：充电前投入 101 保护屏充电保护压板，充电后检查 110kV 1 号母线三相电压及 101 开关机械指示，母线充电后退出充电保护压板 ②恢复 112 开关送电：112 开关合闸后检查开关三相电流及机械指示，拉开 112-9 中性点接地刀闸，操作后应检查触头位置，断开电机电源 ③恢复 184、186 分路送电。合开关后检查开关三相电流及机械指示 ④汇报调度	26	①未恢复 110kV 1 号母线送电扣 11 分。充电前未投入 101 保护屏充电保护压板扣 8 分，充电后未检查 110kV 1 号母线三相电压扣 1 分，未检查 101 开关机械指示扣 0.5 分 ②未恢复 112 开关送电扣 3.5 分。开关合闸后未检查三相电流及机械指示每项扣 0.5 分 ③112 开关送电前未调整 2 号主变中压侧电压压板扣 1分，送电后未拉开 112-9 中性点接地刀闸扣 3 分，其中操作后未检查触头位置，断开电机电源每项扣 0.5 分 ④184、186 少送一路扣 3.5分。开关合闸后未查电流、机械指示每项扣 0.5 分 ⑤未汇报调度扣 0.5 分		
7	故障设备转检修	①带 110kV 验电器 ②合上 188-5KD、188-2KD 接地刀闸，合接地刀闸前带验电器并试验验电器是否良好，三相验电，合接地刀闸后检查触头位置 ③断开 188 开关机构电源、控制电源 ④汇报调度	14.5	①未带 110kV 验电器扣 1 分 ②验电前未试验验电器良好扣 2 分 ③少合一组接地刀闸扣 5分，其中合接地刀闸前未验电每次扣 3 分，合接地刀闸后未查触头位置每处扣 0.5 分 ④未断开 188 开关机构电源、控制电源每个扣 0.5 分 ⑤未汇报调度扣 0.5 分		

序号	考核项目名称	质量要求	分值	扣分标准	扣分原因	得分
8	布置安全措施	在 188-5-1-2 刀闸操作把手上挂"禁止合闸，有人工作"标示牌，188 开关上挂"在此工作"标示牌，188 开关设围栏，挂"止步，高压危险""从此进出"标示牌	3	在 188-5-1-2 刀闸操作把手上挂"禁止合闸，有人工作"标示牌，188 开关上挂"在此工作"标示牌，188 开关设围栏，挂"止步，高压危险""从此进出"标示牌，少一个扣 0.5 分		
9	质量否决	操作过程中发生误操作	否决	①发生误拉开关扣 10 分 ②充电后送负荷前未退充电保护造成跳闸扣 13 分 ③发生带负荷拉刀闸、带电合接地刀闸、带电挂地线等恶性误操作扣 100 分		

2.2.18 BZ2ZY0117 500kV变电站220kV线路刀闸母线侧单相接地

一、作业

（一）工器具、材料、设备

1. 工器具：无。

2. 材料：笔、A4纸。

3. 设备：500kV石北仿真变电站（或备有500kV石北变电站一次系统图）。

（二）安全要求

考生不得随意启动、退出任何程序。

（三）操作步骤及工艺要求（含注意事项）

1. 根据告警信息做出正确判断，检查后台机上传的遥信信息，清闪；告警的保护装置、复归并汇报。

2. 进行必要的倒闸操作（例如合上变压器中性点隔离开关，恢复站用变压器运行，相应二次压板的投退等）。

3. 对保护跳闸的设备进行检查，并汇报调度。

4. 发现、隔离故障设备后，将无故障设备恢复送电，并汇报调度。

5. 将故障跳闸设备转检修，做好安全措施，并汇报调度。

6. 在仿真机上完成事故处理操作。

二、考核

（一）考核场地

考核场地配有500kV石北仿真变电站培训系统（或备有500kV石北变电站一次系统图）。

（二）考核时间

考核时间为50min。

（三）考核要点

根据告警信息做出正确判断并在仿真机上完成事故处理操作，无误操作。

三、评分标准

行业：电力工程　　　　　　　　工种：变电站值班员　　　　　　等级：技师

编号	BZ2ZY0117	行为领域	e	鉴定范围		
考核时限	50min	题型	C	满分	100分	得分
试题名称	500kV变电站220kV线路刀闸母线侧单相接地					
考核要点及其要求	根据告警信息做出正确判断并在仿真机上完成事故处理操作，无误操作					
现场设备、工器具、材料	（1）工器具：无 （2）材料：笔、A4纸 （3）设备：500kV石北仿真变电站（或备有500kV石北变电站一次系统图）					
备注	评分标准以500kV石北站220kV北车Ⅱ线222-1刀闸母线侧B相接地为例					

评分标准

序号	考核项目名称	质量要求	分值	扣分标准	扣分原因	得分
1	监控系统信息检查	① 检查"母线保护 RCS-915AB 母差动作""母线保护 CSC-150 母差动作跳 I 母"光字信号 ② 检查 221、225、201 开关变位及遥测值 ③ 检查 220kV 1 号母线三相电压为零 ④ 汇报调度	6.5	① 未检查"母线保护 RCS-915AB 母差动作""母线保护 CSC-150 母差动作跳 I 母"光字每个扣 1 分 ② 未检查 221、225、201 开关变位及遥测值每个开关扣 1 分，少查一处扣 0.5 分 ③ 未检查 220kV 1 号母线电压扣 1 分，未三相检查扣 0.5 分 ④ 未汇报调度扣 0.5 分		
2	检查、记录保护装置动作情况	① 检查 220kVA 母线 CSC 母线保护屏"母差动作"信号灯点亮，记录液晶显示并复归 ② 检查 220kVA 母线 RCS 母线保护屏"跳 I 母"信号灯点亮，记录液晶显示并复归 ③ 检查 221、225、201 开关操作箱第一组、第二组"跳 A""跳 B""跳 C"信号灯点亮并复归 ④ 检查 2 号主变 PST 变压器保护屏"呼唤""启动"信号灯点亮并复归 ⑤ 检查 500kV、220kV 故障录波信号并复归	11.5	① 未检查 220kV·A 母线 CSC 母线保护屏"母差动作"信号灯点亮扣 1 分，未记录液晶显示扣 0.5 分，未复归扣 0.5 分 ② 未检查 220kV·A 母线 RCS 母线保护屏"跳 I 母"信号灯点亮扣 1 分，未记录液晶显示扣 0.5 分，未复归扣 0.5 分 ③ 未检查 221、225、201 开关操作箱第一组、第二组"跳 A""跳 B""跳 C"信号灯点亮每处扣 1 分，未复归每处扣 0.5 分 ④ 未检查 2 号主变 PST 变压器保护屏"呼唤""启动"信号灯点亮扣 1 分，未复归扣 0.5 分 ⑤ 未检查 500kV、220kV 故障录波信号扣 1 分，未复归扣 0.5 分		
3	查找故障点	① 检查保护范围内设备并提交报告 ② 检查 221、225、201 开关三相机械指示 ③ 汇报调度	17.5	① 保护范围内设备（包括 221、225 间隔-1 刀闸、-2 刀闸开关侧、开关、CT；224、226、212 间隔-1 刀闸母线侧；201 间隔-1 刀闸、开关、CT；203-1A 刀闸、CT；21APT 间隔 21A-7 刀闸、PT、避雷器；220kV 1A 号母线）少找一处扣 0.5 分，范围外设备多查两处扣 0.5 分 ② 未检查 221、225、201 开关位置每个扣 1 分，未三相检查每个扣 0.5 分 ③ 未提交 222-1 刀闸故障情况扣 3 分，缺陷部位、缺陷类型、缺陷等级、处理方式一项不准确扣 0.5 分 ④ 未汇报调度扣 0.5 分		

序号	考核项目名称	质量要求	分值	扣分标准	扣分原因	得分
4	隔离故障点恢复无故障设备送电	①拉开222开关。操作后应检查三相电流、机械指示 ②拉开222-5-2刀闸，顺序应正确。操作前应将222开关"远方/就地"把手切至"就地"位置，操作后应检查触头位置，进行二次切换回路检查，断开电机电源，锁好五防锁具 ③将221、225冷倒至220kV 2A号母线送电。刀闸操作后应检查触头位置，应进行二次切换回路检查，应断开电机电源，锁好五防锁具，开关送电后应检查三相电流、三相机械指示 ④拉开201-1-2刀闸，操作顺序应正确。操作后应检查触头位置，断开电机电源，锁好五防锁具 ⑤拉开203-1A-1B刀闸，操作顺序应正确。操作后应检查触头位置，断开电机电源，锁好五防锁具 ⑥拉开21APT二次空开，拉开21A-7刀闸，操作顺序应正确	42	①拉开222开关3分。操作后未检查三相电流、机械指示每处扣1分，未三相检查每处扣0.5分 ②操作刀闸前未将222开关"远方/就地"把手切至"就地"位置扣1分 ③拉开222-5-2刀闸5分。操作后未检查触头位置每处扣0.5分，未进行二次切换回路检查扣1分，未断电机电源扣0.5分，未锁好五防锁具每处扣0.5分 ④220kV冷倒母线送电：221、225少送一路扣9分。每把刀闸3分，操作后未进行二次切换回路检查每把刀闸扣1分，未检查触头位置每处扣0.5分，未断电机电源每处扣0.5分，未锁好五防锁具每处扣0.5分，未进行母差刀闸位置确认扣0.5分，每个开关3分，操作后未检查三相电流、机械指示每处扣1分，未三相检查每处扣0.5分 ⑤未拉开201-1-2刀闸扣5分。顺序反扣1分，拉刀闸前未将201开关远方/就地把手切至就地位置扣0.5分，操作后未检查触头位置每处扣0.5分，未断电机电源扣0.5分，未锁好五防锁具每处扣0.5分 ⑥未拉开203-1A-1B刀闸扣5分。顺序反扣1分，拉刀闸前未将203开关远方/就地把手切至就地位置扣0.5分，操作后未检查触头位置每处扣0.5分，未断电机电源扣0.5分，未锁好五防锁具每处扣0.5分 ⑦未拉开21APT二次空开扣2分，未拉开21A-7刀闸扣3分。顺序错误扣1分，操作后未检查触头位置扣0.5分，未断电机电源扣0.5分，未锁好五防锁扣0.5分		

序号	考核项目名称	质量要求	分值	扣分标准	扣分原因	得分
5	故障设备转检修	①带220kV验电器、220kV接地线、绝缘杆 ②应检查220kV所有-1刀闸在断位 ③222-1刀闸两侧验电、接地，验电前应试验验电器良好，接地前应三相验电，接地后应检查接地良好 ④汇报调度	17	①未带220kV验电器、220kV接地线、绝缘杆每个扣0.5分 ②未检查220kV所有-1刀闸在断位扣1分 ③未试验验电器是否良好扣2分 ④2组接地少操作一组扣6分。合接地刀闸或挂地线前未验电每次扣3分，未三相验电每次扣2分，合接地刀闸后未检查位置扣0.5分，未锁好五防锁具扣0.5分，合222-1KD接地刀闸扣1分 ⑤未汇报调度扣0.5分		
6	布置安全措施	在221-1、224-1、225-1、226-1、212-1、222-5-2、21A-7、201-1、203-1A刀闸操作把手上挂"禁止合闸，有人工作"标示牌，222-1刀闸上挂"在此工作"标示牌	5.5	在221-1、224-1、225-1、226-1、212-1、222-5-2、21A-7、201-1、203-1A刀闸操作把手上挂"禁止合闸，有人工作"标示牌，222-1刀闸上挂"在此工作"标示牌，少挂一个扣0.5分		
7	质量否决	操作过程中发生误操作	否决	①发生误拉开关每次扣10分 ②向故障点送电一次扣20分 ③进行带负荷拉合刀闸、带电合接地刀闸等恶性误操作，但由于五防闭锁未发生操作后果每次扣20分 ④发生带负荷拉合刀闸、带电合接地刀闸、带电挂地线等恶性误操作扣100分		

2.2.19　BZ2ZY0201　主变压器新设备投运操作

一、作业

（一）工器具、材料、设备

1. 工器具：无。

2. 材料：无。

3. 设备：无。

（二）安全要求

在规定时间内独立完成论述。

（三）操作步骤及工艺要求（含注意事项）

1. 新设备报竣工

（1）周营子站 1 号主变、10kV 1 号母线及相关一、二次设备安装接引工作竣工，传动良好，相关安全措施全部拆除，人员撤离，具备投运条件；有关通信远动装置、计量测量表计安装调试完毕，验收合格，具备投运条件。211 开关电流已全部接入 220kV 母差回路，111 开关电流已全部接入 110kV 母差回路。1 号主变分接头在额定位置。

周营子站与地调核对 1 号主变保护、主变故障录波器、110kV 故障录波器定值正确并投入；核对 521、522、523、524 电容器保护定值正确并投入；核对自动装置（低周减载装置、主变过负荷联切）定值正确不投。

2. 投运前运行方式调整

1 号主变及三侧断路器冷备用；10kV 电容器 521、522、523、524 断路器热备用；1 号所变 515 断路器热备用。

220kV 1 号母线及母联 201 断路器热备用，201 断路器保护改临时定值，核对正确并投入，核实 220kV 母差保护有选择方式。

110kV 1 号母线热备用，母联 101 断路器冷备用，投入母联 101 断路器保护，核实 110kV 母差保护有选择方式。

3. 投运步骤

（1）对 1 号主变充电 5 次。

（2）1 号主变 111 断路器转运行，对 110kV 1 号、2 号电压互感器间进行二次核相。

（3）1 号主变 511 断路器转运行，对 1 号主变低压侧不同电源点进行二次核相。

（4）进行 1 号主变有载调压试验。

（5）110kV 母联 101 断路器转运行，进行 2 号主变保护、220kV、110kV 母差保护向量检查。

（6）合上 521、522、523、524 断路器，检查电容器充电良好，进行 1 号主变保护、521、522、523、524 电容器保护向量检查。

（7）对电容器充电 2 次，间隔 5 分钟，最后 521、522、523、524 断路器在分位。

（8）拉开 521、522、523、524 断路器，退出 220kV 母联 201 保护，改回原定值；退出 110kV 母联 101 保护。

（9）220kV、110kV 母线恢复正常方式。

（10）1 号所变投运恢复运行，1 号主变高压侧中性点接地，中压侧中性点接地。

4. 回答现场考评员随机提出的问题

二、考核

(一) 考核场地

无。

(二) 考核时间

考核时间为 30min。

(三) 考核要点

1. 正确论述周营子站 1 号主变新设备投运操作步骤及注意事项。

2. 回答现场考评员随机提出的问题。

三、评分标准

行业：电力工程			工种：变电站值班员			等级：技师	

编号	BZ2ZY0201	行为领域	e		鉴定范围		
考核时限	30min	题型	B	满分	100 分	得分	
试题名称	主变压器新设备投运操作						
考核要点及其要求	(1) 正确论述周营子站 1 号主变新设备投运操作步骤及注意事项 (2) 回答现场考评员随机提出的问题 (3) 在规定时间内独立完成论述						
现场设备、工器具、材料	(1) 工器具：无 (2) 材料：无 (3) 设备：无						
备注							

评分标准

序号	考核项目名称	质量要求	分值	扣分标准	扣分原因	得分
1	1 号主变新设备投运步骤及注意事项	①合上 1 号主变 211-1-4 刀闸 ②合上 1 号主变 111-1-4 刀闸 ③511 手车开关推入工作位置 ④511-1、511-4 手车刀闸推入工作位置	8	①未合上 1 号主变 211-1-4 刀闸扣 2 分 ②未合上 1 号主变 111-1-4 刀闸扣 2 分 ③未将 511 手车开关推入工作位置扣 2 分 ④未将 511-1、511-4 手车刀闸推入工作位置扣 2 分		
		①合上 201 开关 ②合上 211 开关，对 1 号主变充电 5 次，第 1 次带电 10min，停电后观察 10min，以后充电每次间隔 5min，最后 211 开关在合位	29	①未合上 201 开关扣 5 分 ②未合上 211 开关扣 2 分，主变充电次数不正确扣 10 分 ③间隔时间不正确扣 10 分 ④最后 211 开关位置不对扣 2 分		
		合上 111 开关，在 11PT 与 12PT 之间进行二次核相	5	未在 11PT 与 12PT 之间进行二次核相扣 5 分		

序号	考核项目名称	质量要求	分值	扣分标准	扣分原因	得分
1	1号主变新设备投运步骤及注意事项	①合上511开关,对10kV 1号母线充电一次 ②在51PT与52PT之间进行二次核相	6	①未合上511开关,对10kV 1号母线充电一次扣3分 ②未在51PT与52PT之间进行二次核相扣3分		
		进行1号主变有载调压试验(注意不要使110kV、10kV母线电压过高)。最后视110kV、10kV母线电压情况,将分头调到合适位置	7	未进行有载调压试验扣5分,未调整电压扣2分		
		合上101开关转运行,进行2号主变保护、220kV、110kV母差保护向量检查	4	未进行2号主变保护、220kV、110kV母差保护向量检查扣4分		
		①合上521、522、523、524开关,检查电容器充电良好 ②进行1号主变保护、521、522、523、524电容器保护向量检查	12	①未对521、522、523、524电容器充电扣2分 ②未进行1号主变保护、电容器保护向量检查扣10分		
		对521、522、523、524电容器充电2次,间隔5分钟,最后521、522、523、524断路器在分位	5	未对521、522、523、524电容器充电2次扣5分		
		①退出220kV母联201保护,改回原定值 ②退出110kV母联101保护	6	①未退出220kV母联201保护,改回原定值扣4分 ②未退出110kV母联101保护扣2分		
		220kV、110kV母线恢复正常方式	2	未将220kV、110kV母线恢复正常方式扣2分		
		①1号所变投运恢复运行 ②1号主变高压侧中性点接地,中压侧中性点接地	6	①未1号所变投运恢复运行扣2分 ②1号主变中性点接地方式调整不正确扣4分		
2	回答考评员现场随机提问	回答正确、完整	10	回答不正确一次扣5分,直至扣完		
3	考场纪律	独立完成,遵守考场纪律	是否	考试现场不服从考评员安排或顶撞者,取消考评资格		

2.2.20 BZ2XG0101 变压器有载呼吸器硅胶更换

一、作业

（一）工器具、材料、设备

1. 工器具：扳手、绝缘单、叉双用梯。

2. 材料：硅胶、变压器油、螺钉、线手套、松动剂、包皮布、塑料布、胶垫。

3. 设备：变压器。

（二）安全要求

1. 考生与带电设备保持足够的安全距离。

2. 防止更换硅胶的变压器跳闸。

3. 考生拆卸主变有载呼吸器硅胶罐前，核实检修设备编号正确。

（三）操作步骤及工艺要求（含注意事项）

1. 更换前将变压器有载重瓦斯压板退出。

2. 拆除呼吸器。

3. 更换硅胶。

4. 安装呼吸器。

5. 工作完毕后检查无异常信号，将变压器有载重瓦斯压板投入。

6. 正确回答现场考评员随机提出的问题。

二、考核

（一）考核场地

考核场地配有 220kV 或 110kV 主变压器一台

（二）考核时间

考核时间为 20min

（三）考核要点

1. 熟练掌握变压器硅胶罐更换方法及安全注意事项

2. 正确回答现场考评员随机提出的问题

三、评分标准

行业：电力工程　　　　　　　　工种：变电站值班员　　　　　　　等级：技师

编号	BZ2XG0101	行为领域	f	鉴定范围		
考核时限	20min	题型	A	满分	100分	得分	
试题名称	变压器有载呼吸器硅胶更换					
考核要点 及其要求	（1）练掌握变压器硅胶罐更换方法及安全注意事项 （1）正确回答现场考评员随机提出的问题					
现场设备、工 器具、材料	（1）工器具：扳手、绝缘单、叉双用梯 （2）材料：硅胶、变压器油、螺钉、线手套、松动剂、包皮布、塑料布、胶垫 （3）设备：变压器					
备注	由于硅胶更换工作需由两人进行，配合操作，故考评员可担任监护角色，并在操作过程中跟踪 进行评分					

评分标准

序号	考核项目名称	质量要求	分值	扣分标准	扣分原因	得分
1	工作前准备		15			
1.1	穿戴好工作服、绝缘鞋、安全帽	应穿戴正确无一遗漏	5	穿戴正确完整不扣分,不按规定穿着一项扣1分,直至扣完		
1.2	个人工器具的准备	符合工作需要	5	不符合工作需要扣1分,直至扣完		
1.3	核实检修设备编号	核对编号正确	5	未核对检修变压器编号扣5分		
2	工作过程		65			
2.1	退出需要更换硅胶的变压器有载重瓦斯压板	退出重瓦斯压板	5	未退出其重瓦斯压板扣5分		
2.2	拆除呼吸器	拆下的油杯放置妥当	5	拆下的油杯未放置妥当扣5分		
		拆除呼吸器时手扶稳	5	拆除呼吸器时手未扶稳掉落扣5分		
		拆下的螺栓、胶垫放置在塑料布上	5	拆下的螺栓、胶垫未放置在塑料布上扣5分		
		呼吸管临时封堵	5	呼吸管未临时封堵扣5分		
2.3	更换硅胶	拆除和组装呼吸器中轴螺母方法正确	5	拆除和组装呼吸器中轴螺母方法不正确扣5分		
		更换新的硅胶并擦拭玻璃罩内外壁	5	未擦拭玻璃罩内外壁扣5分		
		硅胶罐密封胶垫的压缩量掌握适中	5	密封胶垫的压缩量掌握不适中扣5分		
2.4	安装呼吸器	擦拭法兰处	5	未擦拭法兰处扣5分		
		检查法兰密封胶垫是否老化	5	未检查法兰密封胶垫是否老化扣5分		
		法兰密封垫压缩量合适	5	密封垫压缩量不合适扣5分		
		油杯内油位合适	5	油杯内油位不合适扣5分		
		安装完毕后观察呼吸器正常呼吸	5	安装完毕后未观察呼吸器是否正常呼吸扣5分		
3	更换工作终结		20			

序号	考核项目名称	质量要求	分值	扣分标准	扣分原因	得分
3.1	投入已更换硅胶的变压器有载重瓦斯压板	投入重瓦斯保护	5	未投入其重瓦斯压板扣5分		
3.2	回答随机提出的简单提问	简单明了、正确（口试）	10	回答不正确一处扣5分		
3.3	安全文明生产	符合安全文明生产要求	5	不符合安全文明生产要求一处扣1分，直至扣完		

第五部分　高级技师

1 理论试题

1.1 单选题

Lb1A1001 国家规定变压器绕组为 A 级绝缘时绕组温升为（　　）。
(A) 105℃；(B) 40℃；(C) 65℃；(D) 90℃。
答案：**C**

Lb1A1002 电容式电压互感器中的阻尼器的作用是（　　）。
（A）产生铁磁谐振；（B）分担二次压降；（C）改变二次阻抗角；（D）消除铁磁谐振。
答案：**D**

Lb1A2001 平行线路间存在互感，当相邻平行线流过零序电流时，将在线路上产生感应零序电势，它会改变线路（　　）的向量关系。
（A）相电压与相电流；（B）零序电压与零序电流；（C）零序电压与相电流；（D）相间电压与相间电流。
答案：**B**

Lb1A2002 微机保护为提高抗干扰能力，一次设备场所至保护屏控制电缆的屏蔽层接地方式为（　　）。
（A）开关站接地，保护屏不接地；（B）开关站不接地，保护屏接地；（C）两侧接地；（D）两侧不接地。
答案：**C**

Lb1A2003 为避免电流互感器铁芯发生饱和现象，可采用以下措施（　　）。
（A）采用优质的铁磁材料制造铁芯；（B）在铁芯中加入钢材料；（C）在铁芯中加入气隙；（D）采用多个铁芯相串联。
答案：**C**

Lb1A2004 当电力系统发生振荡时，故障录波器应（　　）。
(A) 不启动；(B) 启动；(C) 可启动也可不启动；(D) 都对。
答案：**B**

Lb1A3005 3～66kV 并联电容补偿装置应装设（　　），作为过电压后备保护。

（A）火花间隙；（B）管型避雷器；（C）金属氧化物避雷器；（D）阀型避雷器。

答案：**C**

Lb1A3006 以下措施中，（　　）可以抑制潜供电流，提高线路单相重合闸的成功率。

（A）变电所母线装设并联电容器；（B）线路装设串联电容器；（C）变电所母线装设电抗；（D）线路装设高抗并带中性点小电抗。

答案：**D**

Lb1A3007 微机线路保护 PSL-603、LFP-931、RCS-931、CSL-103、CSC-103 等与光接口设备配合构成分相电流差动保护当"纵联差动保护投入"（"主保护投入"）压板退出运行，（　　）。

（A）光接口设备及其通道不能正常工作；（B）光接口设备及其通道仍能正常工作，但跳闸逻辑不能工作；（C）光接口设备及其通道仍能正常工作，跳闸逻辑也仍能工作；（D）光接口设备及其通道不能正常工作，但跳闸逻辑能工作。

答案：**B**

Lb1A3008 零起升压系统线路的重合闸状态为（　　）。

（A）停用；（B）应用；（C）根据具体情况定；（D）无关。

答案：**A**

Lb1A4009 在 Y，d11 接线的三相变压器中，如果三角形接法的三相线圈中有一相绕向错误，接入电网时发生的后果是（　　）。

（A）接线组别改变；（B）发生短路，烧毁线圈；（C）变比改变；（D）铜损增大。

答案：**B**

Lb1A4010 母联及分段断路器正常运行发生闭锁分合闸时，可以用远控方法直接拉开该断路器两侧隔离开关（环路中断路器改非自动）的有（　　）。

（A）三段式母线分段断路器；（B）三段式母线母联断路器；（C）四段式母线母联断路器；（D）四段式母线分段断路器。

答案：**A**

Lb1A5011 220kV 线路发生三相接地短路时（　　）。

（A）有可能造成相邻线路零序Ⅰ段越级；（B）有可能造成相邻线路零序Ⅱ段越级；（C）有可能造成相邻线路零序Ⅲ段越级；（D）说法都不对。

答案：**A**

Lc1A3012 关于 TA 饱和对变压器差动保护的影响，以下那种说法正确（ ）。

（A）由于差动保护具有良好的制动特性，区外故障时没有影响；（B）由于差动保护具有良好的制动特性，区内故障时没有影响；（C）可能造成差动保护在区内故障时拒动或延缓动作，在区外故障时误动作；（D）由于差动保护具有良好的制动特性，区外、区内故障时均没有影响。

答案：C

Lc1A3013 线路纵联保护仅一侧动作且不正确时，如原因未查明，而线路两侧保护归不同单位管辖，按照评价规程规定，应评价为（ ）。

（A）保护动作侧不正确，未动作侧不评价；（B）保护动作侧不评价，未动作侧不正确；（C）两侧各不正确一次；（D）两侧均不评价。

答案：C

Lc1A3014 电器应有可靠有效的（ ）措施。

（A）防误碰；（B）防火、防潮、防振动；（C）防雨、防潮、防振动；（D）防火、防潮、防小动物。

答案：C

Lc1A4015 切空载变压器会产生过电压，一般采取（ ）措施来保护变压器。

（A）装设避雷针；（B）通过中性点间隙放电；（C）装设避雷器；（D）变压器高压侧配置性能好的开关。

答案：C

Lc1A4016 系统振荡与短路同时发生，高频保护（ ）。

（A）一定误动；（B）一定拒动；（C）正确动作；（D）可能误动。

答案：C

Lc1A5017 线路微机保护装置采用"三取二"启动方式是指（ ）

（A）高频、距离、零序、综重四个 CPU 中至少有三个启动高频；（B）距离、零序、综重三个保护中至少有两个动作出口；（C）高频、距离、零序三个 CPU 中至少有两个启动；（D）高频、距离、零序、综重四个 CPU 中至少有三个动作出口。

答案：C

Je1A1018 "WXH-11 保护"二次三相失压时，下列说法正确的是（ ）。

（A）任何情况下，均不会出现误动跳闸；（B）空载线路突然带上负荷，有可能误动跳闸；（C）对保护功能无任何影响；（D）均会发出交流电压回路断线，同时闭锁相关保护。

答案：B

Je1A2019 三台具有相同变比连接组别的三相变压器，其额定容量和短路电压分别为：S_a＝1000kV・A、U_{ka}（％）＝6.25％，S_b＝1800kVA・、U_{kb}（％）＝6.6％，S_c＝3200kV・A、U_{kc}（％）＝7％，它们并联运行后带负荷5500kV・A，则变压器总设备容量的利用率 ρ 是（ ）。

（A）0.6；（B）0.8；（C）0.923；（D）1.2。

答案：**C**

Je1A2020 下面关于微机继电保护运行规定的描述，何种说法错误？（ ）

（A）现场运行人员应定期对微机继电保护装置进行采样值检查和时钟对时，检查周期不得超过两个月；（B）一条线路两端的同一型号微机高频保护软件版本应相同；（C）微机保护装置出现异常时，当值运行人员应根据现场规程处理，同时汇报所辖调度汇报，继电保护人员应立即到现场处理；（D）微机保护与通信复用通道时，通道设备的维护调试均由通信人员负责。

答案：**A**

Je1A2021 测量绝缘电阻及直流泄漏电流通常不能发现的设备绝缘缺陷是（ ）。

（A）贯穿性缺陷；（B）整体受潮；（C）贯穿性受潮或脏污；（D）整体老化及局部缺陷。

答案：**D**

Je1A2022 变压器的气体继电器动作，高压断路器跳闸，气体继电器内气体呈灰白色或蓝色，油温增高，一次电流增大，表明变压器发生了（ ）。

（A）线圈匝间短路故障；（B）铁芯故障；（C）线圈绝缘层故障；（D）绕组故障。

答案：**A**

Je1A3023 Y/△－11组别变压器配备微机型差动保护，两侧 TA 回路均采用星型接线，Y、△侧两次电流分别为 I_{ABC}、I_{abc}，软件中 A 相差动元件采用（ ），经接线系数、变比折算后计算差流

（A）I_A 与 I_a；（B）I_A 与 I_b；（C）$I_A－I_C$ 与 I_a；（D）$I_A－I_B$ 与 I_C。

答案：**C**

Je1A3024 超高压输电线路及变电所，采用分裂导线与采用相同截面的单根导线相比较，下列项目中（ ）项是错的。

（A）分裂导线通流容量大些；（B）分裂导线较易发生电晕，电晕损耗大些；（C）分裂导线对地电容大些；（D）分裂导线结构复杂些。

答案：**B**

Je1A3025 变压器油枕的容量为变压器油量的（ ）。

（A）5％～8％；（B）8％～10％；（C）10％～12％；（D）9％～11％。

答案：**B**

Je1A3026 高频通道组成元件中，阻止高频信号外流的元件是（　　）。

（A）高频阻波器；（B）耦合电容器；（C）结合滤波器；（D）收发信机。

答案：A

Je1A4027 TPY 铁芯的特点是（　　）。

（A）结构紧凑；（B）不会饱和；（C）暂态特性较好；（D）剩磁大。

答案：C

Je1A4028 三相并联电抗器可以装设纵差保护，但该保护不能保护电抗器下列何种故障类型（　　）。

（A）相间短路；（B）单相接地；（C）匝间短路；（D）都不对。

答案：C

Je1A5029 超高压线路单相接地故障时，潜供电流产生的原因是（　　）。

（A）线路上残存电荷；（B）线路上残存电压；（C）线路上电容和电感耦合；（D）开关断口电容。

答案：C

Jf1A3030 采用单相重合闸的线路断路器，不宜投外加的非全相运行保护（或称三相不一致保护）。若投则其动作时间应大于单相重合闸时间（　　）。

（A）0.5s；（B）1s；（C）1.5s；（D）2s。

答案：B

Jf1A4031 变压器油质劣化与下列（　　）因素无关。

（A）高温；（B）空气中的氧；（C）潮气水分；（D）变压器的运行方式。

答案：D

Jf1A4032 变压器消防灭火系统启动回路中的"主变三侧断路器位置"接点，优先采用（　　）。

（A）断路器辅助接点；（B）保护屏操作箱 TWJ 接点；（C）断路器辅助接点、保护屏操作箱 TWJ 接点均可。

答案：A

Jf1A4033 以下不属于限制变压器运行的是（　　）

（A）状态评价结果异常；（B）抗短路能力不足；（C）运行年限超过设计寿命（20年）的老旧变压器；（D）产品质量不良。

答案：C

1.2 判断题

La1B1001 串联在线路上的补偿电容器是为了补偿无功。（×）

La1B2002 串联在线路上的补偿电容器是为了补偿无功、提高电压。（×）

La1B2003 变压器的短路电压百分数，实际上此电压是变压器通电侧和短路侧的漏抗在额定电流下的压降。（√）

La1B3004 自耦变压器的大量使用，会使系统的单相短路电流大为增加，有时甚至超过三相短路电流。（√）

La1B3005 断路器失灵保护一般要考虑二相拒动，且要考虑不仅故障相拒动才启动失灵保护，非故障相拒动也要启动失灵保护。（×）

La1B3006 发生各种不同类型短路时，电压各序对称分量的变化规律，三相短路时母线上正序电压下降的最多，单相短路时正序电压下降最少。（√）

La1B3007 线损中的可变损耗大小随着负荷的变动而变化，它与通过电力网各元件中的负荷功率或电流的二次方成正比。（√）

La1B4008 电气设备动稳定电流是表明断路器在最大负荷电流作用下，承受电动力的能力。（×）

La1B4009 刀闸允许切断的最大电感电流值和允许切断的最大电容电流值一样。（×）

Lb1B1010 直流电压过高会使长期带电的电气设备过热损坏。（√）

Lb1B1011 电磁式电气仪表为交直流两用，但过载能力弱。（×）

Lb1B2012 变压器铭牌上的阻抗电压就是短路电压。（√）

Lb1B2013 变压器的净油器的工作原理是利用运行中的变压器高压侧电流与低压侧电流的差值，使油在净油器内循环，油中的有害物质被净油器内的硅胶吸收，使油净化而保持良好的电气及化学性能，起到对变压器油再生的作用。（×）

Lb1B2014 变压器的短路电压百分数是当变压器一侧短路，而另一侧通以额定电流时的电压，此电压占其额定电压百分比。（√）

Lb1B2015 断路器动稳定电流是表明断路器在合闸位置时，所能通过的最大短路电流。（√）

Lb1B3016 如果刀闸允许切断的电容电流是5A，那么它允许切断的电感电流应大于5A。（×）

Lb1B3017 氧化锌避雷器的特点之一是：当过电压侵入时，电阻片电阻迅速减小，流过电阻片电流迅速增大，同时限制过电压幅值，释放过电压能量，但比普通阀型避雷器更大的残压。（×）

Lb1B3018 变电站的微机综合自动化系统中的事故追忆功能主要作用是将变电站在事故前后一段时间内的一些主要模拟量（如220～500kV线路、主变压器各侧电流、有功功率，主要母线电压等）及设备状态等事件信息记录于微机中，通过从综合自动化系统中调取事故前后的记录，了解系统某一回路在事故前后所处的工作状态。这对于分析和处理事故有一定的辅助作用。（√）

Lb1B3019 切空载变压器会产生过电压，此时应当在变压器高压侧与断路器间装设避雷器，作用之一是切断空载变压器时作为过电压保护，而且这种保护是可靠的，但是在非雷季节应该退出。（×）

Lb1B3020 当电压互感器内部故障时，严禁采用取下电压互感器高压熔丝或近控拉开高压隔离开关方式隔离故障电压互感器。（√）

Lb1B4021 同容量的变压器，其电抗愈大，短路电压百分数也愈大，同样的电流通过，大电抗的变压器，产生的电压损失也愈大，故短路电压百分数大的变压器的电压变化率也越大。（√）

Lb1B4022 直流电压过低会造成断路器保护动作不可靠及自动装置动作不准确等现象产生。（√）

Lb1B4023 接地网当其接地电阻过大时，在发生接地故障时，由于接地电阻大，而使中性点电压偏移增大，可能使健全相和中性点电压过高，超过绝缘要求的水平。（√）

Lb1B4024 电力系统要求接地装置的接地电阻要在一个允许范围之内。（√）

Lb1B5025 TPY铁芯的特点是无气隙，容易饱和，剩磁较小，有效磁通大。（×）

Lb1B5026 同容量的变压器，其电抗愈大，短路电压百分数也愈小，同样的电流通过，大电抗的变压器，产生的电压损失则愈小，故短路电压百分数大的变压器的电压变化率则越小。（×）

Jd1B1001 无载调压变压器不可以在变压器空载运行时调整分接开关。（√）

Jd1B2002 接地网是起着"工作接地"和"保护接地"两种作用。（√）

Jd1B2003 设备启动过程中发现缺陷，可用事故抢修单进行处理。（×）

Jd1B3004 交接后的新设备应调整至冷备用状态，所有保护自动化装置在停用状态。（√）

Jd1B3005 热倒母线正确的操作步骤是：母联改非自动——PT二次并列——母线互联（母差改单母方式）——倒母线——母线取消互联（母差改双母方式）——PT二次解列——母联改自动。（×）

Jd1B3006 10kV配电线供电距离较短，线路首端和末端短路电流值相差不大，速断保护按躲过线路末端短路电流整定，保护范围太小；另外过流保护动作时间较短，当具备这两种情况时就不必装电流速断保护。（√）

Jd1B3007 若进行遥控操作，则可以分别检查隔离开关（刀闸）的状态指示、遥测、遥信信号及带电显示装置的指示进行间接验电。（×）

Jd1B4008 刀闸允许切断的最大电感电流值和允许切断的最大电容电流值是不一样的。（√）

Jd1B4009 0.5MV·A及以上油浸变压器应装设气体继电器。（×）

Je1B1010 主变压器本体保护可以启动失灵保护。（×）

Je1B2011 变压器是一个很大的电感元件，运行时绕组中储藏电能，当切断空载变压器时，变压器中的电能将在断路器上产生一个过电压。（√）

Je1B2012 新安装或大修后的有载调压变压器在投入运行前，检查有载调压机械传动装置，应用手摇操作一个循环，位置指示及动作计数器应正确动作，极限位置的机械闭锁

应可靠动作，手摇与电动控制的联锁也应正常。（√）

Je1B2013 复用通道方式指保护信息以 2M 或 64k 电信号接入 SDH 通信设备，与其他数据业务复用后共同在光纤通信网上传输。（√）

Je1B2014 BP-2B 母差保护，母联开关在分闸位置时，就封母联开关的电流。（×）

Je1B3015 断路器失灵保护一般只考虑一相拒动，且只考虑故障相拒动才启动失灵保护，非故障相拒动不启动失灵保护。（√）

Je1B3016 差动纵联保护是利用通道将本侧电流的波形或代表电流相位的信号传送到对侧，每侧保护根据对两侧电流幅值和相位的比较结果区分是区内还是区外故障。（√）

Je1B3017 断路器和隔离开关电气闭锁回路可直接使用断路器和隔离开关的辅助接点，特殊情况下也可以使用重动继电器。（×）

Je1B3018 切空载变压器会产生过电压，此时应当在变压器高压侧与断路器间装设避雷器，作为过电压保护，而且这种保护是可靠的，并且在非雷季节也不应退出。（√）

Je1B3019 接地网当其接地电阻过大时，在雷击或雷击波袭入时，由于电流很大，会产生很高的残压，使附近的设备遭受到反击的威胁。（√）

Je1B4020 交接后的新设备应调整至检修状态，所有保护自动化装置在停用状态。（×）

Je1B4021 主变压器本体保护不启动失灵保护，因为这些动作接点为机械接点，不能自动返回。（√）

Je1B5022 500kV 线路瞬时性单相故障时如潜供电流过大，可能会导致开关重合不成，需在线路上装设高压并联电抗器并带中性点小电抗来限制潜供电流。（√）

Je1B5023 装置有异常信号不能复归时，应停用微机高频保护。（√）

Je1B5024 主接线采用 3/2 断器接线方式的厂站中，当线路运行，线路侧隔离开关投入时，该短引线保护在线路侧故障时，将无选择地动作，因此必须将该短引线保护停用。（√）

1.3 多选题

La1C2001 变电站综合自动化系统的信息主要来源于（　　）。

（A）一次信息；（B）二次信息；（C）监控装置；（D）通信设备。

答案：**AB**

La1C3002 强送电和试送电时应注意的事项是（　　）。

（A）强送和试送电原则上只允许进行一次，对装有重合闸的线路必须先退出重合闸才可合闸；（B）带有并网线路或小发电设备的线路禁止进行合闸，若必须送电应由调度命令；（C）如有条件在送电前将继电保护的动作时限改小或可适当调整运行方式进行；（D）在强送和试送电时应注意观察表计反映如：空线路、空母线有电流冲击或负荷线路，变压器有较大的电流冲击，又伴有电压大量下降时应立即拉开断路器。

答案：**ABCD**

La1C3003 电力系统高次谐波有（　　）危害。

（A）引起设备损耗增加，产生局部过热使设备过早损坏；（B）增加噪音，电动机振动增加，造成工作环境噪声污染影响人们休息和健康；（C）对电子元件可引起工作失常，造成自动装置测量误差，甚至误动；（D）干扰电视广播通信和图象质量的下降。

答案：**ABCD**

La1C5004 通常造成电力系统发生振荡原因有（　　）。

（A）系统内发生突变如发生短路，大容量发电机跳闸，突然切除大负荷线路；（B）电网结构及运行方式不合理；（C）联络线跳闸及非同期并列操作等原因，使电力系统遭破坏；（D）系统无功不足。

答案：**ABC**

Lb1C1005 氧化锌避雷器有何特点（　　）。

（A）氧化锌电阻片具有优良的非线性特征；（B）在正常工作电压下，仅有几百毫安的电流通过，运行中能监测其状况；（C）当过电压侵入时，电阻片电阻迅速减小，流过电阻片电流迅速增大；（D）比普通阀型避雷器更小的残压。

答案：**ACD**

Lb1C2006 变压器有哪几种常见故障（　　）。

（A）线圈故障：主要有线圈匝间短路、线圈接地、相间短路、线圈断线及接头开焊等；（B）套管故障：常见的是炸毁、闪络放电及严重漏油等；（C）冷却装置故障：主要有风冷电源消失；冷却器故障；（D）铁芯故障：主要有铁芯柱的穿芯镙杆及夹紧镙杆绝缘损坏而引起的；铁芯有两点接地产生局部发热，产生涡流造成过热。

答案：**ABD**

Lb1C3007 中间继电器是重要的辅助继电器，它的主要作用是（   ）。

（A）提供足够数量的接点，以便在不同时刻控制不同的电路；（B）缩短不必要的延时，以满足保护和自动装置的要求；（C）增大接点容量，以便断通较大电流地回路；（D）使继电保护装置变得比较复杂。

答案：AC

Lb1C3008 消弧线圈"工作"与系统有（   ）关系。

（A）只要中性点不接地系统出现移位电压消弧线圈就开始"工作"；（B）中性点不接地系统发生接地故障时消弧线圈才开始"工作"；（C）消弧线圈只有在"工作"时才能发生严重的内部故障；（D）中性点接地系统发生接地故障时消弧线圈才开始"工作"。

答案：BC

Lb1C4009 220kV 主变非全相运行有何危害（   ）。

（A）导致 220kV 系统出现零序电流；（B）220kV 线路零序保护非选择性跳闸，导致事故扩大；（C）需将主变非全相保护切除；（D）其 220kV 主变开关退出检修使系统恢复全相运行。

答案：AB

Lc1C2010 检修工作结束以前，若需将设备试加工作电压，在加压前后应进行（   ）工作。

（A）检查全体工作人员撤离工作地点；（B）将该系统的所有工作票收回，拆除临时遮栏、接地线和标示牌，恢复常设遮栏；（C）应在工作负责人和值班员进行全面检查无误后由值班员进行加压试验；（D）试验后，工作班若需继续工作，应重新履行工作许可手续。

答案：ABCD

Jd1C5011 电力系统发生振荡在变电站值班人员能观察到（   ）象征。

（A）继电保护的振荡闭锁不断的动作解除；（B）变压器、线路、母线的各级电压、电流、功率表的指示，有节拍地剧烈摆动；（C）失去同步的电网之间，虽有电气联系，但有频率差，并略有摆动；（D）运行中的变压器，内部发出异常声音（有节奏的鸣声）。

答案：BCD

Je1C2012 母线倒闸操作的一般原则是（   ）。

（A）倒母线操作必须断开母联断路器的控制电源，其目的是保证母线隔离开关在拉合时满足等电位操作的要求；（B）拉开母联断路器后，应检查停电母线的三相电压指示为零；（C）停母线操作时应遵循先将母差保护改投非选择方式，再断开母联断路器控制电源的顺序，母线送电时顺序与此相反；（D）在拉开母联断路器后应检查母联的电流为零，防止漏倒而引起事故。

答案：ABC

Je1C3013 在（　　）情况下需要将运行中的变压器差动保护停用。

（A）差动二次回路及电流互感器回路有变动或进行校验时；（B）测定差动保护相量图及差压和不平衡电流；（C）差动电流互感器一相断线或回路开路时；（D）差动误动跳闸后或回路出现明显异常时。

答案：ACD

Je1C3014 隔离开关拒绝拉闸应（　　）。

（A）查明操作是否正确；（B）查设备机构是否锈蚀卡死，隔离开关动、静触头熔焊变形移位及瓷件破裂，断裂等，电动操作机构，电动机失电或机构损坏或闭锁失灵等原因；（C）在未查清原因前为加速处理可试着强拉一次；（D）查不清原因应汇报调度，改变运行方式来加以处理。

答案：ABD

Je1C3015 运行中断路器发生误跳闸应作（　　）处理。

（A）若因由于人员误碰、误操作或机构受外力振动，保护盘受外力振动引起自动脱扣而"误跳"应不经汇报立即送电；（B）若保护误动可能整定值不当或电流互感器、电压互感器回路故障引起的应查明原因后才能送电；（C）二次回路直流系统发生两点接地（跳闸回路接地）应及时排除故障；（D）对于并网或联络线断路器发生"误跳"时应立即送电。

答案：ABC

Je1C3016 变压器过负荷时应作（　　）处理。

（A）在变压器过负荷时应投入全部冷却器包括所有备用风扇等；（B）在过负荷时值班人员应立即降低部分负荷；（C）变压器在过负荷期间，应加强对变压器的监视；（D）具体过负荷时间、过负荷倍数参照专用规程处理。

答案：ACD

Je1C4017 220kV、110kV 母线均为双母线接线方式的 220kV 智能变电站，当一台主变压器停电，进行主变保护试验工作时，需投退的保护有哪些（　　）。

（A）退出停电主变保护跳各侧母联（分段）GOOSE 出口、联跳运行设备 GOOSE 出口、闭锁备自投、各侧启动失灵、解除复压闭锁软压板；（B）退出各侧母差保护的对应停电主变间隔电流 SV 接收软压板；（C）投入停电主变保护的检修状态硬压板；（D）退出停电主变的压力释放压板；（E）投入停电主变各侧合并单元、智能终端的检修状态硬压板。

答案：ABCE

Je1C4018 智能变电站主变压器停电，主变本体合并单元检修，需投退的保护有哪些（　　）。

（A）退出对应主变保护中本体合并单元 SV 接受软压板；（B）投入停电变压器本体合并单元检修压板；（C）退出主变间隙保护压板；（D）退出主变差动保护投入压板。

答案：AB

1.4 计算题

La1D1001 用电阻法测一铜线的温度，如果20℃时线圈电阻 $R_{20}=0.64\Omega$，则温度升至 $t=X_1$℃时的电阻 $R=$ _____ Ω。已知 $a=0.004$（1/℃）。

X_1 取值范围：21、22、25

计算公式：

$$R=R_{20}[1+a\ (t-20)]=0.64\times[1+0.004\ (X_1-20)]$$

La1D2002 如图所示的电容器混联电路中，已知电压 $U=X_1$ V，电容 $C_1=8\mu F$，$C_2=C_3=4\mu F$，则 AB 间的等效电容 $C=$ _____ μF，各电容器上电量 $Q_{C_1}=$ _____ C，$Q_{C_2}=$ _____ C，$Q_{C_3}=$ _____ C。

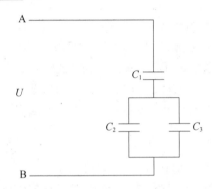

X_1 取值范围：100、200、300

计算公式：

$$C=\frac{C_1\ (C_2+C_3)}{C_1+C_2+C_3}=\frac{8\times\ (4+4)}{8+4+4}=4$$

$$Q_{C_1}=C_1U_{C_1}=\frac{C_1\ (C_2+C_3)}{C_1+C_2+C_3}U=\frac{8\times\ (4+4)}{8+4+4}\times10^{-6}X_1=4\times10^{-6}X_1$$

$$Q_{C_2}=C_2U_{C_2}=\frac{C_2C_1}{C_1+C_2+C_3}U=\frac{4\times8}{8+4+4}\times10^{-6}X_1=2\times10^{-6}X_1$$

$$Q_{C_3}=C_3U_{C_2}=\frac{C_3C_1}{C_1+C_2+C_3}U=\frac{4\times8}{8+4+4}\times10^{-6}X_1=2\times10^{-6}X_1$$

La1D2003 有一台三相电动机绕组，接成三角形后接于线电压 $U=380$V 的电源上，电源供给的有功功率 $P=X_1$ kW，功率因数 $\cos\varphi=0.83$。若将此电动机绕组改连成星形，则此时电动机的线电流 $I_{LY}=$ _____ A、相电流 $I_{phY}=$ _____ A，有功功率 $P_Y=$ _____ kW。

X_1 取值范围：4.1、8.2、16.4

计算公式：

$$I_{L\triangle}=\frac{P}{\sqrt{3}U\cos\varphi}=\frac{10^3 X_1}{\sqrt{3}\times380\times0.83}$$

$$I_{ph\triangle}=\frac{I_L}{\sqrt{3}}=\frac{10^3 X_1}{3\times380\times0.83}$$

$$I_{phY}=I_{LY}=\frac{I_{ph\triangle}}{\sqrt{3}}=\frac{10^3 X_1}{3\times\sqrt{3}\times380\times0.83}$$

$$P_Y=\frac{I_{LY}}{I_{L\triangle}}P_\triangle=\frac{X_1}{3}$$

La1D2004 电阻 $R=X_1\Omega$，感抗 $X_L=60\Omega$，容抗 $X_C=20\Omega$ 组成串联电阻，接在电压 $U=250V$ 的电源上，则视在功率 $S=$＿＿＿＿ kV·A、有功功率 $P=$＿＿＿＿ W、无功功率 $Q=$＿＿＿＿ V·A。（计算结果保留小数点后两位）

X_1 取值范围：20、30、40、50、100

计算公式：

$$Z=\sqrt{X_1{}^2+(X_L-X_C)^2}=\sqrt{X_1{}^2+(60-20)^2}=\sqrt{X_1{}^2+40^2}$$

$$I=\frac{U}{Z}=\frac{250}{Z}$$

$$S=I^2Z=\frac{250^2}{\sqrt{X_1{}^2+40^2}}$$

$$P=I^2R=I^2X_1=\frac{250^2 X_1}{X_1{}^2+40^2}$$

$$Q=I^2(X_L-X_C)=I^2(60-20)=\frac{25\times10^5}{X_1{}^2+40^2}$$

La1D3005 线电压 $U=X_1V$ 的三相交流电源与星形连接的三相平衡负载相接，线电流 $I=10A$，负载消耗的有功功率 $P=3kW$，试求负载等效星形电路各相的电阻 $R=$＿＿＿＿ Ω，电抗 $X=$＿＿＿＿ Ω。

X_1 取值范围：5、10、15

计算公式：

$$Z=\frac{U_{ph}}{I_{ph}}=\frac{\frac{X_1}{\sqrt{3}}}{10}=\frac{X_1}{10\sqrt{3}}$$

$$R=\frac{P}{3(I_{ph})^2}=\frac{3000}{3(I_L)^2}=\frac{3000}{3\times10\times10}=10$$

$$X=\sqrt{Z^2-R^2}=\sqrt{\frac{X_1{}^2}{300}-100}$$

La1D3006 已知某三相对称负载接在电压 $U=X_1V$ 的三相电源中，其中每相负载的电阻 $R=6\Omega$，电抗 $X=8\Omega$，则该负载作星形连接时的相电流 $I_{ph}=$＿＿＿＿ A，线电流 I_L

$=$ _____ A，有功功率 $P=$ _____ kW。

X_1取值范围：190、380、760

计算公式：

$$I_{\text{ph}}=I_{\text{L}}=\frac{\dfrac{U}{\sqrt{3}}}{\sqrt{R^2+X^2}}=\frac{\dfrac{X_1}{\sqrt{3}}}{\sqrt{6^2+8^2}}=\frac{X_1}{10\sqrt{3}}$$

$$\cos\varphi=\frac{R}{\sqrt{R^2+X^2}}=\frac{6}{\sqrt{6^2+8^2}}=0.6$$

$$P=\sqrt{3}UI\cos\varphi=\sqrt{3}\times\frac{(X_1)^2}{10\sqrt{3}}\times0.6\times10^{-3}=6\times10^{-5}\times X_1^2$$

Je1D3007　某变电站的二次母线额定电压为 10.5kV，二次母线短路容量为 X_1 MV・A，则变电站出口处三相短路电流 $I=$ _____ kA。

X_1取值范围：200、300、400

计算公式：

$$I=\frac{X_1}{\sqrt{3}U}=\frac{X_1}{\sqrt{3}\times10.5}$$

Je1D3008　有一条架空线路，用 LJ-35 导线，$D_{\text{jj}}=1\text{m}$，$L=X_1\text{km}$，则导线的电抗 $X=$ _____ Ω。已知 LJ-35，$S=35\text{mm}^2$，$d=7.5\text{mm}$。

X_1取值范围：5、10、15

计算公式：

$$x_0=0.1445\lg\left(\frac{D_{\text{jj}}}{r}\right)+0.0157=0.1445\lg\left(\frac{1}{\dfrac{7.5\times10^{-3}}{2}}\right)+0.0157=0.366$$

$$X=x_0L=0.366X_1$$

Je1D4009　有一条长度 $L=X_1\text{km}$，额定电压 $U=110\text{kV}$ 的双回架空输电线路，采用 LGJ-185 导线，水平排列，线间距离 $D_{\text{jj}}=4\text{m}$，则线路的电阻 $R=$ _____ Ω，电抗 $X=$ _____ Ω。已知 $\rho=31.5\ \Omega\cdot\text{mm}^2/\text{km}$，$d=19.02\text{mm}$。

X_1取值范围：100、120、150

计算公式：

$$r_0=\frac{\rho}{S}=\frac{31.5}{185}=0.17$$

$$x_0=0.1445\lg\left(\frac{D_{\text{jj}}}{r}\right)+0.0157=0.1445\lg\left[1.26\times\frac{4}{\left(\dfrac{19.02\times10^{-3}}{2}\right)}\right]+0.0157=0.409$$

$$R=\frac{r_0}{2}L=\frac{0.17X_1}{2}$$

$$X = \frac{x_0}{2}L = \frac{0.409X_1}{2}$$

Je1D4010 某变电站的二次母线额定电压为 10.5kV，二次母线短路容量为 300MV·A，则变电站 LJ-185 型导线 10kV 架设线路 $L = X_1$ km 处三相短路电流 $I =$ _____ kA。已知 LJ-185 导线的电阻和电抗为 $r_0 = 0.162\Omega/\text{km}$，$X_0 = 0.335\Omega/\text{km}$。

X_1 取值范围：2、3、4

计算公式：

$$X_{\text{mx}} = 3\frac{\left(\frac{U}{\sqrt{3}}\right)^2}{S} = 3\frac{\left(\frac{10.5}{\sqrt{3}}\right)^2}{300} = 0.367$$

$$R_L = Lr_0 = 0.162X_1$$

$$X_L = Lx_0 = 0.335X_1$$

$$Z = \sqrt{R_L{}^2 + (X_{\text{mx}} + X_L)^2} = \sqrt{(0.162X_1)^2 + (0.367 + 0.335X_1)^2}$$

$$I = \frac{U}{\sqrt{3}Z} = \frac{U}{\sqrt{3}\sqrt{R_L{}^2 + (X_{\text{mx}} + X_L)^2}} = \frac{10.5}{\sqrt{3}\sqrt{(0.162X_1)^2 + (0.367 + 0.335X_1)^2}}$$

Je1D5011 如图所示，电路中 $X_{F*} = X_1$，$X_{T1*} = 0.2$，$X_{L*} = 0.3$，$X_{T2*} = 0.6$，则 $d_1{}^{(3)}$ 点短路时短路电流 $I_{d1}{}^{(3)} =$ _____ A，$d_2{}^{(3)}$ 点短路时短路电流 $I_{d2}{}^{(3)} =$ _____ A，$d_1{}^{(3)}$ 点三相短路时流过 110kV 线路始端开关中的短路容量的大小 $S_{d1}{}^{(3)} =$ _____ MV·A，$d_2{}^{(3)}$ 点三相短路时流过 110kV 线路始端开关中的短路容量的大小 $S_{d1}{}^{(3)} =$ _____ MV·A。（取 $S_j = 100\text{MW·A}$，$U_j = U_p$）

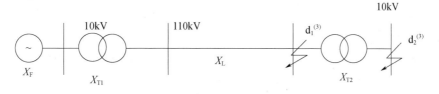

X_1 取值范围：9、10、12

计算公式：

$$X_{*\Sigma1} = X_{F*} + X_{T1*} + X_{L*} = X_1 + 0.2 + 0.3 = X_1 + 0.5$$

$$I_{d1}{}^{(3)} = \frac{1}{X_{*\Sigma1}}I_{j1} = \frac{1}{X_1 + 0.5} \times \frac{S_j}{\sqrt{3}U_{P1}} = \frac{1}{X_1 + 0.5} \times \frac{100}{\sqrt{3} \times 115}$$

$$X_{*\Sigma2} = X_{F*} + X_{T1*} + X_{L*} + X_{T2*} = X_1 + 0.2 + 0.3 + 0.6 = X_1 + 1.1$$

$$I_{d2}{}^{(3)} = \frac{1}{X_{*\Sigma2}}I_{j2} = \frac{1}{X_1 + 1.1} \times \frac{S_j}{\sqrt{3}U_{P2}} = \frac{1}{X_1 + 1.1} \times \frac{100}{\sqrt{3} \times 10.5}$$

$$S_{d1}{}^{(3)} = \sqrt{3}U_{P1}I_{d2}{}^{(3)} = \sqrt{3} \times 115 \times \frac{100}{115 \times \sqrt{3}} \times \frac{1}{X_1 + 0.5}$$

$$S_{d2}{}^{(3)} = \sqrt{3}U_{P2}I_{d2}{}^{(3)} = \sqrt{3} \times 10.5 \times \frac{100}{10.5 \times \sqrt{3}} \times \frac{1}{X_1 + 1.1}$$

1.5 识图题

Je1E1001 如图所示，间隙过流保护采用图（　　）时，合中性点接地刀闸之前不退出间隙过流保护不会造成间隙保护误动作。

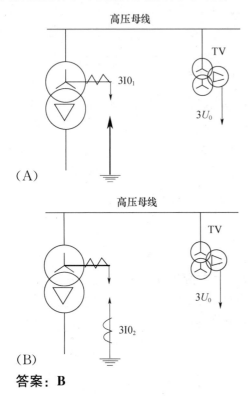

答案：**B**

Je1E3002 如图所示，当 TJA-1 保护未动作时，V1、V2 测得的电压分别为（　　）。

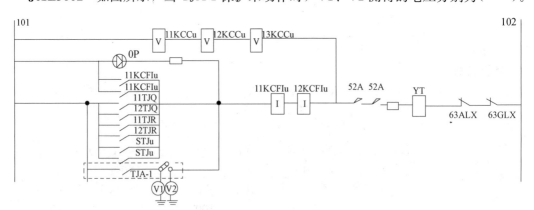

(A) 0V，−110V；

(B) 0V，0V；

(C) 110V，0V；

(D) 110V，−110V。

答案：A

Je1E3003 如图所示，当 TJA-1 保护动作时，V1、V2 测得的电压分别为（　　）

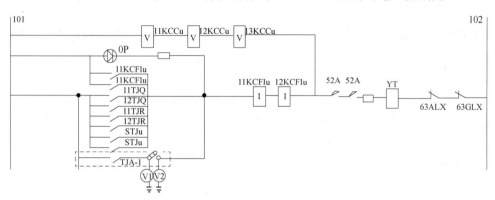

(A) 0V，−100V；

(B) 0V，0V；

(C) 100V，0V；

(D) 100V，−100V。

答案：D

Je1E4004 如图所示，为断路器控制回路图的一部分，请根据图中回路分析：断路器在合位时，发出"控制回路断线"信号，可能是由哪些原因造成的？（　　）

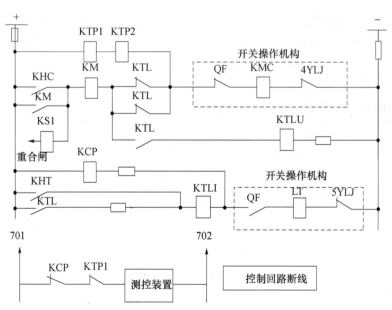

（A）控制保险熔断或电源消失；

（B）断路器分闸闭锁；

（C）断路器常开辅助触点接触不良；

（D）跳闸线圈烧毁断线。

答案：ABCD

Je1E5005 电压互感器二次并列回路示意图如图所示，请根据图分析电压互感器二次并列条件都有哪些？（　　）

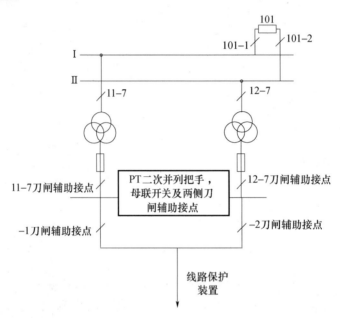

（A）母联 101 开关合位；

（B）101-1 隔离开关合位；

（C）电压互感器二次并列把手切至并列位置；

（D）101-2 隔离开关合位。

答案：ABCD

1.6 论述题

La1F5001 变压器的有载调压装置动作失灵是什么原因造成的？

答：变压器的有载调压装置动作失灵的原因有：

(1) 操作电源电压消失或过低；

(2) 电机绕组断线烧毁，启动电机失压；

(3) 连锁触点接触不良；

(4) 传动机构脱扣及销子脱落。

La1F5002 500kV超高压电网有什么特点？

答：(1) 线路长，传输功率大，要求保护快速动作（一般在0.1s以内）切除故障；

(2) 在长距离、重负荷输电线路上，短路电流数值与负荷电流数值接近；

(3) 在超高压、长距离线路中，由于线路分布电容的影响，在短路的暂态过程中，产生了高频自由分量，稳态电容电流使线路两侧的电流幅值和相位产生差异；

(4) 因为线路长及线路分布电容的影响，将使线路出现过电压，为限制过电压和减少潜供电流，应装设并联电抗器及中性点小电抗器；

(5) 由于输送功率大，故采用四分裂导线，使系统的一次时间常数增大，使短路暂态过程中的自由分量衰减变慢。

La1F5003 提高电力系统动态稳定的措施有哪些？

答：提高电力系统动态稳定的措施有：

(1) 快速切除短路故障；

(2) 采用自动重合闸装置；

(3) 发电机采用电气制动和机械制动；

(4) 变压器中性点经小电阻接地；

(5) 设置开关站和采用串联电容补偿；

(6) 采用联锁自动机和解列；

(7) 改变运行方式；

(8) 故障时分离系统；

(9) 快速控制调速汽门。

La1F5004 电力系统暂态过程有几种形式？各有何特点？

答：电力系统的暂态过程有三种：波过程、电磁暂态过程和机电暂态过程。

(1) 波过程是运行操作或雷击过电压引起的过程，这类过程最短暂（微秒级），涉及电流、电压波的传播。

(2) 电磁暂态过程是由短路引起的电流、电压突变及其后在电感、电容型储能元件及电阻型耗能元件中引起的过渡过程，这类过程持续时间较波过程长（毫秒级）。

（3）机电暂态过程是由于大干扰引起的发电机输出电功率突变所造成的转子摇摆、振荡过程，这类过程既依赖于发电机的电气参数，也依赖于发电机的机械参数，并且电气运行状态与机械运行状态相互关联，是一种机电联合的一体化的动态过程。这类过程的持续时间最长（秒级）。

La1F5005 自耦变压器和普通变压器不同之处有哪些？

答：自耦变压器和普通变压器的不同之处有：

（1）自耦变压器一次侧和二次侧不仅有磁的联系，而且还有电的联系。普通变压器的一次侧和二次侧只有磁的联系；

（2）电源通过自耦变压器的容量由一次绕组与公用绕组之间电磁感应功率和一次绕组直接传导的传导功率两个部分组成；

（3）自耦变压器的短路电阻和短路电抗分别是普通变压器短路电阻和短路电抗的 $(1-1/K)$ 倍，K 为变比；

（4）由于自耦变压器的中性点必须接地，因而继电保护的整定和配置较为复杂；

（5）自耦变压器体积小，质量轻，造价较低，便于运输。

La1F5006 电力系统过电压有哪些类型？并简述其产生的原因及特点？

答：（1）大气过电压。由直击雷引起，特点是持续时间短暂，冲击性强，与雷击活动强度有直接关系，与设备电压等级无关。因此，220kV 以下系统的绝缘水平往往由防止电气过电压决定。

（2）工频过电压。由长线路的电容效应及电网运行方式的突然改变引起，特点是持续时间长，过电压倍数不高，一般对设备绝缘危险性不大，但在超高压、远距离输电确定绝缘水平时起重要作用。

（3）操作过电压。由电网内开关设备操作引起，特点是具有随机性，但最不利情况下过电压倍数较高。因此，330kV 及以上超高压系统的绝缘水平往往由防止操作过电压决定。

（4）谐振过电压。由系统电容及电感回路组成谐振回路时引起，特点是过电压倍数高、持续时间长。

La1F5007 中性点不接地系统发生单相金属性接地时的特点是什么？

答：（1）接地相电压为零，非接地相电压为线电压；

（2）中性点电压为相电压，母线电压互感器开口三角形出现零序电压；

（3）非故障相电容电流就是该线路的电容电流；

（4）故障线路首端的零序电流数值上等于系统非故障线路全部电容电流之和，其方向为线路指向母线，与非故障线路中零序电流的方向相反。

La1F5008 普通三相三柱式电压互感器为什么不能用来测量对地电压（即不能用来监视绝缘）？

答：为了监视系统各相对地绝缘情况，就必须测量各相的对地电压，并且应使互感器一次侧中性点接地，但是，由于普通三相三柱式电压互感器一般为 Y，yn 型接线，它不允许将一次侧中性点接地，故无法测量对地电压。

假使这种装置接在小电流接地系统中，互感器接成 YN，yn 型，即把电压互感器中性点接地，当系统发生单相接地时，将有零序磁通在铁芯中出现。由于铁芯是三相三柱的，同方向的零序磁通不能在铁芯内形成闭合回路，只能通过空气或油闭合，使磁阻变得很大，因而零序电流将增加很多，这可能使互感器的线圈过热而被烧毁。所以，普通三相三柱式电压互感器不能作绝缘监视用，而作绝缘监视用的电压互感器只能是三相五柱式电压互感器或三台单相互感器接成 YN，yn 型接线。

La1F5009 变压器差动保护的不平衡电流是怎么产生的？

答： 变压器差动保护的不平衡电流产生的原因如下：

（1）稳态情况下的不平衡电流

①由于变压器各侧电流互感器型号不同，即各侧电流互感器的饱和特性和励磁电流不同而引起的不平衡电流，它必须满足电流互感器的 10％误差曲线的要求；

②由于实际的电流互感器变比和计算变比不同引起的不平衡电流；

③由于改变变压器调压分接头引起的不平衡电流。

（2）暂态情况下的不平衡电流

①由于短路电流的非周期分量主要为电流互感器的励磁电流，使其铁芯饱和，误差增大而引起不平衡电流；

②变压器空载合闸的励磁涌流，仅在变压器一侧有电流。

La1F5010 在什么情况下，直流一点接地就可能造成保护误动或断路器跳闸？

答： 直流系统所接电缆正、负极对地存在电容，以及直流系统所供静态保护装置的直流电源抗干扰电容，构成了直流系统两极对地的综合电容。对于大型变电站、发电厂直流系统的电容量不能忽略。在直流系统某些部位发生一点接地，保护出口中间继电器线圈、断路器跳闸线圈与上述电容通过大地即可形成回路，如果保护出口中间继电器的动作电压低于《反措》所要求的 $65\%U_e$ 或电容放电电流大于断路器跳闸电流，会造成误动作或断路器跳闸。

La1F5011 为什么大容量三相变压器的一次或二次总有一侧接成三角形？

答： 当变压器接成 Y，y 时，各相励磁电流的三次谐波分量在无中线的星形接法中无法通过，此时励磁电流仍保持近似正弦波，而由于变压器铁芯磁路的非线性，主磁通将出现三次谐波分量。由于各相三次谐波磁通大小相等，相位相同，因此不能通过铁芯闭合，只能借助于油、油箱壁等形成回路，结果在这些部件中产生涡流，引起局部发热，并且降低变压器的效率，所以容量大和电压较高的三相变压器不宜采用 Y，y 接法，但绕组接成 Y，d 时，一次侧励磁电流中的三次谐波虽然不能通过，在主磁通中产生三次谐波分量，但因二次侧为三角形接法，三次谐波电动势将在三角中产生三次谐波环流，一次没有相应的三次谐波电流与之平衡，故此环流就成为励磁性质的电流。此时变压器的主磁通将由一次侧正弦波的励磁电流和二次侧的环流共同励磁，其效果与 D，y 接法时完全一样，因此，主磁通亦为正弦波而没有三次谐波分量，这样三相变压器采用 D，y 或 Y，d 接法后就不会产生因三次谐波涡流而引起的局部发热现象。

La1F5012 简述变电站的站用电交流系统的重要性。

答：变电站的站用电交流系统是保证变电站安全可靠的输送电能必不可少的环节。站用电交流系统为主变压器提供冷却电源，消防水喷淋电源，为断路器提供储能电源，为隔离开关提供操作电源。另外，站用电还提供变电站内的照明、生活用电以及检修等电源。如果站用电失去，将严重影响变电站设备的正常运行，甚至引起系统停电和设备损坏事故。

Lb1F5013 变电站接地网的接地电阻是多少？避雷针的接地电阻是多少？接地网能否与避雷针连接在一起？为什么？

答：(1) 大电流接地系统的接地电阻，应符合 $R \leqslant 2000/I$，当 $I > 4000A$ 时，可取 $R < 0.5\Omega$；小电流接地系统当用于 1000V 以下设备时，接地电阻应符合 $R \leqslant 125/I$，当用于 1000V 以上设备时，接地电阻 $R \leqslant 250/I$，但任何情况下都不应大于 10Ω。

(2) 独立避雷针的接地电阻一般不大于 25Ω；安装在门型架构上的避雷针，其集中接地电阻一般不大于 10Ω。

(3) 110V 以上的屋外配电装置，可将避雷针装在配电装置的架构上，架构除了应与接地网连接以外，还应在附近加装集中接地装置，其接地电阻不得大于 10Ω。架构与接地网连接点至变压器与接地网连接点沿接地网接地体的距离不得小于 15m。架构的接地部分与导电部分之间的空间距离不得小于绝缘子串的长度。在变压器的门型架构上不得安装避雷针。在土壤电阻率大于 $1000\Omega m$ 时，宜用独立避雷针。

对 35kV 的变电所，由于绝缘水平很低，构架上避雷针落雷后感应过电压的幅值对绝缘有发生闪络的危险，宜采用独立避雷针。

La1F5014 电流互感器的误差有几种？影响各种误差的因素是什么？

答：电流互感器的误差通常有变比误差和相位上的角度误差。

(1) 电流比误差（比差）$\Delta I\%$

$$\Delta I\% = (K I_2 - I_1)/I_1 \times 100\%$$

式中　K——电流互感器的电流比；

　　　I_2——二次电流实测值；

　　　I_1——电流互感器一次电流实测值。

(2) 相位角误差（角差）δ

电流互感器的相位角度误差是指二次电流向量旋转 180° 以后，与一次电流向量之间的夹角 δ，并且规定二次电流向量超前于一次电流向量时，角差 δ 为正，反之为负。δ 的单位为分。

影响电流互感器误差的因素有以下几个方面：

（1）电流互感器的相位角度误差主要是铁芯的材料和结构来决定的。若铁芯损耗小，磁导率高则相位角误差的绝对值就小。采用带形硅钢片卷成圆环铁芯的电流互感器，则比方框形铁芯的电流互感器的相位误差小。

（2）二次回路阻抗 Z（负载）增大会使误差增大

（3）一次电流的影响。当系统发生短路故障时，一次电流会急剧增加，致使电流互感器工作在磁化曲线的非线性部分（即饱和部分），这种情况下，比差和角差都会增加。

La1F5015 两个电力系统同期并列应满足哪些条件？解列操作应考虑哪些问题？

答：两个电力系统同期并列必须满足如下条件：

（1）频率一致，最大允许差为 0.5Hz，若并列时，两系统的频率不一致，将使并列处产生一定的有功功率流动（其方向是频率高的系统向频率低的系统）和系统频率的变化；

（2）电压相同，最大允许电压差为 20%，若并列时两侧有电压差，将产生无功功率的流动及电压变动；

（3）并列开关两侧电压的相角相同，若相角不一致，将使电力系统产生非同期冲击电流，引起系统电压波动；

（4）相序相同，测定相序，并使之相同的工作，应在新设备投产试验时完成，因此正常同期并列操作时不存在检测并列开关两侧系统相序的问题。

两个系统解列时，要考虑解列后各自系统的发供电平衡，潮流电压的变化，以及保护和安全自动装置的改变。解列时，将解列点有功调至零，电流调至最小。

Lb1F5016 何谓变压器的过励磁？产生的原因是什么？有何危害？怎样避免？

答：当变压器在电压升高或频率下降时都将造成工作磁通密度增加，导致变压器的铁芯饱和称为变压器的过励磁。

电力系统因事故解列后，部分系统的甩负荷过电压、铁磁谐振过电压、变压器分接头连接调整不当、长线路末端带空载变压器或其他误操作、发电机频率未到额定值时过早增加励磁电流、发电机自励磁等情况，都可能产生较高的电压引起变压器过励磁。变压器过励磁时，造成变压器过热、绝缘老化，影响变压器寿命甚至将变压器烧毁。

防止过励磁的关键在于控制变压器温度上升。其办法是，加装过励磁保护。当发生过励磁现象时，根据变压器特性曲线和不能给的允许过励磁倍数发出报警信号或切除变压器。

Lb1F5017 为什么电力电容器组装有放电装置？

答：电源断开后，电容器组极板上仍储有电荷，所以两极板之间还有电压，这一电压的起始值等于电路断开后瞬间的电源电压，通过电容器本身的绝缘电阻进行自放电，但自放电的速度很慢。为了在短时间内将电容器上的电压放至安全电压，所以要装设放电装置。

Lb1F5018 主变压器新投运或大修后投运前为什么要做冲击试验，冲击几次？

答：拉开空载变压器，有可能产生操作过电压，在电力系统中性点不接地，或经消弧线圈接地时，过电压幅值可达 4～4.5 倍相电压；在中性点直接接地时，可达 3 倍相电压，为了检查变压器绝缘强度能否承受全电压或操作过电压，需做冲击试验。

带电投入空载变压器，会出现励磁涌流，其值可达 6～8 倍额定电流。励磁涌流开始衰减很快，一般经 0.5～1s 后则减到 0.25～0.5 倍额定电流值，但全部衰减时间较长，大容量的变压器可达几十秒，由于励磁涌流产生很大的电动力，为了考核变压器的机械强度，同时考核励磁涌流衰减初期能否造成继电保护误动，需做冲击试验。

冲击试验次数：新产品投入为 5 次，大修后投入为 3 次。

Lb1F5019 变压器空载运行时为什么有时会有母线接地信号？当送出一路时就恢复正常，为什么？

答：变压器空载运行时，10kV 侧或 35kV 侧绕组及所带的一段母线桥和一段空母线的三相对地电容不等，此时变压器相当于不平衡状态运行，中性点发生位移，变压器低压侧等效阻抗为电压互感器绕组阻抗与三相对地容抗相并联，当 ZC≪ZL 时，中性点位移数值较大，这时 10kV 侧或 35kV 侧母线会有接地信号，其主变保护相应侧也会有零序告警信号。当变压器带上负荷或线路后，此时母线三相电压主要决定于负荷或线路阻抗平衡情况，前述三相对地电容的不平衡因素居于次要位置，如负荷或线路阻抗平衡，母线接地信号以及主变保护零序告警信号将复归。

Lb1F5020 变压器有几种冷却方式？在变压器设备铭牌中各使用什么字母来表示，它们是怎样实现变压器冷却目的？

答：变压器冷却方式一般分为：油浸自冷式、油浸风冷式、强迫油循环式（含强油风冷式和强油水冷式）、强迫油导向循环式（包括强迫油导向循环风冷式和强迫油导向循环水冷式）

(1) 油浸自冷式（ONAN）：以油的自然对流作用将热量带到油箱壁，然后依靠空气的对流将热量散发；

(2) 油浸风冷式（ONAF）：在 ONAN 的基础上，在油箱壁或散热管上加装风扇，利用吹风机帮助冷却；

(3) 强油风冷式（OFAF）或强油水冷式（OFWF）：利用油泵将变压器中的油打入冷却器后，利用风扇吹风或循环水作冷却介质，再流回油箱；

(4) 强迫油导向循环风冷式（ODAF）或强迫油导向循环水冷式（ODWF）：变压器内部的油流沿着专门装设的冷却油道定向流动循环，因此具有更好的冷却效果。

Lb1F5021 消弧线圈的铁芯与变压器的铁芯有什么不同？其目的是什么？

答：消弧线圈的外形与单相变压器相似，变压器铁芯是一个闭合回路，不设间隙。但消弧线圈的铁芯带有间隙，间隙沿整个铁芯分布，铁芯上装有主线圈，它是一个电感线圈。采用带间隙铁芯的主要目的是为了避免磁饱和，使补偿电流与电压成正比关系，减少高次谐波分量，因而得到一个比较稳定的电抗值。

Lb1F5022　并联电抗器和串联电抗器各有什么作用？

答：线路并联电抗器可以补偿线路的容性充电电流，限制系统电压升高和操作过电压的产生，保证线路的可靠运行。

母线串联电抗器可以限制短路电流，维持母线有较高的残压，而电容器组串联电抗器可以限制高次谐波。

Lb1F5023　电流互感器二次侧开路运行时的后果是什么？

答：运行中的电流互感器二次侧所接的负荷均为仪表或继电器的电流线圈等，阻抗非常小，基本上运行与短路状态。此时，电流互感器的二次电压很低，且铁芯中的磁通密度维持在一个较低的水平。当运行中电流互感器二次绕组开路，一次电流全部变为励磁电流，使电流互感器的铁芯骤然饱和，将会产生以下几种后果：

（1）由于磁通饱和，电力互感器的二次侧将产生数千伏的高压，对二次绝缘构成威胁，对于设备和运维人员产生危险；

（2）由于铁芯的骤然饱和，铁芯损耗增加，严重发热，绝缘有烧坏的可能；

（3）将在铁芯中产生剩磁，是电流互感器的比差和角差增大，影响计量的准确性。

所以，电流互感器的二次线圈在运行中是不能开路的。

Lb1F5024　变压器并列运行应满足哪些条件？若不满足会出现哪些后果？

答：变压器并列运行必须满足下述条件：

（1）变比差值不得超过±0.5%；

（2）短路电压值相差不得超过±10%；

（3）接线组别相同；

（4）两台变压器的容量比不宜超过 3：1。

不满足并列运行条件时的后果：

（1）电压比不等，其他条件满足：会在二次绕组回路中产生较大的循环电流。这个循环电流不仅占据变压器容量，而且会增加变压器的损耗，使变压器所能输出的容量减少；

（2）短路电压不等，其他条件满足：出现负荷分配不均匀，造成短路电压小的变压器已经满载，甚至过载，而短路电压大的变压器仍处于欠载状态，以致变压器的容量不能合理利用；

（3）接线组别不同，其他条件满足：引起变压器短路；形成大的环流，将造成变压器严重过热，甚至烧毁。

Lb1F5025　500kV 高压并联电抗器保护配置。

答：500kV 输电线路由于距离长，为限制工频电压升高，根据实际情况装有高压并联电抗器及中性点小电抗。高压电抗器一般配置双重化的主、后备一体的高抗电气量保护和一套非电量保护。

（1）主保护

主电抗器差动保护，主电抗器零序差动保护，主电抗器匝间短路保护。

（2）后备保护

主电抗器过流保护，主电抗器零序过流保护，主电抗器过负荷保护，中性点电抗器后备保护，中性点电抗器过流保护，中性点电抗器过负荷保护。

（3）非电量保护

重瓦斯、轻瓦斯、压力突发、压力释放、油温高、绕组温度高、油位异常等保护。

Lb1F5026 什么是潜供电流？为什么线路端部故障时有可能出现最大的潜供电流？

答： 运行线路发生单相弧光接地后，线路故障相两侧断路器开断，通过该线路的仍然运行的健全相对已开断的故障相的静电和电磁感应，接地故障点电弧弧道中仍然会渡过不大的感应电流，电弧还可维持一个短暂的时间，此感应电流称为潜供电流，或称二次电弧电流。

潜供电流包括容性分量和感性分量。容性分量是指健全相电压通过相间电容向接地故障点提供的电流。容性分量与线路运行电压有关，与线路上的故障点位置无关。感性分量是健全相上的电流经相间互感在故障上产生的感应电动势，经过由故障相的对地电容、高压并联电抗器和故障点之间构成的回路，向故障点提供的电流。感性分量不仅与线路健全相电流有关，而且与线路上的故障点位置有关。当故障发生于线路端部时，感性分量较大；当故障发生于线路中部时，在故障点的弧道上因故障点前后两部分的电磁感应电流的方向相反，互相抵消，潜供电流感性分量较小。所以，线路端部故障时有可能出现最大的潜供电流。

Lb1F5027 为何主变穿越性故障可能会造成主变重瓦斯保护误动？

答： 在变压器差动保护范围以外发生的短路故障，对于变压器来说是穿越性故障。当故障发生在变电站母线、出线近区时，短路阻抗较小，穿越变压器的短路电流较大，类似于变压器突然短路。此时流过变压器的短路电流的峰值可达额定电流的 $20\sim30$ 倍，由于电磁力与电流的平方成正比，突然短路时变压器绕组所受的电磁力可达正常运行时的几百倍。绕组受到电磁力的作用产生辐向位移，将使一次和二次绕组间的油隙增大，油隙内侧和绕组外侧产生一定的压差，加速油的流动。而且，很大的穿越性故障电流使变压器绕组温度上升很快，使油的体积膨胀，快速向油枕流动。在两种作用下，当油流较大时，重瓦斯保护就可能误动。这类误动，可以通过调整重瓦斯继电器的流速定值来躲过。

Lb1F5028 3/2 接线系统，某线路间隔一台开关电流显示为零，另一台开关电流正常，试分析原因？

答： 3/2 接线系统，有时会出现某线路间隔一台开关电流显示为零，另一台开关电流正常，或一台开关的某相电流为零，另一台开关对应相电流相应变大现象，该现象过一段时间可自行消除。由于 3/2 接线系统各串设备多支路并联运行，由于电阻分布的微弱不平衡可能造成一次电流分布不平衡。发生此现象时，运维人员应检查相关回路开关分合位置是否正常，刀闸触头是否接触良好。如果均正常，且该现象过一段时间自行消除，可正常运行，并加强观察。

Lb1F5029　500kV 3/2 接线方式"先合重合闸"与"后合重合闸"压板作用是什么？

答：3/2 接线方式下每条线路配有两台断路器。当"先合投入"压板投入时设定该断路器先合闸，先合重合闸经较短延时（重合闸整定时间），发出一次合闸脉冲时间 120ms；当先合重合闸启动时发出"闭锁先合"信号；如果先合重合闸启动返回，并且未发出重合脉冲，则"闭锁先合"接点瞬时返回；如果先合重合闸已发出重合脉冲，则装置启动返回后该接点才返回。先合重合闸与后合重合闸配合使用时，先合重合闸的"闭锁先合"输出接点接至后合重合闸的"闭锁先合"输入接点。当"先合投入"压板退出时设定该断路器为后合重合闸。后合重合闸经较长延时（重合闸整定时间＋后合重合延时）发合闸脉冲。当先合重合闸因故检修或退出时，先合重合闸将不发出闭锁先合信号，此时后合重合闸将以重合闸整定时限动作，避免后合重合闸作出不必要的延时，以尽量保证系统的稳定性。

Lb1F5030　试分析 500kV3/2 接线方式失灵保护动作行为。

答：边开关失灵。当线路发生故障时，M 和 N 侧线路保护动作跳 4、5、7、8 断路器，4 断路器因故拒动，4 断路器的失灵保护动作，第一时限跟跳本断路器，如仍未跳开，则第二时限跳开 1 母线上的其他断路器（1 断路器），同时发远方跳闸信号。当母线发生故障，母差保护动作跳闸，4 断路器因故失灵，4 断路器失灵保护动作第一时限跟跳本断路器，如仍未跳开，则第二时限跳开母线上所有断路器，跳开中开关 5 断路器，同时发远方跳闸信号，由对侧线路经就地判别后跳开本侧 7、8 断路器。

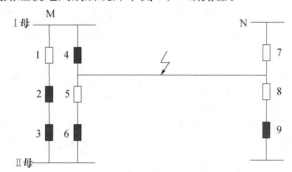

图 F-2　边开关失灵示意图

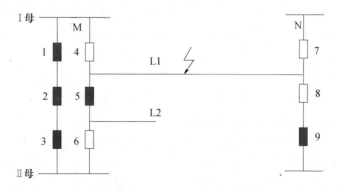

图 F-3　中开关失灵示意图

中开关失灵。当线路发生故障时，M 和 N 侧线路保护动作跳 4、5、7、8 断路器，5 断路器因故拒动，5 断路器的失灵保护动作，跳开相邻的 6 断路器，同时向 L2 线路对侧发远方跳闸信号，L2 线路对侧经就地判别后跳开本侧断路器。

Lb1F5031 系统发生振荡与系统发生短路有何区别？

答：（1）振荡时系统各点电压和电流均作往复性摆动，且变化速度较慢，而短路时电流、电压值是突变的，且变化幅度较大。

（2）振荡时系统任何一点电流与电压之间的相位角都随功角的变化而变化；而短路时电流和电压之间的角度是基本不变的。

（3）振荡时系统三相是对称的，没有负序和零序分量；而短路时系统的对称性受到破坏，即使发生三相短路，开始时也会出现负序分量。

Jd1F5032 智能变电站，运维人员操作软压板时的检查事项有哪些？

答：运维人员操作软压板时，应在监控后台机核对各软压板状态正确后，再对软压板进行操作，并确认遥控成功信息反馈正确。投退软压板完成后，应在监控后台再次调取、核对各软压板状态正确，核对上报的保护功能信息正确。投退重合闸、备自投软压板后，应确认上送的重合闸、备自投充电状态信号正确。上述核对、检查项目应列入操作票。在监控后台进行软压板操作后，根据后台机画面变化、报文信息等进行确认，填写操作项"检查 XXX 保护 XXX 软压板变位正确"。对于重合闸、备自投的操作，在上述操作项后增加"检查 XX 重合闸（备自投）装置充电状态信号正确"操作项。"检查 XX 重合闸（备自投）装置充电状态信号正确"操作项可以再监控后台检查，也可以在装置检查。

Jd1F5033 智能变电站，仅本间隔一次设备停电检修时，操作要求有哪些？

答：间隔一次停电检修，本间隔二次设备运行时，应退出运行的保护装置、智能终端等二次设备对应检修间隔的 GOOSE 接收软压板、SV 接收软压板、间隔投入软压板等可能危及运行设备的压板；对于 3/2 接线形式，还应投入运行线路保护或主变保护装置内对应的"断路器强制分位（停运开关检修）"软压板。

Jd1F5034 智能变电站，本间隔不停电，仅保护装置停电检修时，操作要求有哪些？

答：间隔不停电，仅保护装置检修时，退出该保护装置对本间隔的跳闸、合闸出口软压板；退出该保护装置与运行设备联络的输出软压板，包括跳合闸出口软压板、失灵启动软压板、启动远跳软压板、失灵联跳软压板等。

Jc1F5035 继电保护新投运前验收时应实际检查并确认哪些内容？

答：（1）监控后台显示的有关继电保护的遥测、遥信、遥控、遥调数据齐全，监控画面清晰。规范。监控后台中继电保护设备、压板、信号的界面符合运行要求，显示除常规保护、智能终端出口硬压板外的其余硬压板的实际状态，包括"远方操作"和"检修状态"硬压板；压板名称与设备技术规范的压板名称一致；可操作的压板与只监视不操作的压板应由明显区分。

（2）继电保护运行环境良好，智能控制柜、继电保护室环境温度、湿度数据上传正确。

（3）继电保护装置屏前屏后均具有设备名称标识。装置名称及编号应准确、清晰，多间隔设备合并组屏的，不同间隔的装置之间应有分隔线。各压板、切换小开关、保险、空气小开关等的标签标识应规范、清晰、简明，压板应有双重名称。标签与所指的设备应准确对应，避免混淆。

（4）现场运行规程（专用部分）中继电保护设备、回路、压板等内容描述与实际相符。

Jd1F5036 变电设备检修时，"在此工作！""止步，高压危险！"和"禁止攀登，高压危险！"标示牌的悬挂有什么规定？

答：（1）在工作地点设置"在此工作！"的标示牌。

（2）在室内高压设备上工作，应在工作地点两旁及对面运行设备间隔的遮拦（围栏）上和禁止通行的过道遮拦（围栏）上悬挂"止步，高压危险！"的标示牌；高压开关柜内手车开关拉出后，隔离带电部位的挡板封闭后禁止开启，并设置"止步，高压危险！"的标示牌；在室外高压设备上工作，工作地点周围围栏上悬挂适当数量的"止步，高压危险！"标示牌，标示牌应朝向围栏里面。若室外配电装置的大部分设备停电，只有个别地点保留有带电设备而其他设备无触及带电导体的可能时，可以在带电设备的四周装设全封闭围栏，围栏上悬挂适当数量的"止步，高压危险！"标示牌，标示牌应朝向围栏外面；在室外构架上工作，则应在工作地点邻近带电部分的横梁上，悬挂"止步，高压危险！"标示牌。

（3）在邻近其他可能误登的带电架构上，应悬挂"禁止攀登，高压危险！"的标示牌。

Jd1F5037 某 220kV 变电站的 110kV 侧接线如图所示：

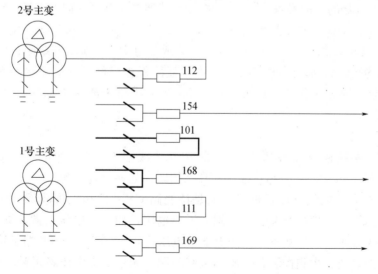

正常方式：该站 159、111 开关上 110kV 1 号母线运行，158、154、112 开关上 110kV 2 号母线运行，母联 101 开关运行。现进行 110kV 2 号母线由运行转检修操作，请分别回答下列问题：

（1）假如合上 158-1 刀闸后，刀闸辅助触点未切换到位，那么拉开 158-2 刀闸后有何现象？

答： 合上 158-1 刀闸后，刀闸辅助触点未切换到位，那么拉开 158-2 刀闸后，该线路保护发 PT 断线信号，距离保护被闭锁，零序方向保护方向元件退出；母差保护发刀闸位置异常告警。

（2）假如合上 158-1 刀闸后，刀闸辅助触点切换正常，拉开 158-2 刀闸后，其线路保护用刀闸辅助触点未断开，那么当操作人员拉开母联 101 开关时有何现象？此时应如何处理？

答： 合上 158-1 刀闸后，刀闸辅助触点切换正常，拉开 158-2 刀闸后，其线路保护用刀闸辅助触点未断开，此时相当于通过 158 间隔 1、2 母电压切换继电器的辅助触点将当 1、2 母电压互感器二次并列。当操作人员拉开母联 101 开关时，由于 110kV 2 号母线一次停电，而电压互感器二次并列，形成了反充电回路，会造成运行的 1 号母线电压互感器二次空开跳闸，使得 110kV 侧所有线路、主变保护发 PT 断线告警，测量、计量回路失去电压。

此时应先将母联开关恢复运行，合上 1 号母线电压互感器二次空开，使得保护、测量、计量恢复正常；按照倒母线的操作要求，将 158-2 刀闸重新合上、拉开几次，检查其辅助触点切换正常后，再将 2 号母线转检修。

（3）110kV 2 号母线检修完毕后，进行 2 号母线送电、恢复正常运行方式操作，假如拉开 158-1 刀闸后，其线路保护用辅助触点未断开。运行一段时间后，110kV 1 号母线发生短路故障，试分析保护和开关的动作情况。

答： 拉开 158-1 刀闸后，其线路保护用辅助触点未断开，此时相当于通过 158 间隔 1、2 母电压切换继电器的辅助触点将 1、2 母电压互感器二次并列；假如 1 号母线发生短路故障，此时母差保护动作跳开 1 母运行的 111、101、159 开关；1 母失压，由于存在 PT 二次并列，所以 110kV 2 母 PT 对 1 母反充电，造成 2 母 PT 二次空开跳闸；由于母差动作时，所有保护均已经启动，因此 154、158 两条线路保护已经进入故障诊断程序，不会发 PT 断线，不会闭锁相关保护，因此 154、158 两条线路距离保护动作，跳开 154、158 开关。

Jd1F5038 某站检查监控机发现，某 500kV 线路 CVT 二次电压为 U_{ab}515.6kV，U_{bc}507.5kV，U_{ca}508.1kV。分析可能存在什么问题，如何检查判断？

答： 与 C 相有关的线电压偏低，可能是该线路 CVT C 相出现故障。应检查、测量 CVT 端子箱处 CVT 二次小开关、小刀闸上下口电压，如上口电压正常，下口电压偏低，说明二次小开关或小刀闸接触不良。如上下口电压均正常，说明 CVT 端子箱至二次装置直接连线有问题，或二次测控装置，监控机有问题。如果上口电压不正常，说明 CVT 或 CVT 至端子箱直接的连接线有问题。进一步对 CVT 红外测温、油位检查，如油位视窗满，或 C 温度偏高，说明 CVT 本身可能存在问题。

Jd1F5039 分析 3/2 接线方式对断路器失灵保护有什么要求（如图所示，以线路 L1 及 1 号母线上发生故障为例进行分析）？

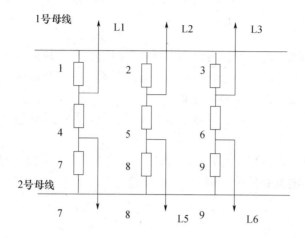

答： 在线路 L1 发生故障时，线路保护动作，跳开断路器 1、4，重合闸动作。重合闸应按断路器设置，而且每个断路器还要配置断路失灵保护。

当线路 L1 发生故障时，线路保护要跳断路器 1、4，如断路器 1 失灵，在断路器 4 跳闸后，则断路器 1 失灵保护应将 I 母上所有断路器跳开；如断路器 4 失灵，在断路器 1 跳闸后，断路器 4 失灵保护将断路器 7 开关跳闸。可见，凡边断路器失灵，边断路器的失灵保护跳开边断路器所在母线上的所有断路器和中断路器；凡中断路器失灵，中断路器失灵保护跳开与其连接的两个边断路器。

当 1 号母线故障，边断路器失灵时，断路器失灵保护还需传送远方跳闸信号，使线路对侧断路器跳闸切除故障。因此 3/2 接线方式断路器失灵保护动作后一方面跳开与失灵断路器有电气联系的所有断路器，同时还要传送远方跳闸信号。

Jd1F5040 500kV3/2 接线断路器失灵保护是如何配置的？

500kV 3/2 接线方式断路器失灵保护按照断路器配置，断路器失灵保护动作时跳相邻开关，同时启动远方跳闸。与 220kV 双母线接线断路器失灵保护不同，3/2 接线断路器失灵保护不经复合电压闭锁。

断路器失灵保护按照如下几种情况来考虑，即故障相失灵、非故障相失灵和发、变三跳启动失灵，另外，充电保护动作时也启动失灵保护。

（1）故障相失灵

按相对应的线路保护跳闸接点和失灵过流高定值都动作后，先经"失灵跳本开关时间"延时发三相跳闸命令跳本断路器，再经"失灵动作时间"延时跳开相邻断路器。故障相失灵经零序电流闭锁。

（2）非故障相失灵

保护装置接收到三相跳闸输入接点后，同时保持失灵过流高定值动作元件，并且失灵过流低定值动作元件连续动作，此时输出的动作逻辑先经"失灵跳本开关时间"延时发三相跳闸命令跳本断路器，再经"失灵动作时间"延时跳开相邻断路器。非故障相失灵不经零序电流闭锁。

（3）发、变三跳启动失灵

由发、变三跳启动的失灵保护可分别经低功率因素、负序过流和零序过流三个辅助判据开放。输出的动作逻辑先经"失灵跳本开关时间"延时发三相跳闸命令跳本断路器，再经"失灵动作时间"延时跳开相邻断路器。

断路器配置有充电保护，在新设备投运时使用。充电保护动作直接启动失灵，且不经跟跳，直接跳相邻断路器。

500kV 3/2 接线方式边开关失灵出口通过 500kV 母差保护出口，母差保护装置中设置灵敏的、不需整定的电流元件，并带 50ms 固定延时。

Je1F5041 操作保护装置的 SV 接收压板应注意哪些事项？

答：保护装置的 SV 接收压板，应在该合并单元对应的互感器一次侧不带电（冷备用或检修）的情况下进行操作。否则，应先采取防止保护误动的措施，再操作 SV 接收压板。如间隔停电检修，应先停运一次设备，电流互感器一次侧不带电后，再操作仍运行的二次设备对应检修间隔的 SV 接收软压板；恢复送电时，应先投入运行的二次设备对应检修间隔的 SV 接收软压板，再操作一次设备。

Je1F5042 智能变电站，本间隔和二次设备同时停电检修时，操作要求有哪些？

答：间隔停电检修，本间隔的二次设备检修时，应退出本间隔二次设备所有与运行设备联络的输出软压板，包括跳合闸出口软压板、失灵启动软压板、启动远跳软压板、失灵联跳软压板等。

2 技能操作

2.1 技能操作大纲

变电站值班员（高级技师）技能鉴定　技能操作考核大纲

等级	考核方式	能力种类	能力项	考核项目	考核主要内容
高级技师	技能操作	基本技能	01. 系统运行及设备	01. 电网振荡现象及处理原则	电网振荡和解列现象及处理原则
				02. 系统解列原因及危害	
		专业技能	01. 复杂事故处理	01. 220kV 变电站 110kV 母联开关死区故障，1 号主变中压侧主进开关拒动	能正确指挥值班人员进行各种复杂事故处理
				02. 220kV 变电站 1 号主变中压侧主进开关死区故障，110kV 母联开关拒动	
				03. 220kV 变电站 1 号主变中压侧主进开关死区故障，高压侧主进开关拒动	
				04. 220kV 变电站 220kV 出线开关死区故障，220kV 母联开关拒动	
				05. 220kV 变电站 2 号主变中压侧主进开关死区故障	
				06. 220kV 变电站 2 号主变中压侧主进开关死区故障，110kV 母联开关拒动	
		相关技能	01. 传艺、培训	01. 220kV 变电站死区故障分析	传授变电运行技术和生产知识

2.2 技能操作项目

2.2.1 BZ1JB0101 电网振荡现象及处理原则

一、作业

（一）工器具、材料、设备

1. 工器具：无。

2. 材料：无。

3. 设备：无。

（二）安全要求

在规定时间内完成论述。

（三）操作步骤及工艺要求（含注意事项）

1. 论述电网振荡的现象

（1）发电机、变压器、线路的电压表、电流表及功率表周期性的剧烈摆动，发电机和变压器发出有节奏的轰鸣声。

（2）连接失去同步的发电机或系统的联络线上的电流表和功率表摆动得最大。电压振荡最激烈的地方是系统振荡中心，每一周期约降低至零值一次。随着离振荡中心距离的增加，电压波动逐渐减少。

（3）失去同期的电网，虽有电气联系，但仍有频率差出现，送端频率高，受端频率低，并略有摆动。

2. 论述电网振荡的处理方法

（1）人工再同步。系统振荡时，通过增加发电机励磁电流和提高系统电压，或者降低频率升高的送端系统发电机出力，增加频率降低的受端系统发电机的出力等手段，使系统频率差接近于零，从而获得再同步的机会。

（2）系统解列。在适当的地点将系统解列，使振荡的系统之间失去联系，然后再经过并列操作恢复系统。

3. 完成考评员现场随机提问

二、考核

（一）考核场地

无。

（二）考核时间

考核时间为 10min。

（三）考核要点

准确论述电网振荡现象及处理原则，并回答现场考评员随机的提问。

三、评分标准

行业：电力工程　　　　　　　　工种：变电站值班员　　　　　　　等级：高级技师

编号	BZ1JB0101	行为领域	d	鉴定范围		
考核时限	10min	题型	A	满分	100分	得分
试题名称	电网振荡现象及处理原则					
考核要点及其要求	(1) 准确论述电网振荡现象及处理原则，并回答现场考评员随机的提问 (2) 着装整洁，准考证、身份证齐全 (3) 遵守考场规定，按时独立完成					
现场设备、工器具、材料	(1) 工器具：无 (2) 材料：无 (3) 设备：无					
备注						

评分标准

序号	考核项目名称	质量要求	分值	扣分标准	扣分原因	得分
1	论述电网振荡现象	发电机、变压器、线路的电压表、电流表及功率表周期性的剧烈摆动，发电机和变压器发出有节奏的轰鸣声	20	论述不正确扣20分		
		连接失去同步的发电机或系统的联络线上的电流表和功率表摆动得最大	20	论述不正确扣20分		
		失去同期的电网，虽有电气联系，但仍有频率差出现，送端频率高，受端频率低，并略有摆动	20	论述不正确扣20分		
2	论述电网振荡处理方法	人工再同步	10	论述不正确扣10分		
		系统解列	10	论述不正确扣10分		
3	回答考评员现场随机提问	回答正确、完整	20	回答不正确一次扣10分，直至扣完		
4	考场纪律	独立完成，遵守考场纪律	否决	在考场内被发现夹带作弊、交头接耳等扣100分		

2.2.2 BZ1JB0102 系统解列原因及危害

一、作业

（一）工器具、材料、设备

1. 工器具：无。

2. 材料：无。

3. 设备：无。

（二）安全要求

在规定时间内完成论述。

（三）操作步骤及工艺要求（含注意事项）

1. 系统解列的主要原因

（1）系统联络线、联络变压器或母线发生事故、过负荷跳闸或保护误动作跳闸。

（2）为消除系统振荡，自动或手动将系统解列。

（3）低频、低压解列装置动作将系统瓦解。

2. 系统解列的危害

由于系统解列事故常常要使系统的一部分呈现功率不足，另一部分频率偏高，引起系统频率和电压的较大变化，如不迅速处理，可能便事故扩大。

3. 完成考评员现场随机提问

二、考核

（一）考核场地

无。

（二）考核时间

考核时间为 10min。

（三）考核要点

准确论述系统解列原因及危害，并回答现场考评员随机的提问。

三、评分标准

行业：电力工程　　　　　　　工种：变电站值班员　　　　　　等级：高级技师

编号	BZ1JB0102	行为领域	d	鉴定范围		
考核时限	10min	题型	A	满分	100分	得分
试题名称	系统解列现象及处理原则					
考核要点及其要求	（1）准确论述系统解列原因及危害，并回答现场考评员随机的提问 （2）着装整洁，准考证、身份证齐全 （3）遵守考场规定，按时独立完成					
现场设备、工器具、材料	（1）工器具：无 （2）材料：无 （3）设备：无					
备注						

评分标准

序号	考核项目名称	质量要求	分值	扣分标准	扣分原因	得分
1	论述系统解列原因	系统联络线、联络变压器或母线发生事故、过负荷跳闸或保护误动作跳闸	20	论述不正确口 20 分		
		为消除系统振荡,自动或手动将系统解列	20	论述不正确口 20 分		
		低频、低压解列装置动作将系统瓦解	20	论述不正确口 20 分		
2	论述系统解列的危害	由于系统解列事故常常要使系统的一部分呈现功率不足,另一部分频率偏高,引起系统频率和电压的较大变化,如不迅速处理,可能便事故扩大	20	论述不正确口 20 分		
3	回答考评员现场随机提问	回答正确、完整	20	回答不正确一次扣 10 分,直至扣完		
4	考场纪律	独立完成,遵守考场纪律	否决	在考场内被发现夹带作弊、交头接耳等扣 100 分		

2.2.3 BZ1ZY0101 220kV变电站110kV母联开关死区故障，1号主变中压侧主进开关拒动

一、作业

（一）工器具、材料、设备

1. 工器具：无。

2. 材料：笔、A4纸。

3. 设备：220kV周营子仿真变电站（或备有220kV周营子变电站一次系统图）。

（二）安全要求

考生不得随意启动、退出任何程序。

（三）操作步骤及工艺要求（含注意事项）

1. 根据告警信息做出正确判断，检查后台机上传的遥信信息，清闪；告警的保护装置、复归并汇报。

2. 进行必要的倒闸操作（例如合上变压器中性点隔离开关，恢复站用变压器运行，相应二次压板的投退等）。

3. 对保护跳闸的设备进行检查，并汇报调度。

4. 发现、隔离故障设备后，将无故障设备恢复送电，并汇报调度。

5. 将故障跳闸设备转检修，做好安全措施，并汇报调度。

6. 在仿真机上完成事故处理操作。

二、考核

（一）考核场地

考核场地配有220kV周营子仿真变电站培训系统（或备有220kV周营子变电站一次系统图）。

（二）考核时间

考核时间为50min。

（三）考核要点

根据告警信息做出正确判断并在仿真机上完成事故处理操作，无误操作。

三、评分标准

行业：电力工程　　　　　　　　工种：变电站值班员　　　　　　　等级：高级技师

编号	BZ1ZY0101	行为领域	e	鉴定范围		
考核时限	50min	题型	C	满分	100分	得分
试题名称	220kV变电站110kV母联开关死区故障，1号主变中压侧主进开关拒动					
考核要点及其要求	根据告警信息做出正确判断并在仿真机上完成事故处理操作，无误操作					
现场设备、工器具、材料	（1）工器具：无 （2）材料：笔、A4纸 （3）设备：220kV周营子仿真变电站（或备有220kV周营子变电站一次系统图）					
备注	1号主变111开关控制回路断线，110kV母联101开关与CT间A相接地（101CT在101—2刀闸侧）					

评分标准

序号	考核项目名称	质量要求	分值	扣分标准	扣分原因	得分
1	监控系统信息检查	①检查"1号主变中压侧控制回路断线"光字 ②检查"110kV母线保护差动跳Ⅰ母""110kV母线保护差动跳Ⅱ母""110kVⅡ母PT断线"光字 ③检查101、183、184、185、186、187、188、111、112开关位置、遥测值 ④检查110kV 2号母线三相电压 ⑤汇报调度	8	①未检查"1号主变中压侧控制回路断线"光字扣0.5分 ②未检查"110kV母线保护差动跳Ⅰ母""110kV母线保护差动跳Ⅱ母""110kVⅡ母PT断线"光字每个扣0.5分 ③未检查101、183、184、185、186、187、188、111、112开关位置、遥测值每个开关扣0.5分 ④未检查110kV 2号母线三相电压扣1分,其中未三相检查扣0.5分 ⑤未汇报调度扣0.5分		
2	应急处理措施	①带安全帽、绝缘手套、绝缘靴 ②合上2号主变212-9、112-9中性点接地刀闸,拉开211-9中性点接地刀闸。操作后应检查触头位置,断开电机电源 ③调整1号、2号主变屏中压侧电压压板	5.5	①未带安全帽、绝缘手套、绝缘靴每个扣0.5分 ②未合上212-9、112-9中性点接地刀闸,未拉开211-9中性点接地刀闸扣2分,操作后未检查位置每处扣0.5分,未断开电机电源每处扣0.5分 ③未调整1号、2号主变屏中压侧电压压板每个压板扣0.5分		
3	检查、记录保护装置动作情况	①检查110kV母差保护屏"母差动作"信号灯点亮,记录液晶屏显示并复归 ②检查101、183、184、185、186、187、188开关操作箱"跳位"指示灯点亮 ③检查2号主变保护屏中压侧操作箱"1DL分位""1DL跳闸"指示灯点亮 ④检查1号主变保护屏中压侧操作箱分位、合位指示灯熄灭 ⑤检查110kV线路故障录波屏并复归	8.5	①未检查110kV母差保护屏"母差动作"信号灯点亮扣0.5分,未记录液晶屏显示扣0.5分,未复归扣0.5分 ②未检查101、183、184、185、186、187、188开关操作箱"跳位"指示灯点亮每个扣0.5分 ③未检查2号主变保护屏中压侧操作箱"1DL分位""1DL跳闸"指示灯点亮每个扣0.5分,未复归扣0.5分 ④未检查1号主变保护屏中压侧操作箱"分位""合位"指示灯熄灭每个扣0.5分 ⑤未检查110kV线路故障录波屏扣0.5分,未复归扣0.5分		

序号	考核项目名称	质量要求	分值	扣分标准	扣分原因	得分
4	查找故障点	①检查101开关、101CT及其之间连接线有无异常情况并提交报告 ②检查183、184、185、186、187、188、112、111开关有无异常并提交报告 ③检查101、183、184、185、186、187、188、112、111开关实际位置	9	①未检查101开关与CT间引线有无异常情况扣0.5分，未提交报告口0.5分 ②未检查111开关异常扣0.5分，未提交报告扣0.5分；未提交183、184、185、186、187、188、112开关有无异常情况每处扣0.5分 ③未检查101、183、184、185、186、187、188、112开关实际位置每个扣0.5分		
5	隔离故障点	①拉开101-2-1刀闸。操作前将101开关"远方/就地"切换把手切至"就地"位置，操作后应检查触头位置 ②检查1号主变111开关控制电源空开，并试送一次，提交111开关异常报告 ③拉开111-4-1刀闸。操作前将111开关"远方/就地"切换把手切至"就地"位置，操作后应检查触头位置 ④汇报调度	11	①未拉开101-2-1刀闸，每把扣1.5分，操作前未将101开关"远方/就地"切换把手切至"就地"位置扣0.5分，操作后未检查触头位置每个扣0.5分 ②未检查1号主变111开关控制电源空开扣0.5分，未试送扣0.5分，未提交111开关异常报告扣1.5分 ③未拉开111-4刀闸扣1.5分，未拉开111-1刀闸扣2.5分，其中操作前未将111开关"远方/就地"切换把手切至"就地"位置扣0.5分；操作后未检查触头位置每个扣0.5分，未进行二次回路切换检查扣1分 ④未汇报调度扣0.5分		
6	恢复无故障设备送电	①恢复110kV 2号母线送电。调整2号主变保护屏中压侧电压压板，投入2号主变中压侧充电投入压板，合上112开关，检查110kV 2号母线电压正常，检查112开关机械指示，退出2号主变中压侧充电投入压板 ②送出110kV2母线负荷。合上184、186、188开关。操作后应检查遥测值、机械指示	37	①未调整2号主变保护屏中压侧电压压板扣1分 ②恢复110kV 2号母线送电共11分，其中未投入2号主变中压侧充电投入压板扣7分，未合112开关扣2分，未检查110kV 2号母线电压正常扣1分，未三相检查扣0.5分，未检查112开关机械指示扣0.5分。未退出2号主变中压侧充电投入压板造成跳闸直接扣11分 ③未合上184、186、188开关每路扣2.5分，其中操作后未检查遥测值、机械指示每项扣0.5分		

序号	考核项目名称	质量要求	分值	扣分标准	扣分原因	得分
6	恢复无故障设备送电	③将 183、185、187 冷倒至 110kV 2 号母线送电。刀闸操作后应检查触头位置，应进行二次回路切换检查，开关合好后应检查开关机械指示及遥测值 ④检查 2 号主变负荷情况 ⑤汇报调度	37	④未将 183、185、187 冷倒至 110kV 2 号母线送电，每少一路扣 5 分，其中每把刀闸 1.5 分，每个开关 2 分。刀闸操作后未检查触头位置每个扣 0.5 分，未进行二次回路切换检查每把刀闸扣 0.5 分，开关合好后未检查开关机械指示及遥测值每项扣 0.5 分 ⑤未检查 2 号主变负荷情况扣 1 分；未汇报调度扣 1 分		
7	故障设备转检修	①带 110kV 验电器 ②合上 111-4KD、111-2KD、101-1KD、101-2KD 接地刀闸。验电前应试验验电器是否良好，接地前应三相验电，接地后应检查触头位置 ③断开 111 开关机构电源、控制电源 ④汇报调度	18	①未带 110kV 验电器扣 0.5 分 ②未试验验电器是否良好扣 2 分 ③少合一组接地刀闸扣 3.5 分，其中接地前未验电每次扣 2 分，接地后未查触头位置每处扣 0.5 分 ④未断开开关机构电源、控制电源每处扣 0.5 分 ⑤未汇报调度扣 0.5 分		
8	故障情况分析	101 开关与 CT 之间发生单相接地故障，属于母联死区保护范围，110kV 母联死区保护动作跳 I 母、Ⅱ母所有开关	1	分析不正确扣 1 分		
		由于 1 号主变 111 开关控制回路断线，111 开关未跳开	1	分析不正确扣 1 分		
		因 101、183、184、185、186、187、188、112 跳开后，故障点已隔离且 101 电流互感器靠近 101-2 刀闸侧，所以没有后续保护动作	1	分析不正确扣 1 分		
9	质量否决	操作过程中发生误操作	否决	①发生误拉开关扣 10 分 ②发生带负荷拉刀闸、带电合接地刀闸、带电挂地线等恶性误操作扣 100 分		

2.2.4 BZ1ZY0102 220kV变电站1号主变中压侧主进开关死区故障，110kV母联开关拒动

一、作业

（一）工器具、材料、设备

1. 工器具：无。

2. 材料：笔、A4纸。

3. 设备：220kV周营子仿真变电站（或备有220kV周营子变电站一次系统图）。

（二）安全要求

考生不得随意启动、退出任何程序。

（三）操作步骤及工艺要求（含注意事项）

1. 根据告警信息做出正确判断，检查后台机上传的遥信信息，清闪；告警的保护装置、复归并汇报。

2. 进行必要的倒闸操作（例如合上变压器中性点隔离开关，恢复站用变压器运行，相应二次压板的投退等）。

3. 对保护跳闸的设备进行检查，并汇报调度。

4. 发现、隔离故障设备后，将无故障设备恢复送电，并汇报调度。

5. 将故障跳闸设备转检修，做好安全措施，并汇报调度。

6. 在仿真机上完成事故处理操作。

二、考核

（一）考核场地

考核场地配有220kV周营子仿真变电站培训系统（或备有220kV周营子变电站一次系统图）。

（二）考核时间

考核时间为50min。

（三）考核要点

根据告警信息做出正确判断并在仿真机上完成事故处理操作，无误操作。

三、评分标准

行业：**电力工程**　　　　工种：**变电站值班员**　　　　等级：**高级技师**

编号	BZ1ZY0102	行为领域	e	鉴定范围		
考核时限	50min	题型	C	满分	100分	得分
试题名称	220kV变电站1号主变中压侧主进开关死区故障，110kV母联开关拒动					
考核要点及其要求	根据告警信息做出正确判断并在仿真机上完成事故处理操作，无误操作					
现场设备、工器具、材料	（1）工器具：无 （2）材料：笔、A4纸 （3）设备：220kV周营子仿真变电站（或备有220kV周营子变电站一次系统图）					
备注	110kV母联101开关SF$_6$压力低闭锁，1号主变111开关与CT间（靠近CT）A相接地					

评分标准

序号	考核项目名称	质量要求	分值	扣分标准	扣分原因	得分
1	监控系统信息检查	①检查101开关"SF$_6$气压低报警""SF$_6$气压闭锁""控制回路断线"光字信号 ②检查"110kV母线保护差动跳Ⅰ母""110kVⅠ母PT断线"光字信号 ③检查183、185、187、211、111、511、101开关位置及遥测值；检查1号主变遥测值回零 ④检查110kV 1号母线三相电压值 ⑤检查1号主变"RCS-978中压零序"、"CSC-326D后备动作"光字信号 ⑥检查10kV 1号母线三相电压为零 ⑦检查521、522、523、524电容器"欠压保护"动作光字 ⑧检查521、522、523、524电容器开关变位及遥测值 ⑨汇报调度	16.5	①未检查101开关"SF$_6$气压低报警""SF$_6$气压闭锁""控制回路断线"光字信号每个扣0.5分 ②未检查"110kV母线保护差动跳Ⅰ母""110kVⅠ母PT断线"光字信号每个扣0.5分 ③未检查183、185、187、211、111、511、101开关位置及遥测值每个开关扣0.5分 ④未检查110kV 1号母线三相电压值扣0.5分 ⑤未检查1号主变"RCS-978中压零序""CSC-326D后备动作"光字信号每个扣0.5分 ⑥未检查10kV 1号母线三相电压为零扣0.5分 ⑦未检查521、522、523、524电容器"欠压保护"动作光字每个扣1分 ⑧未检查521、522、523、524电容器开关变位及遥测值每个扣1分 ⑨未汇报调度扣0.5分		
2	应急措施	①带安全帽、绝缘手套、绝缘靴 ②合上112-9、212-9中性点接地刀闸。操作后应检查触头位置，应断开电机电源 ③检查2号站变自投成功	8	①未带安全帽、绝缘手套、绝缘靴每个扣1分 ②未合上112-9、212-9中性点接地刀闸扣4分，其中操作后未检查位置每处扣0.5分，未断开电机电源每处扣0.5分 ③未检查2号站变自投成功扣1分		

序号	考核项目名称	质量要求	分值	扣分标准	扣分原因	得分
3	检查、记录保护装置动作情况	①检查 110kV 母差保护屏"母差动作"信号灯点亮，记录液晶显示并复归 ②检查 101、183、185、187 开关操作箱 ③检查 1 号主变保护屏"跳闸""后备动作"指示灯点亮，记录液晶显示并复归 ④检查 211、111、511 开关操作箱 ⑤检查站变公用测控屏"跳闸""合闸"信号灯点亮，记录液晶显示并复归 ⑥检查站变低压侧 411、401 开关表计及机械指示 ⑦检查 521、522、523、524 电容器机械指示、"欠压动作"信号灯点亮，记录液晶显示并复归	18.5	①未检查 110kV 母差保护屏"母差动作"信号灯点亮扣 0.5 分，未记录液晶显示扣 0.5 分，未复归扣 0.5 分 ②未检查 183、185、187 开关操作箱"跳位"信号灯点亮每个扣 0.5 分 ③未检查 101 开关操作箱"跳位""合位"信号灯熄灭每个扣 0.5 分 ④未检查 111 开关操作箱"1DL 分位""1DL 跳闸"信号灯点亮每个扣 0.5 分，未复归扣 0.5 分 ⑤未检查 1 号主变保护屏"跳闸"灯点亮扣 0.5 分，未记录液晶显示扣 0.5 分，未复归扣 0.5 分 ⑥未检查 1 号主变保护屏"后备动作"指示灯点亮扣 0.5 分，未记录液晶显示扣 0.5 分，未复归扣 0.5 分 ⑦未检查 511 开关操作箱"1DL 分位""1DL 跳闸"信号灯点亮每个扣 0.5 分，未复归扣 0.5 分 ⑧未检查 211 开关操作箱"一组跳 A""一组跳 B""一组跳 C""一组永跳""二组跳 A""二组跳 B""二组跳 C""二组永跳""A 相分位""B 相分位""C 相分位"指示灯点亮扣 2 分，未复归扣 0.5 分 ⑨未检查站变公用测控屏"跳闸""合闸"信号灯点亮每个扣 0.5 分，未记录液晶显示扣 0.5 分，未复归扣 0.5 分 ⑩未检查站变低压侧 411、401 开关表计及机械指示每个开关扣 1 分 ⑪未检查 521、522、523、524 电容器机械指示、"欠压动作"信号灯点亮，未记录液晶显示，未复归共扣 2 分		

序号	考核项目名称	质量要求	分值	扣分标准	扣分原因	得分
4	查找故障点	①检查101开关压力并提交报告 ②检查111开关、111CT及其之间连接线有无异常情况并提交报告 ③检查101、183、185、187、111、211、511、521、522、523、524开关实际位置，检查有无异常并提交报告	9	①未检查101开关压力扣0.5分，未提交异常报告扣0.5分 ②未检查111开关、111CT及其之间连接线有无异常情况扣0.5分，未提交报告扣0.5分 ③未检查101、183、185、187、111、211、511、521、522、523、524开关实际位置，未提交异常情况，缺少一个扣0.5分，直至扣完		
5	隔离故障点	①拉开111-4-1、101-1-2刀闸。操作前应将111、101开关"远方/就地"切换把手切至"就地"位置，操作后应检查触头位置，操作111-1刀闸后应进行二次回路切换 ②汇报调度	9.5	①未拉开111-4刀闸扣2分，未拉开111-1刀闸4分，其中操作前应未将111开关"远方/就地"切换把手切至"就地"位置扣1分，操作后未检查触头位置每个扣1分，未进行二次回路切换检查扣2分 ②未拉开101-1-2刀闸，每把刀闸扣1.5分，其中操作前应未将101开关"远方/就地"切换把手切至"就地"位置扣0.5分。操作后未检查触头位置每个扣0.5分 ③未汇报调度扣0.5分		
6	恢复无故障设备送电	将183、185、187开关冷倒至110kV 2号母线送电。刀闸操作后应检查触头位置，应进行二次回路切换检查，开关合好后应检查开关机械指示及遥测值	15.5	①将183、185、187开关冷倒至110kV 2号母线送电，少操作一把刀闸扣1.5分，少操作一个开关扣2分，其中少倒一路扣5分，刀闸操作后未检查触头位置每处扣0.5分，未进行二次回路切换检查每把刀闸扣1分，开关合好后未检查开关机械指示及遥测值每项扣0.5分 ②未汇报调度扣0.5分		

序号	考核项目名称	质量要求	分值	扣分标准	扣分原因	得分
7	故障设备转检修	①带110kV验电器 ②合上111-4KD、111-2KD、101-1KD、101-2KD接地刀闸，验电前应试验验电器良好，合接地刀闸前应三相验电，合接地刀闸后应检查触头位置 ③断开101开关机构电源、控制电源 ④汇报调度	18	①未带验电器扣0.5分 ②未试验验电器是否良好扣2分 ③少合一组接地刀闸扣3.5分。其中合接地刀闸前未验电每次扣2分，合接地刀闸后未查触头位置每处扣0.5分 ④未断开开关机构电源、控制电源每处扣0.5分 ⑤未汇报调度扣0.5分		
8	故障情况分析	111开关与CT之间发生单相接地故障，属于母差保护范围，110kV母差保护动作跳Ⅰ母所有开关	1	分析不正确扣1分		
		由于母联101开关SF_6压力低闭锁，101开关未跳开，但因111开关跳开后，故障点与110kVⅠ母线已隔离，所以没有后续保护动作	1	分析不正确扣1分		
		111开关跳闸后，1号主变高压侧仍向故障点提供短路电流，所以1号主变中压侧零序过流保护动作，第一时限跳母联，未跳开，第二时限跳111，已跳开，第三时限跳主变各侧开关，211、511开关跳闸	2	分析不正确扣2分		
		511开关跳开后，10kVⅠ母线失压，电容器低电压保护动作跳闸，站变低压备自投动作	1	分析不正确扣1分		
9	质量否决	操作过程中发生误操作	否决	①发生误拉开关扣10分 ②发生带负荷拉刀闸、带电合接地刀闸、带电挂地线等恶性误操作扣100分		

2.2.5　BZ1ZY0103　220kV变电站 1 号主变中压侧主进开关死区故障，高压侧主进开关拒动

一、作业

（一）工器具、材料、设备

1. 工器具：无。

2. 材料：笔、A4 纸。

3. 设备：220kV 周营子仿真变电站（或备有 220kV 周营子变电站一次系统图）。

（二）安全要求

考生不得随意启动、退出任何程序。

（三）操作步骤及工艺要求（含注意事项）

1. 根据告警信息做出正确判断，检查后台机上传的遥信信息，清闪；告警的保护装置、复归并汇报。

2. 进行必要的倒闸操作（例如合上变压器中性点隔离开关，恢复站用变压器运行，相应二次压板的投退等）。

3. 对保护跳闸的设备进行检查，并汇报调度。

4. 发现、隔离故障设备后，将无故障设备恢复送电，并汇报调度。

5. 将故障跳闸设备转检修，做好安全措施，并汇报调度。

6. 在仿真机上完成事故处理操作。

二、考核

（一）考核场地

考核场地配有 220kV 周营子仿真变电站培训系统（或备有 220kV 周营子变电站一次系统图）。

（二）考核时间

考核时间为 50min。

（三）考核要点

根据告警信息做出正确判断并在仿真机上完成事故处理操作，无误操作。

三、评分标准

行业：电力工程　　　　　　　　工种：变电站值班员　　　　　　　等级：高级技师

编号	BZ1ZY0103	行为领域	e	鉴定范围		
考核时限	50min	题型	C	满分	100 分	得分
试题名称	220kV 变电站 1 号主变中压侧主进开关死区故障，高压侧主进开关拒动					
考核要点及其要求	根据告警信息做出正确判断并在仿真机上完成事故处理操作，无误操作					
现场设备、工器具、材料	（1）工器具：无 （2）材料：笔、A4 纸 （3）设备：220kV 周营子仿真变电站（或备有 220kV 周营子变电站一次系统图）					
备注	1 号主变 211 开关 SF6 压力低闭锁，111 开关与 CT 间（靠近 CT）A 相接地					

评分标准

序号	考核项目名称	质量要求	分值	扣分标准	扣分原因	得分
1	监控系统信息检查	①检查 1 号主变"高压侧第一控制回路断线""高压侧第二控制回路断线""高压侧 SF6 压力降低告警""高压侧 SF6 压力降总闭锁""中压零序"光字信号 ②检查"110kV 母线保护差动跳Ⅰ母""110kVⅠ母 PT 断线"光字信号 ③检查 101、183、185、187、111、211、511 开关位置、遥测值 ④检查 110kV 1 号母线三相电压为零 ⑤检查"220kV 母线保护 1 失灵跳Ⅰ母""Ⅰ母 PT 断线"光字信号 ⑥检查 289、201 开关位置、遥测值 ⑦检查 220kV 1 号母线三相电压 ⑧检查 521、522、523、524 电容器"欠压保护动作"光字信号 ⑨检查 521、522、523、524 开关位置、遥测值 ⑩检查 10kV 1 号母线三相电压 ⑪汇报调度	18	①未检查 1 号主变"高压侧第一控制回路断线""高压侧第二控制回路断线"光字信号共扣 0.5 分、"高压侧 SF6 压力降低告警""高压侧 SF6 压力降总闭锁"光字信号共扣 0.5 分、"中压零序"光字信号扣 0.5 分 ②未检查"110kV 母线保护差动跳Ⅰ母""110kVⅠ母 PT 断线"共扣 0.5 分 ③未检查 101、183、185、187、111、211、511 开关位置、遥测值每个开关扣 1 分 ④未检查 110kV 1 号母线三相电压扣 1 分。其中未三相检查扣 0.5 分 ⑤未检查"220kV 母线保护 1 失灵跳Ⅰ母""Ⅰ母 PT 断线"光字信号共扣 0.5 分 ⑥未检查 289、201 开关位置、遥测值每个开关扣 1 分 ⑦未检查 220kV 1 号母线三相电压扣 1 分,其中未三相检查扣 0.5 分 ⑧未检查 521、522、523、524 电容器"欠压保护动作"光字信号扣 1 分 ⑨未检查 521、522、523、524 开关位置、遥测值共扣 2 分 ⑩未检查 10kV 1 号母线三相电压扣 1 分,其中未三相检查扣 0.5 分 ⑪汇报调度扣 0.5 分		
2	合上 2 号主变中性点	①带安全帽、绝缘手套、绝缘靴 ②合上 112-9、212-9 中性点接地刀闸,操作后应检查触头位置,应断开电机电源	5.5	①未带安全帽、绝缘手套、绝缘靴每个扣 0.5 分 ②未合上 112-9、212-9 中性点接地刀闸扣 4 分,其中操作后未检查位置每处扣 0.5 分,未断开电机电源每处扣 0.5 分		

序号	考核项目名称	质量要求	分值	扣分标准	扣分原因	得分
3	检查、记录保护装置动作情况	①检查 110kV 母差保护屏"母差动作"信号灯点亮，记录液晶屏显示并复归 ②检查 101、183、185、187 开关操作箱"跳位"指示灯点亮 ③检查 1 号主变中压侧操作箱"1DL 分位""1DL 跳闸"指示灯点亮并复归 ④检查 1 号主变保护屏"跳闸""后备动作"指示灯点亮，记录液晶屏显示并复归 ⑤检查 1 号主变低压侧操作箱"1DL 分位""1DL 跳闸"指示灯点亮并复归 ⑥检查 1 号主变高压侧操作箱"一组电源""二组电源""A 相分位""B 相分位""C 相分位""合位"指示灯熄灭 ⑦检查 220kV 母线保护屏"Ⅰ母失灵""线路跟跳"指示灯点亮，记录液晶显示并复归 ⑧检查 201 开关操作箱"A 相分位""B 相分位""C 相分位"指示灯点亮 ⑨检查 289 操作箱"一组跳 A""一组跳 B""一组跳 C""二组跳 A""二组跳 B""二组跳 C""A 相分位""B 相分位""C 相分位"指示灯点亮并复归 ⑩检查站变公用测控屏"跳闸""合闸"信号灯点亮，记录液晶显示并复归 ⑪检查站变低压侧 411、401 开关表计及机械指示 ⑫检查 521、522、523、524 电容器机械指示、"欠压动作"信号灯点亮，记录液晶显示并复归	15.5	①未检查 110kV 母差保护屏"母差动作"信号灯点亮扣 0.5 分，未记录液晶屏显示扣 0.5 分，未复归扣 0.5 分 ②未检查 101、183、185、187 开关操作箱"跳位"指示灯点亮共扣 1 分 ③未检查 1 号主变中压侧操作箱"1DL 分位""1DL 跳闸"指示灯点亮共扣 0.5 分，未复归扣 0.5 分 ④未检查 1 号主变保护屏"跳闸"指示灯点亮扣 0.5 分，未记录液晶屏显示扣 0.5 分，未复归扣 0.5 分 ⑤未检查 1 号主变保护屏"后备动作"指示灯点亮扣 0.5 分，未记录液晶屏显示扣 0.5 分，未复归扣 0.5 分 ⑥未检查 1 号主变低压侧操作箱"1DL 分位""1DL 跳闸"指示灯点亮共扣 0.5 分，未复归扣 0.5 分 ⑦未检查 1 号主变高压侧操作箱"一组电源""二组电源""A 相分位""B 相分位""C 相分位""合位"指示灯熄灭扣 1 分 ⑧未检查 220kV 母线保护屏"Ⅰ母失灵""线路跟跳"指示灯点亮共扣 0.5 分，未记录液晶显示扣 0.5 分，未复归扣 0.5 分 ⑨未检查 201 操作箱"A 相分位""B 相分位""C 相分位"指示灯点亮共扣 0.5 分 ⑩未检查 289 操作箱"一组跳 A""一组跳 B""一组跳 C""二组跳 A""二组跳 B""二组跳 C""A 相分位""B 相分位""C 相分位"指示灯点亮共扣 1 分 ⑪未检查站变公用测控屏"跳闸""合闸"信号灯点亮共扣 0.5 分，未记录液晶显示扣 0.5 分，未复归扣 0.5 分 ⑫未检查站变低压侧 411、401 开关表计及机械指示共扣 1 分 ⑬未检查 521、522、523、524 电容器机械指示、"欠压动作"信号灯点亮，未记录液晶显示，未复归共扣 1.5 分		

序号	考核项目名称	质量要求	分值	扣分标准	扣分原因	得分
4	查找故障点	①检查 211 开关压力 ②检查 101、183、185、187、111、211、511、201、289、521、522、523、524 开关实际位置 ③检查 111 开关、111CT 之间连接线有无异常情况并提交报告，检查 101、183、185、187、111、211、201、289、111CT、511、521、522、523、524 开关有无异常并提交报告	11.5	①未检查 211 开关压力扣 1 分 ②未检查 101、183、185、187、111、211、201、289、111CT、511、521、522、523、524 开关实际位置每个扣 0.3 分；未提交报告每个扣 0.3 分，直至扣完 ③未提交 211 开关及 111 开关与 CT 间引线异常报告每个扣 1 分		
5	隔离故障点	①拉开 211-4-1、111-4-1 刀闸。操作前将 211、111 开关"远方/就地"切换把手切至"就地"位置，操作后应检查触头位置，应断开电机电源，操作 211-1、111-1 刀闸后应进行二次回路切换检查 ②汇报调度	7.5	①未拉开 111-4 刀闸扣 1.5 分，未拉开 111-1 刀闸扣 2 分，其中操作前将 111 开关"远方/就地"切换把手切至"就地"位置扣 0.5 分。操作后未检查触头位置每个扣 0.5 分，未进行二次回路切换检查扣 1 分 ②未拉开 211-4 刀闸扣 1.5 分，未拉开 211-1 刀闸扣 2 分，其中操作前将 211 开关"远方/就地"切换把手切至"就地"位置扣 0.5 分。操作后未检查触头位置每个扣 0.5 分，未进行二次回路切换检查扣 1 分 ③未汇报调度扣 0.5 分		
6	恢复无故障设备送电	①恢复 220kV 1 号母线送电。合上 201 母联保护屏充电保护压板，合上 201 开关，检查 220kV 1 号母线充电正常，检查 201 开关机械指示，退出充电保护压板。 ②恢复 289 送电。合开关后应检查遥测值及机械指示 ③恢复 110kV 1 号母线送电。投入 101 保护屏充电保护压板，合上 101 开关，检查 110kV 1 号母线电压正常，检查 101 开关机械指示，退出充电保护 ④恢复 183、185、187 开关送电。开关合好后应检查开关机械指示及遥测值 ⑤汇报调度	18.5	①恢复 220kV 1 号母线送电共 5 分，其中充电前未投入 201 保护屏充电保护压板扣 3 分，充电后未检查 220 kV 1 号母线三相电压扣 0.5 分，未检查 201 开关机械指示扣 0.5 分 ②恢复 289 送电共 2 分，其中合开关后未检查遥测值及机械指示每项扣 0.5 分 ③恢复 110kV 1 号母线送电共 5 分，其中充电前未投入 101 保护屏充电保护压板扣 3 分，充电后未检查 110 kV 1 号母线三相电压扣 0.5 分，未检查 101 开关机械指示扣 0.5 分 ④恢复 183、185、187 开关送电每路 2 分，其中开关合好后未检查开关机械指示及遥测值每项扣 0.5 分 ⑤未汇报调度扣 0.5 分		

序号	考核项目名称	质量要求	分值	扣分标准	扣分原因	得分
7	故障设备转检修	①带 110kV、220kV 验电器 ②合上 111-4KD、111-2KD、211-4KD、211-2KD 接地刀闸，验电前应试验验电器良好，合接地刀闸前应三相验电，合接地刀闸后应检查触头位置 ③断开 211 开关机构电源、控制电源，退出 1 号主变高压侧启动失灵压板 ④汇报调度	19.5	①未带 110kV、220kV 验电器每个扣 0.5 分 ②未试验验电器良好每次扣 1 分 ③少合一组接地刀闸扣 3.5 分，其中合接地刀闸前未验电每次扣 2 分，合接地刀闸后未查触头位置每处扣 0.5 分 ④未断开 211 开关机构电源、控制电源每处扣 0.5 分，未断开 1 号主变高压侧启动失灵压板扣 1 分 ⑤未汇报调度扣 0.5 分		
8	故障情况分析	111 开关与 CT 之间发生单相接地故障，属于母差保护范围，110kV 母差保护动作跳 I 母所有开关，111 开关跳开后故障点与 110kV 1 号母线隔离	1	分析不正确扣 1 分		
		1 号主变高压侧仍向故障点提供短路电流，所以 1 号主变中压侧零序过流保护动作，第一时限跳母联，101 已跳开，第二时限跳 111，已跳开，第三时限跳主变各侧开关	1	分析不正确扣 1 分		
		511 开关跳闸，511 开关跳开后，10kV I 母线失压，电容器低电压保护动作跳闸，站变低压备自投动作	1	分析不正确扣 1 分		
		211 开关由于 SF_6 压力低闭锁，未跳开，因此启动断路器失灵保护，跳开 201、289 开关切除故障	1	分析不正确扣 1 分		
9	质量否决	操作过程中发生误操作	否决	①发生误拉开关扣 10 分 ②发生带负荷拉刀闸、带电合接地刀闸、带电挂地线等恶性误操作扣 100 分		

2.2.6 BZ1ZY0104 220kV 变电站 220kV 出线开关死区故障，220kV 母联开关拒动

一、作业

（一）工器具、材料、设备

1. 工器具：无。

2. 材料：笔、A4 纸。

3. 设备：220kV 周营子仿真变电站（或备有 220kV 周营子变电站一次系统图）。

（二）安全要求

考生不得随意启动、退出任何程序。

（三）操作步骤及工艺要求（含注意事项）

1. 根据告警信息做出正确判断，检查后台机上传的遥信信息，清闪；告警的保护装置、复归并汇报。

2. 进行必要的倒闸操作（例如合上变压器中性点隔离开关，恢复站用变压器运行，相应二次压板的投退等）。

3. 对保护跳闸的设备进行检查，并汇报调度。

4. 发现、隔离故障设备后，将无故障设备恢复送电，并汇报调度。

5. 将故障跳闸设备转检修，做好安全措施，并汇报调度。

6. 在仿真机上完成事故处理操作。

二、考核

（一）考核场地

考核场地配有 220kV 周营子仿真变电站培训系统（或备有 220kV 周营子变电站一次系统图）。

（二）考核时间

考核时间为 50min。

（三）考核要点

根据告警信息做出正确判断并在仿真机上完成事故处理操作，无误操作。

三、评分标准

行业：电力工程　　　　　　　　工种：变电站值班员　　　　　　　等级：高级技师

编号	BZ1ZY0103	行为领域	e	鉴定范围		
考核时限	50min	题型	C	满分	100 分	得分
试题名称	220kV 变电站 220kV 出线开关死区故障，220kV 母联开关拒动					
考核要点及其要求	根据告警信息做出正确判断并在仿真机上完成事故处理操作，无误操作					
现场设备、工器具、材料	（1）工器具：无 （2）材料：笔、A4 纸 （3）设备：220kV 周营子仿真变电站（或备有 220kV 周营子变电站一次系统图）					
备注	220kV 母联 201 开关不明原因拒动，西周线 282 开关与 CT 间（靠近 CT）A 相接地					

评分标准

序号	考核项目名称	质量要求	分值	扣分标准	扣分原因	得分
1	监控系统信息检查	①检查"220kV 母线保护 1 差动跳Ⅱ母""220kV 母线保护 2 差动动作""220kV 母线保护 2 差动跳Ⅱ母"光字信号 ②检查 212、282、201 开关位置、遥测值 ③检查 1 号主变过负荷情况 ④汇报调度	8	①未检查"220kV 母线保护 1 差动跳Ⅱ母""220kV 母线保护 2 差动动作""220kV 母线保护 2 差动跳Ⅱ母"光字信号每个扣 1 分 ②未检查 212、282、201 开关位置、遥测值每个开关扣 1 分 ③未检查 1 号主变过负荷情况，高中压侧电流、温度每项扣 0.5 分 ④未汇报调度扣 0.5 分		
2	应急措施	①带安全帽、绝缘手套、绝缘靴 ②合上 212-9 中性点接地刀闸。操作后应检查触头位置，断开电机电源 ③调整 2 号主变高压侧电压压板	9	①未带安全帽、绝缘手套、绝缘靴每个扣 1 分 ②未合上 212-9 中性点接地刀闸扣 5 分，其中操作后未检查位置每处扣 1 分，未断开电机电源每处扣 1 分 ③未调整 2 号主变高压侧电压压板扣 1 分		
3	检查、记录保护装置动作情况	①检查 220kV 母差保护屏"跳Ⅱ母""母差动作"灯点亮，记录液晶屏显示并复归 ②检查 212、282 开关操作箱"一组跳 A""一组跳 B""一组跳 C""一组永跳""二组跳 A""二组跳 B""二组跳 C""二组永跳""A 相分位""B 相分位""C 相分位"指示灯点亮并复归 ③检查 201 开关操作箱"A 相分位""B 相分位""C 相分位"指示灯点亮 ④检查 1 号主变保护屏"过负荷"指示灯点亮 ⑤检查 220kV 线路故障录波并复归	15.5	①未检查 220kV 母差保护屏"跳Ⅱ母""报警"信号灯点亮每个扣 0.5 分，未记录液晶显示扣 0.5 分，未复归扣 0.5 分 ②未检查 220kV 母差保护屏"母差动作""交流异常"信号灯点亮每个扣 0.5 分，未记录液晶显示扣 0.5 分，未复归扣 0.5 分 ③未检查 282、212 开关操作箱"一组跳 A""一组跳 B""一组跳 C""一组永跳""二组跳 A""二组跳 B""二组跳 C""二组永跳""A 相分位""B 相分位""C 相分位"指示灯点亮每个开关扣 0.5 分，其中未复归扣 1 分 ④未检查 201 开关操作箱"A 相分位""B 相分位""C 相分位"指示灯点亮每个扣 1 分 ⑤未检查 1 号主变保护屏"过负荷"信号灯点亮扣 2 分 ⑥未检查 220kV 线路故障录波扣 0.5 分，未复归扣 0.5 分		

序号	考核项目名称	质量要求	分值	扣分标准	扣分原因	得分
4	查找故障点	①检查 201 开关压力 ②检查 212、201、282 开关实际位置 ③检查 282 开关、282CT 及其之间连接线有无异常情况并提交报告，检查 212、201 开关有无异常并提交报告	10	①未检查 201 开关压力扣 1 分 ②未检查 212、201、282 开关实际位置每个扣 1 分 ③未提交 282、282CT、212、201 开关有无异常情况每处扣 0.5 分 ④未提交 201 开关及 282 开关与 CT 间引线异常报告每个扣 2 分		
5	隔离故障点	①拉开 201-2-1、282-5-2 刀闸。操作后应检查触头位置，应进行二次回路切换，应断开电机电源 ②汇报调度	16.5	①拉开 282-5-2、201-2-1 刀闸，少操作一把刀闸扣 4 分，其中操作前未将 282、201 开关"远方/就地"把手切至"就地"位置每个扣 1 分。操作后未检查触头位置每个扣 1 分，未断开电机电源扣 1 分。操作 282-2 刀闸后未进行二次回路切换检查扣 1 分 ②未汇报调度扣 0.5 分		
6	恢复无故障设备送电	①将 212 冷倒至 220kV 1 号母线送电。操作前应调整 2 号主变高压侧电压压板，操作刀闸后应检查二次回路切换正常，应检查触头位置，应断开电机电源。开关合好后应检查机械指示及遥测值，并拉开 212-9 中性点接地刀闸 ②汇报调度	13.5	①212 送电前未调整 2 号主变高压侧电压压板扣 1 分 ②未将 212 冷倒至 220kV 1 号母线送电，每把刀闸 4 分，未合 212 开关 4 分，其中操作刀闸后未进行二次回路切换检查扣 1 分，未检查触头位置扣 1 分，未断开电机电源扣 1 分。合开关 4 分。开关合好后未检查机械指示及遥测值每项扣 1 分 ③未汇报调度扣 0.5 分		
7	故障设备转检修	①带 220kV 验电器 ②合上 201-1KD、201-2KD、282-5KD、282-2KD 接地刀闸，验电前应试验验电器是否良好，合接地刀闸前应三相验电，合接地刀闸后应检查触头位置 ③汇报调度	21.5	①未带 220kV 验电器扣 1 分 ②未试验验电器是否良好扣 2 分 ③少合一组接地刀闸扣 4 分，其中合接地刀闸前未验电每次扣 2 分，合接地刀闸后未查触头位置每处扣 0.5 分 ④未断开 201 开关机构电源、控制电源每处扣 1 分 ⑤未汇报调度扣 0.5 分		

序号	考核项目名称	质量要求	分值	扣分标准	扣分原因	得分
8	故障情况分析	282开关与CT之间发生单相接地故障，属于母差保护范围，220kV母差保护动作跳Ⅱ母所有开关	2	分析不正确扣2分		
		220kVⅡ母差差动动作启动远跳，282对侧线路开关跳闸	2	分析不正确扣2分		
		由于母联201开关拒动，201开关未跳开，但因282开关跳开后，故障点与220kVⅡ母线已隔离，所以没有后续保护动作	2	分析不正确扣2分		
9	质量否决	操作过程中发生误操作	否决	①发生误拉开关扣10分 ②发生带负荷拉刀闸、带电合接地刀闸、带电挂地线等恶性误操作扣100分		

2.2.7 BZ1ZY0105 220kV变电站2号主变中压侧主进开关死区故障

一、作业

（一）工器具、材料、设备

1. 工器具：无。

2. 材料：笔、A4纸。

3. 设备：220kV周营子仿真变电站（或备有220kV周营子变电站一次系统图）。

（二）安全要求

考生不得随意启动、退出任何程序。

（三）操作步骤及工艺要求（含注意事项）

1. 根据告警信息做出正确判断，检查后台机上传的遥信信息，清闪；告警的保护装置、复归并汇报。

2. 进行必要的倒闸操作（例如合上变压器中性点隔离开关，恢复站用变压器运行，相应二次压板的投退等）。

3. 对保护跳闸的设备进行检查，并汇报调度。

4. 发现、隔离故障设备后，将无故障设备恢复送电，并汇报调度。

5. 将故障跳闸设备转检修，做好安全措施，并汇报调度。

6. 在仿真机上完成事故处理操作。

二、考核

（一）考核场地

考核场地配有220kV周营子仿真变电站培训系统（或备有220kV周营子变电站一次系统图）。

（二）考核时间

考核时间为50min。

（三）考核要点

根据告警信息做出正确判断并在仿真机上完成事故处理操作，无误操作。

三、评分标准

行业：电力工程　　　　　　　工种：变电站值班员　　　　　　等级：高级技师

编号	BZ1ZY0105	行为领域	e	鉴定范围		
考核时限	50min	题型	C	满分	100分	得分
试题名称	220kV变电站2号主变中压侧主进开关死区故障					
考核要点及其要求	根据告警信息做出正确判断并在仿真机上完成事故处理操作，无误操作					
现场设备、工器具、材料	（1）工器具：无 （2）材料：笔、A4纸 （3）设备：220kV周营子仿真变电站（或备有220kV周营子变电站一次系统图）					
备注						

		评分标准				
序号	考核项目名称	质量要求	分值	扣分标准	扣分原因	得分
1	监控系统信息检查	①检查"110kV母线保护差动跳Ⅱ母""110kVⅡ母PT断线"光字 ②检查101、184、186、188、112开关变位及遥测值 ③检查110kV2号母线三相电压 ④检查2号主变"RCS-978中压相间""CSC-326D后备动作"光字信号 ⑤检查212、512开关位置、遥测值 ⑥检查10kV2号母线三相电压 ⑦检查525、526、527、528电容器"欠压保护动作"光字信号 ⑧检查525、526、527、528电容器开关变位及遥测值 ⑨汇报调度	17.5	①未检查"110kV母线保护差动跳Ⅱ母""110kVⅡ母PT断线"光字每个扣0.5分 ②未检查101、184、186、188、112开关变位及遥测值每个开关扣1分 ③未检查110kV2号母线三相电压扣1分,其中未三相检查扣0.5分 ④未检查2号主变"RCS-978中压相间""CSC-326D后备动作"光字每个扣0.5分 ⑤未检查212、512开关变位及遥测值每个开关扣1分 ⑥未检查10kV2号母线三相电压扣1分,其中未三相检查扣0.5分 ⑦未检查525、526、527、528电容器"欠压保护动作"光字每个扣0.5分 ⑧未检查525、526、527、528电容器开关变位及遥测值每个开关扣1分 ⑨未汇报调度扣0.5分		
2	检查、记录保护装置动作情况	①检查110kV母差保护屏"母差动作"信号灯点亮,记录液晶屏显示并复归 ②检查101、184、186、188开关操作箱"跳位"指示灯点亮 ③检查2号主变保护屏中压侧操作箱"1DL分位""1DL跳闸"指示灯点亮并复归 ④检查2号主变保护屏"跳闸""后备动作"指示灯点亮,记录液晶屏显示并复归 ⑤检查2号主变保护屏低压侧操作箱"1DL分位""1DL跳闸"指示灯点亮并复归	14	①未检查110kV母差保护屏"母差动作"信号灯点亮扣0.5分,未记录液晶屏显示扣0.5分,未复归扣0.5分 ②未检查101、184、186、188开关操作箱"跳位"指示灯点亮每个扣0.5分 ③未检查1号主变中压侧操作箱"1DL分位""1DL跳闸"指示灯点亮每个扣0.5分,未复归扣0.5分 ④未检查1号主变保护屏"跳闸"指示灯点亮扣0.5分,未记录液晶屏显示扣0.5分,未复归扣0.5分		

序号	考核项目名称	质量要求	分值	扣分标准	扣分原因	得分
2	检查、记录保护装置动作情况	⑥检查2号主变保护屏212开关操作箱"一组跳A""一组跳B""一组跳C""一组永跳""二组跳A""二组跳B""二组跳C""二组永跳""A相分位""B相分位""C相分位"指示灯点亮并复归 ⑦检查站变公用测控屏"跳闸""合闸"信号灯点亮，记录液晶显示并复归 ⑧检查站变低压侧412、401开关表计及机械指示	14	⑤未检查1号主变保护屏"后备动作"指示灯点亮扣0.5分，未记录液晶屏显示扣0.5分，未复归扣0.5分 ⑥未检查1号主变低压侧操作箱"1DL分位""1DL跳闸"指示灯点亮每个扣0.5分，未复归扣0.5分 ⑦未检查1号主变高压侧操作箱"一组电源""二组电源""A相分位""B相分位""C相分位""合位"指示灯熄灭扣1分 ⑧未检查站变公用测控屏"跳闸""合闸"信号灯点亮每个扣0.5分，未记录液晶显示扣0.5分，未复归扣0.5分 ⑨未检查站变低压侧411、401开关表计及机械指示每个开关扣1分		
3	查找故障点	①进入设备区前戴安全帽 ②检查101、184、186、188、112、212、512、525、526、527、528开关实际位置 ③检查112开关、112CT之间连接线有无异常情况并提交报告，检查101、184、186、188、212、112、112CT、525、526、527、528有无异常并提交报告	10	①进入设备区前未戴安全帽扣0.5分 ②未提交112开关及112CT间引线异常报告每个扣2分 ③未检查101、184、186、188、112、212、512、525、526、527、528开关实际位置每个扣0.5分，其中未提交报告报告每个扣0.5分，直至扣完		
4	隔离故障点	①操作前戴绝缘手套、穿绝缘靴 ②拉开112-4-2刀闸。操作前将112开关"远方/就地"切换把手切至"就地"位置，操作后应检查触头位置，操作112-2刀闸后应进行二次回路切换检查 ③汇报调度	9	①操作前未戴绝缘手套、穿绝缘靴每个扣1分 ②未拉开112-4-2刀闸，每把刀闸扣3分，其中操作前将112开关"远方/就地"切换把手切至"就地"位置扣1分。操作后未检查触头位置每个扣0.5分，未进行二次回路切换检查扣1分 ③未汇报调度扣1分		

序号	考核项目名称	质量要求	分值	扣分标准	扣分原因	得分
5	恢复无故障设备送电	①恢复 110kV 2 号母线送电。投入 101 保护屏充电保护压板，合上 101 开关，检查 110kV 2 号母线电压正常，检查 101 开关机械指示，退出充电保护 ②送出 110kV2 母线负荷。合上 184、186、188 开关。操作后应检查遥测值及机械指示 ③汇报调度	24.5	①恢复 110kV 1 号母线送电共 15 分，其中充电前未投入 101 保护屏充电保护压板扣 10 分，充电后未检查 110 kV 1 号母线三相电压扣 1 分，未检查 101 开关机械指示扣 1 分 ②恢复 184、186、188 开关送电每路 3 分，其中开关合好后应检查开关机械指示及遥测值每项扣 0.5 分 ③未汇报调度扣 0.5 分		
6	故障设备转检修	①带 110kV 验电器 ②合上 112-4KD、112-2KD、接地刀闸，验电前应试验验电器良好，合接地刀闸前应三相验电，合接地刀闸后应检查触头位置 ③汇报调度	14	①未带 110kV 验电器扣 1.5 分 ②未试验验电器是否良好扣 2 分 ③少合一组接地刀闸扣 5 分，其中合接地刀闸前未验电每次扣 3 分，合接地刀闸后未查触头位置每处扣 1 分 ④未汇报调度扣 0.5 分		
7	复归其他信号	检查 521、522、523、524 电容器机械指示、"欠压动作"信号灯点亮，记录液晶显示并复归	6	未检查 521、522、523、524 电容器机械指示、"欠压动作"信号灯点亮，未记录液晶显示，未复归每个开关扣 1.5 分		
8	故障情况分析	112 开关与 CT 之间发生单相接地故障，属于母差保护范围，110kV 母差保护动作跳 Ⅱ 母所有开关	2	分析不正确扣 2 分		
		112 开关跳闸后，2 号主变高压侧仍向故障点提供短路电流，所以 2 号主变中压侧间隙保护动作，跳主变各侧开关，212、512 开关跳闸	2	分析不正确扣 2 分		
		512 开关跳开后，10kV 2 号母线失压，电容器低电压保护动作跳闸，站变低压备自投动作	1	分析不正确扣 1 分		

序号	考核项目名称	质量要求	分值	扣分标准	扣分原因	得分
9	质量否决	操作过程中发生误操作	否决	①发生误拉开关扣10分 ②发生带负荷拉刀闸、带电合接地刀闸、带电挂地线等恶性误操作扣100分		

2.2.8 BZ1ZY0106 220kV 变电站 2 号主变中压侧主进开关死区故障，110kV 母联开关拒动

一、作业

（一）工器具、材料、设备

1. 工器具：无。

2. 材料：笔、A4 纸。

3. 设备：220kV 周营子仿真变电站（或备有 220kV 周营子变电站一次系统图）。

（二）安全要求

考生不得随意启动、退出任何程序。

（三）操作步骤及工艺要求（含注意事项）

1. 根据告警信息做出正确判断，检查后台机上传的遥信信息，清闪；告警的保护装置、复归并汇报。

2. 进行必要的倒闸操作（例如合上变压器中性点隔离开关，恢复站用变压器运行，相应二次压板的投退等）。

3. 对保护跳闸的设备进行检查，并汇报调度。

4. 发现、隔离故障设备后，将无故障设备恢复送电，并汇报调度。

5. 将故障跳闸设备转检修，做好安全措施，并汇报调度。

6. 在仿真机上完成事故处理操作。

二、考核

（一）考核场地

考核场地配有 220kV 周营子仿真变电站培训系统（或备有 220kV 周营子变电站一次系统图）。

（二）考核时间

考核时间为 50min。

（三）考核要点

根据告警信息做出正确判断并在仿真机上完成事故处理操作，无误操作。

三、评分标准

行业：电力工程　　　　　　　工种：变电站值班员　　　　　　　等级：高级技师

编号	BZ1ZY0106	行为领域	e	鉴定范围		
考核时限	50min	题型	C	满分	100 分	得分
试题名称	220kV 变电站 2 号主变中压侧主进开关死区故障，110kV 母联开关拒动					
考核要点及其要求	根据告警信息做出正确判断并在仿真机上完成事故处理操作，无误操作					
现场设备、工器具、材料	（1）工器具：无 （2）材料：笔、A4 纸 （3）设备：220kV 周营子仿真变电站（或备有 220kV 周营子变电站一次系统图）					
备注						

评分标准

序号	考核项目名称	质量要求	分值	扣分标准	扣分原因	得分
1	监控系统信息检查	①检查"110kV 母线保护差动跳Ⅱ母""110kVⅡ母 PT 断线"光字 ②检查 184、186、188、112 开关变位及遥测值 ③检查 101"控制回路断线"光字 ④检查 101 开关位置及遥测值 ⑤检查 110kV 2 号母线三相电压 ⑥检查 2 号主变"RCS-978 中压相间""CSC-326D 后备动作"光字信号 ⑦检查 212、512 开关位置、遥测值 ⑧检查 10kV 2 号母线三相电压 ⑨检查 525、526、527、528 电容器"欠压保护动作"光字信号 ⑩检查 525、526、527、528 电容器开关变位及遥测值 ⑪汇报调度	18	①未检查"110kV 母线保护差动跳Ⅱ母""110kVⅡ母 PT 断线"光字每个扣 0.5 分 ②未检查 184、186、188、112 开关变位及遥测值每个开关扣 1 分 ③未检查 101"控制回路断线"光字扣 0.5 分 ④未检查 101 开关位置及遥测值扣 1 分 ⑤未检查 110kV 2 号母线三相电压扣 1 分，其中未三相检查扣 0.5 分 ⑥未检查 2 号主变"RCS-978 中压相间""CSC-326D 后备动作"光字信号每个扣 0.5 分 ⑦未检查 212、512 开关位置、遥测值每个开关扣 1 分 ⑧未检查 10kV 2 号母线三相电压扣 1 分，其中未三相检查扣 0.5 分 ⑨未检查 525、526、527、528 电容器"欠压保护动作"光字信号每个扣 0.5 分 ⑩未检查 525、526、527、528 电容器开关变位及遥测值每个开关扣 1 分 ⑪未汇报调度扣 0.5 分		
2	检查、记录保护装置动作情况	①检查 110kV 母差保护屏"母差动作"信号灯点亮，记录液晶屏显示并复归 ②检查 2 号主变保护屏"跳闸""后备动作"指示灯点亮，记录液晶屏显示并复归 ③检查 184、186、188 开关操作箱"跳位"指示灯点亮 ④检查 101 开关操作箱"合位""跳位"测控屏"红灯""绿灯"指示灯熄灭	16	①未检查 110kV 母差保护屏"母差动作"信号灯点亮扣 0.5 分，未记录液晶屏显示扣 0.5 分，未复归扣 0.5 分 ②未检查 184、186、188 开关操作箱"跳位"指示灯点亮每个扣 0.5 分 ③未检查 101 开关操作箱"合位""跳位"测控屏"红灯""绿灯"指示灯熄灭每个扣 0.5 分 ④未检查 101 开关控制电源空开，并试送一次扣 1 分		

序号	考核项目名称	质量要求	分值	扣分标准	扣分原因	得分
2	检查、记录保护装置动作情况	⑤检查101开关控制电源空开，并试送一次 ⑥检查2号主变保护屏中、低压侧操作箱"1DL分位""1DL跳闸"指示灯点亮并复归 ⑦检查2号主变保护屏212开关操作箱"一组跳A""一组跳B""一组跳C""一组永跳""二组跳A""二组跳B""二组跳C""二组永跳""A相分位""B相分位""C相分位"指示灯点亮并复归 ⑧检查站变公用测控屏"跳闸"、"合闸"信号灯点亮，记录液晶显示并复归 ⑨检查站变低压侧412、401开关表计及机械指示	16	⑤未检查2号主变保护屏"跳闸"指示灯点亮扣0.5分，未记录液晶屏显示扣0.5分，未复归扣0.5分 ⑥未检查2号主变保护屏"后备动作"指示灯点亮扣0.5分，未记录液晶屏显示扣0.5分，未复归扣0.5分 ⑦未检查2号主变中压侧操作箱"1DL分位""1DL跳闸"指示灯点亮扣0.5分，未复归扣0.5分 ⑧未检查2号主变低压侧操作箱"1DL分位""1DL跳闸"指示灯点亮扣0.5分，未复归扣0.5分 ⑨未检查2号主变高压侧操作箱"一组跳A""一组跳B""一组跳C""一组永跳""二组跳A""二组跳B""二组跳C""二组永跳""A相分位""B相分位""C相分位"指示灯点亮扣1分，未复归扣0.5分 ⑩未检查站变公用测控屏"跳闸""合闸"信号灯点亮扣0.5分，未记录液晶显示扣0.5分，未复归扣0.5分 ⑪未检查站变低压侧411、401开关表计及机械指示每个开关扣1分		
4	查找故障点	①进设备区前戴安全帽 ②检查112开关、112CT及其之间连接线有无异常情况并提交报告，检查101、184、186、188、512、112、212、525、526、527、528开关有无异常并提交报告 ③检查101、184、186、188、512、112、212、525、526、527、528开关实际位置	12.5	①进设备区前未戴安全帽扣1分 ②未提交101开关及112开关与CT间引线异常报告每个扣3分 ③未检查101、184、186、188、512、112、212、525、526、527、528开关实际位置每个扣0.5分，其中未提交报告每个扣0.5分，直至扣完		

序号	考核项目名称	质量要求	分值	扣分标准	扣分原因	得分
5	隔离故障点	①戴绝缘手套、穿绝缘靴 ②拉开 112-4-2、101-2-1 刀闸。操作后应检查触头位置，应进行二次回路切换 ③汇报调度	9.5	①未戴绝缘手套、穿绝缘靴每个扣 0.5 分 ②未拉开 112-4-2、101-2-1 刀闸，每把刀闸扣 2 分，其中操作后未检查触头位置每个扣 0.5 分，未进行二次回路切换检查扣 1 分 ③未汇报调度扣 0.5 分		
6	恢复无故障设备送电	①将 184、186、188 开关冷倒至 110kV 1 号母线送电。刀闸操作后应检查触头位置，应进行二次回路切换检查，开关合好后应检查开关机械指示及遥测值 ②检查 1 号主变负荷情况 ③汇报调度	18.5	①将 184、186、188 开关冷倒至 110kV 1 号母线送电，少操作一把刀闸扣 2 分，少操作一个开关扣 2 分，其中少倒一路扣 6 分，刀闸操作后未检查触头位置每处扣 0.5 分，未进行二次回路切换检查每把刀闸扣 1 分，开关合好后应检查开关机械指示及遥测值每项扣 0.5 分 ②未检查 1 号主变负荷情况，未汇报调度扣 0.5 分		
7	故障设备转检修	①带 110kV 验电器 ②合上 112-4KD、112-2KD、101-2KD、101-1KD 接地刀闸，验电前应试验验电器良好，合接地刀闸前应三相验电，合接地刀闸后应检查触头位置 ③断开 101 开关机构电源、控制电源 ④汇报调度	18	①未带 110kV 验电器扣 0.5 分 ②未试验验电器是否良好扣 2 分 ③少合一组接地刀闸扣 3.5 分，其中合接地刀闸前未验电每次扣 2 分，合接地刀闸后未查触头位置每处扣 0.5 分 ④未断开开关机构电源、控制电源每处扣 0.5 分 ⑤未汇报调度扣 0.5 分		
8	恢复其他保护信号	检查 525、526、527、528 电容器机械指示、"欠压动作"信号灯点亮，记录液晶显示并复归	3.5	未检查 525、526、527、528 电容器机械指示、"欠压动作"信号灯点亮，未记录液晶显示，未复归共扣 3.5 分		

序号	考核项目名称	质量要求	分值	扣分标准	扣分原因	得分
9	故障情况分析	112 开关与 CT 之间发生单相接地故障，属于母差保护范围，110kV 母差保护动作跳 Ⅱ 母所有开关	1	分析不正确扣 1 分		
		由于母联 101 开关控制回路断线，101 开关未跳开，但因 112 开关跳开后，故障点与 110kV Ⅱ 母线已隔离，所以没有后续保护动作	1	分析不正确扣 1 分		
		112 开关跳闸后，2 号主变高压侧仍向故障点提供短路电流，所以 2 号主变中压侧间隙动作，跳主变各侧开关，212、512 开关跳闸	1	分析不正确扣 1 分		
		512 开关跳开后，10kV Ⅱ 母线失压，电容器低电压保护动作跳闸，站变低压备自投动作	1	分析不正确扣 1 分		
10	质量否决	操作过程中发生误操作	否决	①发生误拉开关扣 10 分 ②发生带负荷拉刀闸、带电合接地刀闸、带电挂地线等恶性误操作扣 100 分		

2.2.9 BZ1XG0101 220kV 变电站死区故障分析

一、作业

（一）工器具、材料、设备

1. 工器具：无。

2. 材料：无。

3. 设备：220kV 周营子仿真变电站（或备有 220kV 周营子变电站一次系统图）。

（二）安全要求

考生不得随意退出、启动任何程序。

（三）操作步骤及工艺要求（含注意事项）

1. 分析 110kV 线路、220kV 线路死区故障保护动作行为。

2. 分析 1 号、2 号主变高中压侧死区故障保护动作行为。

3. 分析 110kV 母联死区故障保护动作行为。

4. 完成考评员现场随机提问。

二、考核

（一）考核场地

考核场地配有 220kV 周营子仿真变电站培训系统（或备有 220kV 周营子变电站一次系统图）。

（二）考核时间

考核时间为 50min。

（三）考核要点

准确分析周营子站各种死区故障保护动作行为，并完成考评员现场随机提问。

三、评分标准

行业：电力工程　　　　　　工种：变电站值班员　　　　　　等级：高级技师

编号	BZ1XG0101	行为领域	f	鉴定范围		
考核时限	50min	题型	B	满分	100 分	得分
试题名称	220kV 变电站死区故障分析					
考核要点及其要求	(1) 准确分析周营子站各种死区故障保护动作行为，并完成考评员现场随机提问 (2) 着装整洁，准考证、身份证齐全 (3) 遵守考场规定，按时独立完成					
现场设备、工器具、材料	(1) 工器具：无 (2) 材料：无 (3) 设备：220kV 周营子仿真变电站（或备有 220kV 周营子变电站一次系统图）					
备注						

评分标准

序号	考核项目名称	质量要求	分值	扣分标准	扣分原因	得分
1	188 线路死区	110kV Ⅱ 母差动作跳开 101、184、186、188、112	7	①分析保护动作不正确扣 3 分 ②分析保护动作后所跳开关不正确扣 4 分		

序号	考核项目名称	质量要求	分值	扣分标准	扣分原因	得分
2	101 母联死区相间故障	110kV 母联死区保护动作跳开 101、183、184、185、186、187、188、111、112	7	①分析保护动作不正确扣 4 分 ②分析保护动作后所跳开关不正确扣 3 分		
3	2 号主变 112 开关死区单相接地故障	①110kV Ⅱ 母差动动作跳开 101、184、186、188、112 ②112 开关跳闸后，2 号主变高压侧仍向故障点提供短路电流，所以 2 号主变中压侧间隙保护动作，跳主变各侧开关，212、512 开关跳闸 ③512 开关跳开后，10kV 2 号母线失压，电容器低电压保护动作跳闸，站变低压备自投动作	25	①未分析 110kV 母差保护动作扣 4 分 ②分析 110kV 母差保护动作后所跳开关不正确扣 4 分 ③未分析 2 号主变中压侧间隙保护动作扣 5 分 ④分析 2 号主变中压侧间隙保护动作后所跳开关不正确扣 5 分 ⑤未分析 2 号主变低压侧 512 开关跳闸后现象和电容器保护动作跳闸情况及站变低压自投扣 7 分		
4	1 号主变 111 开关死区单相接地故障	110kV Ⅰ 母差动动作跳开 101、183、185、187、111，但 111 开关跳闸后，1 号主变高压侧仍向故障点提供短路电流，所以 1 号主变中压侧零序保护动作，第一时限跳母联，已跳开，第二时限跳 111，已跳开，第三时限跳主变各侧开关，211、511 开关跳闸 511 开关跳开后，10kV 1 号母线失压，电容器低电压保护动作跳闸，站变低压备自投动作	25	①未分析 110kV 母差保护动作扣 4 分 ②分析 110kV 母差保护动作后所跳开关不正确扣 4 分 ③未分析 1 号主变中压侧零序保护动作扣 5 分 ④分析 1 号主变中压侧零序保护动作后所跳开关不正确扣 5 分 ⑤未分析 1 号主变低压侧 511 开关跳闸后现象和电容器保护动作跳闸情况及站变低压自投扣 7 分		
5	282 线路死区	220kV Ⅱ 母差动保护动作跳 Ⅱ 母所有开关 同时 220kV Ⅱ 母差差动动作启动远跳，282 对侧线路开关跳闸	11	①分析保护动作不正确扣 3 分 ②分析保护动作后所跳开关不正确扣 2 分 ③未分析 220kV 母差启动远跳保护扣 3 分 ④未分析 282 对侧线路开关跳闸切除故障扣 3 分		

序号	考核项目名称	质量要求	分值	扣分标准	扣分原因	得分
6	1号主变211开关死区单相接地故障	220kV Ⅰ母差动动作跳开201、289、211，但211开关跳闸后，1号主变中压侧仍向故障点提供短路电流，所以1号主变高压侧断路器失灵保护动作联跳中低压侧，111、511开关跳闸，511开关跳闸后，10kV 1号母线失压，电容器低电压保护动作跳闸，站变低压备自投动作	25	①未分析220kV母差保护动作扣4分 ②未分析220kV母差保护动作所跳开关扣4分 ③211开关跳闸后但故障点仍有故障电流，故未分析失灵保护动作扣7分 ④失灵保护动作后，分析所跳开关不正确扣3分 ⑤未分析1号主变低压侧511开关跳闸后现象和电容器保护动作跳闸情况及站变低压自投扣7分		